蓝图与梦想

——青岛市城市规划设计研究院优秀作品集

（建院40周年庆）

宋　军　王天青　主编

山东大学出版社
SHANDONG UNIVERSITY PRESS
·济南·

图书在版编目（CIP）数据

蓝图与梦想：青岛市城市规划设计研究院优秀作品集 / 宋军，王天青主编. -- 济南 : 山东大学出版社，2021.11
ISBN 978-7-5607-7212-7

Ⅰ. ①蓝… Ⅱ. ①宋… ②王… Ⅲ. ①城市规划－建筑设计－作品集－青岛－现代 Ⅳ. ①TU984.252.3

中国版本图书馆CIP数据核字（2021）第240046号

责任编辑　李孝德
封面设计　蓝海文化

出版发行　山东大学出版社
社　　址　山东省济南市山大南路 20 号
邮政编码　250100
发行热线　（0531）88363008
经　　销　新华书店
印　　刷　济南乾丰云印刷科技有限公司
规　　格　787 毫米 ×1092 毫米　1/16
　　　　　31.25 印张　725 千字
版　　次　2021 年 11 月第 1 版
印　　次　2021 年 11 月第 1 次印刷
定　　价　130.00 元

前言

城乡规划是指对一定时期内城乡经济和社会发展、土地利用、空间布局以及各项建设的综合部署、具体安排和实施管理，是实施各级政府统筹安排城乡发展建设空间布局、保护生态和自然环境、合理利用自然资源、维护社会公正与公平的重要依据，具有重要公共政策属性，是一项全局性、综合性、战略性的工作。城市规划在城市发展中起着重要引领作用，考察一个城市首先要看其规划水平。规划科学是最大的效益，规划失误是最大的浪费，规划折腾是最大的忌讳。

青岛市城市规划设计研究院创建于1981年，伴随青岛市的改革开放一路走来，历时40余个春秋，始终围绕城乡规划主责主业，紧随时代背景，持续合理统筹城市土地利用、空间资源和基础设施建设与管理，在青岛市现代化建设进程中，不断改善人民生活环境，增强城市发展活力，保持和彰显城市特色贡献了一代代规划人的方案和智慧。值此建院40周年庆典之际，汇集了我院历年优秀规划设计成果，整理成册付梓刊印，一是向曾在规划院工作过的前辈致敬；二是利用规划成果展现城市发展的脉络，打开从规划编制研究城市发展历史的视角；三是请有关专家、前辈点评工作得失，促进今后工作的提升。

本作品集共分十编：第一编是战略规划、概念规划和总体规划。汇集了20世纪80年代初以来，我院承担完成的宏观层次规划成果，包括战略性、概念性的城乡发展构想以及一脉相承、持续完善提升的城市总体规划，集中体现了我院对城市、乡镇、功能区的城镇总体格局的理解和规划把握。第二编是专项规划。既有各类公共服务设施、消防、绿道、地下空间等专业领域的专门规划，也有海岸带、海域、海岛等特殊区域的专门规划，是我院规划人为使青岛更加宜居、更加美丽、更具魅力、更具吸引力、更具竞争力而砥砺奋进的成果。第三编是详细规划与城市设计。该部分是我院为使城市更加精致、更富艺术魅力、更具地方特色，在有形规划设计领域进行的创意探索。第四编是村镇规划。该部分是我院近年来在乡村地区规划设计的实践探索。第五编是技术标准与规划研究。实现现代化国际城市的宏伟目标，既需要有远见的战略决策和开阔的视野，也需要高标准、系统化、精细化的城乡规划和管理。我院一贯关注技术标准和城市热点问题的研究，参与编制了大量技术导则、专题研究，不断完善符合市场规律、具有国际水平的规划技术。第六、七编分别是交通规划和市政规划，是我院交通分院、市政分院技术团队在道路交通和市政技术设施领域所开展的系统化、专门化的实践探索成果。第八、九编分别是景观规划设计与建筑设计，是我院在城市景观设计和建筑领域的实践成果。第十编是大数据与新技术应用。该部分是我院近年来对大数据和信息技术在规划领域的营运而开展的实践成果，是我院为提升规划成果的科学性、提高规划数据的可视性、增强规划实施操作的便捷性所做的努力。

2021年是中国共产党建党历史上非同寻常的一年，也是青岛市城市规划设计研究院发展史上具有重要意义的一年。作品集凝聚了我院几代规划工作者的智慧和心血，既体现了青岛40多年来全面发展、规划建设工作全面提升的一个侧影，也体现了我院全体员工对城市规划事业的热爱和追求，是对我院继续担当使命、承担主责主业的鼓励和鞭策。

四十华诞，虽历风雨，仍是少年。我院将以40周年院庆为契机，协同兄弟院所继续在青岛规划领域深耕探索，特别要结合新时期国土空间规划体系的构建，进行深入系统的研究，联系实际，勇于探索，坚持不懈地开拓创新，为新时期国土空间保护利用格局优化和城乡持续健康发展作出更大贡献，力争在自然资源和规划方面走出一条有自己特点的路。

编者

2021年9月

目录

第一编

战略规划、概念规划和总体规划

青岛市城市总体规划(1980～2000年)

批准时间:1984年1月5日,国务院〔1984〕国函字5号文批复实施。

为了贯彻执行党中央关于在经济上实行进一步的调整,在政治上实现进一步安定的重大方针,适应“四化”建设的发展需要,根据中共中央〔1978〕13号文件的要求,回顾过去的工作,总结经验教训,从1978年开始修订青岛市城市总体规划(见图1)。

规划期限为1980～2000年。近期到1985年,远期到2000年。规划范围为市区及四县县城、小城镇、风景区。城市性质为以轻纺工业为主,经济繁荣,环境优美,科研、文教事业发达的社会主义现代化的风景旅游和港口城市。规划到2000年市区人口控制在115万以内;城市用地控制在115平方公里(均不包括黄岛)。总体布局上根据青岛市带形城市的特点,采取以李村河、海泊河两条河道将市区分为三个组团和独立的黄岛区的总体布局形式。其中,李村河以北为北组团,李村河以南至海泊河为中组团,海泊河以南为南组团。

该规划对工业区、仓储区、住宅建设、城市风貌保护、城市绿化和风景旅游、公共服务设施、疗养区、科研区与高教区、海岸线分配和岸滩改造利用以及市内道路交通、对外交通、给水、排水、煤气、供热、电力、电信、环境保护、郊区蔬菜副食品基地等进行了全面规划。

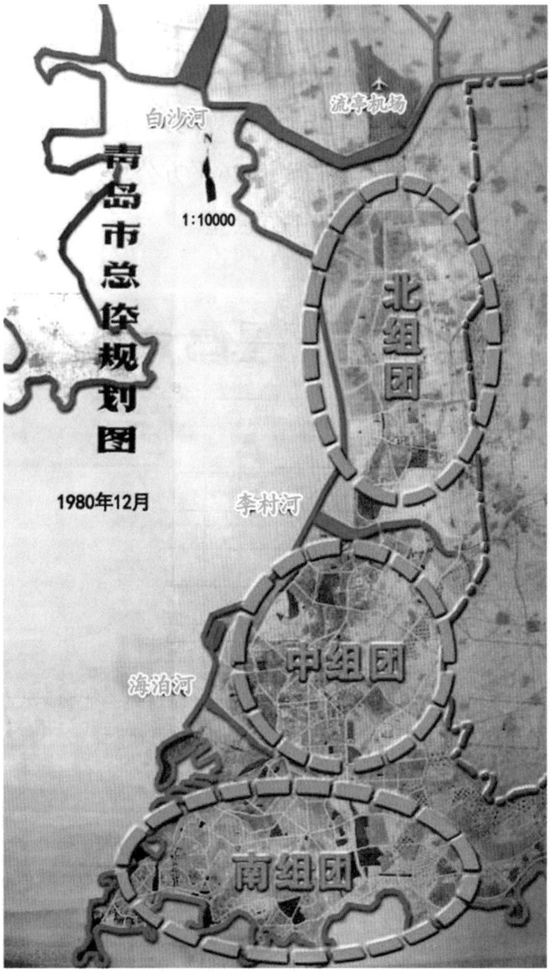

图1　青岛市城市总体规划图(1980～2000年)

青岛市城市总体规划(1980～2000年)调整补充

批准时间:1993年报山东省人民政府,转报国务院备案。

随着改革开放以来外向型经济和商品经济的迅速发展以及原市辖六区四县调整为七区五市(县级)的行政区划变化等,1980年版总体规划不能适应新的发展需要。依据《中华人民共和国城市规划法》,1989年开始对《青岛市城市总体规划(1980～2000年)》进行局部调整补充,1991年形成调整补充纲要;经市政府、市人大审议同意后,1993年报山东省人民政府,转报国务院备案(见图1)。

规划年限为近期1991～1995年,远期1996～2000年。

在区界的划定方面,原规划只对规划用地界限及规划控制用地加以划定,范围较小;本次规划调整后的城市规划区面积为1526平方公里,其中规划的市区面积为292.5平方公里,近郊区为634平方公里,规划控制区为599.5平方公里。

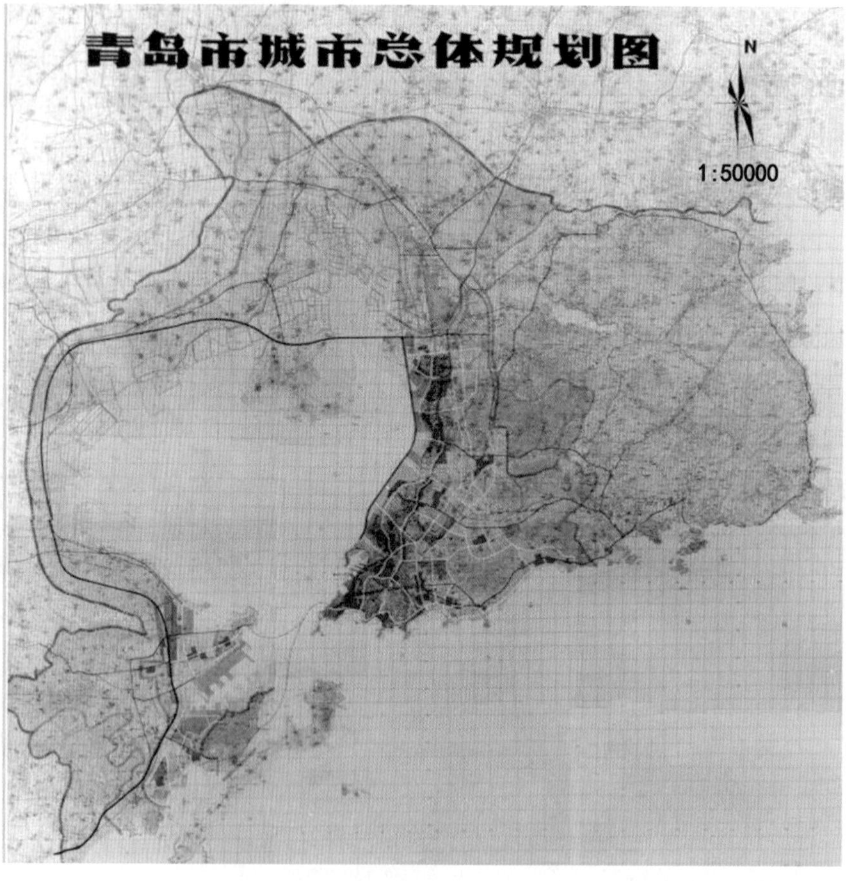

图1 青岛市城市总体规划图(1980～2000年)调整补充

中心城市人口由原规划的南、中、北三个组团和新增加的东、西两个组团组成。在人口方面，严格控制自然增长率和机械增长率。控制老市区人口，要通过着重发展西组团（黄岛新经济区），适当发展东组团（崂山区城区）。规划近期（1995 年）人口规模 163.9 万，远期（2000 年）人口规模 184.8 万。在用地规模方面，将原规划的城市用地向东适当扩大，调整增加一个东组团，东至中韩镇的行政界及东李村东边的高压线，调整后的城市用地规模由原规划的 115.7 平方公里增加到 231.1 平方公里。黄岛城区和经济技术开发区为西组团，规划总用地为 61.4 平方公里。调整后全市用地规模总计 292.5 平方公里。人均总用地为 158 平方米，其中南、中、北组团 125 平方米，东组团的崂山城区 138 平方米，西组团 239 平方米。

城市布局由原来的单核结构、带状布局调整为“一个中心、一个城市环、一个卫星城市群”的布局结构，即以老市区、崂山、黄岛城区构成的中心城市与沿胶州湾近郊城镇形成的城市环及远郊的卫星城市群的布局。中心城市布局，由五个组团组成，即原规划的南组团、中组团、北组团，新增加的东组团以及黄岛区城区和经济技术开发区组成的西组团。城市环布局，主要是环胶州湾与环海公路及铁路相连的不同功能的小城镇，组成中心城市的城市环。卫星城市群布局，主要是以胶南、胶州、平度、莱西、即墨五市为主的卫星城市群，这五个小城市联系不同职能的城镇，组成中心城市外围的卫星城镇群。

该规划还对工业与仓储用地、住宅建设和城市风貌保护、公共建筑商业服务设施、城市道路与交通、市政设施、城市绿化和风景旅游、城市防灾等进行调整补充，以适应新的城市发展要求。

西藏日喀则市城市总体规划（1995 ～ 2010 年）

编制时间：1995 ～ 1996 年。

我院编制人员：尚苏光、王亚军、马清、黄文清、张沫杰、梁丽萍。

合作单位：西藏日喀则市人民政府。

一、编制背景

根据 1994 年党中央召开的第三次西藏工作座谈会精神，青岛市与西藏日喀则市结为对口支援城市。中共青岛市委、市政府高度重视这一工作，并确定了“办实事、求实效”的对口支援原则，还派出援藏领导和技术干部开展援助工作。

编制 1995 年版日喀则城市总体规划是青岛市对口支援日喀则市的重要项目之一。在青岛市第一批援藏干部的具体领导下，青岛市城市规划设计研究院具体负责编制完成了《日喀则市城市总体规划（1995 ～ 2010 年）》（见图 1、图 2）。严格意义上说，这是日喀则城乡规划发展过程中的第一版总体规划。我院组织精干力量，保质、保量、如期地完成了规划编制任务。

图 1　日喀则市城市土地利用规划图

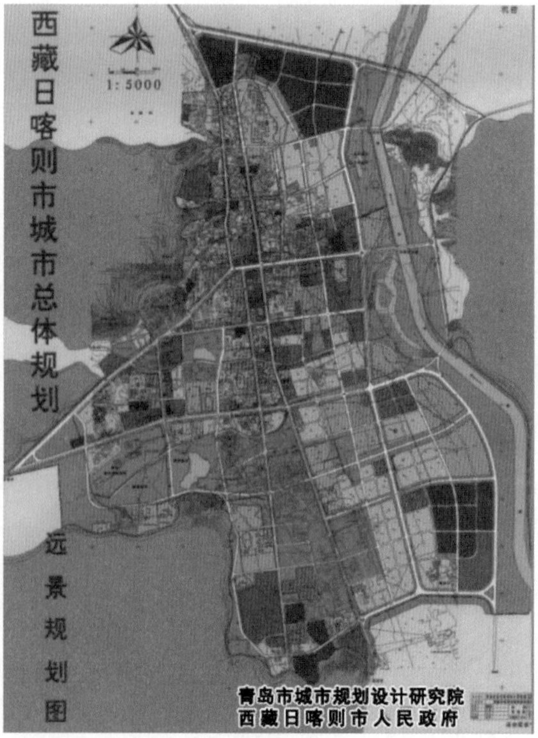

图 2　日喀则市城市远景规划图

二、主要规划内容

1. 城市性质。西藏日喀则市被打造成区域中心、交通枢纽、高效农业、民族工业、旅游边贸、高原名城。也就是说，日喀则市是以高效农业为基础，以民族工业和旅游边贸为主体，以公路交通方式为纽带的西藏自治区西南部的高原历史文化名城。

2. 城市功能。日喀则市城市主体功能体现为：资源深加工和民族工业基地，高原自然风光与藏文化人文景观为主体的旅游中心，公路交通方式为纽带的商品、贸易、物资、流通中心。

3. 城市发展总体目标。到 20 世纪末，在稳定发展农业的基础上，争取在资源深加工、民族工业的集约发展方面有所突破，在以旅游和边贸为主体的城市第三产业方面有较大突破，保持经济与社会稳定发展，进一步巩固、提供日喀则市作为区域政治、经济、文化中心的地位，在此基础上，再经过十年左右的努力，初步展现现代化城市的雏形。

规划到 2010 年市区人口达到 10 万，城市建设用地规模控制在 15 平方公里左右。

本着城市用地与形态紧凑、集约发展的原则，在城市用地适用性评价的基础上，调整了城市用地发展方向。充分考虑城市未来经济、社会发展、产业结构优化对城市用地构成的需求，为城市各项事业提供发展空间。优化城市布局，合理组织城市各类用地，调整城市规划布局结构，将上轮规划确定的五个区的布局结构调整为三个功能组团式的紧凑型、团状规划布局结构。高度重视城市基础设施和城市生态环境保护，并为城市今后发展留有余地和弹性。

西藏日喀则市城市总体规划(2005 ～ 2020 年)

编制时间:2005 ～ 2007 年。

我院主要编制人员:宋军、高军、王本利、彭乐武、张毅、吴晓雷、王鹏、孟广明、管毅等。

合作单位:日喀则市人民政府。

日喀则是一座已有 660 多年历史的城市,是历代班禅的驻锡地,地面文物丰富,民俗民建具有鲜明特色,古城建筑格局与传统风貌保存完好,藏汉建筑异彩纷呈,1986 年被国务院列为国家历史文化名城。

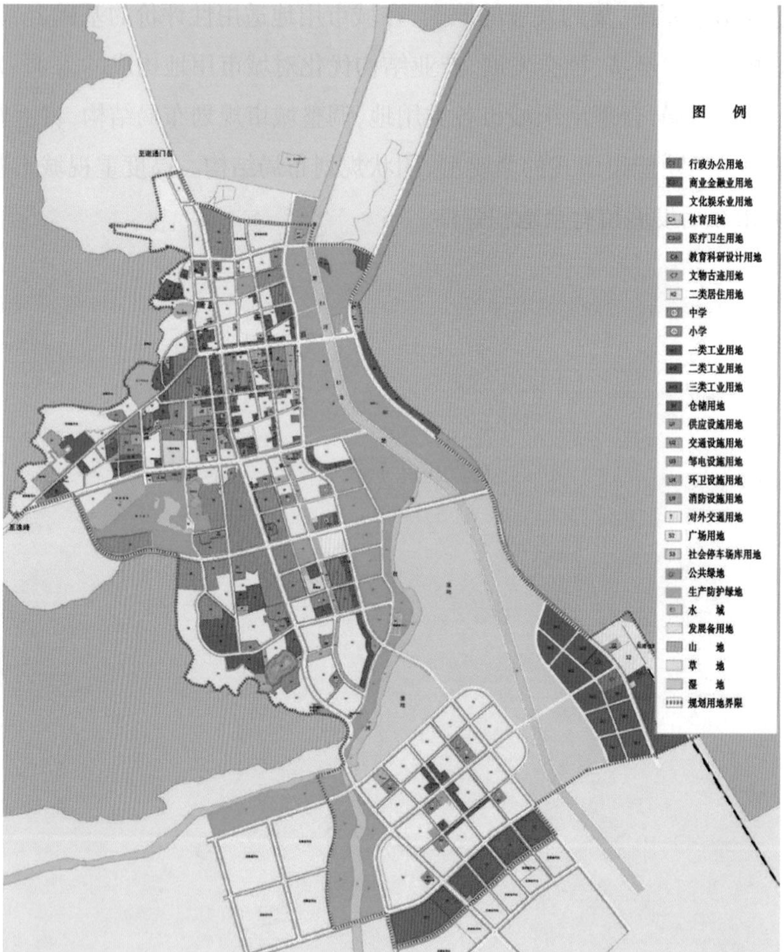

图 1 日喀则市城市土地利用规划图

规划重点发展小城镇,加强农牧区重点城镇建设,2010 年城镇化水平达到 48%,2020 年城镇化水平达到68%左右。市域城镇体系等级结构分为“中心城市、重点乡镇和一般乡镇”三个等级；中心城市一个，重点乡镇四个，一般乡镇六个。综合性中心城镇，即日喀则市市区；重点城镇，包括甲措雄乡、江当乡、曲美乡和聂日雄乡；一般城镇，包括东嘎乡、纳尔乡、联乡、年木乡、边雄乡、曲布雄乡。至2020年，日喀则市规划区人口将会达到18万左右，建设用地面积应控制在30平方公里。重点镇人口规模在5000～10000人左右；一般城镇人口规模为3000～5000人。

城市性质为国家级历史文化名城，区域性的交通枢纽中心，区域性的经济、文化和政治中心，以商业贸易、加工业、旅游服务为主体功能的园林城市。规划到2020年，力争将日喀则建设成环境优美、交通发达、特色鲜明、文化昌盛、社会文明、生活富裕的区域性中心城市、现代化国际旅游城市，社会经济各项指标均有较大发展。

根据城市空间演变历程、现状自然条件和城市发展要求，确定城市总的布局形态为：以扎德路、年楚河和孜拉河构筑城市生态廊道，形成组团式发展的城市空间格局，城市空间由单中心扩张式的发展模式向多中心组团式的发展模式调整，城市形态由相对集中走向生态与城市共生的多中心组团式发展。

青岛市城市总体规划(1995～2010年)

批准时间:1999年6月3日由国务院批复。

规划期限为1995～2010年,近期建设规划期限至2000年,远景规划展望至21世纪中叶。

如图1所示,规划总面积为1946.22平方公里,其中城市市区面积1316.27平方公里,实行规划控制的区域面积为629.95平方公里。

城市性质为中国东部沿海重要的经济中心和港口城市、国家历史文化名城和风景旅游胜地。

城市发展的总目标:力争到20世纪末,把青岛建设成为山东和沿黄地区最大的对外经贸、金融、信

图1 青岛市城市总体规划图(1995～2010年)

息中心和对外交通枢纽，初步展现社会主义现代化城市的雏形。在此基础上，再经过 10 年左右的努力，把青岛建设成为以港口贸易为主要特色的经济繁荣、科教发达、环境优美、文明富裕、功能完善的社会主义现代化城市。

城镇发展战略：继续完善“一个中心城市和五个次中心城市”的城市群发展格局，充分发挥中心城市的吸引辐射作用，强化次中心城市的分工协作职能，相对集中地发展重点城镇。

城镇体系发展的总体目标：把青岛市建成一个城镇布局结构合理、职能分工明确、基础设施配套完善、城乡协调发展的具有良好生态环境和可持续发展机制的城镇网络体系。

城市主体功能：以港口为主的国际综合交通枢纽；国际海洋科研及海洋产业开发中心；区域性金融、贸易、信息中心；国家高新技术产业、综合化工、轻纺工业基地；旅游、度假、避暑、文化娱乐中心。

城市总体布局结构：以胶州湾东岸为主城，西岸为辅城，环胶州湾沿线为发展组团，形成“两点一环”的发展态势。主城和辅城规划为城市相对集中发展的区域，环胶州湾的六个发展组团规划为城市适度分散发展的区域，形成“相对集中与适度分散”相结合的城市组织结构关系。

该规划对城市用地、城市海岸带及邻近海域利用、城市绿化、旅游体系、历史文化名城保护与城市风貌、对外交通、城市道路与交通、市政公用设施、城市生态环境等进行了系统规划。

青岛市西海岸经济发展用地规划

编制时间：2002～2003年。

编制人员：宋军、张东旭、赵建泉、刘刚强、杨林、王本利、左效华、葛后典、孟广明。

合作单位：山东省城乡规划设计研究院。

一、规划背景

2002年8月30日，中共青岛市委、市政府在黄岛区召开现场办公会，专题研究青岛西海岸经济发展和规划建设问题。会议强调了加快西海岸发展、构筑大工业体系，形成青岛新的经济发展重心的必然性、必要性和迫切性，要求打破行政区划的限制，着眼于整个西海岸来搞好西海岸规划。遵照这次会议的部署，西海岸经济发展用地规划开始着手编制。

本次规划力求在分析西海岸自然地理现状、发展动力因素和区域定位的基础上，制定西海岸地区的产业发展战略，找出发展建设所面临的问题，确定规划原则和目标，寻求地区的空间整合策略，进而对核心地区的用地布局、道路交通、绿地系统、景观风貌、市政设施等作出安排。

规划的整体研究范围包含黄岛区和胶州市的城区以及西海岸沿线的8个建制镇，总面积约920平方公里，现状人口98.5万。

二、主要规划内容

1. 该规划在吃透摸清西海岸历史和现状发展特点基础上，对西海岸发展动力进行系统分析，提出综观西海岸城市发展的历史，促进西海岸在21世纪快速发展的主要动力有四个方面：一是全球经济一体化背景下产业转移所引发的我国的国家现代化战略；二是山东省的加速发展战略和青岛市的加速发展战略；三是以前湾港建设为标志的青岛港口业务跨越胶州湾发展的战略机遇；四是重大基础设施的建设和投入使用。

2. 在西海岸经济区位和产业发展方向分析中，分别着眼于青岛市在世界和东北亚经济一体化中的发展目标、在全国经济发展格局中的特色经济优势、在山东省和半岛城市群中产业分工等角度，详细研究西海岸在产业发展中应承担的角色。西海岸很适合发展为产业的规模化基地，是青岛市发展制造业、物流业的理想载体。西海岸的发展，有利于青岛市建立大工业体系，尤其是在造船、汽车、家电电子等方面，实现工业产业结构的战略重组，同时为老城的疏解、退二进三、服务业升级以及历史文化名城保护提供腾挪的空间。

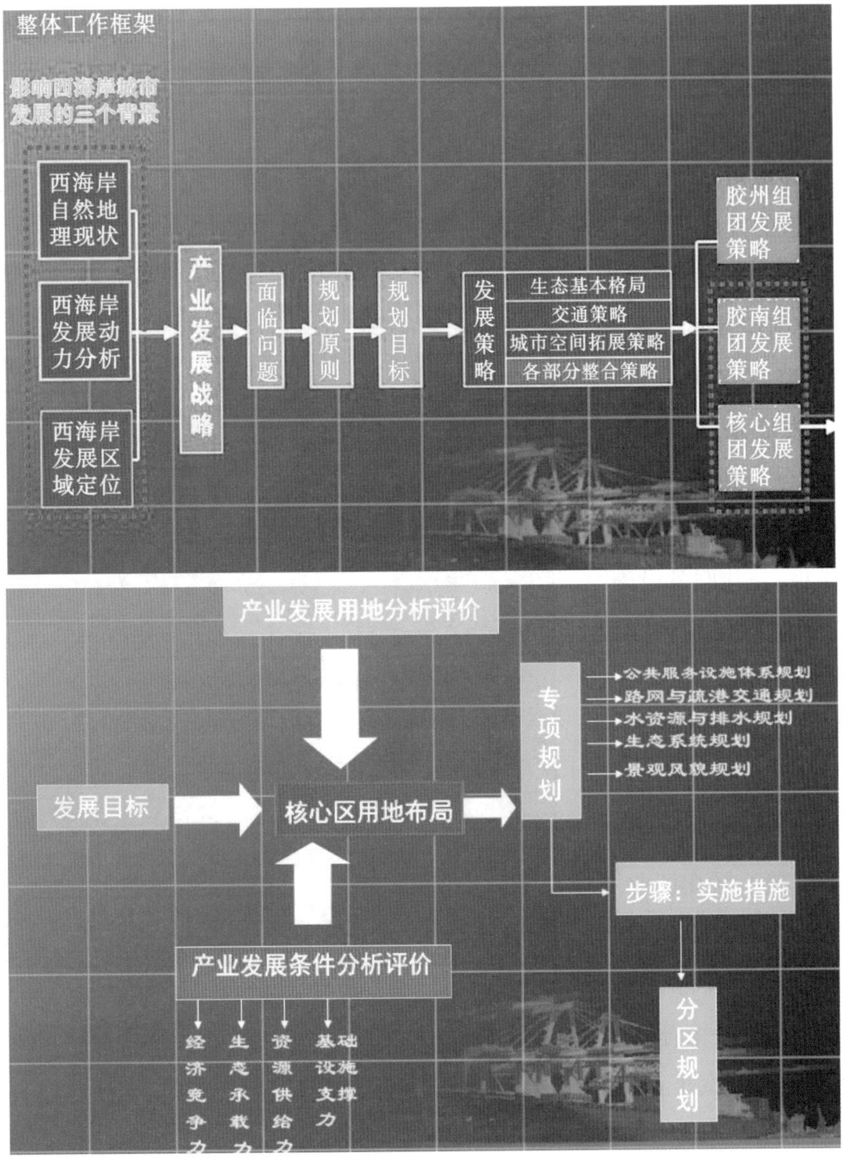

图 1　青岛西海岸经济发展用地规划工作框架示意图

3. 西海岸的产业发展方向和整体框架(见图 1)，以港口为支撑，以临港工业制造业为骨架，以高度发达的第三产业协调发展为车轮，形成辐射带动力强、富有特色的产业经济集群。西海岸经济和产业发展在结构上突出临港型重型制造产业、导向上侧重现代服务业、安排上优先临港产业、布局上注重专业化聚集、发展时序上体现梯次推进，产业发展时序上要梯次推进，提高土地使用效率，发挥最大边际效益。

4. 该规划在研判国内外发展大环境和西海岸具体发展特点基础上，提出了西海岸当前发展所面临的十大主要问题，并提出了应对原则。这十大主要问题分别为：前湾港由贸易港向复合型港口转型发展之间的关系；港口及交通设施用地和经济发展用地之间的关系；淡水资源紧缺和产业大发展之间的关系；重工业大发展与创造人居环境、保护胶州湾生态的关系；经济发展用地紧缺与土地集约整合使用之间的关系；行政区划制约和经济要素自由配置之间的关系；重大项目落户及形成产业集群之间的关系；城市和产业快速升级与劳动力及社会文化转型的关系；流动人口较少与第三产业发展速度严重不足的关系；产业发展机遇与产业导向之间的关系。该规划提出了形成生态环境优美、产业发达、内外交通便捷、基础设施完善、人居环境舒适，景观特色鲜明的滨海新城区的发展目标。

5. 该规划对生态、交通、城市空间拓展、核心区、胶南组团的发展分别提出了空间展策略，在对核心区发展基础条件、产业发展条件、用地条件、人口因素等综合分析研究基础上，对经济发展用地布局、生态保护、旅游发展、景观风貌、公共服务设施、基础设施等进行了统筹规划和详细布局（见图2）。

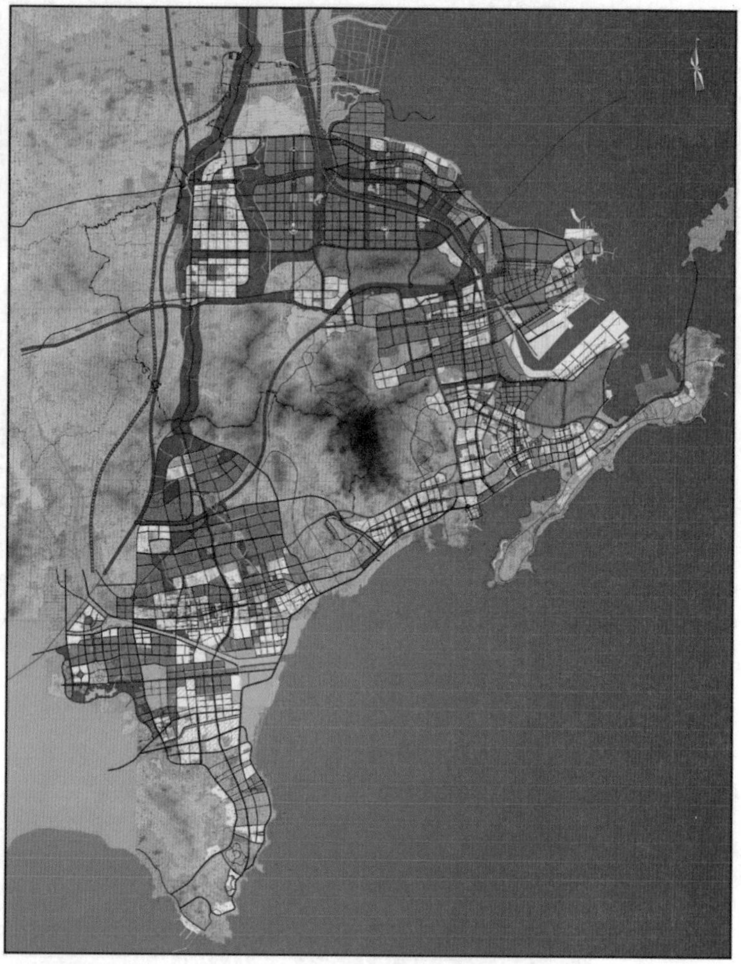

图2 核心区与胶南组团总体布局图

该规划还在对西海岸的经济竞争力、生态承载力、资源供给力及基础设施支撑力的综合分析研判的基础上，提出了西海岸核心区在产业发展和城市建设过程中应优先考虑的因素，按照重要性进行了排序，并提出了西海岸第二产业发展推荐优先次序为：造船业、电子业、汽车业、炼油业、石化业、钢铁业。

6. 该规划认为西海岸面临水资源和环湾交通两大瓶颈矛盾最需要先期解决，并提出建立区域协调机制、严控关键地带、提高土地集约化程度、社区集中发展、优先发展教育设施等保障西海岸用地发展的对策措施。

青岛市滨海公路沿线城市组团概念规划

编制时间：2003 年。

我院编制人员：马清、王天青、任福勇、邱淑霞、傅蓉、于连莉、王海冬、段义猛、马培娟、王宁、尹荣。

合作单位：中国城市规划设计研究院。

一、基本情况

为突出交通先导的作用、彰显滨海城市战略，青岛市提出建设滨海公路，以促进滨海城市组团的控制和发展，为未来的发展预留空间，同时有利于中心城市的辐射，促进城乡一体化发展，加快城市化进程，并有利于发掘旅游资源，促进旅游业的快速发展。青岛市滨海区域拥有长达 730 公里的海岸线，沿线分布着大量宝贵的自然资源和旅游资源，充分利用这一资源对提升青岛市的整体功能具有十分重要的作用。为提升城市品位、增强区域竞争力、合理引导城镇发展和塑造区域特色、合理引导土地的开发和控制，开展滨海公路沿线城市组团概念规划编制。

二、规划布局

规模较大的城市组团，在空间布局上注意尊重原有的山、海自然格局，城市建设不应对自然景观造成破坏；自身成组成团布置，留出生态通廊和绿色空间。建筑风貌要达到整体上的统一，建筑轮廓线与岸线、山势密切交融。

规模较小的城市组团要更好地融入自然环境当中，组团的外界和轮廓不强求规则齐整。居住用地与旅游度假用地靠近布置，并贴近沙滩、游艇码头、森林公园等旅游资源与设施。建筑体量以精致小巧为宜，建筑色彩可相对突出。

“一湾两翼”是未来青岛大都市区城市空间布局结构的主体特征，依托现有中心区和滨海公路，通过做大一湾、整合两翼，所形成的“三点布局、一线展开、组团发展”是“一湾两翼”空间结构、布局和形态的具体描述。“一湾”由主城区、黄岛和红岛组团构成，沿胶州湾呈“三点布局”。“两翼”地区是由以主城区为核心的东翼和以黄岛为核心的西翼所组成的沿滨海公路一线展开的地区。

依据经济可持续发展、保护自然生态、协调与互补和近远期结合等原则，规划将滨海公路沿线城市组团划分与设定为红岛、胶南、鳌山、琅琊和田横 5 个大的城市组团(见图 1)。

1. 红岛组团。发展特色是利用环胶州湾的核心区位、优越的交通条件来建设低密度的生态城区。功能定位确定为青岛市中心城区“三点布局”中的一点，打造以海洋产业、临港工业、加工业、旅游度假为主的新城区。远景青岛市国际机场可考虑在该区域填海建设。

2. 胶南组团。发展特色是承接中心城产业疏解并发展成为生态型综合组团。功能定位确定为以临港产业(包括仓储业、加工业等)、旅游度假为主，形成西翼重要的产业基地。

3. 琅琊组团。发展特色是依托汉前人文景观和深厚的文化底蕴，形成风景旅游及度假胜地。功能定位确定为以旅游和商贸、钢铁重工业为特色的城市组团。

4. 鳌山组团。发展特色是以山海为主要景观，形成自然环境优美的旅游度假基地。功能定位确定为青岛高新技术产业研发基地、崂山风景区的组成部分、青岛市高等教育基地。

5. 田横组团。发展特色是依托田横景区，突出齐鲁古文化渊源，在山海岛之间营造充满自然气息的城市组团。功能定位确定为青岛市都市农业示范区和旅游度假基地及海洋产业基地。

三、旅游发展规划

遵循保护生态、突出特色、尊重自然、以人为本的原则，为了便于旅游线路的安排组织和服务设施的合理配置，规划将现有景区分为两级：一级景区包括琅琊台省级旅游度假区、珠山国家森林公园、薛家岛省级旅游度假区、前海海滨旅游区、石老人国家旅游度假区、崂山风景名胜区、田横岛省级旅游度假区；二级景区包括沐官岛和斋堂岛、大珠山、灵山岛、灵山湾、灵山卫、黄岛、红岛、鳌山卫、温泉、雄崖所、笔架山。

四、景观生态系统规划

1. 自然生态体系。滨海区域形成由自然山体、生态河流以及沿海岛屿、近岸水域、海岸线三个层次的海域空间组成的一条集生态、生产、旅游于一体的蓝绿交融的空间环境线。

2. 景观资源。辽阔的海域面积、曲折的滨海岸线、散布的海上岛屿、秀丽的山海风光、丰富的人文景观、风格迥异的各国建筑、历史悠久的宗教文化、五彩缤纷的节庆活动共同构成了青岛多姿多彩和别具特色的旅游资源。

3. 景观结构。“一轴”由依托滨海公路串联中心区和东西两翼构成。城市各组团之间均有自然生态绿带作为隔离，是青岛大都市区具有标志性的景观主轴。“一环”是由环胶州湾高速串联黄岛、红岛组团和青岛等构成。各组团之间均分布有自然生态隔离带，是滨海公路沿线城市组团的景观次轴。

该规划还对区域交通设施、岸线资源、重大基础设施等内容进行了统筹考虑和布局。

图 1　滨海公路沿线城市组团规划发展框架分析图

青岛市城市化发展战略研究

编制时间:2006 年。

主要编制人员:宋军、毕波、裴春光、盛洁、冯启凤。

项目获奖:2009 年青岛市工程咨询三等奖。

一、研究思路

青岛市城市化发展战略研究(如图 1 所示)主要遵循两条思路:一是问题思路,即发现问题、分析问题、解决问题的思路;二是目标思路,即提出目标、目标差距、实现目标的思路。同时,实现了两种思路方法的融合。

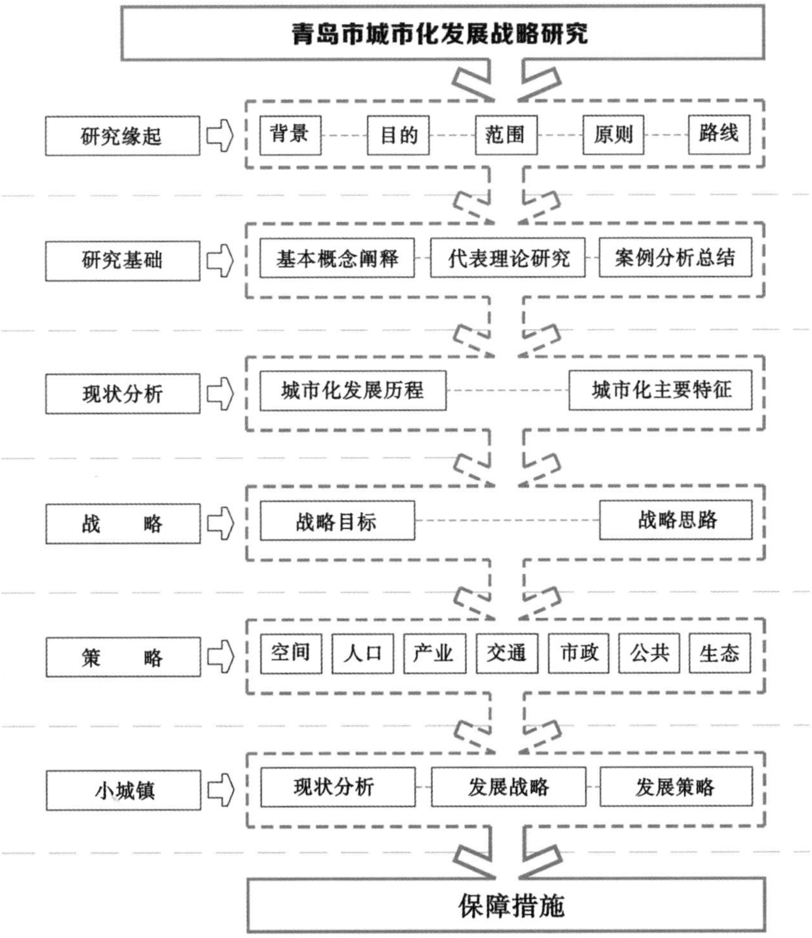

图 1 规划研究框架与思路图

二、规划战略

青岛市城市化发展道路的选择，坚持贯彻科学发展观，以实现青岛市跨越发展为目标，突出中国东部沿海重要中心城市、国际港口城市、国际滨海旅游度假城市以及国家历史文化名城特色，以体制创新与制度创新为动力，把全市城市化、工业化、信息化、经济国际化紧密结合起来，全面提升城市化质量与城市现代化水平。加快城市经济发展，提升城市功能，增强城市竞争力。调整城乡经济布局，着力协调城乡经济关系，建立良性的城乡互动机制；促进基础设施、公共服务设施向小城镇、农村的延伸，实施基础设施网络化。

实现空间有序扩张，提高空间使用效率和管理水平，引导人口合理流动，实现人口、资源、环境的和谐发展。促进城市文明发展，实现以人为本，创建健康、文明的城市文化，提高城乡居民的文化素质与文明程度，推进城市文明、文化观念向乡村延伸。

三、目标与定位

青岛市应采取积极引导、稳步推进的方针，在人口转移型城市化的同时，加快结构转换型城市化，推进经济社会结构由传统社会向现代社会转变，走“新型城市化”道路。

新型城市化道路表现为：在注重城市化速度的同时，更加强调城市化质量；在空间、经济结构发展的同时，更加注重人口、环境与资源的发展；注重经济社会统筹，强调人与自然统筹，强调城乡统筹发展。

四、发展策略

1. 空间策略。以“环湾保护、拥湾发展”为核心，实行圈层与点轴拓展相结合，构筑都市区空间组织模式；近期，实施“拥湾发展为核心、点轴拓展为主”的空间策略，以中心城市、环胶州湾地区发展为核心，重点引导人口、产业沿环胶州湾地区布局，科学引导城市空间拓展。远期，青岛市在都市区战略模式指引下，城市空间拓展点轴辐射作用将逐渐弱化，而代之以城市空间圈层拓展；城镇结构体系也将逐步打破行政区划的界限，而以经济区作为城镇组织的主要形式，城镇体系由纵向梯度辐射模式向横向网络化联系模式逐渐转变，城市空间结构也将实现由极核型发展模式向均衡有机型结构模式演变（见图 2）。

2. 人口策略。加强政策与制度创新，推动人口迁转俱进，引导人口空间合理布局。经分析得出，青岛市的城市化进程处于相对郊区化阶段的未来一段时期内，崂山区、黄岛区、李沧区与城阳区将成为城市化发展的重点区域和新增人口的主要集聚地。制定保障措施，促进人口流动，实施积极的人口迁移与转移，实施数量、质量并重的人口政策，积极吸引外来人口；加强户籍制度改革，吸引农村人口迁移转移；建立城乡统筹就业制度，提供“多元化”就业岗位；改善城市硬件与软件环境，创造宜居的城市环境。

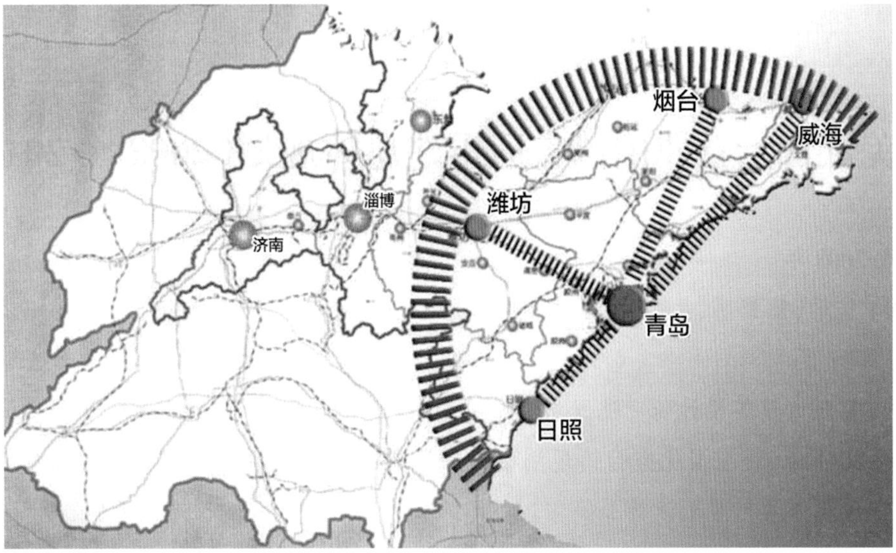

图 2　区域空间辐射示意图

3. 产业策略。加快产业升级与空间转移，以产业“集群化”布局为主要形式，推动产业空间体系再组织。增强经济发展的内在动力，推进经济增长方式由粗放型向集约型、由外生性因素主导增长向内生性因素主导增长的方式转变。积极推进青岛市城市化发展向以现代服务业主导、以科技创新产业为源泉、以传统制造业为支柱的城市化推进的多维动力机制演变。应以“产业经济效益最大化、空间体系合理化”为主要原则，从全市角度统筹协调产业布局与产业空间转移，以产业集群、产业带为空间布局的主要形式，提升产业规模效益，构筑各具特色与功能的产业区与产业节点，构筑合理的产业空间格局体系。

4. 基础设施策略。推进基础设施共享与延伸，统筹布局构筑一体化的网络体系。实施基础设施建设平行或超前型策略，完善基础设施相关规划与建设，并打破各县级市行政区划束缚，从全市角度统筹城乡基础设施建设，不断提高基础设施的支撑力与承载力。加快城乡交通体系建设，构筑以公共交通为主导的都市区大交通网络；同时，统筹城乡供水、供气、垃圾处理、污水处理等。

5. 公共设施策略。以实行“公共服务均等化”为目标，统筹城乡公共服务设施建设，以及城乡教育、卫生、文化等设施与服务等。

6. 生态策略。实施“生态保护优先”战略，强化生态管制。注重环境保护体系的建设，注重经济效益、社会效益、环境效益的统一。实现生态开发与生态保护并重、保护优先的战略。

北川羌族自治县曲山镇灾后重建总体规划(2008～2015年)

编制时间:2008年。

编制人员:宋军、黄黎明、孟广明、王本利、张小帆、王金尧、王鹏、孔德智、刘建华、王伟、李焕晓、明亮、刘传恩、商雪鹏。

合作单位:青岛市建筑设计研究院股份有限公司。

项目获奖:2011年,获全国优秀村镇规划设计一等奖;2010年,获山东省优秀村镇规划设计一等奖;2009年,获山东省优秀城市规划设计二等奖。

一、规划背景

北川羌族自治县位于四川省绵阳市西北部,面积2869平方公里,震前总人口16.1万。曲山镇是原中共北川羌族自治县县委、县政府所在地,位于县域东南部,面积112平方千米。

"5.12特大地震"后,该镇遭受到毁灭性的重创,列为极严重受损乡镇之首。县城几乎夷为平地,有14个村、2个社区完全无法恢复重建;4700余户房屋完全倒塌,3500余户住房严重受损;受伤4087人,登记死亡、失踪6913人。为尽快恢复当地居民生活,组织编制《北川羌族自治县曲山镇灾后重建总体规划(2008~2015年)》,具体规划如图1至图7所示。

图1　曲山镇详细规划鸟瞰图

二、主要规划内容

（一）曲山镇发展条件综合分析

1. 毗邻国家北川地震博物馆，受关注程度极高。

2. 旅游资源丰富，交通便利，区位优势明显。

3. 群山环抱，视野开阔，山地特征明显。

4. 作为原北川县城的城关镇，具有丰富的历史文化遗存。

以碉楼为中心的空间组合形式
以水渠为中心的空间组合形式
以街道和过街楼为中心的空间组合形式

图 2　曲山镇规划建筑空间布局分析图

图 3　曲山镇规划建筑风貌分析图

（二）镇域体系规划

根据北川县总体规划建设的要求，结合自身的实际情况，曲山镇规划将围绕国家地震博物馆的建设，逐步建立起以任家坪为中心、海光村为副中心，打造安居乐业、景观优美、充满活力的旅游观光休闲为特色的山区小城镇。

（三）镇驻地规划

曲山镇镇驻地目标定位为政治、经济和文化中心，以及与地震博览功能相呼应的独具民族风情特色的旅游目的地。

（四）城市设计

在充分研究分析现状特色风貌（自然环境、现状建筑风貌、建筑布局特点以及街道尺度、公共空间分布等要素）的前提下，尊重历史，延续文脉，采用城市设计的手法（区域、道路、边界、节点、标志），研究现状建筑、街巷及公共空间的布局，力求形成具有以下特色的城镇：

1. 建筑布局依山就势，与周边环境和谐相融的生态型城镇；

2. 延续羌族建筑风貌，展示羌族建筑文化，充满生机的羌寨聚落；

3. 传承羌族文脉，空间尺度宜人，充满活力的羌族风情旅游区。

沿105省道建筑天际线

地震博物馆方向远眺轮廓线

图4　曲山镇规划天际轮廓线分析图

图 5　曲山镇民俗旅游入口广场节点设计图

图 6　曲山镇民俗旅游商业广场节点设计图

曲山镇驻地效果图

灾民展望未来

项目建设过程

开工奠基、竣工使用仪式

目前青岛援建的项目包括曲山镇小学、文化站、卫生院、卫生院所属的邓家门诊部、农贸市场和场镇驻地的道路、给排水、公交招呼站、垃圾转运设备等配套设施已经竣工并交付使用。

曲山镇场镇住宅区的建设和村庄的灾后恢复重建规划正在实施。

图 7　曲山镇规划实施效果图

北川羌族自治县陈家坝乡灾后重建总体规划(2008 ~ 2015 年)

编制时间:2008 ~ 2009 年。

编制人员:宋军、王鹏、王伟、张小帆、王本利、王金尧、黄黎明、孔德智、孟广明、刘建华、李焕晓、明亮、刘传恩。

合作单位:青岛市建筑设计研究院股份有限公司。

获奖情况:2009 年,获中国工程咨询成果二等奖、青岛市优秀工程咨询成果奖二等奖。

一、工作过程

2008 年 6 月至 2008 年 7 月,在选址意见不明确、地质评估资料不齐全等困难情况下,提前介入,主动出击,迈出了重建规划编制工作的第一步。

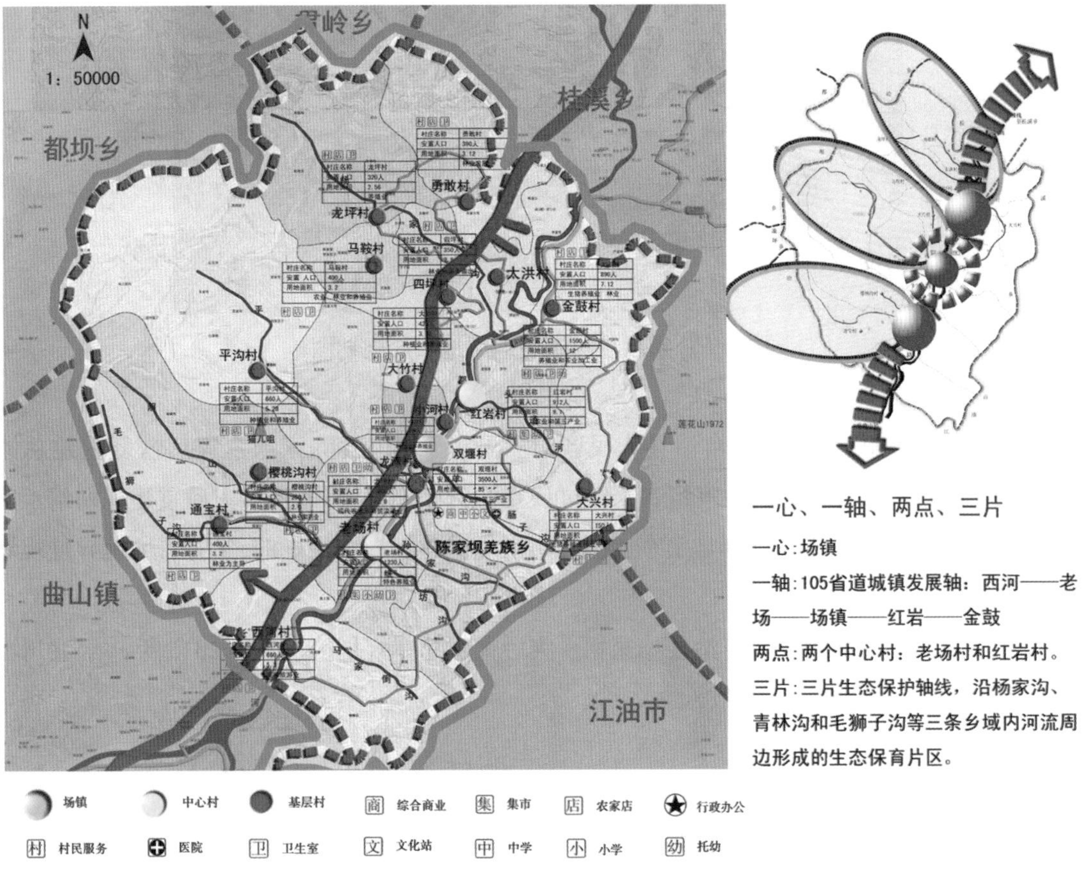

图 1　陈家坝乡村镇体系规划图

2008 年 8 月至 2008 年 12 月，亲赴灾区，冒着余震不断的危险，深入到场镇村庄，进行了现状调研和沟通对接，完成了《陈家坝乡灾后恢复重建规划》和援建项目的建筑方案设计，完成了层次分明、衔接紧密的“四位一体”的规划成果体系，并先后多次向山东省援川前线指挥部、青岛市人民政府、青岛驻北川指挥部、北川重建工委和陈家坝乡人民政府汇报沟通，优化完善方案（见图 1、图 2）。

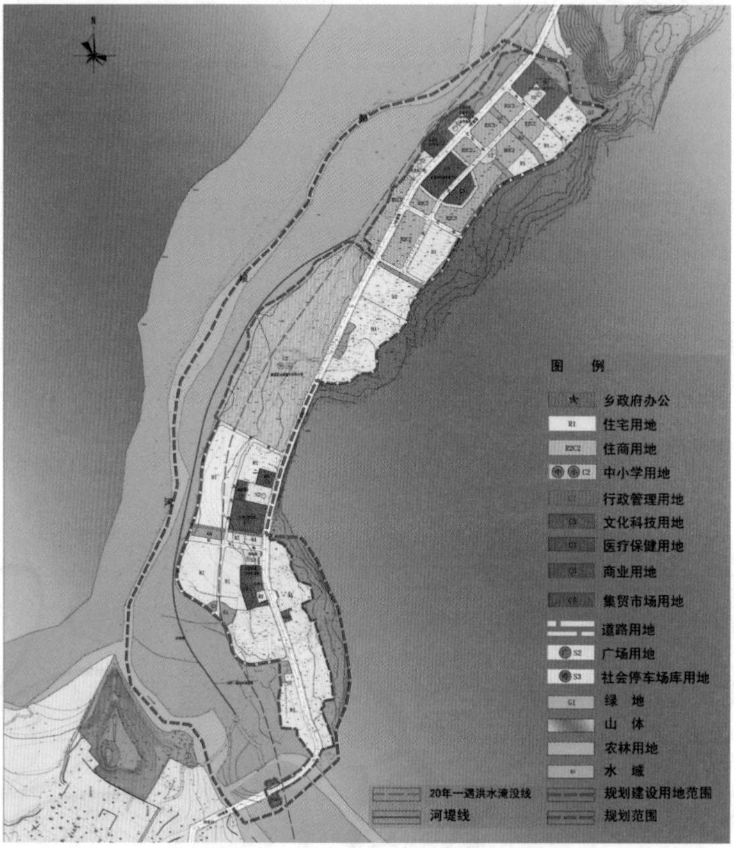

图 2　陈家坝乡场镇驻地用地布局规划图

2008 年 12 月 16 日，北川羌族自治县人民政府召开了《北川县陈家坝乡灾后恢复重建总体规划（2008 ～ 2015 年）》专家评审会。评审组专家经过认真讨论评议，对陈家坝乡灾后重建规划给予充分肯定和高度评价，一致认为该重建规划是山东支援北川恢复重建规划中最好的，为灾后原地异址规划做了较好的探索。

2009 年 2 月 9 日，《北川羌族自治县陈家坝乡灾后重建总体规划（2008 ～ 2015 年）》经北川羌族自治县人民政府北府函〔2009〕12 号批复。

二、规划特点

（一）重建规划突破传统思路，创新规划编制工作模式，为陈家坝乡灾后重建打下坚实基础

陈家坝乡是“5.12 特大地震”极严重受损乡镇，震后基础设施薄弱，区域地质条件极为复杂，城乡建设的基础资料缺失。重建规划能否科学合理地编制完成面临着极大的挑战。面对挑战，传统规划编制

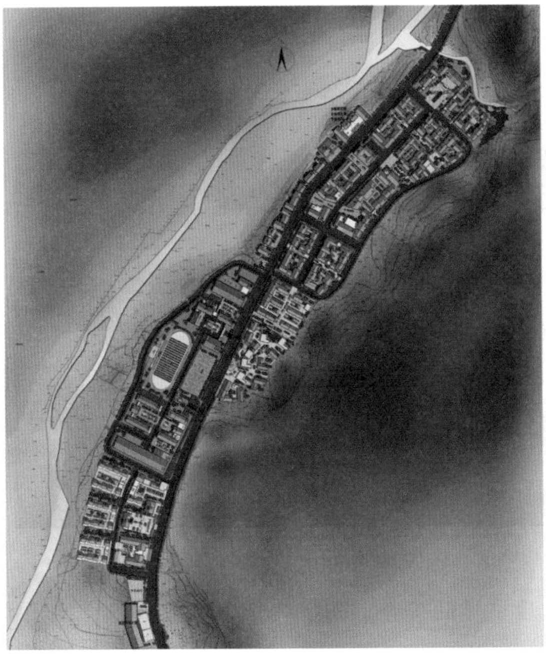

图 3　陈家坝乡近期建设修建性详细规划图

手段和工作模式已无法满足任务重、要求高、时间紧的重建规划的需要。

1. 重建规划创新规划编制工作模式，采用“前后方跨时空、跨地域”的“双线工作模式”

规划设计人员在板房援建收尾阶段，既与当地政府对接，在选址意见不明确，地质评估资料不齐全、设计要求不清楚的情况下，提前介入，主动出击，搜集资料，查找标准，迈出了重建规划编制工作的第一步。随后又多次进驻北川前线，深入灾区现场进行大量实地勘测、搜集资料和沟通对接，同时与后方支援团队紧密联系，通盘考虑工程投资和施工方案，规划编制和建筑设计协同推进，编制完成了灾后重建规划（如图 3 至图 5 所示）。

2. 重建规划创新规划编制成果体系，完成了层次分明、衔接紧密的“四位一体”规划成果体系

该规划按照“以人为本、民生优先、尊重自然、传承文化、因地制宜、协调发展”的原则，统筹考虑自然环境、地域特色和产业发展模式，构建起乡域村镇体系、场镇驻地总体和近期修建性详细规划等三个层面的规划支撑体系，同时完成了援建项目的建筑方案设计，确保了援建工作扎实推进，实现了陈家坝乡经济社会的可持续发展。

图 4　陈家坝乡近期建设修建性详细规划鸟瞰图 1

（二）重建规划着眼于陈家坝乡灾后重建的需要，突出公众参与，确保陈家坝乡灾后重建的顺利实施

重建规划的编制突出了公众参与。规划着眼于灾后重建的顺利实施和长远发展，为确保规划编制符合当地实情，在重建规划的各个阶段采用公众参与的方法，多次与县乡政府对接沟通，同时把重建规划展示到板房，通过面对面的技术讲解、沟通，征求当地人民群众的意见，以保证重建规划满足当地政府经济社会发展的需要，增加重建规划的社会认同和可操作性。

图5　陈家坝乡近期建设修建性详细规划鸟瞰图2

图6　陈家坝乡社区广场节点城市设计图

（三）重建规划高度重视用地安全和防灾减灾，保证灾后重建的安全、安定

科学选址方面，规划在地质灾害评估的指导下，确保地质安全，远离地震断裂带；科学用地方面，确保场镇用地和重建项目安全，做到了地勘详查全覆盖。

灾后重建困难重重，防灾减灾面临着严峻的现实考验，防灾减灾规划是灾后重建取得成功的重要保障。规划从乡域和场镇驻地两个层次，以及抗震、防洪、消防和地质灾害防治等四个方面来布局。同时，严格执行抗震设防要求，提高学校、医院等人员密集的公共服务设施抗震设防标准。

（四）重建规划以人为本，民生优先

考虑灾后恢复重建的特殊性，把保障民生作为恢复重建的基本出发点，从群众最迫切的就学、就医、就业需求出发，以群众享有基本公共服务为着力点，尽快恢复公共服务设施和基础设施，使灾区群众普遍享有基本生活保障，同时优先保证交通、通信、能源和供水工程的恢复重建，确保生命线工程的安全。

（五）重建规划坚持尊重科学，优化村镇布局，促进经济社会发展

根据现状调研和与地方领导沟通了解的情况，从受灾人口、耕地、林地和基础设施受损等情况对乡域内18个村庄进行了综合分析，根据乡域资源环境承载能力，从区域生态系统分析灾后村庄安置和可持续发展协调的问题，科学确定不同区域的主体功能，调整优化城乡布局、人口分布、产业结构和生产力布局，促进人与自然和谐。

（六）重建规划强调尊重自然，科学布局用地，构筑宜居场镇

设计结合自然，强调城镇、村庄与周边河流、森林、山脉的和谐相处。充分利用都坝河和周边生态山体的自然风貌，灵活布局，在场镇规划“两街、三心、七区”（即生活景观街和商业步行街，乡行政办公中心、乡商业贸易服务中心和乡文化活动中心，七个特色居住社区）（如图6至图8所示），全力塑造人与自然和谐共生的羌族特色居住风貌区，形成宜居、自然的生活环境。

（七）重建规划注重传承文化，保护生态，重筑精神家园

高度注重体现城镇的历史风貌、建筑风格和地方羌族文化特色，建筑的布局和风貌设计充分体现地域特点，融合羌族文化，塑造羌族建筑特色，形成具有浓郁羌族风貌的特色型城镇。

（八）重建规划坚持统筹兼顾，近远期协调发展

规划着眼长远，适应未来发展提高需要，适度超前考虑，并与推进新型城镇化、新农村建设相结合，推动结构调整和发展方式转变，努力提高灾区自我发展能力。

重建规划注重处理好近期与远期发展的关系，本着合理规划、可持续发展的原则，将三年的灾后重建与后五年的恢复提高建设有机地结合起来，为陈家坝乡灾后重建提供了科学依据。

图 7　陈家坝乡出入口城市设计图

图 8　陈家坝乡中小学规划鸟瞰图

发展中的环胶州湾地区保护专题研究总报告

编制时间:2009 年。

主要设计人员:宋军、王天青、冯启凤、赵琨、毕波、李传斌、刘建华、王伟、初开艳、陈吉升、林晓红。

获奖情况:2010 年,获山东省优秀规划设计三等奖。

研究确定了“寻找问题,确定目标”“分解目标,研究专题”“综合专题,解决问题”“升华成果,实现目标”的研究思路,形成了“一条主线,两个分支”,且相互支撑、相互校核、协调推进的工作路线,并制定了“四步走”的工作环节:制定研究的目标,提出问题;分工研究问题,从专业角度解决问题,形成 11 项专题研究结论;对接与汇总,从总体角度综合研究环湾保护问题;完善与提升,从环湾区域全局角度研究制定环湾保护的对策和区域发展的模式,指导环湾保护的具体规划建设活动。

研究基于 11 项专题研究成果,对环湾地区生态承载功能进行综合分析,着重对海洋承载力、岸线变化、生态湿地、局地气候变化、自然灾害等影响胶州湾生态承载功能的关键问题进行归纳,将环湾地区的保护最终归结为建立三个安全体系,即生态安全体系、城市安全体系和经济安全体系,并基于三个安全体系提出环湾地区的保护对策。

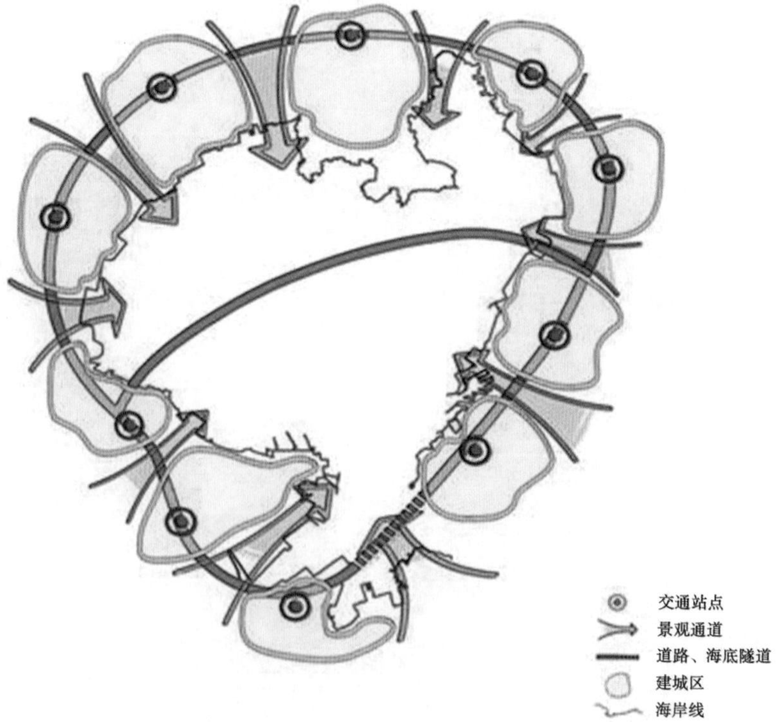

图 1　环胶州湾地区 TOD 交通模式示意图

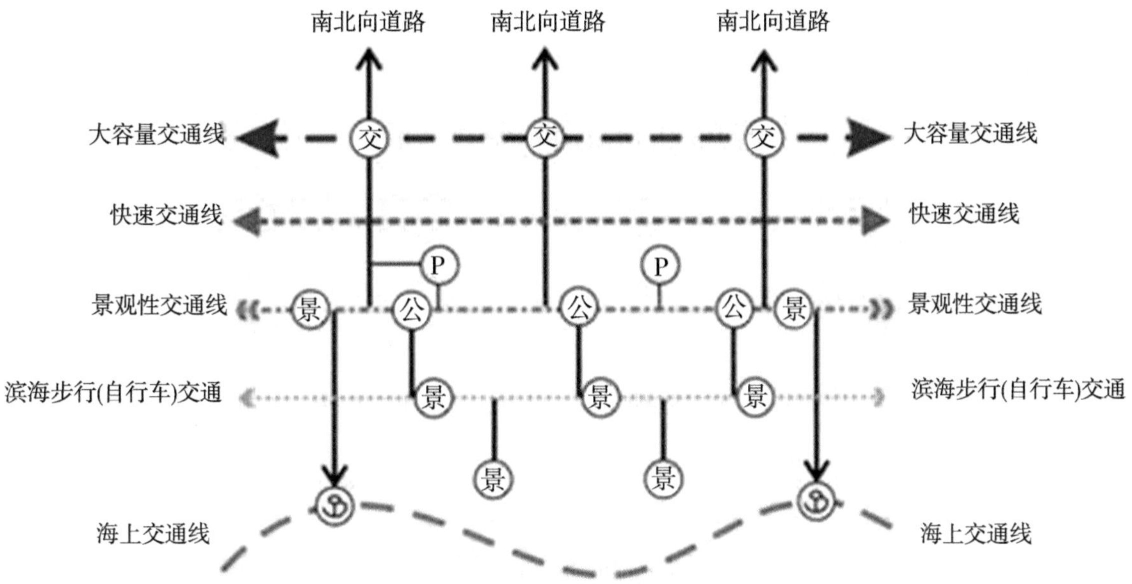

图 2 环胶州湾地区多元化的交通体系示意图

总报告在研究环胶州湾地区保护问题的基础上，分别从发展功能、空间格局、交通模式（如图 1、图 2 所示）、土地开发、城乡一体化等角度分析了环湾地区未来城市发展的模式，并对诸如建筑后退、中水利用、陆海一体化、岸线优化、港口用地、沿岸化工产业等难以在规划层面解决的问题提出了继续研究和讨论的建议。

青岛新都心概念规划

编制时间:2009～2010年。

我院编制人员:黄浩、田志强、李婧。

合作单位:RTKL。

获奖情况:2010年,获山东省优秀城市规划设计三等奖、青岛市优秀城市规划设计二等奖。

一、项目背景

为带动青岛中部区域城市发展,整合城市空间,激发城市活力,建设一个功能齐全、特色鲜明的综合性的新型城市中心,对长沙路、清江路、南昌路、黑龙江路围合的3.9平方千米区域编制概念规划。

二、规划构思

通过新理念、新思路的研讨,引领青岛中部区域发展,创造新的城市中心;通过空间布局设计,近求实际,远近结合,为下一步控制性详细规划编制奠定基础;通过建筑形态设计,确定地块开发强度,优化城市空间轮廓线,提升城市景观。

三、功能定位

规划区域功能定位为青岛新的生态中心、文化中心、商务中心、商贸中心和国际居住社区,以及城市功能高度复合的未来型城市"新都心"(如图1所示)。

四、规划理念

该规划采用"有机聚合"的理念,即"整体论"加"有机论",通过各组成要素之间的有机联系形成一个整体。对现有自然生态网络进行补充与优化,修复自然生态因子,整合生态要素,以斑块、廊道和基底形成生态骨架,通过不同规模的生态廊道层次化、网格化,构建完善的生态网络体系——完善的生态网络。

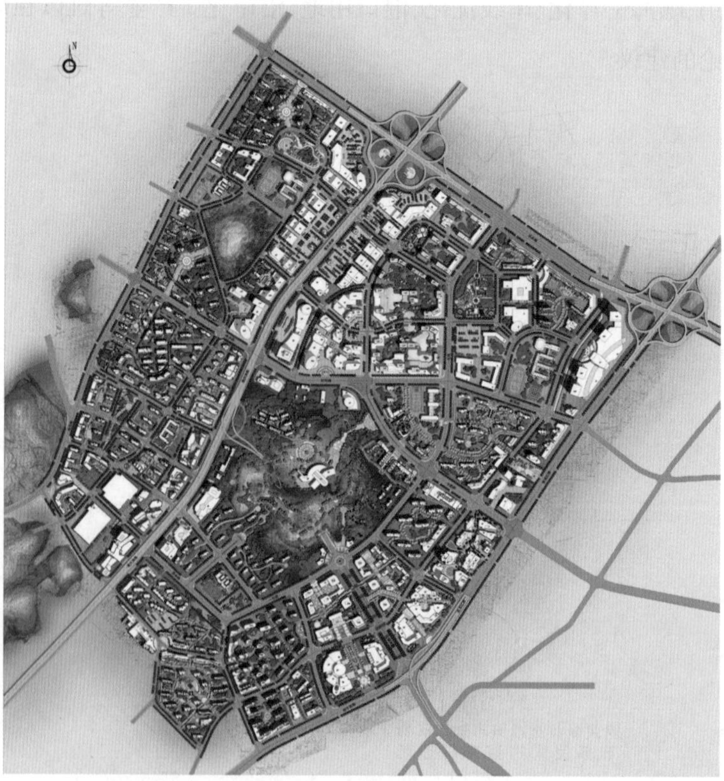

图1　青岛新都心规划总平面图

同时，将建设用地与有机生态网格相结合，建设用地以密度组团的形式形成空间的有机聚合——多样的密度组团。

此外，“有机聚合”以塑造多元文化为目标，将文化内容进行拼贴组合，融入休闲度假的功能需求，以文化为脉来串联多时空，使区域保持持续活力和文化魅力——多元的文化目标。

五、规划结构

规划形成“一心一环两带三大国际社区八大板块”的总体结构（如图2、图3所示）。

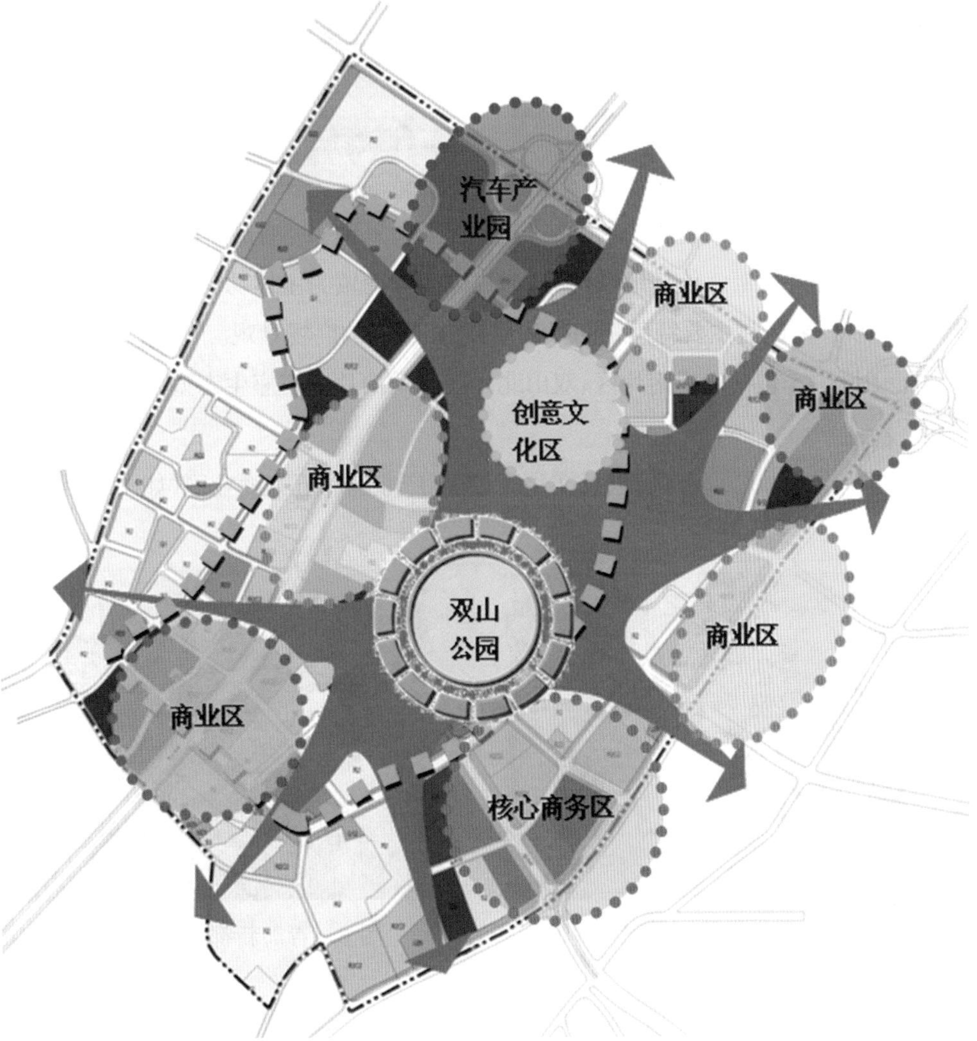

图2　青岛新都心规划结构图

1.“一心”。双山生态公园是市北区生态走廊的重要组成部分，也是区域的生态之心。结合双山公园建设一座文化艺术中心，将双山公园打造成集生态、文化、健身等功能于一体且富有自然山野气息的综合性城市森林公园。

2.“一环”。环形景观轴，利用双山生态公园，通过一条绿色走廊，把新都心各个主要绿化景观节点连接起来，形成围绕双山“生态之心”且贯穿新都心的环形景观轴，将区域内三大国际社区有机地连接起来，创造舒适宜人的绿色步行系统。

3. “两带”。一是重庆南路经济产业带。重庆路是城市中部南北交通快速通道和城市现代化形象展示带，结合企业改造，把重庆南路打造多功能的商业贸易产业带。

图 3　青岛新都心整体鸟瞰图

图 4　青岛新都心核心商务区鸟瞰图

二是黑龙江路经济产业带。依托地铁优势，形成以商务商贸为主体功能的黑龙江路经济产业带，以开放式的露天商业步行街区为主要特色，同时建设与之相呼应的广场景观。

4. “三大国际社区”。包括双山南片区、双山北片区和大山片区三座生态型、适合现代生活方式的国际社区。

5. “八大板块”。包括核心商务区、创意文化区、汽车产业园和五大商业区(如图 4 至图 6 所示)。

图 5　青岛新都心创意文化区鸟瞰图

图 6　青岛新都心汽车产业园鸟瞰图

六、设计特色

第一，结合区域实际，发展核心商务区、汽车产业园和创意文化园，实现区域功能再造和产业升级，为区域发展注入活力。

通过对周边区域的分析研究，并结合规划区域自身实际情况，确定在规划区域内发展核心商务区、汽车产业园和创意文化园，从而实现规划区域的功能再造和产业升级，打造功能复合的新的城市中心，为规划区域发展注入活力。

第二，旧城旧村改造的新模式，以文化、生态、商贸等公共设施来塑造整体灵魂、引领区域发展。

该规划涉及双山、保尔旧村及旧城改造，改造之后不仅仅将其规划为居住用地，将形成以城市功能、城市公共服务为引领的多功能集聚区。

第三，采用板块式发展模式，分期开发实施，构筑城市功能高度复合的未来型城市“新都心”。

规划采用板块式发展模式，包括八大板块，即核心商务区板块、创意文化区板块、汽车产业园板块和五大商业区板块，从而构筑城市功能高度复合的未来型城市“新都心”。采用板块式发展模式，有利于“新都心”的分期开发实施。

第四，通过整体形态、理念的研究，指导控制性详细规划的编制。

该规划通过新理念、新思路的研讨，结合现状情况，为控制性详细规划的编制确立了整体发展思路、发展理念和整体发展框架，有效地指导了控制性详细规划的编制。

红岛经济区及周边区域总体规划

编制时间：2012 年。

编制人员：刘宾、吕翀、孙丽萍、李国强、管毅、祝业青、王丽媛、金超、张海明、刘彬、明磊、化继峰、崔园园。

一、规划背景

青岛市第十一次党代会确立了“全域统筹、三城联动、轴带展开、生态间隔、组团发展”的城市空间发展战略，将北岸城区（包括新设立的红岛经济区及城阳区）的开发建设提上议事日程。在 2012 年政府工作报告中，青岛市人民政府进一步提出：“北岸城区做高做新，打造科技型、人文型、生态型新区。”

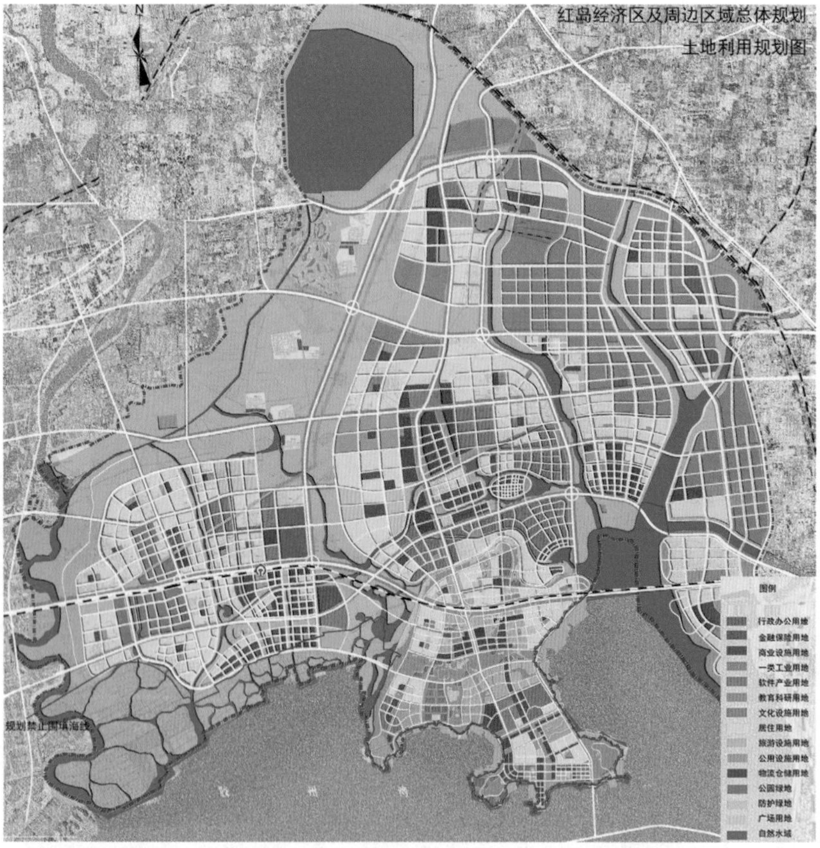

图 1　红岛经济区及周边区域土地利用规划图

二、区位及范围

红岛经济区及周边区域位于市域地理几何中心，分布有多条高速公路、铁路，临近机场和港口，是大青岛都市区的空间中枢和交通枢纽。

规划范围南至海岸线，东至胶济铁路线，西邻胶州市，包含红岛、河套、上马、棘洪滩街道以及高新区，占地约 316.7 平方千米。

三、发展目标及功能定位

1. 发展目标：科技、人文、生态新城。

2. 功能定位：全球科技创新网络上的节点；服务蓝色经济、辐射山东半岛的科技创新中心；软件信息产业、蓝色经济与高端产业聚集区，国家高新技术产业开发区；环湾“三城联动”的城市中心区之一；交通便利、设施完善、人才汇聚的智慧型、生态型、现代化国际城区（如图 1 所示）。

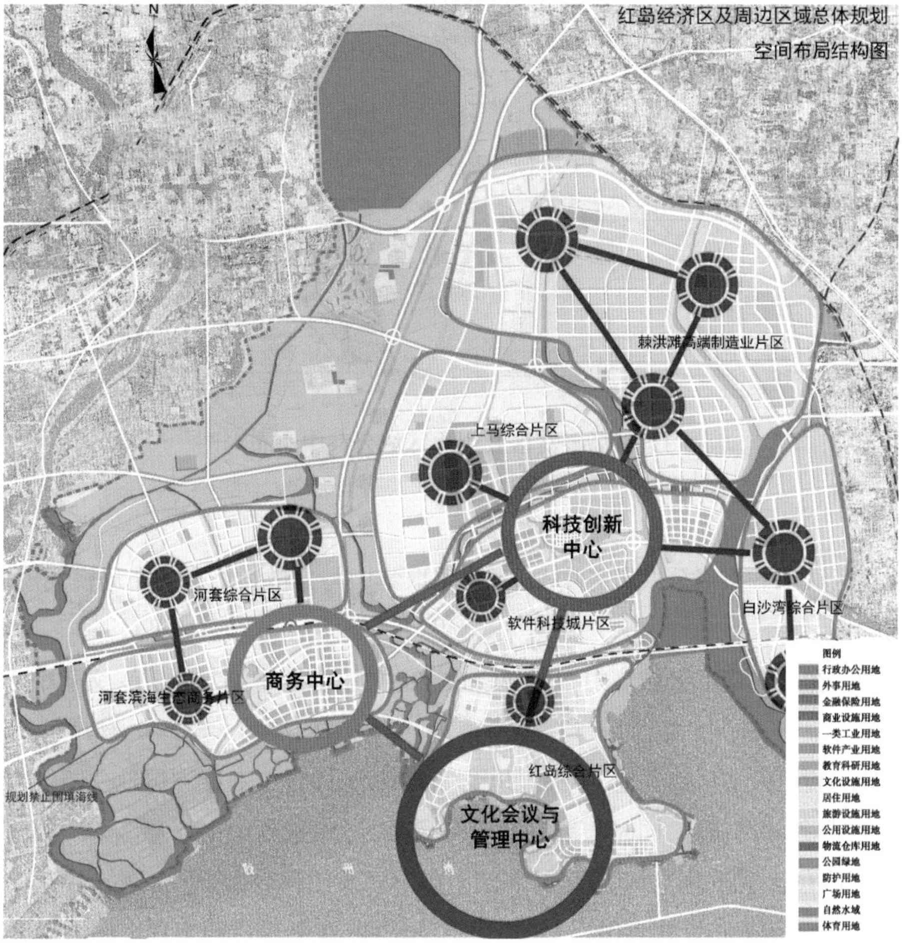

图 2　红岛经济区及周边区域空间布局图

四、空间布局结构

以生态间隔、快速交通系统为边界，围绕科技创新中心、商务中心、文化会议与管理中心三大主核，结合国际化城市功能布局需求，形成主导功能明确、产城融合、内生活力、复合多元的七大功能片区（如图 2 所示）。

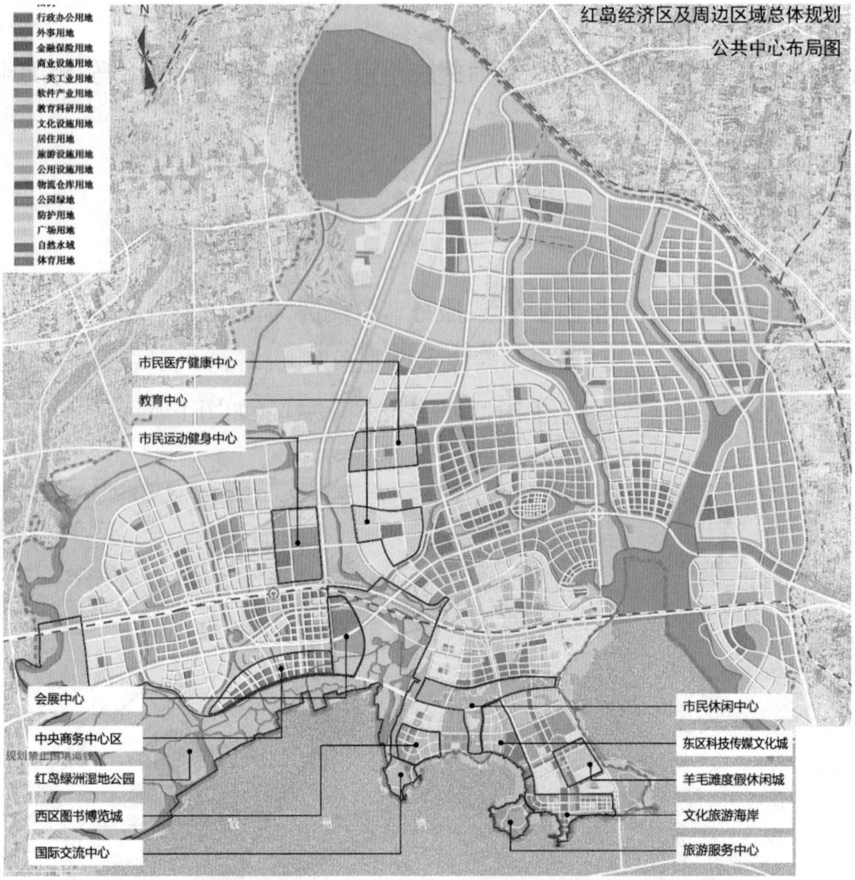

图 3　红岛经济区及周边区域公共中心布局图

五、公共中心规划

红岛及周边区域承载市级公共服务中心职能，采取集中与分散相结合的布局模式规划布局各市级公共中心（如图 3 所示）。

1. 集中布局。在红岛南部区域集中布置博物馆、图书馆、演艺中心、科技馆、文化中心等设施，形成文化设施聚集区。

2. 分散布局。利用大沽河口湿地、中央湿地及滨海滩涂，建设红岛绿洲湿地公园；在河套湾底区域布置中央商务区，服务北岸城区，同时与航空港紧密联系；考虑服务中央商务区，并与会议中心联动发展，在中央湿地西侧布置国际会展中心；依托北侧生态空间及便利交通条件布置市民运动健身中心；以国际学校、职教中心为基础布置教育中心；考虑服务均好性，在上马西侧布置市民医疗健康中心；围绕白沙湾，布局软件科技城商务中心；在上马、棘洪滩、产业片等各区配套相应商业服务中心。

六、道路交通规划

规划建设以“慢行＋公共交通”为发展目标的绿色交通系统（如图 4 所示），打造生态交通示范城区。快速路系统（三横四纵）与生态廊道结合，围合城市板块；主干路系统（十横十纵）连接城市功能组团及重要公共服务中心。注重支路网系统规划，提高城市服务运营效率。

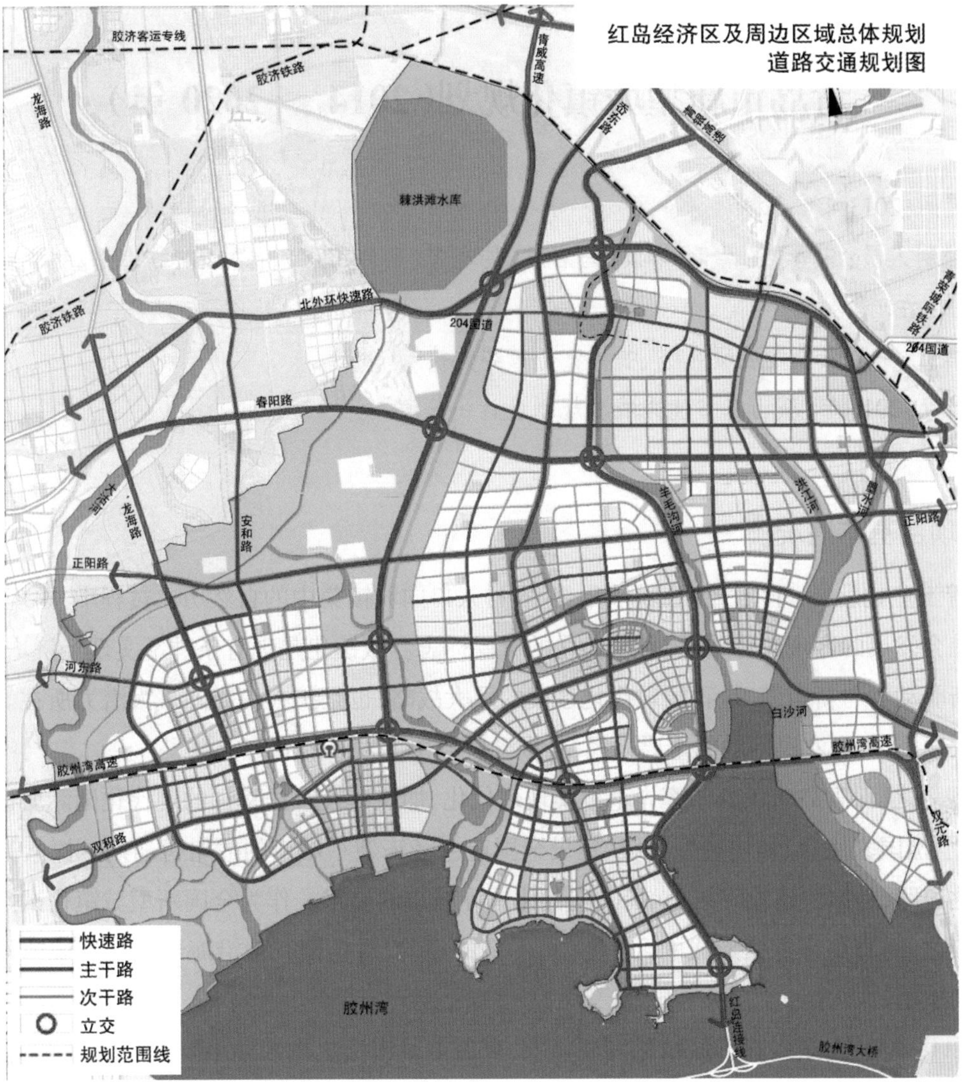

图 4　红岛经济区及周边区域道路交通规划图

青岛市新型城镇化规划(2014～2020年)

编制时间:2013年。

我院编制人员:宋军、王天青、毕波、冯启凤、吴晓雷、王伟、唐伟、徐文君、方海恩、林晓红、陆柳莹、赵琨、丁帅夫、左琦。

合作单位:中国城市发展研究院、中共青岛市委党校。

获奖情况:2015年,获山东省优秀城乡规划设计一等奖。

一、项目基本情况

伴随着工业化发展,非农产业在城镇集聚、农村人口向城镇集中的自然历史过程中,出现了城镇化,它是人类社会发展的客观趋势,是国家现代化的重要标志。城镇化是现有条件下实现经济增长、促进社会发展的新驱动力与新引擎,是我国现代化建设的重大战略,也是扩大内需的最大潜力所在。推进城镇化是解决农业、农村和农民问题的重要途径,是推动区域协调发展的有力支撑。

编制规划之际,青岛市正处于率先基本实现现代化、加快建设宜居幸福的现代化国际城市的关键时期,正处于承担国家使命、加快转型升级、建设全国蓝色经济领军城市的战略机遇期。探索具有青岛特色的城镇化道路,是加快建设宜居、幸福的现代化国际城市的要求。作为全国新型城镇化试点城市3个计划单列市之一,青岛市探索形成的可借鉴、可示范的经验,对全国其他沿海地区推进城镇化具有重要的示范带动作用。

根据中共中央、山东省新型城镇化发展要求,青岛市城镇化工作领导小组组织编制了《青岛市新型城镇化规划(2014～2020年)》(以下简称《规划》)。《规划》通过了青岛市、山东省组织的两层级专家评审。经中共青岛市委常委会通过,于2015年5月4日正式印发颁布。

《规划》共11篇39章,对青岛市城镇化发展现状和问题进行了深入分析,确定发展目标和工作任务,明确了未来青岛市新型城镇化的发展路径和主要措施,是青岛市城镇化推进与实施的顶层规划与设计。

二、主要规划内容

《规划》突出问题与目标双导向,提出了制定规划的背景与意义,分析了现状城镇化发展的主要特征、存在的问题,提出了城镇化发展的思路与目标。从推进农业转移人口市民化、城镇化布局与形态、城镇发展与支撑、生态文明建设以及体制改革等方面提出了青岛市新型城镇化的实施路径与策略,提出了促进规划实施的保障策略与行动计划。

1. 制定规划的背景。主要分析了《规划》编制的背景与意义,阐述了推进新型城镇化对城市发展的重要作用与影响。从发展历程、空间结构、产业发展、农业人口转移、设施配套、城乡发展等方面,深入分析了城镇化发展现状及其存在的主要特征，并分析了存在的主要问题。同时，明确了青岛市处在城镇化中后期阶段、人口输入型特征突出、半城镇化现象突出、人口城镇化滞后于土地城镇化、城乡差异突出、体制机制亟待改善等特点，分析了国家顶层设计、一带一路战略、蓝色经济战略、中外经济合作给青岛城镇化带来的契机，也探讨了外部区域竞争日趋激烈、资源环境趋紧、人口老龄化突出等巨大挑战。

2. 指导思想与发展目标。明确了以人的城镇化为核心，以都市区为主体形态，以改革创新为动力，具有青岛特色的城镇化道路。贯彻新常态发展思路，提出了青岛市城镇化发展的总体目标，确定了具有城镇化特色与青岛特色的主要指标体系及发展目标。突出了青岛市蓝色经济战略、海洋生态环境保护为导向的特色指标。

3. 稳步推进人口市民化。按照农业转移人口市民化、城中村和棚户区市民化两个方面稳步推进市民化。《规划》突出了户籍制度的改革与深化，提出了中心城区积分制、实施居住证制度等举措，明确了城乡基本公共服务常住人口全覆盖，建立市民化成本分担机制，实现财政转移支付同农业转移人口、建设用地规模与农业转移人口双挂钩机制等，提出了城中村与棚户区改造的目标与策略。

4. 优化城镇化布局和形态。《规划》提出贯彻生态文明，以都市区为城镇化的主体形态，构建城镇化战略格局，打造“一核三带多组团、山海田园生态型”的总体格局。依据不同地区和类型，提出了“分区分类、差异化”的城镇化模式，对中心城区、次中心城市和功能组团、小城市、小城镇等提出了基于人口引导类型、各具特色的城镇化发展模式。对各级城镇的发展思路与策略进行引导。强化综合交通运输网络对于城镇化格局、各级城镇化发展的支撑作用。

5. 增强城镇发展动力。通过加快转变产业发展方式，实施蓝色引领和创新驱动战略，加快城市产业转型升级，突出产城融合发展；充分发挥青岛市创新能力突出等优势，加快创新型城市、国际贸易城市和智慧城市建设，突出城镇治理水平的提升。

6. 增强城镇承载能力。创新规划理念，提高规划建设水平，强化规划调控。加强基础设施与公共服务设施建设，推进基本公共服务均等化和基础设施建设一体化。加强城镇安全保障能力建设，完善综合防灾体系，加强建筑管理。

7. 推进城镇生态文明与绿色发展。把生态文明理念融入城镇化全过程，突出生态基底的保护与控制线的划定，构建“一湾两带三区”多点的网络化生态格局，强化生态管制。实施污染治理，加大水、大气、海洋等治理力度。提高城镇土地利用效率，促进水资源可持续利用等，提高资源能源安全与可持续利用水平。推进绿色城镇建设，推动绿色生态城区、低碳社区和绿色建筑发展。强化生态环境保护制度，建立生态补偿机制。

8. 传承文化与塑造城镇特色。深入挖掘齐鲁文化、沽河文化等传统文化的内涵，强化文化的传承与创新。加强历史文化的传承与保护，实施非物质文化遗产的保护，建设特色人文城镇，打造特色分区，发展繁荣文化事业。

9. 推进美丽乡村建设。《规划》完善城乡一体化发展的体制机制，推进资源要素向农村延伸，建立统一的建设用地市场。转变农业发展方式，发展现代农业，加快农业现代化进程，构建现代农业体系。按照“两区共建，三个集中”等思路，推进农村新型社区与新农村建设，完善公共服务设施及市政设施配套。

10. 改革完善城镇化发展体制机制。《规划》统筹推进人口管理、土地管理、财税金融等重点领域和关键环节改革。深入实施居住证制度，深化推进土地管理制度改革，建立产权交易平台，推进农村土地制度、宅基地制度的改革；建立多元化的投融资机制，创新融资工具，强化 PPP 模式，建立 PPP 项目库；推进行政管理模式改革，实施扩权强镇与法定机构管理模式。

11. 具体实施。提出强化市、区市的组织协调，实施相关政策统筹，选择有代表性的地区开展试点，进行积极探索，形成可复制可借鉴的经验。突出《规划》的实施性与可操作性，开展市民化、产城融合、城乡一体化、绿色城镇、文化传承和设施建设六大行动。

三、项目特色与创新

1. 突出战略性，紧密融合国家与区域相关战略，体现特色体系创新。充分研究一带一路战略、国家新型城镇化、山东省新型城镇化战略等，实现紧密融合与衔接，突出本规划的前瞻性、政策性与视角广度。融合区域战略与国家城镇化的重点任务，有针对性地确定青岛市的城镇化战略重点与方向。规划框架体系上突出本地特色与创新。

2. 突出试点性与创新性，实现体制机制等改革创新，强化示范带动意义。突出农业转移人口市民化、生态补偿机制、户籍制度改革、投融资体制机制以及土地制度改革探索，《规划》成果对其他同类地区具有重要示范作用。创新户籍制度改革，确定了分区、差别化的户籍制度，实施积分落户。明确了建立生态补偿机制，进行农村土地流转、农村宅基地、集体经营性建设用地的改革，PPP 投融资模式的推进以及具有青岛特色的多种投融资模式试点。

3. 突出本地特色，实施蓝色战略驱动、分类分区差异化模式，强化海域等生态环境保护。以一条主线贯穿，紧紧围绕蓝色战略、人口输入型突出以及中心城区集聚型主导模式、科技创新能力突出等本地特色，提出更具针对性的发展模式，并明确特色发展指标与目标。针对不同地区的发展阶段与发展条件，《规划》实施因地制宜、分类指导，突出比较优势，制定各具特色、有针对性的发展策略与模式。突出生态文明与绿色化，构建蓝色产业体系，实现转型升级；突出海洋生态环境保护，加强海域海岸带与海岛的保护与利用；加强生态控制线与生态网络的构建，划定七线控制线，并建立动态数据库。

4. 突出双导向引导与新常态思路，注重多策略融合，强化目标的准确性。《规划》突出了问题导向与目标导向的融合。深入分析当前存在的主要问题，以问题解决为导向，明确发展思路；同时，依据国家和省城镇化发展的目标，结合青岛特色予以修正提升，提出以实现发展目标的思路导向，突出两个导向发展思路的融合与衔接。实施新常态发展思路，科学确定发展目标与发展策略。

5. 突出实效性与针对性，明确行动计划，创新保障机制。《规划》突出近期建设引导与控制，注重与“十三五”规划等相关规划统筹衔接，提出了近期七大行动计划，有利于指导重大项目的落实与投资安排；实施先行先试，有利于探索经验与推广。明确事权、监督、试点、监测、实施评估、考核等机制，突出《规划》实施的制度保障，有利于推进城镇化稳步实施。

6. 突出多部门、多专业、多体系融合，保障规划的前瞻性与可实施性。组织上，突出政府组织与部门合作。实现了青岛市主要领导任双组长、多部门共同参与的组织体系，多部门协同合作。编制上，突出团队合作，实现了国家级规划机构、地方规划机构的深度合作，突出了互补性。突出专家领衔，由国家级的知名学者、山东省专家与青岛市专家共同组成；既保证了规划的前瞻性，又突出规划的实施性与更强可操作性。注重公众参与，对全社会进行广泛公示，吸纳大量的公众意见。

7. 突出规划成果体系化，实现多方需求的融合探索。鉴于需求的多样性，为满足《规划》作为专业性规划与政府性文件的需求，创新了成果表达方式，形成“一主＋五副”成果体系。

青岛蓝色硅谷核心区总体规划(2013 ~ 2030 年)

编制时间:2013 ~ 2014 年。

我院编制人员:段义猛、宋军、任福勇、黄黎明、傅蓉、王聪、孟广明、赵杰、解丁祥、李祥峰、周琳、刘珊珊、李良、赵润晗、王晓丹。

获奖情况:2015 年,获全国优秀城乡规划设计表扬奖;2015 年,获山东省优秀城市规划设计二等奖。

一、规划背景

山东半岛蓝色经济区上升为国家战略,为青岛建设的转型跨越式发展提供了历史机遇。为落实国家蓝色经济战略、提升青岛城市竞争力,中共青岛市委、市政府提出“蓝色硅谷”战略部署,旨在增强青岛海洋科技的核心地位,引领全国海洋科技与高技术产业发展。

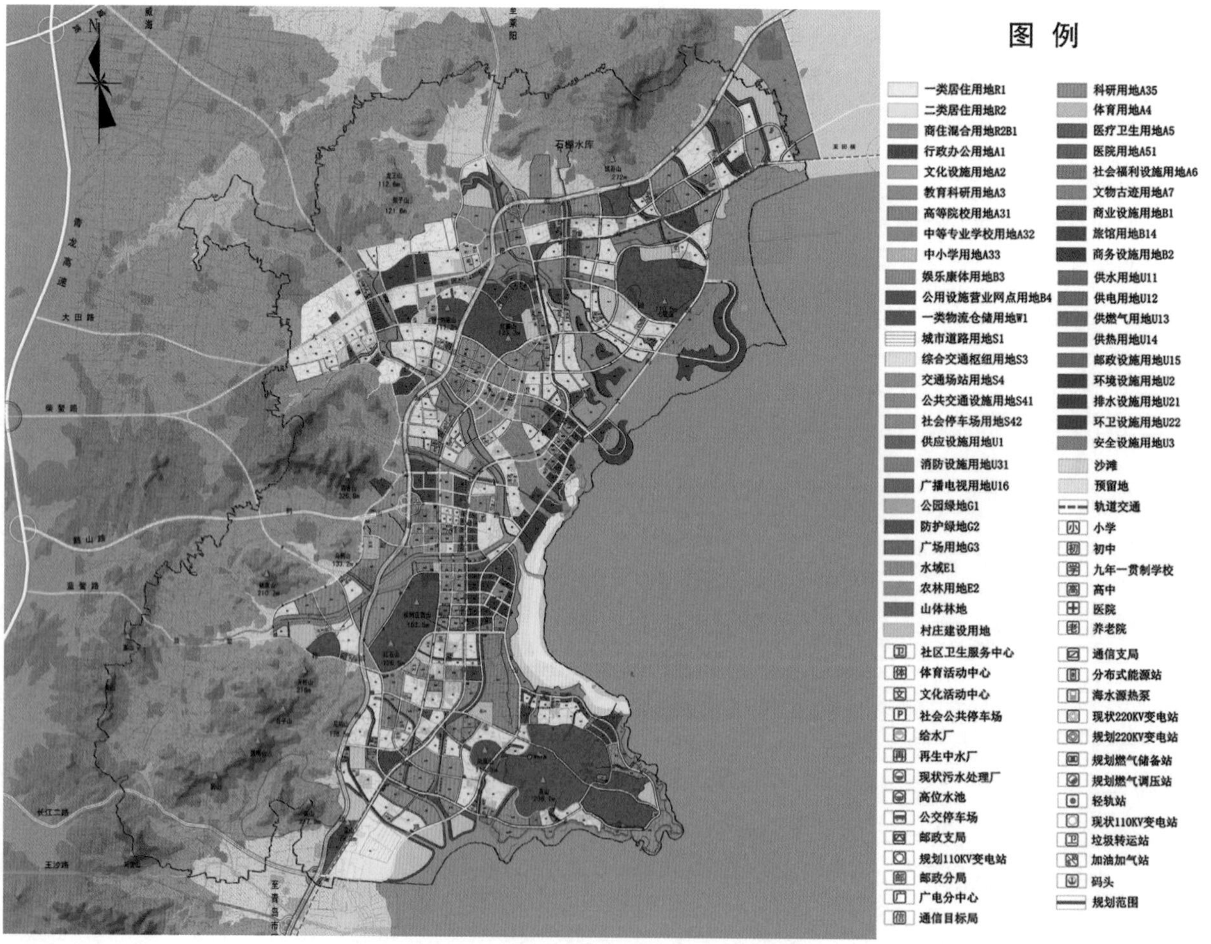

图 1　青岛蓝色硅谷核心区土地利用现状图

蓝色硅谷核心区位于即墨东部沿海，在崂山国家级风景名胜区北侧，包含即墨温泉、鳌山卫两镇，总面积约 218 平方公里。

二、现状概况

规划区地处胶东半岛东南部海岸，拥山聚水、背山面海，自西向东呈现出“山—谷—湾—海—岛”自然演替的空间格局（如图 1 所示）。海岸线总长达 32 公里，独具得天独厚的山海景观资源，是目前青岛现存尚未完全开发的、综合条件最优的滨海岸线，在我国北方海岸中具有代表性。

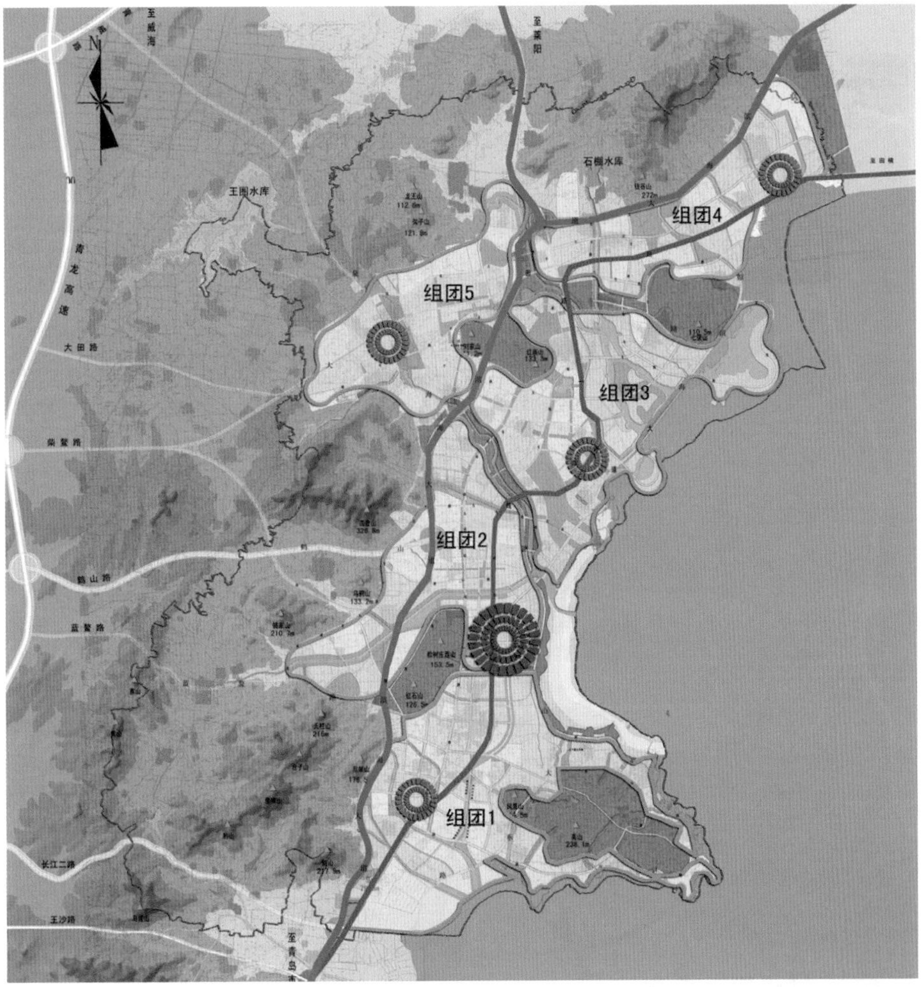

图 2　青岛蓝色硅谷核心区规划结构图

三、规划发展定位

优化整合青岛本土的优势资源，集聚海洋科研机构和人才，吸引国际旅游项目，以打造中国蓝色硅谷为总体目标，将温泉、鳌山卫地区建设成青岛市蓝色科技片区之一、海洋科技研发与孵化中心、旅游中心、环境宜居和功能完善的城市组团（如图 2 所示）。

发展规模方面，结合规划区的可建设用地评价，在保证生态安全的前提条件下，将常住人口规模控制在 70 万人，实现土地利用、旅游产业及生态环境和谐发展。其中，蓝色硅谷海洋科技专业人员 25 万人，从业人员及家属共计 39 万人，占硅谷总人口的 56%。

四、规划结构

借鉴新加坡“新镇”的规划设计理念，结合山体、河流生态间隔带，将其划分为 5 个新镇。每个新镇面积 10 ～ 20 平方公里，人口 15 万～ 25 万。新镇中心结合轻轨站设置。突出混合用地的发展理念，每个新镇产业用地和居住用地均衡发展，达到就业、居住平衡（如图 3 所示）。

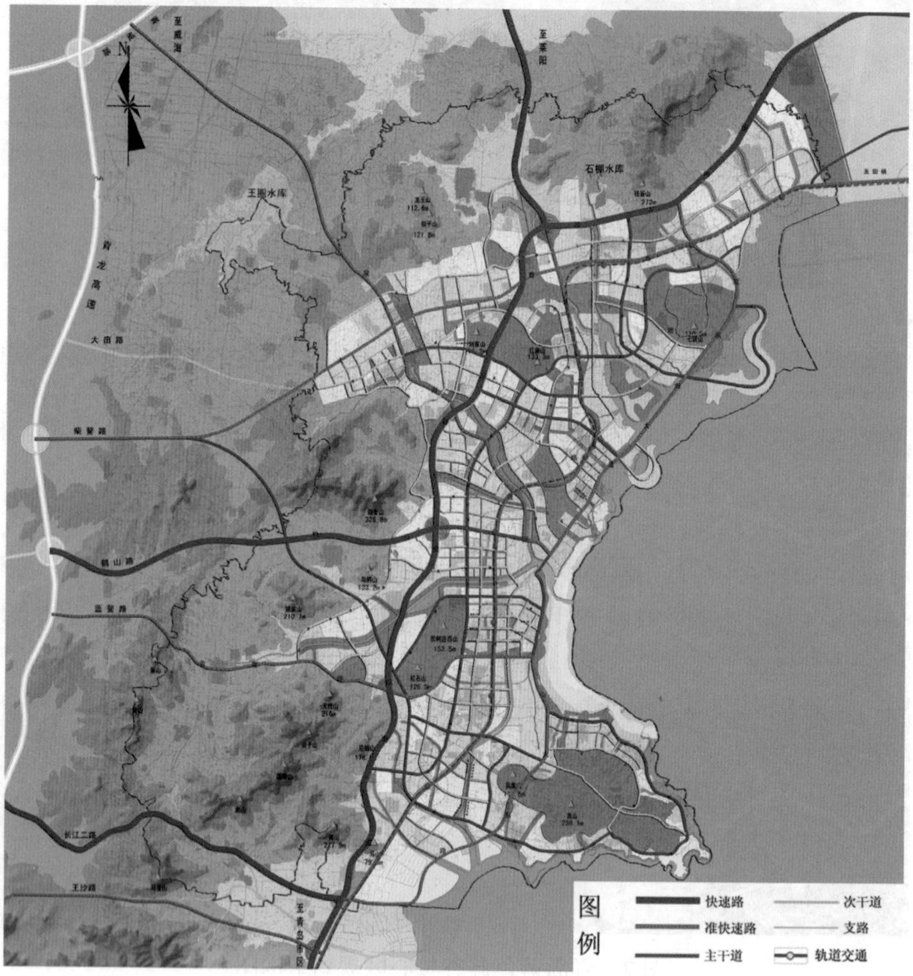

图 3　青岛蓝色硅谷核心区土地利用规划图

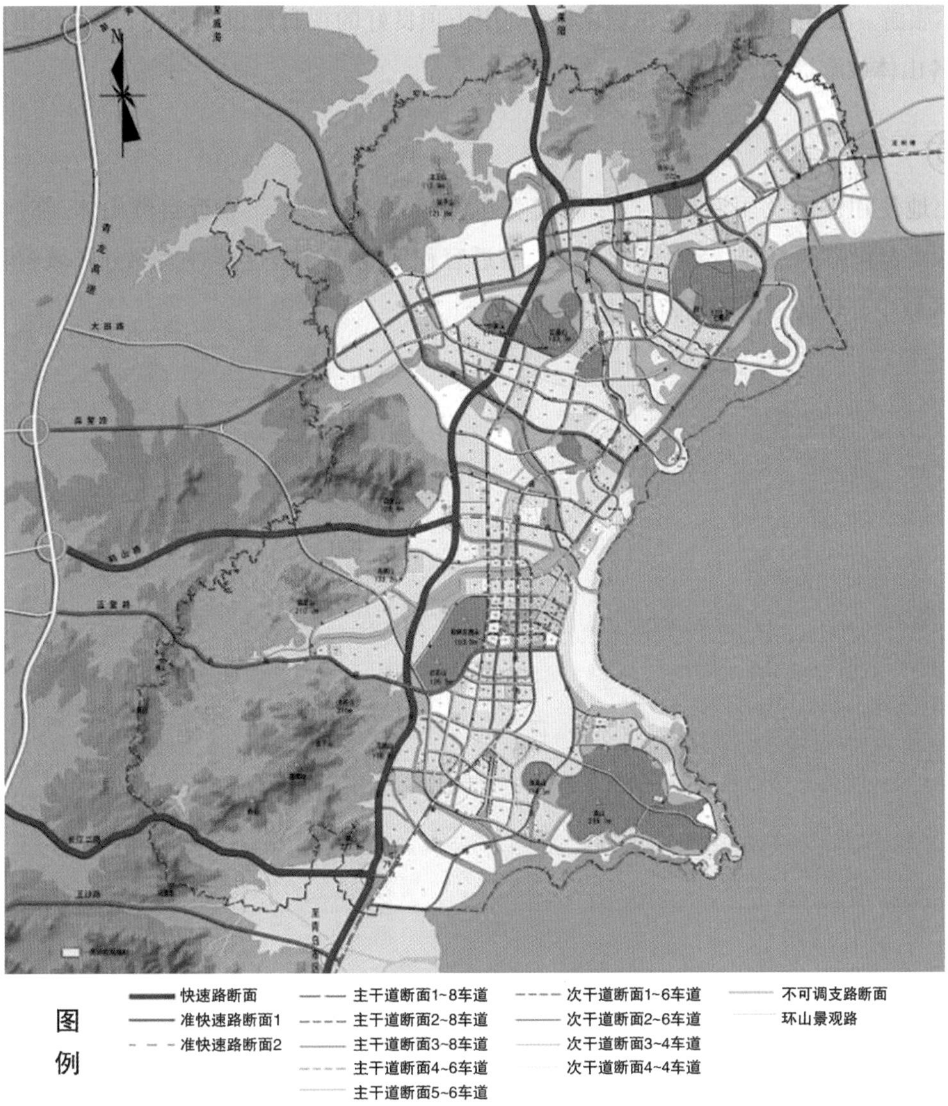

图 4　青岛蓝色硅谷核心区道路交通规划图

五、道路交通规划

如图 4 所示，城市道路等级分明，快速路为全封闭式道路，主要承担区内长距离交通，快速路尽量避免高架形式。准快速路配合快速路，连接各个新镇，道路不封闭，但要严格控制交叉口之间的距离以保证一定的车速。主干道主要连接新镇和快速路以及相邻新镇。次干道和支路主要服务小区出入交通。

六、旅游体系规划

规划滨海及内陆山体各旅游景点，形成由滨海向内陆延展、多层级的山海旅游体系。

1. 航海旅游。保留现渔港，建设渔人码头。依托现有鳌山港良好的水深条件，考虑远期预留邮轮码头。建设深潜基地科研码头；结合滨海酒店及疗养设施建设多处滨海游艇停靠点，串联滨海各景点，形成丰富的航海旅游体系。

2. 山体旅游。依托各山体特色主题山区；利用山顶良好的视野建设观景点；建设环山步道及自行车道，串联各山体旅游景点

七、开发强度控制

根据土地使用性质及用地与地铁站的关系确定合适的容积率。靠近自然山体、临河、滨海等环境优美的区域容积率低，越向轻轨和区域中心靠近容积率越高。蓝色硅谷大部分区域容积率控制在0.5～3.8，区域中心较高强度开发，容积率控制在3～7。

平度市大泽山镇总体规划(2014～2030年)

编制时间:2013年。

编制人员:刘宾、孙丽萍、祝业青、金超、李国强、管毅、马肖、化继峰、刘东智、郭晓林、朱瑞瑞、明磊。

获奖情况:2016年,获青岛市优秀城乡规划设计(城市规划类)二等奖。

一、项目基本情况

大泽山镇位于青岛市平度辖区,北与烟台莱州市接壤,东临大泽山风景名胜区,镇域总人口6.2万,辖80个行政村,面积150.6平方公里。作为旅游为特色的小镇,大泽山镇未来发展的重点主要集中在优势资源有效利用与现状产业转型发展两个方面。

该规划整合多项规划成果,注重多规合一;划定生态边界与建设底线,加强规划控制引导;强调城镇特质空间与特色风貌的塑造,建立由自然—乡村—镇区构成的小城镇景观体系;划分经济板块,确定各类产业发展引导策略;关注民生改善与经济发展,空间布局体现城乡基础设施一体化和公共服务设施均等化(见图1)。

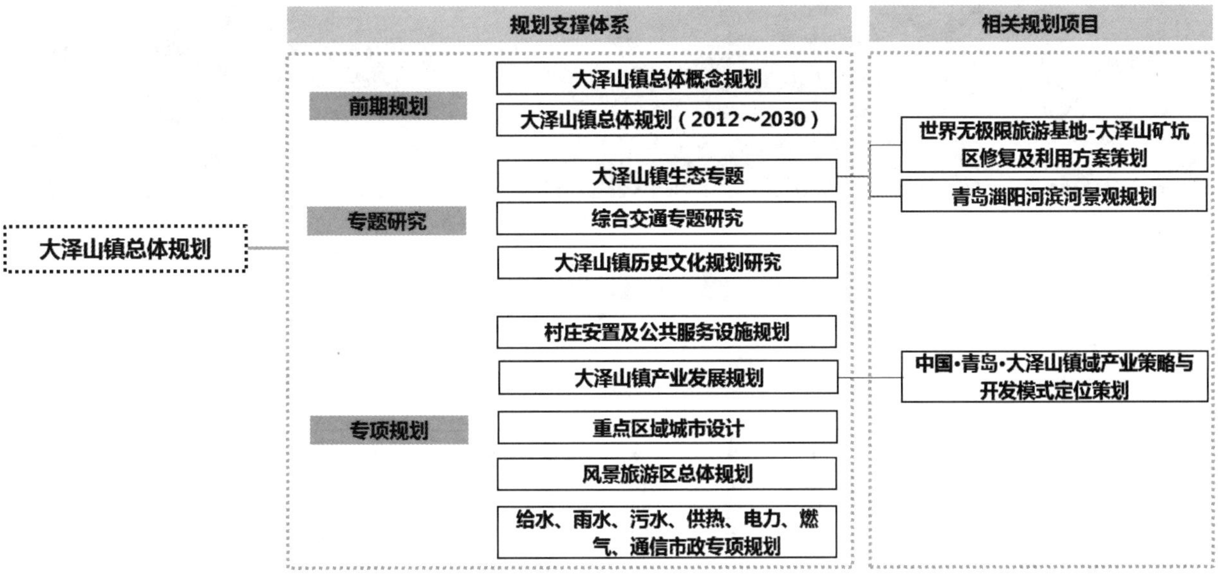

图1　大泽山镇总体规划工作技术路线图

二、主要规划内容

(一)发展定位与城镇性质

大泽山镇发展定位为:以旅游度假为核心,结合服务腹地发展阶段与现状建设情况,逐步打造服务于山东半岛城市群、环渤海经济圈乃至东北亚区域的国际旅游度假目的地。

城镇性质为山东省旅游强镇、平度市重点镇，以现代高效农业、文化休闲服务业为发展主导的生态园林型旅游特色小镇（如图 2 所示）。

产业结构由“二、三、一”向“三、一、二”转型发展。打造全产业链的产业发展模式，现阶段扶持发展高效农业，逐步转型石材粗加工产业；远期实现旅游度假、文化休闲产业为主导。

（二）镇域规划

1. 镇村体系规划。镇村体系布局方面，通过建立 6 大项、20 个子项、53 个影响因子的村庄评价体系（见图 3），对 80 个村庄进行综合分析，确定就地改造型村庄 23 个、环境整治型村庄 40 个，逐步撤并和撤并型村庄 17 个。最终形成 3 个城镇社区、9 个农村社区和 37 个农村居民点。

图 2　大泽山镇总体规划鸟瞰图

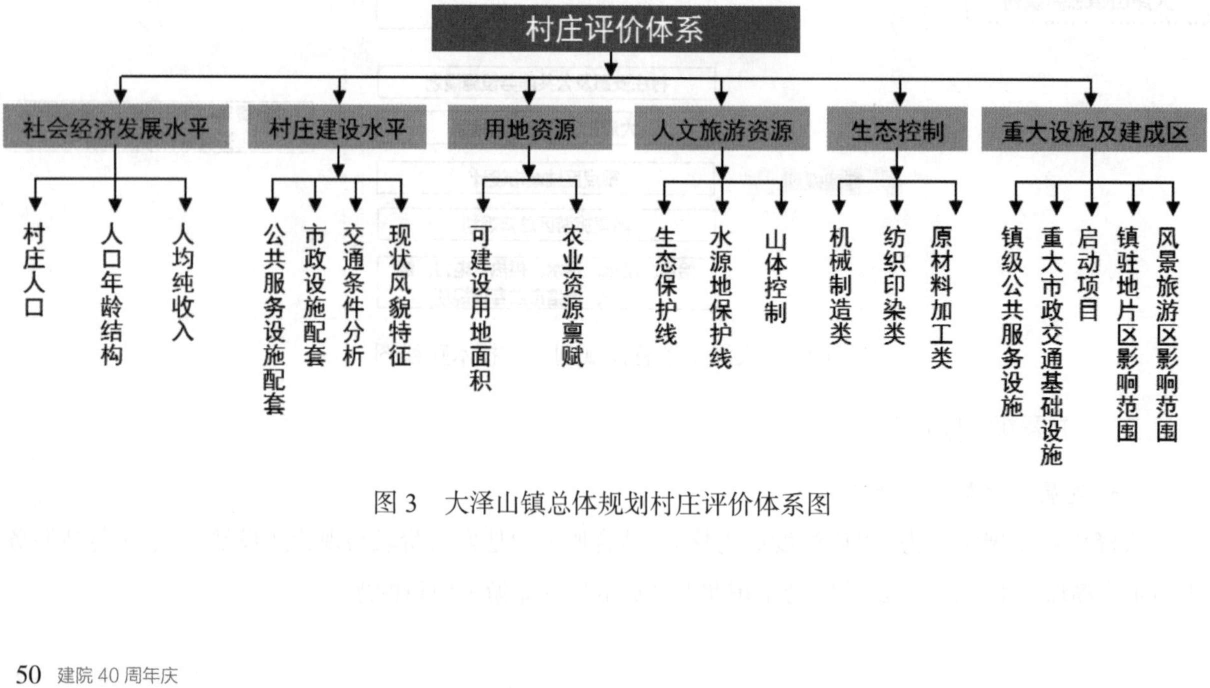

图 3　大泽山镇总体规划村庄评价体系图

2. 公共服务设施规划(见图 4)。按照“一主一辅”配建镇区公共服务中心,9 个社区按照新型农村社区配建标准配套公共服务设施。

3. 历史文化遗产与传统村落保护规划。保护各级文物保护单位,促进所里头村与东高家村 2 处传统村落的申报工作。

4. 旅游线路规划(见图 5)。规划葡萄特色产业、石文化特色产业、自然风光与历史文化遗产 4 条特色旅游线路,沿线配建旅游服务设施。

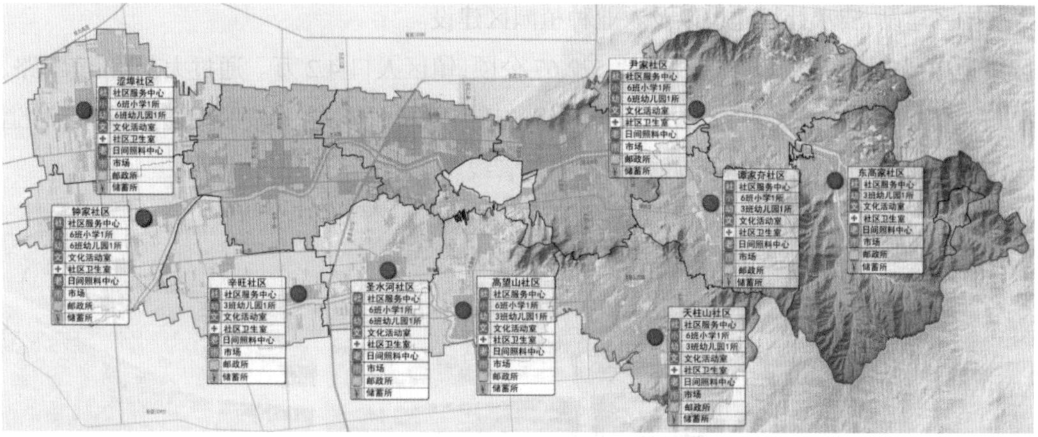

图 4　大泽山镇公共服务设施规划图

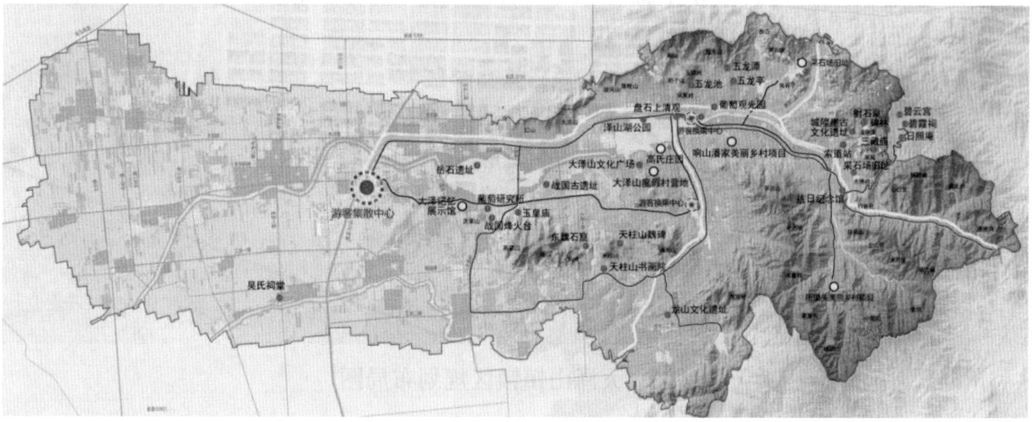

图 5　大泽山镇旅游规划图

(三)镇区规划

镇区采用组团化布局的方式(见图 6)。7 公里长滨水岸线和层峦叠翠的山地特质共同构成整个镇区的空间格局。镇区组团之间以生态田园风光作为自然过渡。下面以镇驻地组团为例,解读镇区风貌控制:

尊重原有田地、民居空间肌理;在原有路网基础上,路网结构外围规划通畅的交通性干道,内部道路采用通而不畅,构建慢行交通系统。新建建筑与原有建筑肌理有所区分,形成沿大灰路两侧且社区与田地融合的社区布局模式。镇驻地组团以适宜步行尺度予以控制,占地 90 公顷,规划容纳 8200 人。以安置社区建设为启动点,以周边环境梳理和滨河生态恢复及景观打造为基础,逐步进行公共服务中心、滨河旅游街区以及山地住区建设。提炼现有传统民居红色屋顶、当地石材等建筑元素。规划原理延续原有村庄院落式布局的居住模式。

综合产业服务组团，占地 152 公顷，规划容纳 6200 人。以旅游服务中心的建设为启动点，逐步进行安置社区建设、村庄改造以及农业园区建设。

文化休闲组团，占地 74 公顷，规划容纳 7400 人，以岳石文化中心的建设为启动点，逐步进行安置社区建设、村庄改造以及商住混合片区建设。

休闲养生组团，占地 36 公顷，规划容纳 3100 人，以大泽山中学、医院、养老院的建设作为启动点，逐步进行高端住区建设、滨水社区建设以及农业种植园区建设。

镇区用地布局方面，规划城镇建设用地 522.67 公顷，镇区人口 4.2 万。通过大灰路、滨河路、旅游路 3 条道路，解决镇区东西向交通联系，设计不同等级的道路网断面形式，并按照交通性与生活性道路划分断面设计人行空间；同时，规划各类市政公用设施与管线。

图 6 大泽山镇镇区规划布局图

三、项目特色与创新

工作技术路线方面，以解决重点问题、保障规划实施与落地为导向，开展大量前期规划、专题研究、专项规划等工作。

镇村体系规划方面，转变传统的迁村并点布局方式，通过建立村庄综合评价体系（见图 7），结合耕作半径，在确定保留特色村落（数量保留 53%）的基础上确定镇村布局方案。

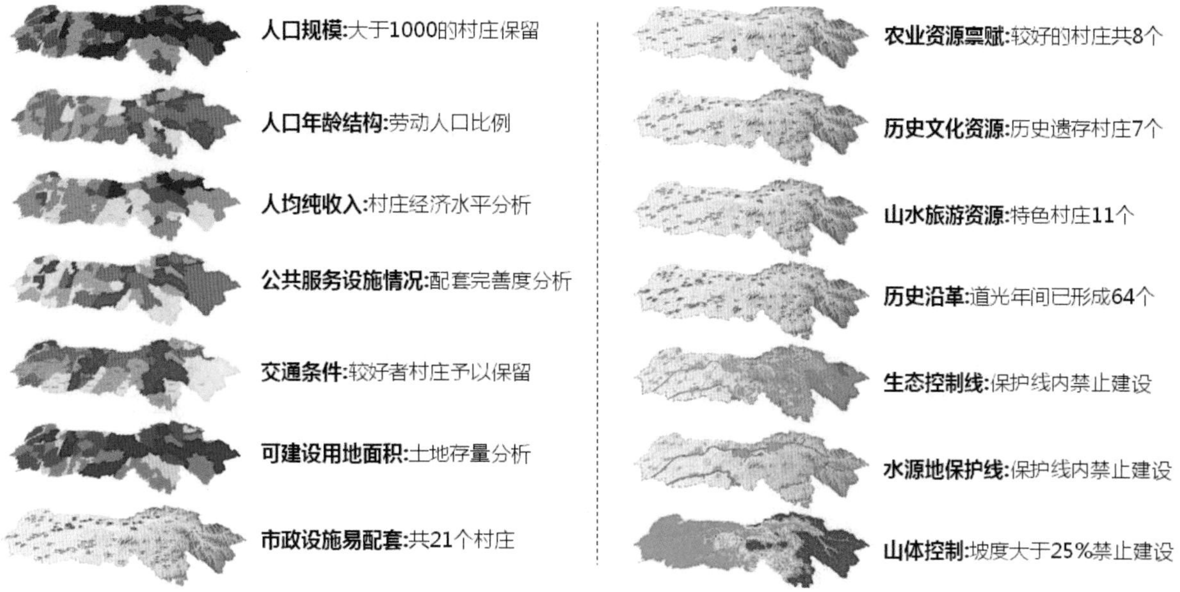

图 7　大泽山镇村庄综合评价体系

城镇空间布局方面,尊重历史空间发展逻辑,突出山水小镇特色,以自然本底为间隔,采用组团式镇区布局模式。

道路交通规划方面,采用组团内外有别的道路交通设置方式。按照步行空间尺度,规划特色组团。组团内采用“通而不畅”的道路系统,营造慢行特色步行空间;组团外快速通过。

镇驻地安置社区及建筑风貌控制方面,改变传统的多层安置房建造方式,传承历史院落布局。

青岛崂山湾国际生态健康城概念规划深化

编制时间:2015～2016年。

我院编制人员:潘丽珍、吴晓雷、仝闻一、王天青、徐文君、袁方浩、杨靖、苏诚、郑芳、唐伟。

合作单位:上海市政工程设计研究总院(集团)有限公司。

获奖情况:2017年,获山东省优秀城乡规划三等奖;2016年,获青岛市优秀城乡规划二等奖。

一、生态优先、保护资源，制定系统的生态保护措施

鉴于崂山风景区敏感的生态环境,规划多措并举、保护生态,一方面在选定规划范围时避开核心保护区,选择可适度利用的空间发展健康城;另一方面通过场地、资源等多要素综合评估,划定控制分区,并制定相应的建设管制措施。

二、世界眼光、内外对标，提出前瞻性定位与目标

打造以“山—海—城—岛—湾—河”自然生态为本底和以医疗康养、健康科技、度假休闲为主体功能的青岛崂山湾国际生态健康城。

三、产城融合、总体谋划，开创大健康功能发展格局

以城市综合服务中心为引领,构建“健康科技、医疗康养、旅游度假”三大产业协同发展区,打造两条山海生态休闲带,开创产城融合、健康全城的新格局。简而言之,即“一心、两带、三区、多组团。”

四、融合自然、传承文化，以蔓藤理念打造有机生长的城市空间与健康内涵

图1　藤蔓城市发展示意图

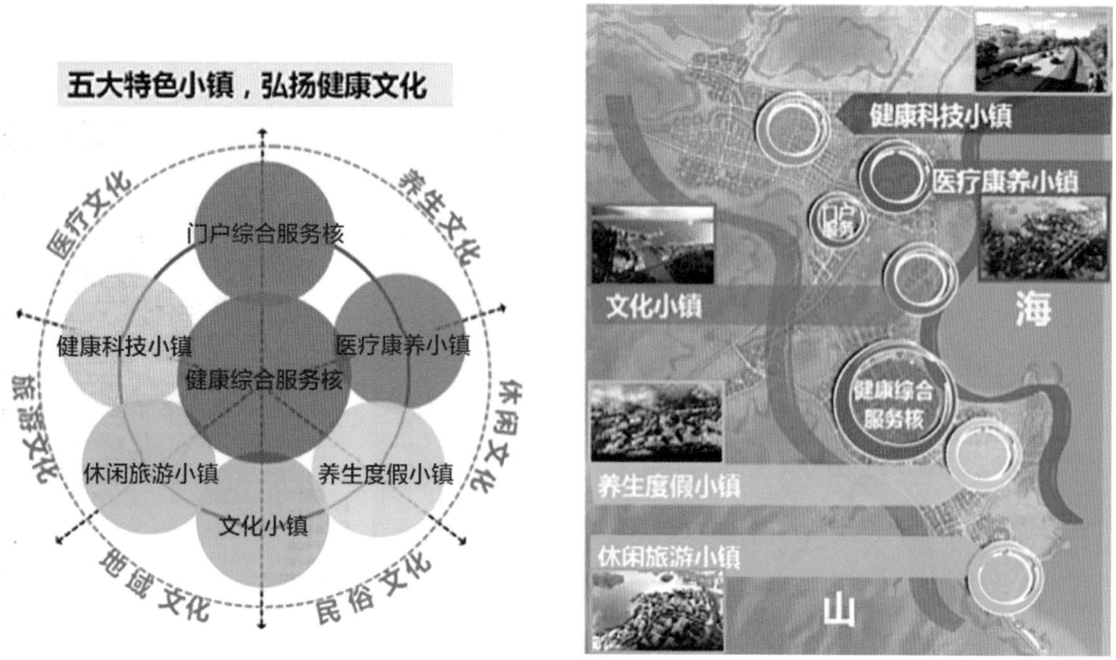

图 2　城镇有机生长模式图

以崂山山脉为生态主干，以片区干路为生态蔓藤，以功能组团为生长叶片，规划形成生态间隔、路网自由、组团发展的生态田园式生态城市空间（如图 1、图 2 所示）。

五、滨海山城、和而不同，塑造多元文化融合的山海新城

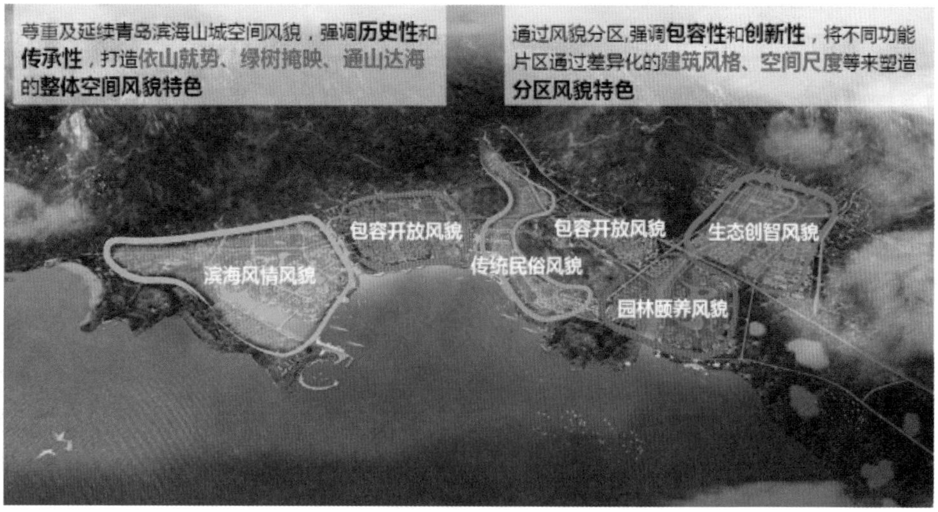

图 3　“和”而“不同”规划理念图

尊重并延续青岛滨海山城空间风貌，强调历史性和传承性，打造依山就势、绿树掩映、通山达海的整体空间风貌特色（如图 3 所示）。

六、国际标准、本土特色，构建特色鲜明的发展支撑系统

（一）交通系统——高效道路、绿色公交、生态慢行

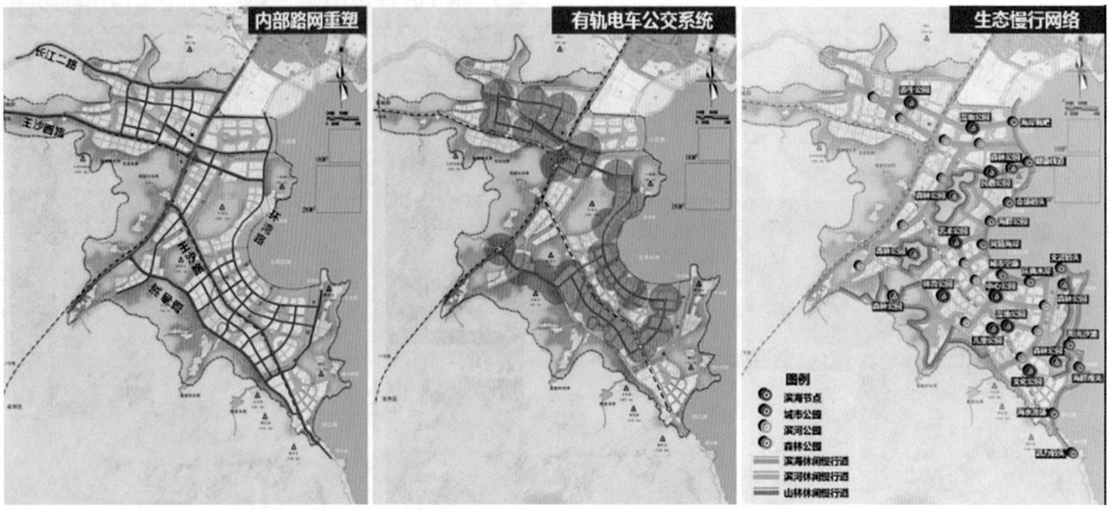

图 4　崂山湾国际生态健康城道路系统规划图

构建高效路网体系，规划有轨电车为主体的绿色公交系统，打造山海生态慢行网络（如图 4 所示）。

（二）景观系统——绿色生态、城景共融、循环发展

规划高绿量绿地系统，人均公园绿地 25 平方米，高于国家生态园林城市标准；以“山、海、河、园”为要素，构建全城景观网络（如图 5 所示），实现“300 米见绿，500 米见园”的标准要求；优化水系河道，采取滞留带、植草沟等措施，打造海绵城市。

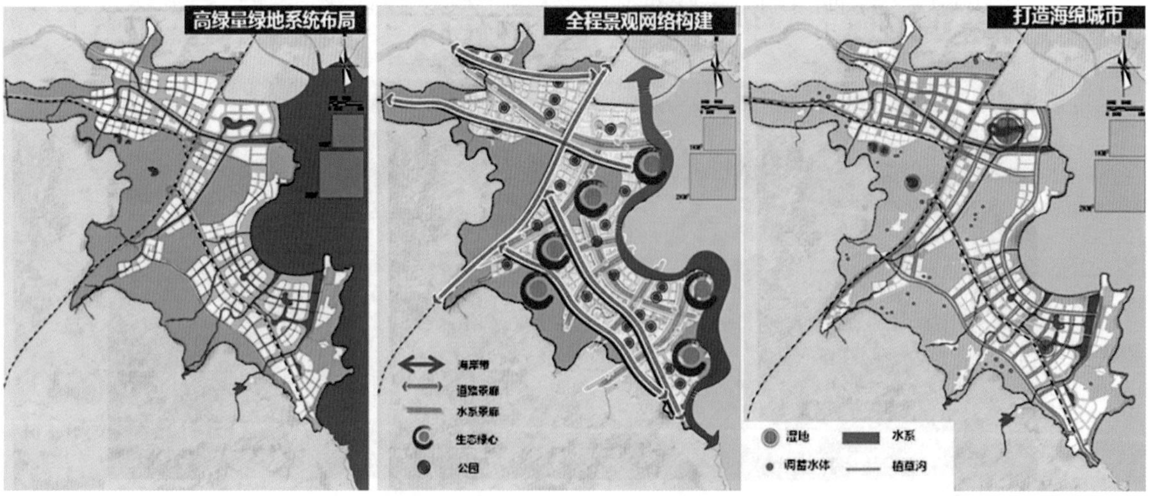

图 5　崂山湾国际生态健康城景观系统规划图

（三）市政系统——智慧水务、清洁能源、生态环卫、集约管廊

分质供水，崂山水直引入户，创建高品质智慧供水模式；污水全面收集处理，雨水调蓄利用，助力海

绵城市；全部采用低能耗建筑来控制能耗，实行 100% 清洁能源供热，采用空气源热泵、土壤源热泵、燃气等清洁能源供热；沿主次干道敷设综合管廊。

（四）旅游规划——区域协同、功能多样、项目全时、全城旅游

协调整合周边区域旅游资源，形成区域性旅游集群；山、海、城联动，开发多样性旅游项目；根据各季气候特色策划主题项目，保证全时活力；规划全城旅游线路，打造景区化健康城。

（五）村庄发展——传承乡情，助力新城建设

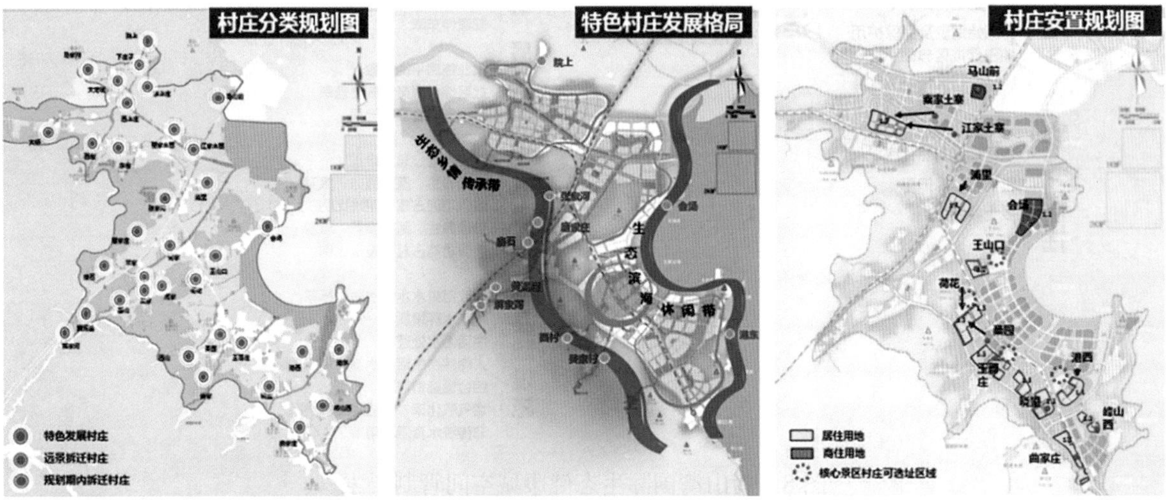

图 6　崂山湾国际生态健康城村庄规划图

落实习近平总书记《中央城镇化工作会议》精神，对村庄进行评估分类、差异规划，助力新城建设的同时，引导村庄传承乡情，实现特色发展（如图 6 所示）。

七、刚柔结合、分类控制，提炼健康城核心控制要素

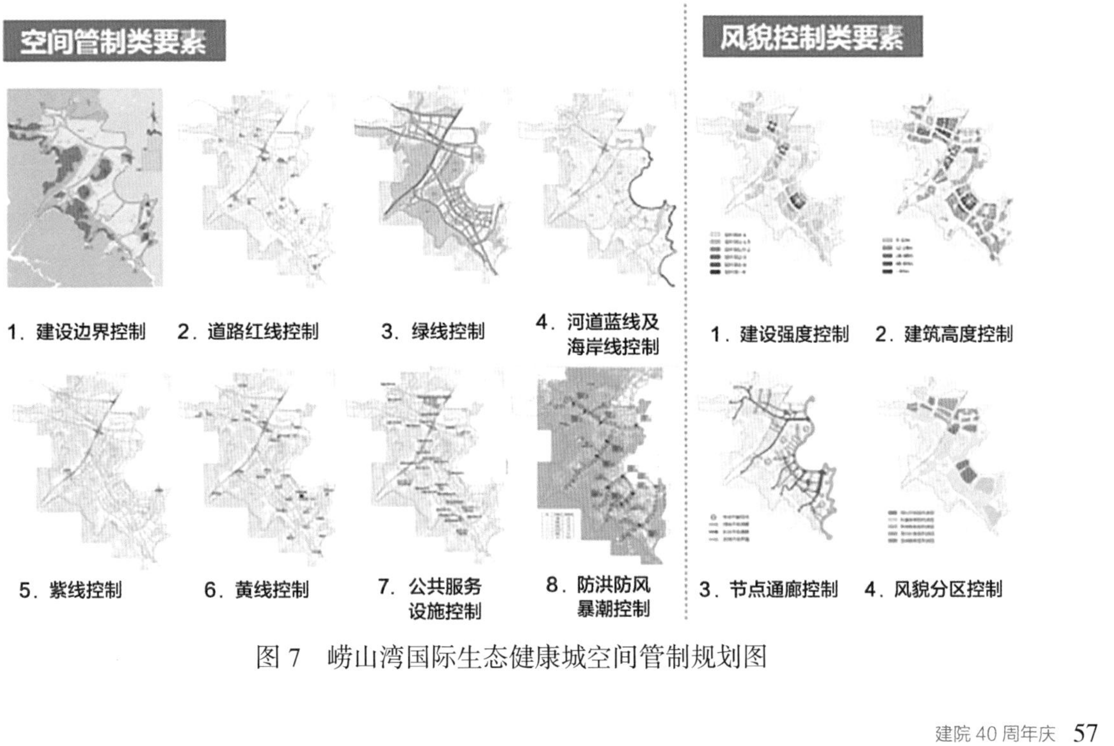

图 7　崂山湾国际生态健康城空间管制规划图

指标控制类要素
生态健康城市规划指标体系：构建“四大类、8个子项、39个具体指标”
生态保护
生态本地
1 河流保护率
2 山体保护率
3 植被保护率
4 本地动物保护率
5 原始地貌及受保护用地占建成区总面积比例
生物多样性
水体岸线自然化率
古树名木保护率
乡士物种比例
景观塑造
景观塑造
绿地率
人均公园绿地面积
各层级绿地服务半径
可达性指标
节约型绿地建设率
支撑系统
交通系统
路网密度
道路面积率
机动化公交分担率
站点覆盖率
清洁能源公交车辆比例
配建停车率
居住生活
就业住房平衡指数
社区综合服务设施覆盖率
新型农村社区实施率
健康功能
建设用地、总建设量
健康养生、医疗服务、旅游度假功能占建设用地比例
健康养生、医疗服务、旅游度假功能占总建设量比例
基础设施
市政自来水水源水质达标率
地表水环境质量
生活污水处理率
人均综合生活用水量、供水保障率
综合管廊覆盖率
燃气气化率、清洁能源供热率
非传统水资源利用率
循环发展
海绵城市
年径流总量控制率
透水铺装率
下沉式绿地比例
屋顶绿化率
绿色建筑比例

图 8　崂山湾国际生态健康城空间管制要素

如图 7、图 8 所示，核心控制要素包括三个部分：（1）建设边界控制、城市七线、防洪防风暴潮等空间管制类要素；（2）建设强度、建筑高度、节点通廊、强度风貌等风貌控制类要素；（3）归纳生态健康城市规划指标体系，包括“四大类、8 个子项、39 个具体指标”。

青岛市城市总体规划(2011～2020年)

批复时间:2016年1月8日,国务院(国函〔2016〕11号)批复。

合作单位:中国城市规划设计研究院。

《青岛市城市总体规划(2011～2020年)》期限为2011～2020年。

城市发展目标为:坚持“世界眼光、国际标准、本土优势”,围绕实施国家海洋强国战略,率先科学发展,实现蓝色跨越,建设宜居幸福的现代化国际城市。

规划城市性质为:国家沿海重要中心城市和滨海度假旅游城市,国际性港口城市,国家历史文化名城。

规划城市职能为:东北亚国际航运物流中心、海洋经济国际合作先导区、滨海度假旅游目的地;国家海洋经济示范区(海洋科技自主创新领航区、军民融合创新示范区、深远海开发战略保障基地、陆海统筹发展试验区);沿黄河流域主要出海通道和亚欧大陆桥东部桥头堡;山东半岛蓝色经济区核心城市。

规划到2020年,全市人口规模控制在1200万,其中,城镇人口935万,城镇化水平达到78%;中心城区城市建设用地面积为660平方公里,人均建设用地面积108平方米,城市人口规模610万。

该规划提出实施“全域统筹、三城联动、轴带展开、生态间隔、组团发展”的城镇空间发展战略,对各类城市要素进行了统筹布局和考虑。

全域统筹:在全域(陆域、海域)范围内,统筹海域(海岛)、流域、山体等各类生态资源的综合保护与永续利用;统筹交通市政设施、社会民生事业、公共服务设施、产业空间布局,引导带动城市组团(群)的有序发展,促进城乡均衡、一体化发展。

三城联动:东岸城区是城市空间转型发展的重点区域,彰显青岛历史文化特色,着力加快有机更新、改善人居环境、解决“城市病”问题,走内涵式发展道路。北岸城区是青岛市域城镇布局的空间中枢,以高水平打造科技型、生态型、人文型新城区为目标,合理控制开发时序,为建设青岛市未来的公共服务和公共管理中心预留发展空间。西岸城区是国家批复的青岛西海岸新区的核心区域,是实施国家海洋强国战略的主体空间,引领和带动青岛市产业的升级转型。

轴带展开:轴是指大沽河生态中轴。通过流域整治,统筹大沽河两岸的生态恢复与城镇建设,构建未来大青岛都市区的生态脊梁。带是指东岸烟威青综合发展带、西岸济潍青综合发展带和滨海蓝色经济发展带。以轨道交通为引领,连接各个城市组团中心,形成沿交通走廊轴带展开的多中心集合型城市群。通过轴带展开,带动全域梯次推进、均衡发展;依托国家开放口岸和航运优势,对接东北亚,打造海上经济带。

生态间隔:以山体、海湾、河流、湿地、滩涂、林带和各类自然保护区为生态屏障,加快构建支撑青岛永续发展的生态安全格局。加快城市绿地系统和城市公园建设,加快生态园林城市建设,提高城乡生态文明水平；推进城市资源管理和清洁能源使用，全面落实节能减排要求，促进低碳发展，开展环境综合整治，加快河道治污截污、修复胶州湾生态环境。

组团发展：全域城镇体系布局和城市组团空间布局，均应遵循“组团式”的城市空间布局模式。立足青岛全域，完善以中心城区和外围组团为骨架、以重点中心镇和一般镇为补充的市域城镇群体系，形成特色突出、职住平衡、运行高效、联系紧密的空间布局。突出各类特色组团建设，承载各类产业功能。有序推进西海岸新区组团群、即墨组团、胶州组团、平度组团、莱西组团、新机场空港组团、董家口港城组团、新河化工组团等建设。积极推动有条件的重点镇向小城市迈进，全面提升小城镇的规划建设水平，辐射带动新型农村社区建设。

青岛市海域资源综合利用总体规划

编制时间:2016 年。

我院编制人员:王天青、吴晓雷、叶果、郑轲予、杨林童、王宁、丁帅夫、苏诚、王丽婉、张慧婷、彭德福、冯启凤、徐文君、左琦、唐伟。

获奖情况:2019 年,获山东土地学会自然资源科技成果奖一等奖;2019 年,获山东省优秀城市规划设计三等奖;2018 年,获青岛市优秀城乡规划设计二等奖。

一、主要规划内容

青岛海域资源类型丰富、利用方式多样,不同的利用方式对空间层次的需求不尽相同,在三维立体层次协调各类利用方式的布局是本次规划需要解决的首要问题。为解决相关问题,该规划以“开发适宜性评价”与“资源敏感性评价”为基础,从总体布局和分类、分层、分区利用等多个维度组织本次规划的主要内容(见图 1)。

通过“开发适宜性评价”,对各类利用功能进行单独的分析,明确其发展的需求,得出其各自适宜发展的区域;通过在国民经济社会中各类资源利用的重要程度排序,对各类资源的适宜区域进行叠加,优先保障重要程度较高的利用类型;对资源立体利用兼容性进行分析,对可以在不同空间层次上共处的利用功能实施立体利用。由此得出可利用资源分布区域。

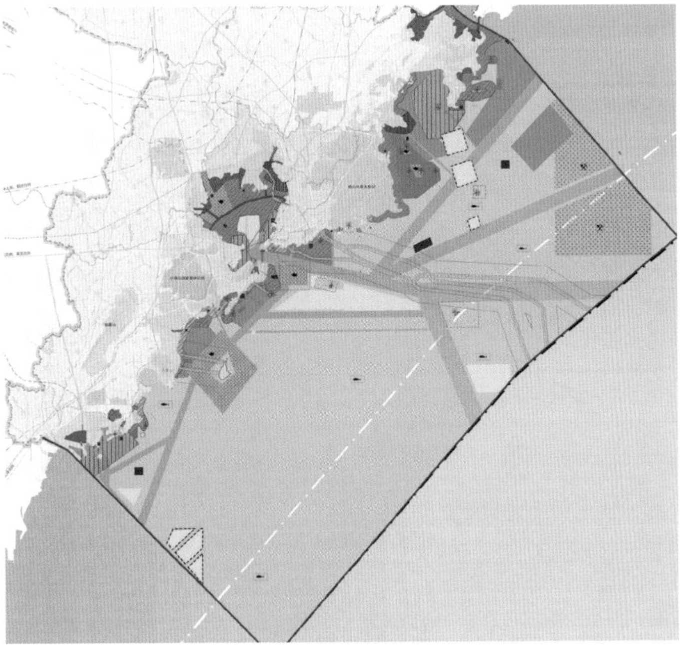

图 1　青岛市海域空间利用总体布局图

通过“资源敏感性评价”，构筑了由内源和外源敏感性因子相结合的评价体系，对环境敏感区域进行识别。依据评价结果，划分严格保护区和限制利用区，制定相应的负面清单。

将“开发适宜性评价”和“资源敏感性评价”的结果进行减法叠加，根据负面清单将资源敏感区内不宜开展的利用方式进行剔除，得出资源利用总体布局。

在解决相关问题之后，分别从立体利用“分层”、各种利用功能“分类”、重点利用“分区”的角度，详细制定资源的利用要求，最后再分别从制度设计、基础设施建设等角度提出实施保障措施。

二、项目特色与创新

（1）青岛市历史上首次全面进行海域资源综合评估。首次对海域资源的数量、分布进行全面的摸底调查，分析各类资源的开发适宜区域、开发可行性，为进一步开展利用奠定了坚实的基础。

（2）构建完善的海域保护体系。有效落实各类法规、已批规划对海域的保护要求，制定不同类型的保护区域的负面利用功能清单，更加便于实施保护与管制。

（3）超前融合海陆统筹、多规合一理念，在 2016 年实现超前探索并向国土空间规划转型。由陆海分割向陆海统筹的思维方式转变，尤其是在布局路桥用海、海底隧道用海、游乐场用海等功能时，将海域利用与陆域规划进行充分衔接，是由传统规划向国土空间规划转型的一次尝试。

（4）首次在规划实践层面开创海域三维空间布局评价方法和立体多层次空间布局开发模式。制定了完善的海域空间立体利用兼容性分析框架，合理安排海域各个空间层次的功能布局，提升海域空间资源利用效率。

胶州湾保护利用总体规划

编制时间:2016年。

我院编制人员:吴晓雷、叶果、王天青、郑轲予、赵琨、王宁、丁帅夫、仝闻一、苏诚、王丽婉、杨靖、袁方浩、张慧婷、彭德福、杨林童。

获奖情况:2019年,获山东土地学会自然资源科技成果奖三等奖;2019年,获山东省优秀城市规划设计三等奖;2018年,获青岛市优秀城乡规划设计二等奖。

一、项目基本情况

胶州湾是青岛的母亲湾。百余年来,青岛这座城市的兴起和发展正是依托了胶州湾良好的资源条件。青岛历来重视胶州湾的保护与发展。胶州湾保护"一线一条例"的颁布是胶州湾保护工作的重要里程碑,杜绝了海岸线多年以来被蚕食与破坏的不利局面。在此背景之下,为进一步加强胶州湾陆海规划、布局、统筹,实现全局层面的保护,2016年9月由青岛市胶州湾保护委员会组织开展对胶州湾保护利用的规划研究,启动《胶州湾保护利用总体规划》的编制工作。

二、主要规划内容

1. 全域空间管制分区

根据胶州湾陆海空间4大类19种空间资源的生态敏感度、可开发利用强度和空间地理特征等因素,利用GIS空间分析技术进行叠加,得出胶州湾陆海空间保护利用的适宜性结论。在综合考虑各区段自然属性、经济社会发展需求的基础上,以是否适宜进行大规模、高强度、集中开发与利用为基准,将胶州湾海陆空间规划为严格保护、限制利用、优化提升和重点发展四类功能区,分别提出功能定位与发展方向,并制定管制要求。

2. 建立"点线面"结合的保护体系

在宏观层面的空间管制基础上,对海陆各类保护要素进行提炼。根据保护要素的特征建立"点线面结合"的保护体系,实现从宏观层面向微观层面的管控过渡。(如图1所示)

3. 海湾利用引导

在海湾产业引导方面,以发展海洋产业集群为重点,着力构建现代化的海洋产业体系,引导产业适度集聚,打造"海洋产业蓝色港湾",形成胶州湾"三大产业集群"的海洋产业空间格局。

在海域立体利用方面,明确了胶州湾海域空间立体化利用原则,从底土空间、水面与水体空间、海床空间、开放式全覆盖空间、贯穿式全覆盖空间五个层次建立海域空间立体化利用的基本布局,并提出主要的利用方式。

4. 制定面向实施的具体工程

对关系胶州湾保护的重点方面开展专题研究，依据专题结论，提出支撑规划实施的重点项目，包括岸线环境优化工程、污染防控工程、海洋公园建设工程、生态保护修复工程、生态监测系统工程、沿岸美丽乡村建设工程6个方面。

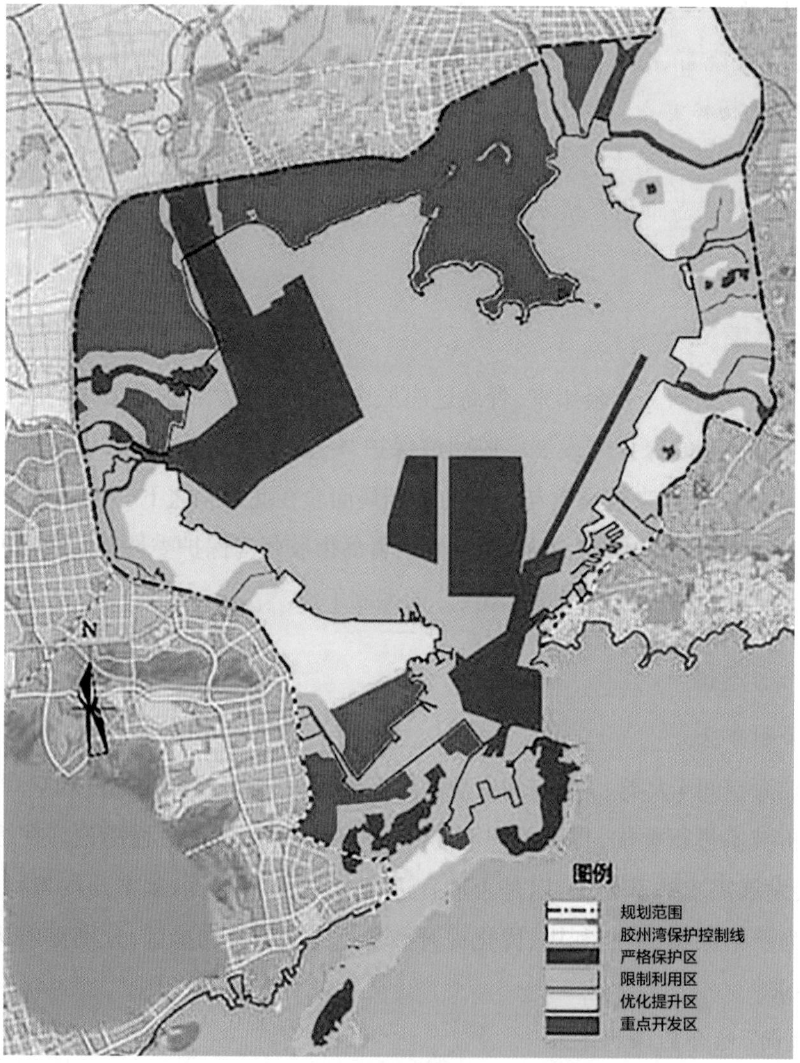

图1 胶州湾保护利用总体布局图

三、项目特色与创新

1. 落实《青岛市胶州湾保护条例》的要求，首次实现对胶州湾地区的全面保护。本次规划是对2014年施行的《青岛市胶州湾保护条例》保护内容的落实，该规划首次实现了对胶州湾的全面保护，对青岛市母亲湾——胶州湾的保护具有重要的意义。

2. 由陆海分割向陆海统筹的思维方式转变，是由传统规划向国土空间规划转型的先行尝试。本次规划突破了传统规划编制体系陆海分割的问题，建立新范围，采用新视角，将胶州湾海域、陆域部分纳入有机统一的研究框架内。

3. 引入主体功能区理念，理顺胶州湾地区空间管制的思路和方法。本规划在胶州湾地区空间管制中应用主体功能区的理念，从总体上统筹了胶州湾的保护利用，对妥善解决保护和发展的关系具有重要指导作用。

4. 构建从宏观到具体层层深入的体系，实现从整体格局到各类要素的全面管控。本规划既保证了在宏观尺度的覆盖性，又兼顾了具体层面的实操性，构建了由宏观到具体层层深入、层层细化的内容体系。宏观层面，制定了大空间的空间管制分区，体现了规划的宏观指导、控制作用；中观层面，分类提炼需要保护修复的要素，建立“点、线、面”结合的生态保护体系；操作层面，从六个方面明确重点工程及工作内容，为实施提供现实可行的具体路径。

5. 提出海域空间立体化利用布局，提升海洋利用效率。从底土空间、水面与水体空间、海床空间等5个空间层次，构建了胶州湾海域空间立体化利用的体系。通过海域空间立体化利用的方式，有效协调胶州湾地区各类利用功能之间的关系，提升空间利用效率，如胶州湾滨海慢行系统（见图2）的构建。

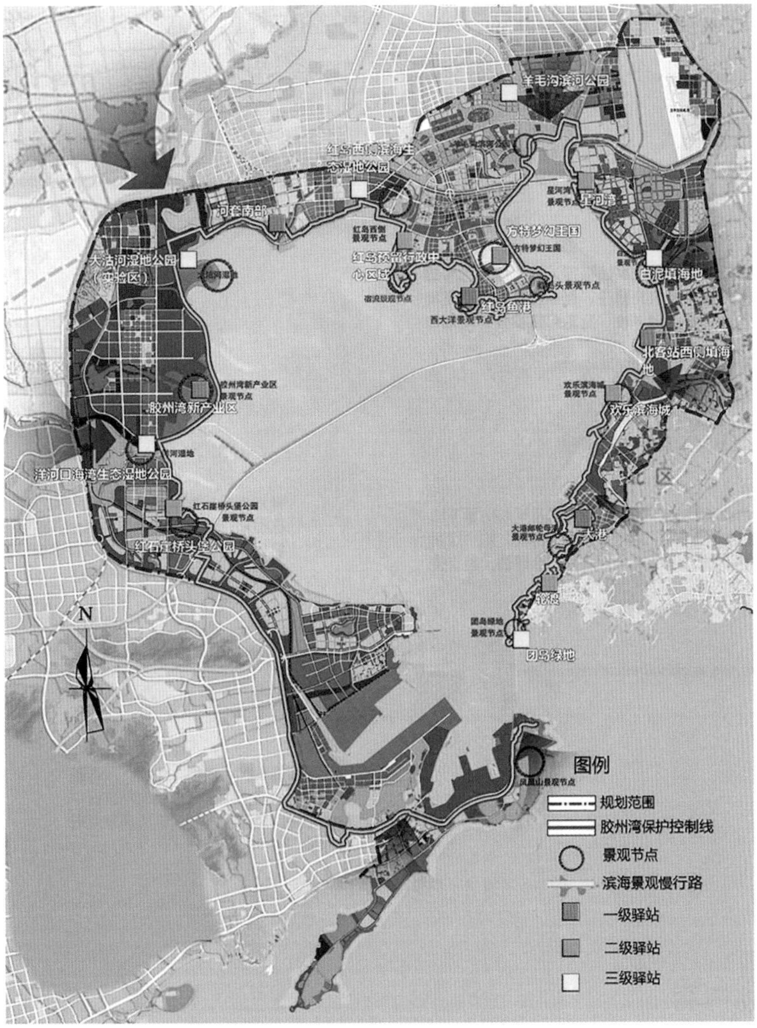

图2　胶州湾滨海慢行系统布局图

《青岛市城市总体规划(2011～2020年)》实施评估

编制时间:2017年。

编制人员:赵琨、于连莉、商桐、宋军、季楠、郭晓林、刘彬、于莉娟、王伟、周琳、周志永、马广金、李欣、左琦、仝闻一。

获奖情况:2017年,获青岛市优秀城乡规划设计奖二等奖。

一、总体思路

本次评估的总体思路是围绕"城乡规划是否满足人民日益增长的美好生活需要,是否促进经济社会发展更加平衡和充分"这一主题开展工作,建立"全流程"的实施评估体系(见图1)。在此基础上,采取"自下而上"和"自上而下"的分析方法,聚焦"内因"和"外因",总结总体规划实施的核心问题及深层次原因,并以多部门协调、多规合一的视角,结合部门事权,为规划的后续实施与修编建言献策。

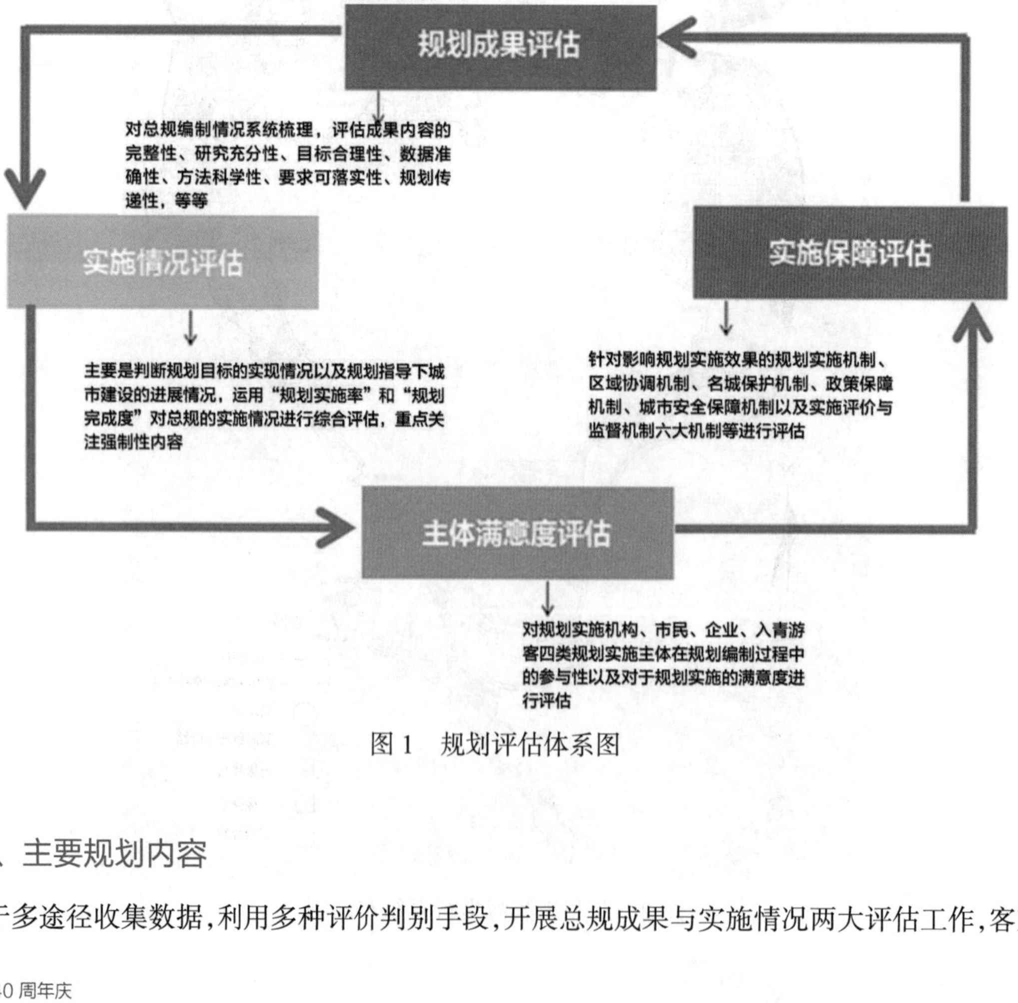

图1 规划评估体系图

二、主要规划内容

基于多途径收集数据,利用多种评价判别手段,开展总规成果与实施情况两大评估工作,客观评判规划编制与实施过程中存在的问题。基于现实因素分析问题产生的原因，针对问题提出与环境发展趋势和内部资源条件相适应的建议。因此，本次评估工作主要包括三大技术环节和重点内容（如图 2 所示）：

第一，针对规划成果，着重从规划的完整性、合理性、传承性三个方面，判断规划成果的编制质量及对城市发展的指导性。

第二，通过数据综合分析，判断城市各层面实际发展与规划要求间的差距，判断规划编制的合理性和规划实施的偏差程度，系统梳理城市规划建设各方面存在的问题，并从规划自身、环境变化、发展偏离等方面分析问题原因，提炼规划后续实施和规划修编需重点思考的内容。（如图 3 所示）

第三，客观分析目前及未来一段时间外部环境的变化，尤其是战略和政策环境的变化，对城市未来发展方向与趋势作出判断，并提出针对性建议。

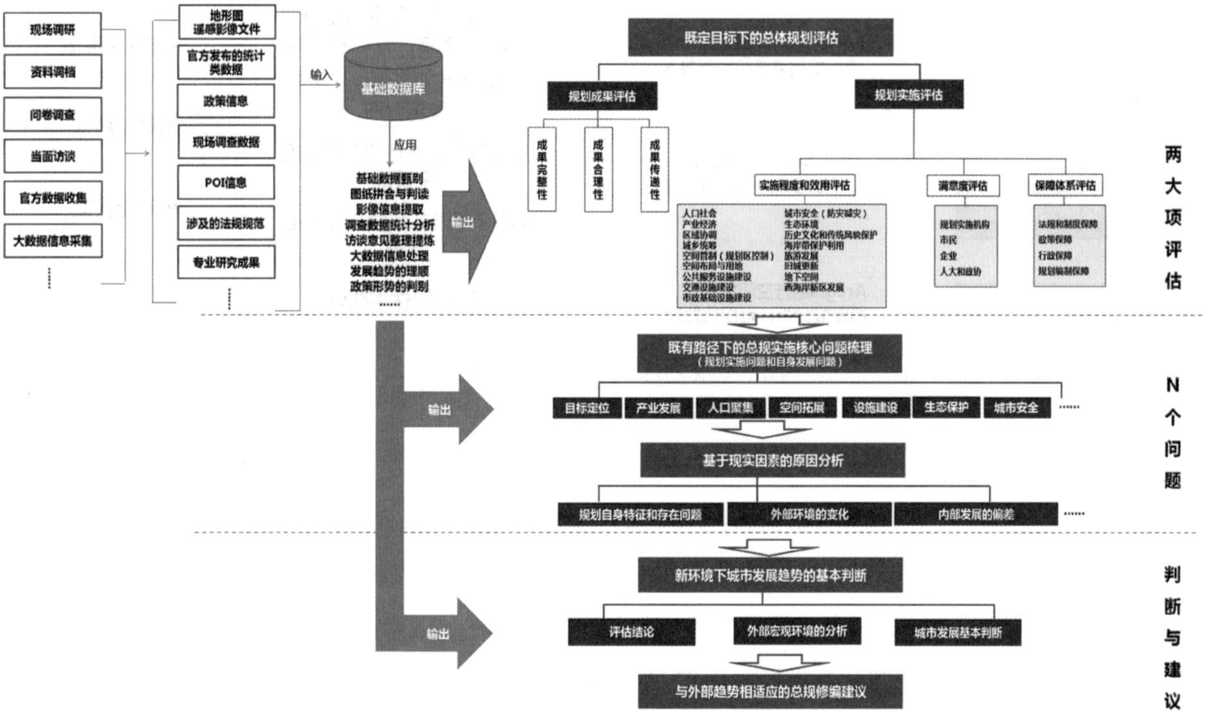

图 2　规划评估技术路线图

三、项目特色与创新

本次规划评估工作的创新和特色主要体现在以下方面：

（一）评估理念创新

结合党的十九大精神和国家战略，理解把握青岛发展的新阶段、新要求，围绕城市规划、建设和管理中存在的主要问题和矛盾开展评估工作，有针对性地提出后续工作建议。

本次评估工作恰逢党的十九大召开，十九大确立的新时代中国特色社会主义思想，以及基于“两个一百年”的奋斗目标提出“两步走”的战略部署和建设创新型国家、实施乡村振兴战略、建设海洋强国等国家战略，为我们的城市发展提出了新的要求，也带来了新的契机。本次评估适时抓住此次战略契机，结合评估中发现的实际问题，针对“我国社会主要矛盾已经转化为人民日益增长的美好生活需要和不平衡不充分的发展之间的矛盾”，密切关注党的十九大关于城市建设发展的有关要求，从强化规划顶层设计、启动总规修编、划定三区三线、推动区域协调、推进“多规合一”、深化体制改革等方面提出切实可行的建议。

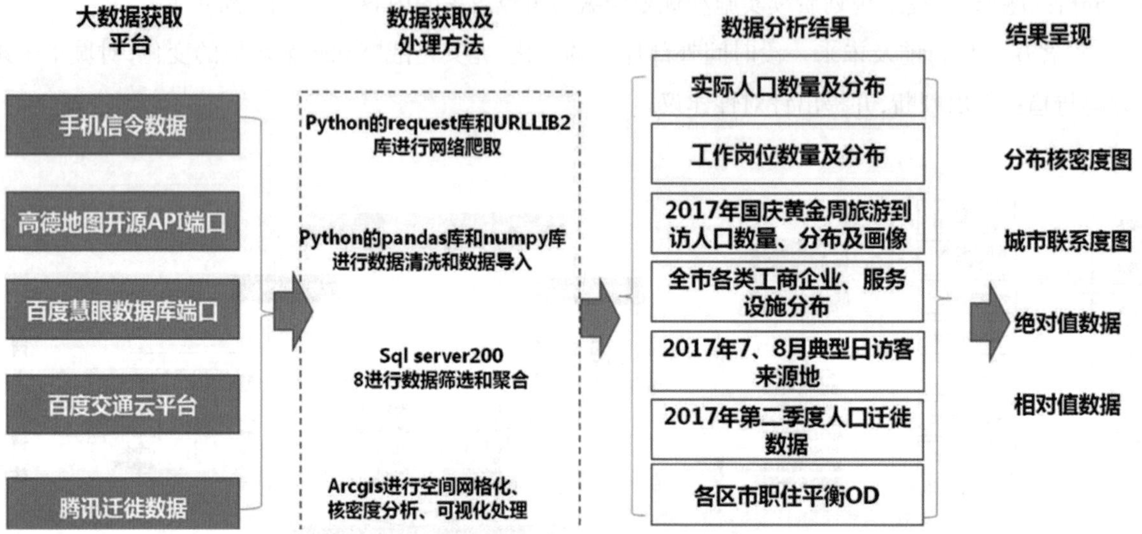

图 3　规划评估中的大数据应用

（二）评估内容创新

既对城市建设的规划达标情况进行评估，更关注城市发展的健康程度。第一，本次评估在时间维度上采取“双向判断”的方式，突出评估的双向性，不仅判断发展现状与 2020 年规划目标的差距，还评价过去时段内在本规划指导下城市建设发展的成效与得失。第二，本次评估既不单纯以规划目标为准则判断实施程度，也不单纯评判某个指标的优劣，而是从城市发展阶段、规模、所处发展环境等多个角度综合考虑，关注要素指标之间的发展关系，从而分析与规划目标存在差距的深层次原因，判断城市发展的健康协调程度。

（三）技术方法创新

评估时最大限度地运用大数据技术，判断真实的城市发展状况。借助通信运营商、高德地图、百度慧眼、百度交通云平台、腾讯迁徙数据等数据平台，获取了手机信令、人口流动、人口聚集、产业集聚、人口出行、交通刷卡、POI 等数据，对城市人口规模和分布、产业空间布局、职住平衡和产城融合、城市空间格局、城市公共中心活力、服务设施分布和利用情况、道路交通拥堵情况、城市关联度等城市发展的重要方面进行量化评价。一方面能够获取本规划实施情况的第一手资料，判断出真实的城市发展状况；另一方面也克服了传统方法对某些指标数据难以量化甚至难以获取的弊端，实现大数据技术在规划评估中最大限度的应用。

（四）工作机制创新

研究时，建立多方参与、多管齐下、协同推进的评估工作机制。鉴于评估工作的复杂性，本次通过建立“领导负责、专家领衔、分工协作、集中统筹、聚焦重点、协调公开”的工作机制，多管齐下，协同推进评估工作的快速开展。其一，技术组采取“分组评估，集中整合”的方式，结合部门、人员的专业优势和经验，按专业内容分为规模组、空间组、产业组、交通组、市政组、公服组、数据组等10余个专业组，对应相关评估章节开展工作；同时，成立项目核心组，负责最初的评估报告框架制定、中间的工作协调与沟通、最后的评估报告整合以及后续相关程序。其二，建立咨询专家库，对应不同的技术小组，选择相关领域专家，以多种形式进行不定期指导，确保评估质量。其三，本着“开门编规划”的原则，前期充分对接相关职能部门、市区政府的数据资料，调研公众对规划实施的意见；后期广泛征求社会各界对评估成果的意见和建议，确保形成一个全程开放的工作平台。

青岛市“多规合一”（空间规划）（2018～2035年）

编制时间:2017～2018年。

编制人员:于连莉、郭晓林、宋军、韩青、商桐、周琳、李艳、周志永、赵琨、孟广明、王伟、王伟智、黄浩、单全、李扬。

获奖情况:2019年,获全国优秀城市规划设计三等奖;2019年,获山东省优秀城市规划设计一等奖。

一、项目基本情况

空间规划改革是国家推进生态文明建设的必然要求,是贯彻落实五大发展理念的重要途径,是发挥规划统筹引领作用的客观需要,是提升政府空间治理能力的根本保障。目前,全国正在编制历史上第一部国土空间总体规划而进行前期准备工作,推进“多规合一”工作,与之前的规划有机融合,贯穿于空间规划体系改革始终。

项目整体构思上,充分利用青岛市“多规合一”机制体制,坚持多部门协调,形成1＋X＋N的“多规合一”（空间规划）编制体系,为空间规划体系改革中的部门协同奠定基础。

编制构思上,贯彻落实习近平生态文明思想,顺应新时代国土空间治理要求,体现发展新理念,引领国土空间高质量发展,实现自然空间和发展空间的统一,体现战略性、科学性、基础性、权威性、操作性。重点关注底图底数、基础评价、目标定位、空间格局、资源保护与要素配置、国土综合整治、实施保障等内容。

二、主要规划内容

（一）统一底图底数

统一技术标准,统一坐标体系,核实资源家底。

（二）问题识别与形势研判

从国土开发质量有待提升、资源环境约束加剧、生态环境压力持续加大和国土空间底数尚未统一等方面识别问题。

（三）开展资源环境承载能力和国土空间开发适宜性评价

结合青岛市资源环境禀赋及发展面临的突出问题,陆域从土地资源、水资源、生态、灾害四个方面,海域从海洋空间资源、渔业资源、生态、无居民海岛四个方面,进行资源环境承载能力评价;在资源环境约束性和社会经济发展各单项指标评价的基础上,对国土空间生态、农（渔）业生产、开发建设等各类开发与保护功能的适宜程度进行综合评价。（如图1所示）

（四）城市定位与发展目标

基于落实国家区域战略、体现青岛特色、加强风险管控的原则,构建由资源本底、人口发展、经济发展、空间开发、基础设施、公共服务、生态环境等七大类 40 项具体指标构成的指标体系，并科学确定指标属性和指标值。

（五）国土空间格局

保育生态空间，划定生态保护红线；保护农业空间，划定永久基本农田；优化城镇空间，初步划定城镇开发边界；优化海域空间，加强陆海统筹。

（六）支撑策略

统筹自然资源利用，优化乡村发展布局，强化重要能源保障，健全基础设施布局，构建防灾减灾体系，优化产业空间布局，增强公共服务引导，推进环境污染防治。

（七）国土综合整治

从盘活存量建设用地、推行农地综合整治、治理海岸海域海岛四个方面提出整治策略，明确修复重点。

（八）机制保障

基于城市定位与发展目标、国土空间格局、支撑策略和国土综合整治要求，从强化工作落实、完善配套制度政策、建设规划信息平台、健全监督考核机制和近期建设项目梳理 4 个方面提出保障措施。

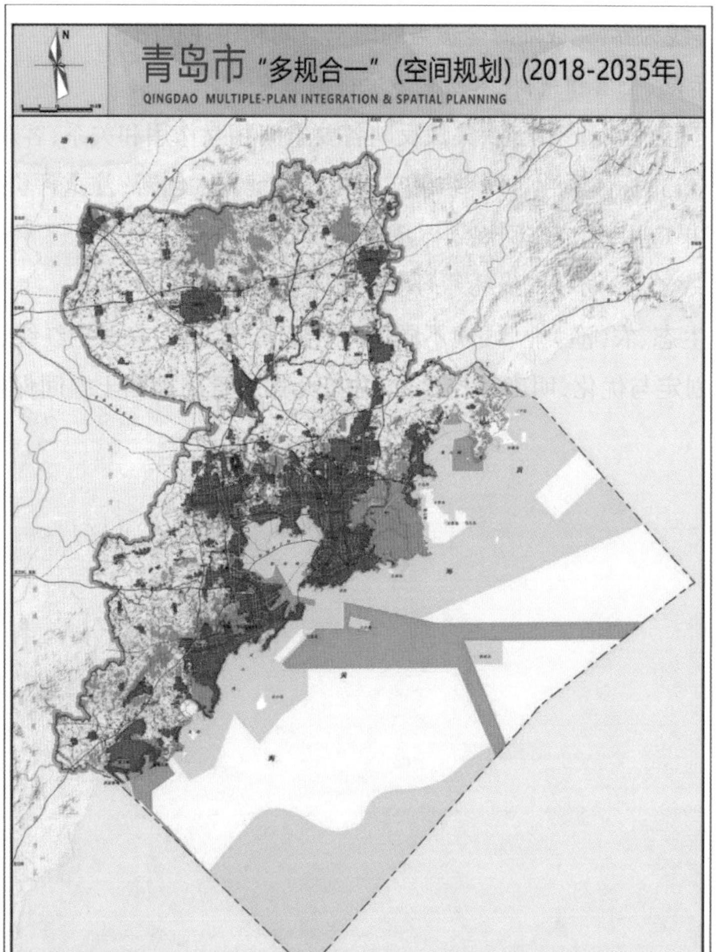

图 1　全域三区评价图

三、项目特色与创新

（一）“多规合一”的机制体制在未来空间规划改革中持续发挥作用

目前，青岛市已形成“多规合一”的部门协调机制、合规审查机制，为地方“一张蓝图干到底”、多部门统一的空间规划编制打下坚实基础。

（二）对“多规合一”工作向国土空间规划编制转型进行了地方创新性探索

在全国统一、科学高效、责权清晰的空间规划体系尚未建立和完善的大背景下，“自下而上”地从“多规合一”工作向国土空间规划编制转型。

（三）从传统规划思维向生态文明理念转变，关注自然空间与发展空间的统一

先期探索市级空间规划编制技术思路，明确青岛市级空间规划层面重点问题，兼顾保护管控与发展引导，侧重实施性。

（四）贯彻落实发展新理念，核实全市自然资源和建设用地家底，强化陆海统筹，实现陆海一张图

充分梳理因各部门自然资源调查标准不统一、规划基础数据不统一所导致的林地、耕地等资源中存在管控重叠的区域；在现有岸线均已不能作为反映现实情况的海陆分界线的情况下，开展了现状工作岸线调查绘制。以工作岸线为界，完成陆海全覆盖的国土空间利用现状图。

（五）双评价全国示范、全省领先，技术研究多次得到肯定

统筹把握自然生态整体性和系统性，集成反映各要素间相互作用和关系，客观、全面地评价青岛市资源环境本底状况；评价指标体系化、评价结果空间化等关键技术创新；注重评价操作性，具备可复制、可推广的基础；加强成果应用，适应空间规划体系建设新阶段。

（六）构建双评价—空间格局—三线统筹划定的空间管控体系

基于评价成果的生态、农（渔）业、城镇不同适宜性指向，实现生态保护红线、永久基本农田、城镇开发边界的三线协同划定与优化，明确管控要求，并以此作为青岛市国土空间保护与发展的基本格局支撑。

青岛西海岸新区总体规划(2018～2035年)

编制时间:2018年。

我院编制人员:王鹏、张善学、王太亮、刘达、王志刚、陈吉升、宋军、王天青、王婷、曹峰、李勋高、方海恩、薛玉、汪莹莹、孙伟峰。

合作单位:德国SBA公司。

获奖情况:2019年,获山东省优秀城市规划设计二等奖。

一、项目基本情况

2014年6月3日,青岛西海岸新区(以下简称“新区”)经国务院批复设立,成为第九个国家级新区。批复要求:新区要以海洋经济发展为主题,全面实施海洋战略,发展海洋经济,为促进东部沿海地区经济率先转型发展、建设海洋强国发挥积极作用,并发展成为海洋科技自主创新领航区、深远海开发战略保障基地、军民融合创新示范区、海洋经济国际合作先导区、陆海统筹发展试验区。

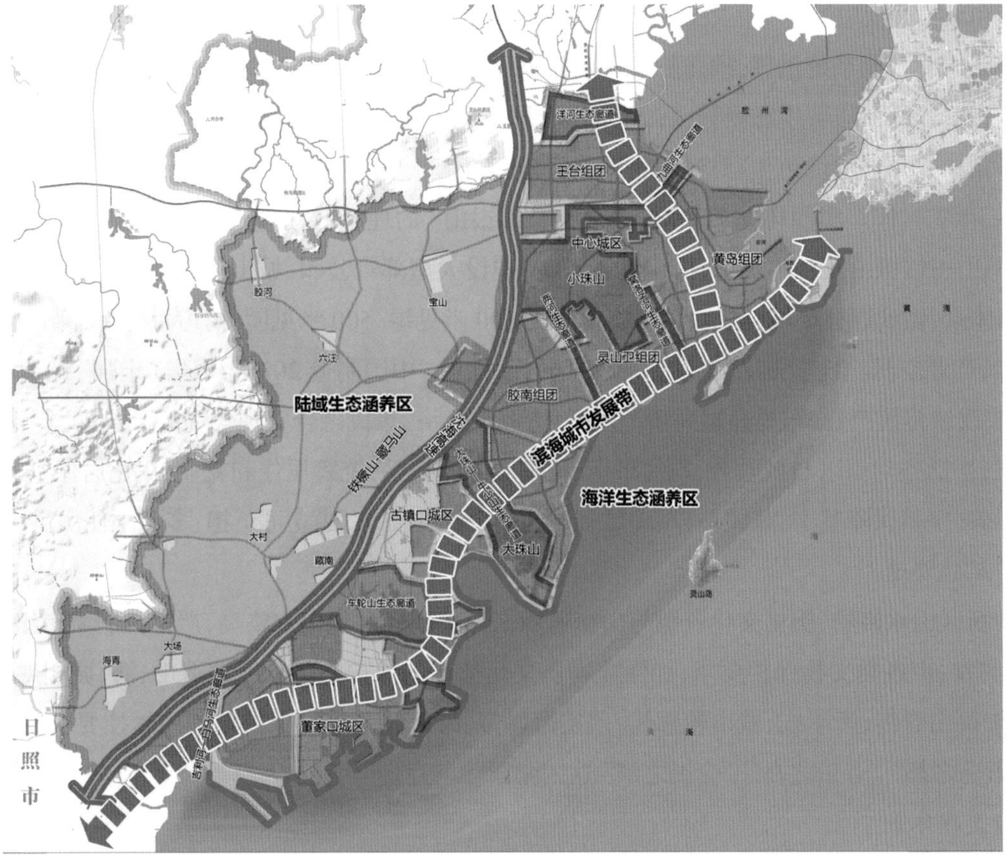

图1　青岛西海岸新区城镇空间发展结构示意图

二、主要规划内容

（一）目标定位

1. 战略定位

如图 1 所示，新区将成为山东半岛国家级城市群的增长极、现代化经济体系的新引擎、新旧动能转换的引领区、高质量发展的国家级新区典范，打造军民融合示范区、海洋强国新支点、改革开放桥头堡、经济社会发展的龙头、国际旅游度假目的地。

2. 建设目标

坚持“五大发展理念”，按照“世界眼光、国际标准、中国特色、高点定位”的要求，推动高质量发展，建设活力新区、美丽新区、魅力新区、平安新区、幸福新区。

制定发展指标体系，构建可度量、可考核的新区发展模式。

（二）空间规划

坚持生态优先、多规合一，构建蓝绿交织、和谐自然的生态空间格局。实施多规合一，衔接国土、环保、林业、水利等专业规划，落实公益林、河湖水体、饮用水源保护区、永久基本农田、生态红线等重要生态要素管控要求，划定新区生态安全格局。

坚持底线思维，合理确定新区国土空间开发强度。强化河湖湿地、山体林地、海岛海岸带的保护，规划新区蓝绿空间占比 70% 以上。严格控制建设用地规模，新区远景开发强度控制在 30% 以内，划定规划控制线和城镇开发边界。

统筹山水林田湖系统治理，构建新区“一带、两区、七廊道”（“一带”即滨海城市空间发展带；“两区”即海洋生态涵养区和陆域生态涵养区；“七廊道”即依托山体、水系形成七条山海生态绿廊，起到连接山海、组团间隔的作用）的绿色生态格局，建设美丽新区。

第一，生态空间。牢固树立“绿水青山就是金山银山”的理念，营造蓝绿生态框架。依托大珠山、小珠山、藏马山—铁橛山及基本农田，构建生态基底；建设大型郊野公园、城市公园及社区公园组成的宜人便民公园体系，做到森林环城、湿地入城，实现居民 300 米见绿、500 米见园、街道百分百林荫化。

第二，产业空间。科学布局，推动新旧动能转换，面向“中国制造 2025”，聚焦“十强”产业和“四新”经济，加快改造传统产业，布局高端高新产业，打造海洋经济、军民融合等现代优势产业集群。

第三，生活空间。以产城融合、职住平衡、精细服务为抓手，统筹居住和就业，优化居住空间布局，推进租购并举；坚持保障基本、兼顾差异、满足多层次的个性化需求，建立可负担、多元化住房供应体系。

（三）风貌塑造

保护新区山水格局、历史文化资源与山海通廊。保护新区自然山水格局，严格控制城市组团生态间隔带；落实省、市各类文物保护要求，加强非物质文化遗产的保护与传承。塑造山、海、城相融的特色城市形象，统筹山脊线、海岸线、城市轮廓线，落实海岸带、海岸线及海岛保护与利用管控要求，打造“啤酒之城”“影视之都”“音乐之岛”“会展之滨”这四张国际名片。

（四）支撑体系

一是构建战略通道，拓展西向腹地。衔接《铁路青岛枢纽总图规划》和《山东省综合交通网中长期发展规划》，建设高速铁路通道，构筑新“青新欧通道”。

二是构建快捷高效的综合交通系统。完善高速公路网，规划董家口至梁山疏港高速、董家口至莱州高速，合理布局综合交通枢纽。

建设高效的城市轨道交通，基本实现中心城区和副中心城区轨道交通站点全覆盖；科学规划路网密度，达到 10 ～ 15 公里 / 平方公里。

三是系统布局各类市政设施，完善城市安全体系，建设韧性城市、海绵城市和智慧城市。

三、项目特色

第一，探索国土空间规划背景下的新区规划编制，尝试开展资源环境承载能力和国土空间开发适宜性双评价，探索区域整体发展与全要素的保护模式；实现以保护为前提的集约发展，体现绿色发展理念，确保生态空间占比 70% 以上。

第二，以人民为中心，统筹城乡，强化城市中心体系，坚持在发展中保障和改善民生，补齐民生短板，保证人民在共建共享发展中有更多获得感，建设“活力之城”。

第三，创新技术编制模式，探索实施总体规划多层面纵向校核与多专业横向合作的集成优势。结合总规编制，启动了 15 个专题研究和 1 个生态专项规划，同步组织编制了多项发展规划、专项规划以及控规，构建起了完整的规划编制体系。

青岛高新区高质量发展综合规划(2019～2035年)

编制时间:2020年。

编制人员:吕翀、王丽媛、管毅、成伟涛、吴龙、崔园园、化继锋、衣军利、夏茂峰、夏雨、程兵兵。

合作编制单位:中国城市规划设计研究院。

一、项目基本情况

落实国务院发布《关于促进国家高新技术产业开发区高质量发展的若干意见》(国发〔2020〕7号)要求,支持高新区功能区改革,优化资源配置,探索生态优先、产业集聚、科技创新的高质量发展新模式,统筹陆海生态资源、区域产业资源,推动生态、生产、生活"三生空间"高度融合,谋划全区产业功能转型升级发展的新动力,探索高质量发展的新路径,打造高新技术产业集群。本规划(见图1)是对接市级、区级国土空间规划以及"十四五"规划确定的各项要求的重要支撑,是指导下一层次规划的重要依据。

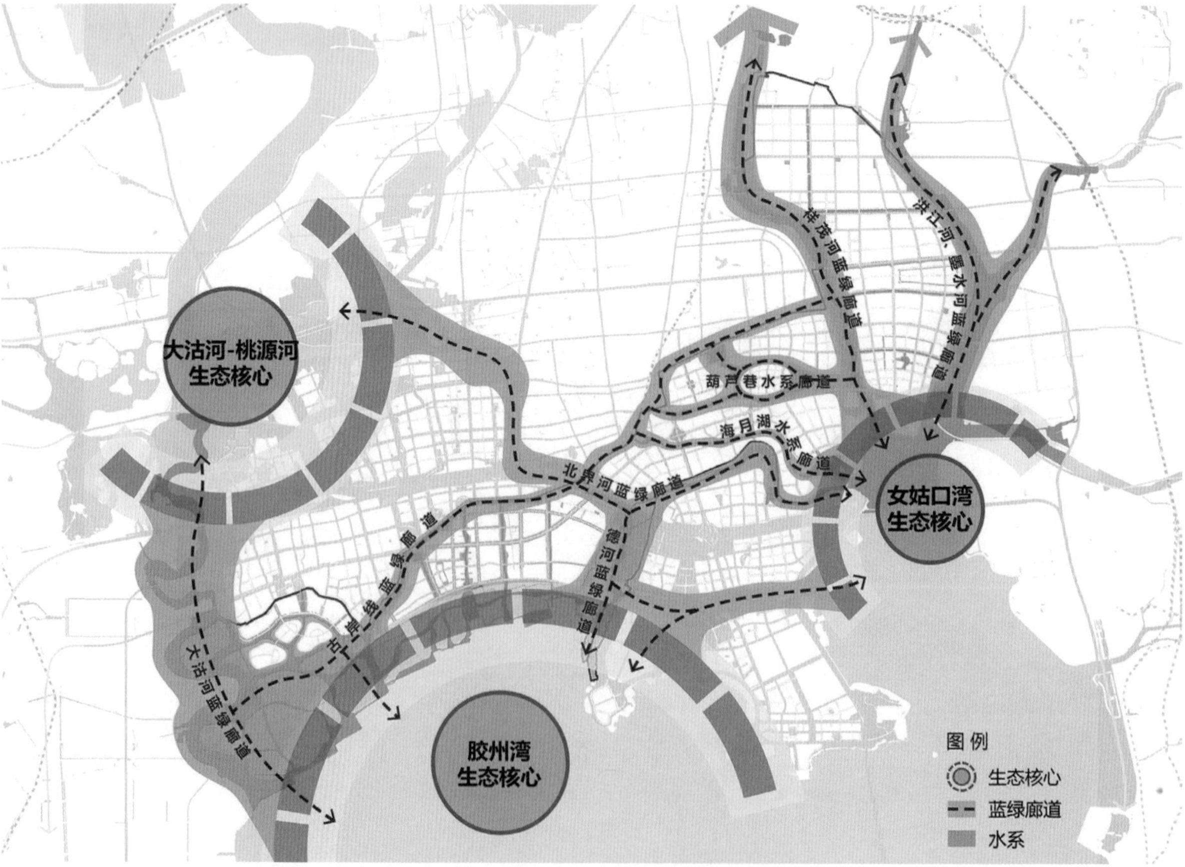

图1　青岛高新区生态格局规划图

二、主要规划内容

结合国土空间规划要求，统筹自然资源、水利、海洋等各部门，摸清区域底图底数。以现行“双评价”“空间性规划实施评估”为基础，分析区域发展实施成效，提出优化完善策略。做好国土空间用途管制，科学划定“三区三线”，确定城市空间发展方向。明确用地结构，调整方向，合理确定住宅、工业、公共设施、道路交通、绿地广场等各类用地比例。结合高质量发展诉求，提出城市品质提升与风貌管控要求。形成合理的约束性和引导性指标基本框架，并结合近期实施计划提出近期实施目标和重点任务。

三、项目特色与创新

（一）推进高新区全域多规合一、全要素管控

本规划全面摸清高新区资源本底条件，构建高新区海、水、林、湖、草、岛等全区全要素统一管控。延续高新区历次规划思路，将各类已编制、已批复空间规划高度融合，统筹土地、水利、林业、海洋渔业等各部门各层级规划，制定统一的工作平台，系统解决各要素、各类规划重叠冲突等问题，实现国土空间规划“一张图”应用、管理和监督实施。（如图 2 所示）

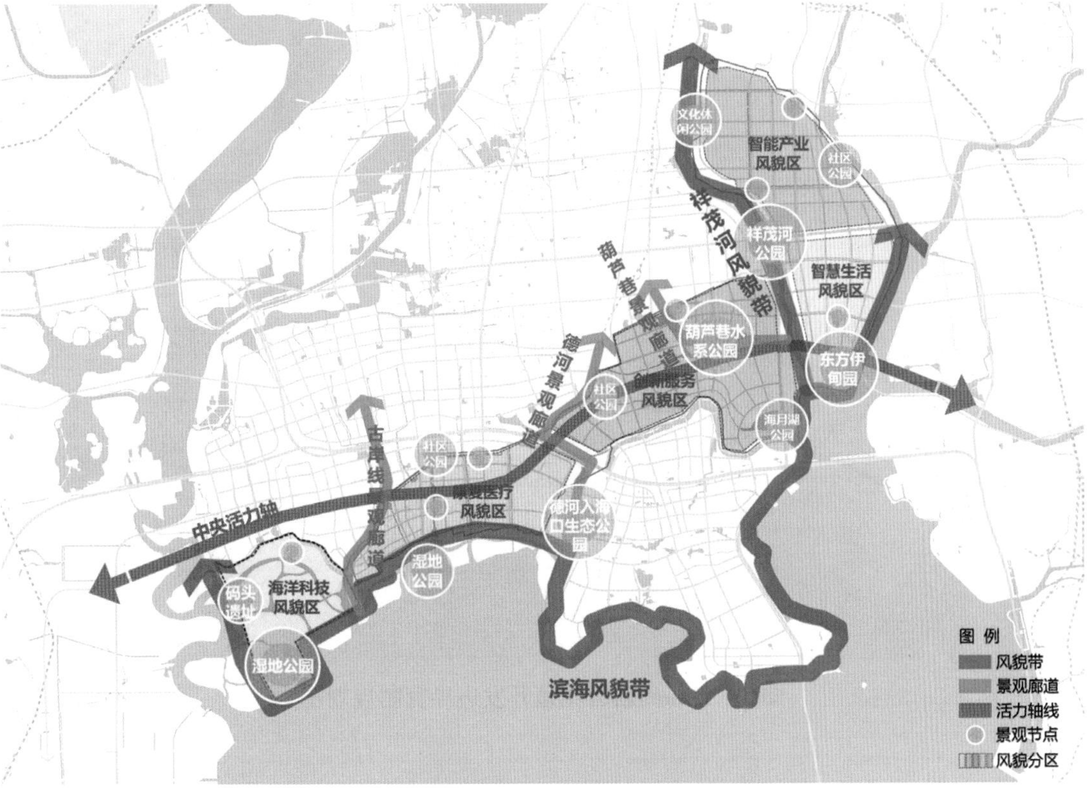

图 2 青岛高新区城市景观风貌规划图

（二）坚持创新引领，挖掘存量资源，谋划高新区产业高质量发展转型路径

本规划根据国务院 2020 年 7 号文要求，紧密结合海洋强国、健康中国等国家战略，依托现有“3 + 1”产业结构，围绕创新链、产业链，保障战略性功能的空间供给，同时盘活挖掘现存土地开发的潜力，使高

新技术产业实现空间链条化、集群化布局。

（三）以问题为导向，推进国土空间管控和综合治理

本规划深入剖析高新区现状生态环境、基础设施、公共服务等方面存在的问题，以提升高新区综合配套服务水平、塑造高品质生活为目标，有针对性地制定规划措施，并提供近期建设项目库，通过规划管理来实现国土空间综合治理和管控。（如图 3 所示）

（四）与市级、区级国土空间规划同步编制，紧密衔接

规划编制期间，同步配合落实好市级、区级国土空间规划以及“十四五”规划确定的各项要求，及时反馈自身发展诉求，将核心成果纳入市级、区级国土空间规划体系之中，形成上下紧密联动的规划编制工作机制和完善的规划体系。

图 3 青岛高新区城镇开发边界管制规划图

第二编

专项规划

青岛市公共体育运动设施专项规划（1995～2010年）

编制时间：1995～1996年。

我院编制人员：李守春、左效华、孟广明、张沫杰、张云飞、于航兵、吕伟烈。

合作单位：青岛市体育运动委员会。

城市公共体育运动设施是城市功能要素的重要组成部分。本规划在回顾了青岛市建制以来体育运动发展基本情况和特点的基础上，对青岛市公共体育运动设施的现状及存在的问题进行了详细分析。按照以设施超前、水平超前为原则，采取“集中与分散相结合，以分散为主”的总体布局思想，通过有计划、分阶段的建设，使青岛市的体育设施（如图1至图3所示）不断完善和发展，在满足城市居民体育健身活动的前提下，使青岛逐步具有举办大型甚至国际性综合赛事的能力，使每个行政区内具备“一个运动场、一个体育馆、二个游泳馆”的最低设置标准，并切实加强居住区级和小区级体育设施的规划。

图1　已建成的体育设施一

规划青岛市公共体育运动设施，以老市区为基础，提高市级体育设施的规模和水平，加强区级体育中心的建设速度和强度，完善居住区级和小区级体育场所和设施。新设市级体育中心，增设市级副中心，并与区级和居住区级体育设施共同形成市级、区级、居住区级和小区级四个层次的“中心突出、规模分级、布点均衡、共为一体”的青岛市城市公共体育设施网络系统。

图2　已建成的体育设施二

图3　已建成的体育设施三

青岛市城市地下空间开发利用规划（2006 ～ 2020 年）

编制时间：2004 ～ 2006 年。

编制人员：潘丽珍、李传斌、祝文君、裴春光、张志敏、童林旭、孟广明 。

合作单位：清华大学。

获奖情况：2009 年，获新中国成立 60 周年山东省城市规划设计成就提名奖；2007 年，获全国优秀规划设计三等奖；2006 年，获山东省优秀规划设计一等奖。

一、项目背景

青岛市城市地下空间开发利用规划（如图 1 所示）的范围为对地下空间开发较为迫切的市南区、市北区、四方区、李沧区及崂山区的一部分，总规划面积约 250 平方公里。本规划主要考虑 0 米至 30 米的地下空间，-30 米以下不作为重点。

该规划于 2006 年 11 月 1 日经青岛市人民政府批准并开始实施，对指导青岛市地下空间的有序开发，建设节约型城市起了重要的作用。

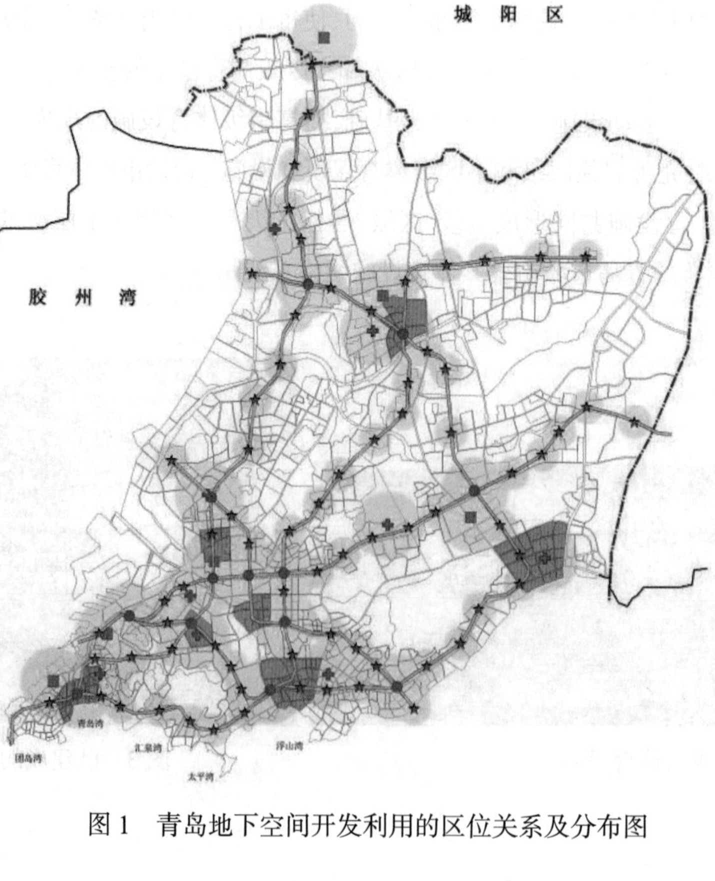

图 1　青岛地下空间开发利用的区位关系及分布图

二、规划思路

本规划把地下空间作为重要的城市空间资源进行考虑：一是融入城市整体结构中，把地铁等线状地下空间设施作为城市结构成长的“引导力”，引导城市不同区域和谐发展；二是把地下空间作为城市内部不同区域功能健全和完善的承载力量，实现立体化综合开发；三是对地下空间的开发与城市的防空防灾系统进行统筹考虑；四是地下空间资源的开发、保护、控制并举，实现可持续利用。

三、规划布局

对青岛市地下空间资源，从功能上进行了全面的规划布局，涉及地下交通系统、地下公共空间（如图2所示）、地下综合体、地下综合管廊、地下变电站、地下污水处理设施、地下物流系统、地下能源物资储备系统、防灾体系等。规划布局上，突出了地下空间的“平战结合”使用，加强与城市总体规划、人防工程规划及相关规划的衔接和协调，使规划内容更具有可实施性。规划内容上符合相关的法规、标准的要求。

图2　李村公园地下空间

四、创新与特色

本规划以解决城市问题为目的，以促进能源和资源的节约为宗旨，结合青岛市基岩地质的特点，探索“地上问题，地下解决”的发展思路，实现城市的集约化发展，提高城市运转效率。

规划编制上，突出了先进性、前瞻性、地域性和可持续性。紧密结合青岛市基岩地质的特点，并结合地面建设对地下空间资源进行合理规划与统筹。

结合本规划的实践，提出了一套完整的地下空间开发利用规划工作流程和技术流程。

在地下空间资源评估中，结合青岛市特点，使用GIS等技术手段，首次创立了一套科学的地下空间资源评估体系，并针对青岛市地下空间进行了评估。

在确定地下空间发展目标时，结合青岛市实际情况，首次创立了地下空间发展目标的指标体系，并提出了具体指标。

五、实施效果

该规划的实施对指导青岛市地下空间详细规划及相关规划编制发挥了重要作用，有利于指导地下空间项目的开发与建设。对在本规划指导下实施的一些项目的调研后发现，本规划实施的效果良好，并取得了较好的社会经济效益，对于推动区域和谐发展和城市繁荣发挥了积极的作用。如汇泉广场（见图3）、海琴广场、李沧公园等地下空间已成为城市重要的公共空间，形成由地上的游憩功能与地下的商业、停车等功能相结合的立体化城市空间。

图3　汇泉广场地下空间

青岛市教育设施专项规划(2006～2020年)

编制时间:2004～2006年。

编制人员:潘丽珍、王天青、王宁、冯启凤、赵琨。

获奖情况:2006年,获山东省优秀规划设计三等奖。

为适应青岛市建设现代化国际城市的宏伟目标对教育事业的要求、实现教育设施与城市的协调发展、合理布局各类教育设施、保证教育事业发展的空间资源并实现教育设施资源的优化配置,组织相关人员编制《青岛市教育设施专项规划》。

本规划研究的范围为整个市域范围,重点规划范围以青岛市区为主。规划主要研究普通教育类型的设施布局及规模问题,包括学前教育、小学、初中、高中、中等职业教育、高等教育等6个层次。

本规划按照供需平衡理论,设标准、需求、布局三个研究专题。以供需关系为研究切入点,通过青岛市经济社会发展水平的分析并与同类城市对比分析后制定出适合青岛市现状及发展前景的教育设施规划标准。以教育设施的发展现状为基础,结合需求和预测对青岛市的各类普通教育设施进行空间布局。

本规划不仅优化了现状教育设施的布局、为未来设施预留了发展空间,而且为实现教育设施与城市协调发展进行了有益的探索,实现了社会事业发展规划与物资形态为主的城市规划的无缝对接,切实保证了教育设施在城市空间资源配置中得到优先考虑,对其他类似设施的布局规划具有一定的参考价值。

青岛市高层建筑空间布局规划研究

编制时间:2006～2007年。

编制人员:潘丽珍、王天青、马培娟、夏青、吴晓雷、戴军、沈迎捷、孙丽萍、徐泽州、刘建华、左琦、毕波、王宁、丁帅夫、张舒。

获奖情况:2009年,获全国工程咨询三等奖、山东省优秀规划设计三等奖、青岛工程咨询二等奖。

一、规划背景

青岛市高层建筑空间布局规划研究是在国家施行严格的城市建设用地控制政策背景下,青岛市针对城市快速发展以及功能与规模的扩张使土地供需矛盾日趋显化的情况,为采取有效措施集约使用土地、利用有限的土地资源满足经济社会发展需求所开展的一项规划研究工作。

二、规划构思

本次规划主要从以下三个方面着手研究:

第一,详细调研现状高层建筑情况(如图1所示),分析现状高层建筑的影响和问题。通过对现状每栋高层建筑的详细调研,总结现状高层建筑建设分布情况、利用性质情况及分布特点,分析现状高层建筑布局对城市空间的影响,发现目前存在的主要问题。

第二,研究国内外城市高层分布形态案例并进行经验借鉴,探讨青岛市高层建筑空间布局的模式。综合分析国内外的案例,高层建筑大致可以分为四种形态:以西雅图、旧金山、芝加哥为代表的单中心集中发展形态,以纽约为代表的多中心集中发展形态,以哈尔滨为代表的轴线集中发展形态,以上海为代表的自由发展形态。综合分析各类形态的优缺点,结合青岛市城市空间特色、城市功能布局、城市快速交通系统的要求,青岛市高层建筑的总体空间布局适宜采用多中心与轴线发展相结合的复合结构。

第三,对青岛市高层建筑发展空间的适宜性进行评价,研究适宜高层建筑发展的空间。通过专家调查法,确定影响高层建筑发展空间的4类15种影响因子,通过特尔斐法归纳出10类主要影响因子,利用概率分布法确定各地块建设高层建筑的可能性。将CAD与GIS相结合,建立数据库,对10类主要影响因子逐一进行评价,最后进行叠加,得出因子综合评价图,为高层建筑的布局提供选择平台。

图1　城市中部高层建设图

三、规划布局

通过技术优化与整合，通过规划结构、视线通廊控制和空间管制分区，确定高层建筑发展的空间分布和开发强度。

（一）规划结构

青岛市高层建筑的总体空间布局结构为二主四副六片集中发展区和九条发展轴线。

（二）视线通廊控制

为实现“山、海、城”相融、相映的城市风貌，对太平山、浮山湾、浮山及金家岭山、嘉定山和北岭山及孤山、老虎山及烟墩山等五个地区进行视线通廊控制。

（三）空间管制分区

本规划形成 5 类空间管制区（如图 2 所示），分别为：一是高层建筑适宜发展区，总面积 56.8 平方千米，容积率 2.5 ～ 3.5；二是高层建筑适度发展区，总面积 67.72 平方千米，容积率 2.0 ～ 3.0；三是高层建筑适度控制区，总面积 329.77 平方千米，容积率 1.2 ～ 2.5；四是高层建筑严格控制区，总面积 115.09 平方千米，容积率 1.0 ～ 1.5；五是高层建筑禁建区，总面积 7.9 平方千米，容积率小于 1.0。

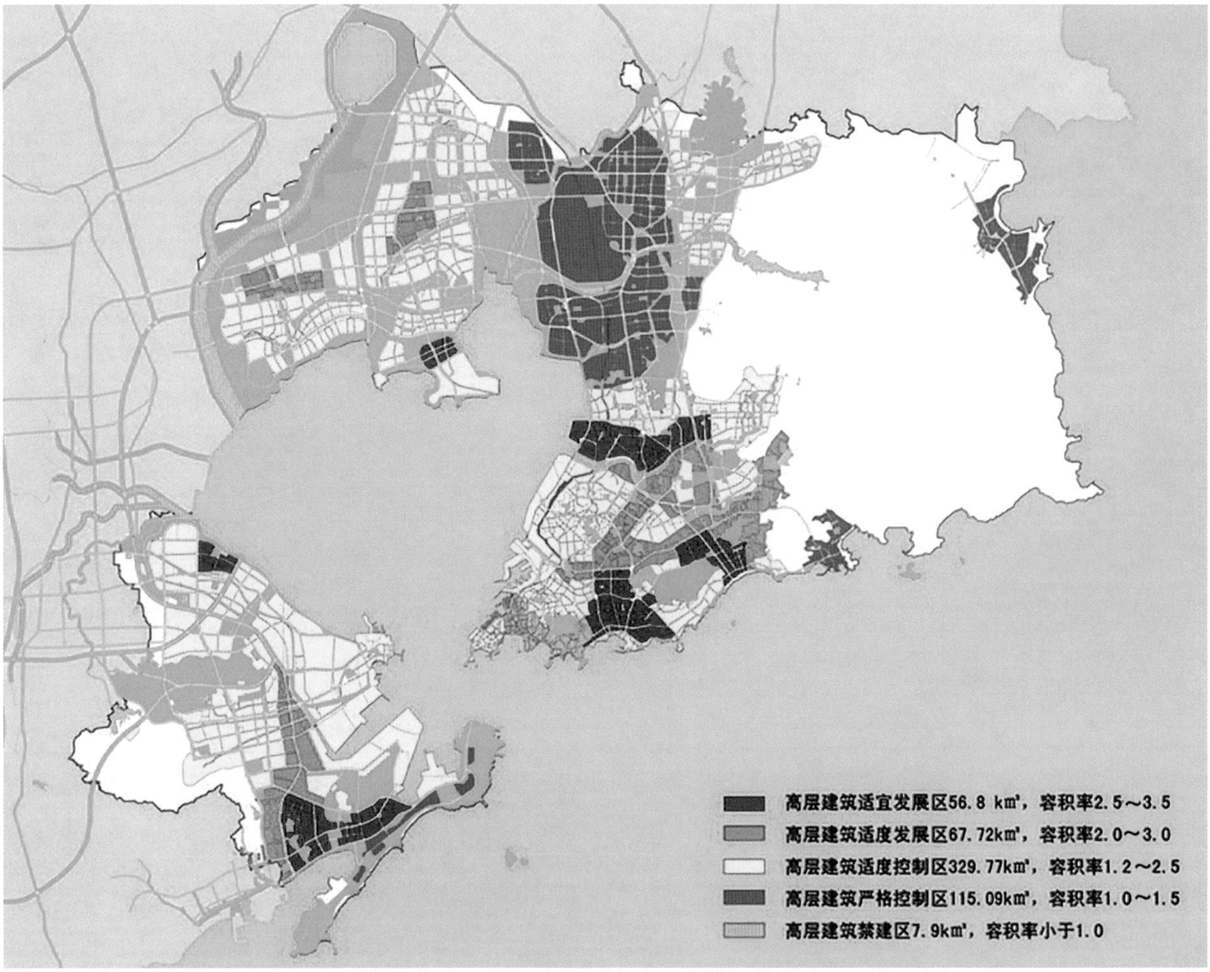

图 2　青岛市高层建筑空间适宜性评价图

四、创新与特色

第一，对影响高层建筑布局的限制条件进行了全面梳理——规划切入点独特。

在规划研究伊始，对资源环境和历史文化遗产保护、生态廊道预留、机场净空等影响城市可持续发展的限制性要素进行了全面梳理，明确提出影响高层建筑布局的限制条件。

第二，探索了一种复杂因素下的规划决策机制——规划方法创新。本规划研究突破传统城市规划中单纯依靠视觉景观分析等定性研究建筑高度的方法，建立了多因子的评价体系，采用模糊数学判断法，对各影响因子进行打分评价，得出各因子影响评价图，将定性的影响因素给予定量的转化，提供可量化的、可操作的评价平台，探索了一种复杂因素下的规划决策机制。

第三，绘图软件（AutoCAD）与地理信息系统 (GIS) 的完美结合——规划技术先进。绘图软件（AutoCAD）可以绘制各种评价因子影响图。根据影响程度的不同，将各影响因子叠加在一起以形成综合评价图，仅通过绘图软件（AutoCAD）是无法解决的，而通过地理信息系统 (GIS) 强大的空间地理数据和分析功能的支持，该问题得到了很好的解决。

第四，强调动态研究——规划理念超前。对道路交通、给水、排水、燃气、电力、供热等进行敏感性分析，动态研究基础设施对高层建筑布局的支撑能力，强调规划编制的动态、长效机制。

青岛市城市历史文化名城保护规划

编制时间:2009 ~ 2017 年。

我院编制人员:潘丽珍、刘宾、孙丽萍、金超、吕翀、王丽媛、陆柳莹、朱瑞瑞、沈迎捷。

合作单位:上海同济城市规划设计研究院有限公司。

获奖情况:2019 年,获国家城市规划设计优秀城市规划设计三等奖。

一、历史文化名城保护规划框架与目标

本规划(如图 1 所示)以"全面保护历史文化遗产,深入挖掘历史信息,合理利用和充分展示历史价值,彰显历史文化名城魅力"为目标,加强历史文化名城的系统保护。建立由整体自然环境、历史城区、历史文化街区、文物古迹、工业遗产、历史文化村镇、非物质文化遗产等内容构成的保护框架。

二、市域历史文化遗产保护

在保护"三山、三水、三湾、一带"整体自然空间格局的基础上,强化保护 7 处历史文化村镇、已公布的 602 处文物保护单位和 210 处历史优秀建筑、1 500 余处尚未公布的文物古迹、50 项非物质文化遗产。

三、历史城区保护

历史城区是青岛历史文化风貌的集中体现区。本规划以历史文化街区保护为核心,突出保护历史城区内的道路骨架格局、路网肌理、历史轴线、依山就势的建筑群体空间特色。通过划分高度分区的方式,严格控制历史城区内新建建筑高度,保持平缓的天际线形态和山海间眺望视廊的通畅,实现历史城区整体空间格局的系统保护。

在整体保护的基础上,通过功能结构的调整、基础设施的完善、物质环境的整治,实现历史城区的全面复兴,将青岛建设成为"文化之城""活力之城""宜居之城"。

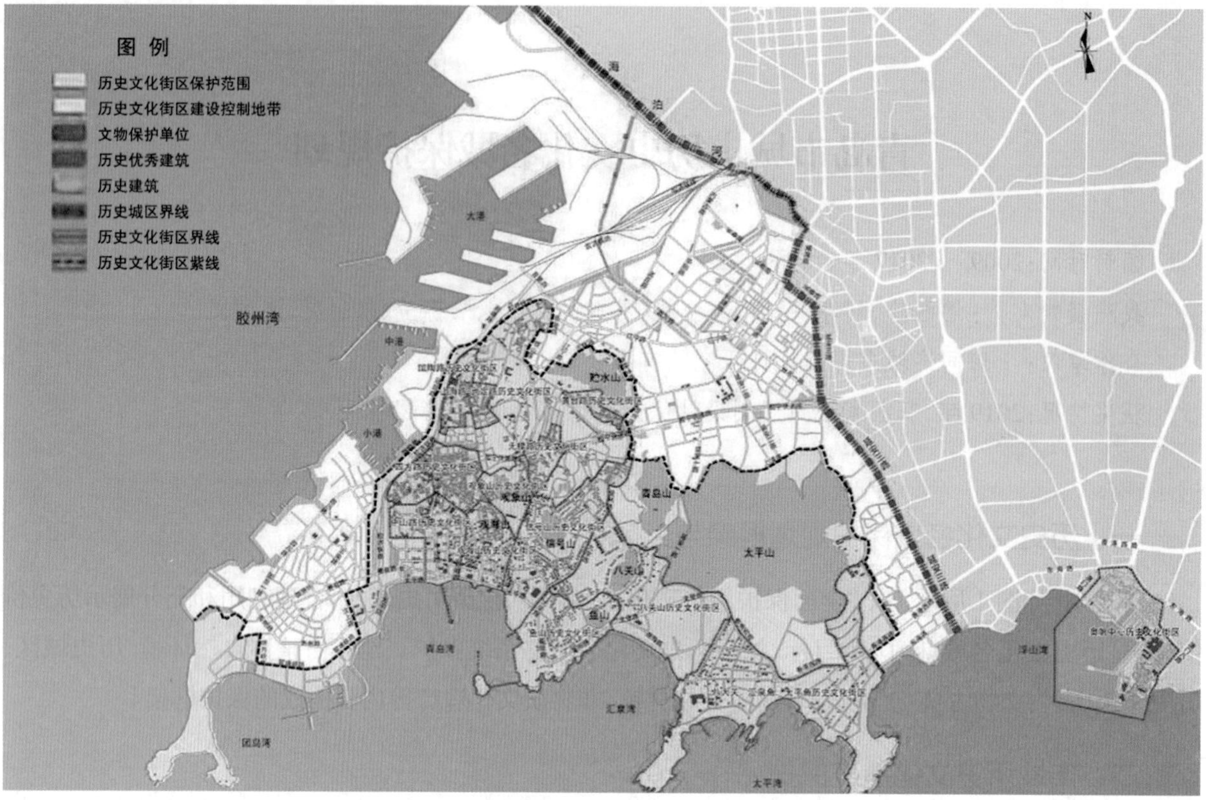

图 1　青岛历史文化名城保护规划图

四、历史文化街区保护

13 片历史文化街区依山傍海，连续分布。本规划划定核心保护区总面积 688.9 公顷，建设控制地带总面积 674.9 公顷。

历史文化街区重点保护风貌道路、历史街巷、特色院落空间、历史建筑、围墙大门铺地等环境要素。通过建筑严格的控制和视线通廊、景观对景点以及街区道路风貌的保护，形成历史文化街区城市设计层面的整体控制和保护。（如图 2、图 3 所示）

各历史文化街区结合自身功能特点，在延续原有城市生活功能的基础上，采取“小单元、渐进式”的保护更新模式，逐渐恢复街区活力。

五、文物古迹保护

青岛已公布文保单位、历史优秀建筑共计 812 处，尚未公布文物古迹 2300 余处。

已公布文物保护单位、历史建筑单独编制保护图则，划定保护和建设控制地带范围，制定保护措施。

对尚未公布的历史建筑，从历史文化、建筑艺术、科学技术、社会人文价值和保存利用的可行性五个方面进行综合评价，按照特殊保护、重点保护、一般保护三种不同情况，分类定级制定保护措施。

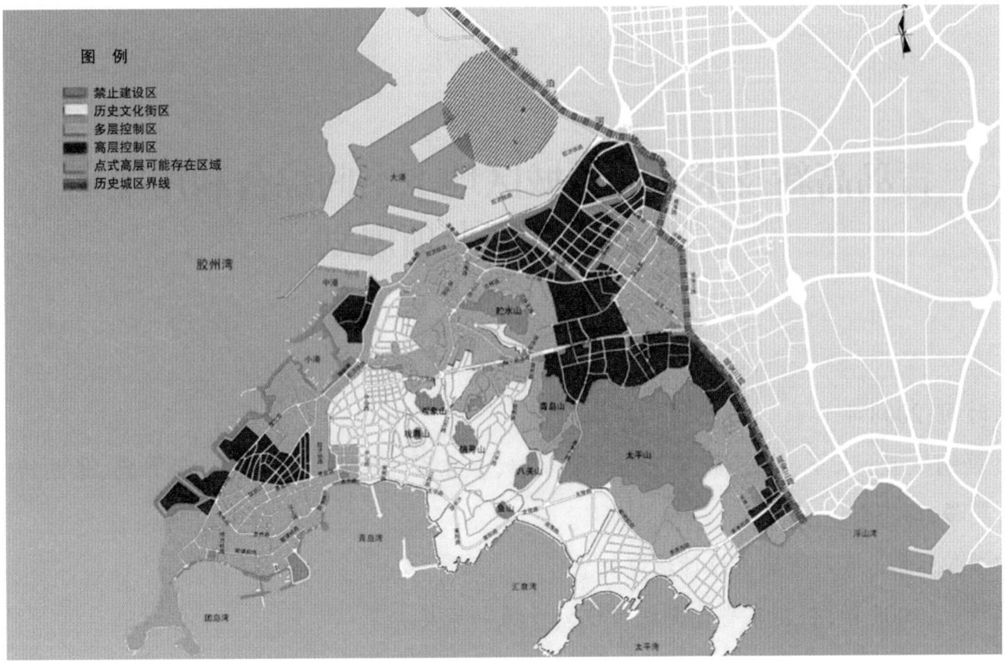

图 2　青岛历史城区高度控制规划图

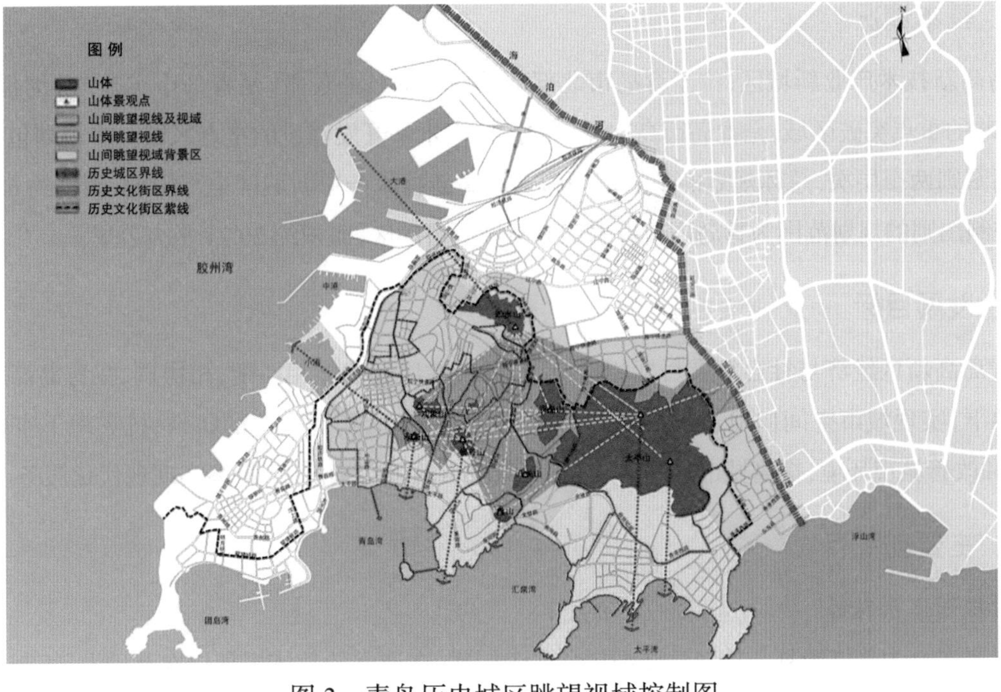

图 3　青岛历史城区眺望视域控制图

青岛高新技术产业新城区地下空间综合利用规划暨人防设施专项规划

编制时间:2008年。

项目编制人员:宋军、田志强、郝永成、张善学、于立军、孟广明、任福勇、栾勇鹏、张刚涛、徐刚、黄浩、刘扬、夏晖、邵翊宸。

合作单位:青岛市人防建筑设计研究院。

获奖情况:2009年,获山东省优秀城市规划设计一等奖。

一、基本情况

青岛高新技术产业新城区,位于青岛市北部新城地区的核心位置,是青岛市实施“环湾保护、拥湾发展”战略的重点突破区域,是青岛市高起点、高标准、高水平开发建设的重点区域。本规划包括总体规划和控制图则两个层次,总体规划的规划范围为青岛高新技术产业新城区全部用地,面积约63.44平方公里。控制图则的规划范围为青岛高新技术产业新城区启动区,面积约20.21平方公里。

二、发展目标

与青岛高新区经济与社会发展目标相适应,与城市性质和职能相匹配、相协调,在青岛高新区总体规划指导下,实现城市空间向地表下拓展,提高土地利用效率,构建完善的防空、抗灾地下空间防护体系,保护和改善城市环境,提高城市的生活质量,保障城市的可持续发展,最终实现现代化服务。

三、主要创新点

(一)规划体系创新

规划层次分为总体规划与控制性详细规划两个层次,在通常的总体规划层次基础上,编制启动区地下空间控制图则,切实有效地指导启动区地下空间的开发建设,进一步为青岛高新技术产业新城区其他区域地下空间控制图则的编制提供范本。

(二)规划思维创新

第一,根据工程与现状地质评价,确定地下空间发展的潜力。

第二,根据地上用地性质,确定地下空间价值、位置与特征。

第三,根据区位条件影响,确定地下空间规划的重点与结构。

第四，统筹地下空间资源，形成专项地下空间利用体系。

（三）规划内容系统全面

在青岛高新区各项规划编制的同时，同步编制了包括工程地质评价、规划结构与布局、地下交通规划、地下公共空间规划、地下市政设施规划、人防规划、地下空间控制图则、实施建议等内容的专项规划，确保了青岛高新区的高起点规划、高标准建设。

青岛鱼山历史文化街区保护规划

编制时间:2010～2017年。

编制人员:潘丽珍、刘宾、孙丽萍、金超、马肖、温明洁、马肖、吴龙、温明洁、潘广栋、化继锋、郭晓林、朱瑞瑞、陆柳莹。

获奖情况:2017年,获青岛市优秀城乡规划设计一等奖。

一、项目基本情况

1994年,经国务院批准,青岛名列国家历史文化名城,而历史文化街区集中体现了青岛“山、海、岛、城”融为一体的名城特色,其中,鱼山历史文化街区是青岛13片历史文化街区之一。2014年11月,鱼山历史文化街区被山东省人民政府认定并公布为山东省第一批35片历史文化街区之一。2017年6月,《鱼山历史文化街区保护规划》经过了青岛市人民政府批复。本规划范围为鱼山街区的核心保护范围(如图1所示),总面积约为62.8公顷。

二、主要规划内容

构建由整体格局、路网格局、历史风貌道路、景观视廊及道路对景点、建筑保护、高度控制、建筑体量与密度控制、院落保护、空间形态及环境要素、特色文化要素等内容构成的保护内容框架。

保护街区依托自然地形形成“山、海、岛、城”融为一体、自然环境与人工环境和谐相容的总体格局,结合地形形成环山、滨海路网布局形态。

保护7条历史风貌道路和15条历史街巷。历史风貌道路不得改变现有道路线型、断面、街道空间尺度。保护6处景观视廊与道路对景,包括观看地标建筑以及看海、山等自然景观。依据文物保护法和保护图则保护街区12处文物保护单位;依据《青岛市历史建筑保护管理办法》,分类保护32处历史建筑、130处传统风貌建筑。保护现有公园绿地、山体绿地,塑造和利用滨海广场、历史风貌道路等公共空间。保护与自然、人工环境和谐相容的大门、围墙、挡土墙、铺地、石阶、井盖等历史环境要素。保护街区名人文化、博物馆文化、居住文化等非物质文化要素。

三、项目特色与创新

(一)规划理念方面

应用系统性方法,建立多层级空间保护体系,完整保护街区整体风貌。规划建立了街区—院落—建筑的三级空间控制体系,从保护建筑单体的风貌特征,到保护院门、院墙等院落环境要素,再到保护宗地划分方式以及台地、自然地形、道路街巷(如图2所示)、公共空间体系等,由小及大,确保对街区风貌、环境和建筑的整体保护。

（二）历史档案收集与分析方面

系统收集历史资料，形成档案；研究历史资料，追溯街区格局形成逻辑，制定控制指标。

（三）更新发展实施机制方面

推行“小规模、渐进式”保护，尊重社区居民意愿。延续街区生活氛围，通过问卷调查等方式了解居民意愿，调动居民积极性，反对大规模搬迁及“绅士化”改造。提倡“小规模、渐进式、多主体、自下而上”的方式，有机保护利用街区。

（四）规划控制手段方面

创新图则表达方式，将保护规划和控规整合融为一体。

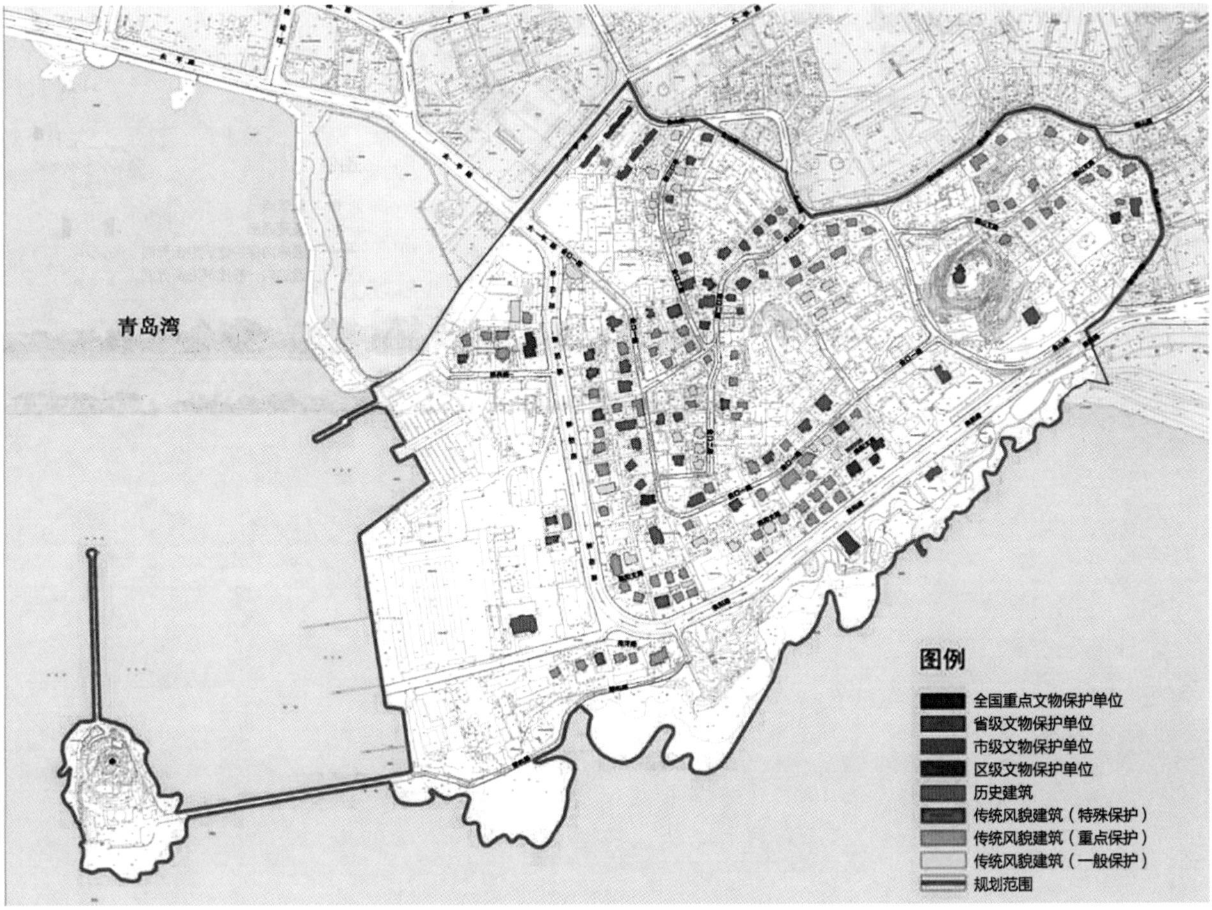

图 1　鱼山历史文化街区建筑保护规划图

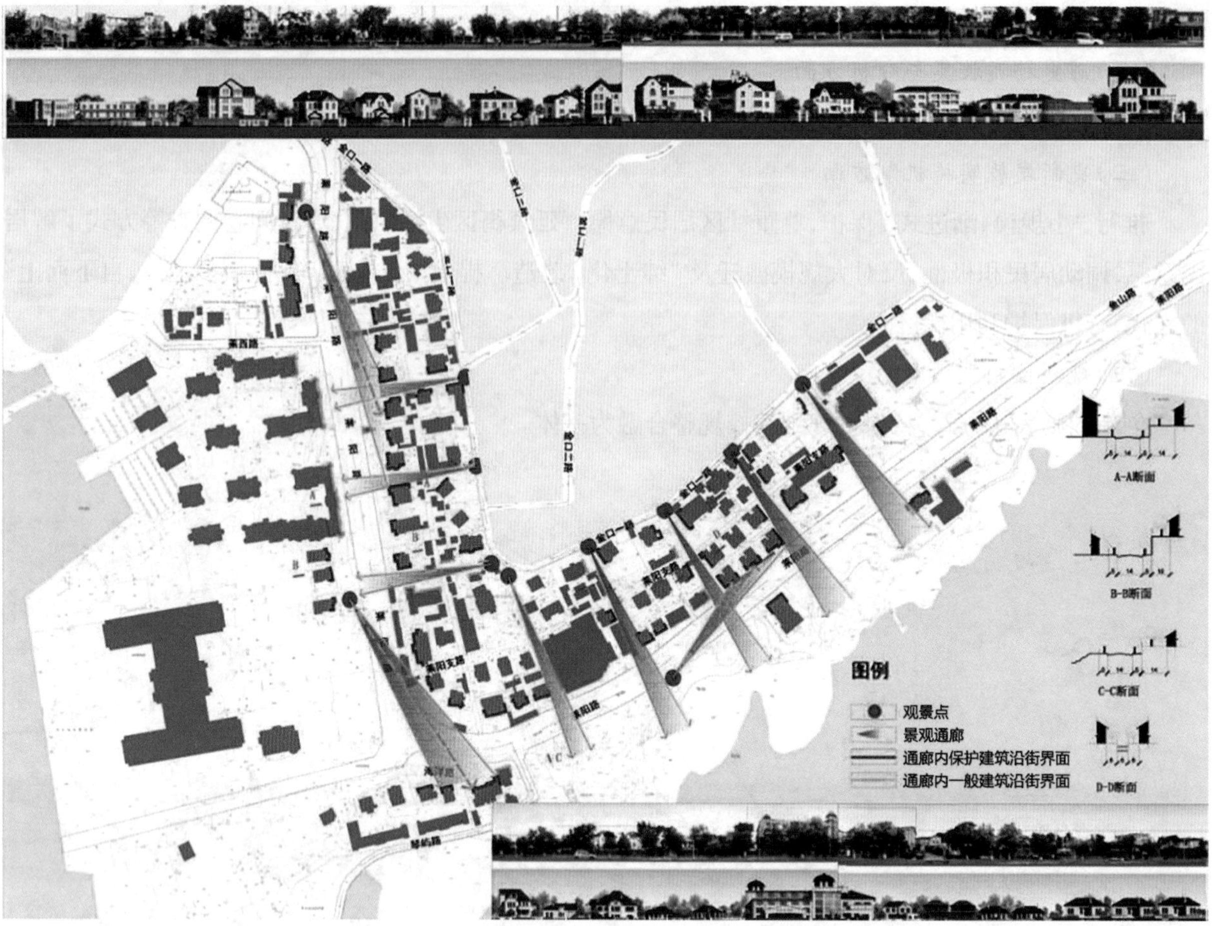

图 2　鱼山路立面整治示意图

青岛市城市色彩规划

编制时间:2010 年。

我院编制人员:丁帅夫、王天青、吴晓雷、潘丽珍、徐文君、宫震。

合作单位:上海同济城市规划设计研究院。

获奖情况:2017 年,获山东省优秀城乡规划设计二等奖、青岛市优秀城乡规划设计二等奖。

一、规划概况

“红瓦绿树、碧海蓝天”曾被青岛人用以形容青岛的传统城市色彩特征,以建筑色彩为核心的人工景观的色彩也已逐渐成为青岛市城市色彩的重要组成部分。然而随着城市发展,青岛无论在空间上还是内容上都已很难再以“红瓦绿树、碧海蓝天”来指导城市色彩的控制。虽然青岛市在城市色彩方面拥有得天独厚的自然和人文条件,但也面临城市色彩被破坏、色彩控制无从下手的困境。青岛亟须寻找符合青岛市未来城市形象的发展需求的城市色彩控制途径,特编制本次规划。

二、主要规划内容

(一)青岛市色彩规划总体目标

基于青岛市自然资源、历史文化、经济、社会特征的分析,以突出岛城山色、帆都海韵的核心风貌,以“色彩让城市更青岛”的规划远景,打造“碧海蓝城、魅力青岛”的城市色彩总体发展目标。

(二)青岛市色彩主色调

本规划从青岛市自然地理、人文历史提取出自然环境色彩,并根据建筑的不同使用功能分别提出建筑立面基色、建筑屋顶主色以及建筑点缀色,提炼出青岛城市色彩的主色调为“红黄色系、黄绿色系、蓝绿色系”。

(三)制定建筑色谱

对各类型各区域建筑的色彩提取后,编制了基本色谱。色谱规定了建筑的墙面基色、屋顶基色及点缀色的用色范围。然后采用公众参与的形式,由当地艺术家与建筑师组成的专家组对优秀色彩建筑进行了两次遴选,评价出优秀色彩的示范建筑清单。

(四)风貌定位

对青岛市的风貌要素进行分析,从自然山水、历史传统、人文习俗以及产业方向等方面总结出青岛市城市风貌特色,如:自然山水方面,风貌特色为疏密有致型滨海城市等;人文习俗方面,风貌特色为雄伟庄严型齐鲁文化等。青岛市城市风貌定位为“岛城山色、帆都海韵”。

(五)色彩分区控制

如图 1 所示,根据对青岛市总体风貌定位的理解,并依据青岛市城市总体规划对各区域的功能定位,将规划区域划分为 13 个风貌区域。

（六）风貌轴控制

城市风貌轴分为海景轴、山景轴和城景轴三种类型。海景轴的范围为环胶州湾各区、市南区和崂山区中心区的海岸线向内陆延伸 2 公里范围内的区域。山景轴的范围为崂山和珠山面向建成区一侧、浮山面向浮山风貌区一侧以及老虎山周边 2 公里范围内的区域。

图 1　青岛市色彩分区控制导则要求

三、规划创新与特色

（一）神态理论——城市色彩规划的理论创新与应用

面对 1400 平方公里的规划范围,同色材料的反光特性不同、高度体量距离不同、群体组合关系不同,青岛市色彩规划不再仅仅是“红瓦绿树、碧海蓝天”的简单延伸,而需要引领现代社会从“散乱多元”走向“有机多元”的文化进化过程。借此,在吸取传统色彩地理学、现代色度学等理论的基础上,针对高密度建筑群体色彩组合律、空间色差律、绿色建筑技术标准等现代特点,按照“可视化、可验证”的公共管理决策要求,研究提出现代城市建筑群体表情理论,简称“神态理论”——人们对建筑群体围合所形成的场所气氛的社会客观感受程度规律。

本规划将全市划分为 13 个管理分区、7 个序级。根据统计结果取消一级后,将神态(色彩组合)分为“沉稳”“平静”“平和”“祥和”“欢快”“热烈”6 级,对相应的风貌色彩定位、管理分区(神态定级)、典型节点色彩组合关系进行定性等,辅以本规划所研制的地方二级建筑色谱,对“协调”的多种调性结构实施规划控制。借此，从理论和实践两方面跨过了空间文化规划所特有的“一管就死、一放就乱”的两难陷阱。

（二）示范性地域建筑——色彩资料翔实、分析决策方法创新

在120名高校学生展开城市色彩现状大范围普查的基础上，通过地方美术家协会、建筑学会、规划学会二轮、三批次的地域性评价与专家系统规划决策，在全市范围内逐步遴选出29栋地域性色彩示范建筑，作为全市13个色彩管理分区的风貌神态量级、色彩调性组合结构、分区色谱（国标色卡代码）的“锚点”，使文化地域性、社会参与性、载体合成性（材料机理构造造价）等规划宗旨落地。

（三）建构控规层次的规定性、引导性、启示性控制体系

聚焦空间文化发展动力与公共管理控制力的共振点，制定文化创意启示性职能的城市色彩设计图则，兼具文化包容性和管理可操作性。

对重点地段进行控规深度的色彩控制，依据暗示心理学理论、视觉艺术完型理论等，增加了启示性控制，引导色彩关系的协调性创造和文化进化——而不是单一光谱的粗暴推广。“三性”中的“规定性要求”给出刚性、强制性条款，成为符合性管理的依据；“引导性要求”给出弹性、指引性条款；“启示性要求”作为群体组合品质的公共文化方向、专家评审标准、行政许可的依据，应用色彩调性结构理论、群体色彩组合结构、示范建筑实地实物引导、群体协调关系启示推荐图则等一系列创新的规划技术。该“空间文化”控制体系避免了传统色谱控制的毒副作用，通过附加规划文件或与控规相结合（事前管理），通过增加申报章节和技术协商流程（事中管理），通过并联审批意见书与二证管理，在现有规划管理体系正常运行中取得管控实效。

四、规划实施情况

第一，青岛市色彩规划结合了青岛自然景观和历史景观中的个性化色彩基因，针对市内各功能类型建筑，制定了城市建筑基本色谱与优秀色彩建筑色谱，提供了城市建筑色彩管理依据。

第二，青岛市色彩规划制定青岛市建筑色彩规划控制层次和落实历史保护区的色彩管理措施。

第三，编制了城市建筑色彩规划导则，指导城市建筑色彩的规划管理。

第四，研究和编制典型地块的城市色彩设计图则，落实城市建筑色彩规划的实施管理，实现色彩控制的艺术性、动态性、可操作性的结合。

青岛市城市消防专项规划(2010～2020年)

编制时间:2010～2011年。

我院编制人员:周楠、邵翊宸、邵凌雨。

合作单位:青岛市公安消防局。

获奖情况:2013年,获青岛市优秀城乡规划设计三等奖。

消防专项规划是城市规划的重要组成部分,是城市总体规划的深化、补充和完善,是建立完善、有效的城市消防安全体系的重要依据。

适应青岛市的经济发展需求,贯彻"预防为主、防消结合"的消防工作方针,从实际情况出发,认真落实《青岛市城市总体规划(2011～2020年)》对青岛市消防专业方面的具体要求,重点加强城市消防基础设施的规划和建设,提高城市的综合抵御火灾的能力,提出一个能够适应青岛市的消防安全需要,近、远期有机结合,具有可操作性和发展弹性的城市消防专项规划,建设一个与青岛市相匹配的高标准的消防安全体系。

本规划在落实消防安全保护区划分、消防安全布局、规划辖区划分、消防站建设规模预测等基础上结合青岛市未来消防安全布局要求,提出了中心消防站(队)、专勤消防站(队)建设等一系列创新理念,为未来青岛市乃至整个山东省的消防体系建设提供了新的发展方向。

青岛市绿道系统规划

编制时间:2011 年。

我院编制人员:赵琨、王天青、冯启凤、苏诚、盛捷、徐文君、仝闻一、张舒、丁帅夫、郑芳、陆柳莹、王宁、毕波。

合作单位:广州市城市规划勘探设计研究院。

获奖情况:2013 年,获山东省优秀城市规划设计三等奖。

一、项目基本情况

本规划在认真调研、深入研究青岛市资源条件、现状建设及规划情况的基础上,借鉴相关案例经验,确定青岛市绿道系统的构成体系(见表 1),通过构建科学的选线分析模型,确定市域及中心城区绿道布局。同时,针对五大绿道配套系统提出了设置的通则要求,针对四种类型绿道分类提出建设指引,并提出分期建设计划安排与实施保障措施。

表 1　青岛市绿道系统构成体系

系统名称	要素代码	要素名称	都市型	滨海型	滨河型	山林型	备注
绿廊系统	1-1	绿化保护带	○	●	●	●	
	1-2	绿化隔离带	●	○	○	○	
慢行系统	2-1	步行道	●	●	●	●	根据实际情况选择其中之一,一般应修建自行车道
	2-2	自行车道	●	●	●	●	
	2-3	综合慢行道	●	●	●	●	
交通衔接系统	3-1	衔接设施	●	●	●	●	包括非机动车桥梁、码头等
	3-2	停车设施	●	●	●	●	包括公共停车场、公交站点、出租车停靠点等
服务设施系统	4-1	管理设施	●	●	●	●	包括管理中心、游客服务中心等
	4-2	商业服务设施	●	●	●	●	包括售卖点、自行车租赁点、饮食点等
	4-3	游憩设施	●	●	●	●	包括文体活动场地、休憩点等
	4-4	科普教育设施	●	●	●	●	包括科普宣教设施、解说设施、展示设施等
	4-5	安全保障设施	●	●	●	●	包括治安消防点、医疗急救点、安全防护设施、无障碍设施等
	4-6	环境卫生设施	●	●	●	●	包括公厕、垃圾箱、污水收集设施等
标识系统	5-1	信息标志	●	●	●	●	
	5-2	指路标志	●	●	●	●	
	5-3	规章标志	●	●	●	●	
	5-4	警告标志	●	●	●	●	

目前，该规划已成为指导青岛市绿道规划建设工作的重要依据，各区市相继开展深层次的绿道规划设计，在规划指导下部分区市已经完成了相关绿道示范段建设工作。

二、主要规划内容

第一，以青岛市域为范围，在认真分析研究珠三角及国外绿道建设经验基础上，明确了青岛市绿道系统的规划目标定位，形成符合青岛市资源特色和城镇体系发展需求的“35417”绿道构成体系。

第二，采用 GIS 技术和科学的选线模型，通过分析青岛市生态本底、景观资源、设施基础情况确定选线适宜性评价结果，在此基础上，叠加社会经济发展、人口分布、旅游发展、城市重大事件等发展需求因子，并结合现场踏勘，综合确定绿道选线的基础。

第三，按照相关规划和技术规范要求，在规划目标定位基础上，着重确定市域和中心城区绿道系统的总体布局和各条绿道的具体控制要求，并对中心城区区内绿道、各县级市绿道布局提出指引，同时对绿廊、慢行、交通衔接、服务设施、标识五大配套设施提出通则性的配置要求。

第四，结合青岛市资源特色，将青岛市绿道分为都市型、滨海型、滨河型、山林型四类，并对各类型绿道提出建设指引。综合考虑各各区市实际情况，提出分期目标与计划安排以及规划实施保障措施。

第五，为体现规划的可操作性，本规划以贮水山公园周边为例，编制了区内绿道的规划范例，进一步满足对下层次规划的指导性。

三、项目特色与创新

第一，形成完备的规划成果体系，有效指导下一层次规划编制和具体建设组织工作的开展。

第二，构建多级参与、责任明晰的规划工作体系，明确绿道规划从“总体规划”到“建设规划”到“修建性详细规划”再到“施工方案设计”的编制主体以及不同深度的规划所要研究和解决的重点问题，有利于规划建设工作的持续开展。

第三，在确定绿道选线布局时，引入先进的 GIS 空间分析技术，建立多因子分析模型，提高绿道选线的科学合理性。

第四，在借鉴广州经验基础上，结合青岛资源优势和实际情况，优化形成符合青岛城市发展的“35417”绿道构成体系。

第五，结合城市重大事件，根据实际情况灵活掌握规划深度，注重“繁简”结合。一方面，突破总体规划的深度要求，考虑到部分绿道条件复杂、情况特殊，对部分绿道线路进行详细选线，提供规划可行性；另一方面，为了更好地指导下一层次规划编制，并配合当时“十大环境整治行动”，增加区内绿道规划相关内容。

胶南市中心城区天际线专项规划

编制时间：2011 年。

编制人员：丁帅夫、王天青、王宁、潘丽珍、宫震、周志永、左琦、张新甫、张舒。

获奖情况：2013 年，获青岛市优秀城乡规划设计二等奖。

一、规划背景

为了对胶南城市总体形态和主要空间、界面的天际线进行科学合理的规划定位和控制研究，处理好城市内部增长的高层建筑与城市天际线的关系，特编制本次规划。

二、主要内容

1. 本次规划范围为胶南城市总体规划确定的城市规划区，总用地面积 384.14 平方公里。本规划重点对广义天际线进行研究与控制（如图 1 所示），分析胶南现状天际线产生的影响及存在的问题，提出了理想天际线评价标准、天际线要素控制及发展评价，对高层建筑发展空间布局进行了研究。

2. 突出城市地方性的自然因素和人文因素，具有文化标志性特征和在城市竖向空间格局中具有统领性的制高点，形成具有独特性和不可复制的天际线。重视高层建筑群落的控制，强调高层建筑的标识性及引导性作用，形成具有连续性、多层次性和节奏变化的城市天际线。天际线应与周边区域轮廓与自然轮廓相协调，与自然山脊线、水岸线相互配合，突出“融山、海、河、城为一体”的城市格局。城市中心区向滨海发展的过程中，应格外注重滨海界面的城市天际线景观效果。

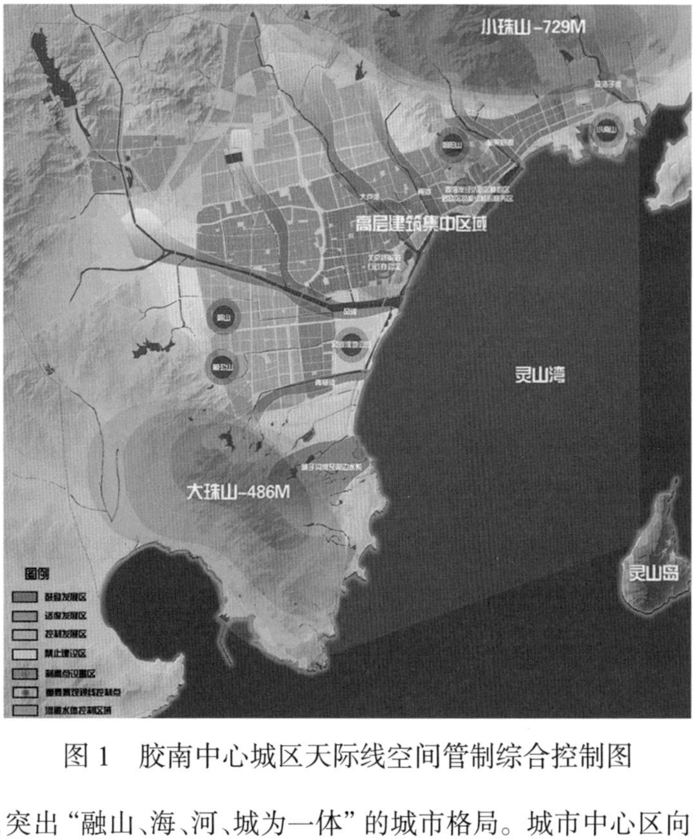

图 1　胶南中心城区天际线空间管制综合控制图

3. 天际线总体结构控制研究。规划目标为：塑造“和韵、和谐、合理”天际线空间形态。通过以上对胶南中心城区天际线的前景层次、背景层次、重要视线通廊以及建筑轮廓线的控制（如图 2 所示），最终确定本次规划的天际线的总体结构(如图3所示)为:双珠嵌云,二心同辉;依山拥湾,山城相融。

4. 空间管制分区。本次规划形成4类高层建筑空间管制区,分别是禁止建设区、控制发展区、适度发展区、鼓励发展区。

5. 重要景观界面控制。选取较为完整地展现胶南城市风貌、城市各功能区域特征、城市环境形象的重要景观界面的天际线以及空间轮廓线进行详细设计。

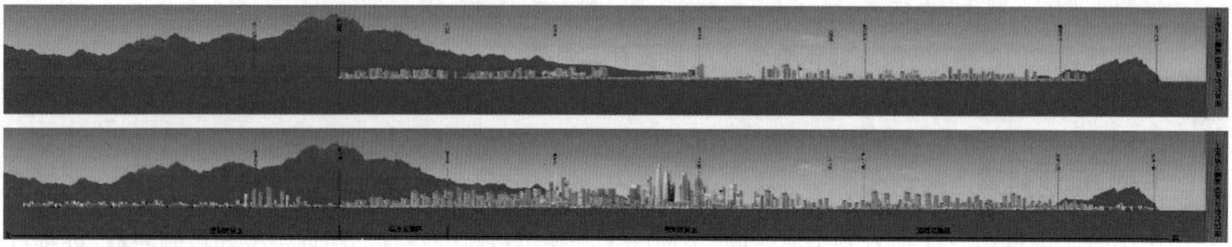

图2 胶南中心城区天际线规划图

三、创新与特色

(一)对影响天际线的各种条件进行全面梳理——规划切入点独特

在规划研究起始,就影响天际线的各种自然资源与城市建设等要素对城市天际线的影响程度进行了全面梳理并进行了统筹考虑,明确提出具有胶南特色的天际线模式。

(二)运用一种复杂因素下的规划决策机制——规划方法创新

本规划运用高层建筑布局研究的多因子的评价体系,采用模糊数学判断法,对各影响因子进行打分评价,得出各因子影响评价图,将定性的影响因素给予定量的转化,提供量化的、可操作的评价平台,探索了一种复杂因素下的规划决策机制。

(三)运用GIS软件等技术手段搭建立体化信息管理平台——开启多角度、全方位的论证模式

将全部基础数据输入GIS信息管理平台,构建胶南近期城市建设形成的立体化空间形态模型,并将其作为方案论证的技术平台。在此基础上,从多个角度、多方位对如何打造合理天际线进行推敲。

(四)强调弹性与刚性控制相结合

在高层建筑分区控制的研究中,通过建筑高度分区和控制导则相结合来协调城市天际线的整体意向。根据城市中心区不同区域的功能要求以及具体实施项目的特殊情况,在符合整体控制及景观审美的要求下,保持必要的弹性。

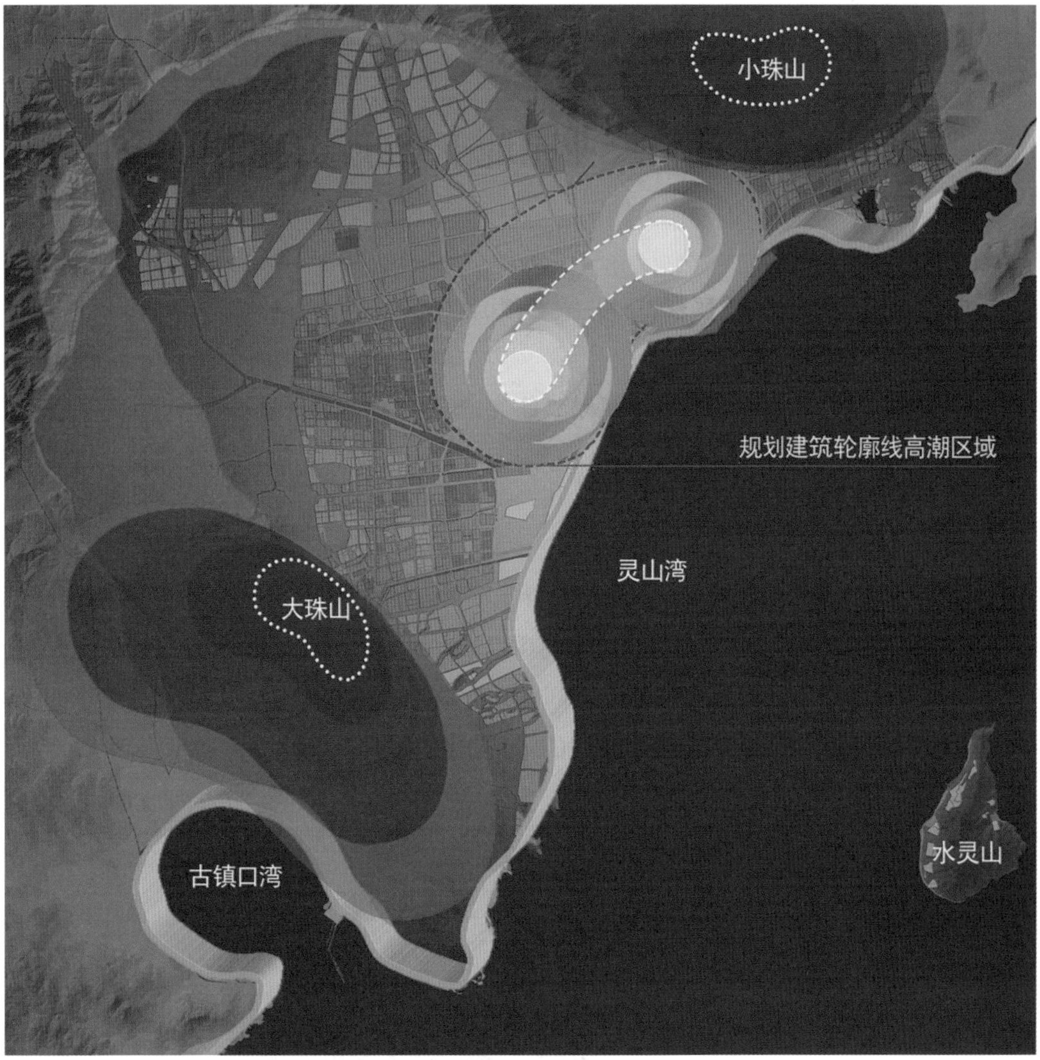

图 3　胶南中心城区天际线总体结构图

国家(青岛)通信产业园地下空间综合利用规划

编制时间:2012 年。

编制人员:吴晓雷、王天青、潘丽珍、仝闻一、杨靖、孟广明、初开艳、苏诚、丁帅夫、王宁、毕波、张舒、冯启凤。

获奖情况:2013 年,获山东省优秀城市规划二等奖、青岛市优秀城乡规划一等奖。

一、规划、管理及实施运作

本次规划将“互联互通”的设计理念完整地贯穿于项目设计、管理及实施的全过程,克服了规划管控、权属用地协调、项目融资、分期实施管理等传统规划项目难以回避的实施难题,并最终得以建设实施。

该项目开创了青岛市不同权属单位地下空间构建互联互通网络和地下车库资源共享的先河,为青岛市地下空间的综合利用、开发管理起到了良好的示范作用(如图 1 所示)。

图 1　国家(青岛)通信产业园地面详细规划布局图

二、规划体系

规划层次跨度大，将更多专业技术及研究内容融入专项规划中，专业内容涉及城市规划、道路交通、轨道交通、地下建设、市政、环保、防灾等诸多领域。

三、规划内容

（一）以区域视角审视片区交通系统建设，以地上地下协同的方式解决交通问题

科学预测区域发展可能带来的动态及静态交通问题，明确片区内地下空间建设能够发挥的交通效能，采用地上地下协同的方法组织动静态交通，在构建内部交通网络的同时解决重要的区域交通问题。

图 2 国家（青岛）通信产业园地下一层规划图

图 3 国家（青岛）通信产业园地下二层规划图

（二）因地制宜，运用多种地下空间开发模式，提高方案的前瞻性、针对性和可实施性

综合分析国内外先进建设案例，总结归纳类似地区地下空间建设的相关经验，按照与地下空间资源特性相适应、与城市地面土地利用功能相协调的原则，对片区内地下空间进行合理的功能选取及规模预测，并针对片区内的不同区域运用多种开发模式进行平面及竖向布局（如图 2 至图 5 所示），提高了方案的前瞻性、针对性和可实施性。

图 4　国家(青岛)通信产业园中轴线地下空间效果图

(三)探索性地研究地面、地下相辅相成的控制体系及地下空间控制图则表达方式

本规划在总结地面控规编制经验的基础上,探索性地研究与地面空间相辅相成的地下空间控规的编制内容以及表达方式,制定系统的控制要素,并针对性地采用刚性与弹性相结合的控制方式对各控制要素进行控制引导,进一步增强了规划的可实施性。

图 5　国家(青岛)通信产业园商业金融中心地下空间规划图

四、规划技术

(一)强化规划实施措施研究,注重新技术、新材料、新工艺的集成应用

本规划将生态理念运用到城市地下空间设计中,根据规划片区的自然生态环境,综合运用生态学、建筑学以及现代高新技术,对环境品质控制、自然能源利用及智能技术运用等方面提出建设建议,积极引导规划片区地面及地下的生态化建设,体现了对自然和人的双重关怀。

(二)强化务实的分期开发策略,带动区域立体空间网络发展

结合片区实际情况和远期发展目标,强化务实的分期开发策略,分解发展步骤,形成务实的分期开

发策略，为片区每个发展阶段的规划管理及实施提供有效的参考，从而逐步带动区域立体空间网络发展。

（三）运用3D动画虚拟现实技术，模拟地下空间建设实景

运用3D动画虚拟现实技术，直观反映规划片区未来地下空间的建设状况，推敲规划方案的合理性，做到规划方案与虚拟现实的完美结合。

青岛市公安基层所队专项规划

编制时间:2013 年。

编制人员:田志强、刘扬、盛洁、李艳。

获奖情况:2013 年,获青岛市优秀城市规划设计奖一等奖。

公安基层设施是公安机关打击犯罪、维护治安、服务群众、保一方平安的基层单位,是维护社会稳定、保障公共安全的第一道防线。合乎标准、适应未来发展需要的公安基层设施是履行上述使命的物质基础,应该在城市规划与建设的过程中予以落实。此外,青岛市公安基层设施存在人均建筑面积低、发展水平不均衡等现实问题,而且随着青岛市城区的扩展、人口的增长,将对公安基层设施产生新的需求。

2009 年 6 月,经市政府批准,青岛市公安局委托我院正式启动了《青岛市公安基层所队建设专项规划》编制工作。本规划确定的主要目标包括四部分:建立青岛市公安基层所队的指标体系、预测青岛市公安基层所队的需求总量、确定青岛市公安基层所队的空间布局、明确青岛市公安基层所队的实施策略。

青岛城市地下空间资源综合利用总体规划(2014～2030年)

编制时间:2013～2015年。

我院编制人员:潘丽珍、王天青、吴晓雷、仝闻一、苏诚、张志敏、孟广明、杨靖、王宁、丁帅夫。

合作单位:同济大学地下空间研究中心、青岛市人防建筑设计研究院。

获奖情况:2016年,获全国优秀工程咨询成果一等奖;2017年,获山东省优秀城乡规划设计二等奖;2016年,获青岛市优秀城乡规划设计一等奖。

一、在规划理念上，具有显著的前瞻性、国际性

本次规划中,结合国际地下空间建设的主流发展趋势,提出了“全域统筹、重点引领、轨交辐射、片网相融、立体拓展、有序分层”的青岛市地下空间发展“二十四字”方针。

二、巧妙处理保密(人防)成果与非保密(民用)成果的结合与转化，加强了成果公开度，具有显著的创新性

本次规划对城市地下空间总体规划的成果体系在内容和层次上进行了创新,将成果内容分为三大部分并单独成册:民用地下空间开发利用总体规划、人防工程地下空间开发利用总体规划以及平战结合地下空间开发利用总体规划。通过更加明晰完善的成果体系分层,为规划管理及使用提供了便利,使规划内容更具有可实施性。(如图1所示)

图1　青岛市地下空间使用效果图

三、充分运用 GIS 空间数据处理平台以及多种数学模型，构建多因子权重评价体系

立足于处理平台及数学模型所构建的评价体系，对地下空间资源评估及需求预测进行综合分析，为地下空间总体规划提供了科学的决策支持。创新性地采用“分城区、分重点、分类型”的三分法，对青岛市东岸城区、东岸城区、东岸城区及外围四市等区域以及各种不同功能类型的地下空间开发进行规划引导，力求使青岛市的每一处地下空间建设都能找到明确的规划引导。

四、突出地下空间与人防工程的“平战结合”，创新人防工程平时利用方案

突出了地下空间与人防工程的“平战结合”，使规划更具有可实施性。本规划探索改造利用早期人防干道和工程，开辟旅游巴士通道和停车场，并串联炮台山、小鱼山、红酒博物馆等地下空间，形成老城区特色旅游景点，盘活早期人防工程，复兴老城区。

五、创新地下空间政策和管理制度建设，强化了规划实施配套措施

草拟《青岛市城市地下空间开发利用管理暂行办法》和《青岛市地下空间开发规划管理与技术导则》两个技术文件，指导规划实施。对青岛市城市地下空间开发利用的管理职能与过程、公共政策问题进行了全面系统的分析和研究，制定了青岛市城市地下空间开发利用管理通则，提出地下空间开发利用的投融资模式。

青岛市海域和海岸带保护利用规划

编制时间:2013年。

我院编制人员:王天青、赵琨、张慧婷、吴晓雷、陆柳莹、郑芳、盛捷、隋鑫毅、毕波、冯启凤、徐文君、唐伟、张舒。

合作单位:中国海洋大学。

获奖情况:2015年,获全国优秀城乡规划设计三等奖。

一、项目基本情况

21世纪是海洋经济时代,海洋作为潜力巨大的资源宝库,是人类赖以生存和发展的蓝色家园。海岸带是海陆的交换带和过渡带,是社会经济地域中的黄金地带,是海洋第一经济带,是经济社会可持续发展的重要载体和生态文明建设的战略空间。为全面落实科学发展观和生态文明建设目标、合理保护与利用海域和海岸带空间资源、实现陆海统筹发展、改善海洋生态环境、提高海洋经济综合发展能力,特开展本规划。

本规划在认真调研青岛市海域和海岸带的自然环境资源、开发利用和保护现状的基础上,深入分析了资源禀赋,梳理了当前存在的突出问题,在研究了国内外海域和海岸带保护利用典型经验做法的基础上,从承担全国蓝色经济发展示范任务的高度提出海域和海岸带保护、开发与管理的新思路、新途径和新模式,结合城市空间发展战略,统筹规划空间的保护利用格局。以突出重点、突出特色为基准,选取具有代表性的15个重点功能区进行具体规划,并提出近期实施的重点项目。

二、主要规划内容

(一)自然资源与保护利用现状

通过对青岛市海域和海岸带资源禀赋、开发利用及保护现状的调查,分析研究青岛市蓝色经济发展的巨大潜力和存在的问题。

(二)指导思想、基本原则和目标

确定海域海岸带保护利用的总体思路、原则、目标和具体指标体系。

(三)保护利用总体布局

引入主体功能区理念,通过对影响海域海岸带保护利用的5类14种空间的叠加分析,同时综合考虑各区段自然属性、经济社会发展需求,将海域海岸带空间划分为禁止开发、优化开发、重点开发和限制开发四大类主体功能区,建立海域和海岸带空间保护利用总体格局(如图1所示),统筹海陆发展空间。

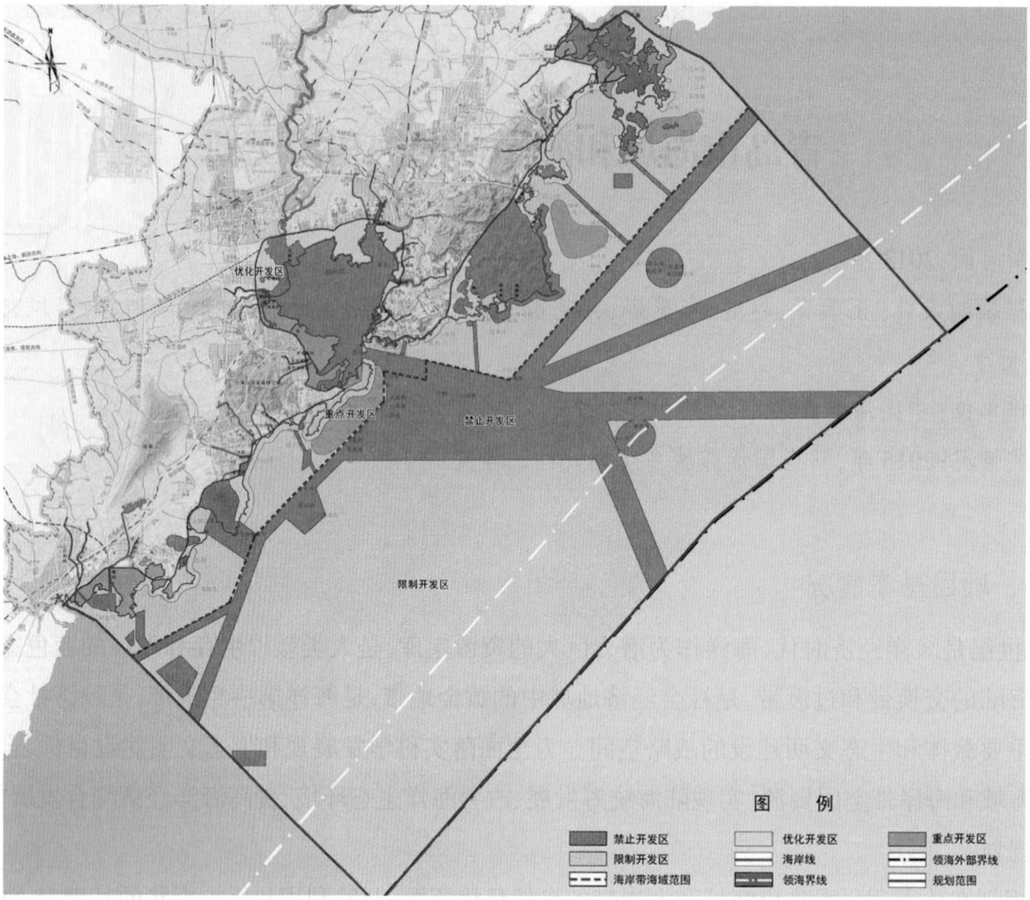

图 1　青岛海域和海岸带保护利用总体布局图

（四）重点功能区

结合保护利用总体布局，针对不同主体功能区选取了 15 个典型区域进行详细规划引导，明确近期建设项目，以点带面，示范、引领青岛海域和海岸带空间保护利用（如图 2、图 3 所示）工作的全面展开，实现青岛市海洋经济可持续发展的目标。

（五）重大工程

结合重点功能区的建设，统筹考虑青岛市海域海岸带保护利用的需要，提出支撑海域和海岸带保护利用的六大重点工程和 12 类 55 个重点项目，构建海陆统筹发展的强大支撑体系。

（六）保障措施

本着“切实可行、行之有效”的原则，建立健全综合管制机制，划定综合管理范围，实施岸线和海岛分类管制，完善法律法规体系，健全规划体系，实行重点功能区开发监管责任制，创新投融资机制，明确近期启动项目，实现海洋资源的长效利用、永续利用。

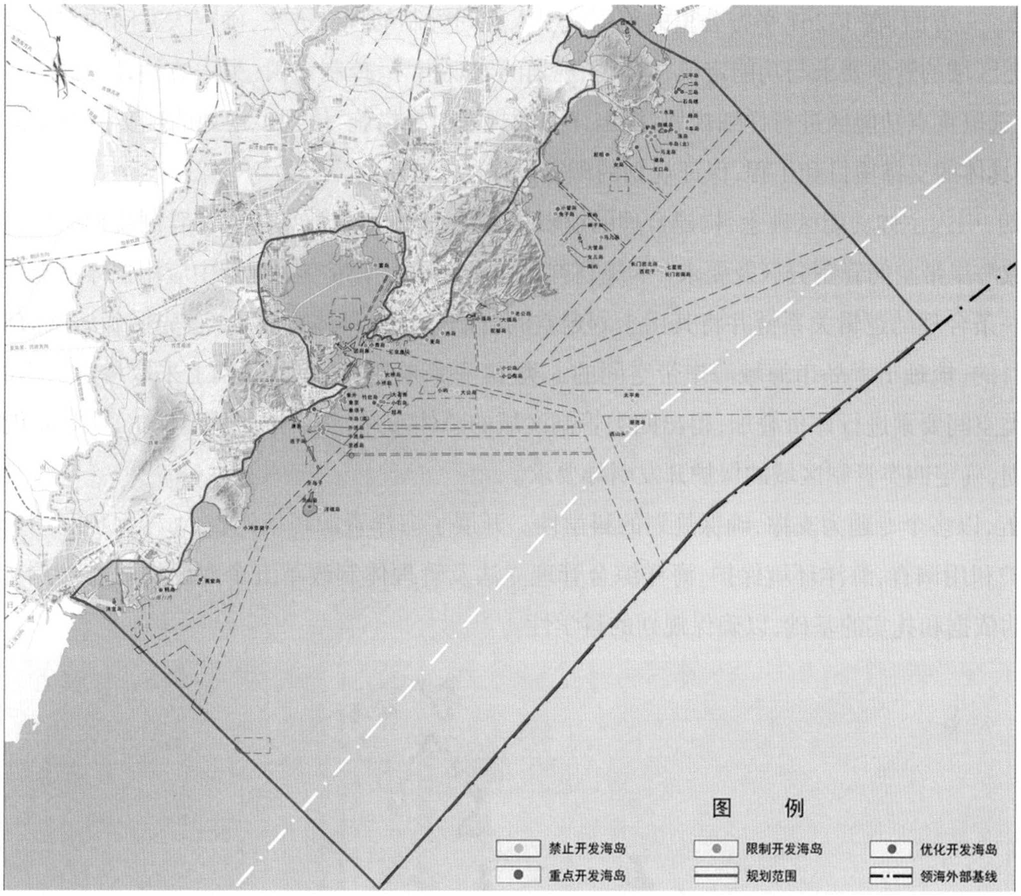

图 2　青岛海岛保护利用管制规划图

三、项目特色与创新

第一，立足海洋经济时代背景，研究城市发展核心资源的转换和城市发展战略空间的转移。本次规划基于海洋经济时代和青岛市全域统筹的宏观背景，全面实现将城市发展的资源核心从陆域转向海域，关注海洋这一潜力巨大的资源宝库，关注海岸带这一社会经济地域中的黄金地带。本规划就恪守海洋资源开发底线、明确海洋空间开发重点、实现海域海岸带空间资源的可持续开发利用进行了系统研究。

第二，突破传统规划陆海分割的问题，从海陆统筹角度，将青岛市海域及海岸带陆域纳入有机统一的研究框架内。目前，海、陆规划的编制基本处于一种各自组织、各自编制、自成体系、各有规范的割裂状态，虽然编制过程中会相互征询意见，但始终是在各自的范围领域内缺乏有机融合，难免有矛盾冲突的地方。本规划突破了这种陆海分割的问题，从海陆统筹角度，将青岛市全部海域及海岸带陆域部分纳入有机统一的研究框架内。这种新范围、新视角的建立为下一层次的陆海统筹规划的编制奠定基础，不失为一种有益的探索与尝试。

第三，本规划构建了从宏观到具体层层深入的完整的规划内容体系，各层次规划深度拿捏得当。本次规划没有现成的经验可以借鉴的，如何在 13261 平方公里的范围内做出有用、好用的规划并非是一件易事。既不可能在这么大的范围内做得太细太具体，又不能做得过于泛泛而缺乏实际指导性，所以在规划之初便对规划深度问题进行了深入研究。最终，构建了从宏观到具体层层深入、层层细化的内容体系。

具体而言：一方面，在 13261 平方公里的范围内引入空间管制的理念方法，确定大空间的空间管制分区，明确每类区域的管制要求与功能定位，体现了规划的宏观指导、控制作用；另一方面，对总体布局加以深化运用，选取重点功能区进行详细规划，提出详细的规划引导措施，体现了规划的现实指导意义；再一方面，提出具体的支撑项目和工程，保证规划的现实操作性。

第四，引入主体功能区理念，构建合理的逻辑关系链，理顺海域海岸带空间管制规划的思路和方法，确定海域海岸带空间管制分区及要求。本规划首次在海域和海岸带空间规划中应用主体功能区的理念，并构建一条合理的逻辑关系链并将其用于划定空间管制分区。具体方法是：首先明确海域海岸带空间管制的目的，梳理出青岛市海域海岸带空间的 5 类 14 种影响因素，在此基础上采取科学适当的技术方法对各类空间要素进行评价叠加，得出四类管制区域的总体布局，然后按照从严保护、明晰功能、突出重点的原则，确定四类管制区域的保护开发引导要求。

第五，以多个专题为支撑，确保规划的科学性。开展了海洋资源环境调查、海洋保护利用现状调查、海岛保护利用调查、海洋环境保护、海洋综合管理立法及管理体制改革五个专题的研究，为本次规划提供充分的依据和扎实的基础，以确保规划的科学性。

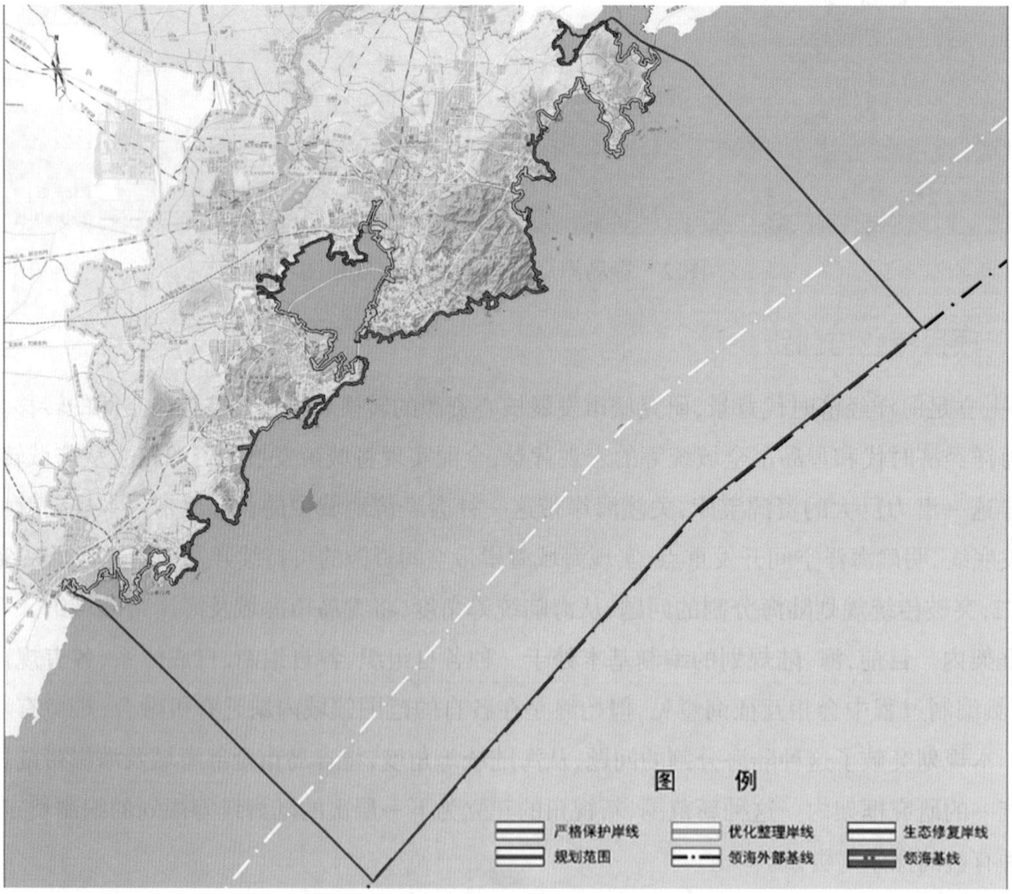

图 3　青岛岸线利用保护管制规划图

青岛市海岛保护规划（2014 ～ 2020 年）

编制时间：2013 年。

我院编制人员：王天青、仝闻一、吴晓雷、徐文君、唐伟、盛捷、张慧婷、方海恩、杨靖、苏诚、丁帅夫。

合作单位：国家海洋局第一海洋研究所。

获奖情况：2017 年，获全国优秀城乡规划设计表扬奖、山东省优秀城市规划设计一等奖。

一、项目基本情况

为保护海岛及其周边海域生态系统，科学保护、适度利用海岛资源，维护国家海洋权益，加快海岛生态文明建设，推动海洋强国战略的实施，依据《山东省海岛保护规划》等相关法律法规，按照青岛市人民政府的部署，青岛市城市规划设计研究院与国家海洋局第一海洋研究所共同编制《青岛市海岛保护规划（2014 ～ 2020 年）》，完成我国首批公布的市级海岛保护规划，推动我国海岛进入“（海）陆岛统筹、保护优先、有序利用”的发展新常态，开创了全国沿海省（区、直辖市）海岛保护与开发利用工作的先河。

二、主要规划内容

（一）夯实基础，海岛资源环境现状调查及评估

项目组完成了 120 个海岛的测量、取样、走访及现场踏勘工作，形成数据近 20 万条，数据量超 2T，为规划编制提供了详实可信的现状基础资料。建立评估模型，对海岛资源环境承载力和海岛旅游承载量进行评估。

（二）总体谋划，打造陆海岛统筹发展新常态

依据“（海）陆岛统筹、保护优先、有序利用、组团布局、岛群发展”原则，形成“一带两区六组团”的总体空间布局结构，并明确相应的保护与发展策略。

结合海岛自然分布，规划形成 19 个协同发展岛群，对每个发展岛群提出保护对象、空间管制要求及协同发展指引等，形成发展合力，提升海岛利用效率。在此基础上将青岛市 120 个海岛进行分类，有序引导海岛的保护与发展。

（三）科学管控，保障海岛生态健康

为解决保护对象不全面、保护措施不系统的问题，本次规划构建了“点、线、面”多层次海岛生态保护管控体系，采取各种措施，将海岛保护落到实处。

（四）配套支持，提供海岛持续发展动力

旅游支撑系统方面，依托岛群发展，结合陆域旅游线路，规划海岛旅游线路，拓展青岛滨海旅游空间，解决目前青岛旅游“陆地热、海上冷”的问题。

交通支撑系统方面，规划10处综合型码头（可兼容游艇码头），解决海岛生产生活及旅游服务中的对外交通问题。规划9处旅游码头，满足小规模人群登岛观光需求。

市政支撑系统方面，因地制宜，合理配置水、电、环卫等基础设施，改善海岛人居环境，促进海岛的可持续利用。

（五）重点突破，引领示范海岛科学发展

以打造生态优良、环境优美、主题突出、配套完善的海岛为目标，通过盘点资源、对标案例、明确定位、统筹功能、示范项目等手段，编制单岛概念规划，引领示范海岛实现科学发展。

三、项目特色与创新

（一）思路创新——构建网络式规划编制技术体系

本次规划结合海岛保护与利用密不可分、区域与单岛协同发展的特征，对海岛保护规划的体系进行研究，创新性地提出“横向展开、纵向深入”的规划体系（见图1）。横向层面，确保资源保护与适度利用的紧密融合；纵向层面，搭建起宏观框架决策、中观分解引导、微观细化落实的完整规划梯段，夯实逻辑严密、内容全面的规划基底。

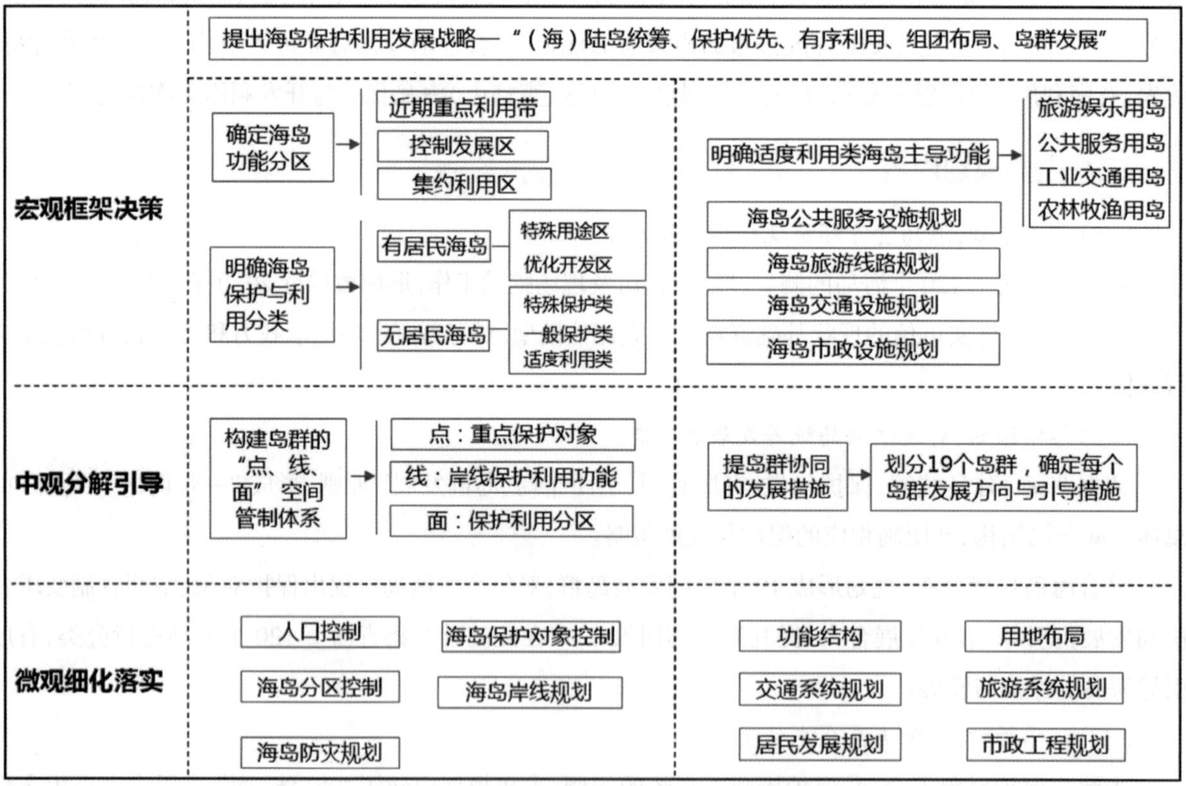

图1　海岛保护网络式规划编制技术体系

（二）评估技术创新——建立资源环境承载力等海岛评估模型

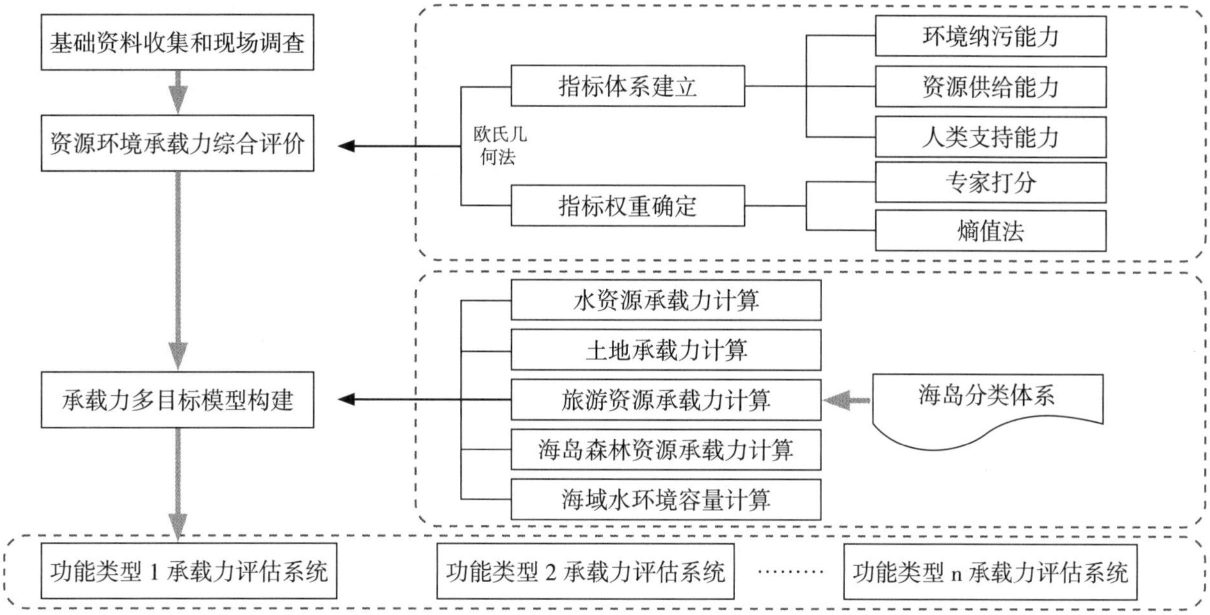

图 2 海岛评估模型示意图

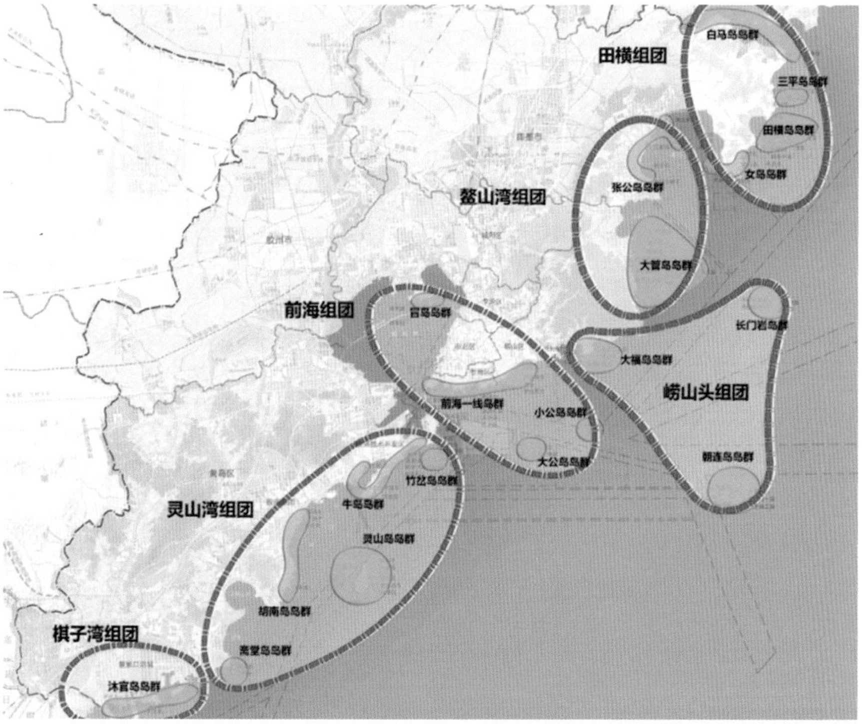

图 3 青岛海岛组团规划图

通过多重共线性分析确定适合青岛市海岛资源环境核算的指标体系，利用 AHP 模型确定各指标的权重赋值，再采用标准法、参照系法和专家咨询调查法确定各指标理想状态值；最终建立海岛资源环境承载力多目标评估模型（如图 2、图 3 所示）。具有 1 级指标 3 个、2 级指标 9 个、3 级指标 24 个，通过模型评估确定青岛市每个海岛资源环境承载力状态。

（三）管控技术创新——构建“点、线、面”多层次海岛管控体系

“点”——选取海岛重点保护对象。根据相关保护条例，确立海岛重点保护对象遴选方法，共选出105处并形成保护对象名录。针对不同保护对象，分别划定各自的保护范围，制定有针对性的保护措施，实施严格保护。

“线”——海岛岸线功能划分。根据青岛海岛岸线自然条件及开发利用需求，建立海岛岸线功能适宜性评估模型。将岸线功能划分为旅游岸线、渔业岸线、码头岸线、生态岸线和预留岸线5类。

“面”——明确海岛空间管制分区。构建海岛空间分区模型，将岛陆划分为禁止开发区、限制开发区和适度开发区，分别制定相应的管控措施。

青岛市域规划控制线划定

编制时间:2014 年。

编制人员:宋军、段义猛、王晓莉、孟广明、孔德智、马清、王天青、李传斌、邱淑霞、郑芳、解丁祥、金超、于莉娟、梁春、姜军伟。

获奖情况:2015 年,获山东省优秀城市规划设计三等奖。

一、项目基本情况

落实党中央、国务院高度重视生态文明建设的要求,借鉴其他城市经验,开展青岛市规划控制线划定工作。本规划是青岛市全域范围的自然生态与人文资源空间、重大基础设施发展空间保护格局的总体架构(如图 1 所示),是非建设用地划定、城镇建设空间选择的重要依据,是指导下层次的分区规划、控制性规划的重要依据。

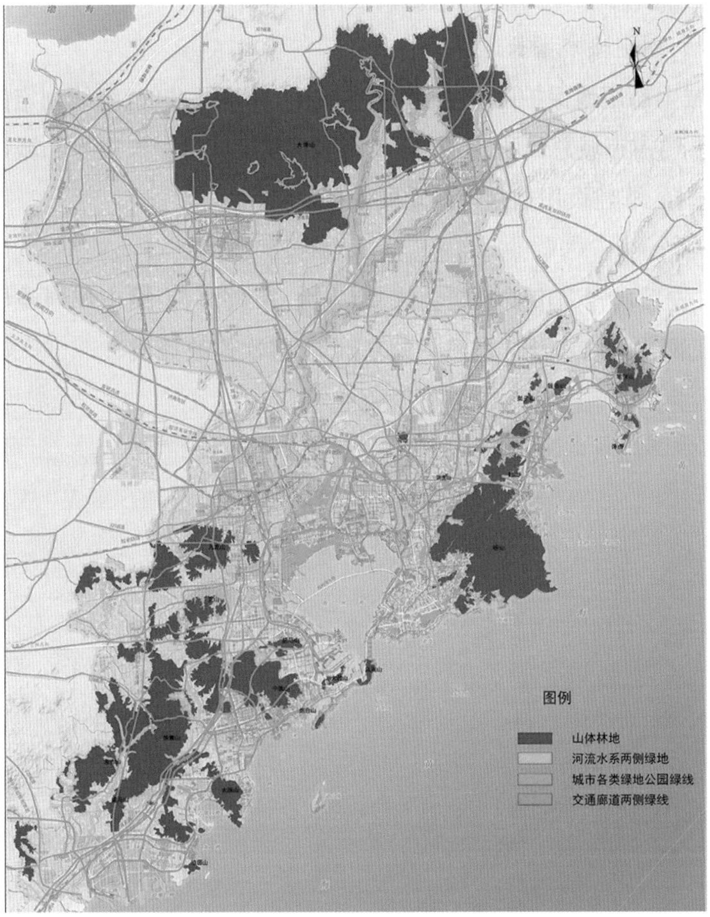

图 1　青岛市域绿线规划图

二、主要规划内容

结合国家新型城镇化要求，统筹城市规划、土地、水利、海洋等各部门，划定青岛市域 7 条规划控制线，包括河道水库湿地蓝线、山体绿线生态控制线，以及历史街区文物保护紫线、市政交通基础设施黄线、城市安全橙线、高压走廊黑线等保障城市正常运行的控制线。最后对规划控制线进行叠加分析，划分出市域生态用地保护区和城市发展边界，建立全域范围生态保护的基本框架，使之成为保障青岛未来永续发展的生态基底。

三、项目特色与创新

（一）推进“多规合一”，确定统一工作平台

统筹城市规划、国土、水利、林业、环保、海洋渔业、文物保护、交通、市政等各专业规划，划定全市域 7 条规划控制线。实施青岛“多规合一”的第一次探索，以 1 ： 10000 地形图为基础，制定了全市域规划控制线统一工作平台，并实施动态维护更新，以协调各专业规划在空间上的矛盾。

（二）实施海陆统筹，注重海洋保护

本规划首次在青岛海域和陆域全范围规划控制线。规划范围不仅包括青岛市 11282 平方公里的陆域面积，还包括 12240 平方公里的海域面积。在规划范围内划定海岸带保护控制线、海岸保护控制线、海岛保护控制线、海洋生态保护区控制线和航道锚地保护控制线。

（三）注重生态保护，划定城市增长边界

青岛首次划定全域生态用地保护区，主要由基本农田、林地及蓝线、绿线划定的范围构成，保护区总面积约 8000 平方公里，约占市域总面积的 70%。划定 2020 年城市增长边界和城市远景增长边界，并将其作为城镇建设空间选择、非建设用地划定的重要依据。

（四）公众广泛参与

在规划编制期间，先后向青岛市委专题会议、市人大、市政协、市城市规划委员会汇报，向各相关部门及区市政府征求意见两次。在广泛征求意见的基础上，多次修改完成。

青岛市城市综合防灾减灾规划纲要(2011～2020年)

编制时间:2015年。

我院编制人员:田志强、任福勇、邵凌宇、王海声。

合作单位:东北师范大学自然灾害研究所。

获奖情况:2015年,获青岛市优秀城市规划设计二等奖。

一、编制背景

随着城市安全度问题在我国城市发展过程中日益凸显,对城市进行综合防灾减灾规划的需求显得格外迫切。我国的城市防灾减灾规划还处于发展的初级阶段,虽然现有的城市规划和建设法规对城市安全建设有一定的要求,但是仍不能满足建设安全城市的需要。城市防灾减灾规划从编制到实施尚未形成完善的机制。

青岛市目前单项防灾规划主要由其主管部门负责编制,尚未编制过多灾种综合性防灾减灾规划。

二、规划目的

为应对日益突出的城市安全问题,对灾害风险在预测基础上做出安全决策或设计,以实现资源共享、设施共用,达到消除隐患、控制和降低风险、有效减灾避灾、保证居民的生命和财产安全的目的,并起到规范和指导青岛市城市防灾减灾规划编制工作的作用。

三、规划目标

第一,按照“平灾结合、资源共享、综合配置”的防灾减灾规划理念,构建青岛市综合防灾规划体系。

第二,按照综合、科学的原则确定灾害风险评价框架,对青岛市各单一灾种和综合灾害进行评价,并提出规划措施。

第三,对青岛市中心城区避难场所进行优化布局。

第四,对青岛市各类防灾减灾专项规划提出指导。

四、青岛市综合防灾减灾规划体系

通过分析青岛市主要灾害源、潜在危险源及灾害肌理,确定滑坡、泥石流、地震、台风与风暴潮、暴雨与洪涝、干旱缺水、爆炸与火灾、森林火灾8个单灾种。依据灾害风险评价技术路线及灾害风险评价指标体系对各单灾种进行灾害风险评价,针对各单灾种评价结论提出规划措施。

依据各单灾种评价结论及综合灾害风险评价技术路线(见图1)对青岛市综合灾害进行风险评价,同时针对综合灾害风险评价结论提出对策。

根据避难场所布局原则，对青岛市避难场所进行选址适宜性分析；根据分析结论对青岛市中心城区市级、区级避难场所进行优化布局，并对社区级避难场所布局提出建议。

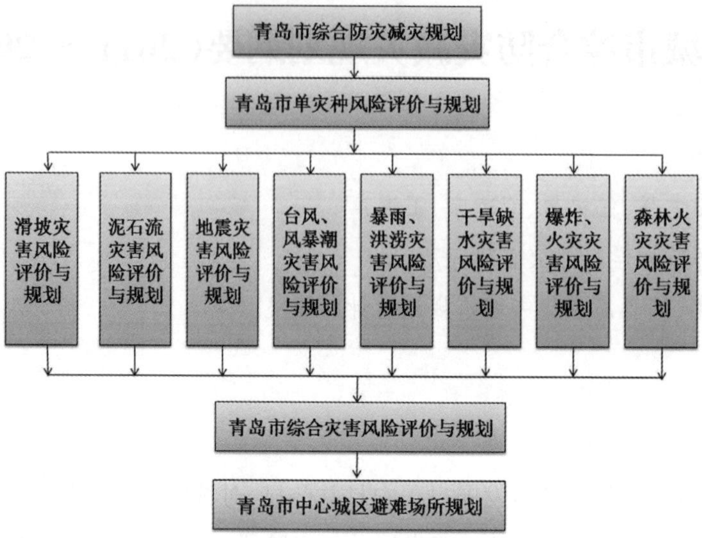

图 1　青岛市综合防灾减灾规划技术路线图

即墨城市风貌保护规划

编制时间：2016 年。

编制人员：潘丽珍、陆柳莹、张慧婷、郑芳、赵琨、隋鑫毅、吴晓雷、王天青、毕波、冯启凤、徐文君、唐伟。

获奖情况：2019 年，获山东省优秀城市规划设计三等奖；2017 年，获青岛市优秀城乡规划设计一等奖。

一、项目基本情况

即墨位于青岛中东部，东临黄海，西抵大沽河，北邻莱西、莱阳，南拥青岛，地域面积 1780 平方公里，常住人口 121 万，是唯一全国县域经济综合排名前十的江北城市。

即墨腹地广阔，自然环境优越，拥有青岛市 1/4 长的大陆岸线，是青岛东部湾区的重要组成部分。沿岸沙质细腻，海水清澈，拥有国内唯一的海水溴盐温泉。受崂山山脉影响，地势东高、中平、西洼，山、河、海、岛、泉、湾自然要素汇集。历史久远，是一座拥有 2300 多年建置史和 1400 多年建城史的历史名城。

独特的地理环境与历史演变造就了即墨的城市气质与特色，如何在未来城市快速发展中留住“青山绿水”与特色本底，如何辨识即墨风貌构成的特色基因并建立保护与传承的工作技术框架，如何在规划管理中实施操作，是本次规划提出的地方诉求所在。同时，响应近年来国家关于加强城市风貌保护的相关意见，落实《青岛市城市风貌保护条例》要求，特编制此规划。

本次规划以《即墨市城市总体规划》（2017 年，即墨撤市划区，下文不再赘述）确定的城市功能与规模为依据，以“依法保护、科学发展、协调融合、特色传承”为指引，综合考虑自然环境和历史文化“基因”，以保护为基础，开展风貌要素普查，梳理风貌特色体系，建立风貌保护框架和全域风貌保护利用分区，从宏观层面把控山水形胜与城市总体形态的融合关系。对于体现自然环境特色和地域文化特色的要素划定底线控制区，加强要素本体保护与周边建设的协调控制。对于城市集中建设区提出风貌建设与优化的策略措施，构建中心城区风貌特色结构和分区，强化城市景观意向。

本次规划建立了从“保护”到“发展”、从要素本体保护到周边协调控制、从规划成果到管理平台建设且覆盖城乡全域层面的保护利用技术框架，最终实现提升人居环境品质、彰显城市风貌特色、完善城市规划管理的总目标。

二、主要规划内容

（一）风貌要素普查

开展全域风貌要素普查是本次规划的前提和基础。依据《青岛市城市风貌保护条例》，普查对象包括自然风貌要素、历史文化风貌要素和现代城市风貌要素 3 大类，在全域范围共普查到 25 小类 1419 处；经过自然、历史、景观、知名度、特色价值等方面的综合评价，共认定 20 小类 830 处纳入城市风貌保护名录。

（二）城市特色认知与总体风貌定位

在普查的基础上，重点从自然与历史文化方面，提炼出即墨“容纳百川、亘古通今的海洋文化特色”“源水而居、古韵流长的沽水文化特色”“千年传承、商通南北的商都文化特色”以及“中国古代山水理论与形制下北方古城建设特色”和“因地制宜、朴素自然的传统民居特色”。并在此基础上，提出了“千年商都、泉海即墨、古韵新城、蓝色智谷”的总体风貌定位。

（三）城市风貌保护框架

以“全面保护，系统保护，分类分级保护”为原则，建立了“山水格局保护、自然风貌保护、历史风貌保护、现代特色风貌保护”四个层次（见图 1）以及 26 项要素的风貌保护框架。

山水格局保护着重从宏观整体层面，对山水形胜与城市形态的空间关系进行保护引导，包括全域山水格局、中心城区历史自然格局和山水视廊保护三部分。

自然风貌保护，主要针对“山、水、岸线”等 11 项要素，制定了分级分类的保护利用措施，划定底线控制区。

历史人文风貌保护，主要对体现即墨地域文化特色的“文保单位、工业遗产、特色村落、非物质文化遗产”进行保护。

现代城市特色风貌保护，主要对 1949 年后建成的，具有当代特色、景观风貌良好、品质较高、具有人气吸引力的建筑（群）、街道、公共开放空间等进行风貌维护与建设控制。

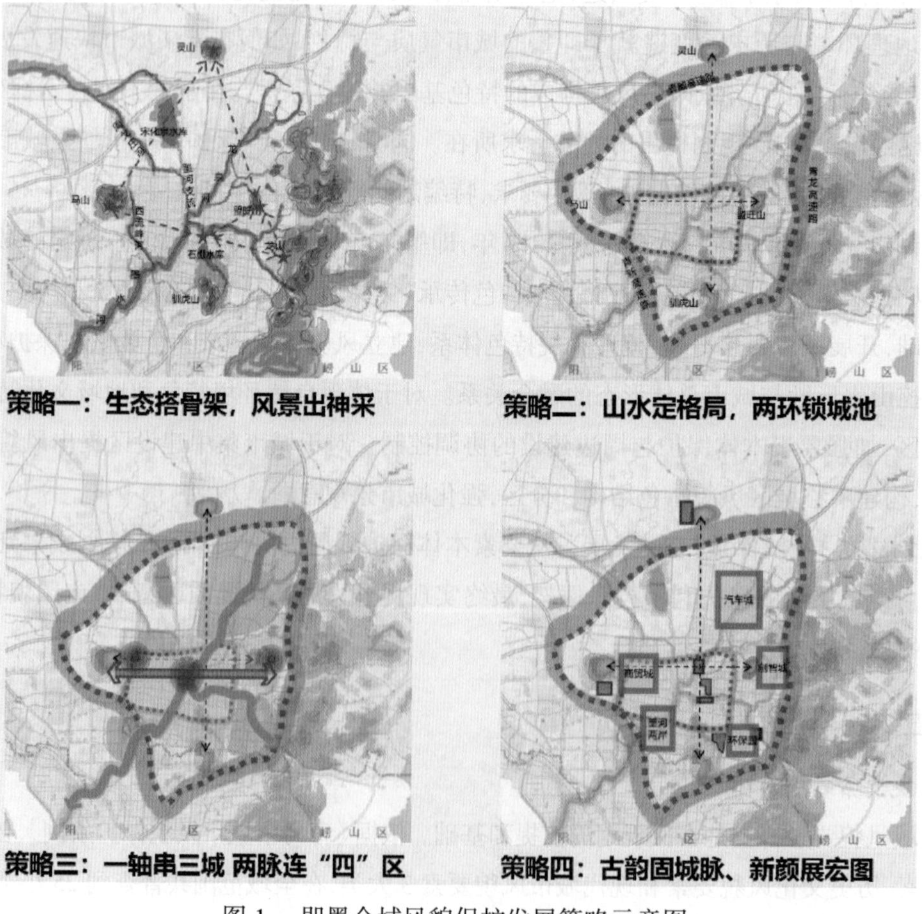

图 1　即墨全域风貌保护发展策略示意图

（四）全域风貌保护利用的空间分区

在风貌保护框架体系下，统筹考虑景观融合、城镇建设、要素分布等因素，将全域空间划分为“自然本底保护区、景观风貌敏感区、城镇景观集中建设区、乡村郊野风貌维护区、特色意图展示区”进行全域城乡空间风貌的维护与塑造。

（五）中心城区风貌建设

对于城市集中建设的中心城区，以“东腋海岱，南面诸崂，西襟马岭，北负灵山，墨水中流”的历史格局为依据，结合城市现状功能布局与建设，提出了“生态搭骨架，风景出神采”“山水定格局，两环锁城池”“一轴串三城，两带连四区”“古韵固城脉，新颜展宏图”“场所融典故，城景现民风”五方面风貌策略，划分了八大风貌分区、分区制定引导细则，构建“点、线、面”相结合的城市风貌景观意向。

三、项目特色与创新

第一，建立风貌要素保护名录，形成“字典式”查询系统，开展系统性风貌要素调查和价值评估，摸清家底。

第二，将历史信息进行空间整合，梳理历史价值脉络，提炼城市特色价值。

第三，按照保护为本、全域统筹、重点突出、专项引导的规划思路，建立风貌保护框架，划定全域风貌保护利用分区，从全域层面统筹城乡风貌塑造；对于城市集中建设区、滨海城市组团和建筑风貌制定详细引导，指导下层次规划编制和项目审批。

第四，加强规划成果的实操性，初步建立风貌管理信息的技术平台。规划成果以文字导控为主，以图件信息为辅，将所有控制内容导入空间数据库。

青岛市市区农贸市场专项规划纲要

编制时间:2018 年。

编制人员:宋军、王天青、陆柳莹、崔婧琦、王晓莉、王聪、张雨佳、赵润晗、胡连军、张君。

获奖情况:2019 年,获山东省优秀城市规划设计三等奖。

一、项目基本情况

农贸市场是与市民日常生活密切相关的公益性配套设施。农贸市场的规划建设是中共青岛市委、市政府保障市民基本生活和满足人民日益增长的美好生活需要,完善城市公共服务体系,保障城市“菜篮子”工程和改善提升城市品质的重要环节。《青岛市市区农贸市场专项规划纲要》以保障和改善民生为出发点,立足当前、着眼长远,统筹规划、突出公益,重点从统筹优化农贸市场规划布局、明确农贸市场改造与建设标准、研究制定公益性农贸市场保障政策三个方面,科学、合理地引导农贸市场的规划建设,逐步构建与青岛“国际大都市”“国际消费中心城市”目标定位相匹配的高品质农贸市场体系。

二、主要规划内容

(一)确定农贸市场规划体系,制定发展目标

本次规划意在构建以大型农产品批发市场为依托,以中心农贸市场和社区农贸市场为主体,以生鲜超市、社区惠农产品直营店及社区菜店、智慧微菜场为补充的现代农贸市场体系。

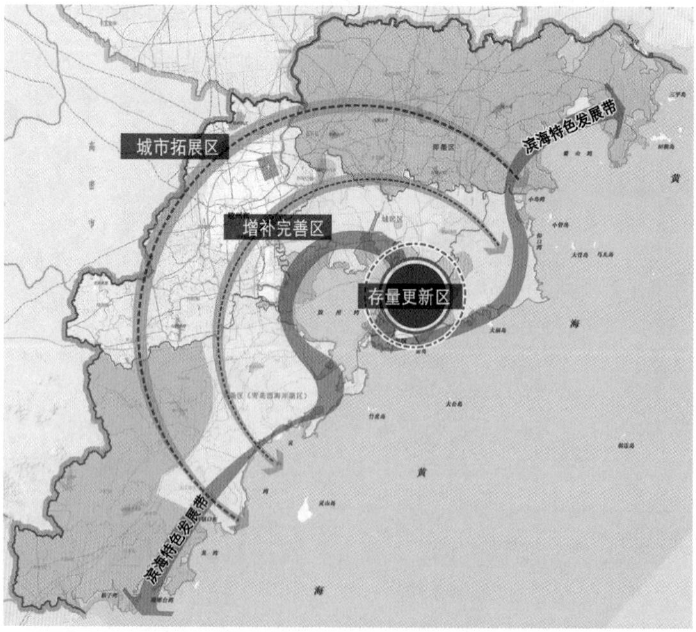

图 1　青岛市区农贸市场圈层布局图

规划按照“10 分钟便民生活圈”的理念分级制定农贸市场服务半径，实现步行 5 分钟内可购菜、10 分钟内可达社区农贸市场，并进一步明确各级农贸市场的服务人口与规模。

（二）统筹优化农贸市场空间布局

在空间布局方面，针对不同城区发展特点，将青岛市区划分为“老城存量更新区”“新城增补完善区”“城市空间拓展区”三个圈层（如图 1 所示）。其中，“老城存量更新区”通过标准化升级改造、存量建筑活化利用、智慧微菜场建设、摊点群改造“转正”等补充老城服务薄弱区域农贸市场；“新城增补完善区”通过推广“一站式”综合服务中心、与新建社区同步建设、“退集入市”等优化新城农贸市场布局；“城市空间拓展区”引导农产品批发市场有序发展，承接老城区农产品批发功能外迁。

三、项目特色与创新

（一）构建美好便民的 10 分钟购菜生活圈

结合城区 15 分钟社区生活圈建设，按照居民步行 10 分钟可购菜的标准规划建设农贸市场，基本补齐既有居住社区农贸市场设施短板，新建居住社区同步配建农贸市场。确难实现的区域可通过新建小型生鲜超市、智慧微菜场等进行有效补充。农贸市场选址与地铁站点、公交站点充分结合，提高可达性，满足居民日常就近购菜需求。

（二）完善圈层化、精细化的农贸市场布局方案

结合城市发展格局及不同区域建设特点，划定农贸市场发展圈层，制定多元化、差异化的农贸市场布局方案。老城区结合城市更新重点实现批发市场疏解转型、现有农贸市场品质提升，对存量空间进行立体化改造补充农贸市场服务；新城区结合城市规划功能布局科学统筹农贸市场选址，高标准建设农贸市场。

（三）制定规范化、智慧化、便民化、特色化、高品质的现代农贸市场建设标准

以农贸市场品质提升为核心，借鉴先进城市经验，制定“规范化、智慧化、便民化、特色化、高品质”的农贸市场建设标准，科学引导青岛农贸市场高标准建设及现有农贸市场升级改造。推广农贸市场与时尚商业、文体休闲等功能于一体的邻里中心模式，提供一站式服务，满足居民多元生活需求。

（四）打造青岛滨海特色、时尚活力的农贸市场

传承滨海文化，推广青岛滨海旅游与农贸市场相结合的时尚消费模式，高标准建设农贸市场海鲜水产专区；充分结合现有渔业码头及游艇码头规划，融合海鲜市场、海鲜美食体验、滨海旅游休闲等功能于一体，打造青岛市特色海鲜专业市场、滨海渔人码头海鲜市场，形成青岛旅游新型网红打卡地。

（五）创新探索公益性农贸市场保障机制

建设公益性农贸市场体系，提高农贸市场国有化比例，探索农贸市场规划建设与运营全过程管理机制，制定公益性农贸市场的用地划拨、配建无偿移交、专业化管理运营等保障政策。

（六）加强公众参与，纳入国土空间规划“一张图”信息系统

通过实地访谈、问卷星 app 等方式开展对农贸市场经营方和市民的农贸市场问卷调查工作，充分结合公众意见有针对性地制定规划对策并对在编控规农贸市场设施进行梳理，在专项规划中优化调整，将其纳入青岛市国土空间规划“一张图”信息管理系统，保障农贸市场规划实施管控。

青岛市户外广告、招牌设置总体规划

编制时间:2019 年。

编制人员:吴晓雷、丁帅夫、苏诚、徐文君、方卓君、张舒、曹子元、左琦、郑轲予、张安安、唐伟、夏晖、彭德福。

获奖情况:2020 年,获青岛市优秀城乡规划设计三等奖。

一、项目基本情况

户外广告(招牌)设施作为城市空间景观和市容街景的重要组成部分,是展示城市形象和城市文化的重要载体,在凸显城市经济繁荣、精神风貌、景观形象方面具有重要作用。随着大数据、人工智能、5G 技术的赋能和驱动,户外广告(招牌)设置形式和内容不断融合创新,数字化、智能化、互动化的高品质户外广告设施逐步成为激发城市活力、提高城市吸引力的重要载体。

当前户外广告存在技术手段更新慢、智能化技术应用缺失以及布局呆板、与建筑立面景观不协调等问题,直接影响空间吸引力与城市品质,亟待提升。

以青岛市争创文明典范城市、品质提升攻势为契机,青岛市自然资源和规划局在上版规划的基础上,启动新一轮规划修编工作,创建户外广告试点城市,助力打造开放、现代、活力、时尚的国际化大都市。

本次规划在对《青岛市市区户外广告、招牌设置专项规划(2011 ～ 2020 年)》实施评估基础上,总结广州、上海先进城市经验,以实现精准化管理、弹性化管控的原则,在“五级三类”国土空间规划体系下,建立了“总体顶层设计—分区管控—重点道路详细设计—专题规划”的纵向规划体系。

二、主要规划内容

(一)户外广告总体布局规划

经因子叠加分析,建立户外广告的三级价值体系;结合区域功能与发展定位,确定户外广告价值总体布局体系。其中,一级设置区采用数字化、智能化技术应用,打造 2 ～ 3 处有国际影响的户外数字媒体地标,构建“平台＋数字网络＋智能推送”户外媒体场景展示平台;二级设置区根据不同区域功能定制户外媒体形式,鼓励多元性与创新性相结合的户外广告形式,依托特色街区打造 5 ～ 10 个具有“独特视觉体验”户外媒体展示区;三级设置区加强户外广告、招牌与建筑、街区一体化设计,打造城市文明典范、活力时尚的特色街区。

(二)户外广告分区控制规划

以底线控制、预留弹性为理念,综合考虑城市中心体系、消费中心体系、商业价值体系,衔接控规一张图，按照展示区、限设区、禁设区划分三级控制分区，并分别提出设置要求。

（三）专题规划

针对公益性户外广告、围挡广告、临时性户外广告、公共设施户外广告、灯光秀贴片户外广告的现状和空间布局进行分析，并提出设置要求。

（四）重点区域（道路）详细设计

在上版规划的“八路一线”的基础上，突出示范引领作用，体现设计的精细化、精准化，对两个重点区域和商业集中的10条道路（路段）进行了详细设计。

三、项目特色与创新

（一）创新技术调研方式，精准定量，建立青岛市户外广告信息管理平台

为精准定量，本次规划采用倾斜摄影三维实景技术，全面摸清现状户外广告的位置与数量，推进户外广告、招牌信息管理平台的建设与应用，为户外广告规划与管理决策提供依据。

（二）建立户外广告多因子价值评价模型，探索科学合理的布局引导体系

本次规划对上版规划户外广告价值评价体系进行优化，以ArcGIS数据库为平台，合理构建开发价值评估指标体系与权重参数，确定商业空间密度、夜经济指数、现状分布密度、建筑风貌评价、人群吸引密度等评价因子，通过综合指数叠加的方法得出户外广告价值评估结果。以户外广告开发价值评估结果为基础，划分三种不同价值等级；结合区域功能与发展定位，确定户外广告价值总体布局体系。

（三）衔接消费中心体系精准布局，建立户外广告分区管控体系

综合考虑城市中心体系、消费中心体系、商业价值体系，衔接控规一张图，按照展示区、限设区和禁设区划分三级控制分区（如图1所示），并针对各区市分别提出分级规划结构，出具详细的管控图则。

（四）加强重点区域详细设计，进行分段管控，保障规划好实施、易操作

以香港路为例，本次规划将香港路的场景定位为世界卓越、文明活力的商务商业中心典范，遵循控总量、立文化、优形象、建平台的规划策略。以分区控制规划为依据，根据访客密度、景观价值、商业价值、建筑功能等因素对香港路全线进行综合评价，得出重点展示路段（节点）、一般展示路段与严格设置路段。规划针对每条路段和重要节点进行详细设计，以效果图的方式体现规划效果。

（五）因地制宜，精准施策，创新青岛市户外广告、招牌治理模式

本次规划从建立部门—专家联审机制、完善专家顾问机制、完善协调审查机制、完善户外广告设施设置培训机制四个方面，创新建立户外广告管理机制。

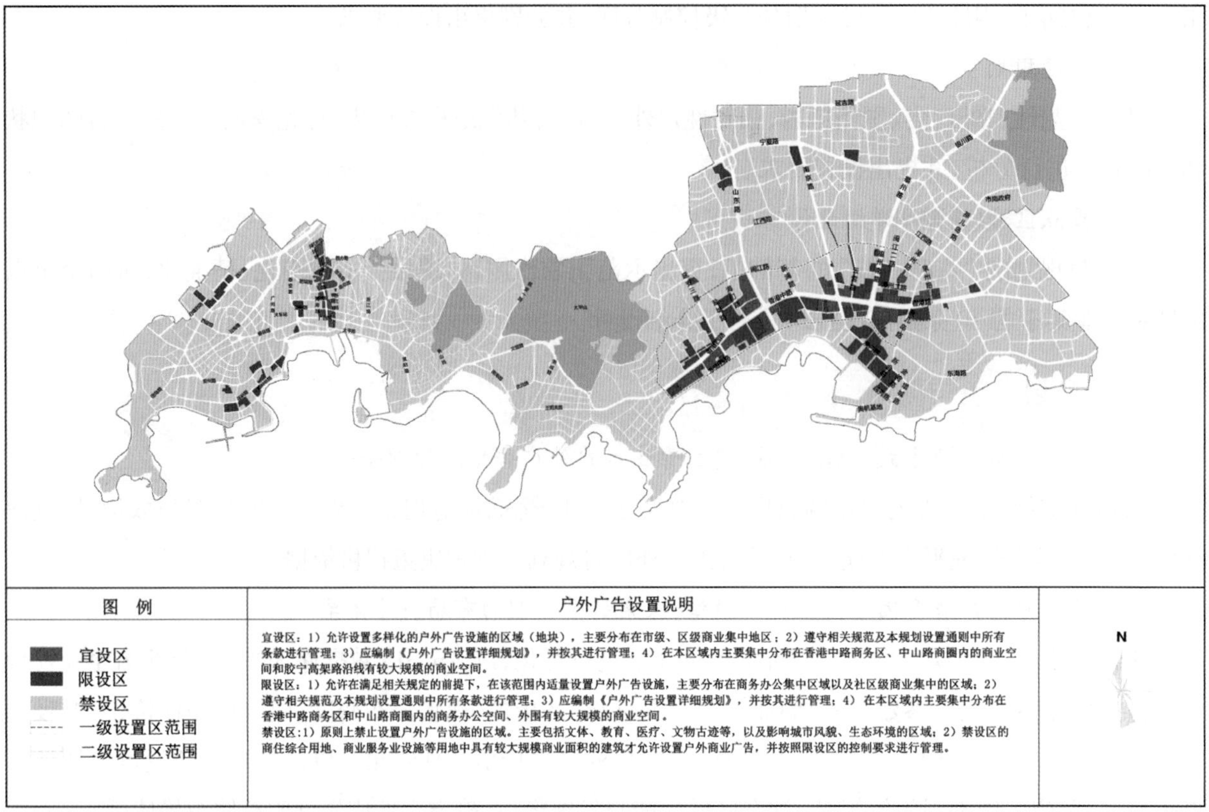

图 例
宜设区
限设区
禁设区
一级设置区范围
二级设置区范围
户外广告设置说明
宜设区：1）允许设置多样化的户外广告设施的区域（地块），主要分布在市级、区级商业集中地区；2）遵守相关规范及本规划设置通则中所有条款进行管理；3）应编制《户外广告设置详细规划》，并按其进行管理；4）在本区域内主要集中分布在香港中路商务区、中山路商圈内的商业空间和胶宁高架路沿线有较大规模的商业空间。
限设区：1）允许在满足相关规定的前提下，在该范围内适量设置户外广告设施，主要分布在商务办公集中区域以及社区级商业集中的区域；2）遵守相关规范及本规划设置通则中所有条款进行管理；3）应编制《户外广告设置详细规划》，并按其进行管理；4）在本区域内主要集中分布在香港中路商务区和中山路商圈内的商务办公空间、外围有较大规模的商业空间。
禁设区:1）原则上禁止设置户外广告设施的区域。主要包括文体、教育、医疗、文物古迹等，以及影响城市风貌、生态环境的区域；2）禁设区的商住综合用地、商业服务业设施等用地中具有较大规模商业面积的建筑才允许设置户外商业广告，并按照限设区的控制要求进行管理。
N

图 1　市南区广告分区设置图

青岛市体育设施专项规划大纲

编制时间:2020 年。

我院编制人员:王天青、陆柳莹、张雨佳、崔婧琦、王聪、王晓莉、胡连军。

合作单位:中国海洋大学。

一、项目基本情况

体育是新时代人民美好生活不可或缺的组成部分,是社会发展和人类进步的重要标志,是综合国力和社会文明程度的重要体现,是中华民族伟大复兴的标志性事业。青岛市是著名的奥运城市、帆船之都、足球名城、田径之乡,体育在全面建设"开放、现代、活力、时尚"的国际大都市中的特殊地位和重要作用日益凸显。为认真落实山东省关于加快推进体育强省建设的决策部署,加快青岛市体育事业高质量发展,有效引导体育设施建设,特开展本规划。

本次规划在全面梳理青岛体育设施底数、厘清现阶段体育设施建设取得的成效和存在的问题的基础上,把提升青岛体育综合实力、打造青岛体育特色、满足人民美好生活需求作为发展愿景,科学确立青岛体育发展定位,明确体育设施建设目标,合理构建体育设施体系。依托各区市实际情况,分圈层制定设施布局策略,并对市南区、市北区、李沧区、崂山区、城阳区 5 个区进行重点规划,明确具体设施布局方案。

二、主要规划内容

1. 全面梳理青岛体育设施底数。通过实地踏勘、问卷调研、现场访谈等方法,全面调研群众体育设施、竞技体育训练设施、赛事体育设施三类体育设施建设现状。从全民健身、重大赛事、竞技训练三个方面了解设施建设需求,明确现状设施建设存在的问题与不足。

2. 科学确立青岛体育发展定位。在提升青岛体育综合实力、打造青岛体育特色、满足人民美好生活需求三大发展愿景的引领下,结合青岛体育发展基础,落实体育强国、体育强省等战略要求,确立发展定位及发展目标。

3. 合理构建青岛体育设施体系。以《青岛市市区公共服务设施配套标准及规划导则(2018)》确定的设施分级为基础,借鉴上海、武汉、杭州、厦门等城市的经验,结合体育主管部门实际职能管理分工,构建"赛事体育、竞技体育训练、群众体育"三类、"市级、区级、街道(乡镇)级、社区(村)级、社区以下级"五级设施体系。同时,针对各级各类设施,分别明确配建标准及布局策略,做到覆盖城乡、优质均衡、层次分明。

4. 分类引导体育设施空间布局。结合办好 2023 年亚洲杯、申办亚运会等高水准国际赛事的办赛需求，预留赛事体育设施、竞技训练体育设施发展空间；结合打造15分钟健身圈、实现全民健身“举步可就”的发展目标，完善群众体育设施空间布局，预留全民健身设施布局空间；结合“帆船之都、足球之城”等城市体育品牌打造，留足帆船、足球等特色体育设施建设空间。（如图1所示）

5. 制定实施保障建议。针对用地紧张的老城区体育设施的增补、学校体育设施与社会体育设施的开放共享、体育设施建设资金的来源、体育人才队伍建设等重点问题，提出切实可行的实施保障策略与建议。

三、项目特色与创新

1. 立足全民健身战略，以满足人民美好生活需求为出发点和落脚点，重点研究完善群众体育设施体系。传统的体育专项大多侧重于大型竞技赛事体育设施建设，本次规划更加重视中小型全民健身体育设施的规划布局与建设运营。从保障全民健身体育设施的用地、丰富全民健身设施的功能、提升全民健身体育设施的品质等方面，引导群众体育设施体系逐步完善。

2. 突破传统体育专项编制模式，将设施体系与体育部门管理充分结合。原有的体育设施专项规划大多从城市规划的专业角度，根据体育设施服务人口规模划定体育设施分级体系。而本次规划在考虑体育设施服务人口规模的基础上，引入体育行业设施的分类方法，并与体育主管部门的职能分工一一对应，构建“三类—五级”的多维设施体系，分类引导设施布局与建设，作为体育主管部门开展设施建设与管理相关工作的有效依据。

3. 针对不同对象制定不同深度的规划引导，全面引导体育设施体系逐步完善。传统的体育专项往往只重视公共体育设施的发展，对于在学校体育设施、公园体育设施、企事业单位体育设施以及经营性体育设施等非体育用地上建设的体育设施缺乏有效引导。本次规划构建了以公共体育设施为主体、其他体育设施为补充的体育设施体系，对于公共体育设施进行空间布局引导，对于非体育用地上建设的体育设施也制定了切实可行的发展策略，从而推动各类体育设施的开放共享、提升体育设施利用效率。

4. 以多个现状研究专题为支撑，确保规划的科学性。规划开展群众体育设施现状调查、赛事体育设施现状调查、竞技训练体育设施现状调查三个现状调查专题的研究，全面梳理现状体育设施建设情况，从办赛、训练、锻炼三个方面调研实际需求，为本次规划提供充分的依据和扎实的基础，以确保规划的科学性。

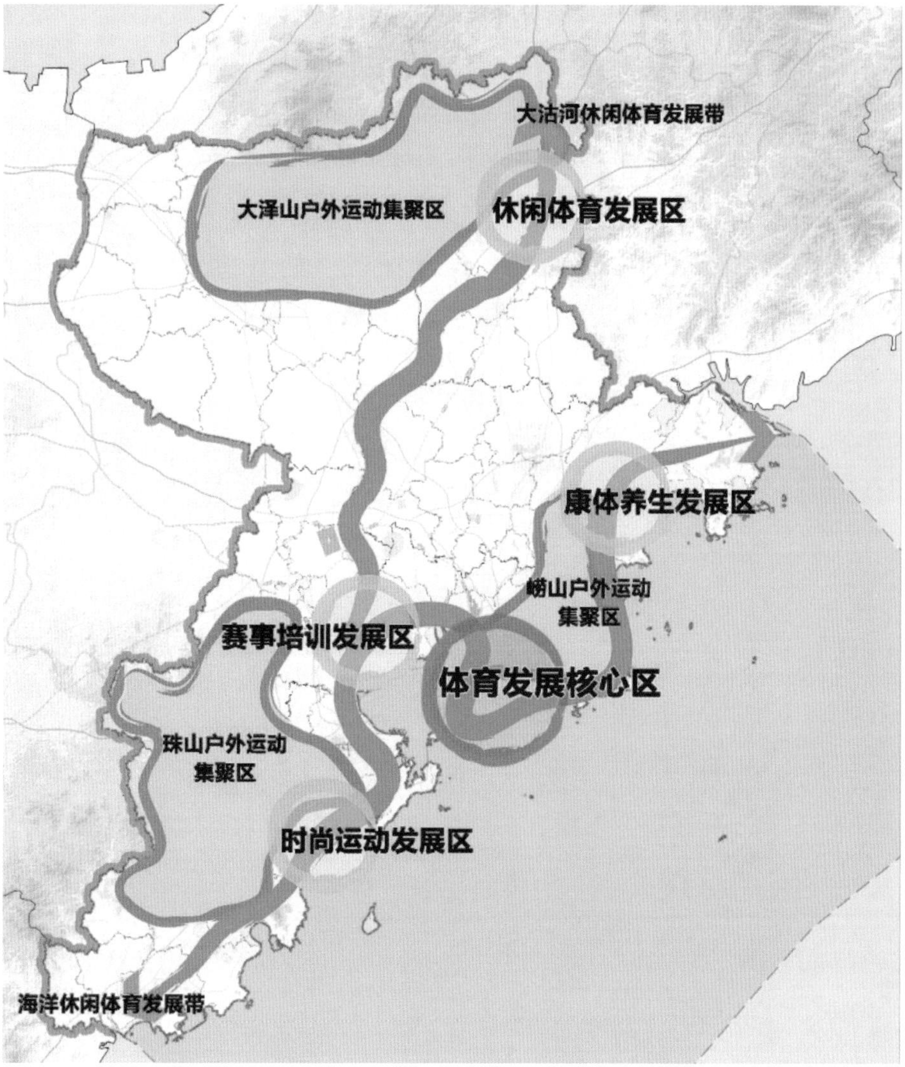

图1　青岛市体育事业发展格局图

第三编

详细规划与城市设计

莱西市人民广场设计

编制时间:2001 年。

主要设计人员:王天青(项目负责)、宿天彬(专业负责)、姜浩杰、周楠、孙文东、夏磊、邵凤瑞、曲义婷、王磊。

一、项目基本情况

莱西市人民广场位于莱西市北部新区中心地段,是莱西市的重要公共设施。其用地范围西起长岛路,东至烟台路,北邻北京路,南至天津路。用地呈矩形,南北长 332 米,东西长 380 米,总用地面积 12.6 公顷。莱西市人民广场于 2003 年 10 月 1 日正式投入使用。它既是了解莱西物质文明、精神文明的窗口,展示了莱西政治、经济、文化以及改革开放以来的新面貌;也是市政府环境的延伸,是新区开发建设的点睛之笔,是莱西城市建设的代表性标志之一。我院承担了莱西市人民广场(如图 1 所示)的规划、园林景观、建筑、市政等专业全过程设计。

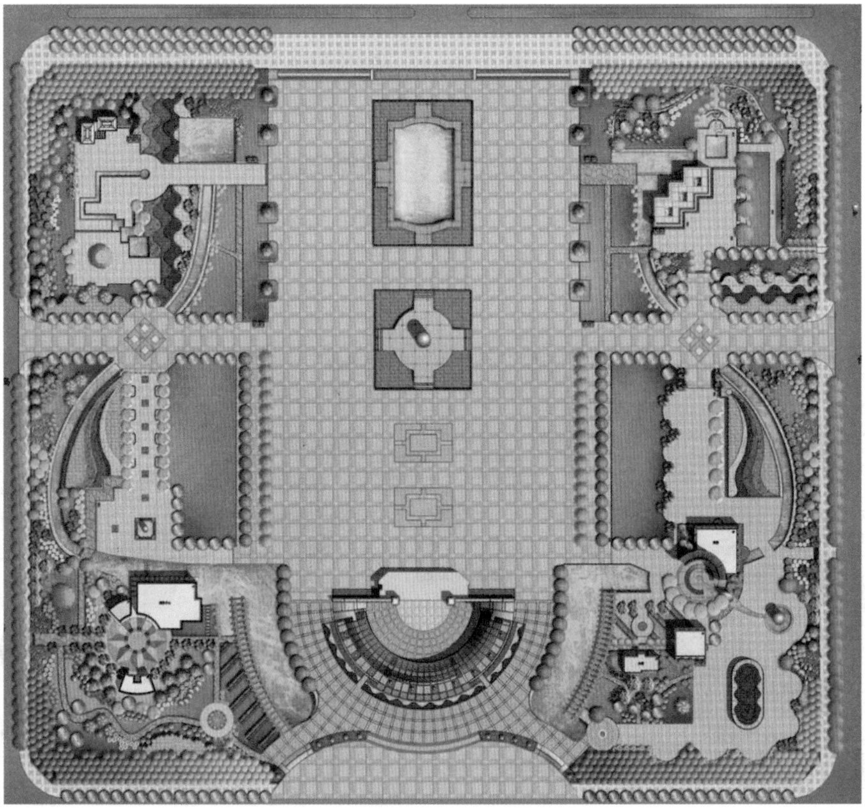

图 1　莱西市人民广场总平面图

二、主要设计内容

在广场规划设计中做到因地制宜，充分利用地形，结合场地内现状水系，将广场分为四大功能区：行政集会区、文化娱乐区、景观标志区和游乐休息区。每个功能区在规划基本结构的组织下，发挥不同功能，形成统一整体。广场设计中力求突出广场群，用连续广场布局塑造城市富有变化的开放空间。每个广场都由不同主题内容和不同空间环境组成，最终形成一个完整的综合广场群体。结合场地环境，采用对称布局，突出以市政府大厦为中心的城市空间系列，形成一条市政府大厦向南贯穿广场中心的景观轴。以一连串的中央喷泉、主题雕塑、下沉式露天剧场作为轴线和纽带，形成动静分区、高低错落、富有激情、生动活泼的空间层次，并以水渠、喷泉、廊柱、雕塑以及广场地面图案花饰、建筑小品、绿化等围合和分割空间尺度，形成各个宜人的空间环境，烘托各个广场气氛。一条玉带型的水系将各功能区串联起来，水系在天然沟渠的原始地貌上加以整治而成，它给广场带来了生机和活力。

人民广场行政集会区面积4200平方米，可容纳4万～5万人聚会，该功能区中心以主题雕塑“开拓”作为莱西市的象征，两侧种植两排高大的乔木，内侧种植树冠小、主干高大的乔木，形成广场序列。文化娱乐区在广场中心偏南，内设一半圆形下沉广场，可容纳2000至3000人同时观看演出。在下沉广场的北侧有一主席台，供行政集会或大型演出时使用。景观标志区在广场北端，靠近北京路处设一灯光音乐喷泉，喷泉喷头按梅花图案布点，喷泉开放时如一朵绽开的梅花。游乐休息区在广场的东西两侧，内设4个游园供游人游玩、休息。东北角为“夕阳园”，是老年人游览休息的场所。游园内设一组休息廊，廊下设置棋桌、茶椅供老人品茗、对弈。西北角为“童趣园”，是少年儿童的活动场所。游园内布置各种儿童活动设施供儿童在此游玩、嬉戏。广场南部为两处“文化园”，供青年人休息、聚会。文化园中或用雕塑、或用碑刻、或用声乐表述历史故事，寓教于乐。广场内的其他区域为自由园林式绿地，绿化面积达到5万平方米。广场包含了一系列城市环境的艺术作品，融绿化草坪、小品、下沉式露天剧场、喷泉及大型城标主题雕塑于一体，充分体现了“以人为本”的设计原则(如图2、图3所示)。

图2　莱西市人民广场鸟瞰图

三、项目特色与创新

高质量的城市公共空间可以让人通过多样化的活动，获得亲切、愉悦、平等和尊严的感受，可以促进市民的身体健康，增强城市的活力，从而真正成为城市物质文明和精神文明建设的重要载体。

通过莱西市人民广场环境设计的创作实践，我们认识到，要完成一个好的广场环境设计，一方面需要吸取历史上城市广场设计的经验，另一方面要认真分析现代社会中城市环境新的建设要求和人的生活特点，同时应注意通过广场来表达和强化地域文化和场所精神，创造与时代相适应、特色鲜明和优美舒适的城市“客厅”。只有充分理解环境、尊重环境并结合时代精神与地方风土人情、文化特色，把握住城市广场的设计原则，才有可能设计、建造出独具自身特色且为社会大众认可的城市广场，从而为塑造有文化品位、有魅力的个性化城市空间作出贡献，为满足人民对美好生活的向往创造条件。

通过广场的合理规划，满足城市复合功能的需要，盘活周边地区的经济，扩大城市绿化面积，提高城市社会效益和生态效益，为不可预知的城市未来留下可持续发展的空间，承载市民休闲、娱乐、集会等各项活动。莱西市人民广场建成迄今，先后成功承办了“2002 年中国青岛首届国际动力伞邀请赛、2016 年全国动力伞锦标赛、2019 年青岛（莱西）世界休闲体育大会”赛事启动仪式等大型国际、国内盛会。这座深入人心的公共空间，不断承载着城市事件和日常生活的各种记忆，连接着莱西这座城市的过去和未来。

图 3 莱西市人民广场实景图

青岛市浮山后六小区规划

编制时间:2000 年。

我院编制人员:潘丽珍、张沫杰、任福勇。

合作单位:青岛市浮山新区开发指挥部、青岛市城市发展中心、青岛市园林规划设计研究院、莱西市建筑总公司。

获奖情况:2005 年,获詹天佑大奖优秀住宅小区金奖、山东省优秀工程勘察设计二等奖、青岛市优秀工程勘察设计二等奖。

一、规划背景

青岛市浮山后居住区位于青岛市市北区东部、浮山城市山林公园北侧,东临高科技工业园,北与青岛市四方区接壤。浮山后六小区隶属于浮山新区,位于浮山后居住区的南部。它北面接浮山后四小区,南面隔银川路与浮山城市山林公园相望,西为劲松三路,东面为浮山后七小区。

浮山后六小区是为解决青岛市棚户区改造、拆迁安置的城市新型居住区,其开发服务的对象是棚户区拆迁安置的居民。该居住区的定位是:面向大众,基础设施配套完善而先进,环境优美,成为富有文化情趣的城市新型居住区。(如图 1 所示)

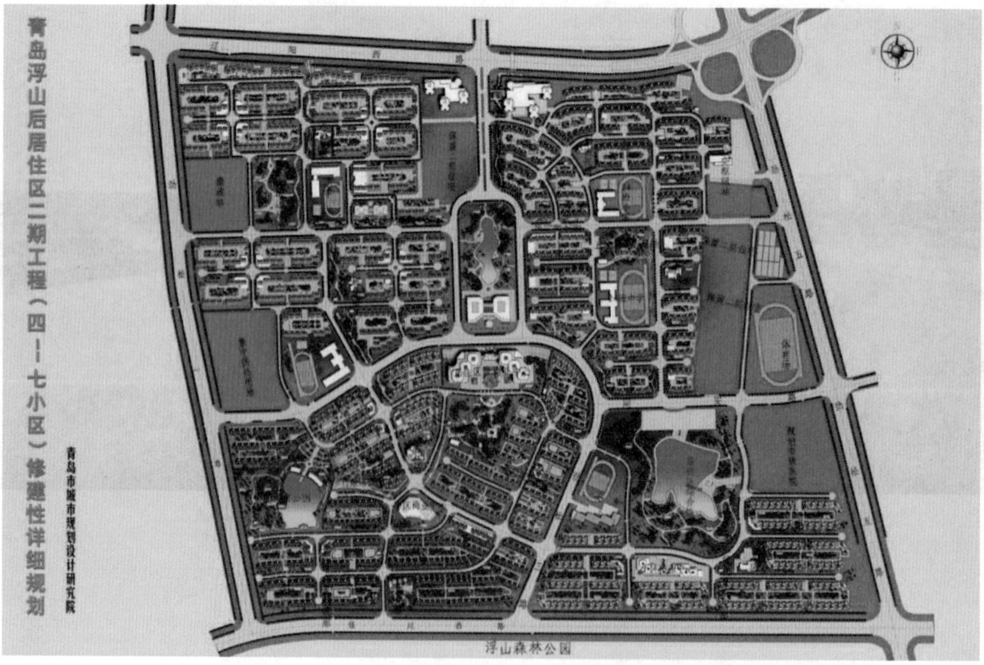

图 1　浮山后居住区二期工程(四 – 七小区)总平面图

二、规划理念

小区规划以较先进的设计理念为指导，打破过去传统居住小区组团式的规划设计思路，采用“小区—邻里单元”两级规划结构，注重“人本主义”的设计思想，采用动静分行、人车分流的交通系统组织，强调小区人居环境的设计，强化院落空间的组织。院落内部不受任何过往交通的影响，真正达成人们在半私密空间交往所具有的归属感。通过步行系统，将院落绿地与步行绿带、中心绿地紧密结合，形成有机的绿化系统。

小区公共服务设施配套完善而全面，在市政设施、公共建筑和绿地广场设计中采用了无障碍设计，为残疾人提供了一个方便的居住环境。停车场结合住宅、山墙之间的布置，保持了院落的安静和居民交通的便捷。

在小区规划设计中，还考虑了安全防卫，为实现科学的智能化小区物业管理提供了方便。在竖向设计中，力求做到土方平衡，尽量采用缓坡的处理方式来解决高差，丰富了小区的视觉景观，形成了步移景异的小区空间景观。（如图 2 所示）

图 2　青岛市浮山后六小区规划总平面图

三、规划构思

（一）延续青岛的传统历史文脉，强化居住区的可识别性

青岛具有独特的欧陆文化风情和独特的山海城市风貌。“城”“海”“山”融为一体的城市形象在众多的海滨城市中独树一帜，其独有的街道和建筑的尺度以及空间的组织都非常宜人，富有生活情趣。本次规划应延续青岛的传统历史文脉，结合现状，创造出居住区的特色，强化该居住区的识别性。

（二）居住区空间的界定与组织

本次规划根据人的生活尺度及活动规律，创造出了一系列不同层次的空间，由公共空间渐变到半公共空间，再到私有空间，形成了层次丰富的空间组合。每一空间都有其主题与个性，这些多层次的空间又通过视觉，与空间上的轴线相联系，形成了动态空间网。（如图3所示）

1. 街道空间

该规划吸取了欧洲城市街道空间的经验，极力创造一个适用于人生活的街道空间，使街道成为人们室外生活的一部分。街道空间不仅是供车辆移动的空间，而且也是供人们娱乐休闲的空间，是多元化生活的空间，而非单一性的功能空间。

2. 院落空间

大约每150户人即可形成一个院落空间单元。院落内部不受任何过往交通人流的影响，而真正达到了宁静以及人的半私密空间应具有的归属感，使之成为居民内私密空间向室外的延伸。

3. 邻里单元、社区中心及居住区中心

每四个院落组成一个邻里单元，几个邻里单元成为一个社区单元，几个社区单元又形成一个居住区。每一个层次的居住范畴都具有强烈的鲜明个性，因而提供了多层次的城市空间，使人们在不同的空间层次上均能有相应尺度空间的归属感。

总之，该规划充分利用了地形地貌，进而通过人为创造的地标而形成可识别性的建筑区景观对景，同时通过多层次、多个性的城市空间类别而创造出城市空间的可识别性，这也正是青岛文脉的延续。

图3　青岛市浮山后六小区规划鸟瞰图

四、公共服务设施规划

本次规划借助明确的公共服务设施分级、合理的千人指标和服务半径等原则考虑公共服务设施的布局。居民区内相应的各种公共服务设施的布置，采用了各级相对集中布点的手法，以保证较小的服务半径，便于居民使用，同时有利于居民区内的景观组织。各居住组团级的配套公建，采用了街边转角商店的设计手法，以增加组团的识别性和人们生活的便利。

五、道路交通规划

本居住区的道路系统规划，主要采用人车分流的道路系统。人车分流的道路系统力图保持居住区内安全和安静，保证社区内各项生活与交往活动正常舒适地进行，以避免将来居住区大量的私人汽车交通对居住生活环境的影响。

（一）道路系统规划

规划居住区级道路为 20 米，小区级的道路为 15 米。规划小区级道路可直接到达各单元入口，小区道路两侧为道路停车场，这样使得机动车的车行路线大大缩短，交通更加便捷。同时，又可形成独特的居住环境景观。规划的邻里单元道路为院落内及院落间的步行道路系统，无机动车进入，使得组团内相对独立和安静，从而创造了宜人的室外环境。步行道则贯穿于各邻里单元、居住小区内部，将各级绿地、户外活动场地和公共服务设施联系起来，从而形成相对独立的步行系统。

（二）停车场设置

公共建筑的停车场设置在公共建筑的周围，而对于大型公共建筑，建议考虑设置地下停车场。小区级道路的路边停车场及每个邻里单元公共停车场可满足私人轿车的停车需要，平均每 2 户居民拥有一个机动车停车位。

六、绿地景观系统规划

充分利用现状地形及绿地、水体和冲沟，绿地景观设计结合自然环境，形成富有魅力和特色的供居住区居民活动的中心绿地。小区级绿地和邻里单元绿地分别布置在小区和邻里单元的中心位置，以满足居民文化娱乐、体育锻炼、儿童游戏及人际交往等各种活动的需要。

用地周围道路均规划有 10 米绿化隔离带，同时充分利用地形形成自然形态的步行绿化带，丰富和美化了绿化景观。

宅前绿地通过步行绿化带和各级中心绿地相联系，使人们通过步行就能够达到居住区内的各级绿地，从而使整个居住区的绿地系统做到点、线、面的有机结合。（如图 4 所示）

图4 青岛市浮山后六小区现状照片

七、居住建筑规划

（一）布局特色

居住建筑的布局特色是以无机动车进入的邻里院落为基本单元。各个院落平均以150户为一个邻里单元，各邻里单元既变化又统一；再以多个邻里单元组合成不同特色的小区，从而形成风格各异的生活居住环境。

（二）建筑类型

根据建设用地的地形和坡度变化，合理安排居住建筑类型。本次规划安排了以六层为主的住宅；在辽阳西路与劲松五路交界处，布置高层住宅。

（三）建筑形式

住宅建筑形式采用青岛的传统地方特色——坡屋顶的建筑形式，力求使该区的建筑风格与周围地区建筑物相协调。

八、竖向规划

尽可能利用现状地形的实际情况，以减少土方量和降低造价为原则。尽量利用缓坡的处理方式来解决高差，建筑的布局根据高差进行跌落，从而使建筑物的空间轮廓线更加丰富。

竖向设计与城市设计相结合，在满足竖向设计基本技术要求的同时，利用坡地和山体形成丰富多变的视觉走廊，从而达到对景和步移景异的城市空间景观。

青岛市铁路沿线环境综合整治规划及沙岭庄车站周边地区发展规划与城市设计

编制时间：2003～2005年。

编制人员：潘丽珍、宋军、王天青、王海冬、于连莉、刘宾、戴军、孟广明、陈永清。

一、项目基本情况

1900年，德国人开始制定青岛市的城市规划，确定青岛为军事基地、进出口贸易港、殖民地行政经济中心，并于1901年开始修筑胶济铁路，在铁路沿线开矿，设置大小港码头。1914年日本占领青岛后，城市建设基本延续了德国人的思路，在沧口、四方一带，沿铁路设置了集中工业区。1949年青岛解放以后，新政府尊重历史形成的格局，安排工业用地的主导方向仍是在铁路沿线和海港附近，城市南宿北工、东宿西工的结构比较明显。2003年，青岛市以胶济铁路的电气化改造以及2008年北京奥运会成功申办为契机，为满足提升青岛市整体形象、缩小南北差距的需求，特开展本规划。

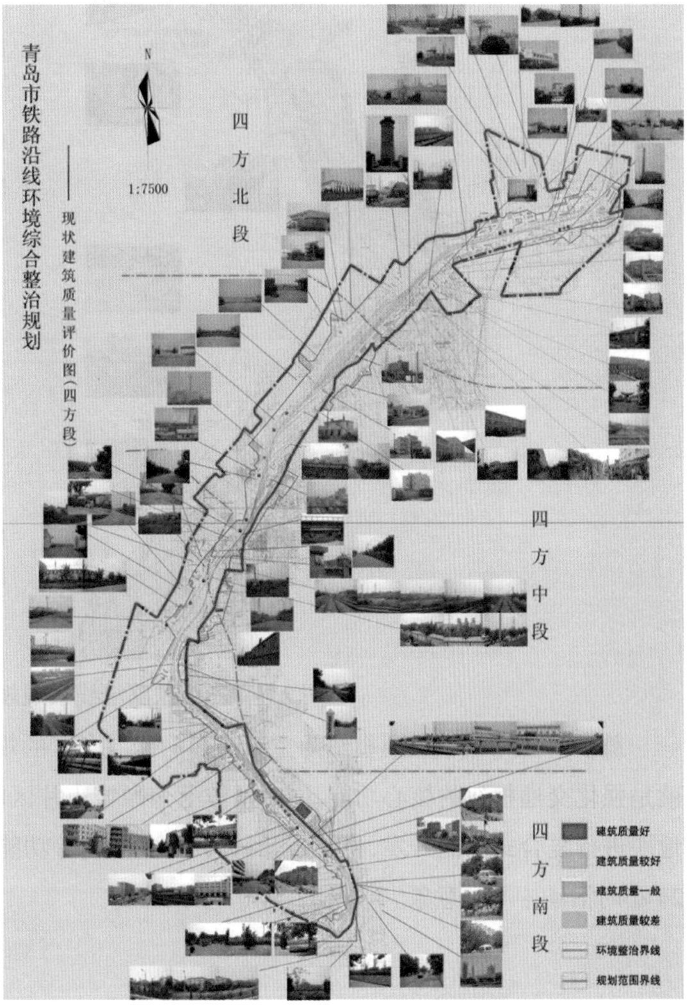

图1　青岛市铁路沿线现状建筑质量评价图

本次规划在认真调研胶济铁路（城阳墨水河至青岛站）的自然环境、用地权属、建筑功能、景观风貌的基础上，力求运用心理学的基本原理，通过简单实际的方法对沿线的用地及建筑进行综合整治，完善相应的配套，增加通海视廊，增加绿化及景观设施，增加夜景照明设施等手段，创造出舒适的、容易为人们所认知的具有青岛特色的线性空间，并提出具体的分区、分段整治措施和分期实施建议。（如图1所示）

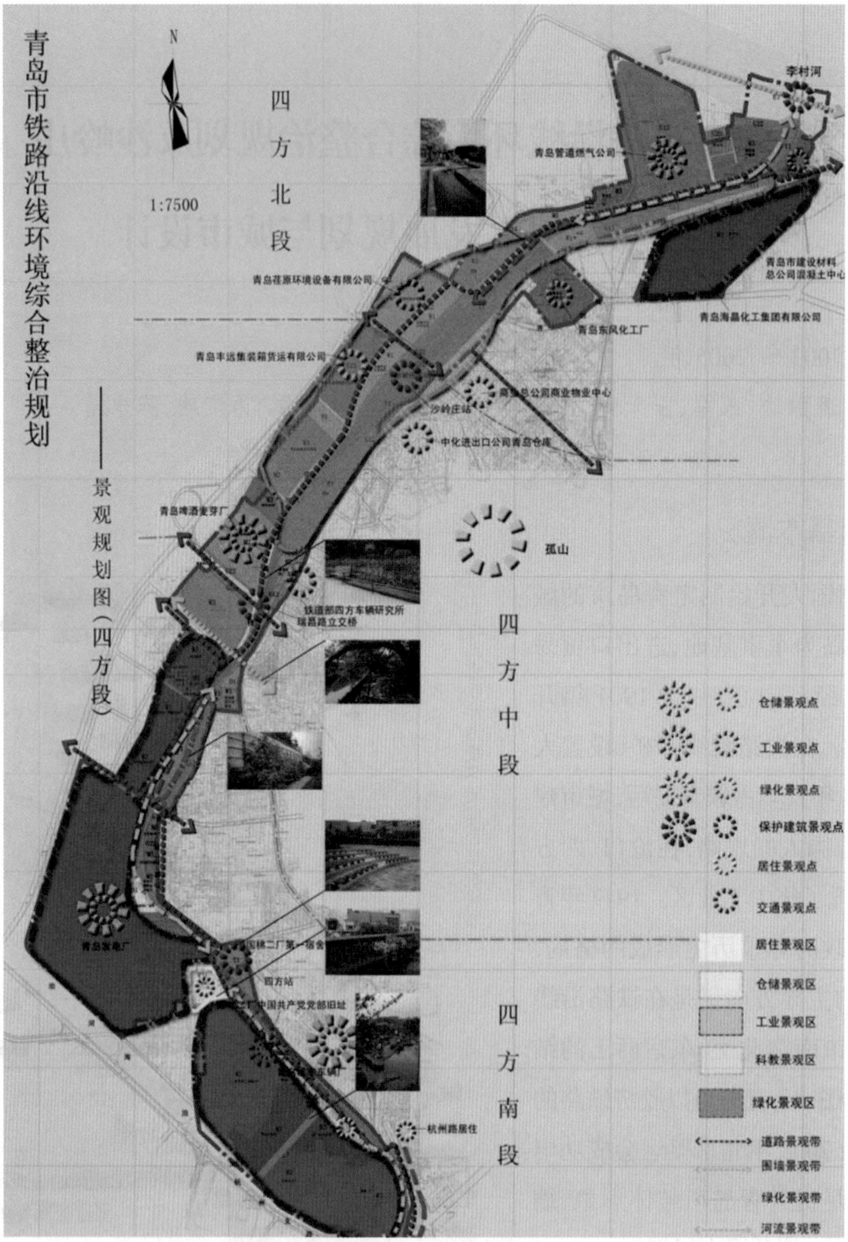

图 2　青岛市铁路沿线景观规划图(四方段)

就沙岭庄车站以交通枢纽为主导的多功能混合区的规划与设计来说,本次规划的一个基本立足点就是强化交通枢纽的核心功能,同时整体上兼顾城市片区的可持续发展和保持片区活力的发展。各个地块进行复合式功能开发,将办公、商贸、居住、购物等功能混合组织在主轴线周边地区的地块内,突出 24 小时活动中心的意象。(如图 2 至图 4 所示)

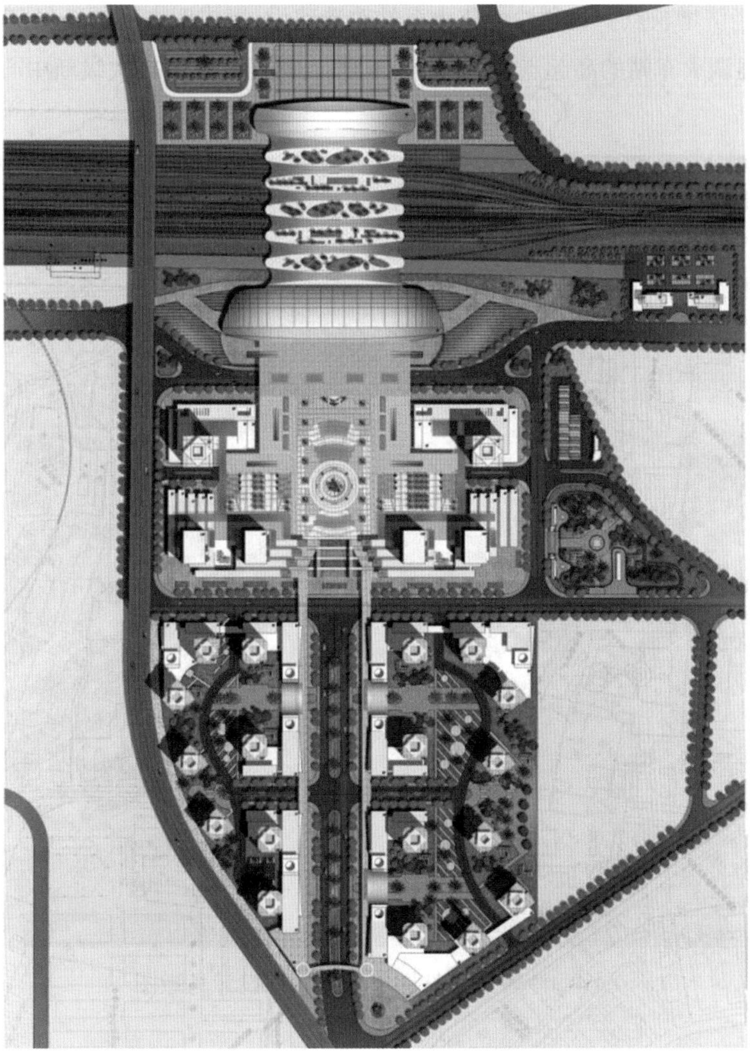

图 3 沙岭庄车站周边地区城市设计总平面图

二、主要规划内容

一是对铁路沿线现状环境进行综合评价。主要从建筑、绿化状况、围墙、卫生状况、污染状况、市政配套设施等六个方面对青岛市铁路沿线的现状环境情况进行评价，分析研究铁路沿线存在的问题。

二是整治思路。根据铁路沿线每一家单位、每一个地块当前存在的问题和期望达到的效果，提出了具体的整治措施。规划从环境、道路、建筑、围墙、市政五个方面对铁路沿线可见的构成要素进行整治。

三是环境整治的原则。（1）符合铁路列车运动的特性，塑造尺度大气、形式简洁的环境效果；（2）经济性的原则，以少投入、易维护为指导思想；（3）注重植物对建筑物的遮挡效果，减弱铁路对两侧建筑的影响；（4）从铁路两侧居民活动的角度考虑，增加环境的安全防护功能。

四是强化铁路沿线景观。为了最有效地发掘和组织铁路沿线现状景观要素，使沿线景观更加系统化、更有层次，本次规划根据现状景观要素的聚集特点，将铁路沿线的景观按照“点、线、面”进行划分，以突出沿线景观的重点区域、重点地段、重要节点。我们期望通过“线”串联起各个“面”“点”来强化景观，从而加强人们对铁路沿线景观的认同感和印象。

五是形成新的经济增长点。通过沙岭庄火车站改造建设,形成四方区的新经济增长点,带动周边地区的发展。首先是强调火车站的高起点、超前性整体设计,进而形成城市次级新中心。

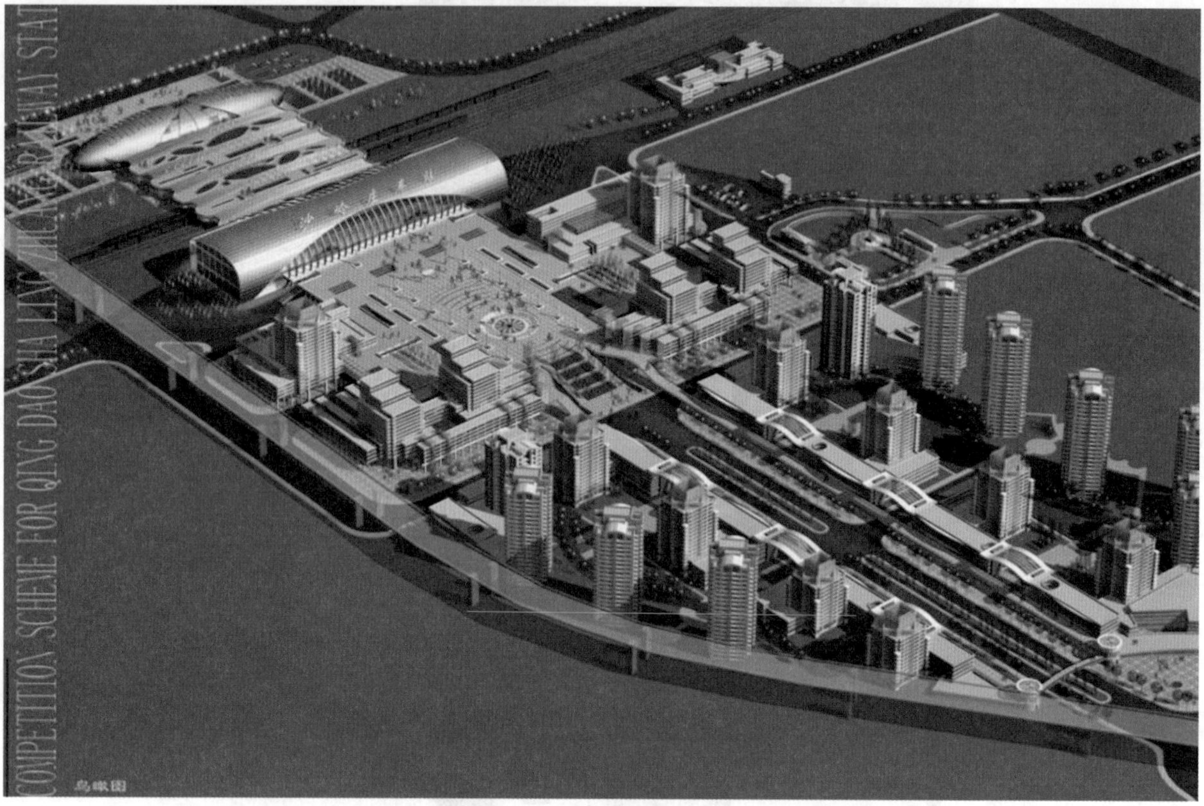

图 4　沙岭庄车站周边地区城市设计鸟瞰图

青岛市近期轨道交通线网两侧土地利用控制规划

编制时间:2008 年。

编制人员:潘丽珍、王天青、王宁、冯启凤、毕波、戴军、周宏伟、任福勇、沈迎捷、商雪鹏、王鹏、李亮、傅蓉、李传斌、黄黎明。

获奖情况:2009 年,获山东省优秀城市规划设计二等奖、获青岛市优秀城市规划设计奖。

城市轨道交通作为大容量、快捷的公共交通系统,是提高城市建设用地集约利用率、缓解城市交通压力、实现城市集约发展的有效途径。轨道交通的建设将带动沿线土地的开发利用(如图 1、图 2 所示),对城市用地结构、城市居民生活和出行产生深远影响。

图 1　青岛轨道交通线网两侧土地利用控制一期土地利用规划图

图 2　青岛轨道交通线网两侧土地利用控制二期土地利用规划图

为保证近期轨道线路建设的顺利实施,促进沿线城市空间的合理高效利用,挖掘周边用地的开发潜力,为轨道建设融资提供基础,特组织编制本规划。

本规划在现状调查摸底和分析论证的基础上,依据轨道线网的技术要求,预留轨道沿线重要基础设施的用地,提出沿线建设的刚性要求,补充完善轨道线网规划内容。结合城市总体功能布局和轨道交通的拉动作用,优化调整轨道沿线土地利用功能结构和开发建设强度。梳理轨道线网两侧土地开发建设情况,控制土地开发,储备项目,为轨道交通建设资金的筹集准备条件。

青岛市四方区欢乐滨海城控制性详细规划

编制时间:2008 ~ 2009 年。

编制人员:潘丽珍、刘宾、陆柳莹、孙丽萍、刘彬、吕翀、孙璐、沈迎捷、袁圣明。

获奖情况:2009 年,获山东省优秀城市规划设计二等奖。

一、项目区位与范围

规划区位于青岛市四方区西部,距青岛铁路北客站约 3 公里,至青岛流亭国际机场约 14 公里,紧邻青岛胶州湾大桥上桥口,交通区位优势突出。

规划区范围北至李村河入海口,南至航务二公司南边界,东至环湾大道,西至胶州湾。结合滨海功能设置,适当调整岸线范围,调整后规划区用地面积 222.03 公顷。

二、功能定位

本次规划在现状分析及产业研究的基础上,围绕“生态、节能、低碳”的主题,营造一座多元化、富有动感的国际性滨海科技环保新城(如图 1、图 2 所示)。提倡多元复合功能,打造以商务旅游、特色商业、休闲度假等现代服务业为主导,以多元化居住、酒店等房地产业为支撑,集办公、居住、休闲等多功能于一体的海上城市新客厅。城市形象上借助具有创新概念的三角网格系统,最大化利用视觉机会、日照朝向、海风状况等,塑造最具特质的城市空间格局。最终形成青岛市主城区西部以商务办公、休闲旅游、商业居住为主体功能,富有滨海城市特色的多元复合性生态新城。

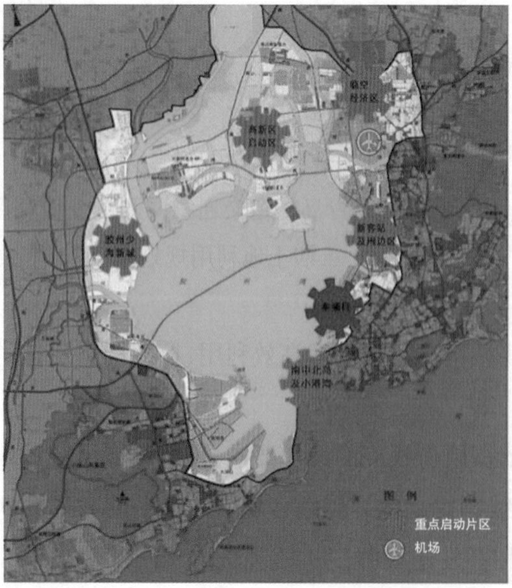

图 1　青岛四方区欢乐滨海城区位图 1

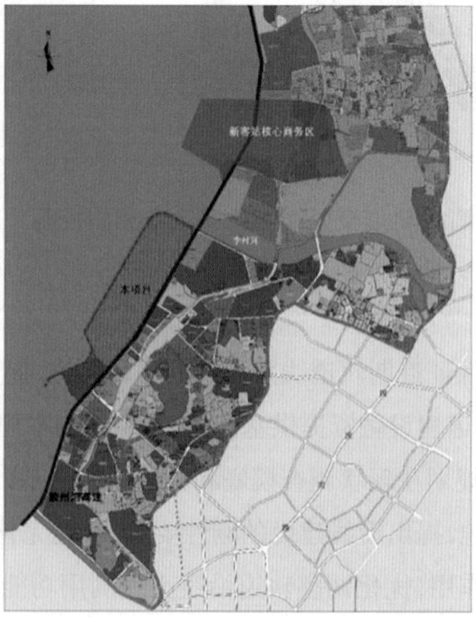

图 2　青岛四方区欢乐滨海城区位图 2

三、规划构思

以三角形及四条斜向景观绿地为整体空间骨架，由北向南形成数字文化体验区以及海滨商务办公、商业、文化休闲功能区和游艇度假主题功能区。由西向东形成亲海、临海、近海三大圈层。其中，亲海圈层为城市公共圈层、形象圈层，功能设置体现公共性与滨海旅游服务；临海圈层为海景资源价值层，功能为办公、酒店、高档居住、游艇服务等；近海圈层为私属、配套服务圈层，功能为居住、大型商业、停车设施等。将以上三种设计逻辑叠加，形成本次规划“一心、一带、三区、四轴”的整体规划结构（如图 3、图 4 所示）。“一心”指商业、办公、综合服务中心；“一带”指 4500 米滨海公共活动岸带；“三区”指由北向南形成数字文化体验区海滨商务办公、商业、文化休闲功能区和游艇度假主题功能区；“四轴”指四条东西向景观绿地。

四、空间布局

数字文化体验区总用地面积 40.5 公顷，总建筑面积 51.1 万平方米，居住总人口 0.6 万人。该区位于规划区北端，靠近青岛胶州湾大桥收费口，是从红岛、黄岛方向进入主城区的门户位置。该片区是以滨海数字文化体验为特色，混合酒店、居住和片区公共服务设施的功能区。其中，滨海层布局酒店，形成大桥入城方向的标志性前景，临海层布局数字文化体验园，近海层布局居住和公共服务设施。

海滨商务办公、商业、文化休闲功能区总用地面积 108.7 公顷，总建筑规模 138.9 万平方米，居住总人口 1.5 万。该片区位于规划区中部，是整个岸线的核心景观区。该区主要功能有办公、大型商业、居住、滨水休闲商业、海滨公园、海上文化中心以及超高层酒店、办公建筑群。考虑到规划区毗邻沧口水道，具有停靠大型邮轮及游船的岸线条件，在本片区预留滨海发展备用地 9.11 公顷。整体空间设计以海滨公园、文化中心、超高层建筑为核心，形成整个区域的空间控制点、核心。

图 3　青岛市四方区欢乐滨海城规划总平面图

游艇度假主题功能区总用地规模 72.8 公顷，总建筑规模 76.2 万平方米，居住总人口 1.5 万。该片区位于规划区南部，是未来主城区进入规划区的主要门户位置。该区域现状岸线曲折，经规划整理后将形成游艇港湾特色功能区，主要功能有岛式商业购物小镇、游艇服务相关的休闲娱乐、商业设施以及配套的居住、中小学等。整体空间设计突出岸线的多样化,空间轮廓线由海边向腹地、由南向北逐渐增高。滨海区建筑体量以中小型为主。

图 4　青岛市四方区欢乐滨海城规划鸟瞰图

青岛崂山科技城科技谷控制性详细规划

编制时间:2008～2010年。

主要编制人员:吴晓雷、王天青、张舒、王伟。

获奖情况:2010年,获山东省优秀城市规划设计三等奖、青岛市优秀城市规划设计一等奖。

一、规划构思

本规划在概念规划的指导下,对区域内地形地貌、土地利用、道路交通、村庄人口、产业布局、服务设施、市政管线等情况进行综合的分析评估,汇集产业发展、综合服务与生态景观三大功能,建设集科技研发、商务办公、康乐休闲、生态观光、生活居住于一体以及生态环境优美、配套设施完善、尖端企业云集的国际科技社区,实现经济国际化、产业科技化、环境生态化、信息数字化,体现"居住—自然—工作—交流—休闲"的和谐发展理念。(如图1所示)

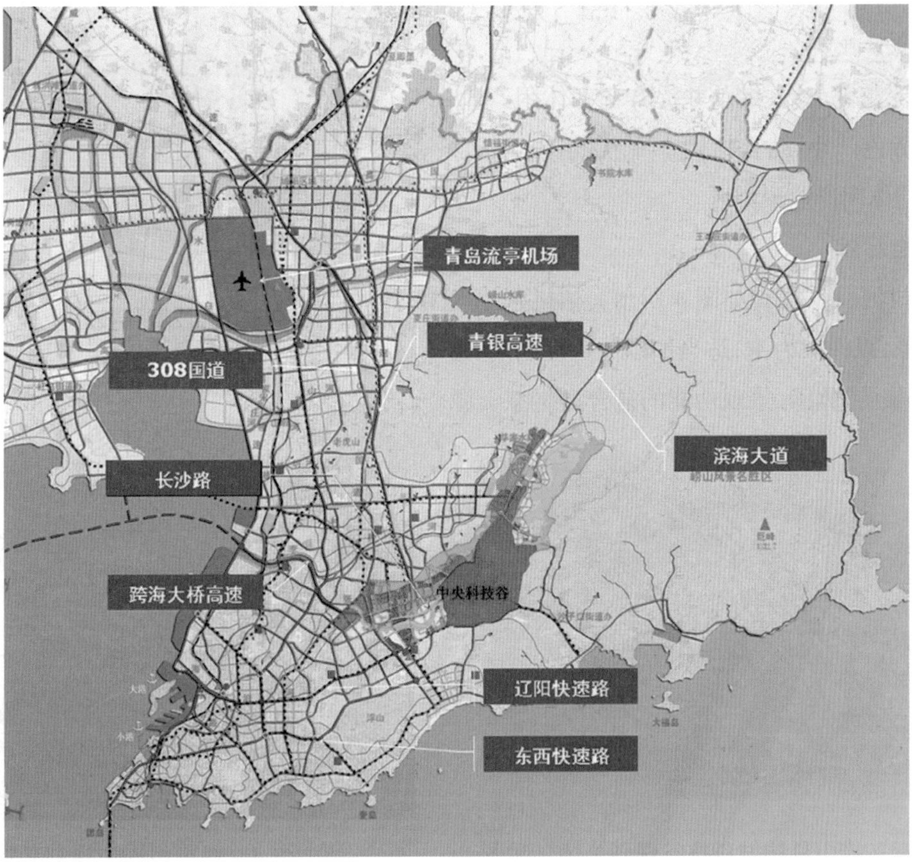

图1　青岛崂山科技城科技谷区域交通分析图

二、空间布置

科技谷总体形成“一个中心、三个圈层”的结构。“一个中心”指高尔夫球场形成康体休闲中心。“三个圈层”指综合商务服务圈层、科技研发圈层、配套居住休闲圈层。其中，综合商务服务圈层指围绕高尔夫球场发挥周边高地价竞争力，打造成本高地，在松岭路两侧、高尔夫球场周边，以商务办公、商业金融、会议展览、配套服务功能为主；科技研发圈层指以服务外包、工业设计、研发中心、孵化创业、咨询服务等功能为主；配套居住休闲圈层以配套居住、休闲、花卉产业为主要功能。

三、创新与特色

（一）特色圈层结构

针对科技谷功能定位及现状用地特点，从提高服务水平、体现核心价值角度出发，采用功能圈层的结构概念进行功能及用地的规划布局（如图 2、图 3 所示）。

（二）产城一体

规划的工业用地，兼容为产业发展服务的科技研发和商务办公功能的混合用地，体现“科技＋城”的理念。

（三）特色产业

依托枯桃花卉市场，继承并提升花卉休闲产业，形成科技城特色产业，结合枯桃水库、高尔夫球场而形成科技城的休闲产业聚集区。

（四）生态绿谷

针对张村河、将军山（如图 4 所示）、枯桃水库等自然景观资源，以保护为主，适当加以保护性利用，形成具有生态、旅游、休闲、景观功能的复合型生态资源。

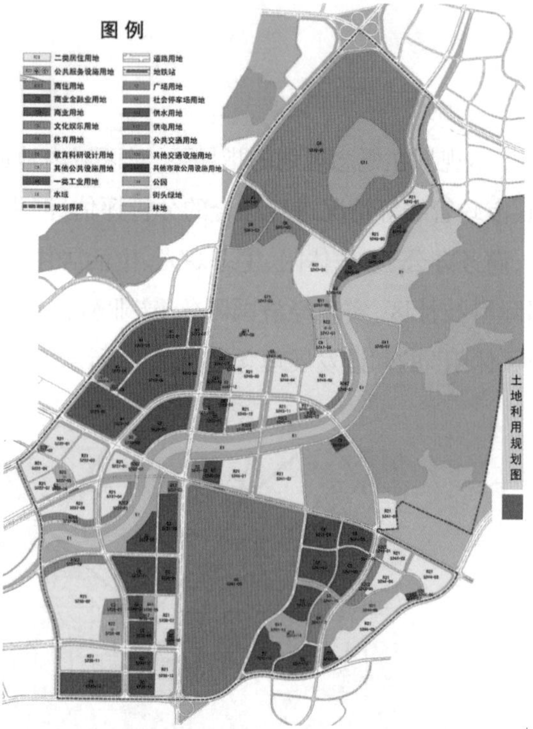

图 2　青岛崂山科技城科技谷土地利用规划图

图 3　青岛崂山科技城科技谷规划总体鸟瞰图

图 4　将军山周边规划鸟瞰图

青岛高新技术产业新城启动区控制性详细规划

编制时间:2009 年。

参与人员:宋军、田志强、郝永成、张善学、刘建华、李国强、王伟、陈吉升、初开艳、孔德智。

获奖情况:2010 年,获山东省优秀城市规划设计三等奖。

一、基本情况

青岛高新技术产业新城区启动区位于青岛市高新技术产业新城区中央科技岛群内,北依上马街道办事处,南邻红岛街道办事处,西接河套街道办事处。距离流亭国际机场 10 公里,距青岛前湾港 30 公里,区位条件优越。

规划用地(如图 1 所示)范围西至高新区中部湿地,南至新产业园地南界,东至红岛连接线,北至盐田与上马街道办事处分界线,规划总用地面积 20.21 平方公里,其中新产业园地用地面积 6.24 平方公里。

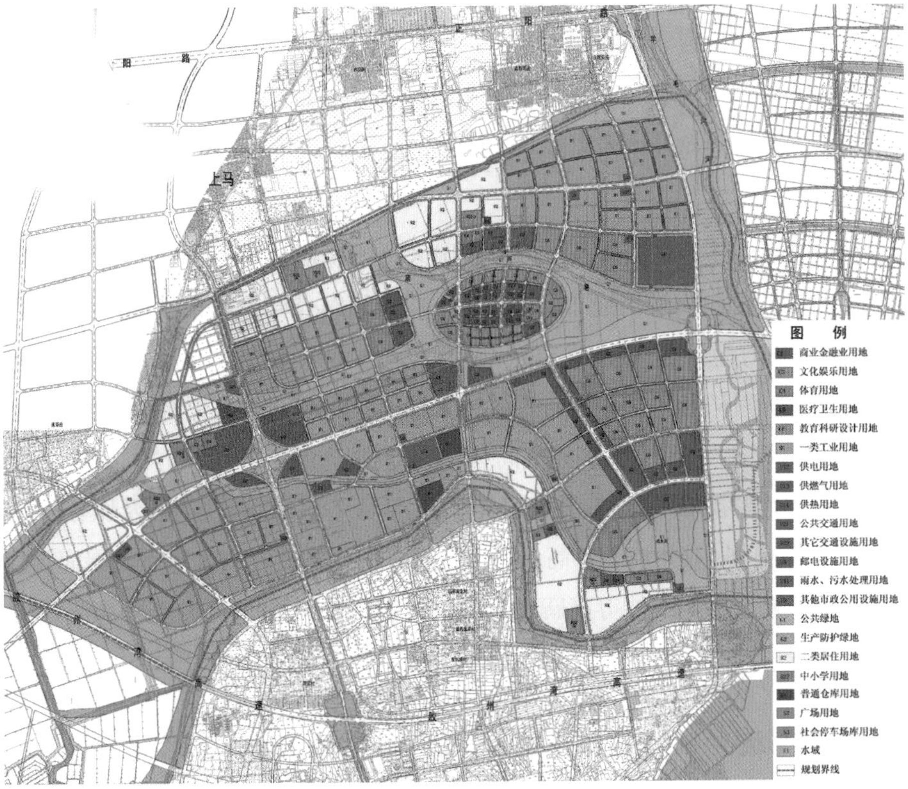

图 1　青岛高新技术产业新城启动区土地利用规划图

二、规划理念

展望未来,青岛高新技术产业新城启动区将是一个供人们生活工作游憩的可持续发展的生态新城,一个以科技创新为主导的具有活力的科技新城,一个提供高生活质量的宜人、怡人、冶人的和谐新城,一个有着鲜明特征和完善功能的有独特活力、魅力、动力的综合性新城。

由此，规划提出三个核心理念：建设环境友好、资源节约的生态新城，体现高端研发、自主创新职能的科技新城，注重人文关怀、复合多元的和谐新城。

三、功能定位

青岛高新技术产业新城区的科研创新中心、商务信息中心、生活服务中心和高新技术产业聚集区。

四、规划目标

根据中共青岛市委、市政府相关文件以及坚持一个“高”字、立足一个“新”字、突出一个“特”字的要求，按照高起点规划、高标准建设、高层次招商、高效能管理、高水平服务的发展思路，为实现“体制机制创新的先行区、高新产业的集聚区、生态文明的示范区”的建设目标，本次规划提出了总体规划目标和分项目标。

五、空间布局策略

第一，延续《青岛高新技术产业新城区总体规划》确定的“水绕岛城、绿网环湾”的生态网络体系，通过咸水湖、羊毛沟河、葫芦巷水体与滨河绿化的建设，创建启动区区域一体、水脉相通、城绿交融的生态框架。

第二，延续《青岛高新技术产业新城区总体规划》确定的火炬大道城市发展轴和岙东路城市发展轴的空间发展方向，构建用地布局结构。本次规划结合两大城市发展轴，在区内环境资源禀赋优越的区域布置中央智力岛节点、咸水湖节点、火炬大道与岙东路节点三大功能核，并通过在它们之间规划功能轴将它们联为整体，相对集中地布置科技研发、高科技产业、文化旅游服务、商业金融等产业功能。

第三，营造复合功能、多元空间、紧凑布局理念的空间组织方式，调整组团内的用地比例，使生产、生活、生态用地紧凑布局，形成公共服务区、生活服务区、高科技产业及服务外包区三个功能圈层。

第四，根据《胶州湾北部高新区高新技术产业发展规划》，重点发展海洋仪器与精密机械、电子信息、生物制药、新能源与节能等高新技术产业，同时引导发展服务外包等高附加值产业。

六、规划结构

规划形成“一岛、两心、四轴、五组团”的用地布局结构（如图 2、图 3 所示）。“一岛”指中央智力岛。“两心”指咸水湖周边公共服务中心、火炬大道与岙东路交叉口公共服务中心。“四轴”指岙东路城市发展轴、火炬大道城市发展轴、创业大道城市功能轴和创意大道城市功能轴。“五组团”指依据产业发展规划引导形成海洋仪器与精密机械产业组团、电子信息产业组团、生物产业组团、新能源与节能产业组团、服务外包复合组团五个产业特色相对突出的产业组团，其具体产业类别可以在规划区发展的过程中进一步完善。

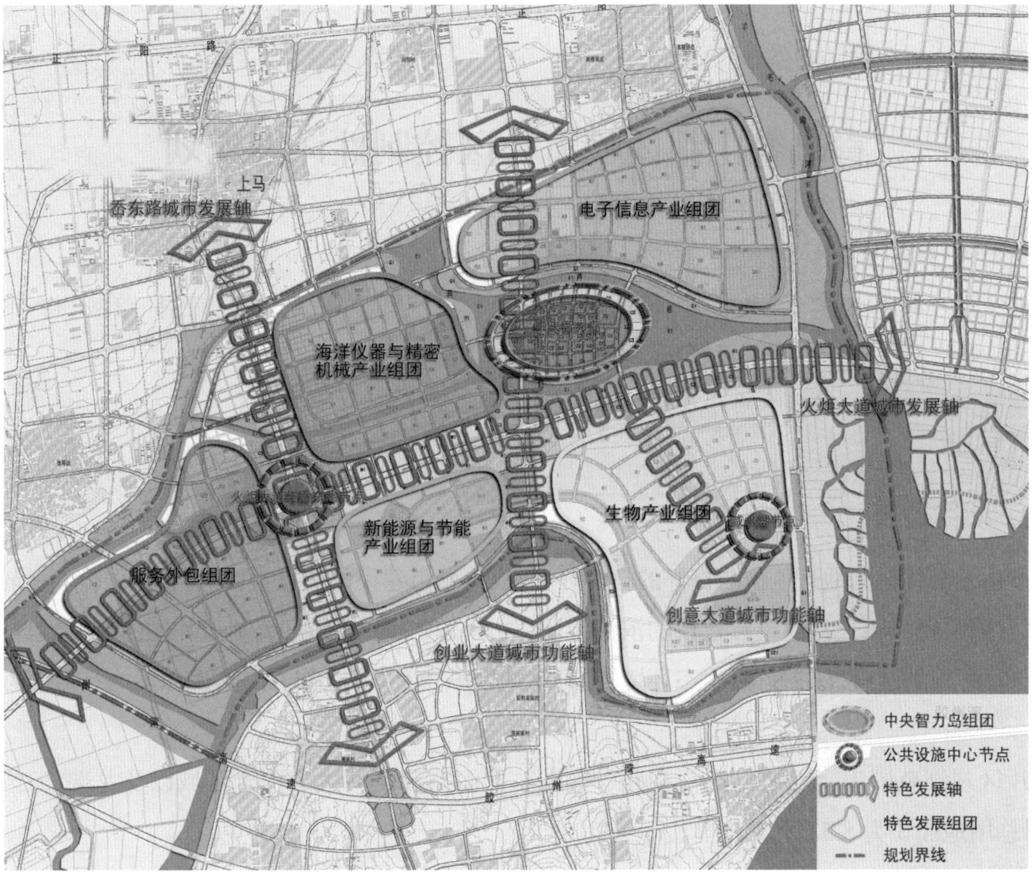

图 2　青岛高新技术产业新城启动区规划结构图

图 3　青岛高新技术产业新城启动区规划效果图

青岛鳌山组团岭海片区控制性详细规划

编制时间:2009 年。

编制人员:黄浩、田志强、裴春光、刘建华、孟广明、李艳、邱淑霞、陈吉升、王伟、管毅、初开艳、林晓红、徐泽洲、董兴武、李传斌、段义猛、徐斌栋。

获奖情况:2010 年,获青岛市优秀城市规划设计三等奖。

一、项目背景

即墨由于其优越的地理区位与良好的自然环境,成为城市建设的热点地区。同时,根据新一轮青岛市总体规划,鳌山组团属于青岛重点建设的滨海组团(如图 1 所示)。因此,编制该片区的控制性详细规划,用以指导岭海规划建设,保护自然生态环境,提升该地区城市环境质量与品位,确保岭海持续、健康、有序地发展。

该片区规划范围为:温泉二路、海南路、湾北路、前海路和滨海大道围合区域以及龙瑞岛、凤凰岛区域,规划总用地面积为 8.57 平方公里。

二、规划构思

青岛鳌山组团岭海片区规划设计,通过建立一个以控制性详细规划为核心,融合总体规划、专业规划、专题研究、城市设计等多方面的综合规划体系,将所涉及的相关专业内容全面表达在控制性详细规划的设计成果之中。

该规划体系建立的目的是解决该项目所涉及的城市规划问题,而对于具体的详细规划及工程施工设计将在该控规的指导下逐步开展;改变现有相对封闭的设计过程,形成管理者、委托方、设计者及专家共同参与的协调过程;同时,适

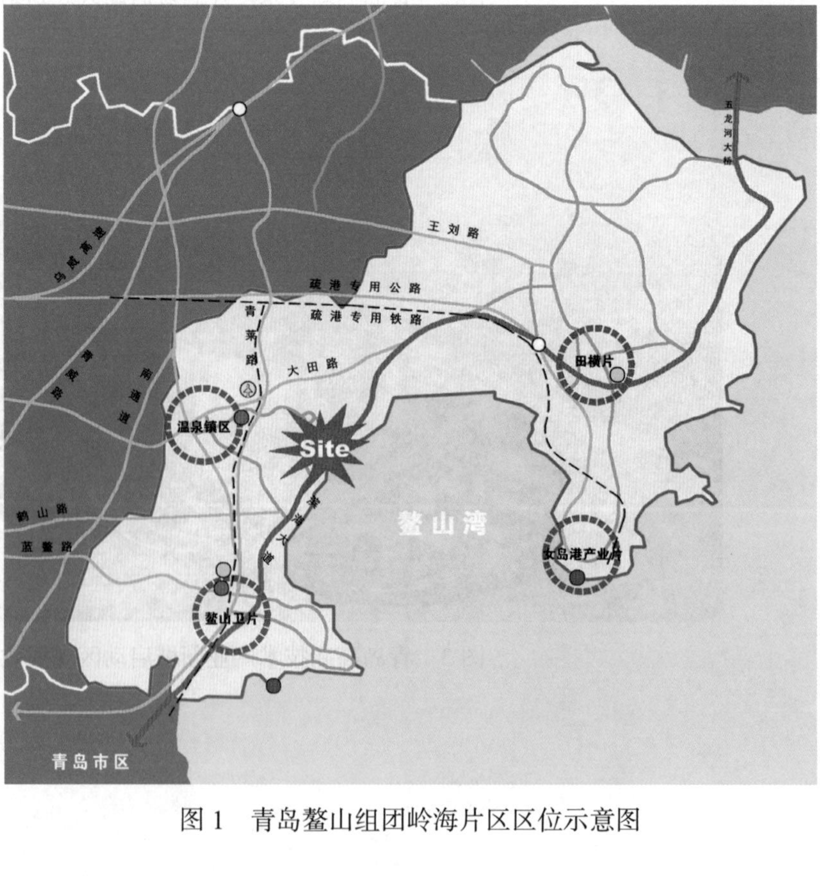

图 1　青岛鳌山组团岭海片区区位示意图

应整体项目加速推进的要求，改变现有机械的设计控制方式，建立一个灵活、循序渐进、与建设同步开展的规划思路。（如图 2 所示）

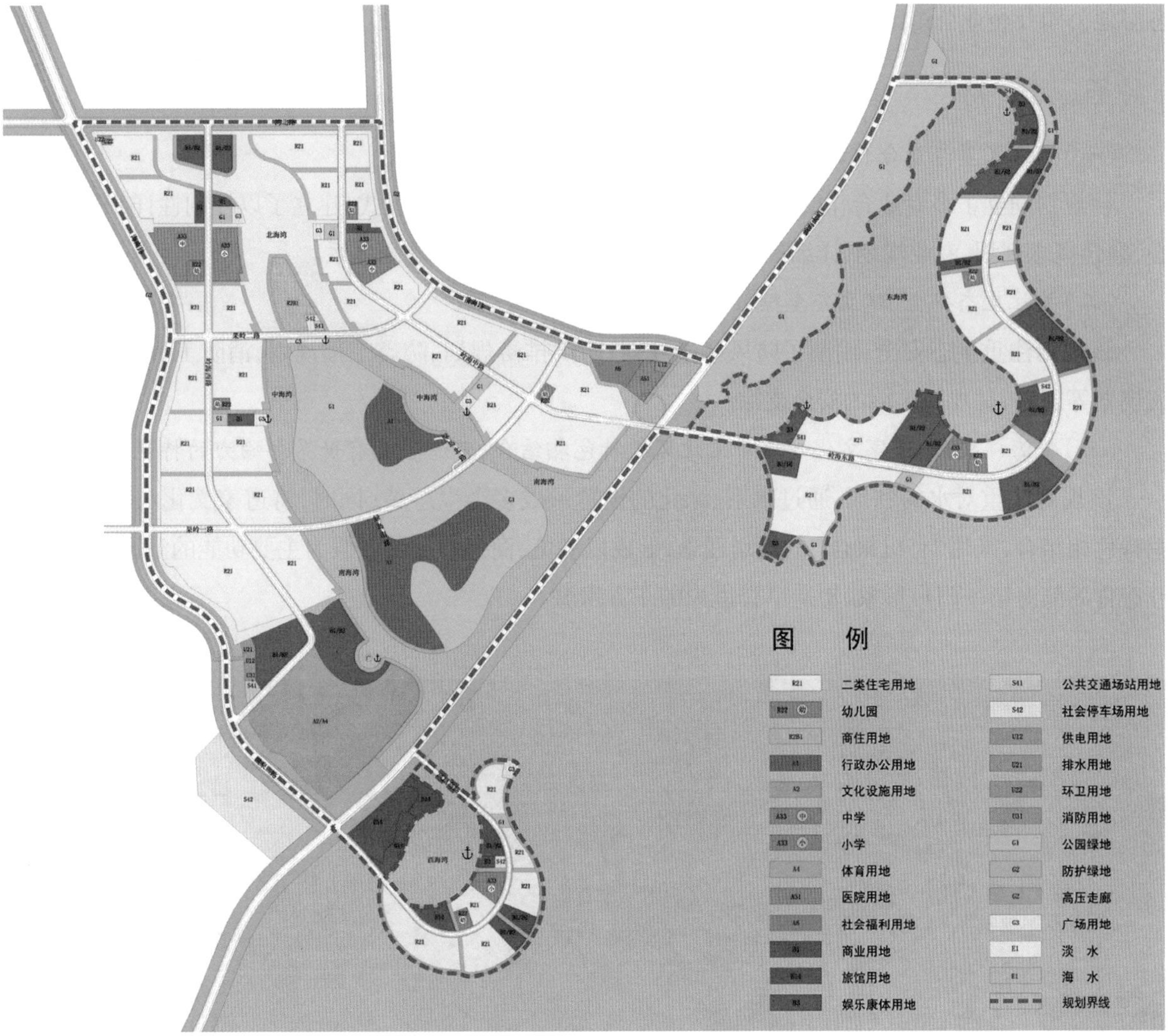

图 2 青岛鳌山组团岭海片区土地利用规划图

三、规划定位

该片区的定位为：以展览、商务和旅游度假为主要功能的滨海休闲新城。

四、规划结构

本规划基于生态保护的架构，突出生态岛，形成“一体两翼、双岛拥湾”的布局结构。从有机生命体的构成方式提炼出树枝状的空间构成模型，形成以海湾及生态湿地公园为开放空间主轴，同时东西两侧展开两条空间生长轴，分别串联居住、会展、度假等多元开发单元，形成一体两翼的主体空间结构（如图 3、图 4 所示）；沿海湾两翼规划龙瑞岛（海景度假休闲岛）和凤凰岛（会议酒店论坛岛），形成与主体空间互补的两大功能延展带。

本规划强调功能的多元与复合，通过国际性会展论坛、体验式的休闲购物以及特色化温泉疗养、多元化的文化体验以及全方位的健康运动主题，使本项目具备全季节性的持续活力，其间多元功能穿插互动，构建六大功能板块，即龙瑞岛休闲度假区、凤凰岛会议酒店休闲区、博览中心（体育城）及商业区、生态湿地公园及企业公馆区和东西两大休闲居住区。

五、设计特色

（一）确立了多专业合作的综合性、控制性详细规划编制工作模式

该规划确立了多专业合作的综合性、控制性详细规划编制工作模式，建立了以控制性详细规划为核心，融合概念规划、专业规划、详细规划、城市设计等多方面的综合规划体系。

（二）关注生态安全，建立安全框架

该规划注重生态安全，编制了防风暴潮规划、防洪排涝规划、防震工程规划、消防工程规划、综合防灾规划等规划，是规划区域的安全支撑。

（三）将海洋文化、道家文化与城市文化风貌特色相结合，营造了具有世界影响力的特色旅游度假区

该规划注重对水的利用，通过水系、绿化的设置形成多个生态岛；同时，将道家文化与城市文化风貌特色相结合，采用“有机聚合”的规划理念，形成以展览、商务和旅游度假为主要功能的滨海休闲新城，打造青岛滨海第一门户形象，塑造享誉世界的东方水城。

图 3　青岛鳌山组团岭海片区规划整体空间意向图 1

图 4　青岛鳌山组团岭海片区规划整体空间意向图 2

2014 青岛世界园艺博览会修建性详细规划

编制时间:2012 年。

编制人员:孔德智、王本利、任福勇、孙曦、王聪、王晓莉、解丁祥、孟广明。

获奖情况:2015 年,获全国优秀城乡规划设计三等奖。

一、规划原则

(一)整体保护生态环境,全面打造特色景观

尽量减小对规划范围内以及周边生态环境的影响,充分尊重和利用现状地形地貌和树木植被,避免填挖方量过大和现状植被被破坏。在景观设计中充分展示和应用新技术、新材料和新工艺,塑造特色景观,同时注重环保节能和资源的循环利用。

(二)因地制宜,力求节省,体现本土文化

立足中国北方尤其是青岛地区具有特点的园林植物,充分考虑地形地貌,结合世园会主题,创造空间丰富、美不胜收的特色园艺视觉体验。在体现国际水平的基础上彰显本土文化特色。结合现状地形,完成各项功能要素的布局与落地,充分考虑工程建设实施的科学性与经济性,最大限度地避免投资浪费。在整个设计中秉承低碳之路、可持续发展理念,强调环保节能和资源的循环利用。

(三)文化创意、科技创新、自然创造

通过创意的方案设计、创新的科技应用以及与自然相得益彰的环境创造,体现本届世园会(如图 1 所示)的特色,在清洁能源应用、绿色建筑技术应用、模块化建筑、参数化设计、环保新材料、生态厕所、分质供水系统、绿化景观新技术等方面努力实现科技创新。

二、规划特点

1. 参数化建筑设计和屋顶覆土绿化广泛应用。

2. 长达 2800 米、落差高达百米的山地鲜花大道。

3. 无线网络全覆盖的智能化数字园区。

4. 展示草本植物治疗城市恶疾的草纲园(《本草纲目 2.0》)以及集海洋植物、竹藤艺术和温带园艺于一体的特色植物馆。

5. 大型山地喷泉景观。

6. 技术与服务指标系统一体化园区。

7. 历届世园会经典的集中展示——世界园艺文化中心。

8. 碳汇、多感官、多元化体验的科技园。

9. 国内外最佳园艺实验区与青年设计师园。

10. 青岛市花主题展示——天地精华，山海奇葩。

三、建筑设计

（一）绿色建筑技术应用

最大限度地利用自然资源和各种建设节能技术（如采用自然通风、自然采光、低能耗围护结构、太阳能利用、地热利用、中水利用、绿色建材、节水节能设备、立体绿化等方面的绿色高新技术），达到少使用设备、降低运营能耗的目标，实现全园生态建筑的构建。利用地形做半地下建筑，减小外墙面积。

（二）模块化建筑

贯彻低碳和循环经济发展理念、采用模块化组合搭建而成的建筑，技术性能适应性强，组装灵活，结构可靠。园区配套服务临时建筑和移动公厕采用模块化建筑的建设方式。

（三）参数化设计

天水、地池综合服务中心和梦幻科技馆采用一种可以通过计算机技术自动生成设计方案的参数化设计。

四、公共服务设施规划

园区公共服务设施主要类型有办公管理、演艺、展示、综合服务、医疗急救、餐饮、商业以及垃圾处理等。

办公管理、展示、综合服务、餐饮、商业等设施，考虑到使用性质的要求，基本采用分散布置的原则，均衡分布在园区的各个片区内；医疗急救设施根据服务半径要求分布在园区内，在世园村世园大厦设置世园会急救指挥调度中心，在园区医疗保障负责人的领导下，负责园区内的急救指挥调度工作。设立 2 个医疗救治指挥调度工作台，受理由市急救调度指挥中心转入园区的所有“120”呼救。演艺设施采用集中布置的原则，集中分布在鲜花大道轴上的飞花区和天水地池区；垃圾转运站全园集中设置一处。

图 1　2014 青岛世界园艺博览会规划总平面图

五、七彩飘带

七彩飘带的作用主要是：连通步行系统，引导人群，遮阳避雨，作为标识性景观和集聚公共服务设施；同时，可在夜晚配合霓虹灯使用，打造城市特色景观，彰显本届世园会的特点。

七彩飘带从主题景观广场发出，以步行人流的流量和流向为基本依据，向四周园区伸展，涉及园区天水地池区、科学园、绿业园、童梦园、草纲园、花艺园、国际园、中华园。结合该地区环境特征，合理采取各种有效措施，保证游客的交通连续性和交通安全，避免无故中断和任意缩减通行宽度。

环胶州湾核心圈层城市设计

编制时间：2014 年。

编制人员：潘丽珍、陆柳莹、张慧婷、郑芳、赵琨、王宁、张舒、隋鑫毅、吴晓雷、毕波、冯启凤、徐文君、唐伟、王丽婉、丁帅夫。

获奖情况：2015 年，获山东省优秀城市规划设计二等奖、青岛市优秀城市规划设计一等奖。

一、项目基本情况

环胶州湾地区是青岛市建设世界知名海湾城市，实施胶州湾生态资源保护与“三城联动”城市空间发展战略的核心区域（如图 1 所示）。历届青岛市委、市政府高度重视该地区的保护与发展。本次规划在整合相关保护利用规划基础上，以生态保护为前提，制定总体城市设计，旨在从空间特色塑造角度衔接总体与详细两个层面进行规划，引导沿岸地区空间有序建设。

兼顾湾底自然资源保护与现代都市集约化发展，通过滨水岸线建设、近岸功能区优化等措施，打造一个人工与自然风貌交融，现代与传统风貌融合，“碧波帆影、绿洲雁行、晶彩水岸、醉美胶澳”的现代都市海湾形象。

图 1　环胶州湾核心圈层城市设计图

二、主要规划内容

本次规划对环胶州湾区域的现状山体、河流、湿地、岸线等资源条件进行梳理，分析用地功能、交通、城市建设等现状特点及问题，确定城市空间塑造的蓝绿基底。

针对环胶州湾地区具有城市群的空间尺度特征，结合“Ω”海湾形态和以入湾河道为间隔的串珠式腹地空间特点，凸显河海湿地景观特色，依据青岛市城市总体规划确定用地功能布局，借鉴国际海湾建设经验，打造人工与自然风貌交融、现代与传统风貌融合、“碧波帆影、绿洲雁行、晶彩水岸、醉美胶澳”的现代都市海湾形象。

（一）总体空间设计

策略一：空间布局上强化“串珠式”组团布局结构，形成“拥湾聚合、组团发展”的空间增长态势。充分尊重自然山水特色，达到显山透水、“湾城”呼应的空间效果。

策略二：规划选取重要的滨水岸段、中心区或特殊功能区、桥头堡、门户节点等18个区域，规模在3～5平方公里，构建特色风貌景观展示体系，进行分区特色引导。

策略三：为突出“山、海、城”相融特色，确定滨海眺望点15处，划定通海视廊33条，规划景观道路11条、大型绿化廊道7条。

策略四：对胶州湾三岸用地功能和背景自然环境进行分析，引导高层集聚区、超高层标志建筑布局，塑造层次丰富、起伏变化的滨海天际轮廓线，突出城市轮廓线对环湾整体空间形态的主导控制作用。

（二）近岸功能优化与相关支撑规划

依据总体规划和空间设计，对沿岸功能区的功能转型提出具体优化指导方案。建立以环湾大容量轨道交通和快速交通为骨架，以滨海景观路、慢行交通、海上交通为补充的多元化、多层次交通网体系。从生态保护、生态恢复和生态建设方面，提出“一环、三楔、九带、多园”的绿化开放空间系统。从分层、分类、分区角度，制定岸线整理改造、滨水交通支撑、特色景观塑造等方面的规划对策。

（三）分区规划指引

结合沿岸行政区划、自然特征、现状条件及用地功能等因素，将环胶州湾地区划分为八个分区，从用地功能优化、生态绿地与公共服务设施制建、城市设计引导和岸线整理等方面提出控制引导要求。

三、项目特色与创新

第一，通过大尺度总体城市设计引导环湾城市群空间有序建设、发展。通过空间设计，优化用地功能布局和支撑系统，强化城市特色，论证滨水区建设开发的适宜强度。

第二，体现海湾城市特点，传承“山、海、城”相融的城市特色。本规划遵循海湾区域特点，突出岸线整理、滨海公共开放空间、滨海城市界面等方面的设计要求；对构成山水格局的重要山体、19条骨架性河流周边进行分级分类控制，给出具体设计引导要求。

第三，建构从总到分、多个分项系统共同支持的规划体系。

青岛市崂山区株洲路片区产业升级及城市更新规划

编制时间:2015 年。

我院编制人员:潘丽珍、吴晓雷、苏诚、王丽婉、叶果、盛捷、王伟、杨靖。

合作单位:上海市城市规划设计研究院。

获奖情况:2017 年,获山东省优秀城乡规划设计二等奖;2016 年,获青岛市优秀城乡规划设计一等奖。

一、规划背景

崂山区株洲路片区前身为 1992 年国务院批准成立的高新技术产业区,聚集了 100 多家以传统制造业为主的工业企业,目前转型升级诉求强烈。2014 年青岛市政府提出:株洲路片区一般性加工业要逐步退出,推进产业转型升级,打造青岛的中关村、智谷,为全市起到示范作用。

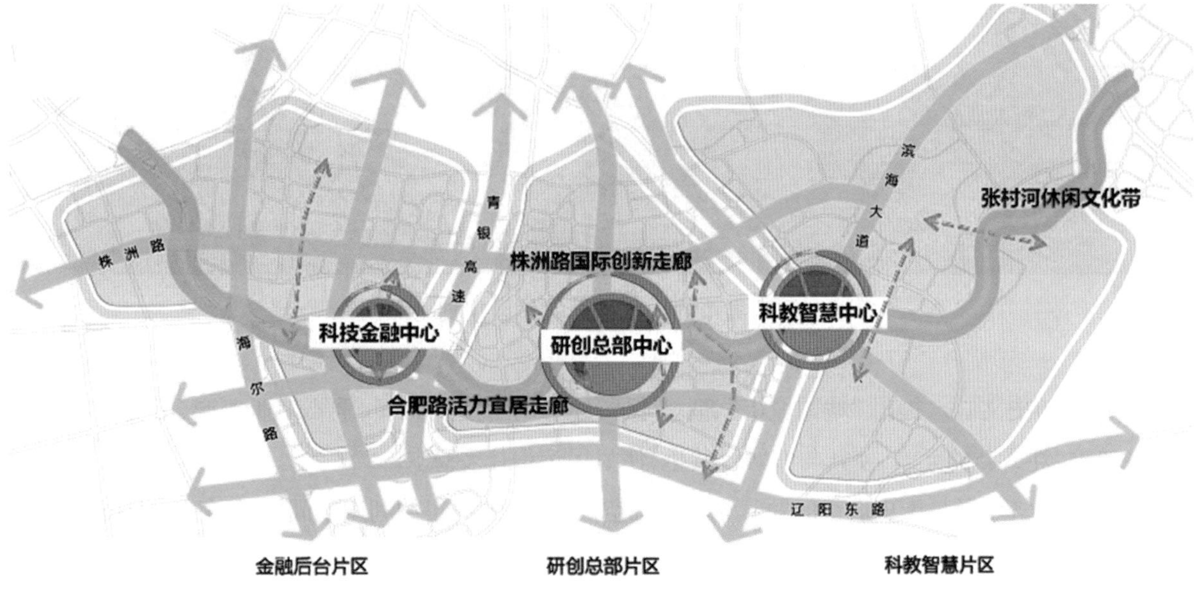

图 1　青岛市崂山区株洲路片区规划空间结构分析图

二、主要规划内容

本次规划围绕“产业升级、村庄改造、品质提升”三大主旨,在九大方面进行完善提升,力争将片区打造成为具有国际竞争力的国际创新走廊、国家东部沿海的创新创业高地、辐射山东半岛的中央创新区、青岛市产业升级与城市更新示范区、崂山区最具魅力的滨河水岸和区域性活动中心(如图 1 所示)。

1. 明确产业体系。结合产业专题研究,通过模型评估和产业遴选,提出“3 + 6 + 5”主导产业体系。

2. 产业空间布局。纵向上，延续既有功能序列，通过三大轴线，与金融新区核心区互动发展；横向上，划分三大圈层，实现产业区、商区与社区联动，推动产城一体化发展；整体形成16个功能单元，以单元为单位集中配套和共享，实现聚合发展。（如图2所示）

3. 引导产业转型。对各类型企业分别提出转型升级路径建议，对政府需提供的产业服务、招商方向、配套政策提出建议。

4. 使村民安居乐业。结合村民意愿与生活习惯，综合城市发展需要，选定村改安置区，量身定制所需配套设施，使村民能够融入新的生活环境中。

图2　青岛市崂山区株洲路片区规划鸟瞰图

5. 传承历史文脉。提出"琥珀城市"理念，保留原有街道空间肌理、重要工业遗产、历史建筑、部分村庄建筑群，注入新的元素，使新与旧融合共生，使村民记得住乡愁。

6. 解决经济发展与历史遗留问题。充分挖掘空间潜力，节约集约利用空间资源，解决村庄经济发展与历史遗留问题。

7. 生态提升。重点打造张村河休闲文化带，并将其作为区域公共服务、公共活动、景观环境的核心纽带；以河为脉，通过纵向的绿廊联系单元绿地与两侧山体，构建山水渗透的蔓藤网络，使居民300米见绿、500米见园，看得见山、望得见水。

8. 景观提升。依托张村河与轨道交通站点，打造科技金融、研创总部、科教智慧三大中心和多个制高点建筑群，整体空间疏密有致；注重细节打造，通过口袋公园和人性化街道空间，打造精致街区。

9. 配套提升。配套设施力求高品质和便捷性，积极运用海绵城市、综合管廊、新能源等城市建设新理念，按照超前标准统筹配置各类设施。充分考虑产业发展需求，对生产性服务设施提出引导。

三、项目特色

1. 建立联席会制度，把控规划方向和进度，协调解决重要问题。
2. 建立规划工作坊平台，使公众真正参与到规划编制中来。
3. 建立市首批社区规划师工作室，随时倾听村庄和企业意见，宣讲政策法规和相关规划。
4. 创立重点功能区规划编制的"五步一常态工作法"。
5. 技术与管理双措并举，协调处理近期改造与长远发展的关系，使规划理念与设想得以落地实施。

青岛前湾保税港区自贸城片区控制性详细规划

编制时间:2016 年。

编制人员:刘达、王鹏、初开艳、张善学、王太亮、陈吉升。

获奖情况:2017 年,获青岛市优秀城乡规划设计二等奖。

一、项目基本情况

规划区为国务院正式批复同意设立的汽车整车进口口岸配套服务区,同时亦为山东自贸区的首发区域。

整合"国家级新区 + 自由贸易区 + 国际整车进口口岸 + 区域港群核心"等众多区域使命(如图 1 所示),融合空间、产业、对外贸易和投资等众多功能成为该区域需要研究与落实的重点任务。

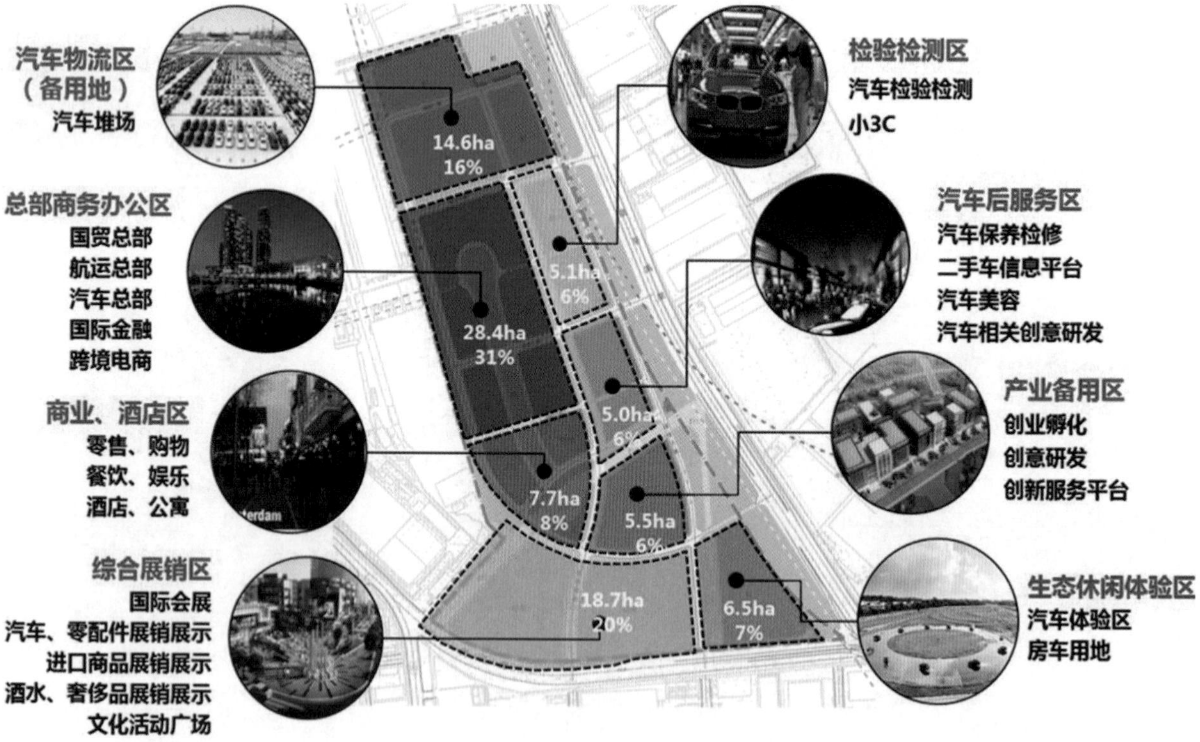

图 1　青岛前湾保税港区自贸城片区规划功能分区图

二、主要规划内容

(一)总体战略定位

规划区总体战略定位为港城一体化的示范区、自贸区的核心区、平台经济集聚的活力区以及整车进出口口岸的配套服务区。

（二）发展目标

以生态、绿色为理念，以进出口汽车商贸为核心，多元发展以航运为主的商业商务功能、以高端进出口商品展示展销为主的现代商贸服务业，打造复合多元的全国临港现代服务示范区和前湾自贸核心发展区。

（三）规划结构

如图 2、图 3 所示，总体上形成“一轴、八区”的空间结构。“一轴”指园区中央的带形绿地公园，位于园内总部商务办公区中部。“八区”指汽车物流区、总部商务办公区、商业酒店区、综合展销区、检验检测区、汽车后服务区、产业备用区、生态休闲体验区。

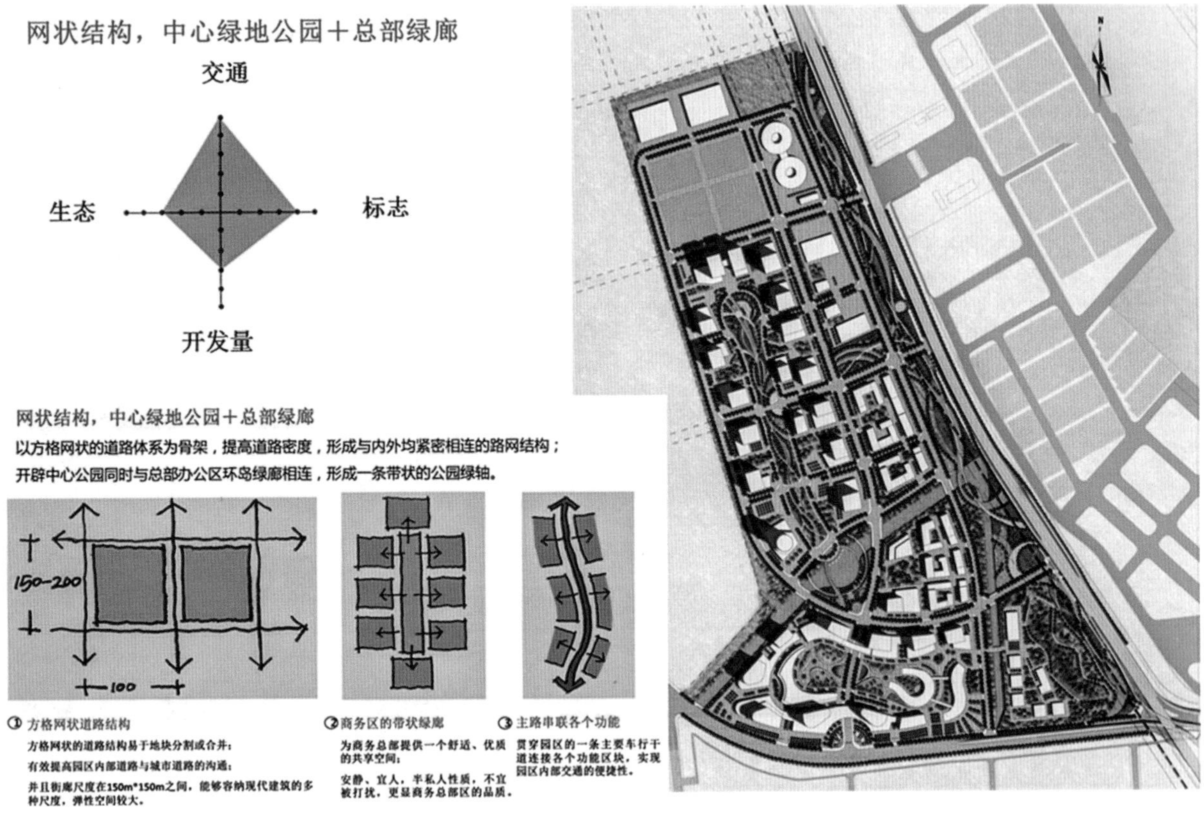

图 2　青岛前湾保税港区自贸城片区规划总平面示意图

三、项目特色与创新

（一）积极探索“准”自贸区的功能导入类型和规模，为类似区域的发展提供借鉴

规划区作为多重国家战略直接承载区，在满足既定功能的要求下，通过不同产业对用地载体的实际量化性需求研究，创新性地满足了特有属性的需求以及由保税区向自贸区转型升级所需拓展功能的空间载体需求。

（二）安全为基，合理防险

考虑规划区受东侧危化品源的影响，在满足国家法定 1000 米防护安全距离的前提下，合理安排不同功能用地的布局模式，同时梯次布局规划区开发强度，保障险情发生时的人员疏散效率。

（三）交通为先，强化衔接

通过强化与周边路网衔接、构建层次清晰的内部道路网络、加密内部道路网密度、大力提升公共交通服务水平等方法疏解规划区的交通压力。

（四）注重实施，理性优化

强调规划实施，对原城市设计方案开展评估，分别在用地布局、功能组织、道路体系、设施配套等方面修正七大问题，既保证了城市设计精华延续，又保障了规划意图落地实施。

图3　青岛前湾保税港区自贸城片区规划鸟瞰图

青岛市崂山区金家岭片区控制性详细规划

编制时间:2016 ～ 2018 年。

编制人员:王天青、吴晓雷、苏诚、王丽婉、杨靖、王伟、吴镝、于莉娟、仝闻一、袁方浩、孙红哲、方海恩、陈商蕾、朱琛、贾林栋。

获奖情况:2019 年,获山东省优秀城市规划设计二等奖;2018 年,获青岛市优秀城乡规划设计二等奖。

一、项目基本情况

金家岭片区位于崂山主城区的核心区域,是金家岭金融新区的核心组成部分,崂山区政府和多个市级大型公共建筑坐落于此。这里金融商务楼宇云集,对外交通便利,自然环境优越,各种优势资源高度集聚,目前已发展成为青岛市的文化中心和金融中心、崂山区的行政中心和商业中心。

2016 年 1 月,《青岛市城市总体规划(2011 ～ 2020 年)》获国务院批复,金家岭片区被赋予了城市副中心的重要职能和使命。为了贯彻落实城市总体规划要求,统筹金家岭片区的土地利用和各项建设,探索金家岭片区在新时期、新形势下进一步发展提升之路,崂山区人民政府于 2016 年 6 月组织开展《青岛市崂山区金家岭片区控制性详细规划》的编制工作。

二、主要规划内容

(一)全区统筹规划

在崂山区(如图 1 所示)全区层面,对现状建设情况、上版控规实施情况进行综合评估,挖掘现状存在的表象和根本问题;坚持问题和目标双导向,开展全区总体城市设计,统筹指引各片区的城市功能、空间形态、城市风貌等;承接上位规划要求,统筹协调各类市级、区级、街办级的交通、市政、公共服务设施的布局及规模,指导各片区规划编制。

(二)片区规划

片区层面承接上位规划强制要素和全区统筹规划,对城市功能、整体空间形态与城市风貌、交通、市政、公共服务设施等方面进行系统规划,并将控制要求和指标分解到各个管理单元中。

金家岭片区围绕着打造国际性金融财富中心、区域性科教智慧中心和复合性公共活动中心的发展目标,提出了五大发展策略:构秩序,实现城景协调;补短板,提升城市功能;提亮点,构建活力街区;畅通行,优化交通组织;便民生,完善基层配套。

(三)管理单元规划

管理单元是控规调整的基本单位,规模多控制在 3 平方公里左右。在管理单元层面,承接控规片区层面的控制要求并进一步细化深化，将其分解到地块层面；同时，以管理单元为单位，制订更具有针对性的控规强制性规定、控规适应性规定和各项奖励性规定，实现精细化管理。

三、项目特色与创新

（一）规划组织创新

1. 公众参与常态化、制度化

本次规划将公开公示作为常态机制，规划编制的各个环节中都有社会公众的参与。在规划编制之初，通过居民走访、单位走访、调查问卷等方式，了解片区内居民和单位的诉求；在形成规划方案之后，通过批前公示和现场讲解的方式，及时了解居民的意愿，在符合规划技术规定和技术规范的前提下，按照程序采纳部分反馈意见；在规划编制完成之后，通过批后公示和宣讲的方式，将片区未来发展方向、地块规划指标等信息及时进行公示公开，虚心听取社会公众的反映，将公示意见和建议作为规划编制的重要参考，有效地提高了城乡规划编制过程的透明度，实现“阳光规划”。

图 1　青岛市崂山区金家岭片区总平面图

2. 积极践行社区规划师制度

本次规划过程中积极践行社区规划师制度，在金家岭社区、朱家洼社区、康城社区分别设立了社区规划师办公室，组建了以控规项目组成员为主，规划、交通、市政、建筑、景观等方面的专业人员参与的社区规划师队伍，与居民进行及时的沟通宣讲、答疑解惑，实现了公众参与城乡规划建设的良性互动。

3. 建立责任规划师制度

为进一步加强政府、街道和居民的联系，本次规划在社区规划师制度的基础上探索建立责任规划师制度。责任规划师是服务于城市规划运营维护和管理并提供专业技术支持的团队，以片区为服务范围，负责片区内规划方案的制定、设计方案的把关、规划实施的指导、基层矛盾的协调。

（二）规划内容创新

1. 生态优先，构建环境友好型城区

金家岭片区拥山面海，自然禀赋突出，所以本次规划除谋划好城镇空间发展之外，对金家岭山、石老人海岸线这些生态空间也进行了系统的规划引导；同时，充分衔接上位规划关于环境保护的相关要求，结合片区实际情况进行环境影响分析，并从环境保护角度对片区下步规划建设提出要求。

2. 多规合一，系统规划

本次规划坚持底线思维，在规划编制之初，系统梳理了发改、国土、环保、海洋、林业等方面的上位规划，将其要求汇总归纳为“方向指引、发展底线、建设引导”三个方面，作为控规编制的前置条件。规划中充分落实了各类上位规划要求，并将其分解、传递到下步的规划建设中，使规划要求落到实处。

3. 基于不同人群需求的公共服务设施规划

片区内除居住人口外，还有大量的就业人口，若按照传统方法配置公共服务设施将难以满足实际需求。

本次规划对服务人群进行了分析和归类，将其划分为高管人群、科研人群、本地人群、就业人群四种人群，根据不同人群的需求，提供相应的公共服务设施；同时，落实“十五分钟生活圈理念”，对公共服务设施布局进行优化，确保公共服务设施种类齐全、规模充足、分布合理。

4. 结合城市现状，微更新公共空间

本次规划对人行道、建筑退线空间、街头空地等城市微空间进行重点规划设计，提高了城市公共活动的规模和品质。对于生活性主干路，打破道路设计与地块设计各行其是的局面，对整体街道空间进行统一规划设计，通过微更新、微改造，提高街道活力；结合现状没有充分利用的边缘和角落空间，改造形成可供市民休憩活动的口袋公园；结合规划地块，提出配建口袋公园的控制要求。

（三）管控方式创新

1. 坚守底线，灵活变通

本次规划结合实际情况对需要管控的内容和管控方式进行分类：对重要公共设施、重要公共空间、生态空间等进行刚性管控；对地块内配建设施的具体位置、地块内部道路具体走向等允许结合修建性详细规划来确定，尊重市场的决定作用；对地下空间层数和功能、高层建筑位置等提出引导性建议，为规划管理提供参考依据。

2. 面向实施，建章立制

本次规划高度重视规划的落地实施，结合规划编制，提出了一系列的配套政策建议。例如，规划中对地块用地性质和兼容性作出规定，允许在规划执行中根据实际情况，通过用地兼容、用地性质变更等方式适当增加其他功能，然而增加功能的内容和规模不同，所采用的程序也有所不同；以管理单元为单位对建设量进行总量控制，在不突破单元总建设量和总人口且满足城市风貌和空间形态要求的前提下，经相关技术论证后可按程序适当调整地块容积率指标，适当放宽对公益性设施的限制，并提出容积率转移、容积率奖励等一系列规定。

3. 一图多则，立体管控

创新性地采用了“一图多则”的控制方式。除基本图则之外，还根据实际需要增设了地下空间图则、城市设计图则，从地上、地面、地下进行全方位、立体化的规划引导，为地块规划建设指明方向。

4. 动态更新，信息共享

本次规划对片区（如图 2 所示）内的地块信息进行动态更新，与城乡规划、建设主管部门建立了信息共享机制，适时记录规划审批信息，及时更新项目进度，根据需要随时反馈弹性空间余量，为规划审批决策提供有效的参考。

图 2　青岛市崂山区金家岭片区鸟瞰图

5. 开放框架，适时增补

本次规划搭建了开放式的控规框架，未来可根据实际需要，按程序适时增补地下空间图则城市设计图则，或对管理单元控制内容进行调整替换。

青岛市李沧区控制性详细规划

编制时间:2016 年。

编制人员:王天青、陆柳莹、王本利、任福勇、崔婧琦、王晓莉、李明月、胡连军、马建国、李祥锋、梁春、王田田、秦莉、袁圣明、王聪、赵润晗、邱淑霞、李琳红、张乐典、王建伟、张君。

获奖情况:2020 年,获青岛市优秀城乡规划设计一等奖。

一、项目基本情况

李沧区地处青岛胶州湾东岸城区北部,是市内三区之一。规划范围为李沧区全域,总面积约 99 平方公里。李沧区具有依山、傍水、拥湾的自然格局,曾是胶州湾东岸重要的传统工业聚集区。青岛北站与世园会大事件的带动、机场转场与老企业搬迁释放的空间红利,为李沧带来新的机遇。同时,产业空心化、过度房地产化、生态修复任务艰巨、公共服务供给不足等问题依旧突出。

为落实青岛市中心城区控制性详细规划全覆盖的要求,李沧区人民政府于 2016 年启动全区控制性详细规划编制工作。围绕新旧动能转换、品质提升攻势、国土空间规划等新政策,进行规划动态响应,保障实效性。

规划建立"统一体系,多规合一,突出特色,精准管控"思路。以青岛市"两导则、一规定"为指导,建立片区—单元—地块三级管控体系,多规合一,纳入全市建设项目统一审批管理体系;面向李沧区特色资源、特定阶段、特殊矛盾,强化控规解决实际问题的能力,探索"全区统筹、分片推进、保障重点项目、精准管控"的"李沧思路"。

二、主要规划内容

全区划定 10 个控规片区、44 个管理单元。以创新型花园式中心城区总体定位为引领,通过生态协同、产业协同、服务统筹、风貌协调,实现全区"一张蓝图"绘到底。

保护"山—海—河—城"生态格局,搭建综合公园—社区公园—口袋公园三级绿地网络,规划蓝绿空间比例达 35%。

促进产城融合、城与自然和谐共生,形成"四区协同、生态间隔、组团发展"总体格局。

规划三大区级公共中心、28 个"十五分钟社区生活圈"与 11 个"十分钟就业创享圈",推广医养结合、文体融合的服务综合体模式。

突破铁路等屏障,构筑结构完善、快慢有序的路网体系,强化北站枢纽、产业核心区立体交通网络,完善各类市政设施,保障区域发展生命线。

三、项目特色与创新

(一)筑安全

建立国土空间底线管控思维,构建生态、安全的绿色韧性城区(如图1所示)。

严格落实胶州湾保护线,同步开展全区14条河流的防洪规划,依托滨河、铁路等构建区域生态廊道,保护山体生态屏障,划定蓝绿底线,严控开发边界与强度,构建生态安全格局。

开展以楼山后为重点的老工业区腾挪工业用地的土壤污染调查与风险评估,落实土壤污染防治法,衔接市级土壤污染疑似地块动态管理清单,严格用地准入管理,明确生态修复要求,并将其作为规划许可的法定依据。

对尚未实施搬迁的石化单元进行战略留白,结合安全风险评估划定重大安全影响管控范围,明确功能布局与开发时序管控,保障城区安全。

(二)保发展

为市区级重大创新产业项目提供多元化、低成本的发展保障空间。李沧区列入全市环保搬迁的55家企业,占全市的50%。针对衍生的产业空心化问题,更新腾挪空间并优先用于保障新型产业发展。落实分区规划所划定的产业区块线,工改工、工改新型产业的比例达30%,工改产比例达42%,严控过度房地产化,为市级科创平台、李沧区“9 + 3 + 1”院士产业生态体系提供多元化、低成本创新发展空间,促进职住平衡。

(三)营特色

打造年轻人才与外来务工人员宜居宜业的梦想家园,传承李沧工业文化与世园文化特色。

李沧区是青岛市外来人口与年轻人的集聚地,坚持以人民为中心,针对青年人才需求,结合TOD规划李村、世园会等四大时尚消费商圈,配套特色商街、文创休闲、人才住房、体育公园等,打造年轻人才宜居宜业的梦想家园。适度提高基础教育、文体配套标准,满足外来务工人员的美好生活需要。

突出李沧区工业文化特色,规划胶济铁路工业文化遗产廊道,划定沿线工业遗产、文保单位保护与建设管控范围,明确管控要求与活化利用引导,营建文创产业园与公园。

(四)精细化

结合城区发展阶段,划分三大区域,进行精准施策。

中部老城区重点实施老旧小区改造、便民设施补齐、口袋公园建设等城市有机微更新,促进老城活力复兴。

东部新区延续世园绿色发展理念,增量与存量并存,重点为高端科创产业、高品质服务与生活提供保障空间,吸引高端产业与人才。

西部区域紧抓沧口、流亭机场转场以及环保搬迁企业“搬、转、停”所释放的建设空间红利,重点推进产业升级、功能完善、民生改善、生态修复。

建立北站交通商务区等重点片区中微观层面城市设计管控体系,解决风貌、交通、地下空间等重点问题。

(五)接地气

本次规划建立多主体参与、协同共治的控规实施机制,延伸保障机制研究。

针对老工业区权属复杂的特点，与市级土地储备中心、区建设局共同探索老工业区“同地同价、统一规划、统一收储”的合宗连片土地收储更新模式，建立基础补偿、增值共享机制。

初划 60 个城市更新单元，划分拆整融合、综合整治、拆除重建三类，提出工改产比例、公服配套、规模等管控要求，引导微观层面城市更新实施。

针对配套公共服务落地难、管理无序等问题，探索李沧区以区级国有企业为主体的公共服务投建运营模式，提出土地供给、产权移交、运营监管等公益性保障政策建议，加强社会治理。

四、实施成效

李沧区控制性详细规划实施以来，李沧区开展楼山河综合治理、海绵城市试点等，提升生态环境品质；实施院士产业加速器等一揽子院士产业项目，支撑科创产业发展；高标准新建中小学、综合服务中心、人才住房等公益项目，改善民生。

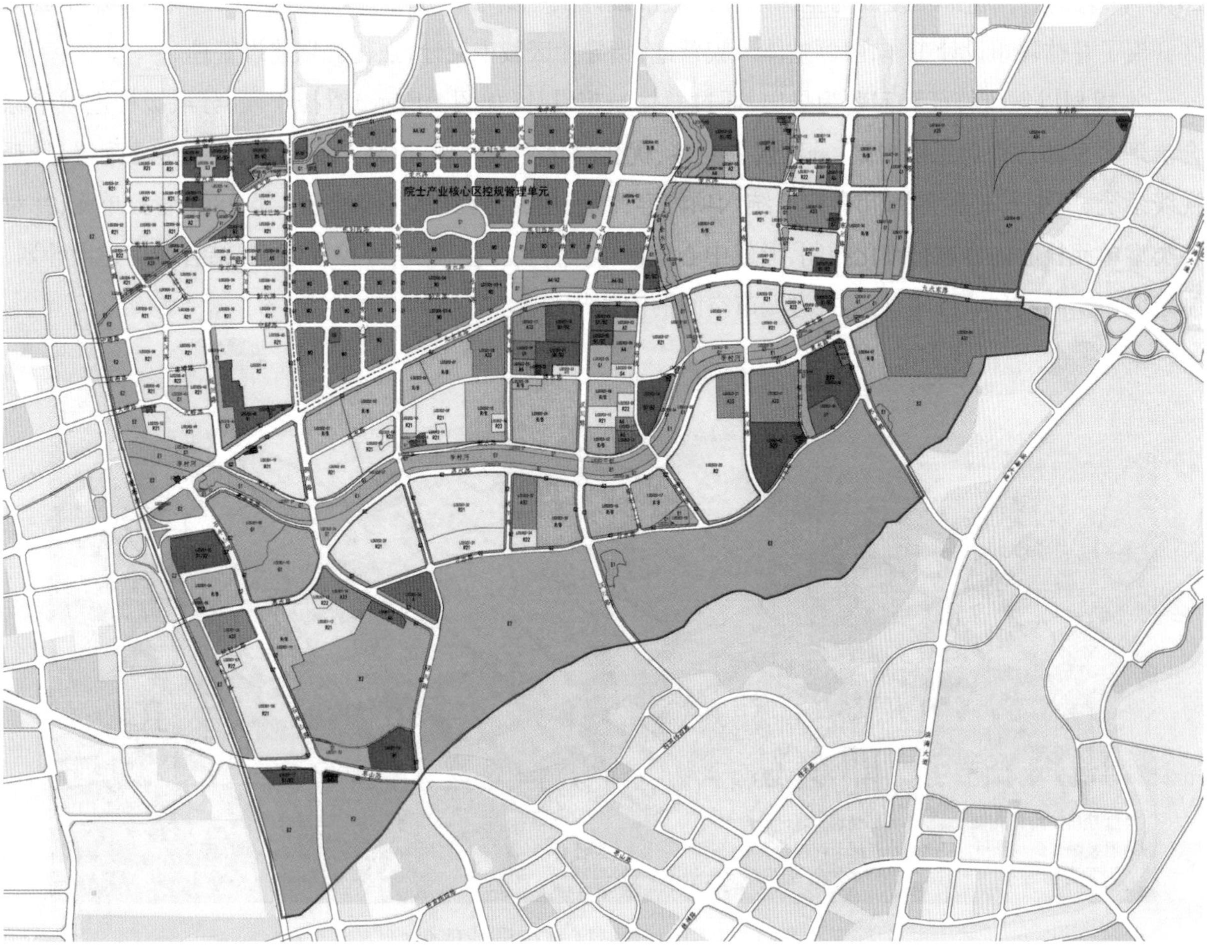

图 1　李沧区金水路南片区控规土地利用规划图

即墨中心城区总体城市设计

编制时间:2017～2018年。

编制人员:刘宾、吕翀、万国凯、朱云博、王丽媛、辛贵哲、韩浩、张雪、邓晓阳、宋铭。

获奖情况:2018年,获山东省优秀城乡规划设计二等奖。

一、项目基本情况

2016年,《中央城市工作会议》提出了塑造城市特色风貌、创新城市管理服务的城乡规划新理念;2017年,青岛经住建部批复成为全国第一批城市设计试点城市。为落实《试点通知》要求,即墨中心城区开展了总体城市设计工作,引领整体风貌营造,指导片区城市设计,强化规划建设管理。

本规划以城市特征和问题为导向,通过总体城市设计(如图1所示)管控手段,分层级推进城市综合治理。总体层面与总体规划、分区规划对接,优化绿化生态框架、道路交通系统、公共资源配置、景观视线系统、历史人文系统、城市色彩系统六项内容;单元层面与控规对接,划分4类28个管控单元,并对各类型单元核心内容进行细化控制,形成中心城区单元管控全覆盖,指导控规修编;结合城市建设计划,制定城市空间治理项目库,切实推进城市空间的治理与改善。

图1 即墨中心城区城市设计理念

二、主要规划内容

(一)城市设计目标

通过城市设计空间管控手段,结合空间和生态修复,提升城市品质,推进城市结构性治理和转型发展，打造活力新即墨、美丽新即墨、魅力新即墨。

（二）城市设计定位

山海古韵，即水新邦。

（三）城市总体空间结构

塑造“青山环峙、河水贯流、南北两湖的生态格局”和“一带三芯，北面产业，东西商服”的功能格局（如图 2、图 3 所示）。

（四）六大城市设计策略

策略一，山水塑城。划定城市发展边界，增加四座城市公园，梳理城市水网体系，分层级布局绿地开敞空间，打造具有“面、环、带、斑”的绿化生态要素体系。

策略二，街道优城。连通道路接口，完善路网系统；优化街道空间要素，增强出行体验；构建路网体系，优化节点区域空间形象。

策略三，活力兴城。通过资源配置、公共产品布局等手段，引导 3 处城市级中心优化布局。结合城市板块构造及设施服务范围，选址、完善 5 处片区级公共中心布局。以步行 15 分钟 (1000 米）为半径，布局单元级服务中心，打造单元服务生活圈。

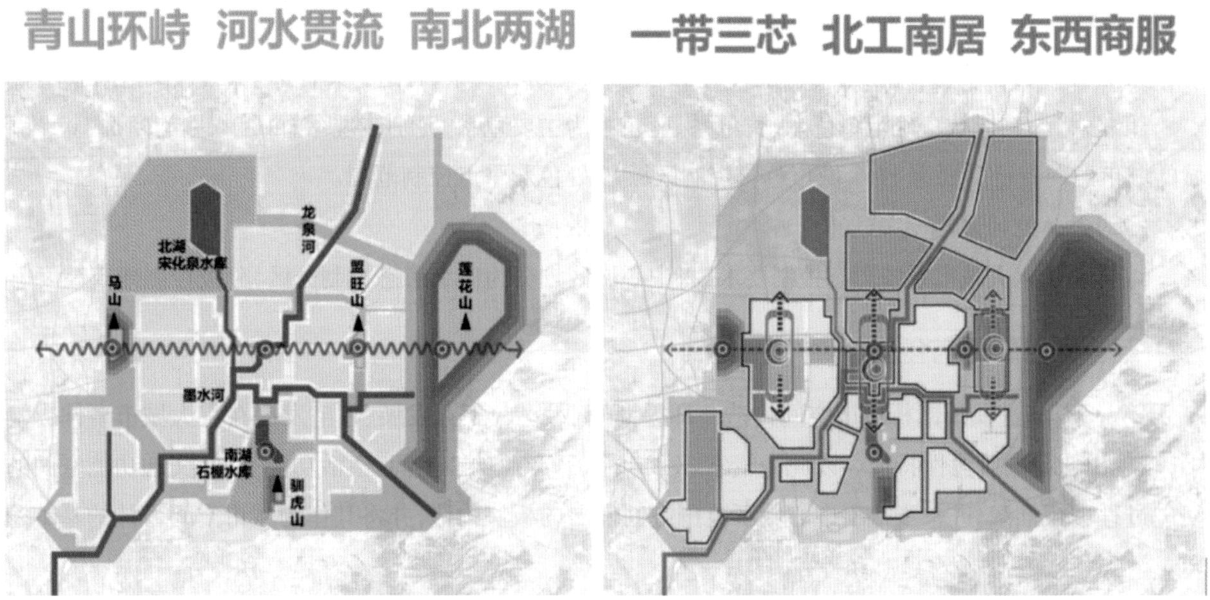

图 2　即墨中心城区规划结构图

图3　即墨中心城区城市设计鸟瞰图

策略四，景观入城。依托3处自然制高点，打造“三山四面”的城市眺望系统。综合叠加景观视域、眺望系统控制要求，引导不同区域建筑高度布局。

策略五，人文润城。梳理历史、生态、工业、城市文化遗存要素，打造“双轴双环”的人文空间载体。

策略六，墨韵饰城。确定绿色系、黄色系、蓝色系为主要色系，分别体现绿意田园、墨韵商都、蓝调新城的城市意向特征。划定11个城市色彩控制区域、9处色彩重点控制范围。

（五）总体空间形态

综合叠加六大城市系统形态控制要求，将中心城区划分为四级形态控制分区，分级控制建筑高度 。

三、项目特色与创新

第一，以演进视角剖析城市空间构造。即墨商贸业发展、工业发展、住宅发展在重大城市事件影响下，表现出明显的阶段性特征。以此为线索，对中心城区产业功能空间、生活功能空间、交通功能空间的演进过程进行推演，进一步得出中心城区范围空间发展的板块构造，并将其作为城市空间设计的基本逻辑。

第二，用大数据辅助城市空间分析。运用大数据技术，对城市空间的人流活动强度、道路可达性、地形高程、坡度等进行分析，辅助城市空间设计。同时，对现状城市空间进行三维模拟，发掘城市空间问题。

第三，分层级确定城市设计管控内容。宏观层面，锚定城市性质，确定发展目标与空间格局；中观层面，制定城市设计策略，完善系统控制内容；微观层面，在单元尺度落实城市设计管控内容，细化空间形态，引导项目实施建设。

青岛市中心城区总体城市设计

编制时间:2018 年。

编制人员:刘宾、吕翀、吴龙、万国凯、韩浩、王丽媛、朱云博、王吉祥、李珂、吴金泽、耿凯、王振、相茂英、吕广进、朱瑞瑞、管毅、马肖。

获奖情况:2018 年,获青岛市优秀城乡规划设计一等奖;2019 年,获山东省优秀城乡规划设计一等奖。

一、项目基本情况

青岛历经百余年的城市建设,完成了由海防要塞向海滨城市的进化,正逐步向国际海洋名城迈进。“红瓦绿树,碧海蓝天”“帆船之都”等已成为青岛城市形象的代表,为世界所认知。

进入新时代,按照习总书记“规划、建设、管理都要坚持高起点、高标准、高水平,落实世界眼光、国际标准、中国特色、高点定位”,“不要搞奇奇怪怪的建筑”的要求,本次规划从环湾大都市区的角度编制总体城市设计方案(如图 1 所示),指导城市空间修复及建设,并为城市设计试点提供青岛经验。

图 1 青岛市中心城区城市设计鸟瞰图

二、主要规划内容

(一)城市形象定位

以“把青岛建设得更加富有活力、更加时尚美丽、更加独具魅力”为目标强化“城在山海间、山海映城中”的城市风貌特色，将青岛打造成为“山海岛城”“景中都会”。

（二）区域空间统筹

第一，依托滨海岸线生态本底，以胶州湾、鳌山湾群、灵山湾群为基础，结合滨海优势资源和城市发展战略，形成独具特色的国际海洋名城都市区。

第二，以生态文明为先导，尊重自然生态本底，串联山水形胜，构建“蓝绿交织、组团间隔、山海岛城交融”的环湾都市区生态空间骨架。

第三，以胶州湾为核心，组织城市三大城区，两翼设立城市特色功能区。

（三）中心城区以“山海相望、水脉相连、环湾统领、组团布局”的城市空间发展策略，构建“聚湾强心、一湾三面城”的城市总体格局

1. 山海相望

构建“品”字形生态空间，作为生态安全格局的基底。预留生态绿岛和生态湿地，作为环湾滨海地区的景观前景区。通过“山脉—海湾”连接廊道，划分城区生态斑块，形成“山山对望，流域串联，通山面海”的生态骨架。

2. 水脉相连

以张村河等 9 条入湾河流为空间线索，构筑“一湾九河”的廊道系统，由入海口向腹地延伸发展，形成“蓝绿汇湾，内部串联”的廊带脉络。

3. 环湾统领

围绕大港、青岛北站、红岛中心、中德生态园等节点，打造功能集聚的环湾十大创新中心，形成“三城面湾、环湾对望、十点突出”的空间架构。

4. 组团布局

东岸城区重点打造以科技创新、新旧动能转换为主的环湾科技创新示范带，形成河口间布的城市密集区。西岸城区塑造以田园风光、组团布局为主的国际合作示范区。北岸城区强化高新技术发展核心走廊，建设北部国际交往中心。

（四）规划确定六大支撑系统

优化公共服务中心布局，完善公共空间体系，提升城市空间品质，强化视觉景观体验，塑造鲜明城市色彩风格，构建独特的城市风貌特征。

1. 公共服务中心系统

强化“组团布局、指状发展”的公共服务中心框架，构建三城各具特色、层级鲜明的公共服务体系。

2. 公共空间系统

打造“河海有厚度、山海有连接、腹地有规模”的城市公共空间系统。确保滨海公共区域规模，划定河道两侧公共空间管控范围，构建分级公园绿地系统，塑造七大公共活力街区，打造四类24条慢行通道。

3. 高度控制系统

严格控制重要视线视廊区域，确定高度优先发展区，预留标志性超高层区域。划定高度控制分区，优化城市天际线，引导不同区域建筑高度布局。

4. 道路交通系统

依托现状道路交通体系，塑造四类特色型道路。优化沿线道路城市设计导引，划定五类道路设计控制要素。

5. 城市色彩系统

形成以橙色、灰色、绿色、蓝色为引领的色彩系统。在建筑安全和城市创新用色两个原则下，扩展出由主色、辅助色、点缀色组成的应用色谱。划定 12 个城市色彩控制区域、3 条色彩重点控制轴带以及若干色彩发展控制点。

6. 城市风貌系统

构建“一带三城，十轴多节点，海山相望，经络串联”整体风貌格局。重点划分五类风貌管控区并提出控制引导要求。

（五）分区引导

依据行政区划、三大城区特征，总体划分为 22 个城市风貌管控区。

东岸城区打造传统与现代交融的都市风貌区，延续“青山点缀、城山相伴”的空间格局，塑造古今交映的活力历史城区。

北岸城区营建生态经络、科创引领的新城风貌区，依托“一河、一湾、一山”，形成蓝绿交织、连续开放的生态经络本底，以科技创新产业为引领，塑造尺度宜人的生态宜居城区。

西岸城区塑造现代、开放、国际化的港城风貌区，遵循“延山、活水、透海”原则，打造具有国际形象的海港都市、胶州湾门户。

三、项目特色与创新

（一）综合自然环境、历史人文、规划指导因素，总结城市空间演进特征

依托青岛自然环境要素丰富、地形地貌特征鲜明、历史悠久文化底蕴深厚、城市空间格局发展脉络清晰等先天优势，青岛不同时期的城市空间发展具有时代标志性和历史阶段性的特征。以此为线索，抓住城市空间演进的内生逻辑，能够更加切实有效地提出总体城市空间格局与发展方向。

（二）通过数据影像提炼青岛城市特色，总结城市设计经验模式

通过大量搜集展现青岛城市风貌的数据影像资料，筛选出最具代表性的图片并加以归纳分类。从整体布局、公共空间、路网结构、高层分布与景深视廊五方面，提炼青岛城市特色，总结城市设计经验模式。结合青岛自身自然环境、历史人文、城市建设要素特征，搭建城市设计要素框架。

（三）目标、问题双导向，借助大数据分析辅佐城市设计

通过梳理总结现状青岛城市空间“宏观—中观”层面面临的几类问题，认识到青岛城市风貌、空间格局、建设管控等方面的不足。运用大数据技术分析城市道路可达性、地形高程、坡度等各项指标，剖析人口、就业、公共服务设施、商业服务设施和基础设施分布情况，对现状城市空间进行三维模拟，辅助城市空间设计。实现宏观—中观、分层级、精细化规划管理各类空间要素。

青岛中山路及周边区域保护与更新规划

编制时间:2018 年。

编制人员:宋军、马清、吕翀、马肖、朱云博、郑成名、吴金泽、刘文雪、王丽媛、刘淑永、高强、李国强、刘嘉、王振、刘腾潇。

获奖情况:2019 年,获青岛市优秀城乡规划设计一等奖。

一、项目基本情况

中山路及周边区域是青岛城市的起源地,自建设以来一直是青岛最主要的综合型商业中心区,也是青岛唯一一条具有百年历史的商业走廊,集中保留了数量众多的历史建筑。当今,大港转型已经启动,为以中山路为核心的老城区的发展提供了历史性契机。随着行政中心东移和城市扩展,老城空心化、功能衰退以及历史遗存保护利用堪忧、人居环境需要迫切提升等一系列问题使得老城区的复兴与品质提升迫在眉睫。

通过梳理中山路及周边区域兴衰的原因、所做的尝试、面临的困境,总结五个维度,有针对性地提出区域协同、业态提升、步行改造、政策支持、建筑利用、环境治理六大复兴对策,实现发展目标,从而为中山路改造步行街提供决策依据,为美丽街区和街道改造项目提供指引。

图 1　青岛中山路及周边区域规划效果图

二、主要规划内容

中山路及周边区域将传承近代青岛“以港兴市”城市发展基因，借助国际邮轮港区建设契机，发挥老城区自然人文优势，打造“活力、时尚、方便、温馨”的国际化大都市“文化客厅”。（如图 1、图 2 所示）以此为发展目标，本次规划制定了以下六大对策：

对策一，联动母港建设，区域协同，共创国际文化客厅。首先，凝聚“中山路—馆陶路—大港”百年中轴形成合力，带动老城复兴。其次，融合新青岛与老青岛、人文与自然、时尚与体验等特色，焕发时代光彩。最后，新与老、快与慢、大与小，功能业态互补，全方位协同。

对策二，顺应时尚需求，因势利导，提升充实经营业态。通过有青岛特色的、参与感强的、时尚味浓的“吃、住、游、购、娱”一体化，形成丰富业态，吸引市民、游客聚集消费。结合业态与联动发展需求，提出馆陶路金融文化展示区、四方路里院民俗体验区、德县路教堂文化体验区、中山路旅游商贸服务区、太平路瞰海风情休闲区五大片区的总体布局。参考国内外成功案例，制定总体业态比例。

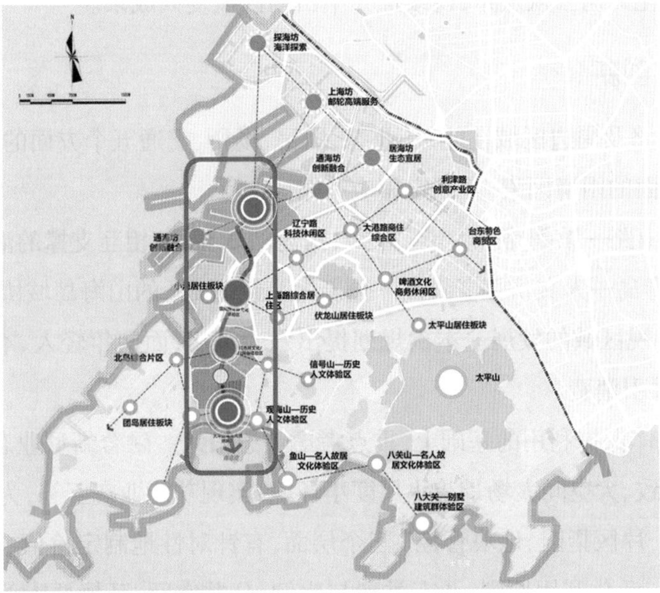

图 2　青岛中山路及周边区域规划理念示意图

对策三，彰显环境禀赋，因地制宜，打造知名特色步行街区。以中山路为核心，串联太平路、四方路、馆陶路等，成为相辅相成、互联互通的步行街区，塑造漫步街道、阅读建筑、休闲购物、细赏海景的天堂。同时，提出规划外围机动车环路，分流中山路、太平路机动车，增设停车场等交通策略。优化前海隧道工程，分流东西向交通压力，降低交通拥堵状况。

对策四，实施有机更新，腾笼换鸟，赋予老场所新功能。历史建筑改造方面，提出“老”风貌注入“新”空间、“新”结构、“新”功能。环境品质提升方面，建设口袋公园，增加街头绿地，建立“院院通”公共空间网络，完善标识系统及配套设施。

对策五，老城再中心化，环境提升，重聚历史城区人气。中山路复兴的关键是吸引有消费能力的人重新聚集。因此，本次规划针对常驻、创业、商务、旅游四类人群，量身打造居住、创业场所，入驻相关业态，提升人气，促进复兴。

对策六，政策配套支持，多元营销，营造良好的营商环境。本次规划提出招商引资政策和运营营销策略，推动一揽子、系列化并向公众发布，持续推介中山路区域复兴成果。

三、项目特色与创新

一是深刻剖析中山路及周边区域在能级、业态、居民、场所、交通五个方面的兴衰机遇，明确在思路、模式、政策、机制四个层面的困境因素，并制定相应策略。

二是统筹分析“中山路—馆陶路—大港”一线，构建功能互补、相互支撑的港城联动宏观发展路径，共同谱写“自然雅致美青岛—人文情怀老青岛—创新时尚新青岛”的山海岛城协奏曲。

三是从人的行为审视区域的发展。本次规划提出六大策略，面向年轻人、本地人，游客、创业者，引入多元化、多维度业态吸引消费。

四是在物质空间载体保护利用的基础上，重点考虑业态植入。融合新型业态与传统文化、快节奏娱乐消费与慢生活品位雅致、大空间大场景与小尺度小环境，实现功能业态互补，为街区注入活力。

五是从“整体布局、片区指引、地块管控”三个层面，有针对性地制定价值、建筑、规划、环境四张管控导则，明确建筑改造与活化利用原则、业态类型与比例、公共空间、环境要素等内容，指导该规划落地与实施。

潍坊智能制造产业园修建性详细规划项目

编制时间:2018年。

编制人员:王慧、孙琦、杨恺、宿天彬、周琳、刘琼、杨云鸿、葛玉良、李晓雪、郝翔、孙曦、朱倩、刘钟聿、刘彤彤。

获奖情况:2020年,获青岛市优秀城乡规划设计三等奖。

一、项目基本情况

潍坊智能制造产业园(如图1所示)规划占地1000亩,计划总投资40亿元,提供就业岗位7000个。该项目由青岛颐翱智能科技中心与潍坊潍州投资控股有限公司联合投资建设,集中落户安置瑞士ABB、德国SIEMENS、KUKA、LN、日本川崎等国际知名机器人企业,以及青岛双星与韩国现代合作的物流搬运机器人项目,上海胜誉与上海交大合作的医疗康复机器人项目及上下游关联企业,产业园同步配套建设潍坊天颐工业自动化研究院,聘请浙江清华长三角研究院教育培训中心负责管理运营,全力打造以智能机器人为代表的高端智能装备研发、生产、销售产业基地暨“北方机器人小镇”。

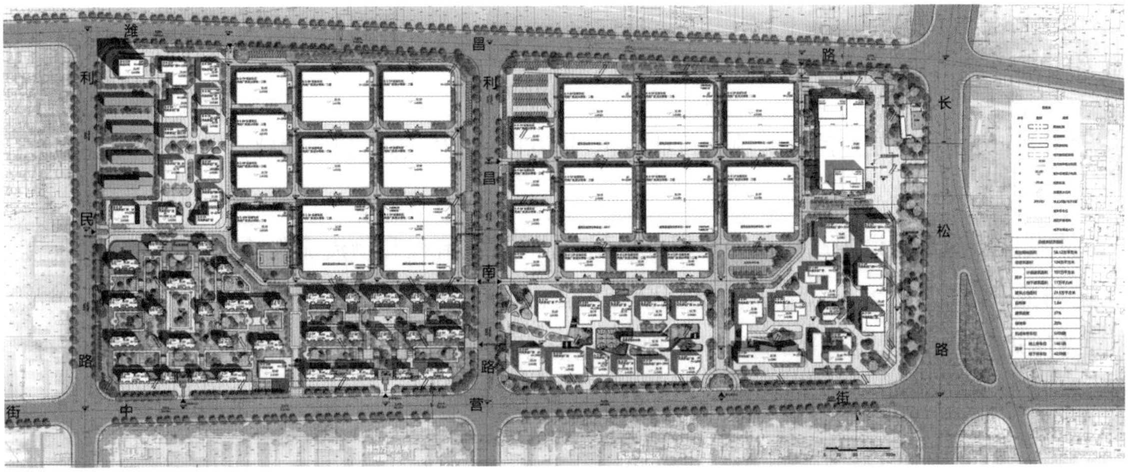

图1　潍坊智能制造产业园总平面图

二、主要规划内容

本次规划从整体入手,着眼局部要素,保证工业园区的工业属性并使其拥有现代科技感,与奎文区智能科技园区相协调。园区建筑空间组合多样,建筑形式多样,打造有韵律、有节奏的城市界面,塑造规划区的整体形象;与中心城区和周边县(市、区)联系方便快捷,位置优越发展潜力巨大,生态环境出色。

本次规划致力于打造全天候的活力园区(如图2所示),使园区拥有生产科研中心、配套中心和人才服务中心。其中，生产科研中心具有智能制造生产、产业培育、企业研发办公、产品研发等功能，配套中心具有商业服务、绿地休憩、生活娱乐等功能，人才服务中心具有员工住宿配套、生活服务配套功能。

图 2　潍坊智能制造产业园规划鸟瞰图

三、项目特色与创新

（一）产业特色

规划设计突出智能制造产业的独特行业特色，提升园区的标志性和现代感。

（二）集约高效

总体设计以满足建设生产规模为前提，满足先进的工艺流程和物流流程要求，集生产、智能制造工厂、工艺研究、车间办公等要求为一体，使生产、办公、仓储等区域相对独立，人流、物流通道布局合理。园区的总体规划（如图 3 所示）布局科学合理，疏密有序，空间视野开阔舒展。功能分区明确合理、工艺管道短捷、人流物流顺畅。

（三）绿色环保

按照“绿色生态，循环利用”的原则统一做好园区总体规划，充分利用土地资源，生态技术。

（四）智慧科技

积极采用新工艺、新技术、新设备，突出生产的“个性化、精细化和均质化”要求，工艺流程顺畅合理，设备技术先进、稳定、可靠。运用信息技术和现代物流技术对生产、物流、安全等实行统一协同控制，力争使企业产能最优化，提高劳动生产率。

图 3　潍坊智能制造产业园规划透视图

青岛蓝谷鳌山卫驻地片区城市设计

编制时间:2018年。

我院编制人员:袁圣明、徐慧君、陆柳莹、马文晶、王天青、Martin Probst、陈晗、高永波、解玉成、余艺、曹睿芝、沈崇龙、贾云飞、田欣悦、陈强强。

合作单位:北京清华同衡规划设计研究院有限公司。

获奖情况:2020年,获青岛市优秀城乡规划设计二等奖。

一、项目基本情况

青岛蓝谷位于青岛东北部,东临鳌山湾,南望崂山,北接田横,西连即墨,含鳌山卫、温泉两个街道办事处,陆域面积218平方公里,海域225平方公里,总体上形成“五分陆地五分海”的地理格局。

青岛蓝谷是以海洋科研为特色的青岛9个市级功能区之一,是国家双创示范基地、国家级孵化器、山东省海洋经济示范区。

蓝谷海洋文化特色空间丰富,其中,以鳌山卫驻地为代表的海防文化最为突出。为更好地保护与传承海洋文件特色空间、深入挖掘空间价值,2018年6月,蓝谷管理局启动青岛蓝谷鳌山卫驻地片区城市设计;2020年12月,完成专家评审,相关成果纳入片区国土空间规划和控规调整方案中,为相关区域的规划建设提供指导意见。

鳌山卫驻地位于即墨东部,在鳌山湾畔,规划范围约2.8平方公里,是明清时期山东海防要塞、青岛地域传统文化的重要承载地。卫城与沿线的所城、墩堡、炮台等防御工事构成了严密的防御体系,素有“海上长城”之称。700米见方的卫城依山傍海、格局独特,是明清时期海防城池的典型缩影,是现存即墨本土民居的集中展示地,也是即墨传统文脉轴的重要端点。南望崂山若绿屏,东傍碧湾守海疆,600多年的历史沉淀,优越的科教资源,高素质集聚的人才,便捷的交通,赋予鳌山卫传承青岛海防文化以及实现海洋科教创新、共享宜居宜业的目标定位。鳌山卫的未来将以文化与科技为支点,旨在打造青岛东部的“海防故地、创享新城”(如图1、图2所示)。

图 1 青岛蓝谷鳌山卫驻地片区规划总平面图

图 2 青岛蓝谷鳌山卫驻地片区规划鸟瞰图

二、主要规划内容

重点从挖掘核心特色价值的角度出发，梳理历史沿革及海防体系的演变过程，并运用遗产观的理念提炼出卫城海防文化特色空间四大核心价值。围绕核心价值，该规划将 5.6 平方公里的用地分为鳌山卫城核心区、西绕山河科技走廊、新城生活区三大功能片区。从“特色空间，秩序构建”“重点片区，精雕细琢”“一般片区，管控导则”和“支撑体系，系统保障”四个方面进行详细阐述，重点对鳌山卫卫城和西绕山河科创走廊进行详细设计（如图 3、图 4 所示）。该规划对卫城核心区内建筑进行了详细的调研，建立了现状建筑数据库，并综合考虑建筑用途、质量、高度、产权、更新平衡难度等将现状用地分为 5 大类 12 小类。支撑系统方面，以小街区密路网的设计理念，构筑便捷高效的城市交通体系；塑造三重绿环，通联山海景观，打造生态宜居的环境；对片区内村民安置、公共服务设施和分期实施进行研究。

图 3 青岛蓝谷鳌山卫驻地片区城市设计总平面图

图4 青岛蓝谷鳌山卫驻地片区城市设计鸟瞰图

三、项目特色与创新

第一，历史上第一次系统性梳理鳌山卫海防文化历史价值空间特征，为鳌山卫驻地片区特色空间整体保护提供了技术支撑。

第二，以大遗产观的视角对鳌山卫驻地片区前期研究进行分析，梳理总结城市特色，打造特色城市空间，彰显本土文化自信。

第三，从“设计导向”向“管控导向”转变，突出城市设计成果向法定规划实施传导。在城市设计方案中，将单元地块设计导控文件与控制性详细规划图则进行转译，从技术上统筹“编制”与“实施”环节，保障城市设计的管理与实施。

第四，在城市设计方案的引导下，鳌山卫驻地片区建筑风貌得到了整体性控制，重点在安置选址、建筑高度控制、开发强度控制和视线通廊控制等方面进行了有效管控，为片区保护和利用奠定了基础，有效地管控了生态安全底线和片区开发总量，为政府招商引资、片区内建设项目用地选址、规划条件拟定、设计方案审查等方面提供了有力的支撑。

青岛蓝谷创新中心城市设计

编制时间:2019 年。

我院编制人员:刘宾、吕翀、吴金泽、朱云博、郑成名、殷建栋、张昊楠、郭磊、刘春一、沈崇龙、陈强强、李娟、田欣悦、张伟、张希。

合作单位:杭州中联筑境建筑设计有限公司。

获奖情况:2019 年,获青岛市优秀城乡规划设计三等奖。

一、项目基本情况

蓝谷创新中心(如图 1 所示)位于青岛蓝谷中部,南接山大,北邻北航,西枕群山,东眺大海,是蓝谷的核心枢纽地带。规划用地面积约 3.98 平方公里。

上位规划要求,依托 11 号、16 号线为主的轨道网络以及蓝谷快速路、机场北快速路为主的公路交通网络,在该区域集聚高端商务办公和大型公共服务设施,构建以海洋科技创新和市民公共服务为特色的蓝谷创新中心。目前,区域发展的框架格局已基本确定。主干路网完善,蓝色中心、滨海公园等大型设施已相继竣工,良好的山海环境、城市空间特色已初步显现。

二、规划构思

确定蓝谷创新中心区发展定位、现状优势条件,在城市规划设计过程中明确提出新城活力营造路径,激发蓝谷创新中心的新城活力。

图 1　青岛蓝谷创新中心规划总平面图

三、规划内容与特色

蓝谷创新中心，依山、面海、望岛，具有得天独厚的自然景观条件，形成了“山—城—海—岛”的独特自然格局（如图2所示）。在面向海洋发展海洋的大背景之下，“蓝谷创新中心”亦被定位为以海洋科技创新和市民公共服务为特色的国家级科技创新中心。

“山海蕴谷”，顺应大山水的格局，打造蕴含海洋文化创新理念的滨海活力新城。通过创新业态吸引、软性服务配套以及构建共享共建的创新型空间带动创新产业链的发展。我们希望通过以下七大策略，打造创新型城市空间。

策略一，顺应山海格局，梳通城市脉络。一是顺应山水之势，打通一主两副三条景观轴；二是塑造南北功能轴，框定城市发展核心结构；三是结合发展核心布置标志性建筑群，优化布局开敞绿带与文化建筑以塑造滨海休闲带，顺应山海环境，塑造环岭层峦、合拥向海的整体意向。

策略二，缝合街区尺度，塑造人本城市。一是增加次级景观步道，缩小基本单元，重塑小尺度街区；二是构建多层级的绿地系统，编织开放空间网络；三是注重标志性场所设置，营造景观视线与界面；四是控制各级街道断面及形态，塑造街道形象；五是细化控制街区单元，完善街区尺度、建筑密度、建筑模块，提倡综合开发并引入“政府引导＋市场化”等多渠道运作模式。

图2 青岛蓝谷创新中心规划鸟瞰图

策略三，植入综合业态，建设全能新城。沿东西轴布置城市综合配套业态，沿海岸开放布置文化休闲功能。一是打造高复合、多元化的商务中心区，引入高端商务服务产业链，强化公共服务职能；二是完善生活服务配套和休闲交流功能，加强创新人才吸引，促进科研转化，加速创新势能的释放。

策略四，塑造立体城市，畅享舒适便捷。引入6米标高及地下步行网络，构建地上地下一体化的全季候步行环境，融合一层、负一层城市空间，通过天桥、连廊、坡道等提升公共空间的共享性。

策略五，合理组织交通，倡导绿色出行。一是打造立体、多连接的未来交通体验区，构建人本、公共、绿色5分钟出行圈。重点实现公共主导、快慢分离及内外衔接、动静结合的交通网络。二是公共交通主要依托轨道11号、16号线，与崂山区域、即墨老城区域的人群交互。通过公交接驳环线、有轨电车微循环实现最后1公里的交通到达。

策略六，梳理城市天际，打造滨海标杆。高层及高强度开发区域主要位于通海轴线与硅谷大道、滨海公路交叉口区域，作为整个区域空间形象的制高点。构建高层环抱布局、公建协同迎海、观山通海廊道串联的整体空间意向，形成中心高、四周低的整体城市天际线。

策略七，统筹地下空间，构建复合网络。地下空间开发总规模约为217万平方米。开发深度以地下一层为主，二层、三层主要位于滨海公路西侧以及东北角区域。

基于上述策略，规划形成“两轴、一带、三组团、六中心”的空间结构。

四、项目实施绩效

该规划整合了蓝谷创新中心核心区域的交通、市政、竖向、地下空间等支撑性专项规划的内容，并对接重点建筑概念设计方案，提升市民中心区域下步实施建设的可行性。

在控规落实层面，将城市设计内容提炼为详细城市设计导控文件，实现由城市设计内容向控制性详细规划控制要素的传导，提升该城市设计项目的工作成效，切实指导蓝谷城市空间建设，突出海洋科技、市民服务的城市特色。

为保证蓝谷创新中心地区城市建设品质，进行总体服务、全程跟踪，为蓝谷创新中心提供规划、建设、管理等设计全过程技术咨询及专家技术支持，搭建蓝谷创新中心规划管理平台，实现规划—设计—审查—审定—出证纵向全流程管控。

胶州湾东岸楼山后老工业区及流亭机场片区城市更新规划

编制时间:2019 年。

编制人员:陆柳莹、宋谷笙、宋军、崔婧琦、王晓莉、李明月、王鹏、刘达、张善学、李祥峰、王田田、胡连军、张君、高永波、赵润涵。

获奖情况:2020 年,获青岛市优秀城乡规划设计奖二等奖。

一、项目基本情况

2019 年,落实中共青岛市委、市政府建设“开放、现代、活力、时尚”的国际大都市目标,打造要素载体。以城市更新为主题,探索“四个目标、一个过程完成”的城市建设管理运行模式(如图 1 所示),推动高质量发展和高水平治理。

楼山后老工业区及流亭机场片区成为青岛重构环湾都市区空间格局以及由东岸城市向北岸城市实现功能转承、产业升级、品质提升的关键节点。

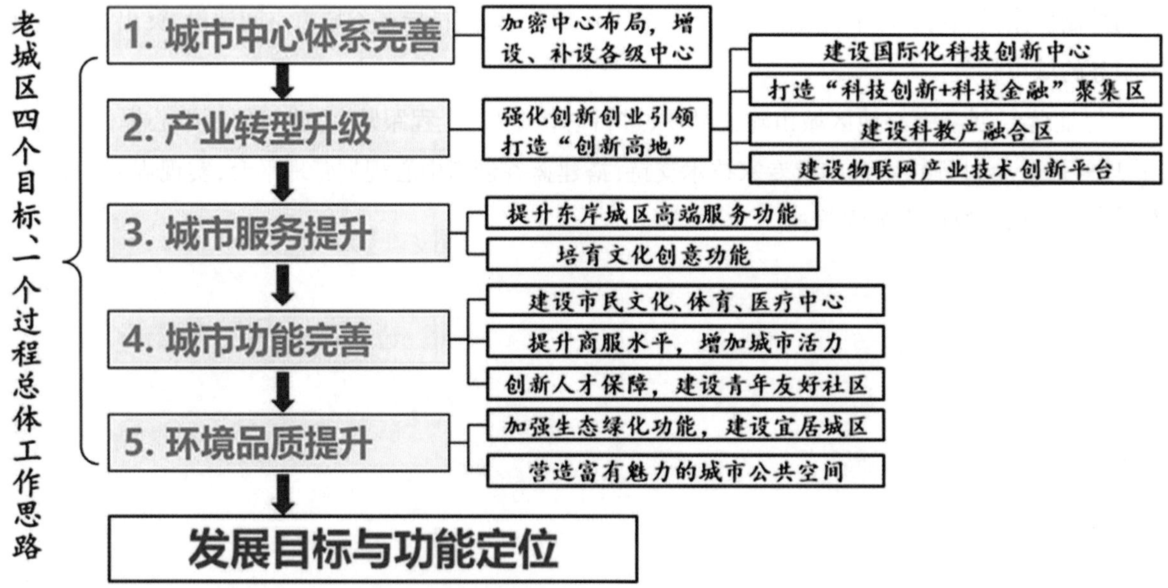

图 1　楼山后老工业区及流亭机场片区城市更新目标体系

规划区面积 82.1 平方公里,横跨李沧、城阳 2 个行政区,现有常住人口 48 万。涉及青钢、碱业等环保搬迁企业 33 家、低效村级产业园约 6 平方公里,未改造村庄 17 个,老旧小区 1.3 平方公里。除了青岛北站、娄山货站、胶济铁路、青连铁路以及地铁 1、3、8 号线等重要区域交通设施,还有沧口机场、流亭机场。2021 年胶东国际机场启用后，流亭机场关停。目前，沧口机场已启动迁址新建工作。

该区域历经 13 年搬迁转型，基本完成了重大企业的关停以及重要设施的落位和去留问题。它也是近 30 年青岛东岸市区拆旧建新快速发展以来，留下少有的大宗成片集中可改造区域。经统计，规划区未建设空地和可更新的存量空间约 52 平方公里，占总面积 63%。

本次规划的挑战主要有三点：一是跨行政区大尺度连片更新区域缺少上位城市战略指导和依据；二是历史上市、镇两级行政管理切块的现象遗留导致区域内部一体化衔接不畅；三是现状低端功能、产业空心、萧条环境以及土地征收、债务、利益平衡等现实问题，桎梏区域发展潜力的辨识和困境解决思路。

本次规划亟须解决的问题：总体层面更新决心和方向研判、分区层面系统梳理与空间落位、重点更新区域实施指导意见。

二、主要规划内容

（一）发展目标与功能选择

从优化主城中心布局、“强湾聚心”角度，构建多层级、全覆盖、网络化、特色化的城市中心体系，培育一处区域级科技创新中心和两处地区高端综合服务中心。将该区域（如图 2 所示）作为青岛新旧动能转换、老城全面复兴的新经济示范区。

在城市功能选择上，强化创新创业引领，打造“创新高地”。提升东岸整体高端服务能级，形成以科技型企业总部和中小创新企业为主体的商务办公聚集地。培育文化创意功能，共建胶州湾“一带一廊”。补足城市公共服务短板，建设市民文化、体育、医疗中心。提升商服水平，增加城市活力。

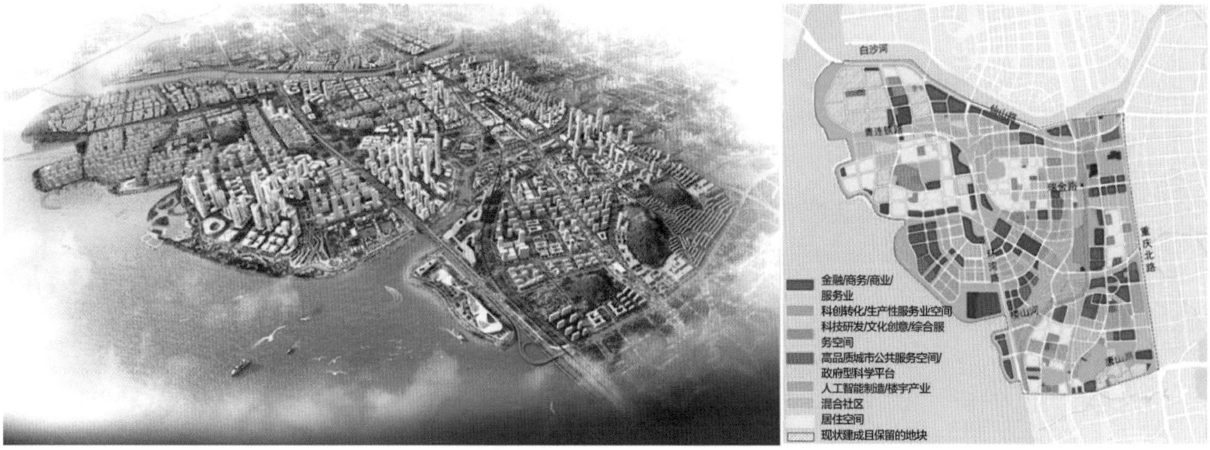

图 2　楼山后片区规划与城市设计示意图

（二）空间重构与布局优化

生态优先，落实细化胶州湾生态格局保护要求，划定结构性绿廊 15 条。保障区域性路网贯通，在“四横三纵”快速路基础上，增加 13 条区域贯通干路。

结合现状功能区、改造用地分布情况，提出“一带、一轴、五廊、三城、三心”的总体布局结构，即：以海岸带为串联，以环湾生态廊道（如图 3 所示）为间隔，形成三大更新发展片区。每个片区既与周边城市功能衔接，又形成相对独立的城市功能空间。北部，利用流亭机场转型区建设未来之城，将航站楼改造为“一带一路”国际商贸合作与文化交流中心。中部，利用楼山后老工业搬迁区建设科技创新城，在滨海空地和青石化搬迁区布局科技创新中心和现代服务中心。南部，结合火车北站和沧口机场改造区建设交通商贸城，利用机场空地建设 TOD 中心，与李村商圈合力强化李村副中心。

规划后，蓝绿空间达 22 平方公里，占 27%。提供就业岗位 68 万个，承载居住人口 93 万。

图 3　区域廊道规划图

（三）环境提升与公共空间营造

通过改善滨海景观慢行环境，形成多个主题公园节点，建设胶州湾滨海公园。依托山水将滨海资源渗透到腹地，形成“山—海—河”一体的公共空间骨架。利用铁路空间和机场跑道，打造以工业印记和休闲运动为特色的胶济线工业遗产复兴带。打造 3 处城市会客厅、18 个活力街区。

（四）轨交引领与地下空间利用

对在修编的轨道线网规划提出优化建议。结合地铁站点和地上功能布局，划定三类地下空间利用区。

（五）设施保障与幸福宜居

新增6大类23处市级公共服务设施，构建24个15分钟生活服务圈、29个产业创新服务圈。提供多类型住宅产品，建设青年友好社区。留足市政配套用地，保障城市生命线工程。

（六）板块传导

为确保规划思想准确传导，三大城区板块分别给出功能定位、蓝绿格局、布局结构、中心体系、产业板块、路网红线、服务配套、空间形态、开发规模等方面的规划引导。在重点更新片区或单元达到详细概念设计深度，保障实施地块能够出具规划设计条件。

三、项目特色与创新

（一）构建大尺度更新区域分级分类的更新规划技术导控框架

城市层面，侧重对更新区域战略资源识别与更新方向选择。区域层面，侧重保障市级功能区落位、蓝绿空间重构、城市功能板块优化。功能片区层面，侧重“五线”控制、主题功能、系统设施、整体风貌、公共空间体系和更新单元划定。更新单元层面，侧重多情景更新模式的空间方案论证。（如图4所示）

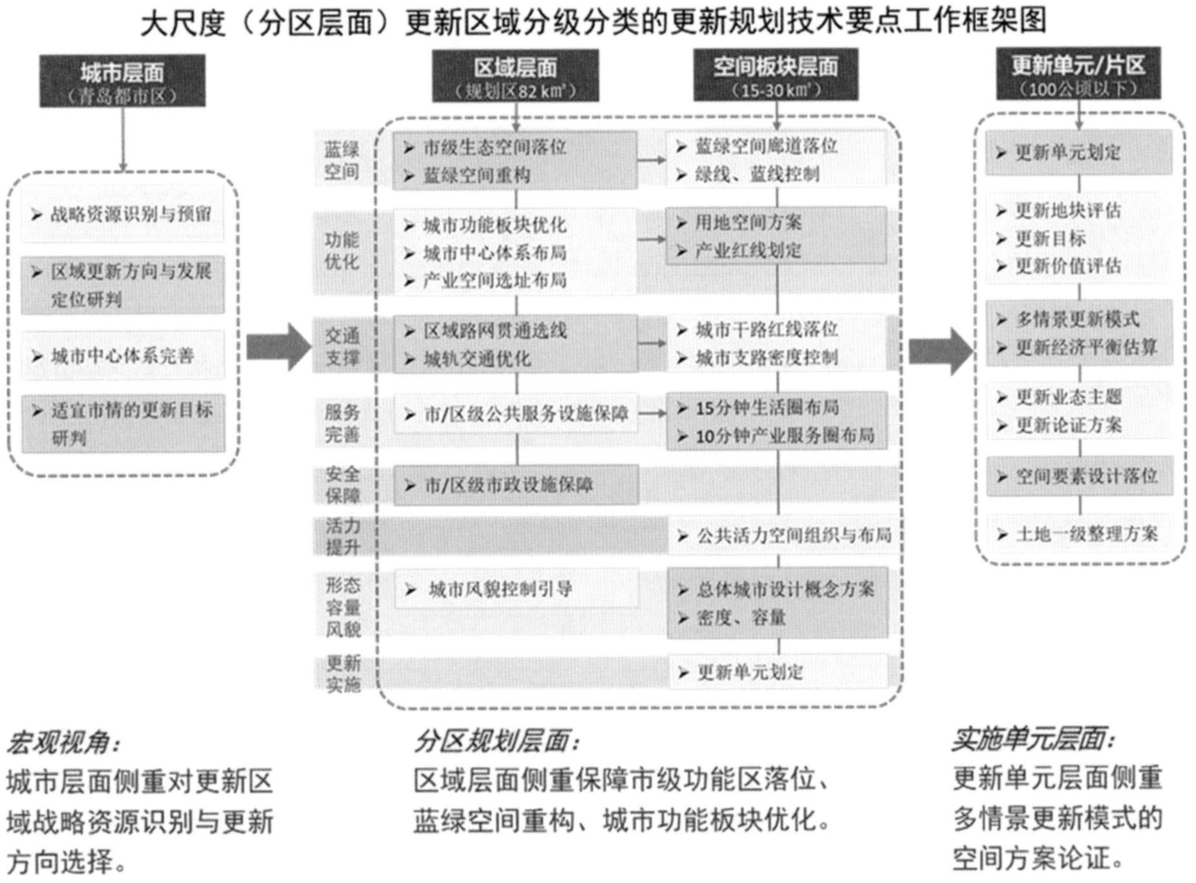

图4　大尺度（分区层面）更新区域分级分类的更新规划技术要点工作框架图

（二）探索土地“大储备”与空间规划融合的工作路径方法

通过投资估算、土地价值估算、相关税费核定，得出土地征收补偿基本费用。与现实征地价格对比后，检验更新规划的可实施性，并对土地储备的时序、政策和具体方案进行修订，同时提出在楼山后片区试行土地“大储备”机制。

（三）从规划蓝本向助推城市更新的规划全流程服务转变

该规划自立项以来，向中共青岛市委、市政府主要领导进行多轮汇报，起到了市、区政府统一思想、统一认识的作用，为政府招商推介、重大项目选址和土地储备机制改革、更新政策制定等重要环节提供全流程技术服务。

四、实施情况

目前，青岛市政府拟成立市级指挥部以具体推动“胶州湾新经济示范区”更新工作。在此规划指导下，“青钢、沧口机场”等片区已开展详细设计和控规上报，共出具土地出让条件地块 11 宗。

第四编

村镇规划

青岛市重点中心镇布局规划

编制时间:2006 年。

主要编制人员:宋军、毕波、裴春光、盛洁、冯启凤。

项目获奖:2007 年,获青岛市规划设计优秀奖。

一、规划背景

重点城镇成为城镇体系的重要因子,是衔接城市与乡村的纽带。青岛市迫切需要实施“全域统筹、重点培育、集聚发展”的战略,对全市小城镇体系进行调整与重构,加快推进乡镇合并,并强化政策 、资金扶持,培育若干具有较强集聚规模、具有较强辐射力与带动力、功能特色突出的产业重镇、蓝色强镇、旅游名镇,使之成为区域增长极,发挥对城乡统筹发展的重要促进与支撑作用。

二、规划方法

本次规划采用统筹分析方法,以“总量控制与分区筛选、逐步筛选与优先考虑、择优选择与动态发展、科学性与可行性相结合、定量测评与综合定性评估相结合”为基本原则,采用统筹分析、定性定量分析相结合、层次递进分析法等方法,通过各种因素、机制的层级递进分析,逐步确定重点中心镇空间布局体系(如图 1 所示)。

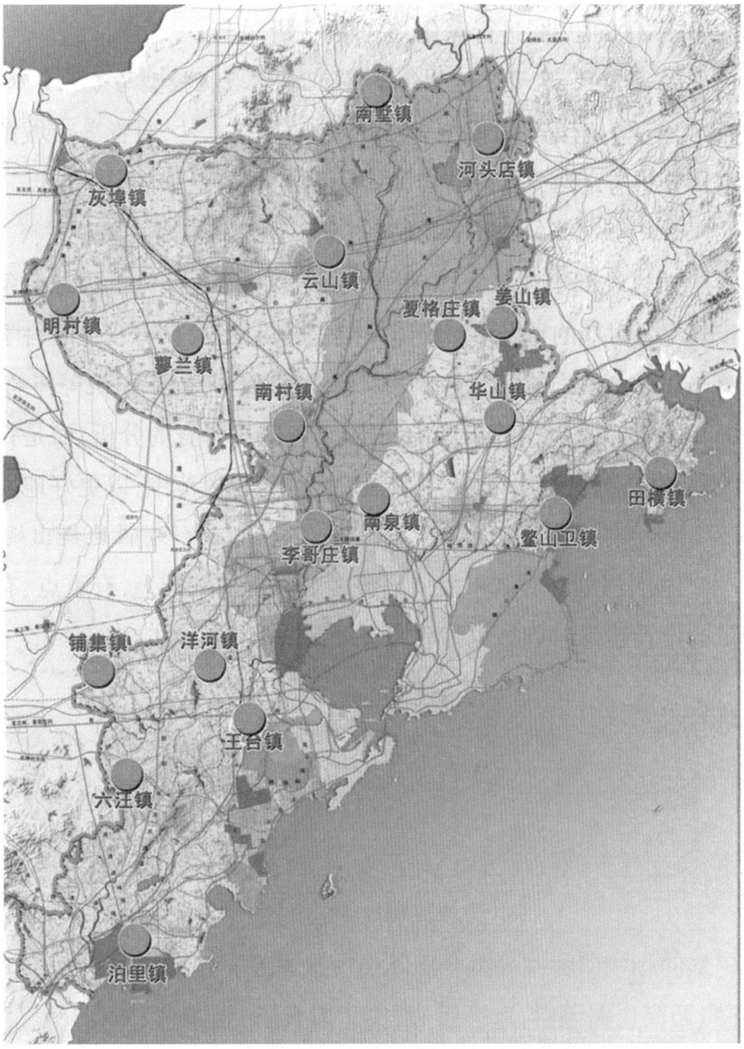

图 1　青岛市重点中心镇布局规划图

以人口、经济发展等指标为主进行城镇综合发展能力的排名,进行初步筛选;其次,通过城镇发展外在、内在综合机制的分析，进行定性分析与评估，并辅以空间辐射体系的综合定性分析；最后，结合多种因素进行综合评估，确定最终的重点中心镇布局体系。

结合人口发展格局的分析，科学确定重点中心镇的人口规模分布与结构；依据各种机制的分析，提出重点中心镇的主要职能定位，并确定每个小城镇的主导产业结构。

三、特色与创新

（一）将理论研究与规划相结合，突出研究层面对规划结论的理论支撑

强化规划前期的研究，运用区域发展理论、经济集聚理论、经济要素优化理论等理论体系，借鉴国内外小城镇发展条件、发展规模等，为规划提供重要依据。

（二）对重点镇布局体系规划的研究方法与研究思路进行探索与创新，提出完整的、体系化的思路

改变以往重点镇布局规划作为总体规划、市域城镇体系规划单一层面的情况，探索性地提出了完整的、体系化的思路，进行深化、综合的分析。

（三）定性、定量分析相结合，强化数学数据模型与专业分析软件对结论的支撑

通过构建竞争力模型，应用专业的分析软件，对青岛市城镇发展竞争力与发展能力进行比较测算，定量分析与定性分析相结合，使规划结论具有更强的科学性。

（四）强化层次分析、梯次递进分析体系的实践应用

通过外部宏观环境、中观环境、城镇发展条件分析等综合条件的逐层分析，层层递进、梯次分析，逐步确定各时期的重点镇布局体系与发展目标等，具有较强的科学性与实践性。

（五）打破行政区划的限制，实施经济区布局模式，统筹布局空间体系与经济体系

各县市重点镇的布局，不再限于各区县自身的分析，而是打破行政区划的界线，从经济区角度进行统筹布局，确定空间布局，明确辐射半径与辐射范围，以更好地发挥对全市经济发展的促进作用。

（六）与城市发展政策紧密结合，有重点、有针对性地提出规划方案与建议，具有较强的实践性

本次规划在对城市发展趋势客观分析的基础上，有重点、有针对性地提出了远期重点镇、首期重点镇的设置建议；同时，也为政府决策提供重要依据。

青岛市大沽河周边区域镇村空间发展规划

编制时间：2011 ～ 2012 年。

编制人员：王天青、冯启凤、毕波、左琦、徐文君、吴晓雷、王宁、唐伟、赵琨、丁帅夫、张舒、苏诚、隋鑫毅、仝闻一、杨靖。

获奖情况：2013 年，获山东省优秀城市规划设计表扬奖、青岛市优秀城市规划设计一等奖。

一、基本情况

大沽河流域覆盖青岛近一半的市域面积，是青岛名副其实的母亲河，为保护好、开发好、利用好大沽河，并全面提升大沽河对全市经济社会的支撑力、保障力和拉动力，中共青岛市委、市政府下发《关于实施大沽河治理的意见》文件，全面启动大沽河治理工作，在此背景下编制完成了本规划(如图 1、图 2 所示)。

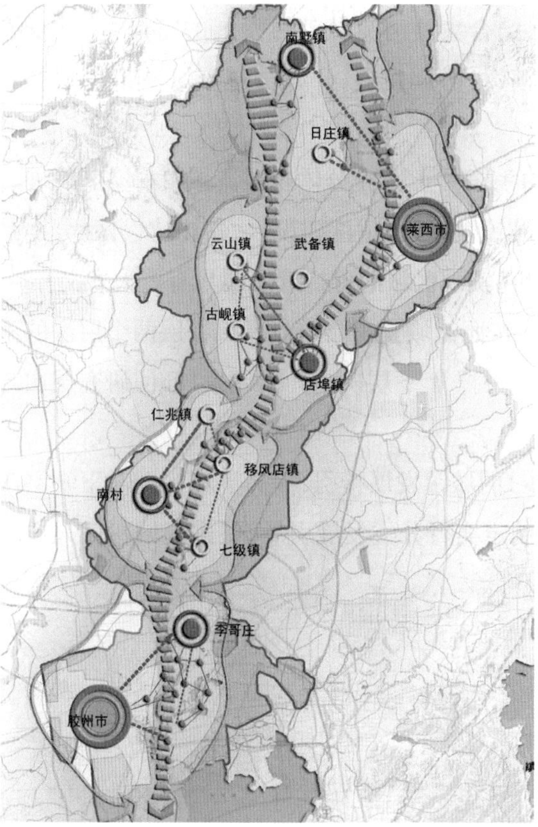

图 1　青岛市大沽河周边区域镇村空间结构规划图

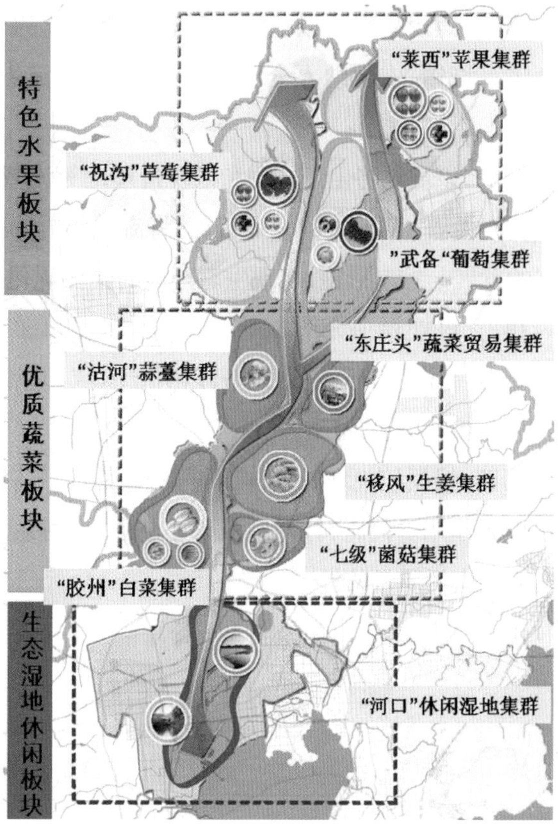

图 2　青岛市大沽河周边区域镇村产业发展规划图

二、主要规划内容

根据大沽河流域的特点，本次规划从流域紧密层与核心层两个层次进行规划。

流域紧密层是指与大沽河相邻的27个镇(街道办事处)1455个村庄,总面积约3300余平方公里。流域紧密层重点突出小城市和特色镇的培育,完善空间结构体系;依据大沽河流域的生态保育要求,整合特色农业聚集发展的空间;同时,完善交通体系和基础设施体系,积极实施“以城带乡”的城镇化战略。本次规划在空间布局上沿大沽河流域规划形成“一轴四城七镇多社区”的镇村规划体系,通过打造2个次中心城市、4个小城市、7个特色小城镇和多个新型农村社区,把大沽河周边区域打造成为青岛市城乡统筹的重点区域和先行区域、特色城镇的展示区和新型农村社区的示范区。在产业发展上,通过发展特色农业、规模农业,形成“一轴三片带九群”的产业布局体系;同时,通过完善堤路一体、南北交叉的道路系统,打造“安全、绿色、便捷、高效”的交通体系;通过完善基础设施和公共服务设施,形成“共建共享、服务均等”的支撑体系;通过河道整治、林地建设,形成“水清、岸绿、景美”的人与自然和谐发展的生态环境体系。

流域核心区主要是指受大沽河、小沽河河道整治、堤路结合建设影响最大的、河流沿线两侧各1公里范围内的城镇和428个村庄。核心层的规划重点是依据大沽河近期综合整治要求,规划沿线村庄搬迁、合并和新型农村社区布局方案,为大沽河流域新农村社区的发展建设确定空间。

三、项目特色与创新

第一,该规划突破以往城、镇、村规划分离的思路,结合大沽河流域镇村发展的特点,从城乡统筹角度将小城镇、农村纳入全域统筹规划,实现流域城、镇、村协调发展,开辟推进流域城镇化发展的最佳途径。

第二,该规划将生态文明和低冲击理论等流域发展的先进理念,充分体现在流域镇村空间发展过程之中;按照大沽河流域的发展特点,将流域划分为促进城镇发展区、适度建设区、禁止建设区,分别制订具体的发展与控制措施,实现生态环境的整体优化控制,对实现区域的可持续发展具有重大意义。

第三,该规划在研究方法上采取分层次研究的角度,按照流域紧密层与流域核心层两个层次的不同规划要求,制定不同的规划策略,以引导流域“城市—镇—村”上下层次之间协调发展,使研究层次与规划内容互相支撑、紧密结合。

第四,根据该规划的整体控制要求,制定了各镇(办)的城镇发展指引,提高了该规划对下一层次规划的指导作用。同时,针对流域村庄的不同发展条件,制定实行分类发展引导,促进流域村庄人居环境的改善和生活质量的提高。

青岛市农村新型社区和美丽乡村发展规划

编制时间:2015 年。

编制人员:宋军、吴晓雷、冯启凤、毕波、左琦、唐伟、杨斌、王宁、张舒、丁帅夫、叶果、陆柳莹、郑芳、张慧婷、苏诚。

获奖情况:2017 年,获山东省优秀城市规划设计二等奖;2016 年,获青岛市优秀城市规划设计二等奖。

一、项目基本情况

为贯彻落实中央城镇化工作会议、中央农村工作会议精神,按照《山东省农村新型社区和新农村发展规划(2014～2030 年)》规划要求,由青岛市农委牵头,各委办局参与开展本规划。

二、主要规划内容

(一)村庄分类

在青岛市未来的空间格局基础上,分为城镇型社区、农村新型社区和特色村三种发展类型,实行分类发展引导。

(二)规划布局

到 2030 年,规划形成 510 个城镇型社区和 578 个农村新型社区。根据不同地区的自然历史文化禀赋,规划打造历史文化特色村 103 个、自然风光特色村 97 个、产业发展特色村 90 个。

(三)产业支撑

构筑"一带三片四区多园"的都市型现代农业空间布局。"一带"指大沽河沿岸现代农业聚集带。"三片"指东部崂山、北部大泽山、南部大小珠山生态间隔片区。"四区"指优质粮油生产、高效设施农业、现代畜牧业、现代渔业等四大现代农业功能区。"多园"指粮油种植、蔬菜种植、果品种植等特色产业园区。

(四)配套设施

加强农村教育、医疗、卫生、文化和体育设施建设,推进城乡基本公共服务均等化标准,围绕美丽乡村基础设施建设,提升水、电、路、气、暖设施配套水平。

(五)风貌特色

按照"沽河田园风貌区、山地乡野风貌区、滨海渔村风貌区、平原特色风貌区"四大类,从规划布局、民居建设、色彩管理、外墙材料、乡土环境要素等方面制定不同风貌分区建设指引,塑造地域特色鲜明的乡村风貌。

三、项目特色与创新

（一）在工作方式上，调研基础扎实，充分尊重居民意愿

本次规划力求破解现状农村发展瓶颈。项目组开展了持续3个月的村庄调研，通过“进村、踏点、访谈”等方式方法开展关于村庄现状人口、土地、产业发展、规划建设、设施配套、社会保障、历史文化等7个方面108项指标数据调查，收回现状村庄调研数据表格54504份；召集相关区市镇办召开座谈会16次，深入了解村庄现状和村民真实需求。

（二）在规划方法上，利用五分法，因地制宜，彰显地域特色

本次规划提出“分区统筹村庄发展策略，分类指导村庄建设，分级制定配套设施标准，分形指引特色风貌建设，分期实施村庄计划”的五分法规划方法，合理确定村庄差异化的发展类型与建设指引模式。

（三）在技术手段上，借助大数据信息技术，为规划提供精细化支持

本次规划基于“生活圈”理念，利用GIS地理信息系统的空间数据分析和处理能力，形成以2公里为半径的基本生活圈方案，提高农村生活的便利性、安全性和舒适性。

（四）在研究基础上形成多个成果，便于指导规划和实践

本次规划最终形成1个规划文本、1份区市成果规范、3个附件（研究报告、现状村庄基础资料汇编、居民意愿调查汇编），约10万字，为中共青岛市委市政府决策、区市村庄规划编制指导提供了重要支撑。

平度市市域乡村建设规划

编制时间:2017 年。

编制人员:田志强、刘扬、赵启明、夏晖、王伟、林晓红、张相忠。

组织编制单位:平度市城乡规划局。

获奖情况:2017 年,获青岛市优秀城市规划设计三等奖。

一、项目基本情况

我国将乡村振兴战略上升为国家政策,确定了“产业兴旺、生态宜居、乡风文明、治理有效、生活富裕”的总体目标。而合理的镇村体系能够有效地推动多规融合、公共服务均等化等乡村统筹发展工作,促进乡村振兴。

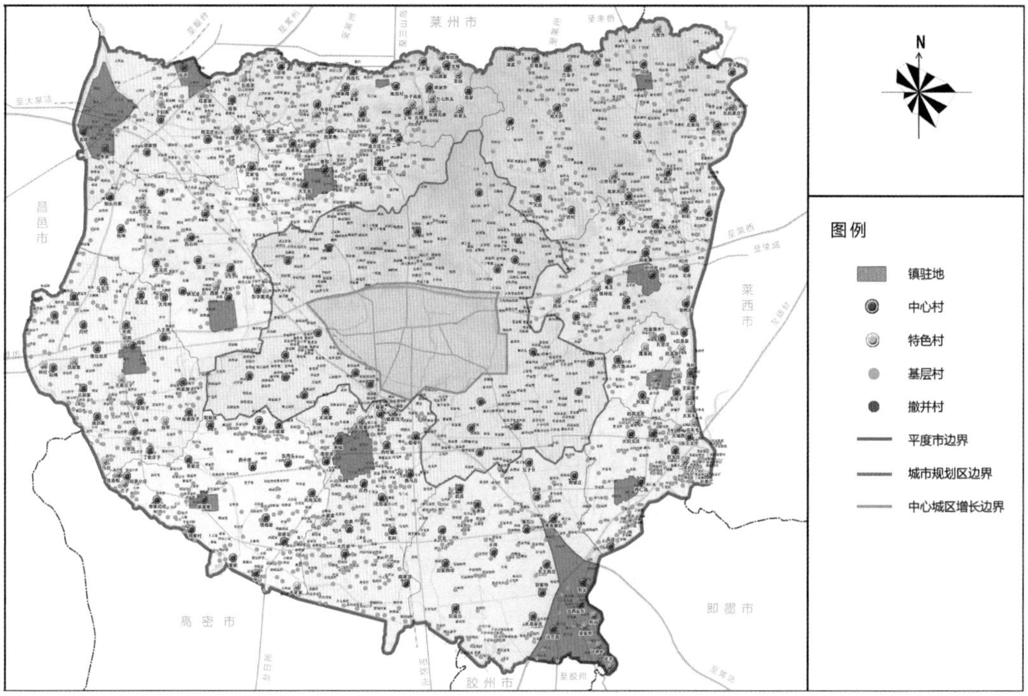

图 1 平度市村镇体系规划图

二、主要规划内容

(一)总体目标

本次规划(如图 1 所示)的总体目标为在平度市打造“胶东品质山水田园城镇、青岛宜居幸福美丽乡村”。参考乡村振兴战略要求，拆分总体目标，构建平度乡村建设“三步走”目标。

（二）分区发展引导

依据自然地形、基本特征和乡村建设管理需要，将平度市划分为山地、平原两层级，以及山水田园区、山地城市控制区、水源保护区、中心聚集区、文化培育区、小城镇发展区、农业规模化发展区、农业工业融合区 8 个分区（如图 2 所示）。分区进行乡村建设发展与管控综合指引。

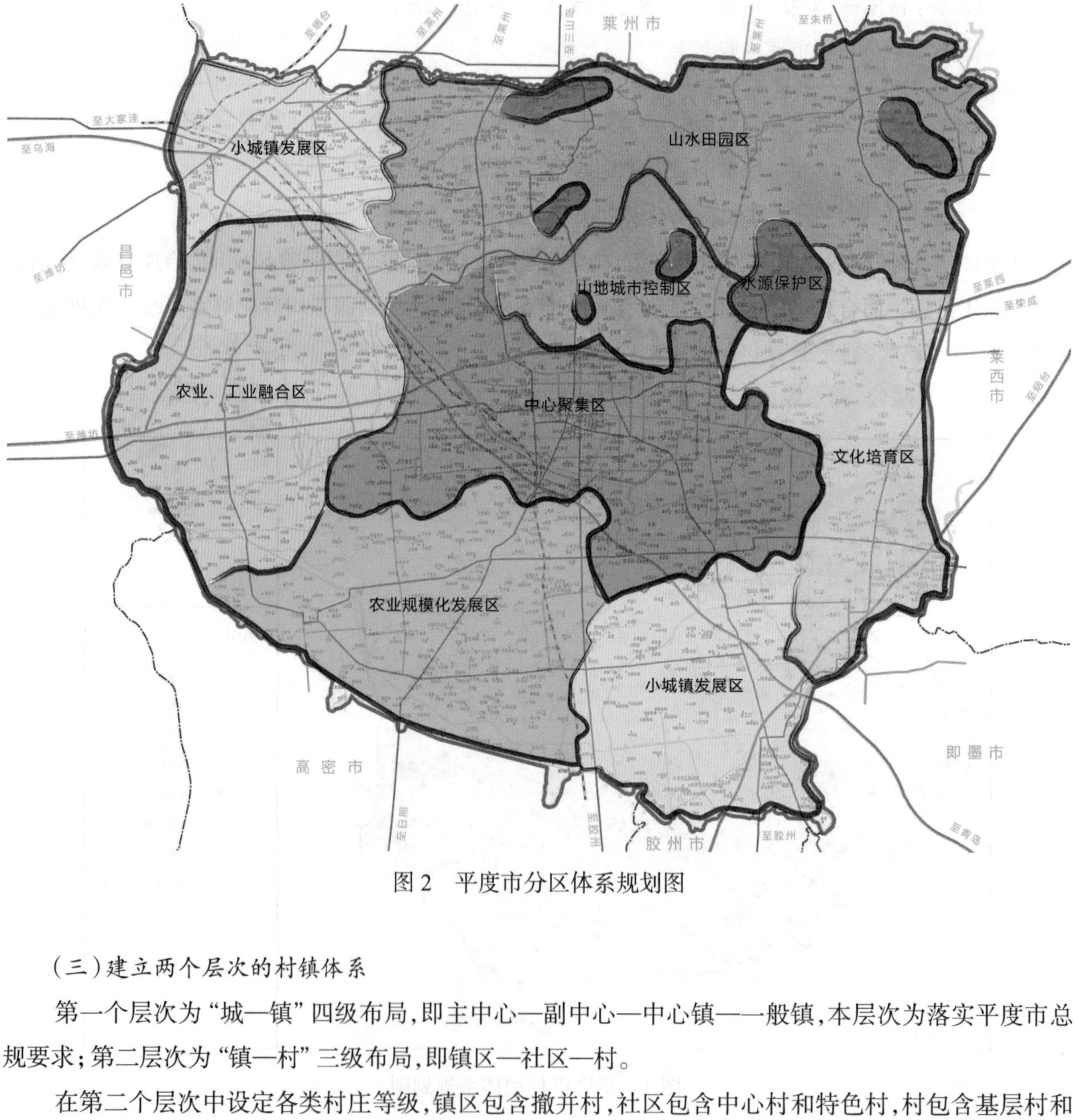

图 2　平度市分区体系规划图

（三）建立两个层次的村镇体系

第一个层次为“城—镇”四级布局，即主中心—副中心—中心镇——一般镇，本层次为落实平度市总规要求；第二层次为“镇—村”三级布局，即镇区—社区—村。

在第二个层次中设定各类村庄等级，镇区包含撤并村，社区包含中心村和特色村，村包含基层村和撤并村。在此基础上，参考村庄发展条件的评价结果，将村庄分为就地城镇化型、城镇化搬迁型、重点发展型、潜力发展型、特色发展型、生态保育型和自生发展型 7 类居民点类型，制定不同建设发展引导策略。

（四）公共服务设施规划

引入生活圈理念，修正村镇体系规划各级公共服务范围，构建平度市域四级生活圈，按生活圈等级安排行政、卫生、文化、教育、交通等公共服务设施。（如图 3 所示）

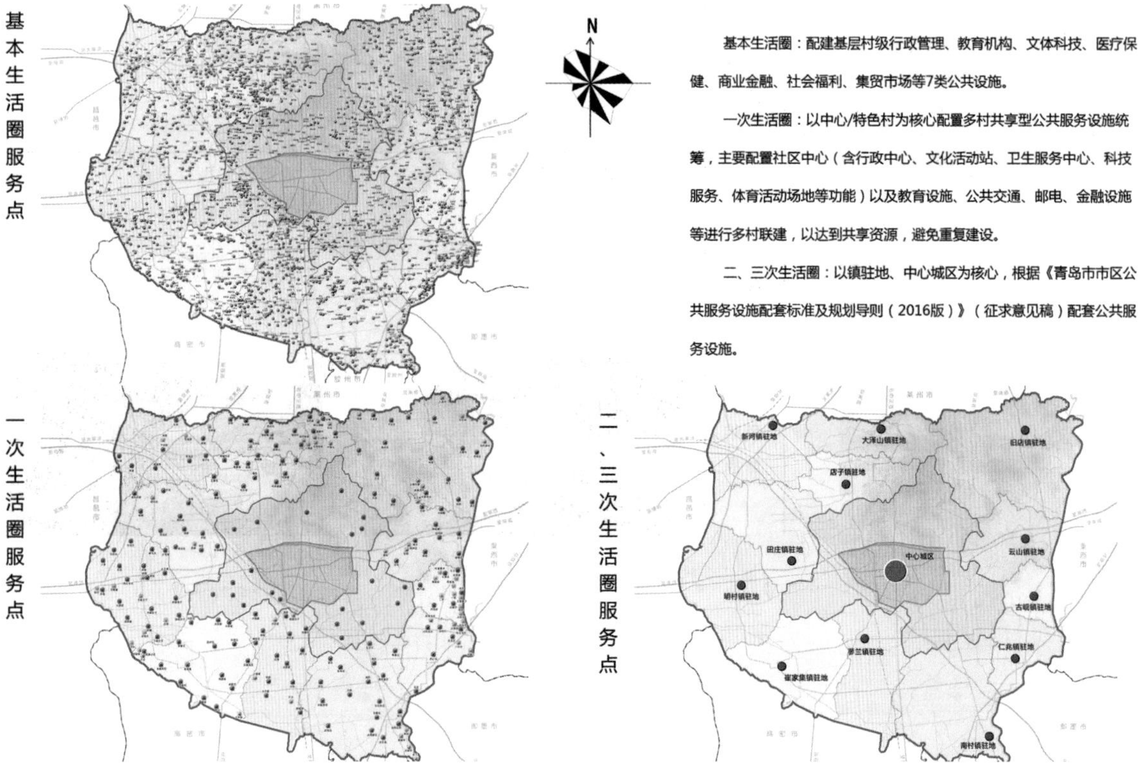
基本生活圈服务点
N
基本生活圈：配建基层村级行政管理、教育机构、文体科技、医疗保健、商业金融、社会福利、集贸市场等7类公共设施。
一次生活圈：以中心/特色村为核心配置多村共享型公共服务设施统筹，主要配置社区中心（含行政中心、文化活动站、卫生服务中心、科技服务、体育活动场地等功能）以及教育设施、公共交通、邮电、金融设施等进行多村联建，以达到共享资源，避免重复建设。
二、三次生活圈：以镇驻地、中心城区为核心，根据《青岛市市区公共服务设施配套标准及规划导则（2016版）》（征求意见稿）配套公共服务设施。
一次生活圈服务点
二、三次生活圈服务点
新河镇驻地
大泽山镇驻地
旧店镇驻地
店子镇驻地
中心城区
田庄镇驻地
云山镇驻地
明村镇驻地
古岘镇驻地
蓼兰镇驻地
仁兆镇驻地
崔家集镇驻地
南村镇驻地

图 3　平度市公共服务设施规划示意图

（五）基础设施规划

整合平度市总体规划、各镇总体规划以及各项专项规划中基础设施规划的内容，构建市域范围内能切实解决“三农”问题的基础设施体系。

（六）乡村风貌管控规划

根据影响风貌要素，将平度市乡村分为山区、平原区和特色三类进行风貌管控引导。（如图 4 所示）

（七）村庄整治指引

在镇体系规划基础上，将村庄整治分为基本保障型、专项整治型、综合整治型和特色整治型 4 种类型。

南部平原区
乡村风貌分类
北部：低山丘陵区
紧邻道路交通
远离道路交通
南部：平原区
紧邻城镇中心区
远离城镇中心区
特殊类
历史文化特色类
自然风光特色类
远离城镇中心类
紧邻城镇中心类
典型平面
现状特征分析
01 均衡分散式布局
数量多、规模小，土地利用效率低
02 建筑布局松散、风貌差异大
建筑相对老旧，临街3层、平屋顶，内部院落式一至两层，坡屋顶。颜色以白色和砖红为主。
03 公共服务设施欠缺
01 集聚式布局
在城镇引力作用下，逐步蔓延集聚
02 建筑风貌杂乱
90年代以后建设，3-6层、高密度、无院落，颜色、风格杂乱
03 环境卫生条件差
缺少绿化和公共空间，私搭乱建现象普遍
管控指引
新农村社区
01 整治入村道路及周边环境突出田园特色景观，营造外围田园风貌
02 结合村民实际生活需求及风俗喜好进行建筑整治，村庄整体呈现为活力、多彩的田园建筑风格，宜政府引导村民自建模式
03 增加街道、庭院绿化、美化，增设街道家具等人性设施，利用天然河流水系、古树等自然景观营造公共活动场所
城郊现代型社区
01 与城市功能、道路交通 及市政设施对接
02 完善提升建筑功能、立面美观简洁、色彩协调、明朗
03 增加村庄绿荫面积、亲水空间，根据农村习俗合理设置公共活动、集会场所
风貌意象

图 4　分区风貌引导图

平度市仁兆镇张家曲堤村村庄规划

编制时间:2017 年。

我院编制人员:李婧、刘洋、田志强、刘扬、张相忠、方海恩、王伟、马广金、刘通、夏晖、房帅、赵启明、于春威、王海声。

合作单位:平度市城乡规划局、平度市仁兆镇人民政府。

获奖情况:2017 年,获青岛市优秀城市规划设计成果二等奖,平度市仁兆镇张家曲堤村获"山东省美丽乡村示范村"荣誉称号。

一、项目基本情况

平度市仁兆镇张家曲堤村位于大沽河与小沽河汇水交叉处,东依大沽河边,景观条件优越,交通便利。基于村庄现状情况,结合村民发展意愿及区位优势,提出未来村庄的发展定位为:以生态农村、观光农业为底,打造特色农产村庄、大沽河畔运动休闲民宿、快乐田园耕种体验基地。(如图 1 所示)

按照乡村振兴战略和美丽乡村建设政策要求,实现村庄差异化发展,保障美丽乡村资金的精准投放,培育村庄发展新动力,构建一、二、三产业融合发展。在规划上,村庄建设规模基本保持不变,优先开发利用闲置宅基地,新增社区服务中心、村民文化体育广场等服务设施,加强集中供水,提升污水集中处理水平。因地制宜,推广使用绿色清洁能源。

图 1　平度市仁兆镇张家曲堤村发展定位分析图

二、项目特色与创新

(一)突破原有村庄规划编制体系

在传统村庄规划的基础上,延伸规划深度,根据张家曲堤村现实发展情况,增加旅游线路策划、村庄内部标示系统设计、村史馆及民宿小院打造和村间休闲角落利用等内容。

（二）充分挖掘村史文化民俗底蕴

张家曲堤村历史悠久，是一个具有光荣革命传统的英雄模范村。结合村庄历史，在南大街中部征集老式房屋4间，对房屋进行整修改造，建设村史馆1处，用于展览老式生活工具、乡村文化以牢记革命战争年代的村庄历史。

（三）立足区域优势依托自然风貌

保持仁兆镇辣性蔬菜的种植特色，大力发展农产品深加工产业。利用好大沽河沿岸的风光，举办沽河堤坝体育运动休闲活动，带动村庄民宿旅游的发展。适当开放部分大棚或耕地，并将其作为快乐田园耕种体验区。

（四）传承村庄院落布局建筑纹理

整修翻建历史悠久的大槐树西侧院落，并将其作为村庄特色民宿使用。凸显“树荫下面听曲调，围坐院中享清闲”的淳朴乡风，整改院落外部环境，营造典型院落前交往空间。（如图2所示）

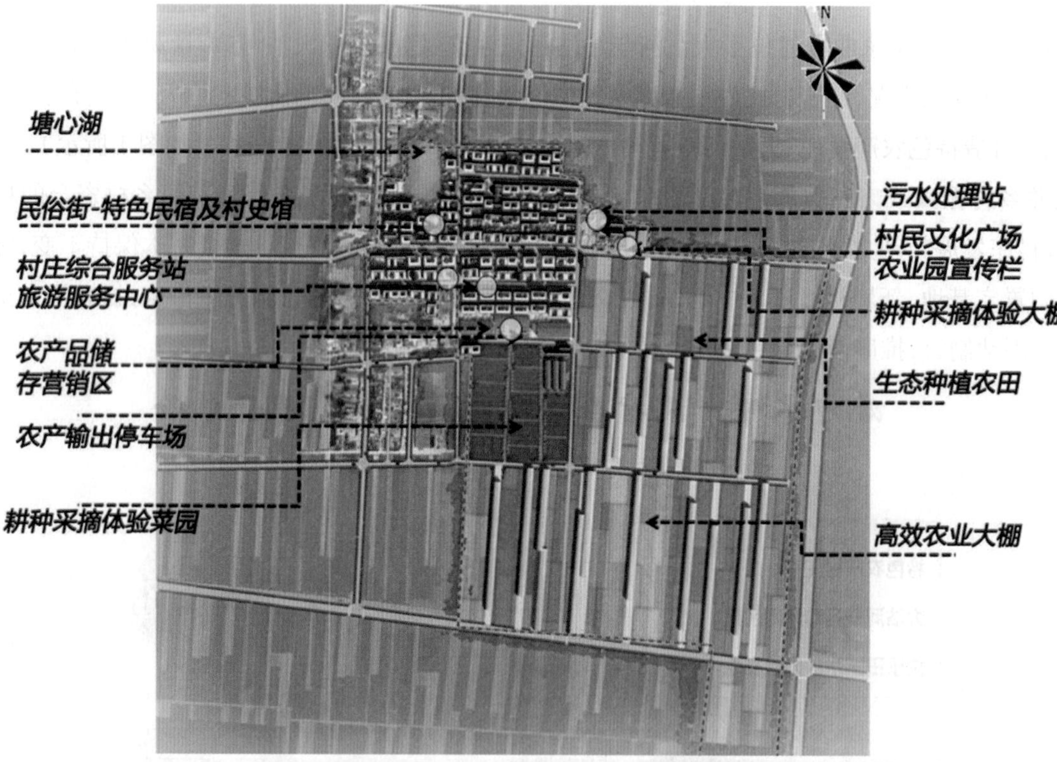

图2　平度市仁兆镇张家曲堤村规划布局总平面图

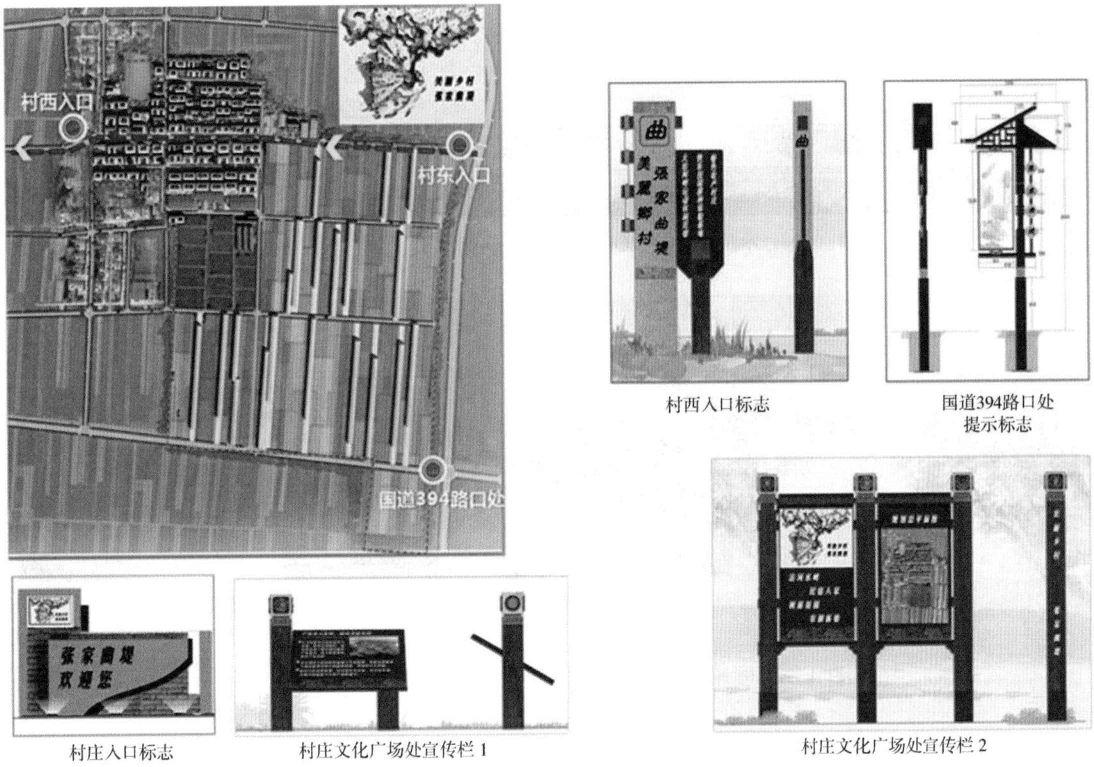

图 3 平度市仁兆镇张家曲堤村村庄内部标识系统设计

三、规划实施情况

近期建设中充分利用美丽乡村建设资金，真正提升村民生活环境质量。

一是将村庄 9 条已经硬化的主要道路沥青罩油，在小街巷路面铺设混凝土路，宅间胡同采用铺设石板路、鹅卵石及砖铺等形式硬化。

二是在村庄东侧设置村民文化体育广场，为村民提供休闲、娱乐、活动的场所。

三是优先整治墙体裸露、残破和掉漆的房屋，统一主要街道的外墙景观，沿街绘制文化墙。

四是建设村史馆 1 处，用于展览老式生活工具。

五是设置村庄入口标志（如图 3 所示），丰富村庄入口景观，并将其作为展现美丽乡村形象的主要窗口。

本次村庄规划实施后，张家曲堤村变得更加美丽，村道整洁，民居古朴，花木扶疏。村庄功能得到完善，村庄品质和内涵显著提升，村庄旧貌换新颜。（如图 4、图 5 所示）

中心大街整治立面效果图

中心大街整治前

中心大街整治效果图

中心大街整治后实景

图 4　平度市仁兆镇张家曲堤村美丽乡村实施效果图 1

普通民房现状

普通民房整治效果图

普通民房整治后实景

休闲角落与街心花园现状

休闲角落与街心花园整治效果图

休闲角落与街心花园整治后实景

图 5　平度市仁兆镇张家曲堤村美丽乡村实施效果图 2

胶州市李哥庄镇北部村庄规划

编制时间：2018～2019年。

我院编制人员：崔婧琦、王聪、陆柳莹、张雨佳、张君、王天青、赵润晗、王晓莉、黄黎明、宋谷笙、高永波、李明月、胡连军。

获奖情况：2019年，获青岛市优秀城乡规划设计一等奖。

一、项目基本情况

规划区（如图1所示）位于青岛胶州市李哥庄镇胶济铁路线以北、大沽河东岸，距离胶东国际机场3公里。规划范围为李哥庄镇北部19个村庄，规划面积约25.37平方公里。本次规划涵盖国土空间镇级村庄布局专项规划与村庄（群）详细规划两个层次，是李哥庄镇乡村地区实施国土空间用途管制的法定依据。

本次规划落实国家乡村振兴战略的新要求，结合李哥庄镇北部村庄群在区位、生态、文化、产业发展的现状优势，提出底线管控、格局重塑、绿色崛起、普惠共享、特色提升五大发展理念，统筹生态环境保护、村庄分类规划、产业发展、设施配套、风貌提升等重点内容，打造生产美、生态美、生活美、文化美、民风美的大沽河乡村振兴齐鲁样板。

二、主要规划内容

（一）规划定位

李哥庄镇北部村庄坚持绿色发展理念，依托并服务胶东国际机场临空经济区，打造以现代农业、生态文旅休闲为主导产业，以黑陶与帽艺工艺文化为特色，宜居、宜业、宜游的大沽河北部生态活力村庄群。

（二）村庄群与村庄分级规划

基于“共建共享、社区治理”理念，结合区位条件、产业基础等因素，规划3个新型村庄群，并确定每个村庄群的中心村和一般村。

（三）村庄分类引导

综合考虑现状人口规模、建设基础、自然条件、交通基础设施、土地情况、发展与迁并动力等因素，将北部19个村庄划分为聚集提升类、一般存续类、特色发展类和城郊融合类4种类型。

（四）三区三线划定

本规划结合“双评价”与各类专项规划，划定生态空间用地面积、永久基本农田面积、村庄开发边界。

（五）乡村振兴产业格局

突出自身产业特色，打造“3＋3”现代产业体系。三大主导产业包括临空现代农业、生态旅游业、文化创意业；三大特色产业包括制帽业、工艺品制造业、绿色食品加工业；同时，规划临空现代农业发展区、田园综合体核心区、工业转型升级引领区。

（六）公共服务体系

规划打造 3 个“30 分钟乡村生活圈”、18 个“15 分钟乡村生活圈 "。中心村构建乡村特色一站式社区服务中心，村庄公共服务设施体系划分为中心村级—基层村级两级，以及基本公共服务设施、市政公用设施、特色服务设施和 X 设施（未来新型公共服务设施预留）四类。

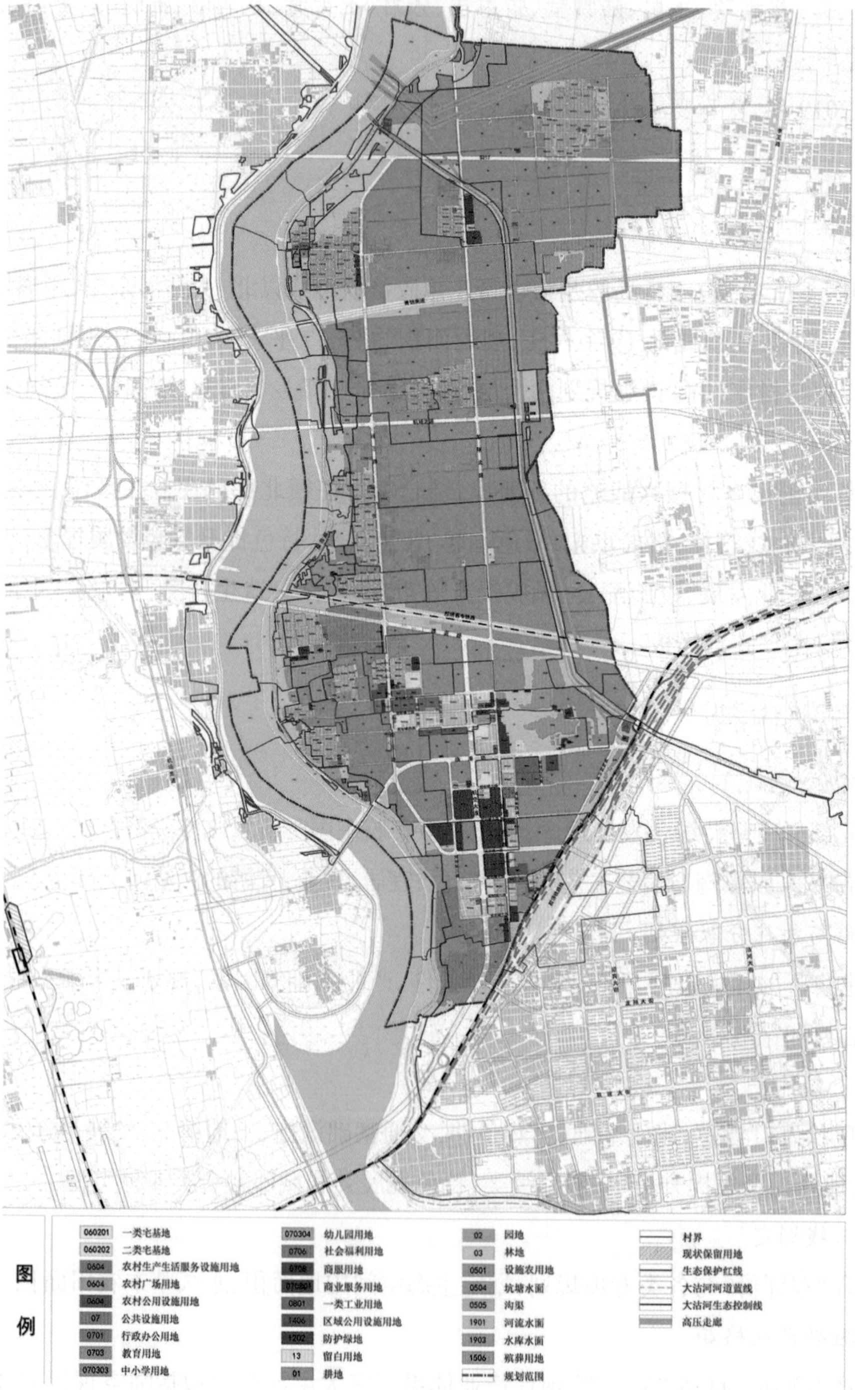

图 1　胶州市李哥庄镇北部村庄用地规划图

三、项目特色与创新

第一，以人民为中心理念，结合乡村基层治理措施划定新型社区单元，规划乡村社区生活圈，构建老年儿童友好型乡村。打造“新型社区单元”，即在中心村规划一站式的新型社区级综合服务中心，融合行政管理服务、文体活动中心、集市商业等乡村品质服务，并将其作为社区村庄管理的单元。针对北部村庄老年、儿童比例较高的实际情况，增设面向老年与儿童需求的“沽河人家”老年、儿童友好型服务设施；在特色发展村，结合村庄旅游服务业发展的需求和现状，将生产生活服务与季节旅游相融合，提供一站式服务，打造“沽河人家”乡村生活品牌。同时，加强乡村地区住房保障建设。

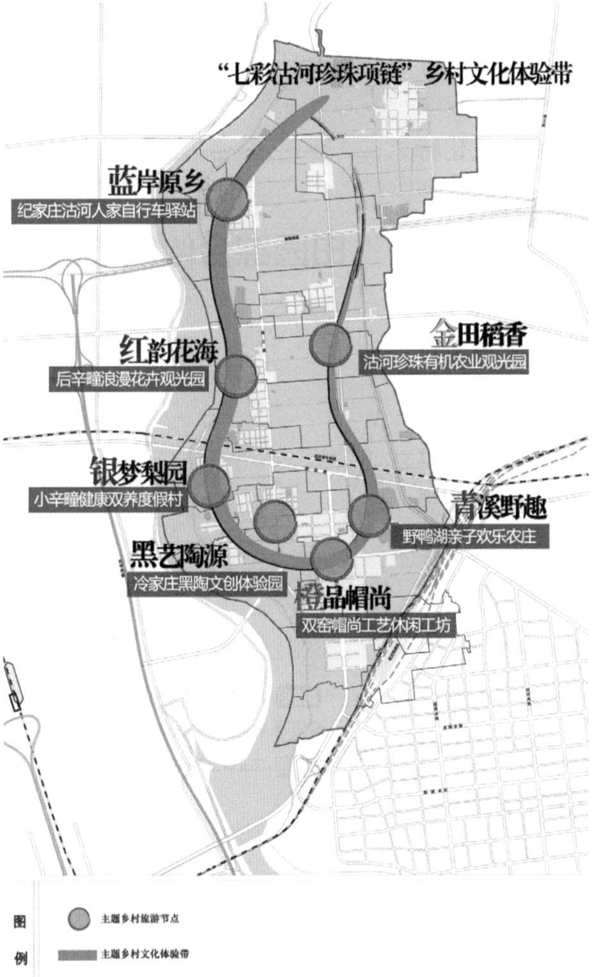

图 2　胶州市李哥庄镇北部村庄旅游发展引导图

第二，以临空为战略引领，打造以“沽河珍珠”为特色，集临空都市农业、特色工艺制造、生态文旅休闲于一体的田园综合体。充分利用野鸭湖景区、金湍湾景区等旅游资源以及冷家庄黑陶文化特色，引入乡村艺术家、文创企业，打造包括休闲农业、文化旅游、健康养老等多元功能田园综合体核心区。以田园综合体模式为核心，实现一、二、三产业融合升级，形成以农村合作社为特色的现代农业体系。（如图 2、图 3 所示）

第三，坚持生态优先，科学划定三区三线，加强大沽河流域国土空间整治与生态修复。建立国土空间规划体系底线管控思维，严格落实省级生态保护红线、大沽河饮用水水源保护区、大沽河生态控制线以及保护湿地、保护林地的保护管控要求，以生态保护红线、基本农田红线为底线，划定村庄开发边界以及生态空间、村庄建设空间、农业空间。对大沽河一类、二类生态空间内的建设用地、农田引导腾退，恢复生态湿地与林地；通过国土整治提高农业空间质量，打造二片高标准基本农田集中区。

第四，传承李哥庄黑陶等乡村文化特色，塑造“胶东田园珍珠，沽河风情人家”风貌特色，打造“七彩珍珠，沽河人家”乡村情怀生态文旅体系。李哥庄北部乡村民间流传黑陶文化、胶东民俗、祈福文化等多元胶东文化特色。深挖现状风貌特色，依托黑陶文化和沽河民俗文化，打造“蓝岸原乡”“红韵花海”“银梦梨园”“黑艺陶源”“橙品帽尚”“青溪野趣”和“金田稻香”七大主题的“七彩珍珠，沽河人家”乡村生态文化之旅。着重打造纪家庄、小辛疃、冷家庄三个特色村庄及“沽河珍珠”田园综合体，塑造“水绿环绕、文韵野趣、村田融合”的总体乡村风貌空间格局。

图 3　胶州市李哥庄镇北部村庄产业发展规划图

第五，以国家农村“三块地”改革为引领，盘活闲置存量空间，探索渐进式精明收缩减量发展模式，划定“弹性引导减量区”。国家农村“三块地”改革使集体用地和国有土地“同等入市，同权同价”，为盘活村庄闲置用地提供了支持。减量发展是保障地区生态安全与耕地安全的重要途径。本次村庄规划秉承农民利益优先保障的原则，尊重农村地区实施减量发展、盘活存量的自愿性和不确定性，在用地规模上由刚性规划转为“弹性引导”。基于“双评价”、村庄空心化、产业发展等，梳理村庄闲置空间，合理确定减量化村庄，划定“有条件引导腾退区”；在镇级国土空间总体规划层面，与城镇开发边界“弹性发展区”相对应；结合减量实施，进行动态落位。针对发展的不可预见性，在村庄规划新增留白用地。预留 5% 弹性规模，为田园综合体等重大农业项目点状供地与公共服务设施建设提供支持。

第六，以新的国土空间规划体系为框架，加强“专项规划”与“详细规划”两个层面相衔接，划定“新型社区单元”，构建“片区—单元—村庄—地块”四级引导管控体系，创新村庄“法定图则”管控方法。以整个李哥庄镇北部村庄作为“片区”，以“规划引导”为主，明确整体发展定位、生态格局、功能结构、交通衔接、重大市政统筹，划定三区三线及村庄分类。以新型社区作为“单元”，加强公共服务设施统筹，突出产业与风貌特色引导；“村庄”层面，明确村域范围各类用途管制，划定村庄集中建设区，对村庄公共服务及基础设施进行空间落位；对于村庄建设用地“地块”，明确用途管控、容积率、绿地率、建筑密度、配套等管控要求，作为项目审批的法定依据，注重弹性管控，结合项目实施对地块边界、用途进行适度调整。

第五编

技术标准与规划研究

青岛市市区公共服务设施配套标准及规划导则(试行)

编制时间:2010 年。

主审:展二鹏、滕军红、宋军。

起草人员:李传斌、段义猛、张洲朋。

为突出以人为本的发展理念,满足居民日益提高的物质和精神文化需求,科学合理地配置城市公共服务设施,优化布局,有效使用城市土地资源,提高政府公共服务能力,进一步提高城市规划编制和管理的标准化、规范化水平,结合青岛市实际情况并考虑城乡发展需要,由青岛市规划局组织制定了《青岛市市区公共服务设施配套标准及规划导则(试行)》,并于 2010 年 5 月由青岛市规划局发布施行。

本标准以国家、省、市和部门的相关规范及标准为基本依据,结合青岛市公共服务设施的规划建设情况及城市发展要求,并参考国内相关城市做法研究制定,尽量体现科学、合理、实用,突出可持续发展、节约用地和资源共享的理念,重点体现和关注社会公平性、系统性、兼容性、创新性、继承性以及适度超前或相对稳定等。

本标准对公共服务设施分类、分级和配置要求进行说明,综合考虑建设规模以及投资、布局方式等,将公共服务设施分为五级:市级、区级、居住区级、居住小区级、居住组团级。针对市级和区级公共服务设施,以导则形式提出了教育设施、医疗卫生设施、文化设施、体育设施、社会福利设施、商业金融设施、行政办公设施等方面的配置要求和控制要求,并详细制定了居住区、居住小区、居住组团级公共服务设施的配置标准和要求。

本标准是青岛市市区范围内控制性详细规划、修建性详细规划等相关规划编制的依据,对指导各级、各类公共服务设施的规划建设发挥了重要作用。

青岛市海岸带规划导则

编制时间:2014～2016年。

编制人员:王天青、陆柳莹、潘丽珍、张慧婷、吴晓雷、郑芳、赵琨、叶果、王丽婉、隋鑫毅、丁帅夫、毕波、冯启凤、徐文君、唐伟。

获奖情况:2015年,获山东省优秀城市规划设计二等奖、青岛市优秀城市规划设计二等奖。

一、项目基本情况

青岛大陆岸线长782.3公里,约占山东省岸线的1/4。海岸带空间资源丰富,岸线蜿蜒曲折,近岸陆域山形地势变化丰富,地貌景观独特,是青岛城市特色的精华所在和人文脊梁,是实现蓝色经济区核心城市功能、推动海洋要素融入城市发展的重要空间载体。

目前,海岸带宏观层面的保护与发展利用规划已基本完成,沿岸地区发展建设进程加速,亟需一部从全域视角,统筹海陆、统筹沿岸各功能区、统筹各专业部门管理要点的规划导则以指导各段开展详细规划编制和建设活动。

二、主要规划内容

本次规划构建了“以自然岸线保护为基础,以分类分段规划管控为基本面,以全要素控制为技术手段”的线、面、点相结合的大尺度滨水地区城市设计技术框架。

首先,自然岸线保护是本次规划的前提。遵循“完整保护、实事求是”的原则,将“沙滩、礁石、重要河道入海口、重要滨海湿地的粉砂淤泥”四类自然岸线以及受轻微破坏有条件恢复的自然岸线和建成区内绿化景观风貌较好的人工岸线划入自然保护岸段,制定了自然岸线保护范围的具体划法和保护总体要求,可以指导下一步各区段编制自然岸线保护专项规划。

其次,结合海岸带资源分布、山海环境特色、现状建设和腹地发展要求,将全市海岸带分为“重点保护型、发展建设型、优化提升型、预留储备型”四类,分类制定海岸带保护利用总体要求。例如,重点保护型片区是海岸带上自然资源优良、景观独特以及城市建设比较完善的青岛风貌特色代表性岸段,它主要包括崂山风景名胜区、青岛前海一线、凤凰岛和琅琊台旅游度假区四个片区。

最后,为使本导则更具实操性,本次规划依据海岸带地理空间特点、行政区划和总体布局,将海岸带划分为8个岸段,分段制定城市设计导则。以鳌山湾海洋科技旅游岸段为例,该岸段城市空间建设规划,从城镇建设发展区、滨海公共开敞带、海域空间三个层次进行控制引导,具体包括山水蓝绿基底划定、“三边”建筑高度控制、滨海天际轮廓线塑造、山海视廊控制、滨海公共开敞带控制、公共活动节点布局、滨海慢行道和海岸引擎设置要求、海岛及海域保护利用等要素。

三、项目特色与创新

结合本土优势，制定“以自然岸线保护为基础，以分类分段规划管控为基本面，以全要素控制为技术手段”的大尺度滨水地区城市设计技术框架。

秉承规划统筹与延续理念，将海岸带“多规”刚性控制要点和既往规划管理核心思想转译为空间设计的规划控制语言，建立海岸带统一管理的法定依据平台。

制定“突出重点、精细管理、刚弹有度”的控制引导要素。根据本导则大尺度空间设计研究问题的特点，抓住影响滨水区山水格局、总体城市形态、滨海公共空间品质和涉海设施等关键点，制定海岸带规划指引的十大项控制要素。

加强规划成果的实操性。制定以文字导控为主、图件信息为辅的规划成果体系，实现海岸带地区规划技术管理信息“一张图”。

青岛市农村新型社区规划编制导则

编制时间:2014年。

编制人员:王天青、冯启凤、毕 波、盛 捷、宋 军、吴晓雷、唐伟、徐文君、左 琦、赵琨、张舒、张慧婷、郑芳、隋鑫毅。

获奖情况:2015年,获青岛市优秀城市规划设计一等奖。

一、项目基本情况

青岛市作为山东省农民纯收入最高、城乡差距最小的地区之一,整体上已经进入工业化后期阶段。与此同时,青岛市村庄发展却长期缺乏系统性规划,而且乡村规划编制数量和成果质量参差不齐,亟须制定统一的编制技术指引,以指导村庄规划建设。

二、主要规划内容

本次规划编制导则分为农村新型社区布局规划与农村新型社区详细规划两个层次,分别从规划内容、规划技术要求、成果构成等方面制定了相应的规划编制要求。

农村新型社区布局规划是总体规划(城镇体系规划)的专项规划,是对总体规划(城镇体系规划)相关内容的深化和优化调整。规划内容主要是从区域角度,确定社区的空间布局、发展类型、产业功能特色,强化交通、基础设施体系的支撑,保护与提升生态环境等。

农村新型社区详细规划与社区布局规划相衔接,对单独社区的整体发展及社区安置区的布局予以规划和控制。它包括社区(全域)控制规划和居民点详细规划两部分内容。社区全域控制规划是根据乡(镇)域总体规划,结合社区的实际情况,对各项建设进行综合部署和空间控制。居民点详细规划是在社区(全域)控制规划的指导下,对社区居民点建设进行具体安排。

三、项目特色与创新

(一)编制意义

该导则首次系统地规范了农村新型社区规划编制的内容和成果要求,是青岛市第一份农村新型社区规划编制的指导性文件,为青岛市农村新型社区规划建设工作打下了良好的基础,具有一定的规划影响和社会效益。

(二)编制方法

该导则的编制,采用了多案例借鉴、多层次研究、多部门协作、多方式参与的研究方法。

1. 多案例借鉴

由于导则独特的乡村规划技术规范特点,原有的城市规划思路已经不适应导师编制的需要,所以在导则编制前，研究了国内 20 多个省市的农村社区规划建设和农村社区建设技术导则案例。

2. 多层次研究

导则涵盖了规划编制体系和编制审批两个层次，而在规划编制体系中又涵盖了布局规划和详细规划的两个层次。

3. 多部门协作

导则编制采用了城市规划部门牵头，建设、土地、农业、国土、交通、市政、环保等多部门协作的方式。

4. 多方式参与

导则通过调研问卷的形式，全方位、多角度地听取村民的意见和建议，以扩大规划公众参与程度。

（三）编制内容

编制内容上，结合青岛实际，提出了具有青岛地域特色的农村新型社区分类体系和配建指引，更具可实施性和可操作性。

本导则立足新型城镇化对乡村的新认识，基于农村特点，将农村新型社区分为“城中村改造型、小城镇集聚型、功能区整合型、龙头企业带动型、中心村融合型”五种类型，分类别引导社区居民点、产业发展、配套设施的规划建设。

青岛市城市公共信息导向系统总体规划及设置导则

编制时间:2014年。

编制人员:丁帅夫、潘丽珍、吴晓雷、王天青、徐文君、叶果、王丽婉、张舒、左琦、袁方浩、杨靖、张慧婷、方卓君、曹子元、张安安。

获奖情况:2015年,获青岛市优秀城乡规划设计二等奖。

一、项目基本情况

青岛市是一个具有城市辨识度(色彩/建筑/自然环境)的城市,所以本次规划着眼于城市空间结构和城市标识导向系统,提出发展策略与规划控制依据,从宏观层面构建完整的城市信息系统,对城市整体及各个功能区分区的导向设施类型、设置数量、密度、布点、信息点等内容进行总体控制;从微观层面体现城市特色和文化,展现青岛独有的文化背景及自然肌理,在版面信息、规格、材质、色彩等方面对导向设施个体进行控制。

二、主要规划内容

(一)规划目标

构建可以满足人们生活、公共和出行基本行为需求的城市导向系统,并使导向设施成为体现青岛城市形象和传递城市文化的重要组成部分。

(二)寻路模式分析

在对城市寻路过程研究与寻路障碍因素分析的基础上,结合现状公共空间导向设施的发展条件,同时借鉴国内外各相关专业的研究经验,提出青岛市城市公共空间导向系统的控制内容及手段。

1. 导向信息内容分类与分级控制

对城市信息内容进行分类,再根据各类型的信息内容选择最佳的呈现方式,可以确保信息内容的传达更加清晰、直观。由于各类型信息内容的重要程度不同,要在有限的空间内展现最有效的信息内容,需要对信息内容进行等级划分。

2. 设置通则

根据相关规范及实际建设经验对不同类型导向设施的位置、数量以及标准化、智能化的内容提出要求。

3. 分区控制导则

对不同地段和区块的特点以及各个控制性要素的要求进行描述,编写控制导则,对城市导向系统进行动态地过程控制。

(三)导向信息分类、分级控制

借鉴国外的信息分类表结构及方式,提炼出适合青岛城市的信息点分类及内容。对青岛市城市公共信息导向系统应提供相关信息(如图1所示)。由于各类型信息内容的重要程度不同,为在有限的空间内展现最有效的信息内容,需要对信息内容进行等级划分:一级信息,包括行政区划、城市交通、公共交通三种类型;二级信息,包括公共建筑、旅游设施、服务设施、警示禁制四种类型;三级信息,包括各种商业服务类型。

(四)控制通则

本次规划对各级区域中的公共导向系统的设置类型从设置位置、设置内容、设置形式等方面分别提出了控制要求。

(五)分区控制通则

根据青岛的城市发展水平与城市特色,将公共空间按照功能分为10类特色区域,并对各类型区域具有代表型的区域分别提出了指引要求。

图1　城市公共信息导向系统设置示意图

三、项目特色与创新

(一)"以小见大"的研究体系与"以宏控微"的控管体系

本次规划基于对现状导向系统设施的分布、形式、内容等详细调研,总结其具有共性的设置规律与要求,初步形成了导向系统设置的体系性认知,形成了"以小见大"的研究体系;本次规划体现了从全局到地段再到节点的层次性,在规划层面应形成宏观控制—中观控制—微观控制的多级控制系统,体现导向系统设置具有连续性、协调性、辨识度等特征,从而形成"以宏控微"的控管体系。

(二)加强"城市风貌"的系统化研究

导向系统是反映城市文化的窗口。本次规划不仅从功能性出发采用市政设置化的配置,而且还加强了导向系统与周边自然环境特征的风貌协调,体现了对城市风貌的系统化研究,按照片区的不同特色提出了分区控制要求。

(三)采用"导则加通则"的控制方式

本次规划的成果主要包括两部分内容:一是风貌分区导则,从宏观层面对公共信息系统的设置提出总体控制要求;二是控制通则,首先根据城市功能布局确定分级控制体系,然后对各级公共信息系统设置分别提出控制要求。

青岛市控制性详细规划编制技术导则及控规单元划定规划

编制时间:2016 年。

编制人员:王天青、刘扬、周楠、田志强、季楠、刘通、李艳、沈迎捷、李婧、黄黎明、张善学、张舒、郑芳、王丽媛、王国涛、房帅、夏晖、马建国、马广金、于春威、马婧媛、刘洋、牛雨。

获奖情况:2019 年,获山东省优秀城市规划设计二等奖;2017 年,获青岛市优秀城乡规划三等奖。

一、项目基本情况

我国的控制性详细规划产生于 20 世纪的 80 年代,经历了 30 多年的探索实践,编制技术逐步完善。控制性详细规划成为规划法制化与科学性的集中体现,在规范、促进和引导城市建设管理与土地开发利用方面起着重要作用。然而,控规的具体编制和执行也遇到越来越多的问题和挑战。控规频繁调整、修改,使规划的科学性和权威性屡遭挑战。

为全面贯彻落实国务院关于青岛市城市总体规划的批复要求,本次规划在总结青岛市控规编制过程中存在的问题、借鉴其他城市的经验基础上,以“严控底线、保障基础、弹性包容、分层管控”为基本原则,编制完成《青岛市控制性详细规划编制技术导则》(以下简称《导则》)。在《导则》规范和指导下,进行了中心城区控规片区、管理单元划分,对青岛市控规编制方法进行了探索和创新(如图 1 所示),自 2017 年起逐步实现了青岛市中心城区控制性详细规划全覆盖。

二、主要规划内容

(一)建立控规片区—管理单元—地块(街坊)三级控制体系

为了更好地落实总体规划意图、分解相关指标,并将其落实于地块开发建设上,同时使地块控制与具体建设项目得以适应市场规律和现实情况,在控规片区、管理单元、地块(街坊)三个层次中逐级分解落实规划总量和各级各类城市设施和要素,分层级明确规划管理的控制重点和要求。

(二)制定严守底线、基础保障、弹性包容的技术内容

控规作为政府协调各种利益关系的重要手段,要更深、更细、更加刚性,要基于综合承载能力控制住建设总量和结构,保障公共设施建设,强化资源环境管制,加强公共空间管理。将控规片区作为刚性传递总体规划强制内容的技术载体,严格落实总体规划设定的各类控制线以及重大基础设施和公共设施;将管理单元作为统筹中小型设施布局的技术载体,作为管理单元的刚性控制内容,使城市运行和市民服务等得到优先保障。同时,为满足市场对城市空间的资源配置要求,按照“弹性包容”的技术思路,做出设定土地使用兼容性负面清单、有条件的容积率控制区间、发展预控区域、控制要素的分类控制方式等方面的规定。

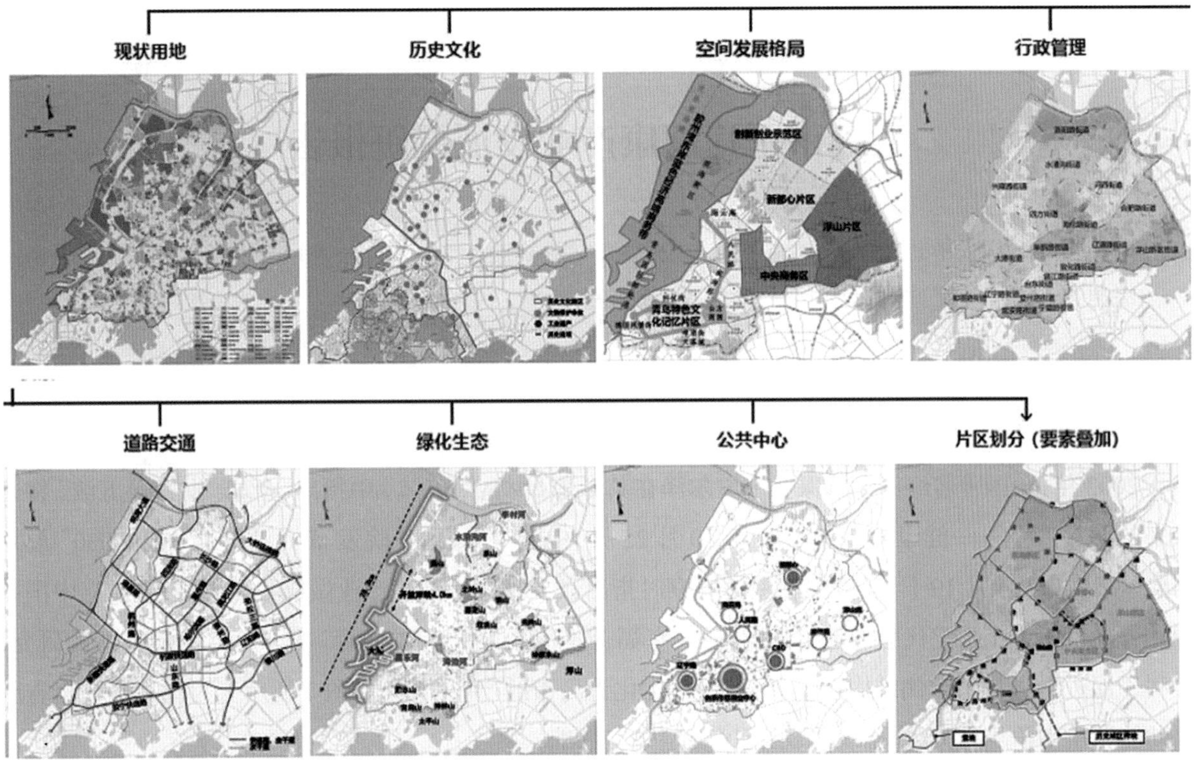

图 1　导则工作思路示意图

三、项目特色与创新

第一，通过对青岛市历次控规调整案例的研判，结合调研过程中有关领导和专家的座谈分析，精准分析总结目前控规频繁调整的五个方面原因，有针对性地解决实际问题。

第二，建立控规三级管控体系，控制控规研究尺度，提高规划研究的精确度和规划对策的精准度；通过网格化的规划研究，提升城市基本服务功能，完善贴近居民生活的各项设施，合理控制各项指标。

第三，增加包容性规定，细化规划控制要素。针对各类强制性控制要素的实际控制目的和实际效果，将控规的部分强制要素分为“实线控制、虚线控制、点位控制、指标控制、文字控制”五种更为灵活的控制手段，制定混合用地、土地使用兼容性、容积率奖励等有关规定，对开发强度控制分管理单元总建设量、街坊平均容积率和地块容积率三级控制，充分发挥城市空间资源保护利用的“政府引导与市场决定”作用。

第四，在传统控规内容的基础上，界定不同区域的编制深度，并扩充控规技术文件。控规编制中，将规划范围内的用地空间分为一般区域、重点区域和发展预控区域三种编制类型，分别适用不同的规划编制深度，对重点区域增加“附加图则”，将城市设计内容转化为图则，提高城市设计对地块开发和建筑设计的指导作用；将现状调研与分析评估、城市设计、交通市政和生态环境影响分析、公共参与文件等扩充到控规技术文件，提高控规编制的科学性支撑。

第五，系统总结梳理了青岛市原控规和本次新编控规的基本信息，并统一入库，运用信息化和大数据平台，逐步建立“编制—实施—检测—评估—维护”机制。

青岛市医疗健康产业发展调研报告

编制时间:2017年。

编制人员:张瑞敏、李艳、吕广进、朱瑞瑞、杨彤彤。

一、项目基本情况

2002年,美国著名经济学家保罗·皮尔泽在其专著《财富第五波》中指出,全球“财富第五波”将是未来的明星产业——健康产业。2016年10月25日,中共中央、国务院发布了《“健康中国2030”规划纲要》。2017年4月19日,李克强在威海考察时指出,“要把医疗健康产业做成我国支柱产业”。中国共产党青岛市第十二次党代会确定了建设宜居、幸福、创新型国际城市的目标。开展医疗健康产业的研究,有利于促进青岛市供给侧结构性改革,进一步优化青岛市的产业结构(如图1所示),为青岛市在全省新旧动能转换中争当排头兵、驱动器、示范区奠定坚实基础。

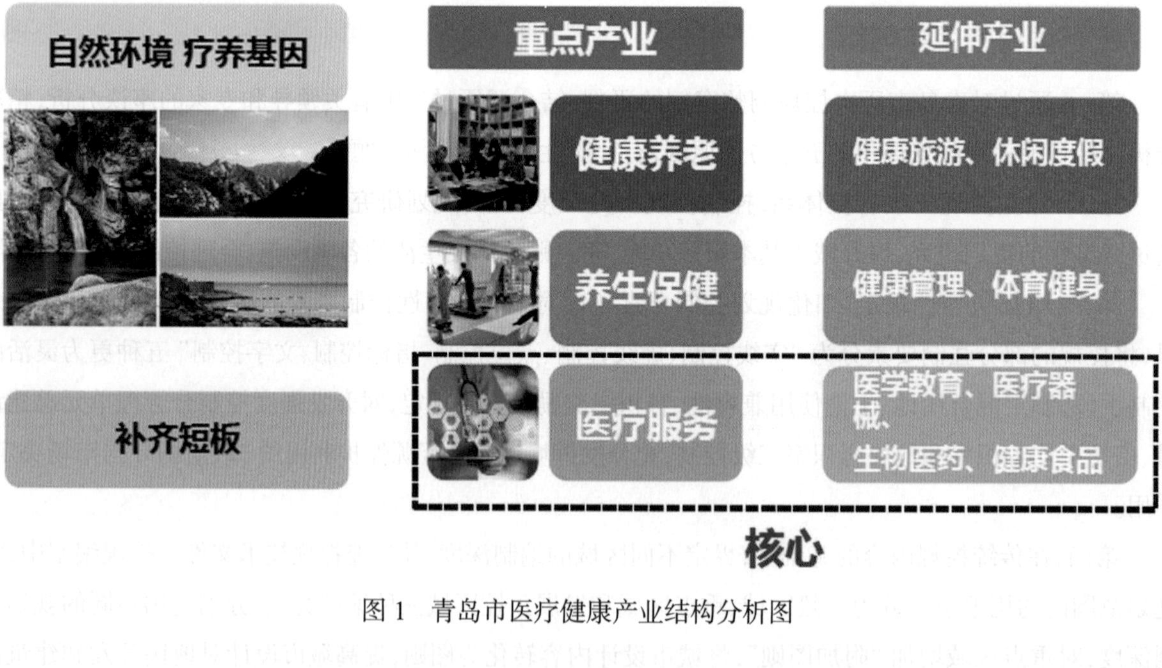

图1　青岛市医疗健康产业结构分析图

本次调研报告作为青岛市第一份较全面的医疗健康产业发展调研报告,指出了全市在医疗产业、医疗水平、医疗科研等方面取得的成绩和存在的短板,通过问卷的形式了解市场对医疗产业的发展要求,借鉴相关案例,提出青岛市未来医疗健康产业发展的方向和目标以及空间的应对策略,确保青岛医疗健康产业的有序发展。

二、主要规划内容

如图 2 所示，该调研报告分析国内外医疗养老健康产业的发展趋势，明晰医疗养老健康产业发展重点，为青岛市医疗养老健康产业发展指明方向。

研究国内外城市在发展医疗养老健康产业的具体案例，分析其主要的发展措施，为青岛市发展医疗养老健康产业提供经验借鉴。

从医疗养老健康产业发展的要求出发，明晰青岛市发展医疗养老健康产业存在的问题，总结青岛市发展医疗养老健康产业的劣势和优势。

结合案例和青岛市自身特点，提出青岛市发展医疗养老健康产业的具体策略和空间布局建议。

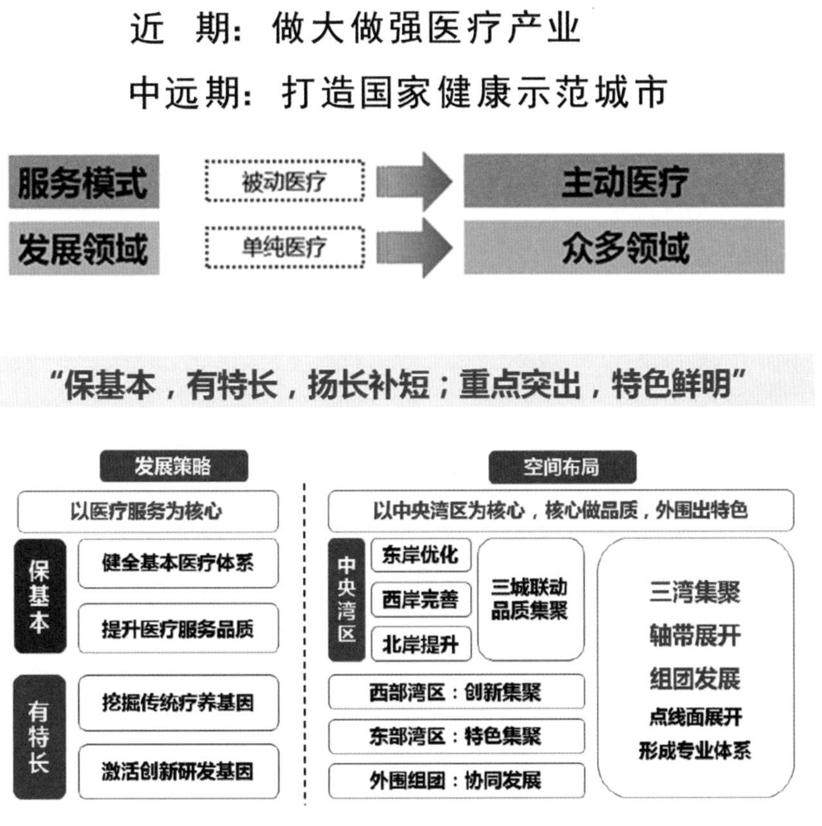

图 2　青岛市医疗健康产业规划工作思路

三、项目特色与创新

（一）研究理念创新

在传统产业分析的基础上，基于空间规划的视角，从青岛全市域的角度出发，分析青岛市未来医疗养老健康产业的空间应对策略，为青岛医疗养老健康产业发展提前谋划空间保障。

（二）技术方法创新

采用综合分析方法，打破“就产业论产业、就空间论空间、就政策论政策”的切割式分析模式，从国家政策、产业发展、空间应对等角度分析青岛医疗养老健康产业的发展。

（三）工作内容创新

从市场发展的角度出发，调研青岛市部分地产企业对医疗养老健康产业发展的需求，充分了解企业在新经济形势下转型发展的要求及空间诉求，为医疗养老健康产业的空间布局奠定市场基础。

（四）工作机制创新

为打破部门之间的壁垒，工作过程中，在青岛市发改委的宏观政策引导下，规划部门（空间研究）、市卫计委（行业管理）（2018 年 3 月，国家不再保留卫计委）进行充分对接，实现政策、产业、空间的深度融合，确保青岛医疗养老健康产业发展研究的可操作性、实施性。

青岛建设国际消费中心城市研究

编制时间:2017年。

编制人员:季楠、于连莉、宋军、郭晓林、商桐、张瑞敏。

获奖情况:2019年,获山东省优秀城市规划设计一等奖。

一、研究构思

青岛作为沿海重要中心城市、滨海度假旅游城市、国际性港口城市、国家历史文化名城,拥有双向开放的门户地位、得天独厚的城市魅力、时尚消费的发展基础。把青岛培育建设成国际消费中心,既是顺应五大发展理念和供给侧改革、新旧动能转换的要求,也是城市转型升级的"动力引擎"之一。

以"建设国际消费中心城市"为目标导向,按照"为什么建设国际消费中心城市(背景分析)——什么是国际消费中心城市(案例综述)——与国际消费中心城市的差距(现状审视)——建设什么样的国际消费中心城市(发展目标)——怎么建设国际消费中心城市(发展策略和空间支撑)"的思路展开研究。

二、主要内容与特色

(一)构建了与供给侧改革相适应的城市消费体系模型

从供给侧改革和新旧动能转换视角,抓住新时期城市转型发展的脉搏,系统梳理与建设国际消费中心相关的各类要素,并根据其作用提炼总结为由"核心要素、吸引要素、支撑要素"构成的城市消费体系模型。

(二)构建了基于全域空间的国际消费中心城市研究体系

当前关于国际消费中心城市的研究,主要集中在产业发展、商业规划、旅游规划等领域,主要展现发展策略、商业空间等方面,尚未在全域规划层面对其进行全面系统研究。本研究构建了基于全域空间的国际消费城市研究体系,填补了该领域的研究空白。在成果评审中,来自规划、产业、旅游方面的专家也充分肯定了成果"内容全面、具有创新性"。

(三)构建了基于定量分析的要素评价、目标指标体系

在城市消费体系模型的基础上,构建了"核心要素、吸引要素、支撑要素"3大类9个方面的要素评价体系(如图1所示),根据评价内容选取相应指标,通过横向、纵向对比进行量化分析。从消费资源聚集指数、城市可达性指数、城市消费活跃度指数、消费方式多元化指数、消费国际化指数等5个维度,构建了5个一级指标、15个二级指标、31个三级指标的目标指标体系,研究上位规划指标,对标国际城市和国内先进城市,明确各指标的目标值。

(四)构建了基于青岛特色的空间支撑体系

基于城市资源禀赋和发展目标,识别青岛特色的消费空间,构建特色化的消费空间体系,并将其作

为建设国际消费中心城市的空间支撑，对综合型消费空间、枢纽消费空间、文化消费空间、休闲旅游消费空间、康体养生消费空间进行规划研究。

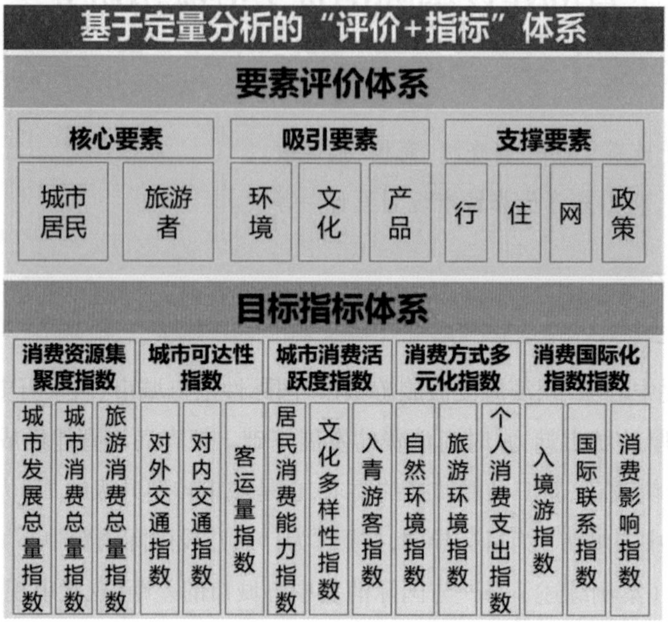

图1　基于定量分析的“评价+指标”体系图

青岛市城市微空间利用及设计研究

编制时间:2017 年。

编制人员:吕广进、于连莉、朱瑞瑞、杨彤彤、宋军。

获奖情况:2017 年,获青岛市优秀城乡规划设计一等奖。

一、项目基本情况

党的十九大对“实现高质量发展”“满足人民日益增长的美好生活需要”提出更高的要求,品质是城市发展的关键。本课题首次开展对城市微空间的研究,弥补了该领域的空白,为实现青岛市“300 米见绿,500 米见园”的目标、推动“更加富有活力、更加时尚美丽、更加独具魅力”的新青岛建设提供了技术支撑。

本课题按照“什么是城市微空间——青岛市微空间特征——市民心中的微空间——我们想要什么样的微空间——如何利用微空间”的思路(如图 1 所示)展开。

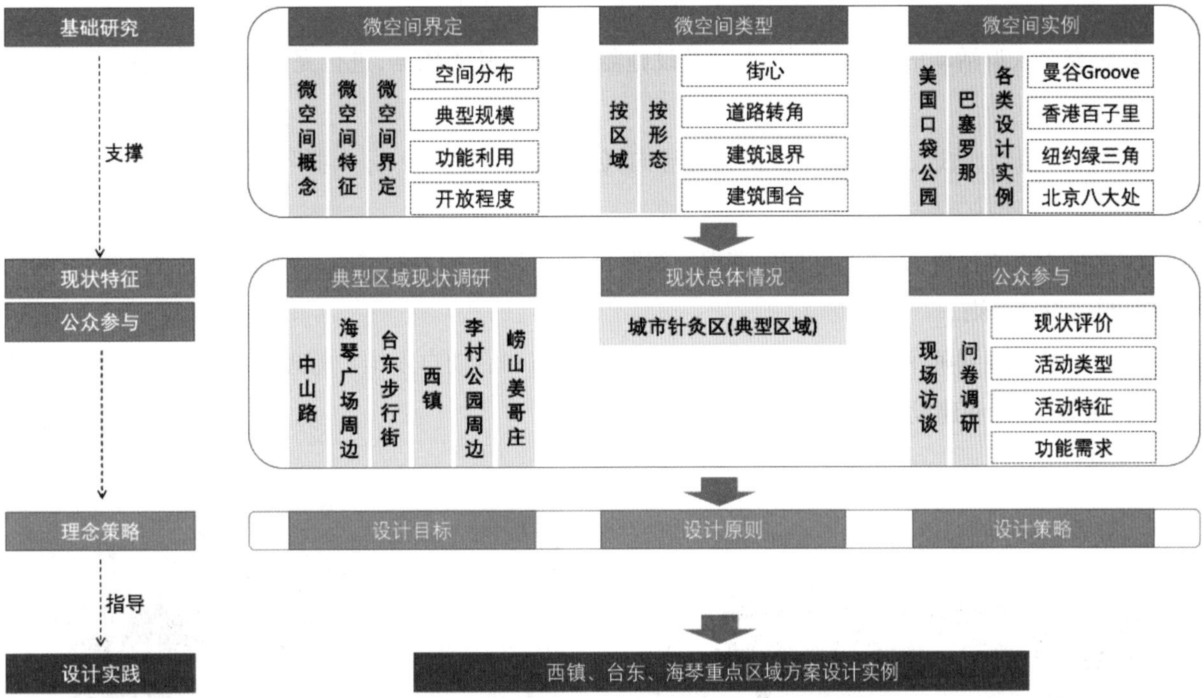

图 1　青岛市城市微空间利用及设计技术路线图

二、主要规划内容

1. 明确“微空间”的概念和界定标准。

2. 选取中山路、台东、西镇等六片典型区域作为城市“针灸区”深入调研，开展青岛市微空间调查及评估，建立数据库。

3. 利用“青岛规划研究”微信公众号、城市规划展览馆等平台开展“青岛微空间利用及满意度”调查。

图 2　西镇微空间方案设计

4. 研究全人群活动的时间、地点、类型及设施需求，并以其为依据，进行完整设计，构建适应全人群的活动体系。

5. 制定“精致、贴近、激活、示范”的目标导向，创新提出“分类型、分人群”设计策略（如图 2 至图 4 所示）。

6. 立足于人本视角，关注实际使用需求。按照自然的空间、活力的空间、特色的空间、智慧的空间四个方面制定设计导则。

7. 通过社区规划师平台开展设计实践，引导公众参与和后期自发维护管理。提出微空间改造行动指引，为规划、设计和建设工程提供指引。

图 3　海琴广场南微空间方案设计

图 4　原阳光百货西微空间方案设计

三、项目特色与创新

（一）创新研究对象

一是开展微空间研究；二是关注民生，关注存量空间，开展调研作为支撑，为下步工作开展奠定了基础；三是以人民为中心，构建适应全人群的活动体系，满足不同人群的使用需求。

（二）创新技术方法

采用“时间上分时段、空间上分区域、人群上分类型”多维度调研，对附近居民和过往行人访谈，全面了解微空间活动类型。结合大数据，率先探索利用 GIS 图斑识别微空间。作为首个微空间设计导则，可以指导微空间详细设计。

图 5　昌邑路、沾化路口袋公园改造前后

（三）创新工作思路

通过网站、微信、媒体等多个渠道发布调研。结合社区规划师，引导公众参与微空间改造，探索社区治理新模式。结合典型微空间改造实践，形成样板（如图 5、图 6 所示），以点带面，激发触媒效应，推动规划设计落地，保证工作成果可复制、可推广。

图 6　华阳路、埕口路街头游园改造前后

宜居幸福的青岛公共服务体系研究

编制时间:2017 年。

编制人员:吕广进、于连莉、季楠、郭晓林、宋军、李艳、周志永、高亢、张瑞敏、朱瑞瑞、杨彤彤。

获奖情况:2017 年,获青岛市优秀城乡规划设计三等奖。

一、研究构思

党的十九大报告指出,坚持在发展中保障和改善民生、增进民生福祉是发展的根本目的。完善健全的公共服务体系是保障和改善民生的关键点,也是实现宜居、幸福、美好生活的着力点。

本研究以青岛公共服务设施为主要研究对象,从公共服务的两个扇面和三个职责出发,构建区域、市区、社区三级公共服务体系(如图 1 所示),结合大数据分析青岛公共服务发展的现状,对标先进案例,发现差距短板,明确发展目标,制定发展策略。同时,在研究角度、技术方法、凸显特色方面进行探索创新。

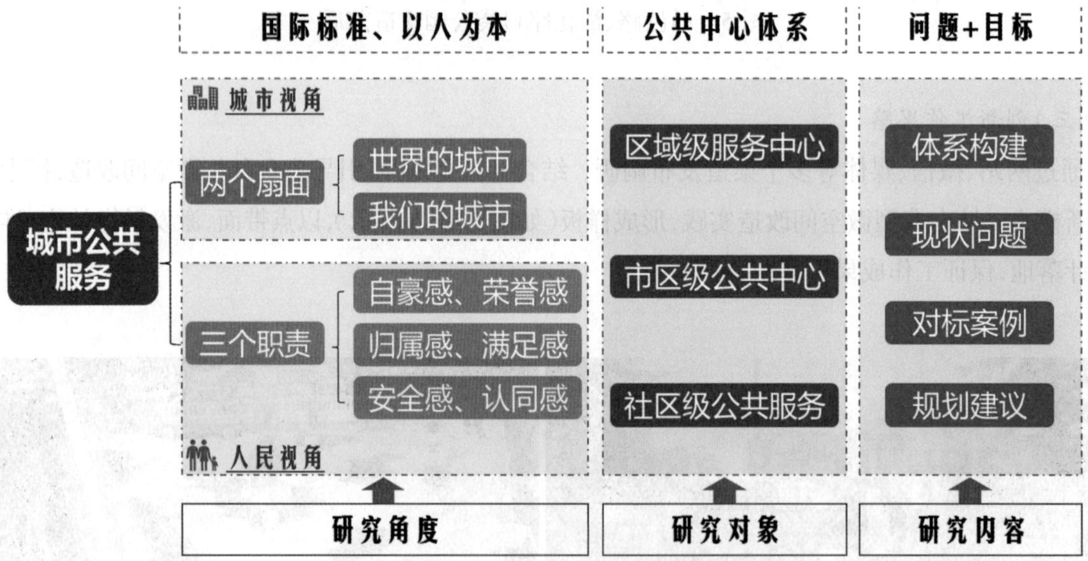

图 1　青岛公共服务体系研究框架图

(一)城市公共服务体系的“两个扇面”

一方面,提升城市竞争力,实现设施高端区域化,建设国际的城市;另一方面,提升城市公平性,实现设施均等化,建设我们的城市。(如图 2 所示)

(二)提升城市宜居度和居民的幸福感

满足居民的自豪感和荣誉感,建设大型公共服务设施,举办国际、全国影响力的大型活动;提升居民的归属感和满足感，建设高品质的文化、教育、科研设施，如文化中心、博物馆和学校等；提升居民的安全感和认同感，提供基本的行政、医疗、养老服务，如社区卫生中心、养老院等。（如图 3 所示）

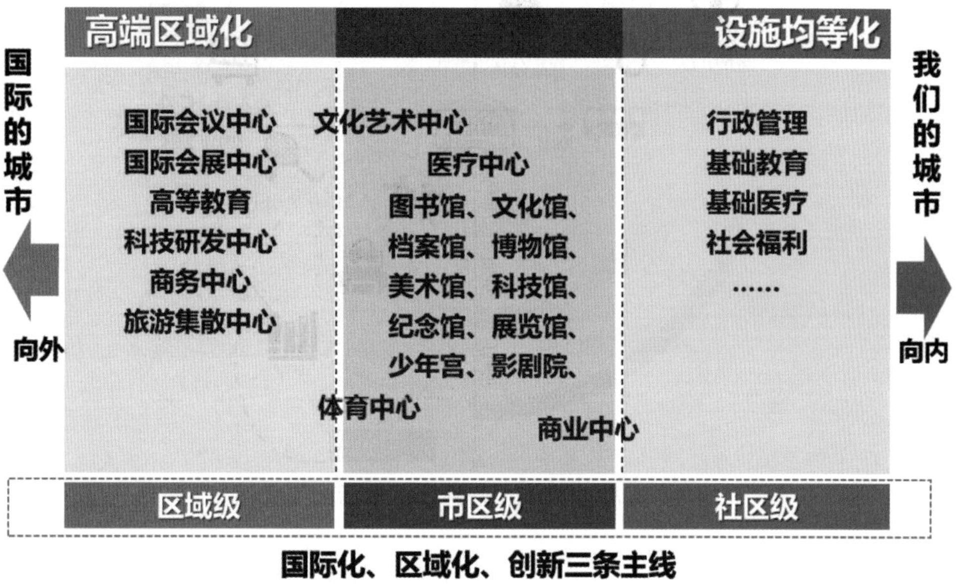

图 2 青岛公共服务体系构成示意图

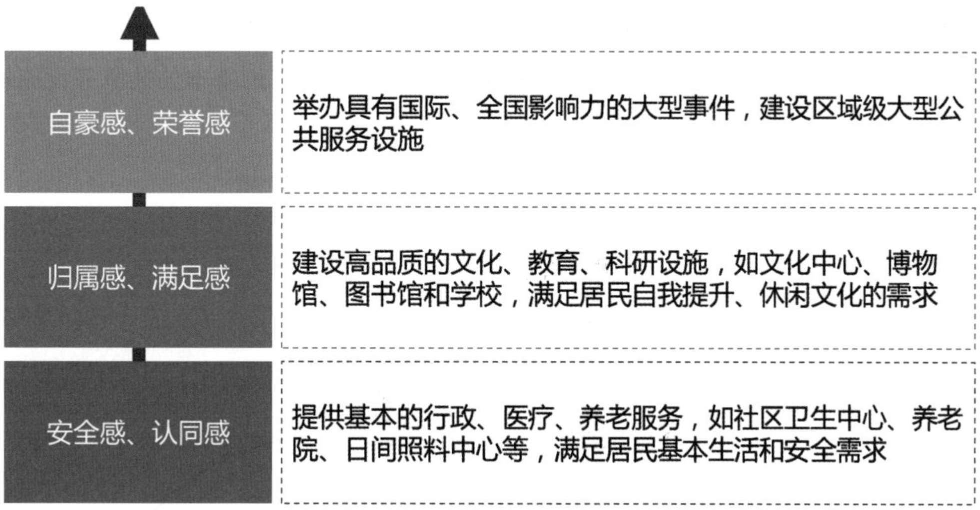

图 3 青岛公共服务体系建设目标示意图

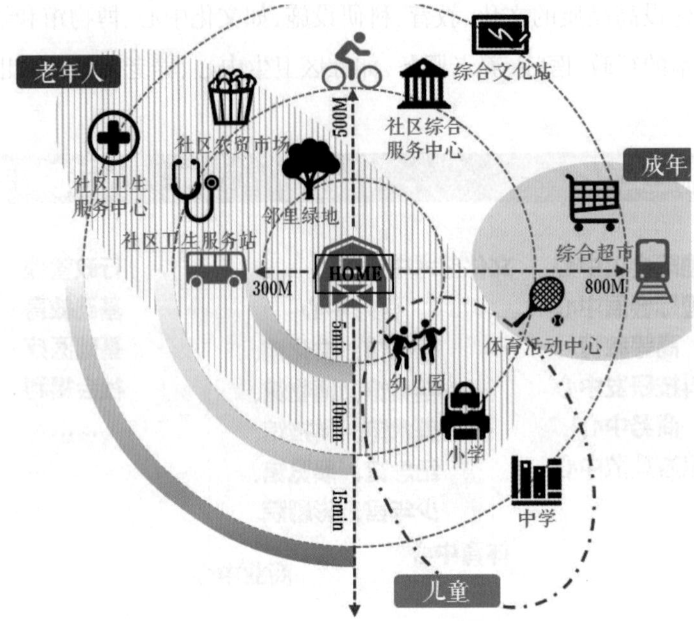

图 4　青岛 5、10、15 分钟社区生活圈模式图

二、主要内容与特色

(一)延展“公共服务”概念,首次构建大型服务设施体系

研究延展“公共服务”的概念,提升城市竞争力,研究面向“世界的城市”的大型服务设施,首次构建大型公共服务设施体系;提升城市公平性,研究面向“我们的城市”的基本公共服务设施体系,构建“15 分钟社区生活圈”。(如图 4、图 5 所示)

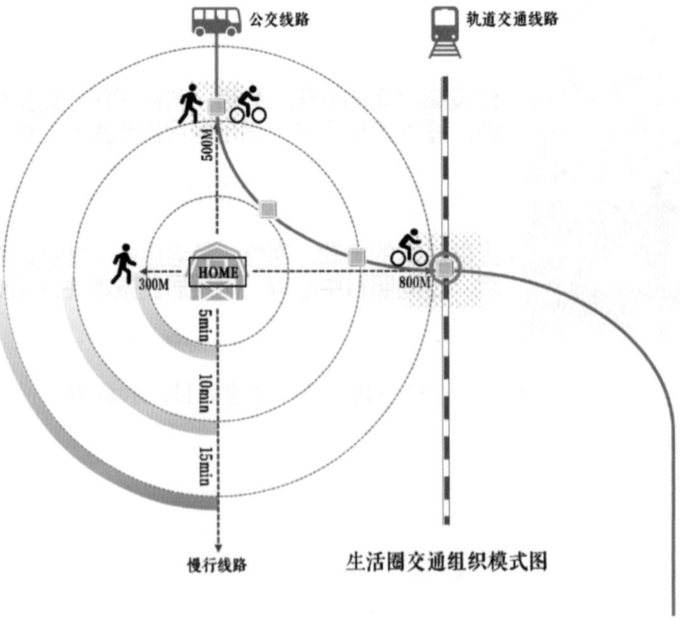

图 5　社区生活圈交通组织模式图

(二)使用大数据,实现公共服务能力可视化、数据化

综合运用与公共服务相关的多源数据,分析各类公共服务设施的空间分布、服务半径,同时结合现

状居住用地、人口分布数据，进一步探讨公共服务设施的覆盖能力和服务能力。同时，将社区服务设施按照使用人群的需求进行统筹叠加分析，识别公共服务薄弱地区。（如图 6、图 7 所示）

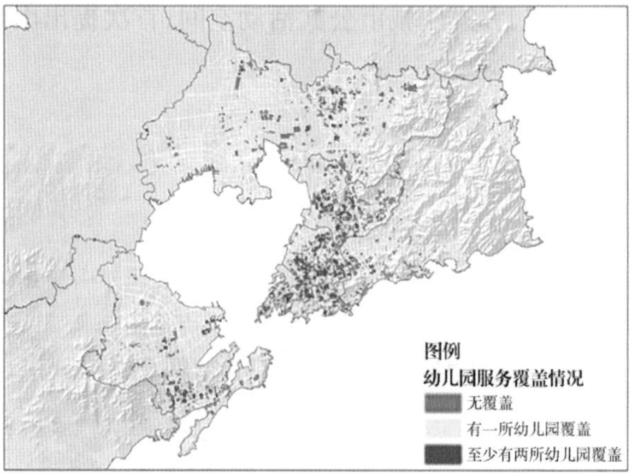

区域	幼儿园服务范围覆盖居住用地比例			
	无覆盖	覆盖	其中	
			基本满足	多选择
城阳区	67%	33%	22%	11%
崂山区	67%	33%	24%	9%
市南区	41%	59%	27%	32%
市北区	28%	72%	24%	48%
李沧区	54%	46%	20%	26%
黄岛区	56%	44%	22%	22%

无覆盖：居住用地没有被教育资源服务范围覆盖
有覆盖：居住用地有被教育资源服务范围覆盖
基本满足：居住用地仅被一个设施服务范围覆盖
多选择：居住用地被两个或两个以上设施服务范围覆盖

图 6　幼儿园 300 米覆盖度（中心城区）

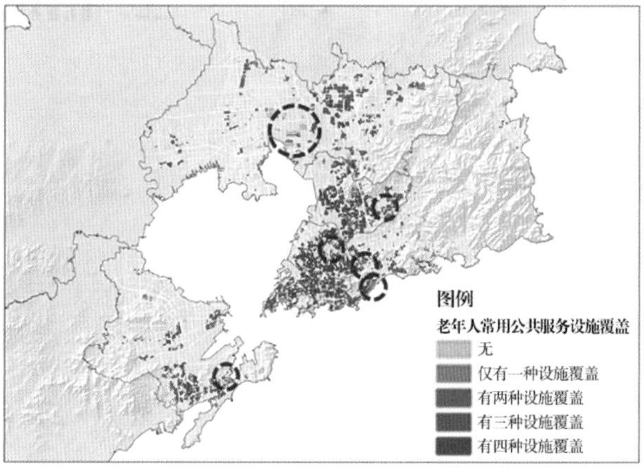

区域	老年人常用设施服务范围覆盖居住用地叠加分析				
	无覆盖	一种	两种	三种	四种
城阳区	19%	23%	28%	22%	8%
崂山区	6%	24%	28%	32%	10%
市南区	0%	1%	11%	35%	53%
市北区	0%	5%	8%	23%	63%
李沧区	1%	15%	20%	33%	30%
黄岛区	9%	26%	19%	31%	14%
总体	8%	17%	20%	28%	27%

通过大数据的分析，可以得出针对不同人群的公共服务设施空间分布特征，从而为公共服务设施的选址提供参考依据，实现服务设施空间布局的优化。

图 7　老年人常用服务设施叠加分析图

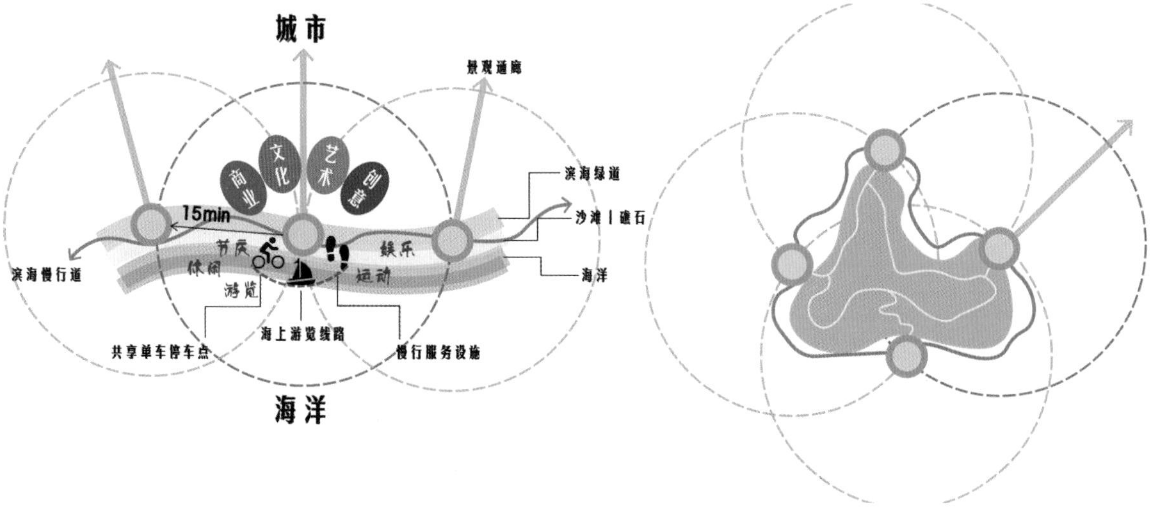

图 8　滨海 “15 分钟活动圈” 模式图

（三）凸显地方特色，将公共活动空间纳入公共服务体系

结合青岛“山、海、城”特色，在构建社区生活圈的基础上，关注城市公共活动空间，首次提出山地、滨海“15 分钟活动圈”（如图 8、图 9 所示）的概念。

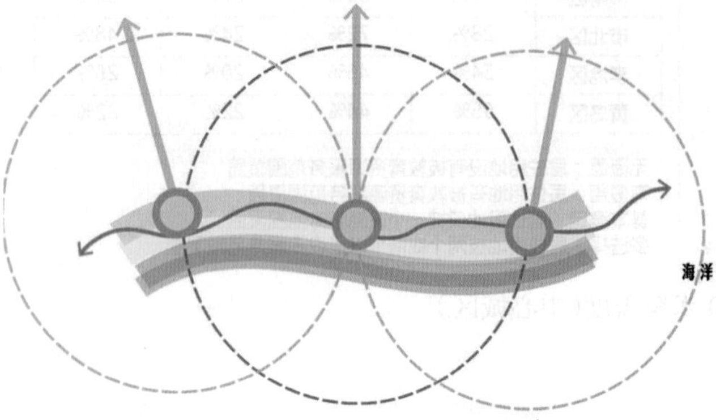

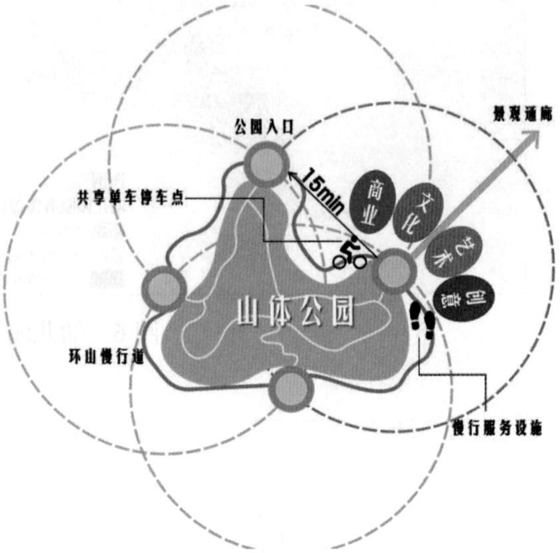

图 9　山地“15 分钟活动圈”模式图

红岛站周边配套项目工程项目建议书及可行性研究报告

编制时间:2017 年。

我院编制人员:刘宾、李国强、刘东智、孙文东、贾学锋、崔园园、高强、许康等。

合作单位:杭州中联筑境建筑设计有限公司、中国联合工程公司。

获奖情况:2017 年,获青岛市优秀城乡规划设计三等奖。

一、项目基本情况

红岛站是"八纵八横"规划高速铁路网中济青高铁的始发和终到站,处于青岛市三城联动核心位置,是青岛市铁路客运主枢纽。红岛站站场规模 10 台 20 线,设计客运量 2000 万人次 / 年,规划三条轨道线地下穿越,可方便到达青岛各城市核心组团。(如图 1 所示)

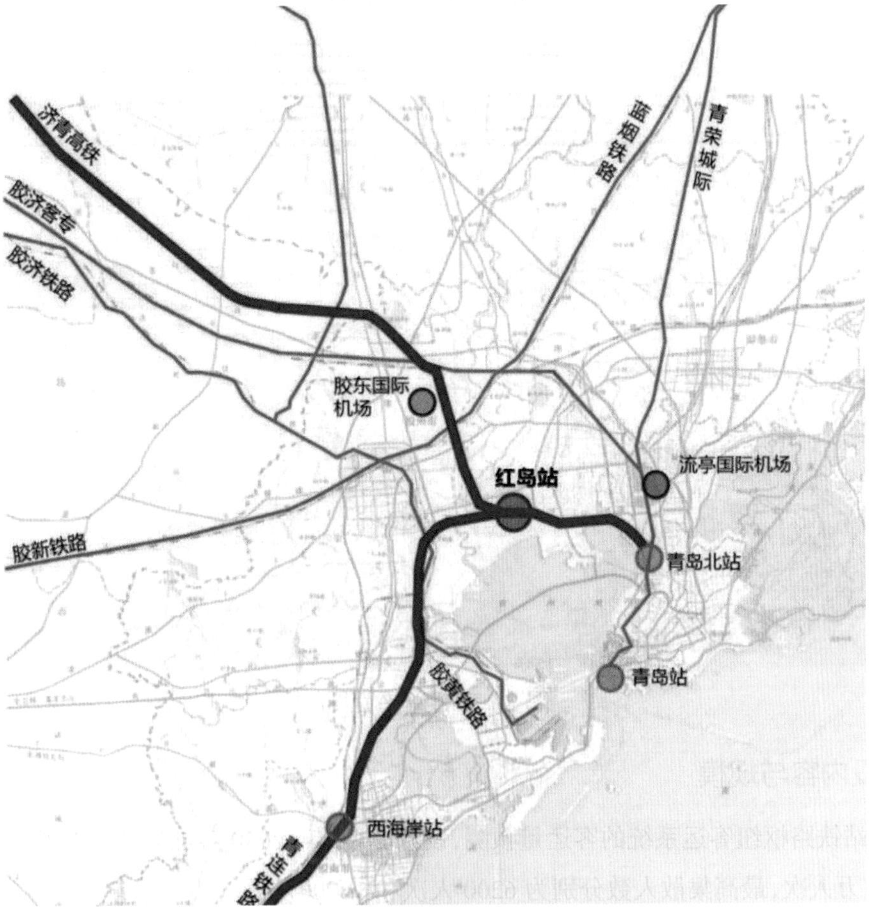

图 1　红岛站区位示意图

周边配套项目工程位于红岛经济区西片区，为高铁红岛站周边配套设施，建设内容包括：高架车道、小浪花屋面工程、出租车道、疏散走道、商业开发、周边停车场、广场等配套设施。项目（如图 2 所示）总用地面积约 18 公顷，总建筑面积 170612 平方米，其中，地上建筑面积 86101 平方米，地下建筑面积 84511 平方米。

二、功能定位与建设理念

该项目实践交通建筑综合开发的圈层理论，作为红岛站密不可分的第一圈层正核心，为客站交通集疏运提供通道和设施，助力红岛站形成青岛市功能完善、形象鲜明的“城市门厅”。

以“城市缝合 · 零换乘 · 综合开发 · 海景车站”为理念，建成城站一体、“从城市中来，到城市中去”的高铁车站交通综合体。

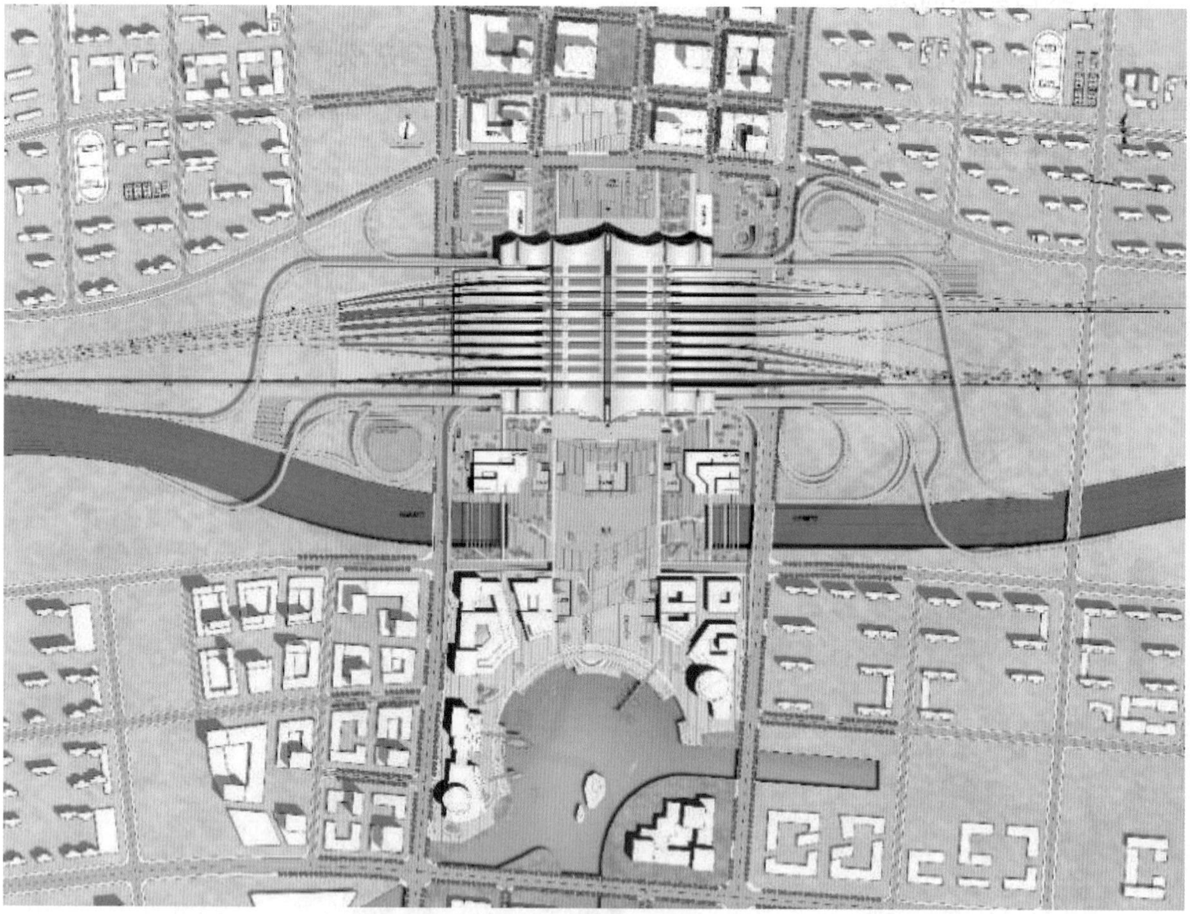

图 2　项目总平面图

三、建设内容与规模

依据红岛站铁路枢纽客运系统的客运量预测，设计 2020 年、2030 年红岛站旅客发送量分别为 1330 万人次和 2160 万人次，最高集散人数分别为 6200 人次和 10000 人次。

本项目各功能区的建设内容与规模如下：高架车道建筑面积 18355 平方米，商业综合配套及通道建筑面积 58550 平方米，出租车道建筑面积 14428 平方米，疏散走道建筑面积 11901 平方米，小浪花屋面工程建筑面积 44100 平方米。

四、总体规划方案

形成多方式、多方向、多维度、指向性明确的立体、快速、清晰的周边配套。其中，“多方式”，即通过地铁、长途、公交、出租车、私家车、慢行等多种方式形成综合交通配套设施；“多方向”，即东西南北均有对应的设施配套；“多维度”，即地下二层至地上三层数十米空间内设有多层配套设施，保证各类人群需求；“指向性明确”，即各类配套设置流线清晰，指向明确，综合距离最短，整体交通疏解流畅。“总体布局”，即南北双广场、东西站厅落客、地下疏解。（如图 3 至图 7 所示）

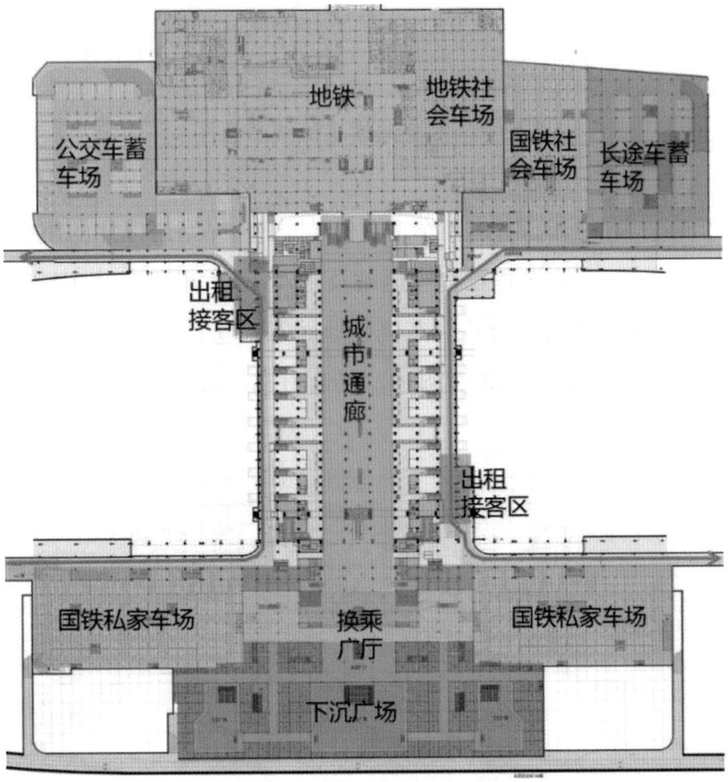

图 3　红岛站周边地下一层平面

图 4　红岛站周边南侧鸟瞰图

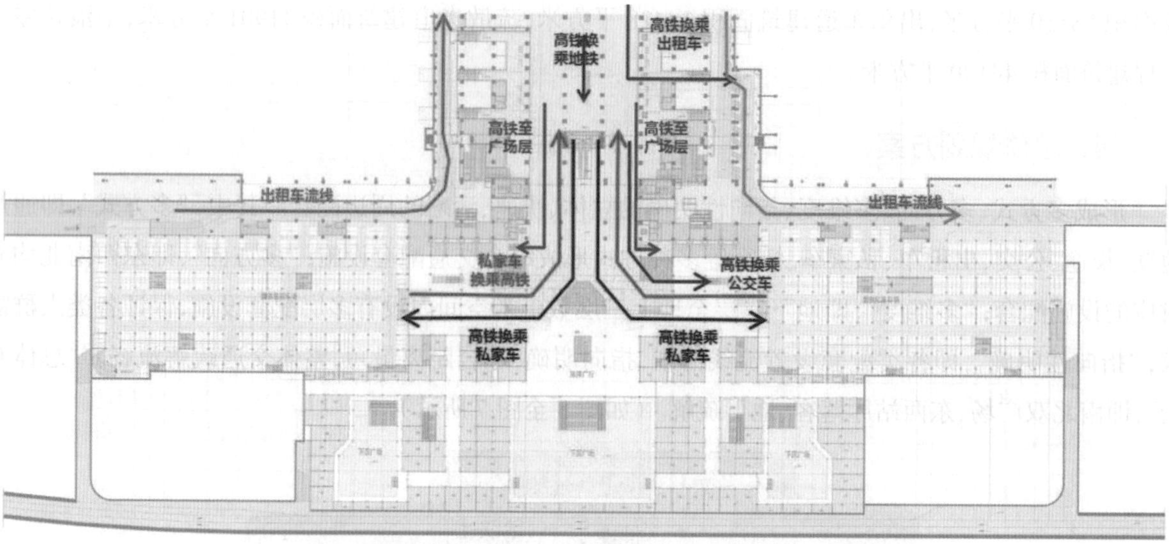

图 5　南侧交通换乘流线示意图

高架落客车道设置在站房东西两侧，出租车道主体位于地下；站房以北的用地规划为北广场。地上西侧设置公交车站及到发车场，东侧设置长途客运站及到发车场、出租车蓄车场；地下西侧设置公交蓄车场，东侧设置长途蓄车场，私家车场。北广场东侧设地面停车场。

站房南侧先期建设地下通道以连接南侧城区。结合红岛站以南片区发展需要，近期建设上跨高速公路的联系匝道以及上跨高速天桥。

图 6　红岛站北侧鸟瞰图

五、项目特色与创新

（一）与邻近高速公路的关系处理

本项目工程轮廓距离现状胶州湾高速公路水平距离仅有数米，其建设和运营都会对行驶车辆的安全造成影响。为解决该问题，项目组会同高新区管委与青岛市交通委进行了多次沟通对接，并将相关情况汇报市领导，最终实现了胶州湾高速的南移，为红岛站配套工程的实施扫清了障碍。

（二）零距离换乘、城市缝合

空中旅客活动平台、地下城市通廊及广场形成立体空间系统，保证红岛站南北城区空间互联；各类车场零间距换乘，保证红岛站自身运营，同时也为城区提供多样化交通支撑。

（三）近远期集合

充分考虑火车站客流特性，按照铁路部门客流制定合理建设方案。

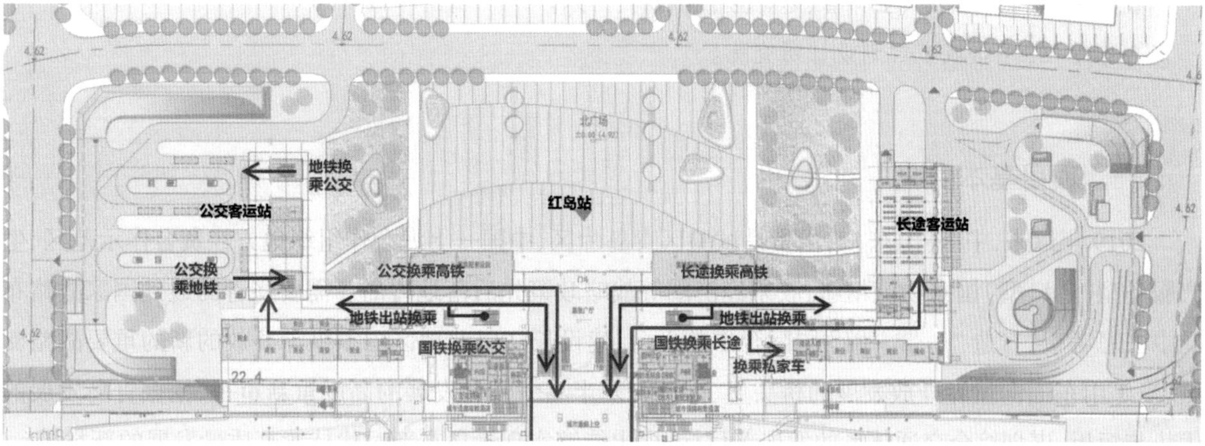

图 7　红岛站北侧交通换乘流线示意图

落实国家战略，建设东西双向互济、陆海内外联动的综合交通规划研究

编制时间：2019 年。

我院编制人员：马清、王伟智、赵贤兰、滕法利、王乐。

合作单位：中国城市规划设计研究院。

一、项目基本情况

2019 年以来，中国（山东）自由贸易试验区青岛片区、中国—上海合作组织地方经贸合作示范区、生产服务型（港口型）国家物流枢纽、胶东经济圈等战略政策先后落地青岛。需要将青岛放到国家战略布局中去思考，从打造“一带一路”国际合作新平台、建设长江以北地区国家纵深开放的新的重要战略支点、当好山东面向世界开放发展的桥头堡、推动胶东半岛一体化发展的高度重新审视，挖掘青岛发展的优势与短板，谋划综合交通体系的发展新目标，提出能够实现青岛在新时代持续高质量发展的新举措。

二、主要规划内容

1. 指导思想、发展目标与策略。遵循上合示范区、自由贸易试验区、国家物流枢纽以及中共青岛市委、市政府的方针政策，确定建设东西双向互济、陆海内外联动的综合交通方案的总体目标和发展策略，重新谋划和构建青岛与世界的链接及与区域的链接，将青岛真正打造成为全球陆海交汇的重要枢纽。（如图 1 所示）

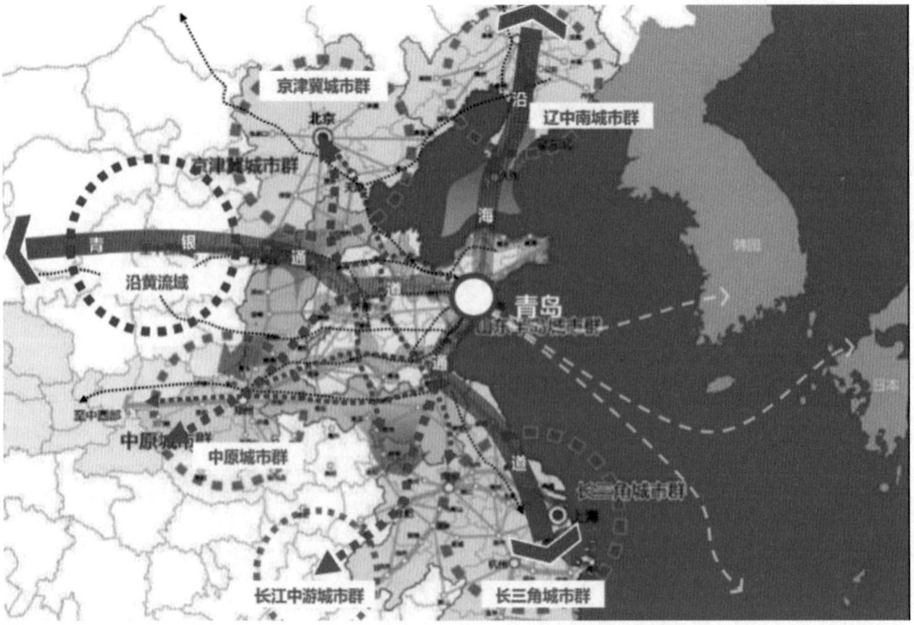

图 1　青岛在沿海区域的交通区位图

2. 铁路。深刻剖析青岛区域性客货运通道存在的主要问题与发展劣势，提出了完善的国家级铁路枢纽打造方案。（如图 2 所示）

3. 城市轨道。结合客流分析、财政能力、城市空间结构确定城市轨道线网的适宜规模和空间布局。

4. 港口。在全球范围内综合对比港口发展水平，围绕建设国际航运中心，在增强港口枢纽功能、完善港口集疏运体系、提高港口创新服务能力等方面提出具体举措。

5. 机场。在全球范围内综合对比港口发展水平，围绕如何建设国际枢纽空港问题，在提升机场航线服务、完善空港多式联运货运体系、拓展空港陆侧客运服务范围等方面提出具体举措。

6. 高速磁浮通道。超前谋划，结合国家储备技术的试验示范及通道地区客流、城际铁路网络构成情况，提出高速磁浮通道的规划设想。

7. 其他内容。围绕其他城市内容重点、难点开展分析研究，确定了高速公路、城市道路、枢纽等多方面的解决方案。

三、项目特色与创新

1. 立足国家“一带一路”倡议，将青岛置于国际市郊、区域视角之下开展规划研究，在青岛尚属首次。结合频繁落地的国家级战略政策，该规划充分分析了新时代背景下青岛在国际、区域、半岛、城市视角下的优势和短板，清晰地提出了不同层级战略目标和发展对策。

2. 放大视野，精耕细作，紧抓“难点、痛点、短板”，细致扎实地开展铁路规划专题研究，促进铁路末梢向国家铁路枢纽的转变。统筹青岛市铁路短板和国家铁路体系发展趋势，从“一带一路”“沿黄流域”“胶东经济圈”等多个维度，开展铁路客货运输系统的规划研究，充分发挥铁路作为多式联运的纽带、区域联系的骨干优势，规划建设连接欧亚货运铁路大通道，推动沿海大通道提质增效，加强青岛与周边城市的衔接，构建半岛一体化的城际铁路网等。对于城市开发边界内的重要铁路线、站、场等设施严格按照土地集约利用、方案落地可行的要求，采用 1 ∶ 2000 精度开展方案编研，同步研究班列运行组织方案；对于城市开发边界外的规划铁路设施，与生态保护红线、永久基本农田保护红线相衔接，确定市域及周边铁路设施的规划方案及建设控制要求。

3. 突破传统，将海运、空运、陆运等多种方式的问题和解决策略进行统筹考虑，实现陆海空交通设施间的互相促进、有机融合。规划破除传统规划中各专业分割，通过陆侧集疏网络巩固港口、机场的

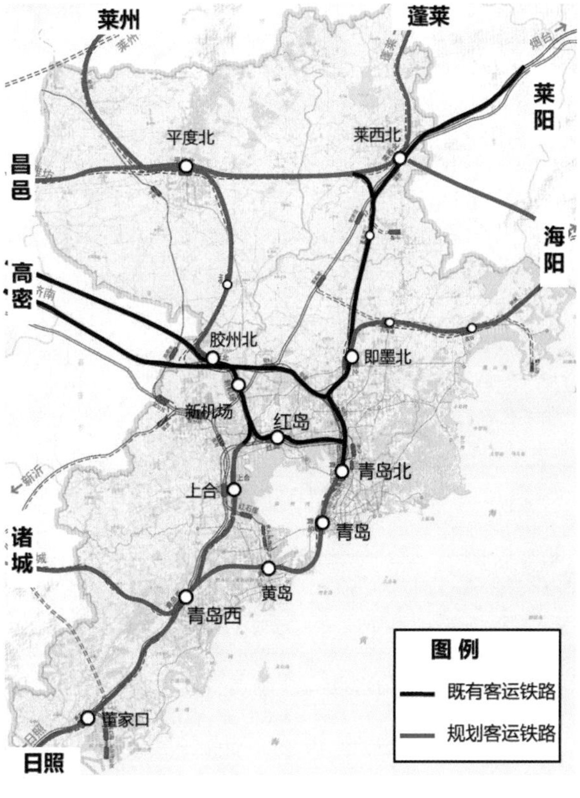

图 2　青岛铁路系统示意图

国际服务能力，以港口、机场为“爆点”促进陆侧网络的完善与提升，形成系统性合力，将青岛打造为国际性综合交通枢纽。

4. 突出“群＋网”功能，聚力推动“胶东经济圈”协同发展。围绕山东省政府提出的胶东经济圈一体化发展战略，深入开展胶东五市层面的交通出行特征分析，借鉴京津冀、长三角、珠三角先进经验，构建青岛港为核心的胶东港口群，推动形成以胶东国际机场为中心的胶东机场群，加强铁路公路互联互通，提高区域交通运输服务一体化水平，形成高速铁路“半岛环”和高等级公路“一张网”，打造胶东“一小时经济圈”。

青岛市城市设计体系建设研究

编制时间:2020 年。

编制人员:周琳、于连莉、宋军、杨彤彤、耿白、吕广进、林萌、崔元浩、鹿宇。

获奖情况:2020 年,获青岛市优秀城市规划设计二等奖。

一、项目基本情况

在城乡人居环境高质量发展与“美丽中国”国土空间开发保护利用的关键命题下,整合生产、生活和生态全域空间,迫切需要城市设计思维的全面融入。青岛是现代城市设计理论的重要实践地,经过多年的城市设计实践,营造了蜚声中外的“红瓦绿树、碧海蓝天”的城市风貌。但是,近些年来的城市设计实践,由于缺乏顶层设计和制度化建设,普遍面临编制随意而缺乏标准、传导连贯性薄弱、难以实施和监督管理等现实困境,对城市风貌、城市形象、公共空间的管控失序。在国土空间规划和国土空间用途管制改革的大背景下,本研究旨在建立规范的城市设计编研体系、科学的城市设计引导体系、严格的城市设计管控体系。(如图 1 所示)

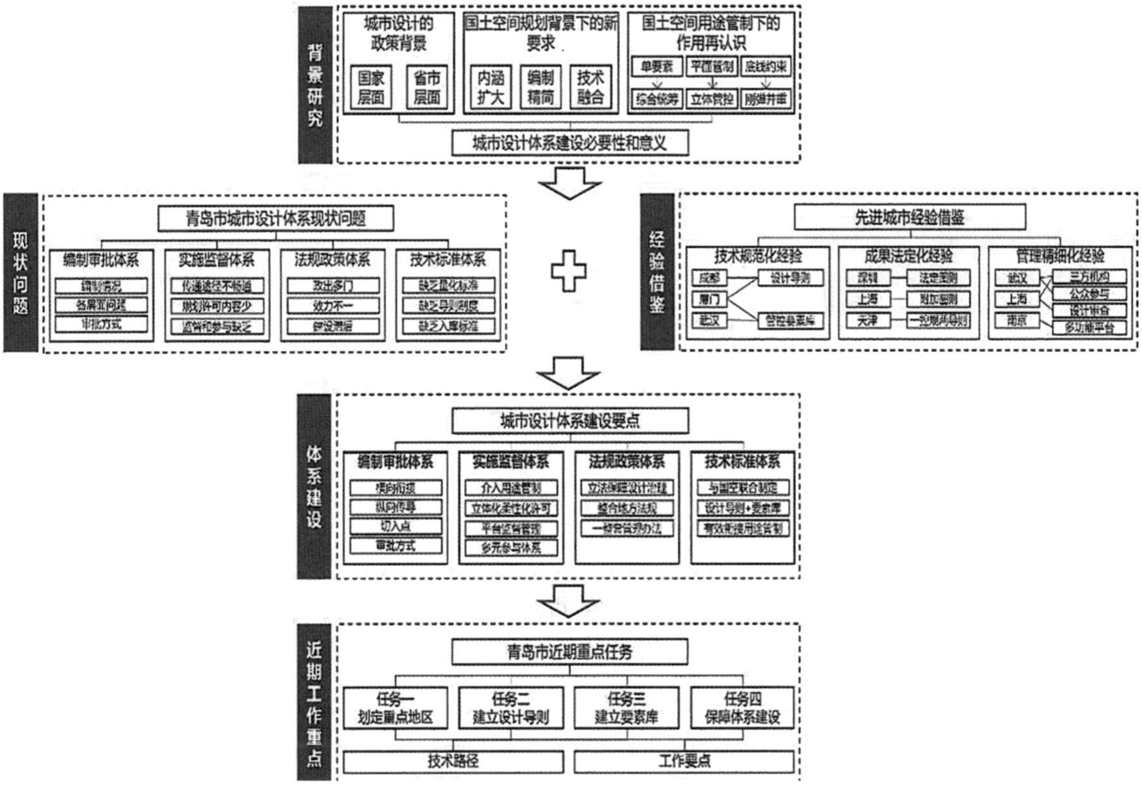

图 1　青岛市城市设计体系研究框架图

二、主要规划内容

本研究首先梳理三十多年来国家层面和省市层面城市设计政策变化，解析国土空间规划背景下对城市设计的新要求、国土空间用途管制改革下对城市设计作用的再认识，论证城市设计体系建设的必要性。然后以编制审批、实施监督、法规政策、技术标准“四大体系”为抓手，详细解读青岛市城市设计体系现状问题和面临的制度困境。同时，梳理借鉴尤其是近十多年来深圳、上海、武汉、天津、厦门等先进城市在城市设计技术规范化、成果法定化、管理精细化方面的探索和优秀经验。再以“四大体系”为主线，提出新形势、新背景下城市设计体系建设的要点和抓手，最后根据青岛市实际情况提出近期重点任务的技术路径和工作要点。（如图 2 所示）

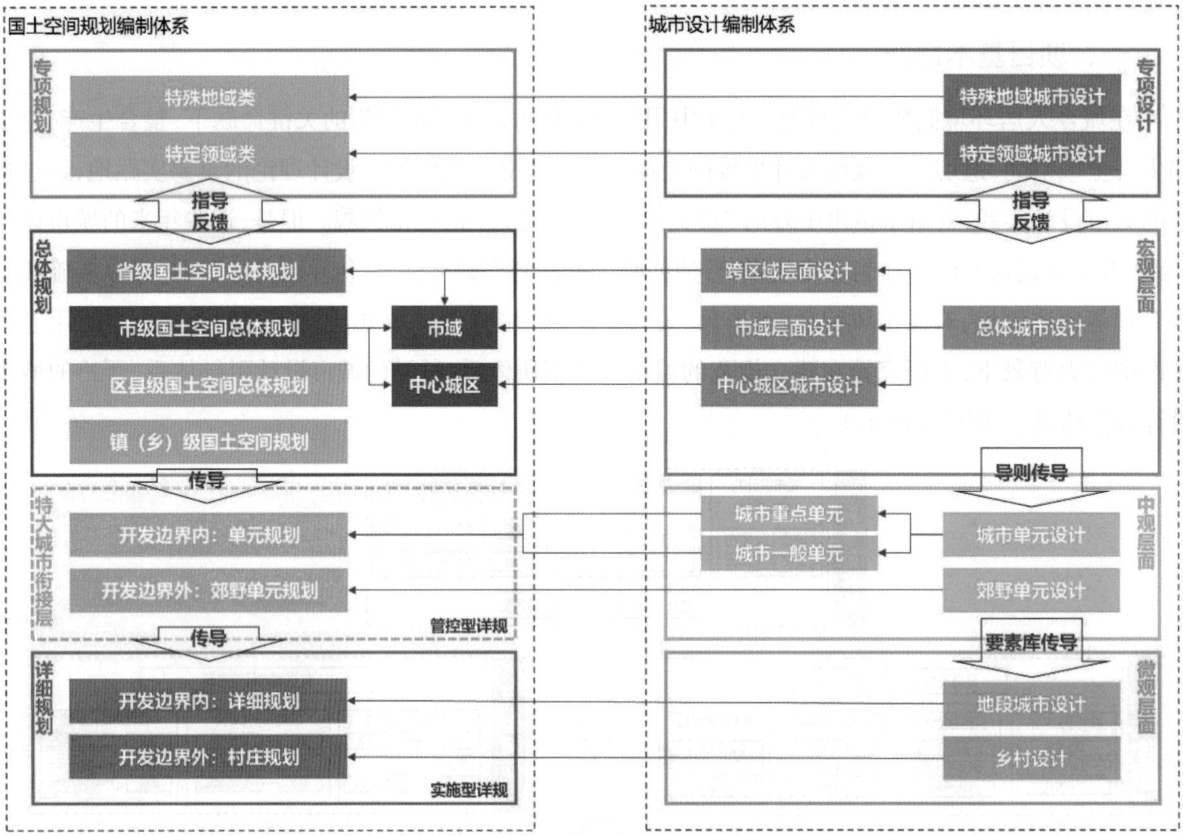

图 2　青岛市城市设计编制体系图

三、项目特色与创新

（一）置于国土空间规划和国土空间用途管制改革的背景下

规划与管制相辅相成，空间规划是用途管制的依据和基础，用途管制是空间规划的实施手段，对未来城市设计起作用的方式仍应依托与国土空间规划融合而实现用途管制和引导。在当前国土空间规划构建和国土空间用途管制改革的大背景下，本研究中的城市设计体系建设路径以辅助和完善国土空间规划体系为导向，最终为国土空间用途管制制度建设提供支撑。

（二）以响应国土空间规划“四大体系”为体系建设的抓手

城市设计既是技术手段和设计方法，也是政策工具和治理手段，包括“集编制、实施为一体的运作方式”和“以法规政策为核心的运作保障”的体系建设（如图3所示）。本研究严格响应国土空间规划四大体系。其中，编制审批体系着重发挥城市设计的技术手段功能，实施监督体系着重发挥城市设计的政策工具功能，二者相结合，共同实现城市设计运作方式制度化；同时，以法规政策体系和技术标准体系为支撑，实现城市设计运作保障制度化。

（三）兼顾“顶层设计”与“地方创新”、“过程属性”与“产品属性”

本研究基于新背景、新要求探讨对城市设计“自上而下”的新认识，也充分借鉴各地方“自下而上”的创新探索；既对城市设计的顶层设计提出展望和设想，也立足青岛实际而提出体系建设的工作建议和工作步骤；既考虑城市设计作为公共政策的“过程属性”，又兼顾精细化治理时代城市设计的“产品属性”。

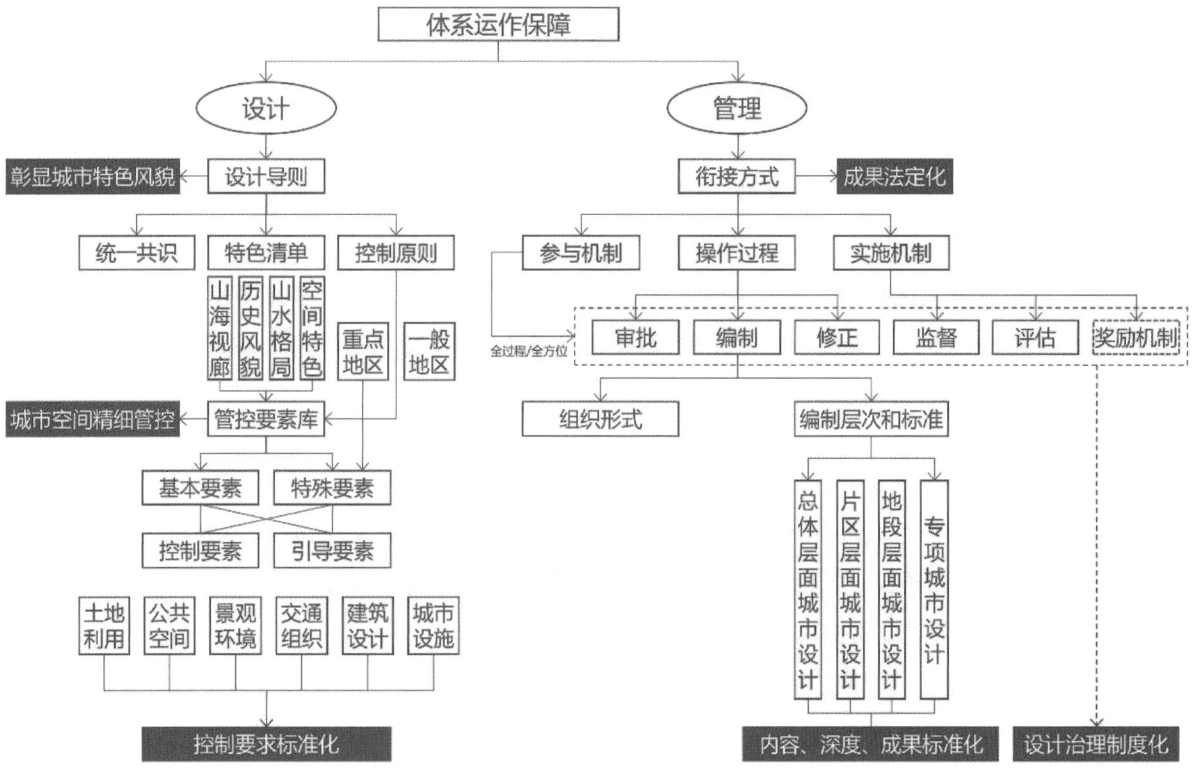

图3　城市设计运作保障图

青岛市城市家具设置技术导则

编制时间:2020 年。

编制人员:蔡普增、宿天彬、孙曦、孔静雯、郝翔、万铭、张雨生、黄克可、白琨玉、贺德坤、朱倩、刘珊珊、孙琦、杨恺、刘彤彤。

获奖情况:2020 年,获青岛市优秀城乡规划设计一等奖。

一、项目基本情况

2019 年,青岛市发布《青岛市城市品质改善提升攻势作战方案(2019 ～ 2022)》,要求"认真贯彻习近平总书记'办好一次会,搞活一座城'重要指示要求,践行新发展理念,坚持世界眼光、国际视野、全球胸襟,放大坐标找不足,提高标准找差距,聚焦城市规划建设管理的重点、难点、痛点、堵点问题,着力优化城市布局、完善城市功能、塑造城市特色、提升城市形象,构筑高品质都市空间格局,建设宜居宜业的幸福之城、多元融合的魅力之城、崇尚艺术的创意之城、治理有序的文明之城,为建设开放、现代、活力、时尚的国际大都市贡献力量"。

城市家具是城市文化和形象的表达载体,也是增强城市的文化品质、完善细节形象、提升生活趣味的重要途径。为进一步提升青岛市城市品质,塑造舒适宜人、富有特色的城市公共开放空间,加强对城市家具规划建设的指引,特制定本导则。

二、主要规划内容

本导则为青岛市中心城区(市南区、市北区、崂山区、李沧区、城阳区、西海岸经济新区、即墨区)范围内新建或改扩建城市道路、公园绿地、广场等城市家具的规划引导或整治提升,重点对道路两侧视线可及范围内城市家具各项要素提出设计引导和控制要求。

导则共由总则、通则、分则三部分构成(如图 1 所示)。其中,总则包括城市家具导则的编制目的、编制原则、适用范围、内容构成等,提出总体要求。通则主要对城市家具的风貌定位和城市家具空间载体提出设计指引。分则以具体设计为主,是城市家具各类要素设计、管理及实施的指引性文件,主要针对六大类城市家具提出分类引导,重点对各类家具的设置要求、风格、色彩、材质、选型以及空间布局提出指引;同时,针对城市家具设置现状存在问题,提出解决方案,增强设置导则的指导性。

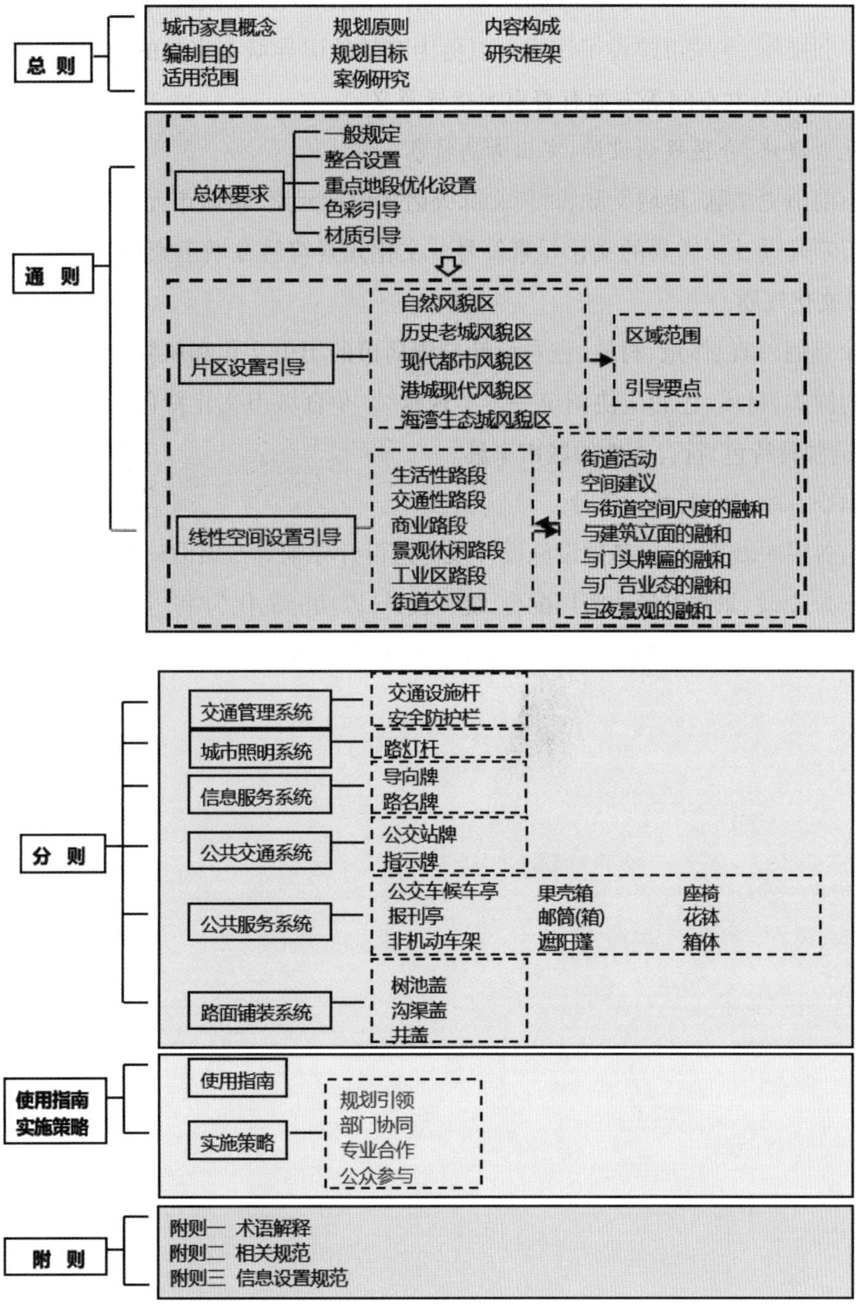

图 1 青岛市城市家具设置技术导则编制技术路线图

三、项目特色与创新

(一)青岛首个关于城市家具的技术类导则

我国目前的城市家具发展状况,正随着各级政府及相关职能部门的职责与规则的明晰,随着社会公益思想和政策的建立与完善,在逐步得到改善和提高,但是距离满足普遍的需求和理想的水准,还需要一个漫长而持续努力的过程。

本项目弥补了青岛市城市家具类导则的空缺。清晰的图形、图表及说明性文字，让管理者、设计者、使用者易于理解和操作，在城市建设工作中可以更为有效地引导城市家具的设置，在体现城市特色、承接历史文脉、提升城市公共空间等方面有着重大指导意义。

（二）文化元素提炼，分区规划设计，突出青岛特色

提炼青岛市的历史文脉、地域文脉、时代文脉等诸多设计元素，将城市元素进行艺术设计与加工，并将其转换成城市家具设计所需要的文化元素符号。文化元素符号在城市家具中的运用，使全市环境呈现出特有的城市文化气质。

各类城市家具的外观、体量、材质、色彩设计与青岛市的历史文化和风貌分区相协调，同一区域、道路的同类设施的样式、材质、色彩应协调统一。实现延续、孕育城市文化特色，宣扬传统和地域文化，构筑人文空间，创造独具特色、符合人性的城市家具。

（三）专业结合，综合协调，统一设计

城市家具与各层次城市设计、基础设施设计及街道设计导则等专项设计相衔接，特色要素应相互协调、相互关联，交通、市政、景观等专业密切配合，统一设计，以功能优化为主，指导城市规划建设，形成统一中富有变化的城市家具系统。同时，提高其艺术观赏性，确保与周边环境相协调，增加地区特色，促进空间环境活力。

青岛市城市雕塑设置技术导则

编制时间:2020 年。

编制人员:蔡普增、万铭、郝翔、孔静雯、宿天彬、张雨生、朱倩、刘珊珊、吕震波、丁文慧、孟颖斌、刘彤彤、杨恺、王升歌、杨云鸿。

获奖情况:2020 年,获青岛市优秀城乡规划设计一等奖。

一、项目基本情况

中央城市工作会议对新时期做好城市工作进行了全面部署,明确了“不断提升城市环境质量、人民生活质量、城市竞争力,建设和谐宜居、富有活力、各具特色的现代化城”的目标,并指出要着力提高城市发展的持续性、宜居性。

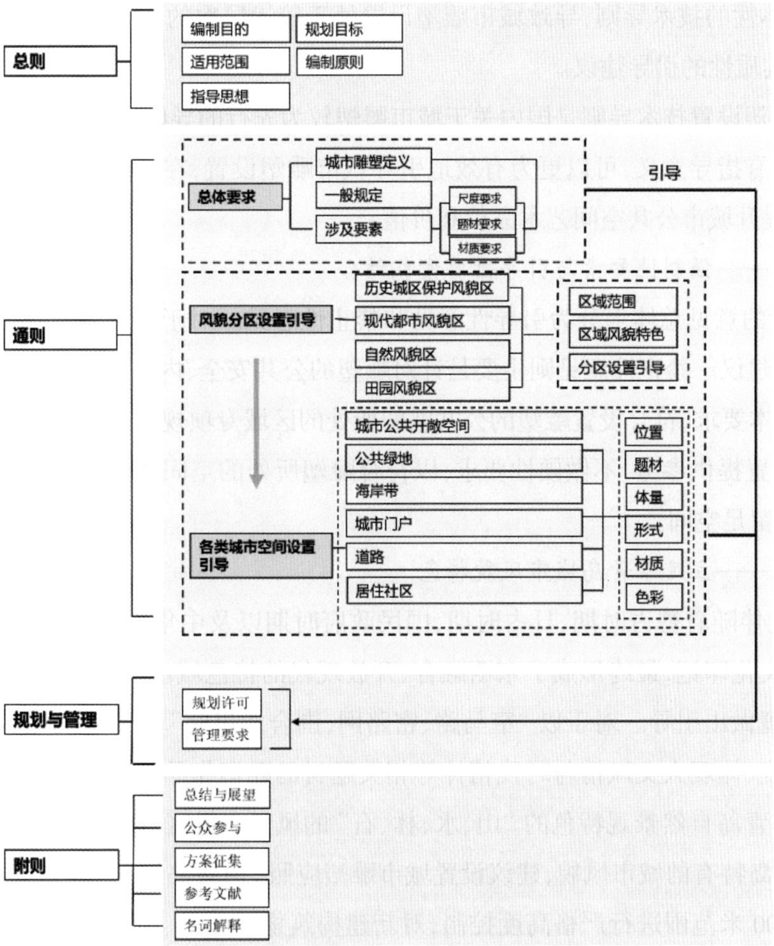

图 1 青岛市城市雕塑设置技术导则编制技术路线图

《青岛市城市品质改善提升攻势作战方案(2019～2022)》明确提出,建设宜居宜业的幸福之城、多元融合的魅力之城、崇尚艺术的创意之城、治理有序的文明之城,而城市雕塑的设置有助于建设开放、现代、活力、时尚的国际大都市,特制定本导则(如图1所示)。

二、主要规划内容

导则编制过程中梳理了当前城市雕塑相关规范,从城市建设管理的角度分析城市雕塑发展过程中存在的问题,借鉴相关实践经验,以青岛市城市雕塑设置技术导则的编制为例,根植于青岛城市风貌与地域文化,对城市雕塑从总体层面进行布局、风格引导,从分类层面对雕塑的内容、选址、题材、色彩和材质几类要素提出设置建议,形成创造、管理、维护科学有序的设置引导机制,以期能够有效指导城市雕塑的建设工作,从而提升城市公共空间艺术品位和价值。

三、项目特色与创新

(一)国内首例关于城市雕塑的技术类导则

城市雕塑从兴起至繁荣发展至今,虽然各类技术规程、规范以及近年各个城市针对城市雕塑布局编制的专项规划都对城市雕塑建设起到了一定的统筹管理作用,但是一直缺少对城市市域范围内雕塑设置具有引导性、整体性的技术导则,导致城市雕塑设置处于较浅层次的“彰显城市魅力,符合公众审美”等字面意义,缺乏实质性的引导建议。

青岛市城市雕塑设置技术导则是国内关于城市雕塑较为先行的导则性文件,与专项规划相比,在城市建设工作中更具有指导意义,可以更为有效地引导城市雕塑设置,在延续城市肌理、承接历史文脉方面体现有序布局,提升城市公共空间艺术品位和价值。

(二)弹性控制——强制性要素与引导性要素相结合

关于雕塑设置的意见总体上分为引导性意见和禁止性意见。对于新建雕塑作品,可以按照导则分级找到对应的设置建议。禁止性意见则主要是针对雕塑的公共安全、内容和主题是否正面积极、尺度与环境是否协调等基本要求,符合设置雕塑的公共空间所处的区域专项规划及保护规划等相关要求;引导性要素则为雕塑设置提供参考,不做硬性要求,以符合雕塑所处的空间环境与风貌分区整体要求为宜,为雕塑艺术的创作留足空间。

(三)凸显特色——立足于青岛城市风貌特色

青岛市近现代伴随着德占时期、日占时期、国民政府时期以及中华人民共和国成立后不同历史时期,留下了多样的文化印记,最终形成了东西融合、开放现代的特色城市风貌。本导则立足于青岛风貌特色,对雕塑的设置做出引导。对于以“窄马路、密路网,围合式里院”为特色的老城区,提出宜设置尊重城市肌理、小尺度、体现人文风情与时代精神等相关题材的雕塑作品。沙滩、礁石穿插的多样滨海岸线和集中展现具有青岛自然景观特色的“山、水、林、石”的风景名胜区,以及国家森林公园和延绵起伏的众多山系都是青岛特有的城市风貌,建议设置城市雕塑应照“海拔高度三分之二”的原则对山体保护对象周边300～800米范围进行严格高度控制,对新建构筑物的布局、体量、造型、风格、色调及环境小品等进行设置引导,严禁破坏自然景观的整体风貌。另外,其他风貌分区和城市公共空间均提出有针对性的设置建议，真正立足于城市特色，让城市雕塑成为城市文化与时代精神的再现。

（四）统筹考虑雕塑设置全过程，明确城市管理界面

为使城市雕塑形成创作、管理、维护科学有序的设置引导机制，对雕塑建设审批流程和后期维护管理责任分工进行了明确，但在主要公共场所新建大型、特大型城市雕塑时，应报青岛市自然资源和规划部门审批，如火车站、轮渡码头、客运站、机场、海岸带重点控制区域以及具有代表性的城市主干道和各类特色街道等。

（五）关注公众参与——将公众的意愿体现在各个环节

本导则对于雕塑艺术创作者、城市管理者、作为监督角色的城市公民来说，在一定程度上都可读可用。城市雕塑设置过程中的公众参与是极为重要的过程，通过此过程，城市雕塑的公共性得以充分展现，同时使得城市雕塑设置在公共空间中具有多样性和文化内涵。

在城市雕塑设置的全过程中，城市雕塑设置计划拟定前进行民意调查，并分析民众对公共空间的关注点；雕塑设计方案的获取通过竞赛或方案征集的形式来实现，以达到更广泛的公众参与性；在初步方案公示时，进行公开展示说明，使公众对城市雕塑设置的立意、主题、形式的了解更加深入，以获得公众认可；最后综合专家与公众意见来确定雕塑设置方案，将公众参与渗透到雕塑设置的各个环节，同时发挥公共艺术的社教作用。

青岛全域产业地图

编制时间:2020年。

我院编制人员:张瑞敏、仝闻一、韩浩、黄浩、刘彬、潘丽如、刘琦、王伟智、陈天一、黄黎明、周楠、王聪、崔明芳、唐伟、肖政、高永波。

合作单位:中国城市规划设计研究院。

一、编制背景情况

为加强统筹全市产业布局,营造产业集聚发展的优良环境,推动各区产业有序发展、错位竞争、布局合理,实现全市产业优势更优、特色更特,促进产业经济高质量发展。结合国土空间规划编制,深入系统梳理产业布局现状,开展产业用地发展规划研究。

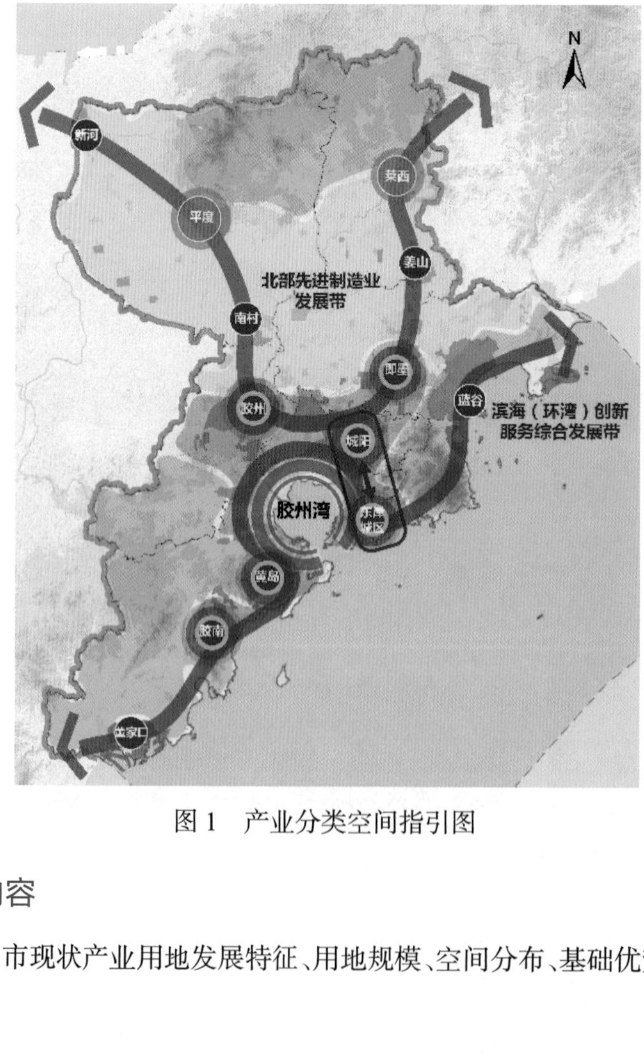

图1　产业分类空间指引图

二、主要研究内容

此次研究梳理青岛市现状产业用地发展特征、用地规模、空间分布、基础优势、发展设想及相关重点发展园区等，围绕青岛市13条千亿元产业链、15项重点攻势及相关产业发展政策文件，明确青岛市未来发展的主导产业门类，提出未来青岛市产业发展定位、产业总体布局、产业空间优化策略、产业分类空间指引等，并结合各个区市特点，确定区市产业发展方向、产业提升转型发展空间、重点产业发展板块等，为青岛市各区市招商引资提供空间布局指引。（如图1所示）

三、项目特色与创新

第一，立足国土空间规划背景，将国家战略需求、产业创新资源配置与青岛未来产业新优势相结合，紧扣城市职能，根据全市产业发展引导的文件梳理归并，参考上海、深圳等先进城市经验，首次提出将全市主导产业划分为5个大类、23个细分门类。

第二，细化并提出全市特色产业板块布局及产业定位。围绕13条千亿元产业链，按照五大产业方向、23个产业门类，构建从市域到各区市层层深入的规划产业板块布局，保证规划的科学性。

第三，区市联动，紧密对接，确定各区市产业总体布局结构及主导方向。作为规划引领，本次开展了各区市团队共同调查研究的工作机制，为产业片区的划定提供充分的依据和扎实的基础，确保规划的可操作性，为后续的招商引资提供规划依据。

青岛市城区范围划定

编制时间:2020年。

编制人员:张瑞敏、仝闻一、韩浩、黄浩、王伟智、陈天一、郭结琼、孟广明、李雪华、潘丽如、刘琦。

一、项目基本情况

根据自然资源部开展城区范围试划工作通知的要求,青岛市成为全国22个试划城市之一。2020年4月,青岛市自然资源局开始部署城区范围划定工作,确定工作内容、路径及人员安排,召集各区市相关部门,部署城区人口统计范围相关数据填报工作。按照规程技术要求,推进城区实体地域范围试划,研判试划技术问题,同时积极反馈青岛市在城区试划中的相关问题和建议。该过程中运用大数据分析等方法对青岛市域城区实体范围和人口统计范围进行迭代和划定,于2020年4月形成青岛市城区范围试划阶段成果。2020年7月,按照修改后的城区范围划定技术流程要求,对城区实体范围和人口统计范围进行重新分析试划,并形成新的《青岛市城区范围试划报告》阶段成果。2020年10月,按照自然资源部下发的《城区范围确定规范(试行)》,开展新一轮的城区范围确定工作,形成青岛市城区范围初步成果。该成果于2020年12月上报山东省自然资源厅,并于2021年1月已上报自然资源部并通过技术审查。

二、主要规划内容

(一)确定城区初始范围

以2020年11月全国第三次土地调查数据(以下简称"三调")中的图斑为数据基础来提取三调数据中城市属性的地类图斑(城镇村属性代码为201及201A)并将其作为初始范围,后续工作以此基础范围进行外延迭代分析。

(二)研究划定城区实体地域范围

以城区初始范围为基础,依次判断向外缓冲100米范围内(含与100米范围相交)的图斑地类,逐个判断图斑是否与城区初始范围连接,并进行不超过5次的迭代分析,最终划定城区实体地域范围。

(三)研究划定城区范围

根据初步划定的实体地域范围,进行城区范围划定,分街道与社区两个尺度并将其作为最小统计单元而形成方案。按照规程要求,若该城区最小统计单元中城区实体地域面积占比大于等于50%,则将其直接纳入城区范围;若小于20%,则不纳入城区范围。对于小于50%且大于等于20%的城区最小统计单元,开展市政公用设施和公共服务设施建设情况调查,形成最终完整的城区划定结果。

三、项目特色与创新

第一,首次按照统一标准定义城区范围,明确了城区范围的界限,为城市扩张与收缩、城市开发强度等问题的深入研究奠定了基础。

第二,为后续的城区范围动态监测、综合分析、城市体检评估等提供基础标准层面的支撑,填补了国土空间规划城区边界提取标准的空白,给国土空间规划的编制与实施提供了保障。

第六编

交通规划

青岛市滨海交通大道概念规划

编制时间:2002 年。

编制人员:马清、王海东、王宁、于连莉、万浩、马培娟、李勋高、韩胜风。

滨海交通大道长度为 282 公里。滨海交通大道的主体功能为合理利用与保护岸线、促进全市旅游经济发展、拓展城市空间及促进滨海城镇体系快速发展。本次概念规划确定了从系统整体出发、以人为本、一体化设计等原则,结合不同的岸线使用功能来确定线路走向和标准,结合不同自然地理地形条件进行规划,并对道路选线方案以及相应的道路横断面设计、筑路材料等提出初步意见。

滨海交通大道的建设目标为:串联滨海城市未来发展空间的主轴线,以交通功能为主,个别地段兼顾旅游观光的功能,成为促进青岛沿海岸线带状组团发展的重要手段,其建设为青岛市未来实现跳跃式的城市发展留出空间。(如图 1、图 2 所示)

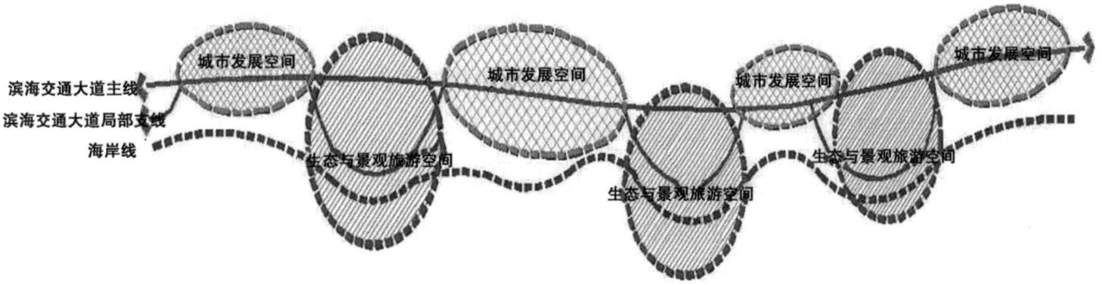

图 1　青岛市滨海区域整体空间结构模式图

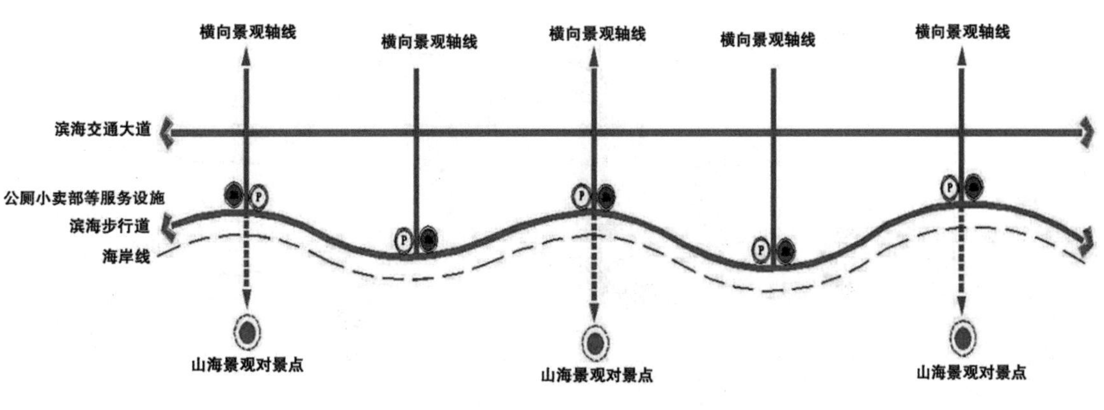

图 2　滨海组团规划结构示意图

青岛滨海交通大道的建设,初步确定了未来的城市发展空间,为预留城市发展组团建设用地打下基础,通过滨海交通大道连接 1 个中心城市和 4 个城市发展组团,兼顾旅游观光,保护和合理利用海岸线,发掘旅游资源，促进旅游业快速发展。

规划要点主要包括：（1）与外部交通体系（对外高等级公路和城市快速路）相衔接；（2）适当提高线路的通行能力，减少绕行距离。滨海交通大道要全线贯通，其中关键工程有青黄海湾大桥、仰口隧道和远景五龙河大桥。滨海交通大道的选线结合自然地理条件和城市建设条件，尽可能顺达，避免绕行。（3）总体线路走向从滨海城市组团外侧通过，大道与城市组团之间以及相邻的城市组团之间预留生态绿化走廊。相邻滨海城市组团之间原则上保留约10公里的生态绿地，滨海城市组团沿陆域进深方向发展，城市建设组团与滨海交通大道通过垂直于大道的通海道路相联系。交通大道两侧以景观建设为主，沿线控制开口数量，保证交通主体功能的实现。（4）靠海选线，局部后退，适当地段留出供人活动的滨海空间。滨海交通大道沿城市发展建设空间的选线一般临近岸线，但不紧靠岸线，预留出足够的供人活动的空间。（5）结合整体山海景观，形成连续的中速车行景观。连续的车行景观通过以下几个方面实现：山海相间的整体景观特色；具有整体性的绿化树种的搭配和沿路雕塑小品；统一规格的道路标志标线、路牌、路灯、路面铺装。（6）以人为本，提供更丰富的旅游、休闲、健身空间，挖掘旅游资源。沿线适宜进行游览观光、沙滩运动、海上运动、长跑运动、自行车运动、海岸趣味活动、科普教育等的场所众多，可结合人的停留情况，沿滨海交通大道设置停车场和服务设施，提供方便的服务。（7）设置通海大道和观光支线。城市通海大道是垂直于岸线方向设置的城市道路，沿路视线直通大海，以山海景观为道路对景；滨海景观体系由一条完整的滨海岸线景观带和若干个横向通海的景观轴线组成，将山海相间的景观特征向陆域方向伸展，体现城市融海功能。（8）统一规划，分期建设。线路选线及设置标准按照功能要求统一规划，分期实施，按照规划的要求作好规划控制。

本规划中确定了胶州湾跨海大桥和仰口隧道这两大重点工程。为突出滨海旅游观光功能，还对滨海观光支线专门进行了规划，并提出了具体要求。规划中还对滨海交通大道及观光支线的具体选线进行了深入分析研究，并结合青岛市政府“关于加强城市滨海交通大道（如图3所示）两侧用地规划控制的通知”，提出了实施控制建议。

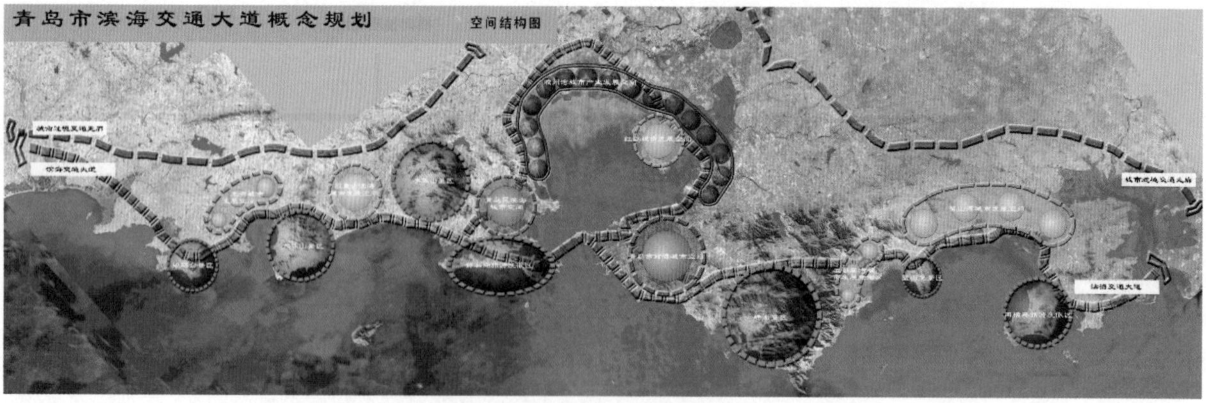

图3　青岛市滨海交通大道概念规划空间结构图

青岛市胶州湾口部地区交通组织规划

编制时间:2006 年。

我院编制人员:宋军、马清、万浩、王海东、刘淑永、李勋高、李国强、黄黎明、徐泽洲、张志敏。

委托单位:青岛市规划局。

合作单位:上海市城市综合交通规划研究所。

获奖情况:2006 年,获山东省优秀城市规划设计二等奖、青岛市优秀工程咨询成果一等奖。

一、规划背景

胶州湾隧道(如图 1、图 2 所示)是我国第一批开建的海底公路隧道,隧道全长 7800 米,总投资 40.08 亿元,建设工期为 47 个月。该工程于 2007 年 8 月 22 日开工建设,于 2011 年 6 月 30 日竣工通车。建成时为国内最长、世界第三的海底公路隧道。

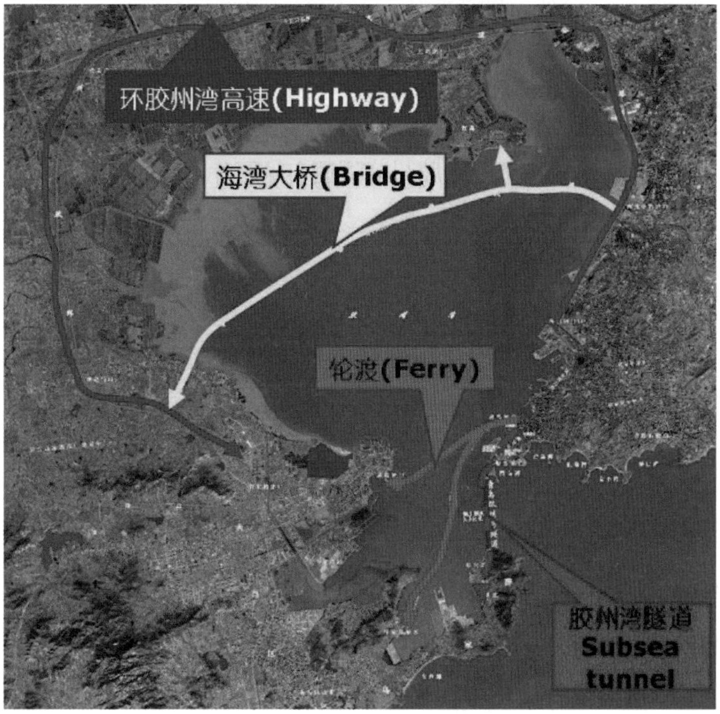

图 1 胶州湾隧道位置示意图

胶州湾隧道是青岛市政府已经批复的《青岛市城市综合交通规划(2002 ～ 2020 年)》所确定的青黄跨海通道之一,是充分发挥交通先导作用、构筑城市新格局的重大交通设施。青黄海湾隧道及连接线是投资规模巨大的重要基础设施，它的建设对城市交通、城市开发、旧城区的更新、城市环境景观都将产生重大而深远的影响。

胶州湾隧道青岛端处在已有百年历史的老城区，黄岛端处在省级薛家岛风景旅游度假区，所以对青黄胶州湾隧道及其连接线的线位及敷设方式等限制严格，要求较高。原青岛端接线方案为：隧道在团岛出洞后，沿四川路采用双向高架桥的方式向北与胶宁高架路和新疆路高架路衔接。原接线方案的主要问题是：采用高架桥方式会破坏团岛区域环境景观；与既有的路网特点（路网密度高、红线宽度窄）不匹配，导致交通流过度集中在四川路一线；拆迁工程量大；原胶宁高架路三期工程沿胶州路线位对中山路商圈分割严重，影响商圈活力。在此背景下，受市规划局的委托，编制本规划。

图 2　胶州湾隧道实景照片

二、规划原则与技术标准

确保主线畅通；充分发挥连接线对周边用地功能的支撑作用；改善环境和景观质量；保护历史街区；结合工程条件，减少拆迁，降低造价。连接线为城市快速路，为双向六车道（与东西快速路连接段为双向四车道），设计车速为 60 千米 / 小时。

三、交通系统规划方案

该规划在隧道接线的基本走向已经确定的情况下，通过对隧道接线所经区域与历史风貌保护、滨海景观塑造、与火车站和铁路线关系、中山路商圈的复兴、薛家岛旅游开发区的保护等重大问题的关系进行系统分析论证，确定了隧道接线的优化方案和交通组织。

（一）青岛端接线规划

1. 团岛西镇区域

（1）可能的方案

根据总体规划，该区域是未来的综合型城区，是胶州湾的海上门户景观区之一。由于该地区路网结构基本定型，因此必须结合已有的道路确定选线。四川路和云南路南北贯通，是隧道接线时可以考虑的路线。

团岛西镇区域的用地功能主要是生活居住和旅游休闲。后海一线为旅游和商业服务用地，四川路、云南路一带为生活居住用地，两者紧密联系、相互支撑。如果隧道接线采用地面方式，将严重割裂用地功能，阻碍后海地区的开发。因此，可以考虑的只有高架或隧道方案。

从线路和敷设方式的可能性看，有四种选择。从地形上看，云南路两头低、中部高，不能满足高架方式的坡度要求，只能采用隧道方式。四川路地势较低，可选择采用高架、地下方式。根据以上条件，又存在四种组合方案：沿四川路合线高架方案、沿四川路合线隧道方案、一桥一隧方案（四川路桥、云南路隧）、分线隧道方案（四川路下行、云南路上行）。

①合线高架方案：隧道出口在贵州路以南，沿四川路设双向 6 车道高架。

②合线隧道方案：将跨海隧道继续延伸至东平路北且由此出洞，接地面且与地面道路交织后开始设双向 6 车道高架。

③一桥一隧方案：隧道分线，一条在贵州路以南出洞，而后是高架；一条隧道沿云南路前行，在东平路北出洞，而后是高架。

④分线隧道方案：线路基本同一桥一隧，四川路分线由高架改为隧道，在东平路北出洞。（如图 3 所示）

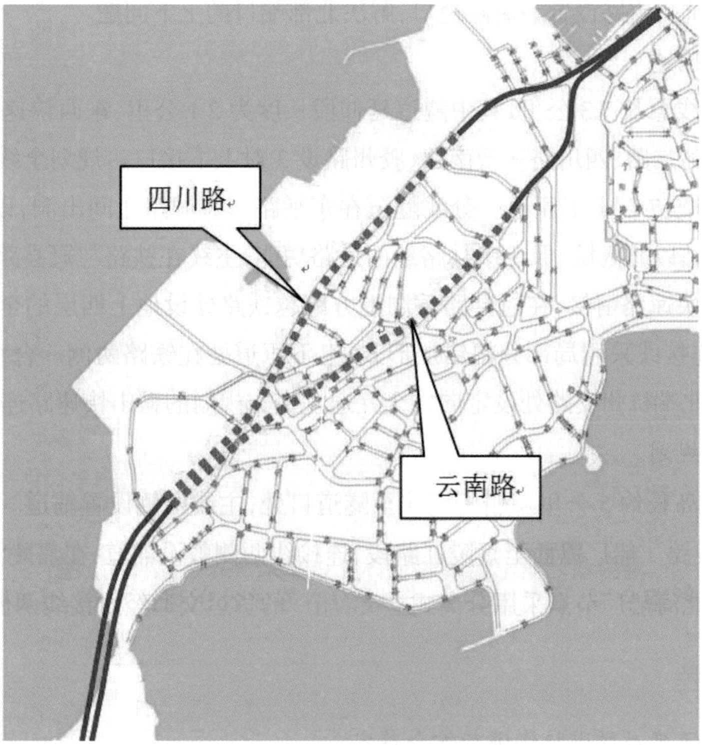

图 3　分线隧道方案示意图

（2）方案比选

根据景观风貌和城市用地的要求，宜采用隧道方式；根据区域的道路交通条件要求，且采用分线方式；从拆迁角度和经济角度分析，隧道方案优于高架方案，分线隧道优于合线隧道。

综合比较，推荐采用沿四川路、云南路的分线隧道方案。

2. 火车站、中山路和小港区域

该区域将发展成为青岛城区西部副中心、市级商贸区、富有历史内涵的滨水风貌旅游区。连接线在该区域沿铁路西侧继续向北延伸，同时还需要跨越铁路后与东西快速路衔接。

目前，东西快速路已经通到胶州路西端，与隧道接线的衔接有两个方向可以选择：胶州路方向和市场三路方向。根据分析，推荐采用市场三路连接方案。

在胶州路东段设置匝道口，连接东部地面道路和快速路系统，使中山路交通得到快速疏解；在胶澳海关附近设置匝道口，连接北部地面道路和快速路系统，兼顾疏解小港地区的交通。与西镇北部隧道出入口的一对上下通道相配合，三对接口形成“T”字形分布，既有效地引导了地区交通，又与商业核心区域保持了适当的距离，在改善了交通条件的同时，也避免了对购物环境的干扰和冲击。

3. 中港、大港区域

根据分析，港口的疏港交通通过现有地面道路直接连接杭州支路，对隧道接线影响较小。胶澳海关是具有历史价值的建筑，采用局部分幅错层方案对其予以保护。考虑到少占两侧用地、不影响昌乐河的泄洪功能，推荐在昌乐河两侧分线高架敷设连接线。

在昌乐路和普集路各设置一对匝道口，其作用是服务台东商贸区、辽宁路商业区及周边区域，并缓解快速路的压力。在杭州支路设置一对匝道口，解决北部端口的上下问题。

4. 规划方案总体描述

青岛端连接线全线总长 7.3 公里，其中隧道延伸段长度为 2.1 公里，东西快速路延伸段长 0.8 公里。分别在团岛一路—团岛二路、四川路—云南路、胶州路设 3 对上下接口。规划全线设东西快速路和杭州支路两处大型互通立交、7 对上下匝道。分线隧道在东平路与观城路之间出洞，以地面形式向前约 100 米后设高架。在火车站以北区域，保留莘县路地面道路功能，主线在铁路与冠县路之间合线高架。连接线经市场三路与东西快速路衔接，在冠县路桥洞上方跨越铁路处设地上四层的全定向互通式立交。在胶澳海关附近地段，连接线采用局部分幅错层形式，上下匝道处在铁路两侧。合线一段后，沿昌乐河两侧分线向北延伸。在北端杭州支路处设定向式全互通立交与规划的鞍山快速路连接。

（二）黄岛端接线规划

隧道接线在薛家岛长约 5 公里。船厂以北至隧道口处，主线两侧设置辅道。在瓦屋庄附近设一对上下匝道，连接旅游线路。船厂以西至嘉陵江路段，连接线两侧敷设辅道，在嘉陵江路、滨海公路交叉口设置互通定向立交。北海船厂节点采用分离式立交，船厂的货运交通经过接线两侧的辅道向西联系。

四、创新与特色

（一）从城市综合角度对隧道接线进行综合确定

结合隧道接线所通过的团岛西镇区域、火车站—中山路—小港区域、薛家岛区域的不同城市特点，本次规划从交通本身需要和景观风貌保护、地区更新发展、保护旅游资源、减少拆迁等多角度，提出隧道接线优化方案，避免了过去就交通论交通的弊端。

（二）对青岛市已建交通预测模型进行了功能拓展

本次规划在青岛市城市综合交通规划交通预测模型和交通数据库基础上，根据新编控规对原有数据库进行了合理调整，运用 Emme3 交通分析软件，对隧道接线流量、匝道口设置及路网负荷进行了相关预测和评价，从定量分析上实现了宏观与微观的有机结合，使规划方案更符合交通的系统要求。

（三）开创了青岛市重大交通设施项目的新建设流程模式

该规划使项目流程在进入项目建设程序之前增加了对项目的综合研究，使项目决策依据更充分、更科学。该流程对本市和其他城市的重要建设项目有重要的借鉴和推广意义。

青岛市城市公共交通发展纲要

完成时间:2008 年。

委托单位:青岛市交通委。

参加人员:马清、徐泽洲、董兴武、刘淑永、万浩、李国强、李勋高、张志敏。

获奖情况:2009 年,获全国优秀工程咨询成果一等奖、青岛市优秀工程咨询成果一等奖。

一、项目背景

随着机动化水平的提高,青岛市城市道路交通拥堵程度不断加剧,城市道路资源日趋紧张,而青岛市公共交通在发展过程中面临着机遇和挑战。按照科学发展观的要求,优先发展公共交通,对青岛城市发展、土地资源节约、环境保护、居民日常出行等多方面都具有十分重要的战略意义。要处理好青岛交通发展与社会经济进步之间的关系,亟须制定目标明确、综合性强的纲领性文件,由此出台《青岛市城市公共交通发展纲要》,从全新的视角指导青岛在新形势下公共交通的发展。

二、研究方法

本研究采用指标分析法、交通“四步骤”预测法、交通调查法、趋势分析法、借鉴分析法、类比法等多种方法。其中,指标分析法是本纲要研究的特色方法。

研究中选取了最有代表性的公共交通评价指标,建立现状公交综合评价体系,包括 5 大类指标、22 项分项指标,涵盖与公共交通相关的各个方面,包括公交自身发展、城市社会经济发展现状和其他外部条件等部分。(见表 1)

三、主要研究成果

(一)成果框架

报告研究范围为市内七区,重点研究范围为主城区。该成果由总报告和四个专题报告组成,其中,专题报告包括青岛市交通特征和公共交通现状研究、公共交通发展战略研究、公共交通近期发展对策研究、公共交通政策与管理研究。

(二)公交发展战略

1. 战略地位

青岛市公共交通的战略地位是“公交主导,优先发展”。“公交主导”指城市公共交通在城市居民出行方式中占主导地位。“优先发展”指将城市公共交通在城市规划、建设、管理、政策等诸多方面置于优先发展的地位,体现为“发展环境优待,发展时序占先”。

2. 战略总目标

战略总目标是打造和谐型、生态型的“公交都市”,构筑快速、方便、准时、舒适、安全、环保、节能的公共交通服务体系，确立公共交通的主导地位，适应不同人群的公交出行需求，以公共交通为城市品牌，促进城市品质和地位的提升。

表 1 公交综合评价体系

<table>
<tr><td rowspan="22">综合评价体系</td><td rowspan="3">综合指标</td><td rowspan="3">1. 公交出行比重</td><td>（1）市区公交出行比重</td></tr>
<tr><td>（2）市内四区公交出行比重</td></tr>
<tr><td>（3）通勤交通中公交出行比重</td></tr>
<tr><td rowspan="19">分项指标</td><td rowspan="7">2. 公交设施情况</td><td>（4）系统的组成</td></tr>
<tr><td>（5）车辆的发展</td></tr>
<tr><td>（6）线路情况</td></tr>
<tr><td>（7）专用道设置</td></tr>
<tr><td>（8）站点布局</td></tr>
<tr><td>（9）车场建设</td></tr>
<tr><td>（10）信息化、智能化</td></tr>
<tr><td rowspan="3">3. 公交客流情况</td><td>（11）总客运量变化</td></tr>
<tr><td>（12）客流分布</td></tr>
<tr><td>（13）交通枢纽现状</td></tr>
<tr><td rowspan="7">4. 现状服务水平</td><td>（14）公交出行平均时间及分布</td></tr>
<tr><td>（15）准点率</td></tr>
<tr><td>（16）站点覆盖率</td></tr>
<tr><td>（17）运行速度</td></tr>
<tr><td>（18）换乘系数</td></tr>
<tr><td>（19）高峰拥挤程度</td></tr>
<tr><td>（20）票制票价</td></tr>
<tr><td rowspan="2">5. 经营与管理</td><td>（21）经营情况</td></tr>
<tr><td>（22）管理措施</td></tr>
</table>

3. 战略对策

（1）公交优先发展，表现为：大容量快速公交优先、土地配置优先、公交路权优先、政策支持优先和科技投入优先。

（2）公交与土地利用协调发展，表现为：与城市紧凑型发展相适应、与城市格局的新变化相适应、满足旧城改造的要求、改善已建城区交通环境、引导城市发展、拓展延伸陆地资源。（如图 1 所示）

（3）公交与其他交通方式协调发展，表现为：对小汽车发展进行适度控制，充分保证步行环境，合理使用自行车，严格管理摩托车。

（三）近期行动

1. 公交线网建设

加快轨道交通建设，建设高等级公交专用道，借用高速公路和城市快速路开辟快速公交线路，整合普通公交专用道，新增一般公交线路，形成多层次的公交线网。

2. 场站建设

继续完善公交保养场和夜间停车场的建设,加强公交白天运营期间的停车场建设。近期规划建设公交场站 37 处,占地面积约 51 万平方米。

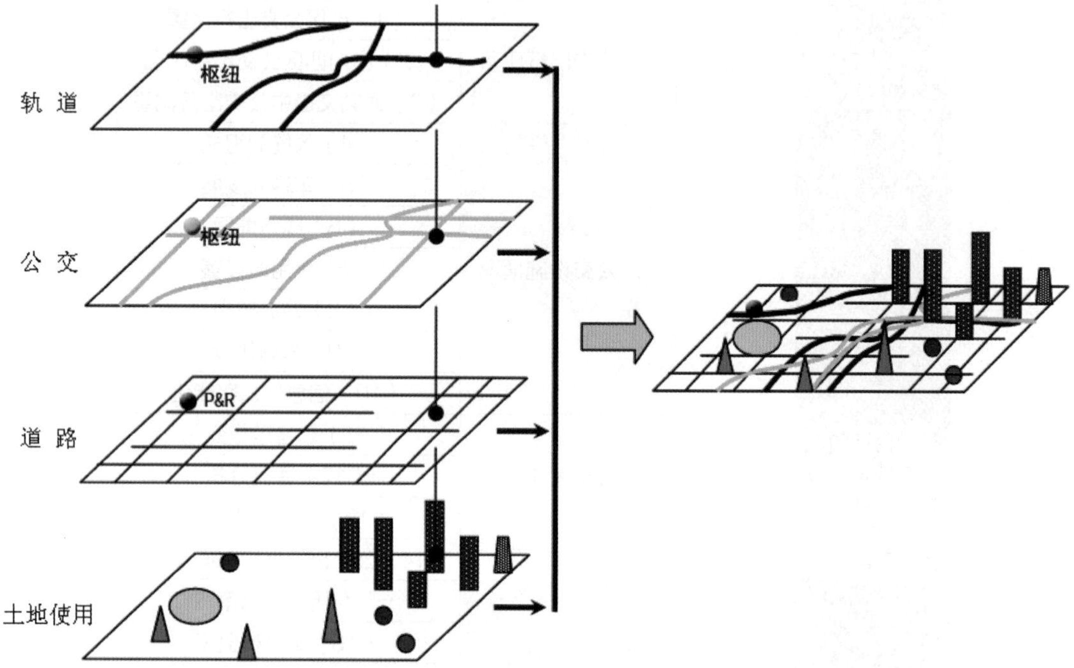

图 1　公交与土地利用的关系

3. 客运枢纽建设

结合对外枢纽建设、轨道交通建设、青黄跨海大桥和隧道建设,建成 8 处客运枢纽。客运枢纽与新建交通设施要遵循同时设计、同时施工、同时投入使用的原则。(如图 2 所示)

4. 公交车辆发展

到 2012 年,新增公交车约 1370 辆标准车(折合约 1150 辆自然车)。2008 年奥帆赛前,欧Ⅱ以下排放标准的公交车辆全部更新改造为天然气汽车。新购置公交车辆应达到欧Ⅲ及以上排放标准,大力推广应用天然气汽车,新购置车辆应考虑一定比例的无障碍车辆。

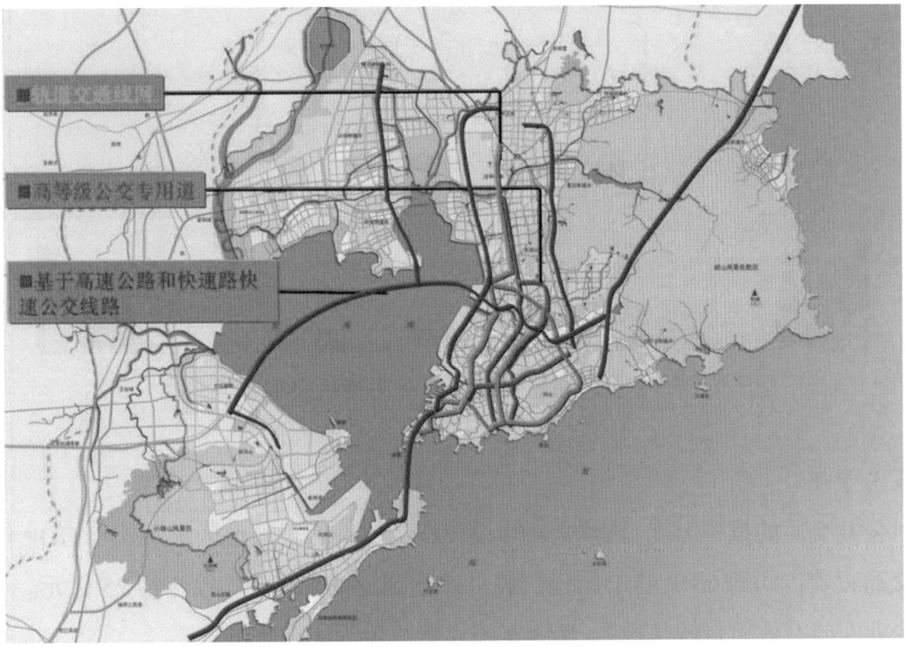

图 2　近期公交线路(含轨道)建设情况

5. 信息化与智能化建设

2012 年建成能够保障全市地面公共交通安全、高效运行、国内领先的公交管理设施。(如图 3 所示)

6. 近期实施评价

通过近期建设,公交服务水平明显提高,具体表现如表 2 所示。

表 2　有无方案主要指标对比

	评价指标		现状(2007 年)	2012 年
公交设施水平评价	车辆拥有量(标台 / 万人)		13.7	14.3
	标台场站面积(平方米 / 标台)		57	124
	快速公交专用车道		无	有
	信息化与智能化设施		一般	相对完善
公交服务水平评价	公交分担率(%)		21.5	29.0
	线网密度(km/km^2)	市内四区	2.08	2.50
		全市	1.75	2.12
	站点 300 米半径覆盖率(%)	市内四区	54.4	70.0
		全市	49.6	55.0
	平均车速(km/h)		17.3	20.0
	平均换乘率(次)		1.35-1.4	1.32-1.36
	准点率(%)(全日平均)		80	90
	南北向公交运行时间	市政府—李村(分钟)	34	24
		市政府—北站(分钟)	75	50
	东西向公交运行时间	火车站—崂山中心区(分钟)	55	45

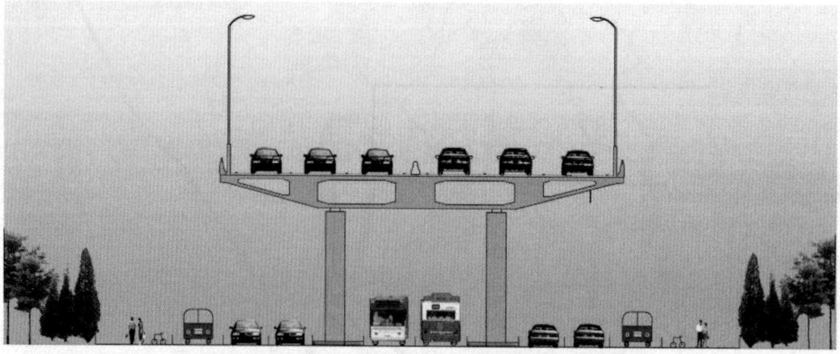

图 3　重庆路高等级公交专用道断面示意图

（四）政策与管理

1. 加大对公共交通的投资力度，调整交通建设投资结构。若青岛市区未来 5 年 GDP 年均增长率为 10%，按公共交通投资占同期 GDP 的 1% 计算，青岛市七区近期公交年均投资约 25 亿元。

2. 在对企业实施有效监督的基础上，继续实施税费减免等优惠政策。

3. 完善现有票制票价，组建独立的公共交通 IC 卡票务公司，进一步扩大公交吸引力 。

4. 利用划拨方式落，实公共交通设施建设用地。用地符合《划拨用地目录》的，一律按要求用划拨方式供地，并尽早完成征地。未经法定程序批准，不得随意挤占公共交通设施用地或改变土地用途。

5. 切实推进公交路权优先。按规划落实高等级公交专用道、普通公交专用道和公交信号优先等设施的建设和管理。

6. 实现公交站场同公交运营相分离。

7. 对线路班车实行公交化、公司化改造。

8. 推进公共交通信息化、智能化建设。

9. 强化小汽车交通需求管理，控制和引导小汽车使用，特别是要削减小汽车通勤交通的出行量；研究制定小汽车交通需求管理政策，实行交通拥堵费和车辆拥有限制，调控城市交通流分配。

10. 加强宣传引导，树立绿色交通出行理念。

四、成果特色

1. 首次编制《青岛市城市公共交通发展纲要》，探索了贯彻落实国家 “优先发展城市公共交通” 政策的有效途径。

2. 统筹公共交通的规划、建设、政策、管理、投融资、运行等诸多要素，为城市公共交通的全面可持续发展奠定了基础。

3. 建立了城市公共交通综合评价体系，为国内城市公共交通发展水平比较和评价创立了平台。

4. 采用多种调查方式，搜集了大量数据，为科学评价和预测打下了良好的基础。

5. 建立全市道路交通和公共交通预测分析模型，对公交各种发展态势下的效果进行定量分析评价，确保各阶段发展目标设定科学合理 。

青岛市第二次交通出行调查(2010年)

完成时间:2010年。

委托单位:青岛市地铁工程建设指挥部办公室。

领导小组成员:刘建军、李建国、王永亮、张君、王者永、张明东。

参加人员:马清、徐泽洲、万浩、张志敏、于莉娟、高洪振、夏青、周宏伟、刘淑永、李勋高、董兴武、房涛、汪莹莹。

获奖情况:2014年,获青岛市优秀工程咨询成果一等奖。

一、项目背景

2008年,青岛市地铁工程建设指挥部成立,地铁建设进入加速时期。轨道交通建设规划和3号线可行性研究相继获国务院批复,2号线可行性研究已经上报国家。在上述项目专家评审会上,专家明确提出:轨道交通规划应以近3年的居民出行调查数据为基础,8年前的交通调查数据已经不能适应地铁规划建设的需要。同时,城市交通拥堵问题日益突出,“行车难,停车难”正成为一种“城市病”,急需更新城市交通基础数据,及时掌握交通出行基本特征,更好地服务于城市交通规划建设。根据青岛市政府统一部署,由市地铁工程建设指挥部办公室牵头组织了青岛市第二次交通出行调查。

二、调查过程与组织实施

本次交通调查的范围是青岛市所辖七区,调查项目包括居民出行调查、流动人口出行调查、客流吸引点调查、核查线调查、主要交叉口流量调查、出入境调查、公交跟车客流调查、车速调查等共8项。调查共出动调查人员4000余人次,技术人员50余人,获得数据信息近100万条。

本次交通调查技术总负责单位为青岛市城市规划设计研究院,调查实施单位为市勘察测绘研究院和市公交集团。交通调查分为两个阶段实施,分别为6～7月、9～10月(期间考虑学生放假)。调查具体实施单位及抽样样本情况如表1所示:

表1　交通调查项目、组织单位及样本量

序号	调查内容	组织实施单位	抽样数量	调查方式
1	居民出行调查	市勘察院	11万人	家访
2	流动人口出行调查	市勘察院	5000人	问询
3	吸引点调查	市勘察院	50个	观测、问询
4	核查线调查	市勘察院	5条	观测
5	主要道路交叉口流量调查	市勘察院	13个	观测

续表

序号	调查内容	组织实施单位	抽样数量	调查方式
6	出入境调查	市勘察院	14 个	观测
7	车速调查	市勘察院	32 条	浮动车法
8	公交跟车客流调查	公交集团	25%	跟车

三、调查成果

(一)居民出行调查

本次居民出行调查范围为青岛市七区的城市常住人口,采取家访入户调查方式。调查样本约 3.7 万户,调查人数约 11 万人,平均抽样率达 3%。

1. 出行率与出行量

2010 年青岛市七区常住人口(包括 6 岁以下儿童)的平均出行率为 2.13 次 / 日,比 2002 年的 1.98 次 / 日提高了 0.15 次 / 日;常住人口一日出行总量为 778.2 万人次 / 日,比 2002 年的 538 万人次增加了 44.6%。

2. 出行方式的结构

2010 年中心城区居民采用常规公交出行的比重为 22.1%,而采用小汽车出行的比重达到了 28.4%。与 2002 年第一次交通调查相比,8 年间公交出行分担率仅增长了 2.5 个百分点,而小汽车出行分担率上升了 17.8 个百分点,小汽车出行分担率增长过快,而公交出行分担率增长缓慢。(见表 2)

表 2　2002 年和 2010 年居民出行方式的结构对比

单位大客车	单位小汽车	私人小汽车	出租车	摩托车	自行车	步行
4.0	6.3	4.3	6.5	8.8	9.9	39.0
2.7	10.9	17.5	6.3	3.1	3.8	32.5
2.4	9.8	13.1	6.3	0.5	0.9	37.7
2.8	12.4	24.6	6.1	5.9	6.6	27.1

3. 出行时间分布与时耗

7:00 ～ 19:00 的 12 小时的全方式出行量占全天总出行量的 87.5%,高于 2002 年的 82.7%。高峰小时的时间段没有发生变化,早高峰时段为 7:00 ～ 8:00,晚高峰时段为 17:00 ～ 18:00。(如图 1 所示)

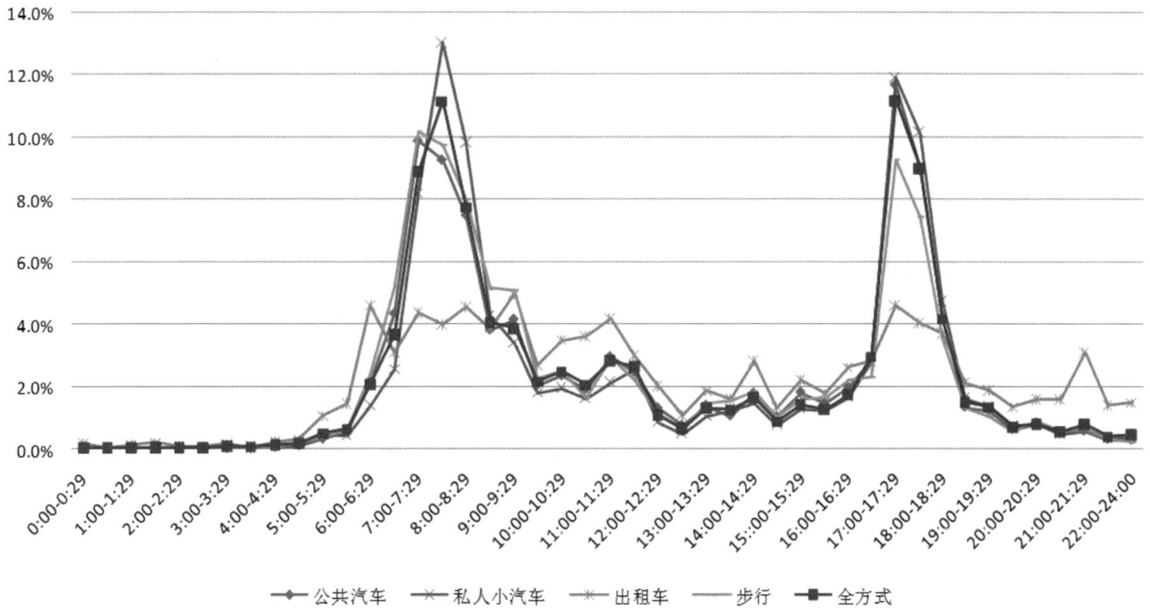

图 1　不同交通出行方式出行时间分布图

青岛市七区居民出行一次的平均时耗为 31.8 分钟，较 2002 年的 25.5 分钟有所增加，主要原因是城市空间扩展和交通拥堵加剧。其中，市内四区居民出行平均时耗为 35.2 分钟，30 分钟以内的占 52.0%，出行时耗在 1 小时左右或以上的占 24.8%；其他三区居民出行平均时耗为 25.1 分钟，30 分钟以内的占 80.2%。

4. 出行空间分布

按交通大区统计，各大区内部出行比重平均为 53.6%，较 2002 年的 68% 有所减少。黄岛区内部出行比重为 96%（如图 2 所示），较 2002 年的 98.5% 有所降低，这与青黄两岸交通加强密切相关。但是，当时胶州湾大桥和隧道尚未通车，“青黄不接”的局面仍然没有改变。

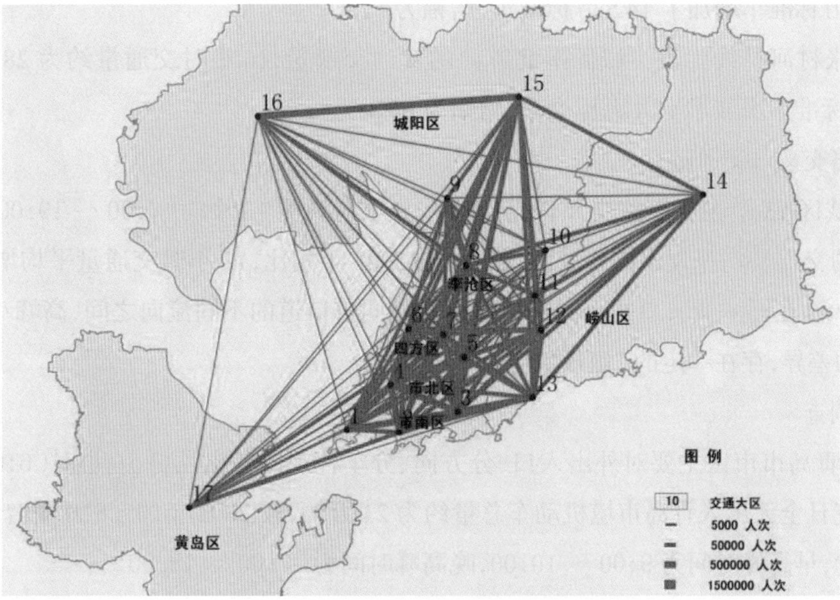

图 2　2010 年居民全方式出行期望线图

（二）道路交通量调查

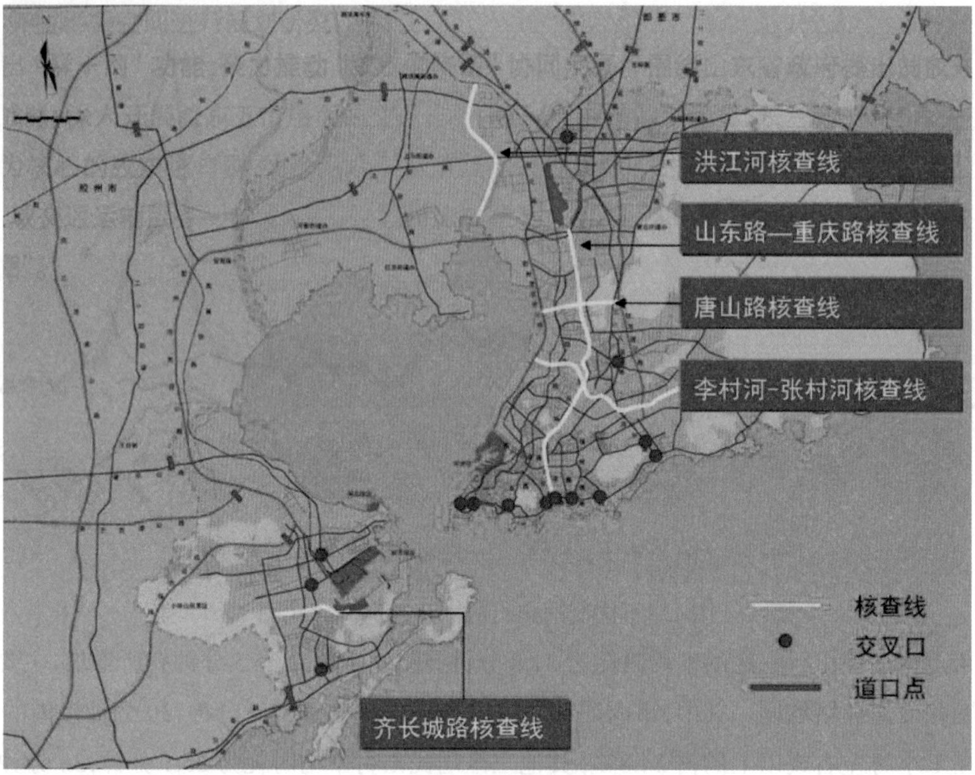

图 3　交通流量调查位置图

1. 核查线交通量调查

选定山东路—重庆路、李村河—张村河、唐山路、洪江河、齐长城路 5 条核查线，分时段观测与核查线相交的 53 个道路断面 16 小时（6:00 至 22:00）的流量情况（如图 3 所示）。

重庆路—山东路核查线代表主城区东西两侧的交通交换量，16 小时交通量约为 42 万标准车，比 2002 年的 27.5 万标准车增加了 14.5 万标准车，增幅为 52.8%。

李村河—张村河查线代表主城区南北方向的交通交换量，16 小时交通量约为 28.6 万标准车，比 2002 年的 17.2 标准车增加了 11.4 万标准车，增幅为 66.3%。

2. 主要道路交叉口交通量

选取中心城区 13 个主要道路交叉口，分车种、分方向观测 12 小时（7:00 ～ 19:00）的车流情况。被调查交叉口的交通量均呈现不同程度的增长。与 2002 年相比，12 小时交通量平均增幅达到 27.8%，年均增幅为 3.1%。在同一交叉口的不同进口道以及相同进口道的不同流向之间，高峰小时的交通饱和度存在较明显的差异，存在一定的"短板效应"。

3. 出入境调查

选定 13 个青岛市市区主要对外出入口，分方向、分车种观测各出入口 16 小时（6:00 ～ 22:00）的车流情况。调查日全天出入青岛市境机动车总量约为 21 万辆，较 2002 年的 8.8 万辆增长了 1.4 倍。从车流时间分布看，早高峰时间为 9:00 ～ 10:00，晚高峰时间为 17:00 ～ 18:00。

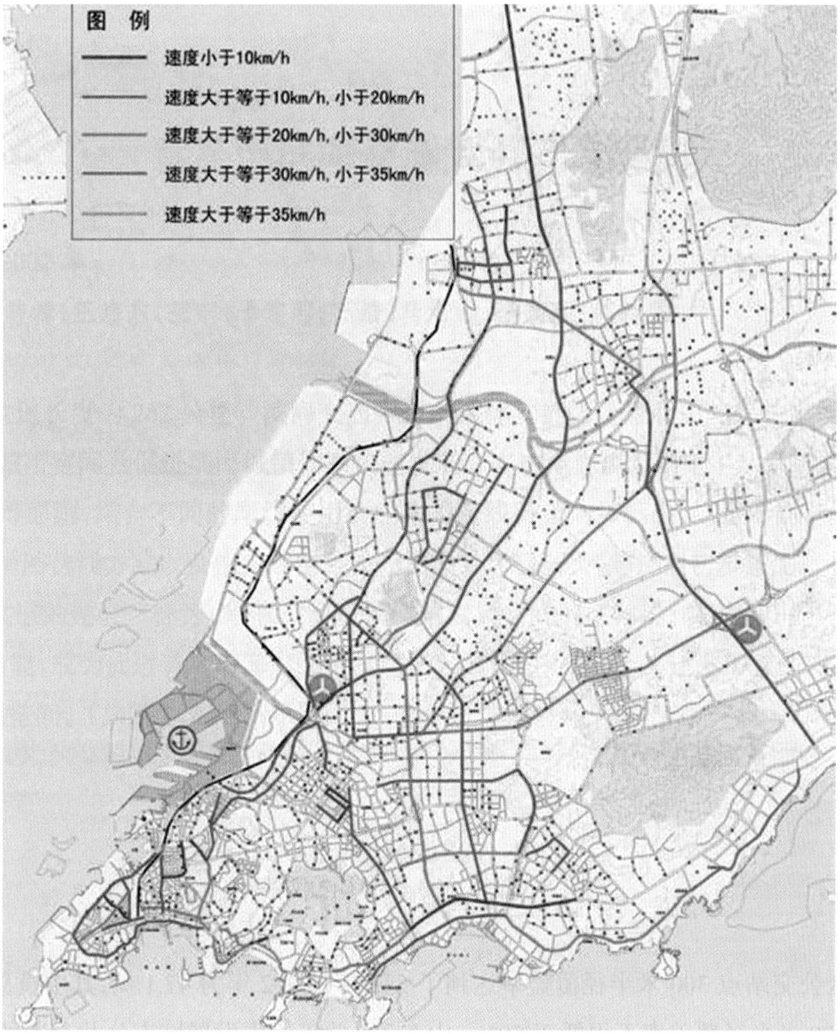

图 4　现状道路运行速度图

4. 车速调查

青岛城区主要道路平均车速为 21.7 公里 / 小时，黄岛区平均车速为 41.9 公里 / 小时，与 2002 年相比，分别下降了 4.3 公里 / 小时和 12.5 公里 / 小时。其中，南北向道路平均车速为 19.9 公里 / 小时，东西向道路平均车速 24.5 公里 / 小时。早晚高峰 CBD 地区的香港中路、山东路、南京路、福州路等道路的车速仅有 10 公里 / 小时左右。（如图 4 所示）

（三）公交跟车客流调查

公交跟车客流调查时间是早上 6 点至晚上 10 点。动用调查员 1000 余名，对中心城区共计 188 条公交线路中的 47 条线路进行了 16 个小时（6:00 ～ 22:00）的跟车客流调查。主要调查统计结果如下：

1. 2001 ～ 2009 年，中心城区公交车数量由 3753 标台增长到 5184 标台，相应的公交车辆万人拥有率由 13.8 标台增长到 14.2 标台，公交车辆供应水平有所提高。

2. 中心城区共有公交线路 188 条，线路总长 3558.6 公里。比 2002 年增加了 31 条线路，线路总长度增加了 744 公里。公交线网密度由 2002 年的 1.70 千米 / 平方千米提高至 2010 年的 2.24 千米 / 平方千米，仍低于国家规范要求的 3 ～ 4 千米 / 平方千米。

图 5　站点 300 米半径覆盖率

3. 中心城区公交站点 300 米半径覆盖率达到了 53.7%（2002 年为 47.1%），其中黄岛区只有 46.7%。国家规范要求 300 米半径覆盖率不得低于 50%；山东省《关于优先发展城市公共交通的意见》要求 300 米半径覆盖率建成区大于 50%，中心区大于 70%。（如图 5 所示）

4. 调查日公交客运总量达到了 238 万人次。其中，黄岛区公交客运量约为 30 万人次。2005 ～ 2009 年，中心城区公交客运量持续增长，年平均增长率 4.6%。（如图 6、图 7 所示）东西向最大公交客流走廊为莱阳路—文登路—香港路，最大断面客流达到 6.8 万人次，南北向最大公交客流走廊为威海路—人民路—四流路，最大断面客流达到 5 万人次。

5. 市内六区公交自有停车场（正式停车场）面积为 38.8 万平方米，临时停车场面积为 8.4 万平方米，租借停车场面积为 6.6 万平方米，还有部分公交车辆占路停车。黄岛区自有公交停车场占地面积约 2.9 万平方米，其他均为租赁场地和占路停车。

6. 海上渡轮开设有 4 条航线，分别为：市区－薛家岛快艇，日开行 40 航次；市区－薛家岛轮渡，日开行 38 航次；市区－黄岛快艇，日开行 60 航次；市区－黄岛车轮渡，日开行 72 航次。2009 年，运送旅客 1025.6 万人次，车辆 127.2 万辆。

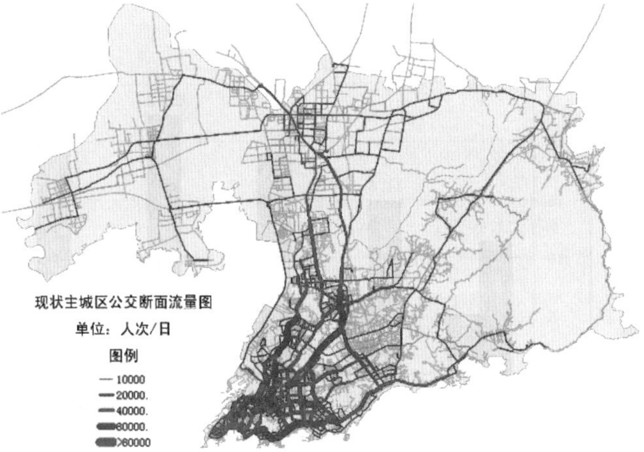

图 6　现状主城区公交客流空间分布图

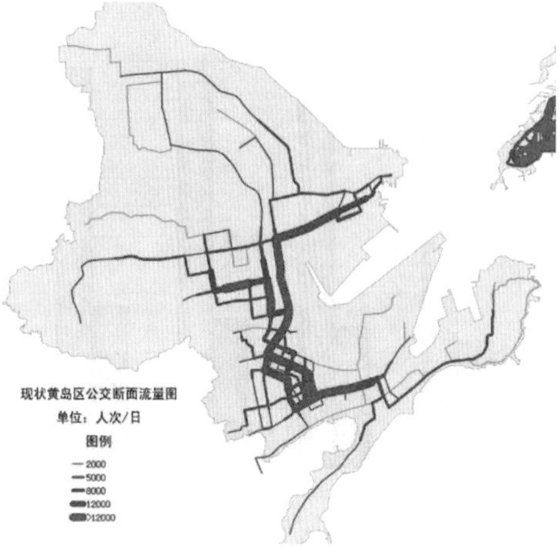

图 7　现状黄岛区公交客流空间分布图

（四）道路设施供应

截至 2009 年，中心城区道路总里程 3402 公里，道路面积 5763 万平方米。其中，市内四区道路总长度 997 公里，人均道路面积 19.7 平方米，道路网密度 5.28 公里 / 平方公里，面积率 9.6%，道路等级结构为：快速路：主干路：次干路：支路 =0.2 ： 1 ： 0.46 ： 3.79。与国家规范要求相比较，青岛市内四区主干路和支路基本符合要求，但快速路和次干路密度低于国家规范要求。（如图 8 所示）

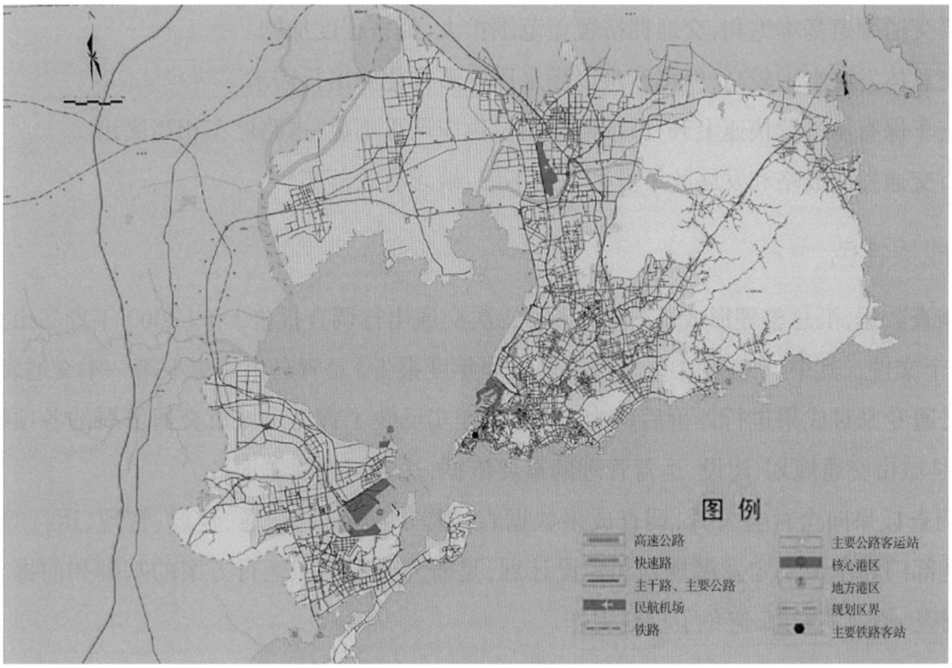

图 8　现状道路网图

（五）停车供需情况

根据交通管理部门资料统计，截至 2009 年年底，青岛市内四区约有经营性停车场 945 处、泊位 6.3 万个（在交警部门管理登记的，不包括小区内及其他未管理登记的路外停车位），其中，占路停车泊位约 1.6 万个，约占 25%。市内四区现有小汽车约 20 万辆，停车供需矛盾突出。（见图 9、图 10）

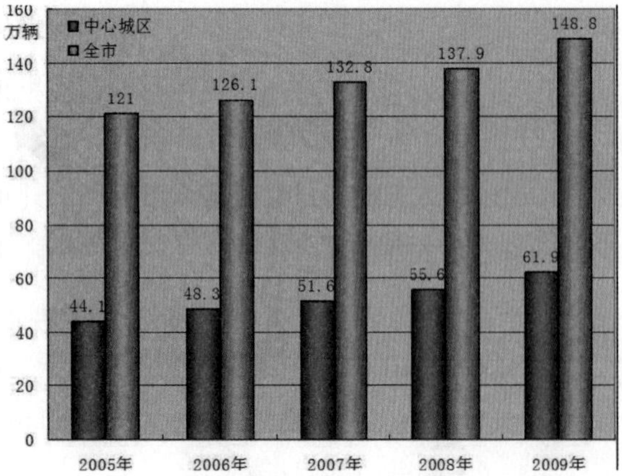

图 9　历年全市机动车保有量情况图

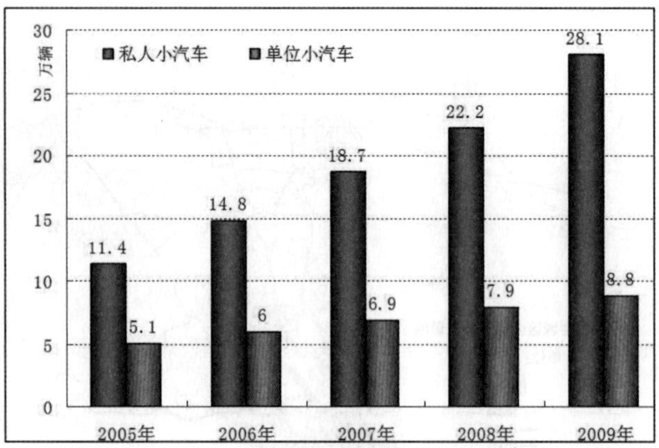

图 10　历年中心城区私人和单位小汽车趋势图

（六）交通固定资产投资

2009 年，中心城区交通固定资产投资额为 89.24 亿元，比上年增长 42.7%。常规公共交通投资 2.42 亿元，比 2008 年减少 29.4%，公交投资仅占交通固定资产投资的 2.7%（含轨道为 5.5%）。交通固定资产投资在全国同类城市处于中下游水平。

（七）主要结论

1. 个体机动化出行迅猛增长，公交出行比重增长缓慢。

2. 主要交通廊道基本饱和，交通拥挤覆盖范围扩大，拥挤程度加剧。

3. 公交总体发展水平较高，但仍然难以满足居民多样化的出行需求。

4. 小汽车保有量持续快速上升，城市停车泊位供应严重不足，占路停车相当突出。

5. 城市交通发展战略和发展政策贯彻力度不够，缺乏有效落实。

四、成果特色

根据调查数据，汇总整理形成了《青岛市第二次交通出行调查报告》和《2009 年青岛市交通发展年度报告》两个文件。其中，《2009 年青岛市交通发展年度报告》是青岛市历史上第一本交通发展白皮书。全国知名交通专家对成果进行评价后认为：该成果详实反映了青岛市城市交通发展的各项特征及供需变化情况，是城市交通规划、建设、运营管理的重要依据，达到国内领先水平。

本次调查成果向全社会公开，调查成果数据直接提供给规划、交通、建设、管理、运行等多个部门。这些数据是部门和单位制定发展规划和建设计划，是研究确定组织运行方案的基础和前提。通过集中组织交通调查，整合了资源，避免了重复工作。

铁路青岛北站交通衔接规划研究

完成时间:2010 年。

委托单位:铁路青岛北站区域项目建设协调推进小组。

编制人员:万浩、刘淑永、张志敏、马清、董兴武、李国强、于莉娟、徐泽洲、李勋高。

获奖情况:2010 年,获青岛市优秀工程咨询成果二等奖。

一、规划背景

(一)铁路快速发展,急需厘清城市交通衔接设施与铁路青岛北站的关系

国家铁路快速发展(青荣城际铁路已开工建设,胶济客专青岛市区以外段已建成),铁路青岛北站(以下简称"青岛北站",如图 1 所示)建设在即,急需厘清城市交通衔接设施与铁路青岛北站的关系。

青岛北站办理所有衔接方向的普速旅客列车的始发与终到作业、办理青岛至济南以远(除北京、上海)的动车组的始发终到作业、青岛至荣成间站站停动车组的始发与终到作业,共设 8 台 18 线。预测 2025 年旅客发送量 1800 万人次,日最高集聚人数 10000 人次。

青岛北站站房总建筑面积约 6 万平方米。车站建筑部分为地上二层、地下三层,局部设置夹层。地面层为站台层,东、西两侧为东西站房,内设售票厅、贵宾室;地上二层为候车区;地下一层为出站通道,东、西两端设有换乘大厅。

图 1 铁路青岛北站效果图

(二)青岛市积极推进环湾发展战略,青岛北站工程沿线成为重点区域

青岛北站位于东岸城区北部西侧,临近胶州湾,靠近环湾大道和跨海大桥连接线,处在填海形成区域,与东侧有较大的地形落差,交通衔接条件复杂。

青岛市将包含青岛北站在内的 1.9 平方公里区域作为李沧交通商务区的核心区,实施高强度开发,

并与青岛北站一体化建设，利用核心区带动周边区域发展。（如图 2 所示）

为实现青岛北站与城市交通的合理衔接，特编制本规划。

二、规划目标及原则

（一）规划目标

形成以青岛北站为核心，以步行系统为纽带，使铁路客运站与地铁、常规公交、出租车、小汽车、公路客运等多种交通方式高效衔接的综合交通枢纽。

（二）规划原则

1. 综合换乘。形成以公共交通（轨道交通、常规公交、出租车）为主导的多方式综合交通衔接系统，给乘客提供多种选择，最大限度地方便乘客。

2. 加强辐射。充分利用靠近高速公路和大桥连接线的有利条件，扩大北站的辐射范围，便捷服务青、黄、红各城区及周边县市；充分利用轨道交通快速大容量特点，辐射中心城区主要客流走廊。

3. 高度衔接。功能分工合理有序，衔接设施布局紧凑，减少换乘距离和换乘时间。

4. 合理分离 . 结合青岛北站的进出站特点，充分利用地下空间解决出站旅客的交通方式选择问题，形成人车分离的衔接系统；核心区域应以客运交通为主，货运交通绕行外围，实现核心区客货有机分离。

5. 促进繁荣。充分发挥青岛北站的区位优势和枢纽带动作用，建设交通商务区，促进青岛北站核心商圈的形成。

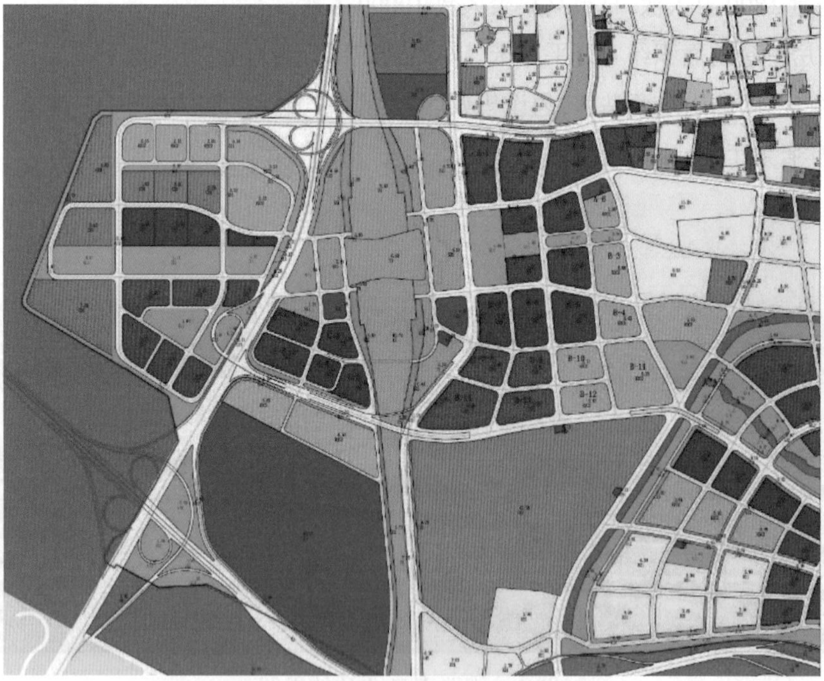

图 2　铁路北站周边用地规划图

三、交通衔接规划

（一）交通需求预测

交通需求包括铁路客运站产生的交通需求和核心区用地产生的交通需求（见表 1）。

表 1　区域交通需求总量（pcu/h）

分类	出行人次	折算标准车
青岛北站产生的交通需求	7740	1458
核心区用地产生的交通需求	129720	9643
交通需求总量	137640	11064

（二）配套设施整体布局

形成以站房和东西广场连线为轴线的对称道路疏解系统（如图 3 所示），以利于北站交通疏解，并更好地带动火车站商圈的发展。

规划在东广场的南侧设置公交枢纽站，在西广场南侧设快速巴士公交首末站，便于常规公交为北站客运提供方便服务。

规划在东广场北侧设置公路客运站，方便与铁路主广场和城市公共交通的衔接。

在东西广场分别布置出租车候车区，西广场布置在地面层，东广场出租车候车区布置在地下一层出站通道南侧。

东广场社会停车场布置在地下一层出站通道北侧，西广场社会停车场布置在西广场北侧。

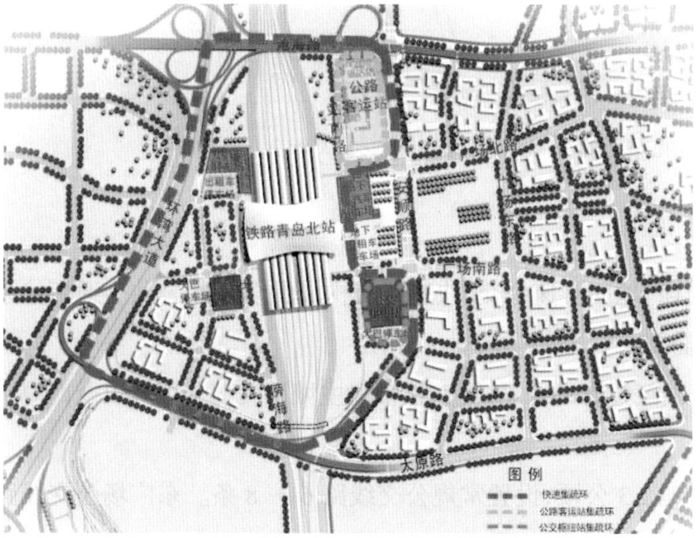

图 3　青岛北站交通设施布局规划图

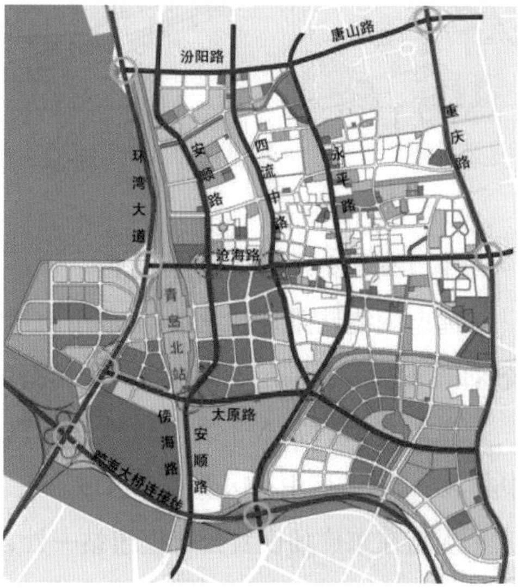

图 4　青岛北站道路系统衔接结构图

（三）道路系统衔接规划

规划形成“三纵三横”的核心区主干路网络与外围环湾大道、大桥连接线和重庆路快速路快速联系。

利用金水路高架段、金水路—安顺路西向南定向匝道、铁路北站逆向循环道路、安顺路—太原路北向西定向匝道、太原路高架、环湾大道，形成逆向快速单向道路循环系统：同时，形成围绕长途客运站和公交场站的逆向道路循环系统。总之，形成大环套小环的交通组织模式。（如图 4、图 5 所示）

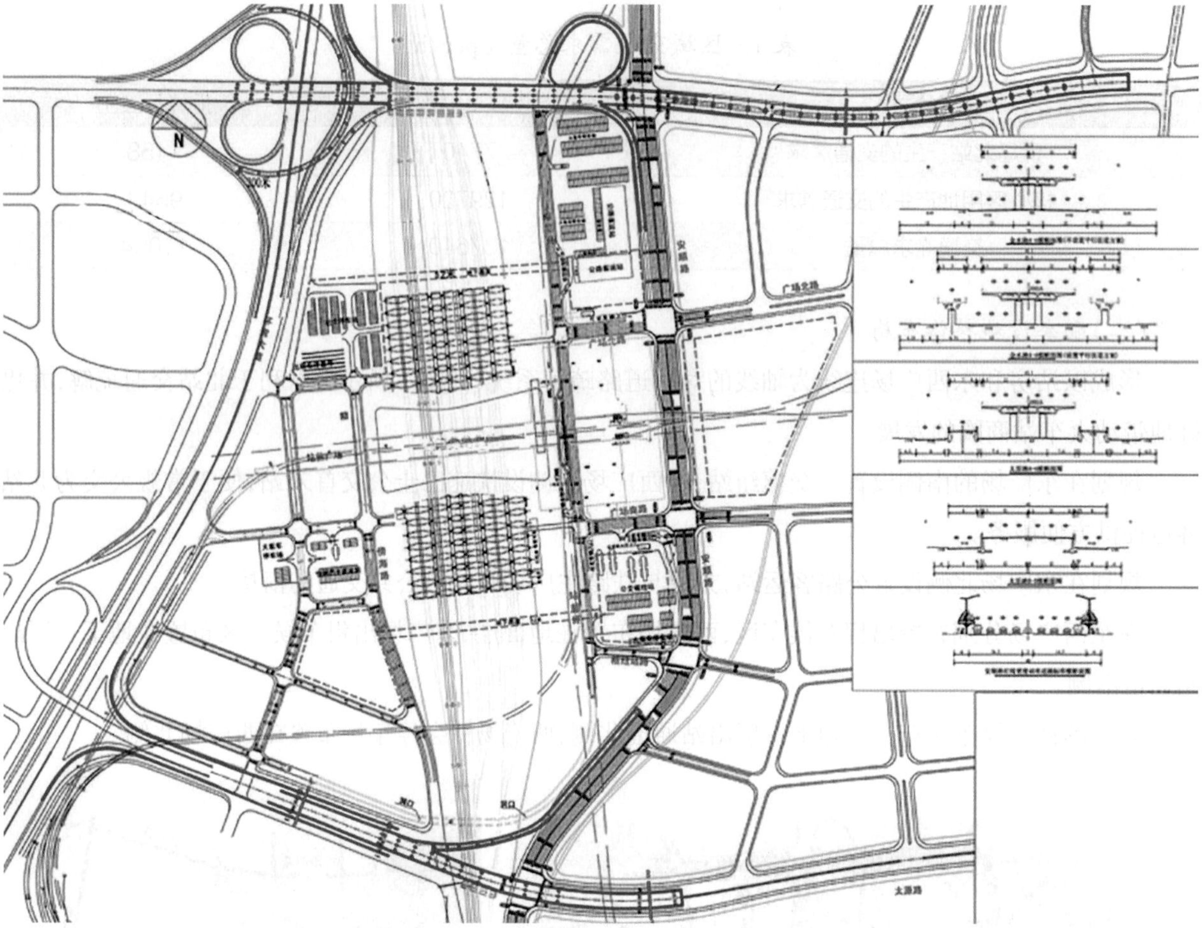

图 5　青岛北站道路系统详细规划图

（四）公共交通系统衔接规划

远期围绕铁路青岛北站，形成由轨道交通、地面常速公交、快速公交构成的多层次公共交通衔接系统（如图 6 所示），满足不同层次人群出行的需要。

规划有 M1 线、M3 线、M8 线三条轨道线经过青岛北站，可直接辐射主城区大部分区域以及西海岸中心区、北部城区中心区等重点区域。

规划在东广场设置公交枢纽站一处，占地 2.3 公顷，设置常规公交线路 6 ～ 8 条。东广场公交线路以发往市南、市北、四方、李沧的公交线路为主。

西广场临近环湾大道、青黄跨海大桥及大桥连接线，规划在西广场南端设快速巴士首末站，占地 1 公顷，可满足 4 ～ 5 条快速巴士线路始发的需要。西广场公交线路以发往城阳、红岛和黄岛的大站公交快线为主。

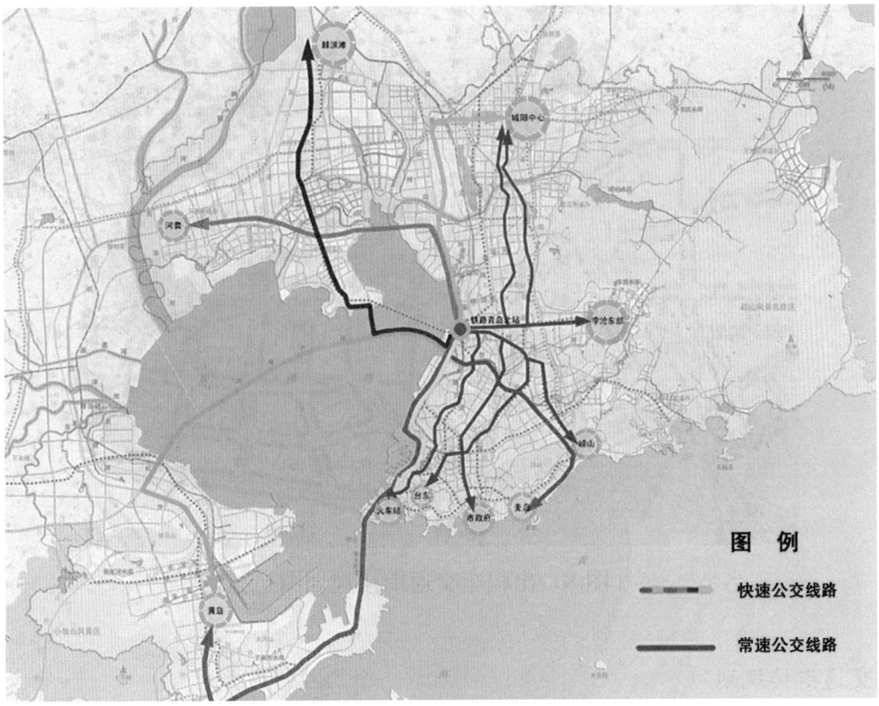

图 6 公交系统衔接规划图

（五）公路客运站规划

依据青岛市综合交通规划，结合本站布局，规划在青岛北站东北侧设置一处一级公路客运站，日发送能力 2 万人次，占地 44000 平方米。利用公路客运站紧邻道路和金水路—安顺路节点上下匝道组织逆向循环交通，利用地下空间和安顺路—金水路地面交叉口、安顺路—振华路地面交叉口组织人行交通。（如图 7 所示）

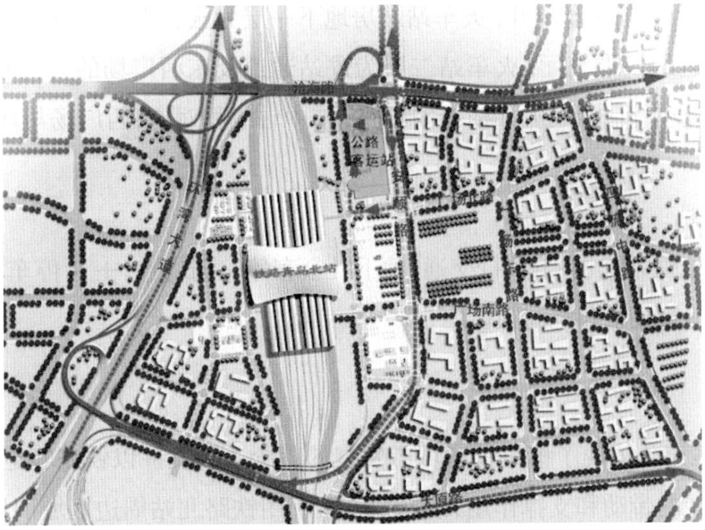

图 7 公路客运站交通衔接规划图

（六）出租车系统衔接规划

为分离主要的送站和接站出租车交通，规划将接站的出租车停车区和出租车上客车道布置在铁路青岛北站站房负一层，利用道路系统可两侧自如进出。（如图 8 所示）

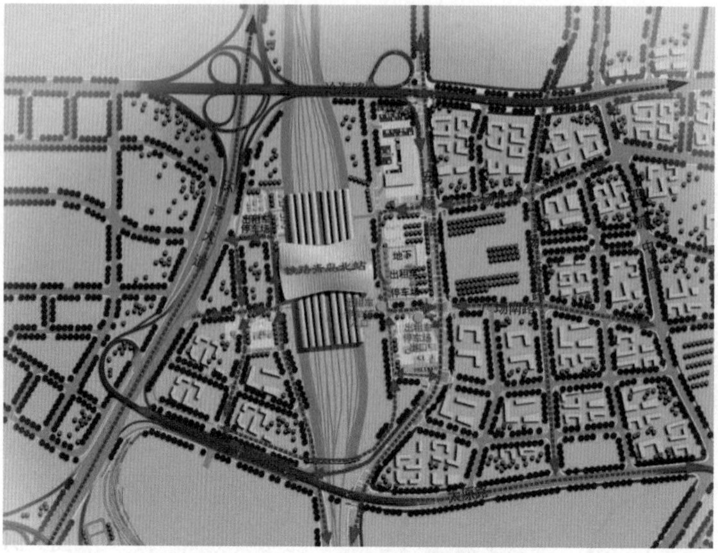

图 8　出租车交通衔接规划图

（七）静态交通衔接规划

预测青岛北站需要配建 1100 个小型车车位。规划在东广场地下一层与地面的夹层配建约 800 个小型车车位；规划在西广场北侧设置社会车地面停车场，靠近出租车候车区位置设约 300 个小型车车位；规划在东、西广场各设置 40 个大型车车位。下客区停车带主要方便送站车辆的临时停靠使用，布置在站前路靠近旅客进站口的位置，采用港湾式，与出租车送客带共享。

（八）步行系统衔接规划

沿中轴线，在地面设东西集散广场，主要功能为作为进站旅客通道和为旅客休闲服务，出站旅客也可以通过广场后，在适当外围乘车离开；火车站站房地下一层为旅客出站通道及换乘社会车、出租车、地铁、地面公交、公路客运的换乘大厅；火车站二层为进站通道及东西广场的人行联络通道；与中轴线相对应，安顺路东西两侧设下沉式广场，并横穿安顺路；与中轴线相对应，西广场与环湾大道相交处规划建设景观天桥。

（九）地下空间规划

规划充分考虑了地铁系统、地下人行交通、地下社会车停车场（含 P ＋ R 停车场）、地下出租车候车、地下联络通道之间的衔接关系和空间预留。

四、成果特色

第一，本规划方案充分体现了枢纽带动城市发展的理念。为发挥以铁路客运站为核心的综合交通枢纽对其周边城市发展的带动和支撑作用，该规划方案利用铁路北站周边区域旧城改造的机会，将青岛北站交通衔接系统与周边用地开发紧密衔接，明确将“促进繁荣”作为衔接规划的重要原则。规划研究的成果成为青岛交通商务区核心区（铁路青岛北客站周边区域）公共空间城市设计全球招标的基础性、控制性条件，实现了交通与用地的有机结合。

第二，该规划在青岛北站综合交通枢纽建设过程中起到了规划龙头作用，使建设高效换乘综合交通枢纽的思想得以落实。通过多渠道、多方式的沟通协调，促成了铁路客运站与城市衔接系统的一体化规划和工程设计，确保了交通衔接规划的落实。

第三，充分体现了综合换乘、公交优先和无缝衔接。规划合理布局公交场站、出租车候车区、公路客运站、社会车停车场、旅游大巴停车场、三条轨道线的空间位置，利用地下一层中央换乘大厅组织铁路客流与各衔接系统的高效衔接。

第四，采取多种规划措施，克服了青岛北站所处位置离环湾大道（城市快速路）过近、老铁路线近期难以拆除、地势低洼、单侧面向城市（西侧为胶州湾）等衔接条件较差的问题，保证了道路系统的便捷性、方便性和近远期方案的有机结合。

青岛市中心城区停车场专项规划

编制时间:2011 年。

编制人员:张志敏、刘淑永、房涛、董兴武、于莉娟、汪莹莹。

获奖情况:2015 年,获青岛市优秀城市规划设计二等奖。

一、项目基本情况

青岛中心城区近年来私家车拥有量增势更为迅猛,年均增长率高达 22.5%。机动车的迅速增长,给青岛市的动静态交通带来了巨大影响。(如图 1、图 2 所示)本次规划的规划范围为青岛市中心城区,即市南区、市北区、李沧区、崂山区、黄岛区及城阳中心区,面积约 590 平方公里。

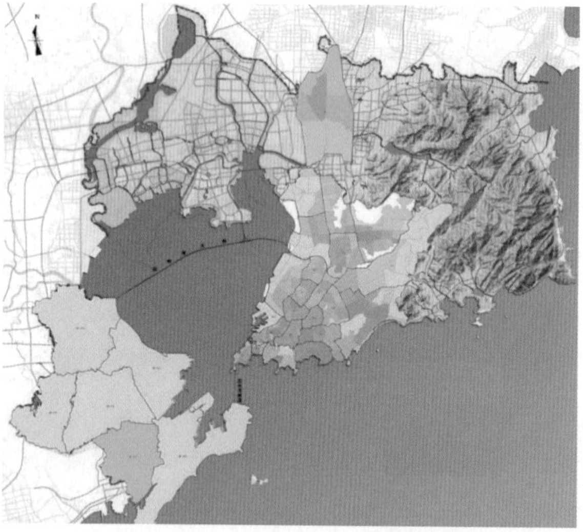

图 1　青岛市中心城区现状停车资源供给图

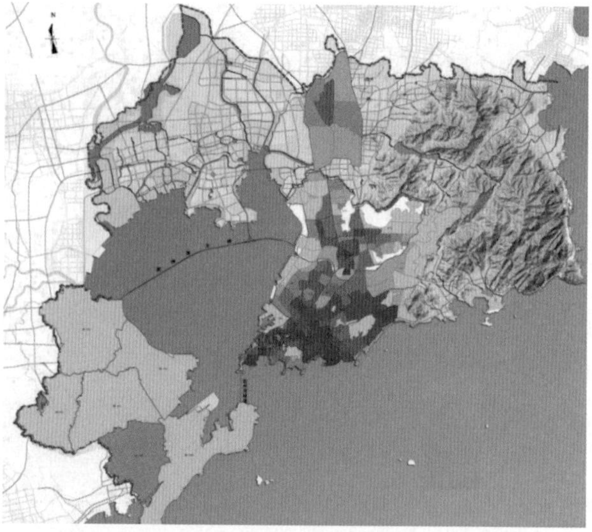

图 2　青岛市中心城区现状停车资源需求图

二、主要规划内容

(一)停车资源普查及停车需求预测

本次规划开展了青岛市中心城区第一次停车资源普查,划分为 236 个停车单元、29 个停车中区。根据调查,中心城区现有停车泊位 475646 个,现状停车需求为 504266 个。停车供需缺口虽总体不大,但分布很不均衡。在停车资源普查数据的基础上,预测 2020 年停车需求总量为 169 万辆。

(二)规划原则及规划布局方案

规划提出了供需统筹、以供定需、促进土地合理利用,区域差别化供应,坚持配建停车为主、公共停车为辅，配建车位对外开放，鼓励新建建筑捆绑建设公共泊位，严格控制路内停车比例等规划原则。规划依据土地利用控制性详细规划，对改造项目、待改造项目增加的停车泊位进行了梳理，并对独立建设的公共停车场以及结合项目改造捆绑建设的公共停车场进行了规划选址，并对近期建设的公共停车场进行了详细的方案设计。同时，在规划过程中也对重要交通枢纽点和旅游季节车辆的停车问题进行了重点关注。

规划 2020 年青岛市路内路外停车泊位数量增加到 185.4 万个，近期公共停车泊位约 1.3 万个，使现状的停车供需缺口弥补率达 61%。（如图 3 所示）

（三）停车保障措施

停车是城市交通的一个子系统，所以解决停车问题应该从城市交通的整体出发，系统分析停车问题产生的根源，从源头解决停车问题。建议青岛尽快成立专门的停车管理领导机构，实现停车问题的系统解决，同时加强停车政策、法规、标准的建设，为停车产业化的发展提供保障，加大行政执法力度，规范停车管理，加强停车场的智能化、信息化建设，提高停车位的利用效率，加强配建停车位的对外开放程度，提高停车位的利用效率。（如图 4 所示）同时，大力发展公共交通，提高公交出行比例，优化交通出行结构，减少停车热点区域的停车需求，最终实现停车供需的基本平衡。

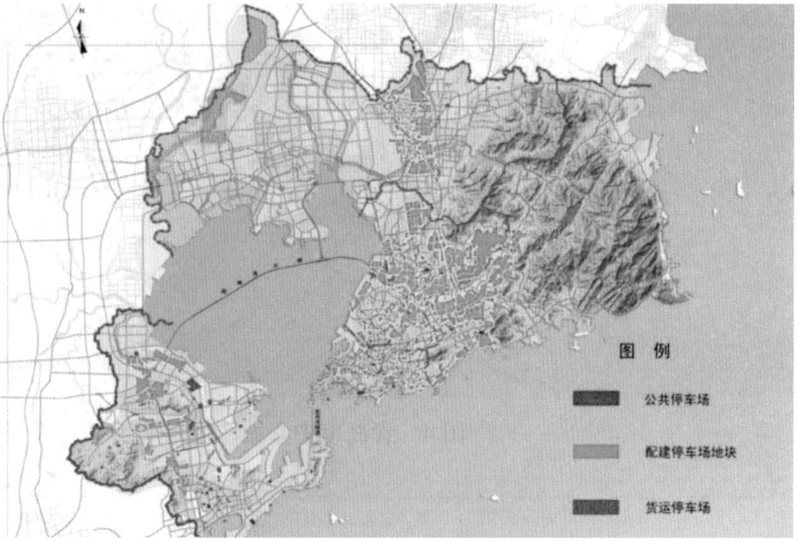

图 3 青岛市中心城区规划新增停车场布局图

三、项目特色与创新

1. 与地理信息系统（GIS）、GPS 系统、地图系统结合，探索了停车资源调查的新方法。

2. 提出以停车单元为单位计算停车供需、规划停车泊位的规划方法，弥补了以往停车场规划只重视总量平衡而忽视区片供需差的缺点。

3. 提出了系统解决停车问题的新举措，可供国内城市解决停车问题借鉴。

4. 与控制性详细规划紧密衔接，将规划停车场用地纳入控制性详细规划以增强规划的可实施性。

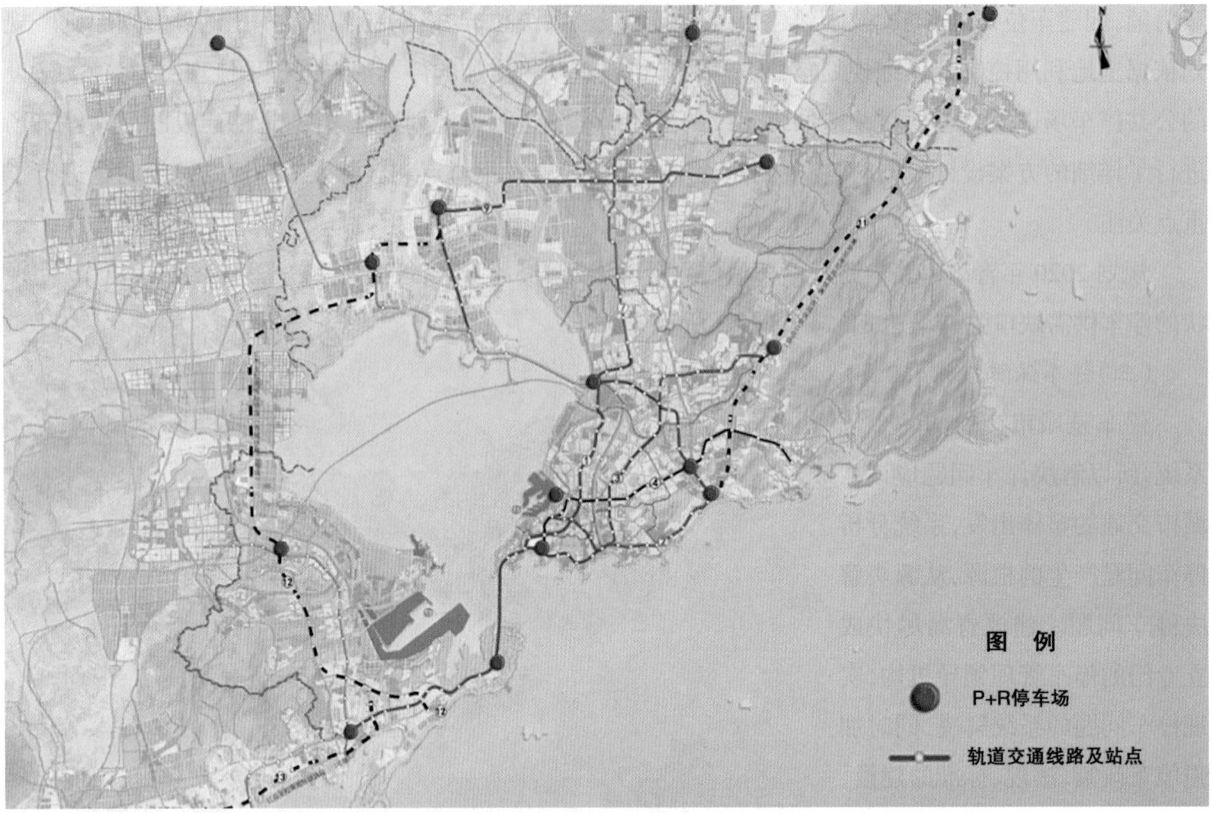

图4 青岛市中心城区规划P + R停车场布局图

2014年青岛世园会综合交通衔接规划

编制时间:2011年。

编制人员:万浩、王田田、李勋高、汪莹莹、高洪振、董兴武、夏青、周志永。

获奖情况:2014年,获青岛市优秀工程咨询成果二等奖;2015年,获青岛市优秀城市规划设计三等奖。

一、项目基本情况

2014年青岛世园会以“让生活走进自然”为主题,确立了“两轴十二园”的总体空间格局(如图1所示),总面积2.41平方千米。世园会客流规模大,持续时间长,具有不确定性,且轨道交通在世园会期间不能投入使用,只能依靠地面公交来承担大规模客流。因此,世园会期间的交通安全性、通畅性对世园会的成功举办以及城市形象的塑造具有重大影响。

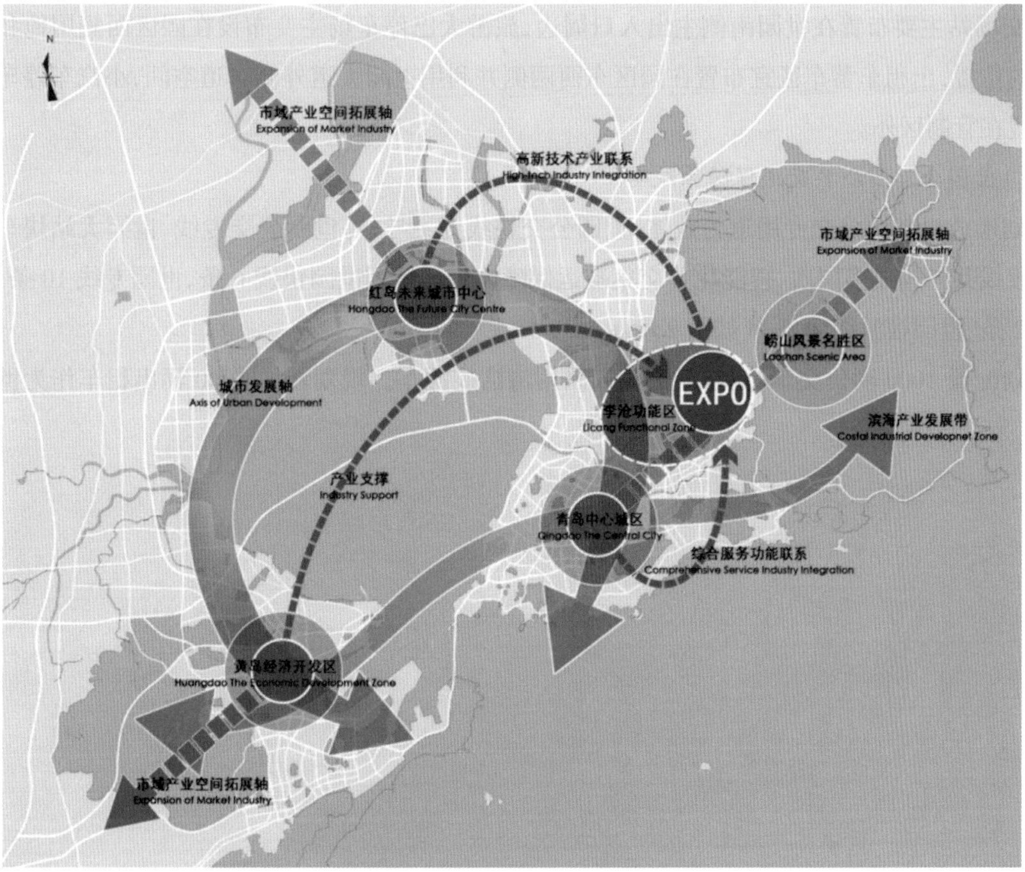

图1　世园会区位分析图

二、主要规划内容

(一)规划理念、目标、策略

本规划按照“生态世园,绿色交通”的规划理念,确定了“集约式交通方式(公共交通、旅游大巴)分担率达到85%以上,积极引导绿色交通”的核心目标。

规划采取五大交通保障策略,即:超前全方位引导策略,公共交通、旅游大巴主导策略,分层诱导策略,动态、智能化调控策略,礼仪、和谐、友好策略。

(二)世园会游客规模预测

本规划组织涉及三个方面的7项交通调查,回收问卷4万余份,在此基础上利用元素分析法和类比分析法进行客流预测。在世园会客流总规模预测的基础上,预测游客构成比例和游客参园方式等关键指标。

(三)世园会交通管控方案

管控区共设三个圈层:一是交通管制区,区域内禁止小汽车驶入;二是交通缓冲区,是管控区和引导区的过渡区,服务社会车辆;三是交通引导区,即中心城区,对世园交通进行提前引导。

(四)世园缓冲区道路设施建设规划

2013年年度,需要建成道路设施22项,需配套建设完成的节点共3项。

(五)世园会周边配套场站规划

公交场站主要布置在世园南侧主出入口周边,旅游大巴停车场主要布设在园区西侧用地和道路条件较好的位置,出租车蓄车区宜布置在园区东西两侧并利用世园大道外侧车道空间,小汽车停车换乘场站需布置在管制区外。

(六)世园会外围公共交通保障系统

规划形成以新增公交专用道为载体,世园公交快线为主导,与世园公交专线、世园大站快车线路和世园摆渡线共同构成多层次、智能化公交集疏运保障体系。规划世园快线6条、世园专线10条、世园大站快车2条、世园摆渡线4条。(如图2所示)

规划配置1000辆公交车,新增车辆建议采用清洁能源车。规划新增1000辆出租车作为世园会专用车。

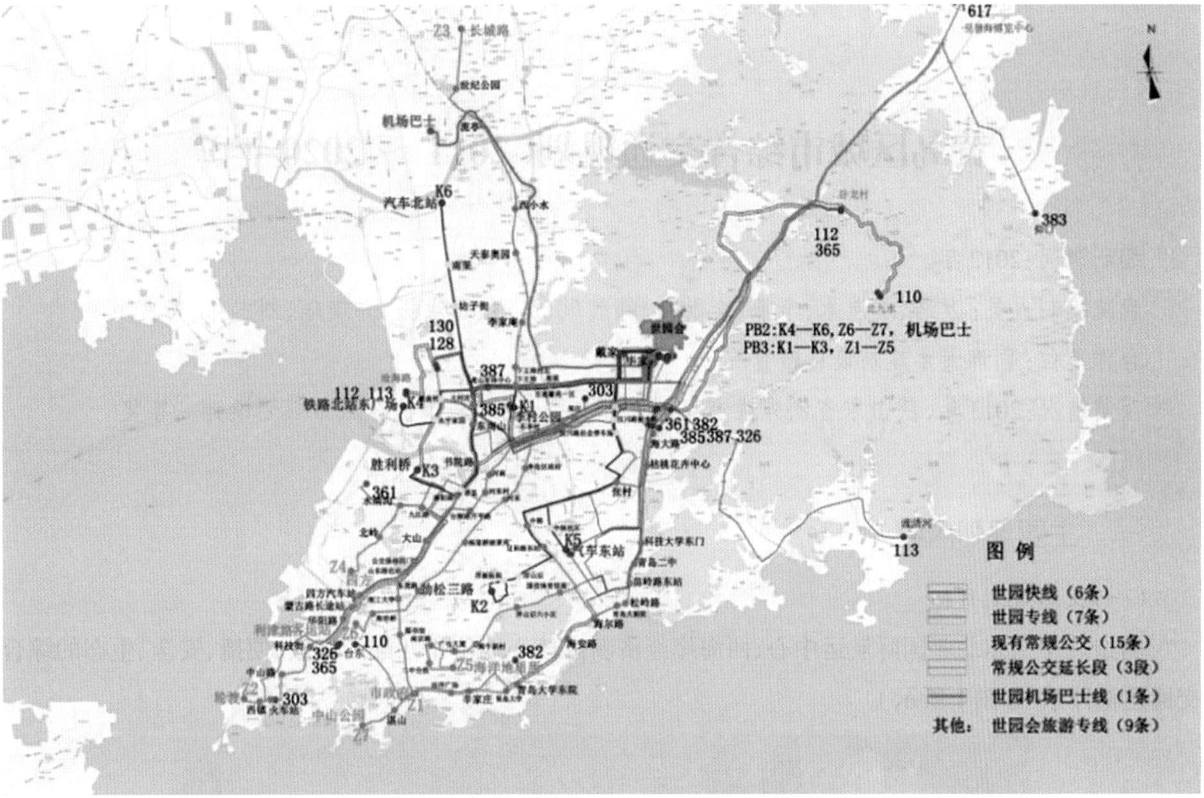

图 2　世园会公交线路分布图

三、项目特色与创新

1. 根据“交通管控＋集约化方式为主导”的策略保障大型活动外围交通有序运行。

2. 形成一套大型活动前期交通调查方法，并探索一种世园会客流预测方法。

3. 利用先进技术对相关场景进行模拟验证，增强规划方案的可靠性。

4. 规划充分考虑近远期结合，确保项目的可实施性。

黄岛区城市综合交通规划(2011～2020年)

编制时间:2012年。

我院编制人员:万浩、刘淑永、李曦、李勋高、韩胜风、房涛、高洪振、乔瑛瑶、刘志伟、李良。

合作单位:同济大学建筑设计研究院。

获奖情况:2013年,获山东省优秀城市规划设计二等奖、青岛市优秀城市规划设计一等奖。

一、主要规划内容

(一)交通规划目标

营造一个与东北亚国际航运中心、西海岸经济新区核心地位相匹配的高效、便捷、安全、生态的综合交通运输体系(如图1所示)。

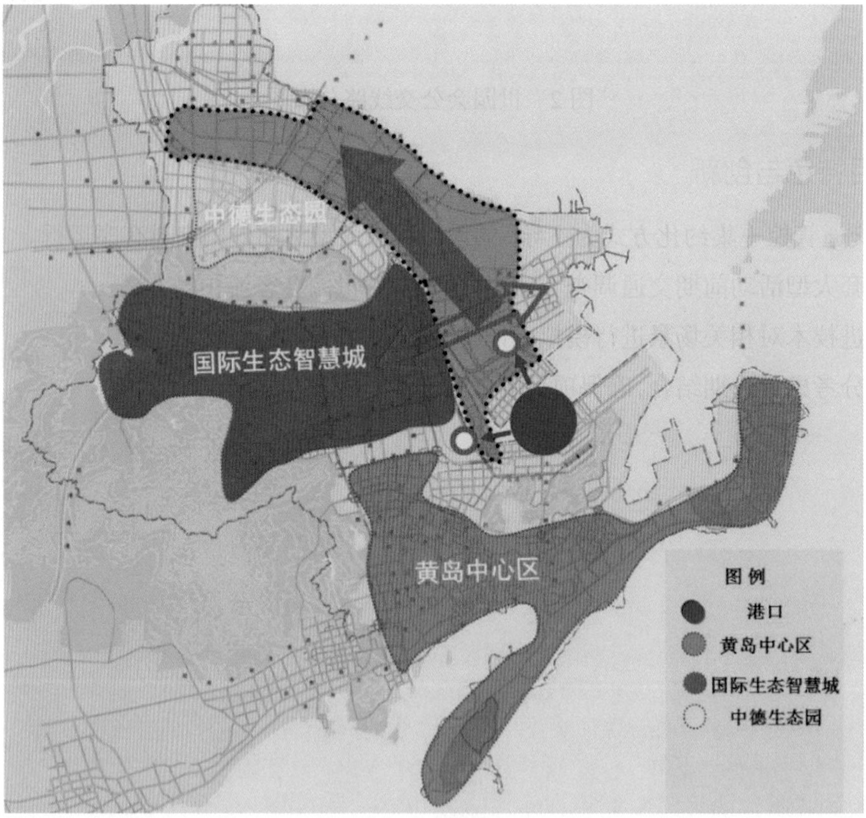

图1　黄岛区疏港交通体系

(二)交通发展战略

港口核心、港城共赢发展战略;公共交通优先发展战略;交通一体化发展战略;建管并重发展战略;绿色交通城区发展战略。

（三）交通规划方案

1. 对外交通系统规划。构筑以区域联系道路、铁路、水运、城市轨道交通等多方式有机融合的对外交通体系。

2. 道路系统规划。结合港口布局、产业发展，规划黄岛区城市道路网络系统由城市快速路、主干路、次干路和支路构成。

3. 疏港交通规划。形成公路、铁路、水运、管道为一体的疏港交通体系。（如图 2 所示）

4. 公共交通体系规划。形成以轨道交通和快速公交为骨干，地面常规公交为基础，出租车、轮渡、海上公交为补充的城市公共交通体系。（如图 3、图 4 所示）

5. 交通枢纽规划。规划客运综合枢纽形成“1 个大型、5 个中型、7 个小型”布局，枢纽采用一体化设计；规划货运枢纽布局为“2 个园区、1 个物流中心、若干个配送中心”。

6. 城市停车系统规划。客运停车规划形成以配建停车为主、公共停车为辅的城市停车格局，适当控制中心区停车供应规模，采取区域和时间差别化的停车收费政策。

7. 旅游交通规划。融“山、海、岛、港、城”为一体，充分融入大青岛旅游体系。

8. 慢行交通规划。以唐岛湾中心区、生态国际智慧城作为黄岛区公共自行车系统的启动区域，“沿海环山”规划自行车观光线路并组织品牌赛事。沿河岸、海滨、山体、风景道路建立绿道系统。完善各商圈、大学、大型居住区周边步行设施，分离机动车交通与行人交通。

9. 交通管理规划。唐岛湾中心区、生态智慧城等设定货运禁行区。高峰时期限制部分机动车进出交通热点区域。部分主干路的信号控制由“点控”向“线控”转变。针对大型节庆活动特点，提前分流驶入活动点的车辆。

10. 近期建设规划。提出近期共需完成 80 余个项目，工程总投资约 60 亿元。

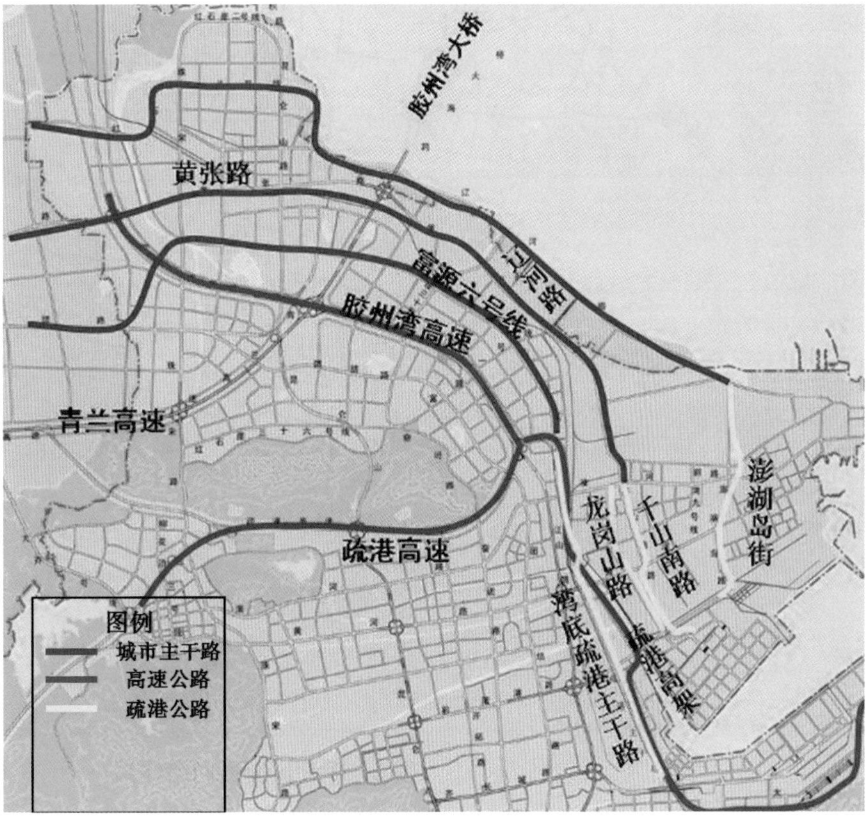

图 2 黄岛区疏港通道

二、项目特色与创新

第一，以疏港规律为依据，提出了内部疏港及外部疏港划分的概念，制定了系统的疏港交通规划方案，能有效解决港城矛盾，支撑半岛蓝色经济区及世界级港口的快速发展。

第二，以城市特有资源和优势为依托，构建了多层次公共交通体系，适应了桥隧时代与主城区的快速客运联系及西海岸一体化发展需求。

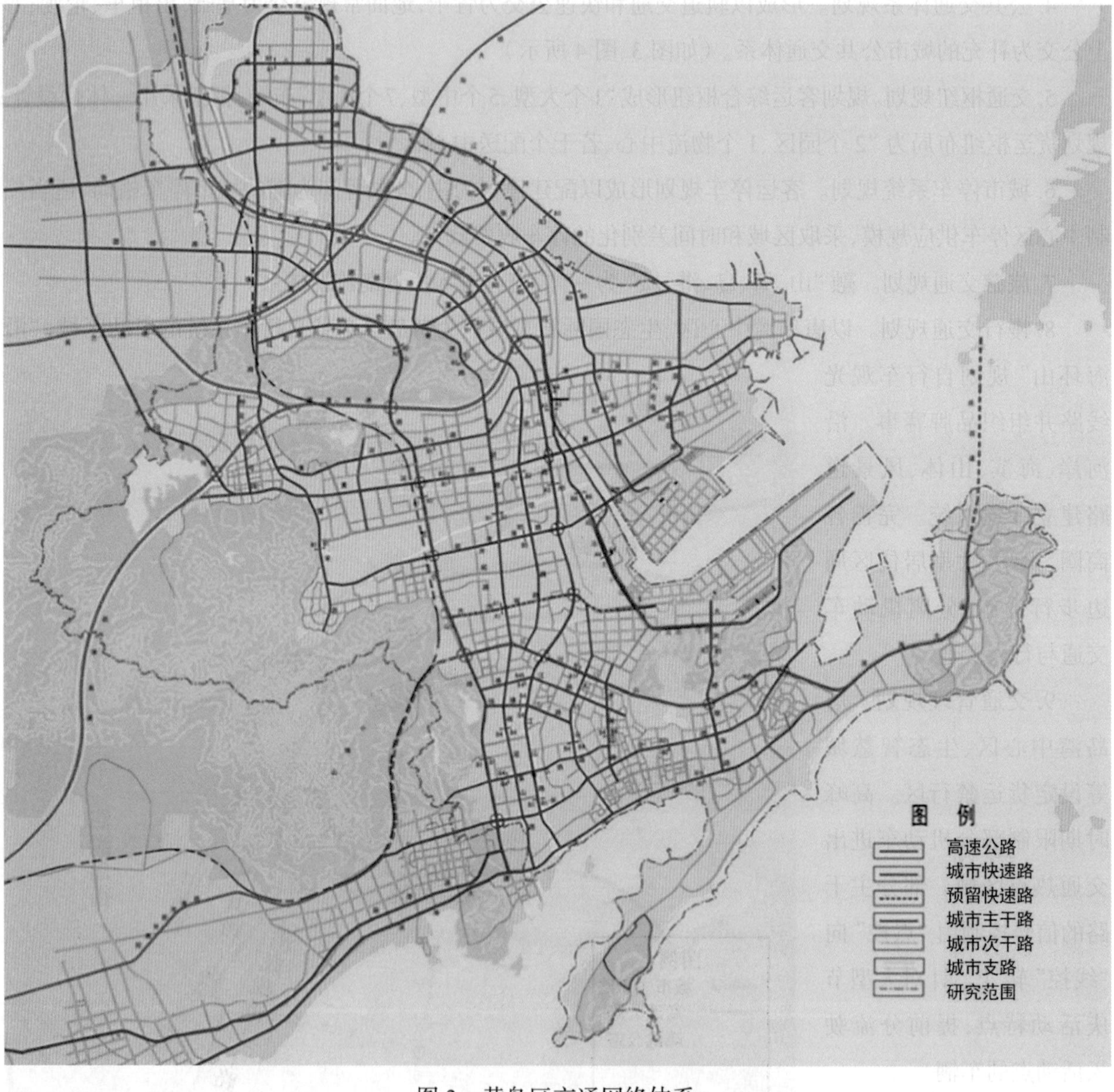

图 3　黄岛区交通网络体系

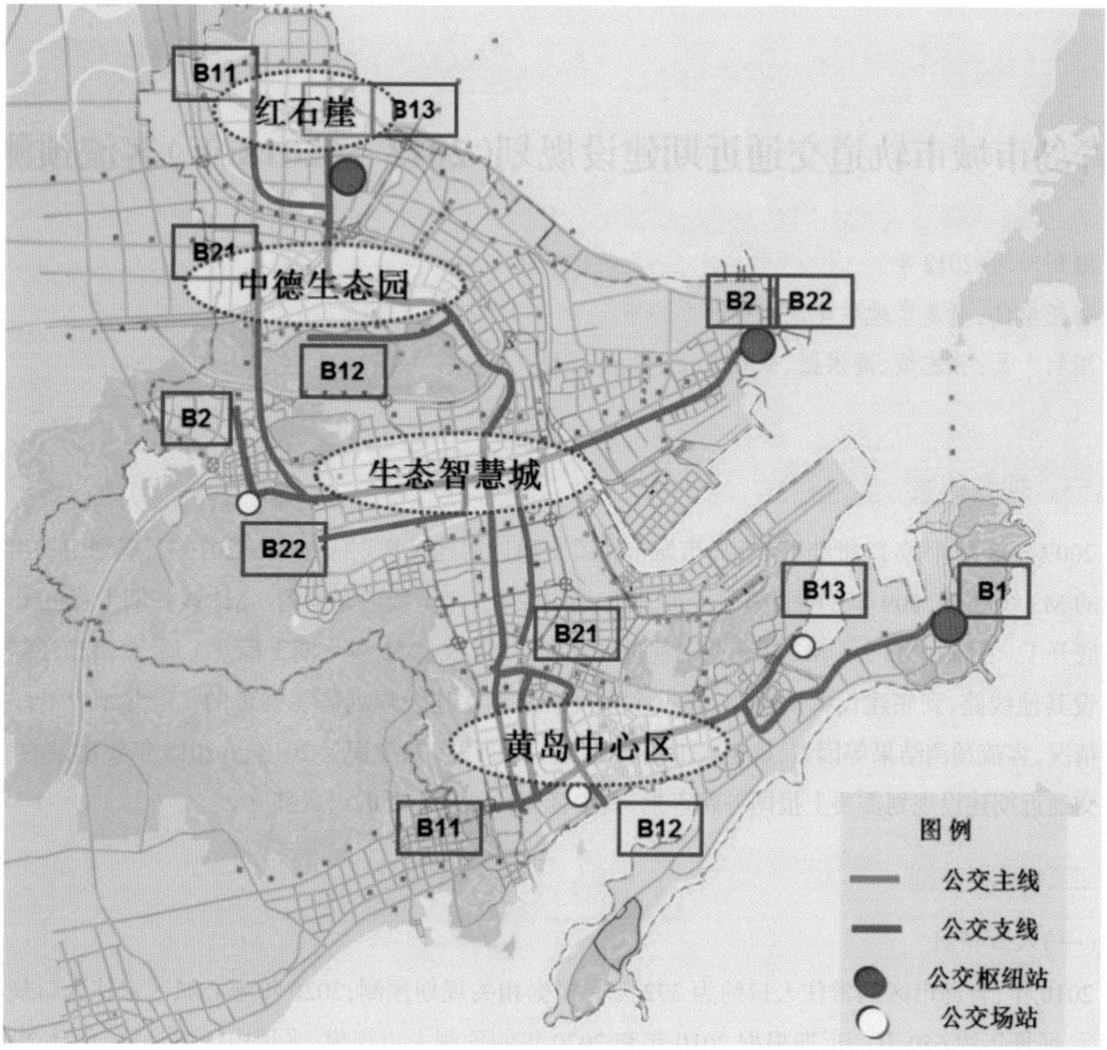

图 4　黄岛区快速公交体系

青岛市城市轨道交通近期建设规划(2013～2018年)客流预测

编制时间:2012年。

委托单位:青岛市地铁建设指挥部办公室。

编制人员:张志敏、高洪振、徐泽洲、杨文、于莉娟。

一、规划背景

2009年8月,国务院批准了《青岛市城市轨道交通近期建设规划(2009～2016)》,规划中提出近期建设的M3线已于2009年11月30日全面开工,预计2015年全线通车运营。M2线一期工程也于2012年年底开工。目前,M3线、M2线一期工程进展顺利。M3线、M2线一期工程开工后,青岛市还需要陆续建设其他线路,到底建设哪条线路、建设多大规模是本次建设规划需要确定的。最终结合沿线土地利用情况、客流预测结果等因素,确定M1线、M4线、M6线一期工程为2013～2018年要建设的线路。轨道交通近期建设规划需要上报国务院审批,其中客流预测是重要的组成部分。

二、预测前提

(一)人口预测

2010年,青岛市区的常住人口约为372万。根据相关规划预测,2020年中心城区常住人口规模约550万,远景年约650万。近期根据2010年和2020年的预测人口规模,采用内插法计算,预计2016年人口规模将达到478万左右,2018年人口规模约为514万。

(二)岗位预测

根据现状不同用地的岗位率,结合未来城市用地空间布局假设进行了预测。根据预测,2016年青岛市区的就业岗位将达到210万个,2018年将达到242万个,2020年将达到275万个,远景年将达到330万个。

三、客流需求预测

(一)出行总量预测

预测2020年青岛居民平均出行次数为2.35次,2020年到远景年居民平均出行次数按照0.02%增长率增长的话,远景年青岛市居民平均出行次数为2.55次。那么,2020年中心城区范围内居民日出行量为1292.5万人次,远景年为1657.5万人次。根据相关规划,预测2020年流动人口约100万,远景年约130万,按照流动人口出行率3次/日计算,2020年流动人口出行量约为300万人次,远景年约为390万人次。

（二）出行方式预测

采用 Logit 模型进行出行方式预测，结合未来的车辆发展政策和未来城市交通可能的不同发展趋势，可以得到规划年的出行方式结构。（见表 1）

表 1 居民出行方式结构预测结果

方式结构	公共交通	小客车	出租车	其他客车	摩托车	非机动化	合计
2020 年	35%	28.5%	5%	4.7%	1.6%	25.2%	100.00%
远景	45%	22%	4%	3.5%	0.5%	25%	100.00%

（三）出行分布预测

采用重力模型对出行分布进行预测，得到不同规划年份出行分布结果。（见表 2）

表 2 远景年居民全方式出行量分布

	地带一	地带二	地带三	地带四	地带五	地带六	合 计
地带一	1024853	117778	164568	126886	71152	98522	1603760
地带二	117778	1122408	239388	219407	41139	98166	1838287
地带三	164568	239388	1620708	368406	314118	74894	2782082
地带四	126886	219407	368406	1605742	176665	93590	2590697
地带五	71152	41139	314118	176665	3174485	162161	3939720
地带六	98522	98166	74894	93590	162161	3284500	3811834
合 计	1603760	1838287	2782082	2590697	3939720	3811834	16566379

（四）客流预测结果

1.2016 年客流预测总量指标

根据上一轮轨道交通建设规划方案，2014 年 M3 线将建成通车，2016 年 M2 线一期工程也将建成通车，通车后客流线路指标情况如表 3 、表 4 所示：

表 3 2016 年客流总体指标一览表

	客运量（万人次/日）	客运周转量（万人次公里/日）	平均运距（公里）	换乘量（万人次/日）	换乘系数	出行结构	OD 总量（万人次）
轨道交通	65.9	645.4	9.8	7.4	1.13	16%	58.5
常规公交	397.6	2107.2	5.3	94.1	1.31	84%	303.5
合计	463.5	2752.6	5.9	101.5	1.28	100%	362

表 4　轨道方案客流预测指标一览表

	长度（公里）	客运量（万人次/日）	客运强度（万人次/公里.日）	平均运距（公里）	周转量（万人次公里/日）	全日最大断面（人次/日）	高峰小时断面（万人次/小时）
M2	29.6	34.8	1.2	9.1	318.4	77741	1.17
M3	24.8	31.1	1.3	10.5	327.0	76911	1.27
总计	54.4	65.9	1.2	9.8	645.4		

2.2018 年客流总体指标

表 5　推荐方案 2018 年客流总体指标一览表

	客运量（万人次/日）	周转量（万人次公里/日）	平均运距（公里）	换乘量（万人次/日）	换乘系数	出行结构	OD 总量（万人次）
轨道交通	150.9	1628	10.8	17.7	1.13	26%	133.2
常规公交	534.3	3023.9	5.7	148.5	1.38	74%	385.8
合计	685.2	4651.7	6.8	166.2	1.32	100%	519

表 6　推荐方案 2018 年客流指标一览表

	长度（公里）	客运量（万人次/日）	客运强度（万人次/公里.日）	平均运距（公里）	周转量（万人次公里/日）	高峰小时断面（万人次/小时）
M1	59.3	57.1	1.0	14.7	838	1.32
M2（一期）	29.6	32.2	1.1	8.3	268	1.36
M3	24.8	25.5	1.0	9.6	245	1.52
M4	26.6	26.8	1.0	8.3	223	1.23
M6（一期）	12.4	9.3	0.7	5.9	55	0.79
合计	152.7	150.9	1.0	10.8	1628	

3. 远景年客流总体指标

表 7　远景年客流总体指标一览表

	客运量（万人次/日）	周转量（万人次公里/日）	平均运距（公里）	换乘量（万人次/日）	换乘系数	出行结构	OD 总量（万人次）
轨道交通	583.1	5691.2	9.8	167.8	1.40	42%	415.3
常规公交	756.0	3853.9	5.1	193.3	1.34	58%	562.7
合计	1339.1	9545.1	7.1	361.1	1.37	100%	978

表 8　远景年客流指标一览表

	长度（公里）	客运量（万人次 / 日）	客运强度（万人次 / 公里 . 日）	平均运距（公里）	周转量（万人次公里 / 日）	高峰小时断面（万人次 / 小时）
M1	59.3	140.0	2.4	13.8	1934.3	3.74
M2	37.7	96.1	2.5	7.6	734.7	2.81
M3	24.8	89.4	3.6	9.0	801.8	3.70
M4	26.6	66.2	2.5	7.9	522.3	3.11
M5	13.3	33.1	2.5	4.3	142.3	2.21
M6	34.8	67.0	1.9	8.0	538.9	2.79
M7	14.6	26.1	1.8	6.0	155.6	1.58
M8	34.5	65.2	1.9	13.2	861.3	2.73
合计	245.6	583.1	2.4	9.8	5691.2	

4. 远景年客流预测总量指标

表 9　远景年全线网全日客流预测结果一览表

线路	长度（公里）	客运量（万人次 / 日）	客运强度（万人次/公里日）	平均运距（公里）	周转量（万人次公里 / 日）	高峰小时断面（万人次 / 小时）
M1	36.6	83.2	2.2	12.4	1032	3.61
M2	55.3	112.9	2.0	11.0	1245	3.23
M3	25.1	80.6	3.2	8.3	670.1	3.03
M4	22.3	45	2.0	7.3	327.6	2.25
M5	13.3	25.7	1.9	4.4	113.6	1.53
M6	30.6	53.3	1.7	9.6	510.9	2.06
M7	14.6	36.7	2.6	3.7	134.5	2.02
M8	33.7	57.1	1.7	9.7	551.4	2.17
合计	231.5	494.5	2.1	9.3	4585.1	—

从客流预测结果看，远景年青岛轨道交通线网将达到 245.6 公里左右，平均客运强度将达到 2.4 万人次 / 公里，维持了较高的客流水平。从每条线路的客流指标来看，线网中的 1 号线、2 号线、3 号线、4 号线、5 号线作为轨道交通网络的骨干线路，维持着较高的客运强度，都在 2.0 万人次 / 公里以上，而黄岛以及红岛的 6 号线和 8 号线客运强度也较高，在 1.9 万人次 / 公里以上。

四、成果特色

在第一轮建设规划以及 M3 线、M2 线一期工程可行性研究客流预测积累经验的基础上，对线网客流规模、最大断面等指标的判断更科学、合理。

青岛北岸城区综合交通规划(2012～2020年)

编制时间:2012年。

编制人员:徐泽洲、房涛、贾学锋、李国强、杨文、崔园园、万浩、于莉娟。

获奖情况:2013年,获山东省优秀城市规划设计三等奖、青岛市优秀城市规划设计一等奖。

一、规划背景

2011年1月,《山东半岛蓝色经济区发展规划》获得国务院批复,北岸城区承载着国家蓝色经济发展的使命。为发挥交通引领作用,应当站在新角度、新起点统筹区域交通发展,打造科技型、人文型、生态型的综合交通体系。该项目以科学发展观为统领,适应“全域统筹、三城联动、轴带展开、生态间隔、组团发展”的市域空间发展战略要求,立足大尺度、海湾型城市空间结构布局,构筑快慢结合的交通系统,满足三大城区间及内部出行需要;结合北岸城区丰富的自然地貌,提出适合自身的交通发展目标;同时,坚持发展与保护并重原则,围绕“水—交通—城市”这一主题构建绿色交通体系。(如图1所示)

二、空间布置与主要内容

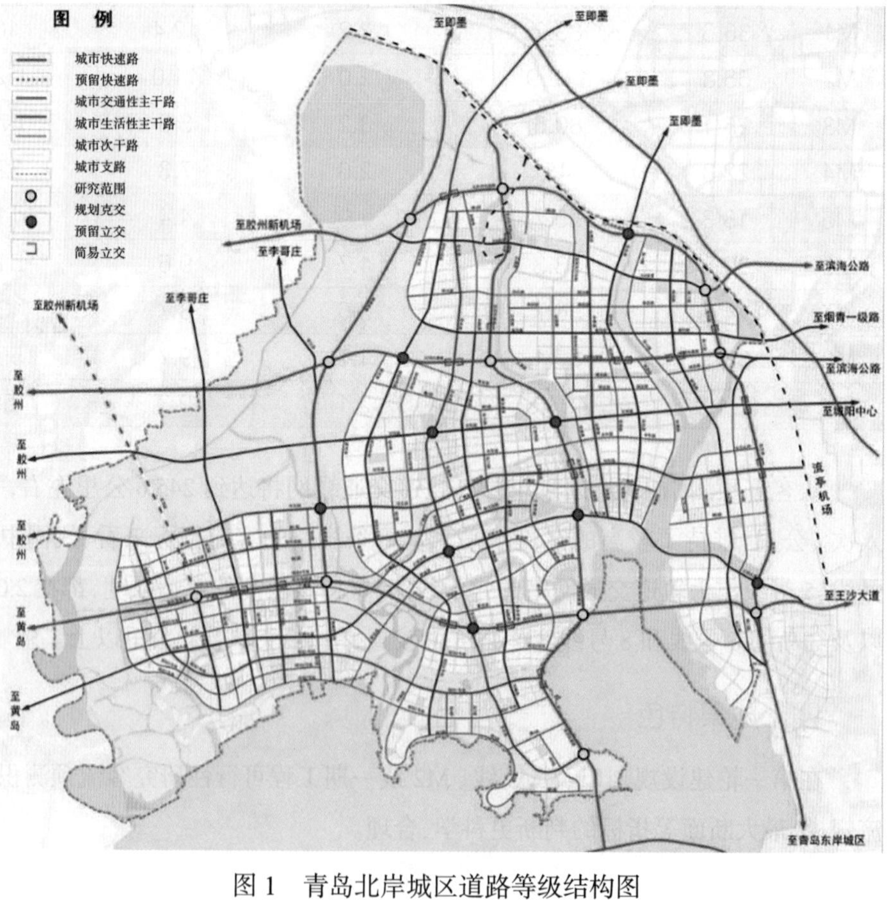

图1 青岛北岸城区道路等级结构图

综合考虑城市交通与土地利用的互动发展关系以及交通发展的可持续性,进行重大交通基础设施的空间布局。借鉴新加坡“土地利用和交通综合协调发展,构建公交优势型交通模式”的发展理念,并结合北岸城区自身特点,制定致力于打造青岛市“公共交通+自行车和步行”示范城区的交通发展目标;并对对外交通系统、道路系统、轨道交通系统、快速公交系

统、自行车和步行交通系统、停车系统、货运系统、交通管理系统进行了规划。（如图 2、图 3 所示）

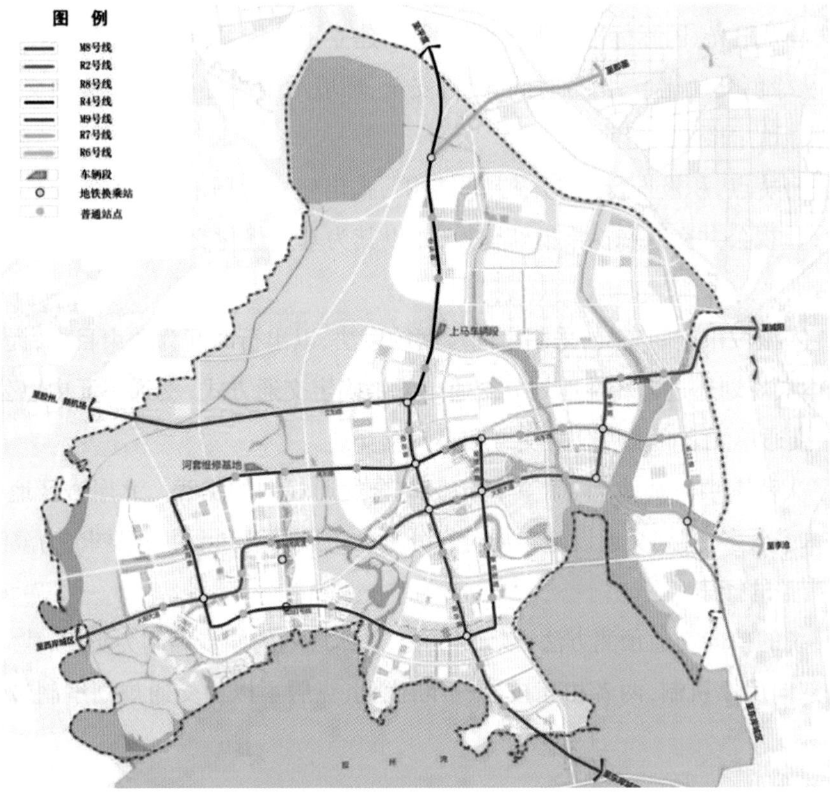

图 2　青岛北岸城区轨道交通规划图

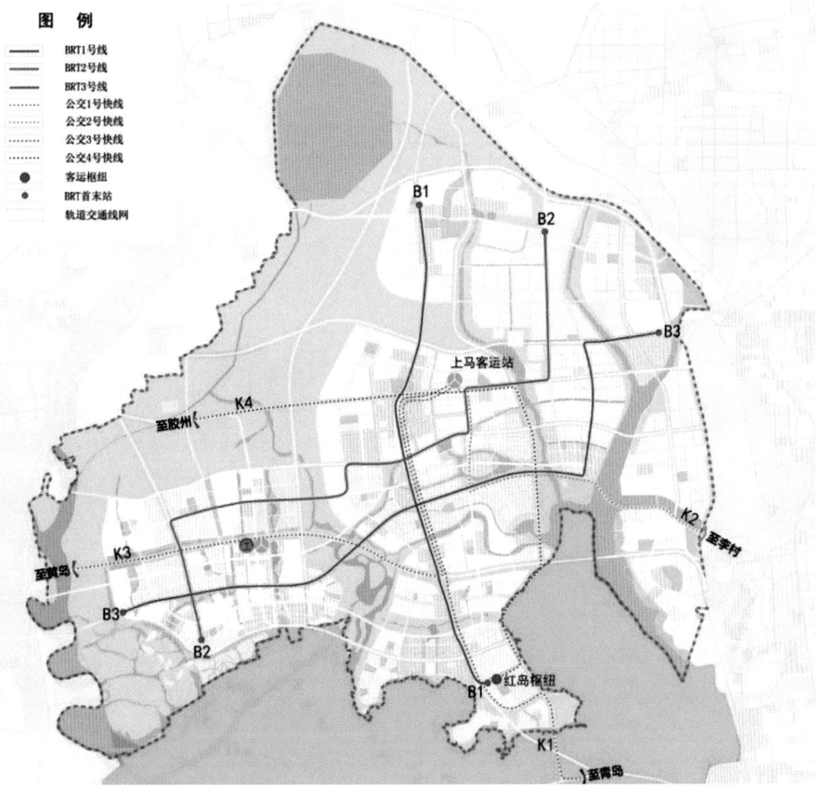

图 3　青岛北岸城区 BRT 及公交快线规划图

三、创新与特色

第一，采用“世界眼光、国际标准”进行实证类比，建立了北岸城区“科技、人文、生态”的综合交通发展指标体系。从绿色交通比重、出行时间、交通安全、环境污染等方面提出22项交通发展指标，确保了北岸城区交通指标的国际性、超前性。

第二，结合自身特点，积极推行“转方式、调结构”，提出建立青岛市“公共交通＋自行车和步行”示范区的发展目标；重视公共交通和换乘枢纽建设，并以其为基点优化交通出行结构、布设点线面相结合的慢行网络。

第三，基于组团型城市空间布局，采用空间尺度约束法，以出行时间为约束目标，提出了不同空间圈层的交通方式。本次规划通过创新性地划分交通单元来确定交通方式；交通单元内以公共交通、步行和自行车交通为主，交通单元之间发展公共交通和小汽车交通。

第四，探索了大范围填海基地、滨海、滨河地区综合交通规划的实践。北岸城区地处胶州湾北部盐田区域，填海地、水系众多，规划交通设施布局时充分考虑防风暴潮和泄洪的要求，为滨海（河）地区城市交通规划提供了有益的探索。

第五，突破传统的单向交通预测方法，以北岸城区总体规划的同步编制为契机，建立人口、岗位布局与交通流分布的双向反馈机制，两者相互校核、不断优化，克服了以往交通规划编制过程中就交通论交通的问题。

青岛新机场综合交通衔接规划

编制时间:2013～2014年。

我院编制人员:马清、刘淑永、殷国强、顾帮全、万浩、高鹏、李传斌、张志敏、王田田、耿现彩。

合作单位:上海市城市交通规划研究所。

获奖情况:2015年,获中国优秀城乡规划设计三等奖、山东省优秀城乡规划设计二等奖、青岛市优秀城乡规划设计一等奖。

一、项目基本情况

青岛新机场选址(如图1所示)在胶州市胶东街道办事处,为华东机场群区域枢纽机场之一,面向日韩的门户机场。预测2045年旅客吞吐量约5500万人次,货邮吞吐量100万吨。

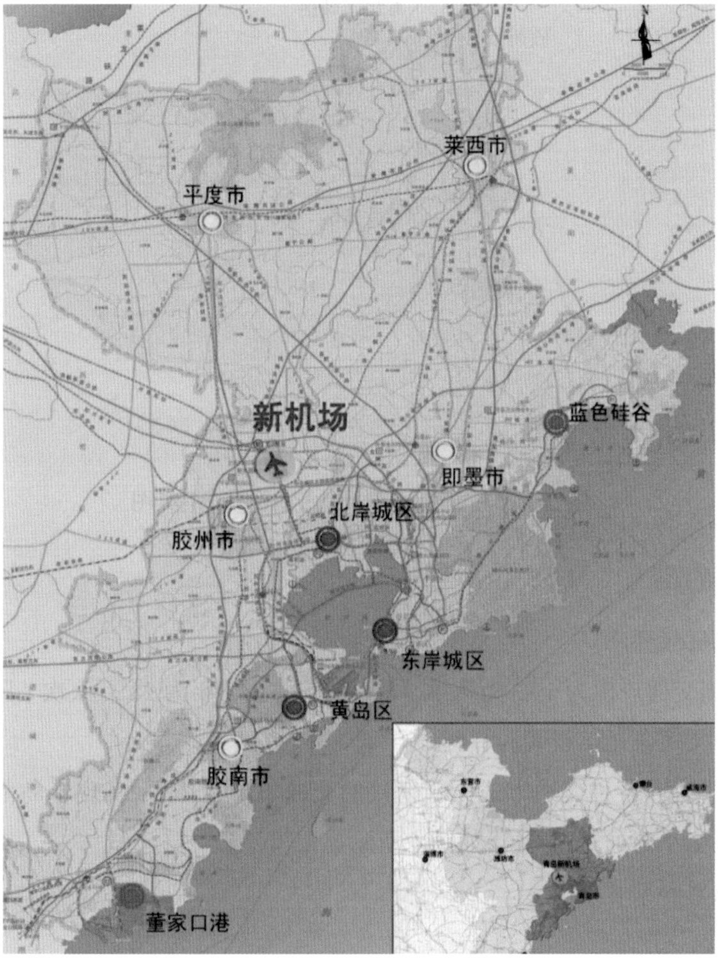

图1　青岛新机场位置图

距离中心城区远、服务范围广、交通需求大、交通方式多样是新机场集疏运交通的基本特点。(如图2所示)本次规划通过对现状和未来年机场集疏交通特征的分析和预测,借鉴国内外多座机场的经验,研究提出青岛新机场集疏运交通应采用的模式,在此基础上确定各类交通方式需求,以此为基础确定集疏运设施的建设规模,继而提出交通衔接规划方案。

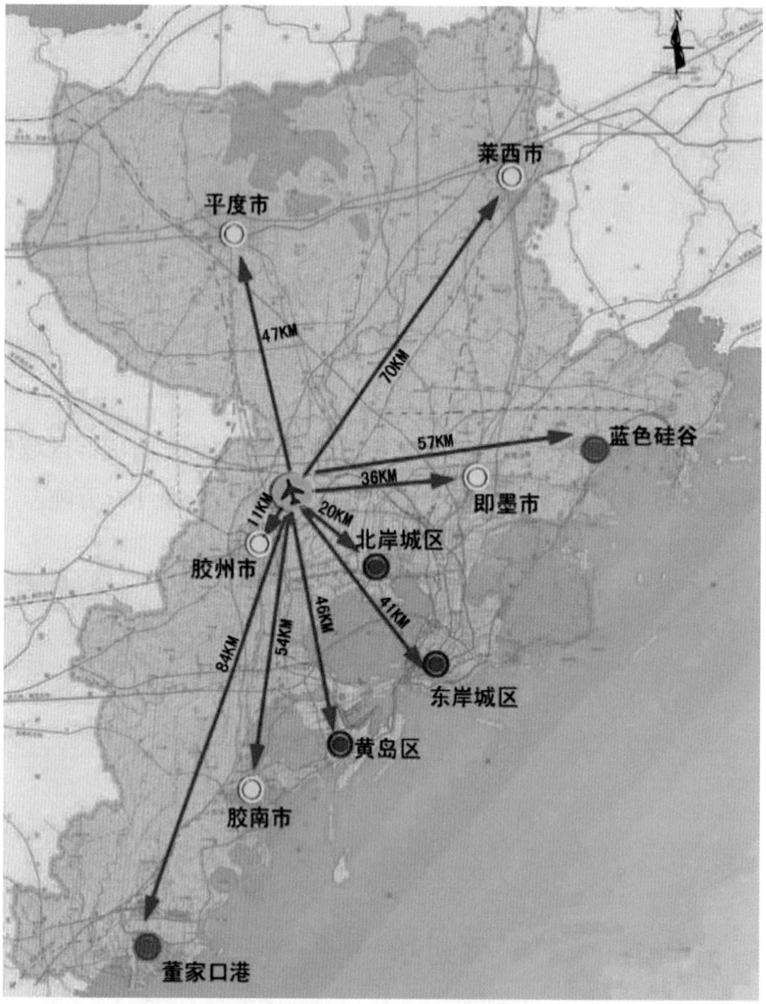

图2 青岛新机场与周边区域空间距离图

二、主要规划内容

(一)新机场客流规模预测

预测2025年陆侧交通规模为19.3万人次/日(双向),2045年为28万人次/日。(如图3所示)

(二)确定新机场交通集疏运模式和目标

规划采用多方式均衡、各种交通方式无缝衔接的交通集疏运体系,实现半岛范围内2小时、市域范围1.5小时、中心城区1小时通达目标。(如图4所示)

(三)确立规划原则和策略

1. 规划原则

以多方式均衡模式来指导机场的集疏运规划,分市区、市域、半岛三个层次进行集疏运体系规划,严格控制枢纽内部换乘距离，构建一流的国际机场。

2. 规划策略

提供轨道交通为主体、巴士为辅助的多样化机场公共交通服务；构建多层次、分区域服务的轨道交通集散体系；建立相对独立的机场快速集散道路体系；形成“一体化交通中心”，整合和优化陆侧交通资源。

（四）铁路衔接规划

为加强空铁衔接，规划将济青高铁引入新机场并设地下站。规划济青高铁、胶济铁路、青连铁路、青荣城际铁路、胶黄铁路之间设置互联互通线，既使新机场和其主要服务区域可通过铁路实现高效快速衔接，又为将来利用国铁开辟市郊铁路预留可能。

（五）城市轨道衔接规划

为加强东岸城区同新机场的便捷联系，规划将 M8 调整为轨道快线，独立运营。近期，规划建设联系即墨和蓝谷区域的 R7、联系西海岸新区的 R9 换乘 M8 快线联系机场。预留远期两条轨道线共线接入新机场的条件。

（六）公路衔接规划

规划在新机场周边形成“四横六纵”的高快速公路集疏运体系。其中，机场高速公路，南起胶州湾高速公路，北接青银高速公路，规划以其为进出机场的主要专用通道。

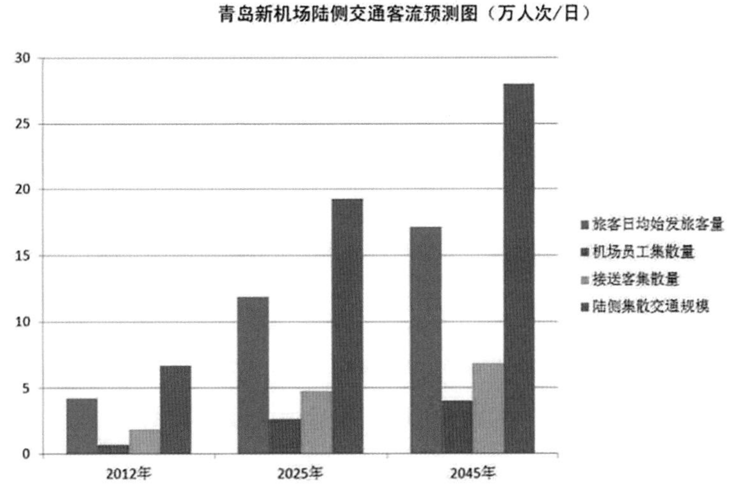

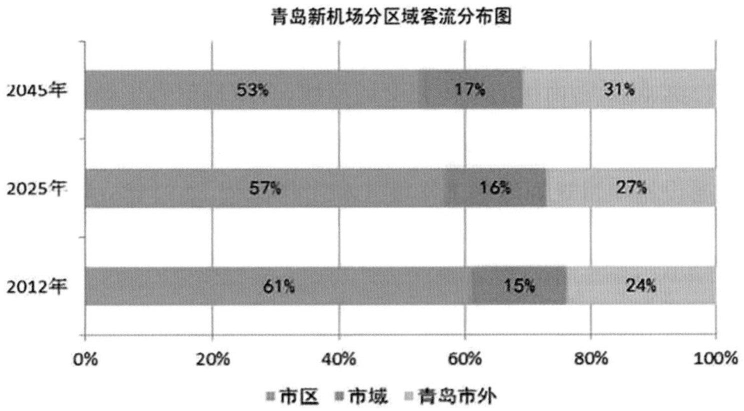

图 3　客流预测及分布图

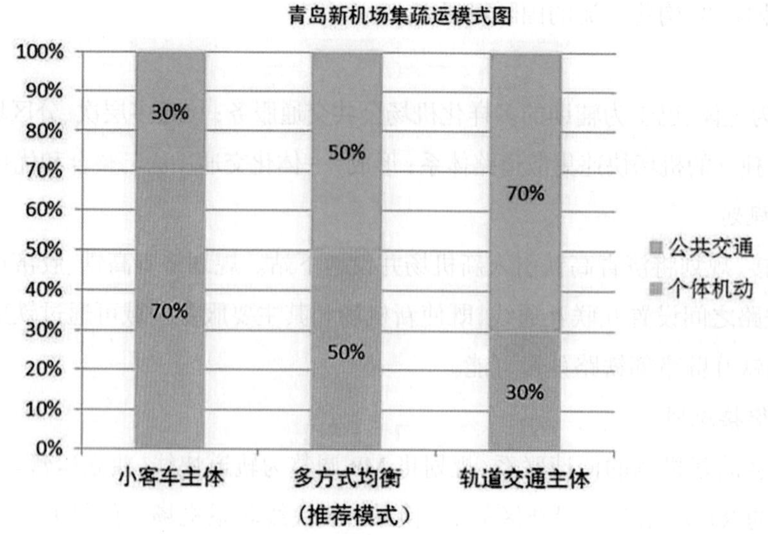

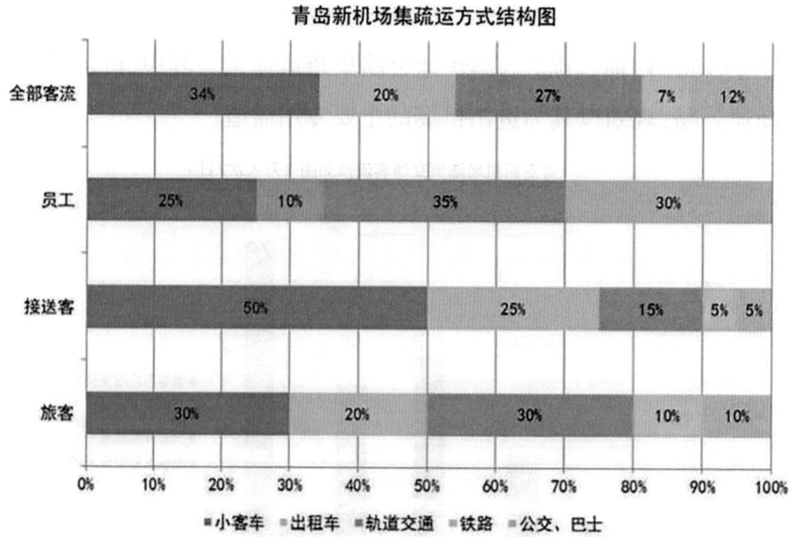

图 4　青岛新机场集疏运模式及结构图

三、项目特色与创新

第一，打造了高效集疏机场交通的综合交通体系，进一步优化了青岛市和山东半岛的综合交通体系。

第二，构筑了空、铁、轨、陆紧密衔接的一体化交通枢纽，有效地提升了新机场的竞争力和吸引力。

第三，创新形成多方式均衡的集疏运模式，为合理确定各类交通设施规模打下坚实基础。

第四，创新重大交通设施项目规划编制工作模式和工作流程，通过建立联合规划编制平台，形成高效规划编制工作流程。

青岛市综合交通模型系统

编制时间:2014 年。

编制人员:徐泽洲、马清、高洪振、张铁岩、耿现彩、赵亮、王强、于莉娟、万浩、刘淑永、王田田、汪莹莹、宫晓刚。

获奖情况:2020 年,获山东省自然资源科学技术三等奖。

一、项目基本情况

进入 21 世纪以来,青岛市城市交通状况发生了巨大变化,交通拥堵问题越来越严重,对城市交通规划、建设与管理提出了更新、更高的要求。以往城市交通规划及建设的论证多以定性分析为主、以定量分析为辅,预测结果往往与实际存在一定的偏差。为了更好地支持青岛城市交通发展规划、建设与管理,辅助政府科学决策、精明管理,青岛市综合交通模型系统以控制性详细规划地块为基础,利用多元大数据,优化"四阶段"法,建立土地利用与交通关系模型。该模型进一步强化了土地利用与交通的关系,使预测结果更科学高效、更符合城市交通出行特征,填补了青岛市的空白。该项目成果已经广泛应用于城市综合交通规划、政策制定、重大基础设施建设及运营等课题研究中,并为其提供了强有力的数据支撑,取得了显著效果。

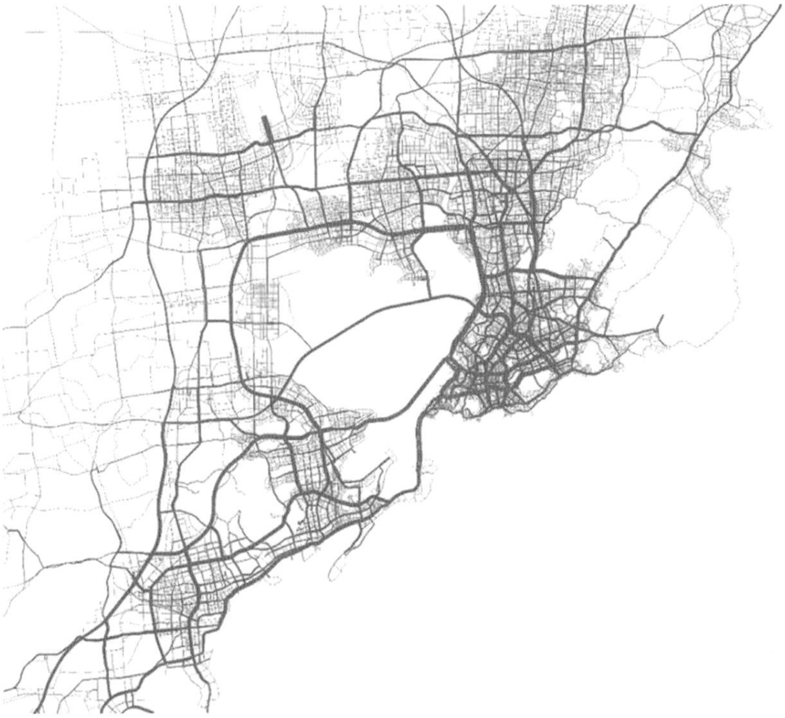

图 1　青岛市道路交通流量图

二、主要科技内容

青岛市综合交通模型系统将青岛全域划分为 8 个交通大区、63 个交通中区、2200 个交通小区，采用空间分析技术将交通分区与土地利用现状及规划的 20 多万个地块数据（包含用地性质、开发强度、建筑面积、人口岗位数等）进行空间关联，优化了源于美国的“四阶段”模型法，构建了符合青岛实际的、全域范围的“宏观—中观—微观”多层次交通模型系统。该模型系统包含 1 个基础信息数据库和 8 个系统运行模块，分别为土地利用与交通需求关系模型、客运机动车发展模型、城镇间客运需求模型、市域范围整体客运需求模型、对外交通需求模型、货运交通需求模型、交通分配模型、网络运行分析模块等。该模型系统可提供多场景交通系统需求特征分析，生成交通拥堵指数、运行速度、出行时间、交通可达性、交通污染排放等交通综合评价指标（如图 1、图 2 所示），可广泛应用于交通运行评估、建设方案比选、交通组织优化、环境污染评估等方面。

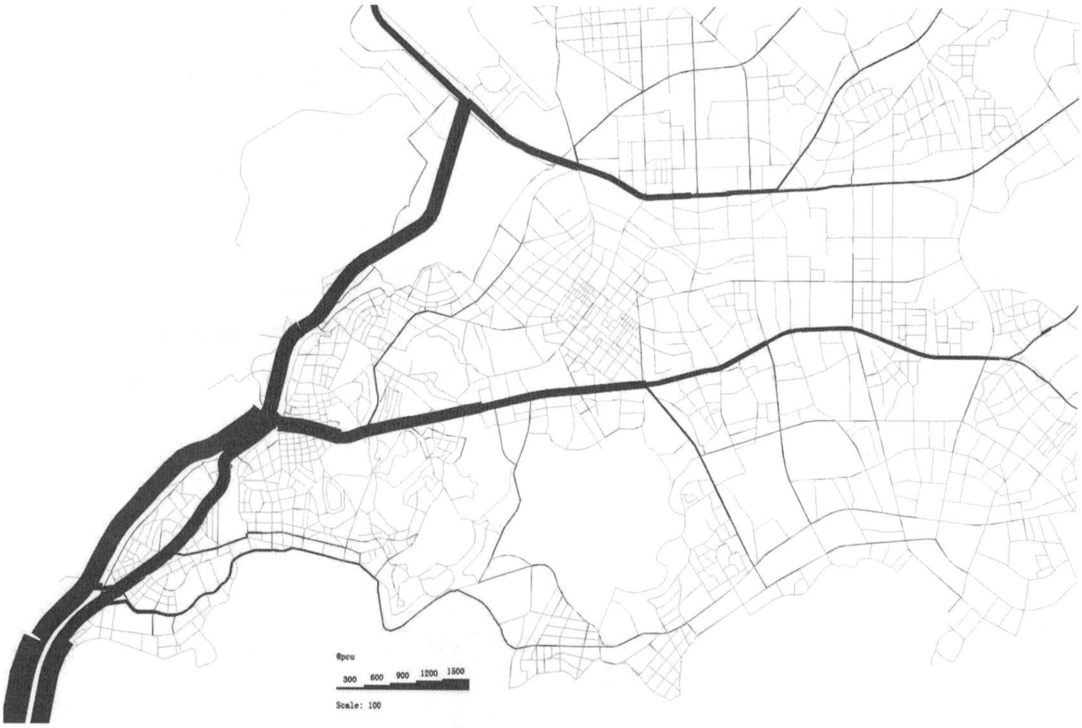

图 2　青岛市胶州湾隧道流量构成

三、项目特色与创新

（一）攻克并改进了多项模型关键技术

关键技术包括基于可达性指数的人口岗位分布技术、基于 S 形曲线的小客车拥有分布技术、基于用地混合度的产生端和出行距离曲线的吸引端步行方式划分技术、基于改进重力模型的出行分布技术、基于 Nested Logit 的方式选择技术及轨道出行方式链技术、基于改进最优策略的轨道及公交客流分配技术、基于平衡分配的道路多车种车流分配技术等 10 项关键技术，提高了模型系统的精度。

（二）引入多元大数据融合分析技术到交通模型的参数标定和校核过程

突破传统的基于调查的参数标定和校核方法，将手机信令、车辆 GPS 等信息化技术引入到交通模型的参数标定和校核过程中，开发了基于手机信令的人口分布技术、校核线穿越客流量分析技术、基于出租车 GPS 的中心城客车出行路径选择和基于货车 GPS 的港口集疏运货车出行路径分析技术，充分利用大数据信息，提高了模型精度，扩展了模型校核方法的途径。

（三）建立了道路交通机动车尾气排放分析模型

模型系统将环境评价与交通模型相结合，增加交通规划、政策、工程等方案的环境评价技术手段，实现了跨领域的数据交互，可快速分析不同区域、不同车型、不同交通运行状况下 CO、NOx、HC（碳氢化合物）、PM（颗粒物）等污染物的排放情况。其中，关键性技术包括机动车车辆类型划分和参数获取技术、机动车运行工况对排放的影响分析技术。

（四）引入带有反馈机制的组合模型技术，使各模块构成一个相互联系的有机整体

模型系统通过引入带有反馈机制的组合模型技术，使各模块构成一个相互联系的有机整体，实现对于都市区综合交通系统内（出行生成、出行分布、方式选择）复杂关系的科学模拟。

（五）基于 Python 编程技术、GIS 技术实现模型系统维护的智能化、模块化，为模型系统的长期应用与发展提供保障

传统的模型更新、维护工作主要靠人工操作，工作量大，周期长。模型系统利用 Python 编程技术、GIS 技术建立了模型基础数据维护平台，可快速实现模型系统的更新维护，大大提高工作效率。例如，青岛市 300 多条公交线路入库，人工输入大约需要 30 天时间，而利用维护平台仅需 1 天时间完成。

（六）优化基础数据构架，实现对基础数据的管理、关联和交互

模型系统对基础数据构架进行了系统优化，建立了 GIS 模型数据平台，将土地利用、交通出行特征、交通分区（包含三层空间数据）、基础网络等基础数据进行整合与管理，实现多元数据的关联和交互。

青岛市中心城区交通容量评价指标体系规划

编制时间:2014 年。

编制人员:万浩、汪莹莹、杨文、徐燕、高洪振、秦莉、赵杰、张铁岩、雒方明、胡倩、刘磊。

获奖情况:2016 年,获青岛市优秀城市规划设计一等奖。

一、主要规划内容

1. 建立了 5 个大类指标、27 个分项指标的评价指标体系,以反映不同方面或指标所处水平,可满足宏观、中观和微观的评价要求。

2. 详细分析现状道路、建筑、机动车增长的基本特征。

3. 详细总结国内外城市发展的经验和教训,并不是高强度开发就需要高密度路网;并不是道路容量越大,道路服务水平就越高。路网服务水平主要取决于机动车使用强度,控制机动车使用比控制拥有更为有效。道路容量的增长空间有限,调整出行结构、提高公交出行比重是增强城市开发强度的最有效选择。

4. 建立道路容量、建筑开发、机动车发展关系模型,以分时段、分区域的路网拥堵指数、干路拥堵指数、干路拥堵比为主要道路评价指标,以道路容量、建筑规模、汽车保有量为自变量,路网拥堵指数为因变量,建立关系模型,通过调整不同自变量的增量,确定对道路负荷的影响敏感性。研判建筑开发规模合理性,规划中职住关系仍不平衡,比如,李沧东、崂山北岗位人口比增幅为 1 以上,将成为新的岗位聚集区。(如图 1 至图 4 所示)

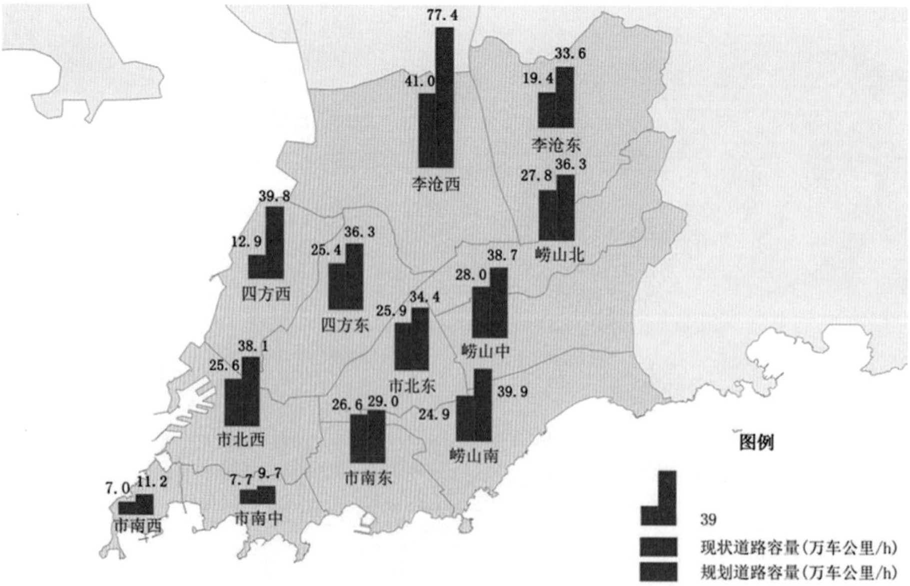

图 1　道路网容量变化分析图

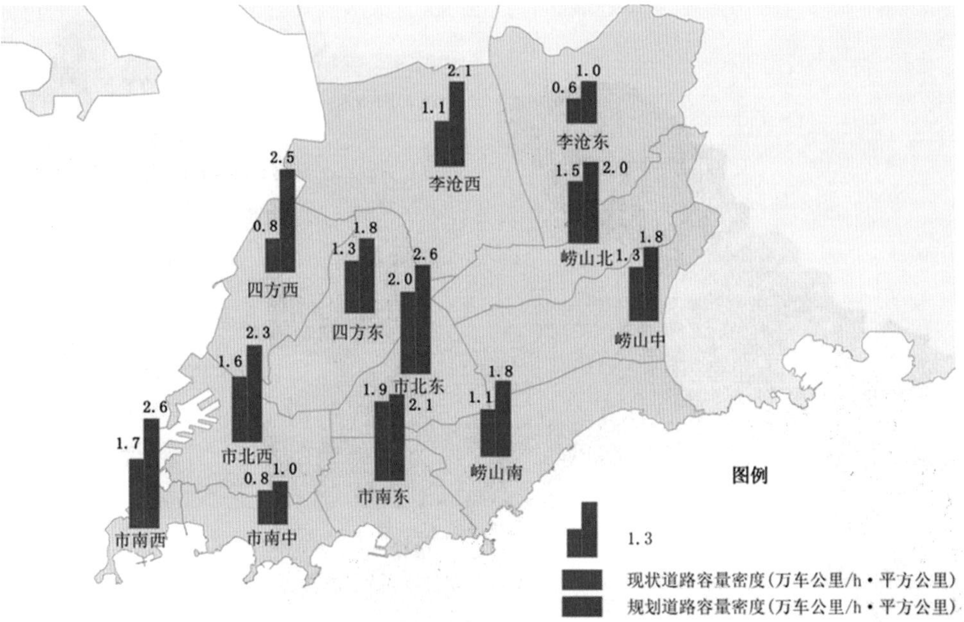

图 2　道路网容量密度变化分析图

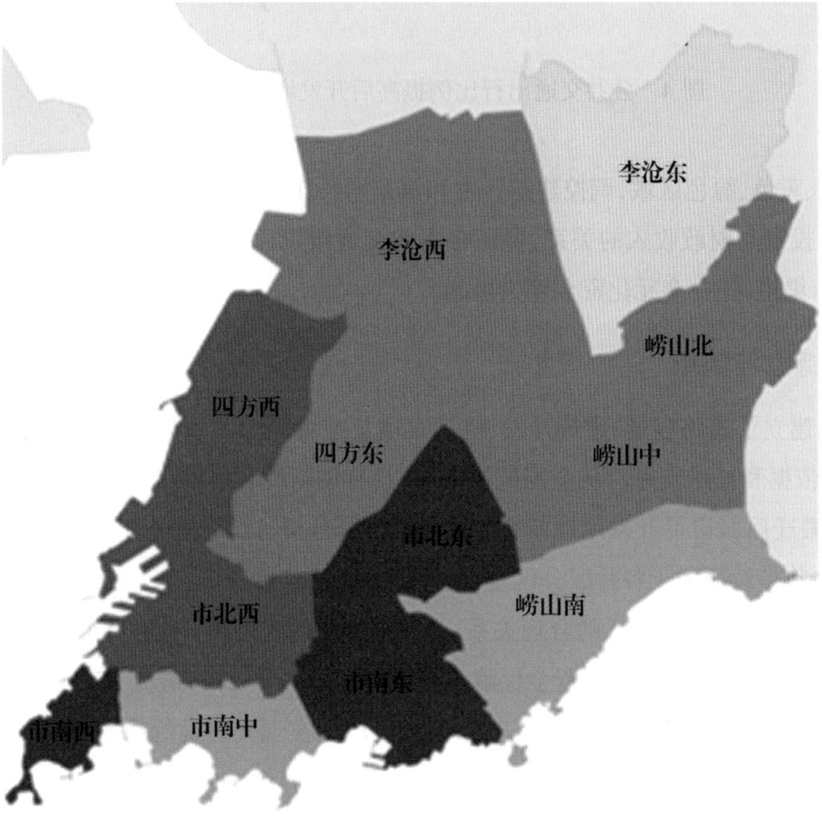

图 3　2020 年开放强度分布图

综合采用“自然增长法”“一户一辆”“路网容量法”等三种方法对汽车保有量进行对比分析，确定中心城区适宜汽车保有量。

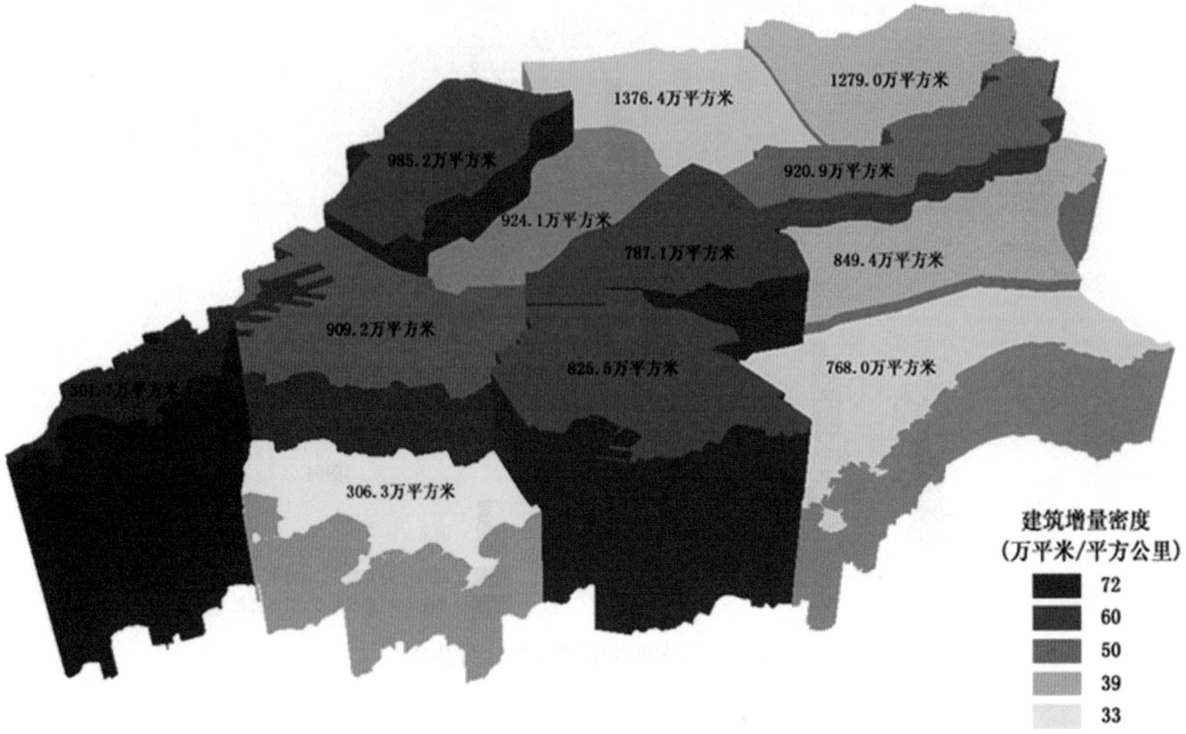

图 4　公共交通出行比例提高后开发增量密度示意图

5. 划分橙色、黄色、绿色区域，调控建筑开发和汽车增长比率。(如图 5 所示)

6. 明确交通投资与财政收入的关系，保证必需的交通投资比例，控制交通投资重点方向，发挥市场力量，广辟投融资渠道，建立多元化资金筹措机制。

二、项目特色与创新

1. 创新性地建立了道路容量、建筑开发、机动车增长三者间的关系模型，为实现交通与用地的协调发展提供了科学依据和技术支撑。从全国范围来看，具有创新性和可推广性。目前，规划成果已经应用于《青岛市机场搬迁后城市可开发用地研究》的交通容量分析，以及 2016 年各片区控规编制中交通承载力分析，同时也将持续服务于各片区分区规划、控规的交通容量分析。

2. 明确了交通投资与财政收入的合理关系，为城市交通的合理投资提供了可靠依据。通过本研究，对城市交通投资比例、投资方向、投资资金保障都有了科学的引导方向，避免了交通投资的明显偏差。

3. 从交通承载力角度对规划用地指标进行评估和反馈，实现交通运行状态与规划用地动态交互，提高规划的科学性和可靠度。

4. 开展了四个相关专题研究，支撑主报告研究成果，研究成果更加具有综合性，具有较高指导意义。

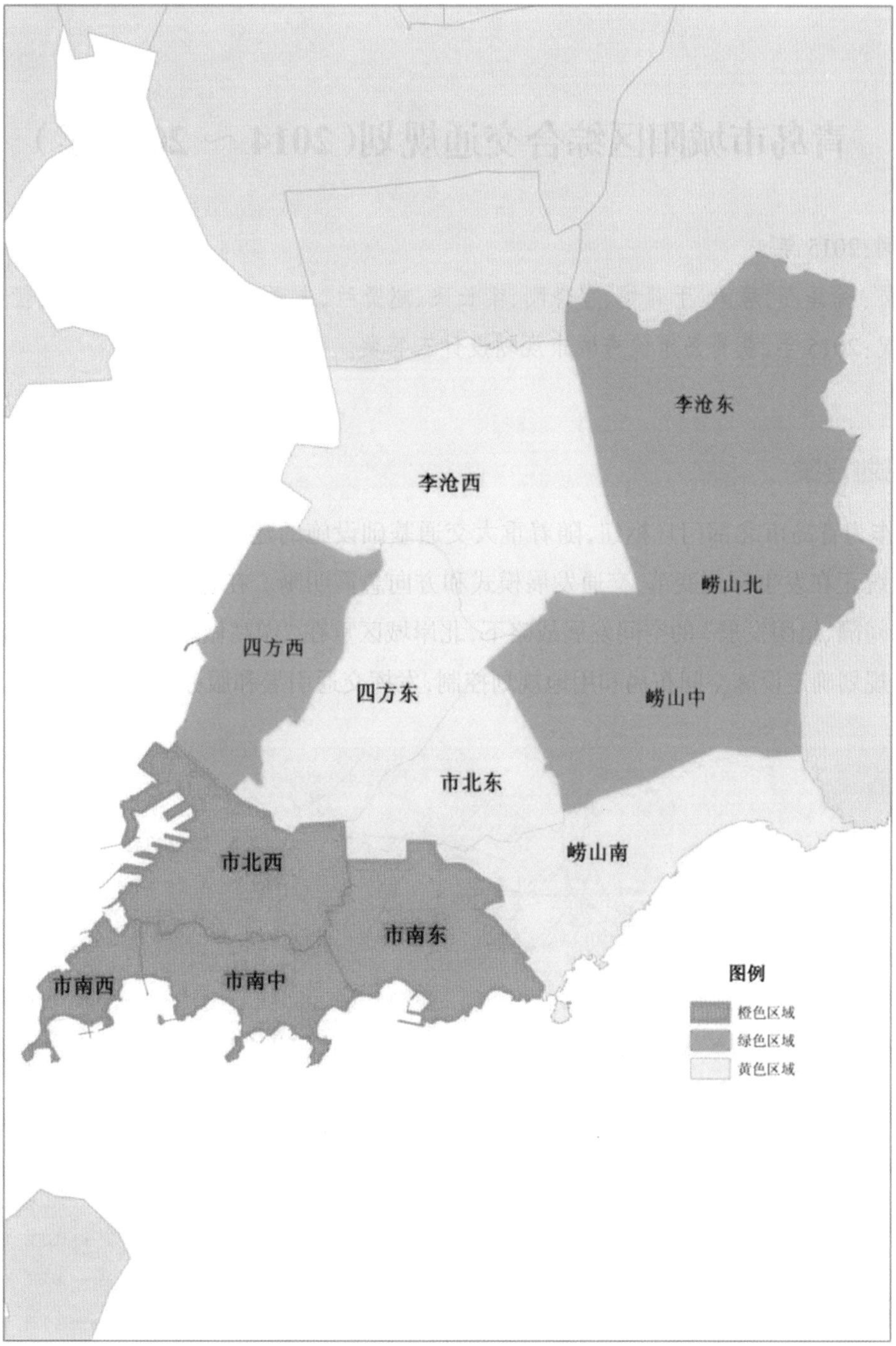

图 5　区域建筑及汽车增长控制等级划分示意图

青岛市城阳区综合交通规划(2014～2030年)

编制时间:2015年。

编制人员:徐泽洲、房涛、于莉娟、宫晓刚、栾长飞、赵贤兰、朱琛、郑晓东、王伟智、汪莹莹、王强。

获奖情况:2015年,获青岛市优秀城市规划设计三等奖。

一、规划背景

城阳区作为青岛市北部门户枢纽,随着重大交通基础设施的建设、调整和城市发展空间的不断拓展,其交通系统正在发生深刻变革,交通发展模式和方向急需明晰。在青岛市“全域统筹、三城联动、轴带展开、生态间隔、组团发展”的空间发展战略下,北岸城区重在“做高做新”,所以需要重新审视城市交通发展战略,规划确定设施空间布局和用地规划控制,发挥交通引导和服务作用。(如图1所示)

图1 青岛市城阳区道路等级结构图

二、规划构思

规划分为区域对外交通和区内交通两个层次来考虑。区域对外交通充分体现“一体化交通”,构筑快速轨道交通和高快速路“双快”系统,建设“40分钟通勤圈”。区内交通充分体现“网络相连、路权重划”,通过轨道交通和有轨电车连接组团中心及快速路连接组团边缘,实现交通与土地的协调;调整区内道路红线宽度,重新划分路权,实现自行车道100%覆盖,打造青岛市自行车系统示范区。

三、主要内容

本规划充分分析现状交通和用地条件，并建立交通预测模型进行科学预测，借鉴新加坡交通与土地协调发展的经验，确定城阳区交通战略目标为：“打造低碳城区，引领绿色出行”，致力于打造青岛市“智慧交通先行区、健康交通引领区、自行车交通示范区”；对对外交通、区域交通、道路系统、公共交通系统、停车系统、货运物流系统、慢行交通系统和智能交通系统进行规划（如图 2 至图 4 所示），并提出了“十三五”建设计划。

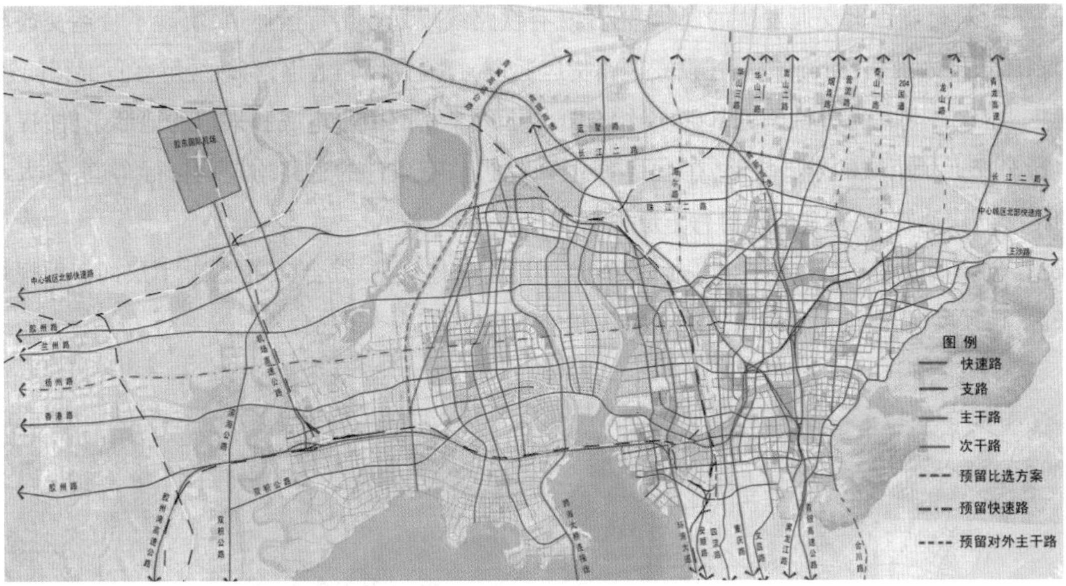

图 2 青岛市城阳区对外交通图

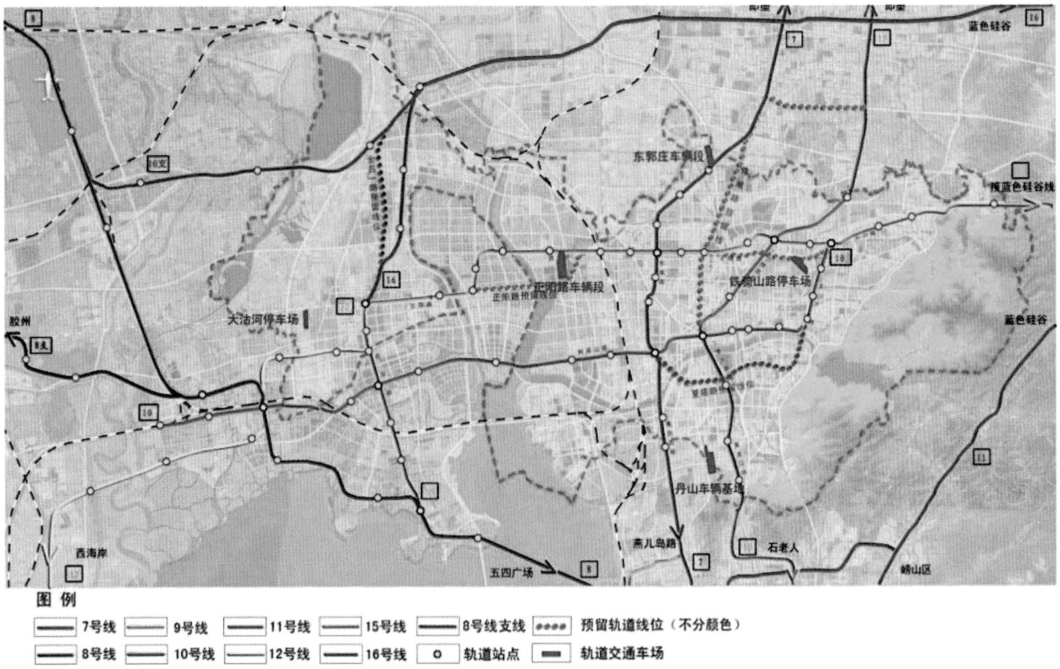

图 3 青岛市城阳区轨道交通图

四、创新与特色

第一,依托详细而相对准确的交通需求预测,规划布局跨越障碍物交通通道,突破多条高速公路和铁路的包围与阻隔,实现了由交通将零碎用地布局连接为一体。

第二,基于城市新区,突破了传统的道路网规划以小汽车交通优先或仅仅考虑小汽车交通的工作方法,全面调整道路红线。本次规划按照行人、自行车、公共交通、小汽车依次优先的顺序,合理划分路权,有效地满足公交专用道、非机动车道对空间的需求。

第三,针对过境货运交通发达的现状,依托既有铁路线规划专用货运通道,实现了货运交通与城市交通的剥离。规划沿既有胶济铁路建设安顺路货运通道,打通硕阳路通道,有效缓解客货混行问题。

第四,本次规划在充分调研的基础上,结合规划区内丰富的山水本底和平坦的地形条件,提出建设青岛自行车交通示范城的发展战略,在道路横断面设置上,有条件的道路均规划自行车道,极大地缓解了机动化交通快速发展、蚕食城市自行车道现象。

第五,创新规划编制工作模式和工作流程,通过建立总体规划、综合交通规划、下层面专项规划联合编制平台,相互反馈,保证了规划方案的科学性和可实施性,实现"多规合一"。

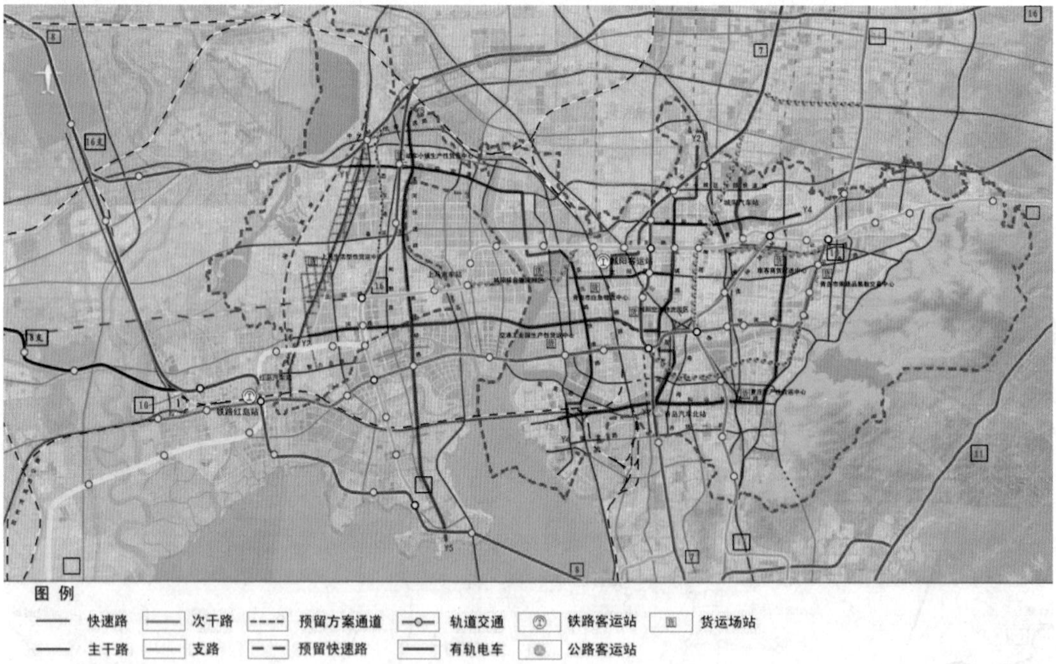

图 4 青岛市城阳区综合交通规划图

西海岸新区综合交通规划

编制时间:2016 年。

我院编制人员:董兴武、万浩、秦莉、李良、李勋高、杨文、赵杰、张铁岩、高晨阳、薛玉、汪莹莹。

合作单位:同济大学建筑设计研究院(集团)有限公司、青岛市市政工程设计研究院有限公司。

获奖情况:2017 年,获山东省优秀城乡规划设计三等奖。

一、项目基本情况

西海岸新区位于京津冀都市圈和长江三角洲地区紧密联系的中间地带,是沿黄流域主要出海通道和亚欧大陆桥东部重要端点,与朝鲜半岛、日本列岛隔海相望,具有辐射内陆、联通南北、面向太平洋的战略区位优势。西海岸新区位于胶州湾西岸,面积为 2096 平方公里,现状人口约 171 万。经济新区产业较为发达,包括港口、造船、汽车、家电等支柱产业,2013 年生产总值达 2124 亿元,占青岛市的 25.5%,经济呈现快速发展态势。随着新区的提出及国家一系列发展战略的提出,西海岸新区的交通体系需要适应新的形势,以支撑区域的发展。

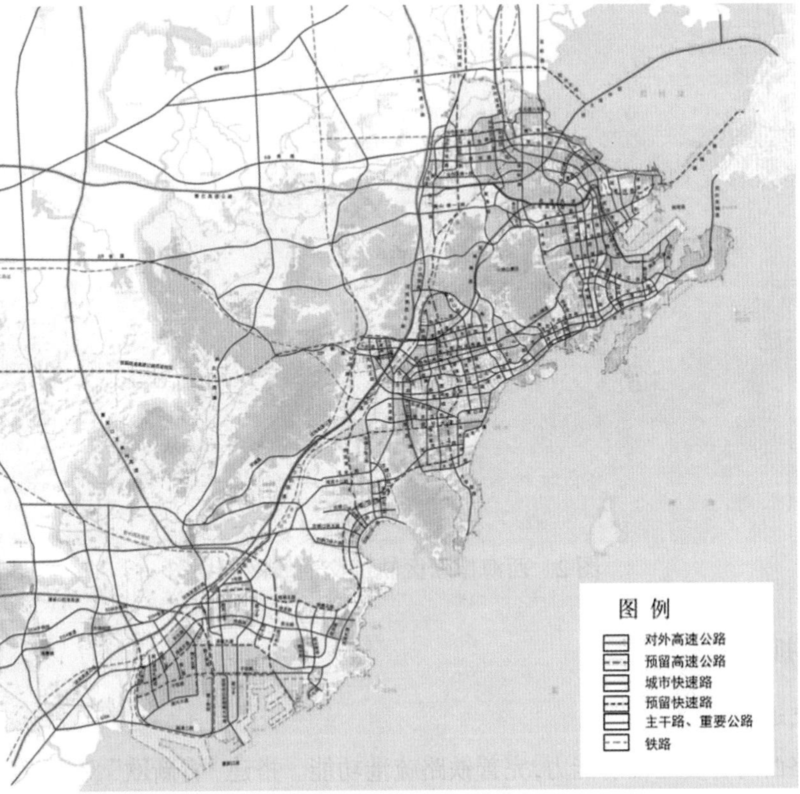

图 1　西海岸新区道路系统规划图

迎接重大机遇，拓展对外辐射。2014年国家提出了“一带一路”的发展战略，青岛是“海上丝绸之路”经济带的排头兵，而西海岸新区作为青岛港口最重要的载体，迎来了崭新的发展机遇。另外，《山东半岛蓝色经济区发展规划》上升为国家战略，西海岸新区作为青岛龙头城市发展最重要的引擎，需要进一步加强对外辐射作用。

面临崭新格局，引领新区发展。国务院批复设立西海岸新区为第九个国家级新区。空间布局、城市结构及交通联系，需要城市综合交通体系进行适应性调整，以引领新区发展。

解决突出问题，促进稳定增长。青连铁路与新机场建设、港口功能调整、疏港交通矛盾的解决、重点区域发展建设等都需要交通系统的支撑。

落实上位规划，稳步推进建设。青岛市总体规划已获国务院批复，西海岸新区总体规划已基本编制完成，需要通过综合交通体系（如图1至图4所示）深化落实。

因此，按照区统一部署，编制本规划。

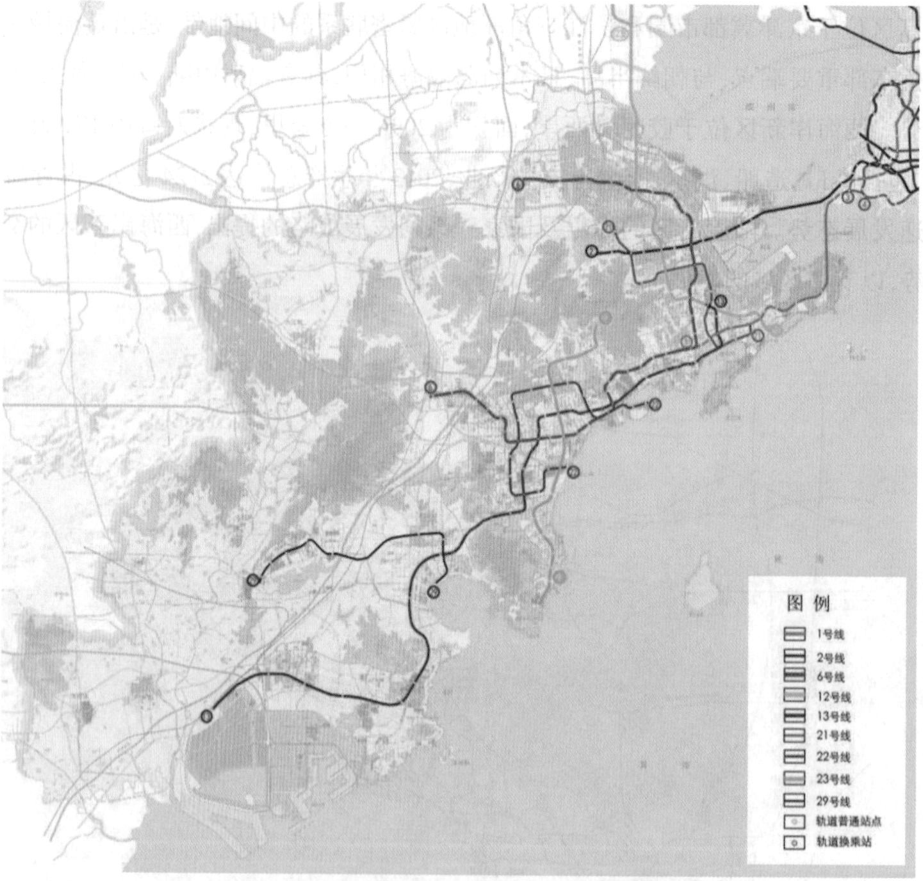

图2　西海岸新区轨道交通线网规划图

二、主要规划内容

（一）对外交通

1. 强化铁路西向客货运辐射能力，完善铁路疏港功能。搭建“青新欧”跨国货运铁路直达通道；规划新增中部区域东西向城际铁路，实现西海岸新区与诸城、莱芜、泰安等省内中西部城市的快速铁路联系；预留沿西部南北大通道设置青连铁路货线的建设条件，形成“外货内客”的铁路运输格局。

2. 形成发达、结构合理的对外公路网络。规划新增董家口疏港高速，向西连接潍日高速；将疏港高速向西延伸，连接潍日高速和长深高速；在新区范围内，通过取消疏港高速收费、新增西部南北大通道、调整 G204 线位走向等规划措施，以增强对外疏港功能、加强组团间快捷联系、减小过境交通影响。

3. 优化港口功能、促进转型升级。以集约绿色港口为建设目标，逐步与西安、霍尔果斯等内陆港，以及日照等支线港有机融合，打造“港口加盟店”的新模式和货流组织的“领军港”。在前湾港区，优化调整胶黄铁路线位，构筑 500 米专用货运走廊带及三条外部疏港专用通道，并与外围公路的高效衔接；在北港区和南港区分别集中布局 5.4 平方公里和 2.6 平方公里箱站用地，在货运走廊带内预留货运综合服务设施用地；完善千山南路、通河路等内部疏港通道系统，分离疏港交通与城市交通。在董家口港区，构筑规模适宜的内部疏港通道，集中布局外部疏港通道走廊，避免产生新的港城矛盾；结合疏港通道布局，设置 3.8 平方公里的箱站及货运综合服务设施；港区临近区域积极发展皮带等近距离集约运输方式，合理控制疏港廊道空间。

4. 构建集约、高效的复合交通走廊。形成青连铁路—沈海高速、胶州湾高速、黄张路北侧路、疏港一路—南北大通道等 4 条复合交通走廊，将过境交通、集疏运通道、管道等设施走廊与城市交通走廊有机分离。

5. 加强与青岛新机场衔接，提升西海岸新区对外的地位和影响力。构建西海岸与青岛新机场多路径、多形式的快速衔接通道，远期形成“1 铁（青连铁路）、2 轨（12 号线、机场快线）、4 快速（沈海高速、西部南北大通道、江山路—胶州湾高速、昆仑山路—疏港高速—胶州湾高速）”的机场衔接通道格局。

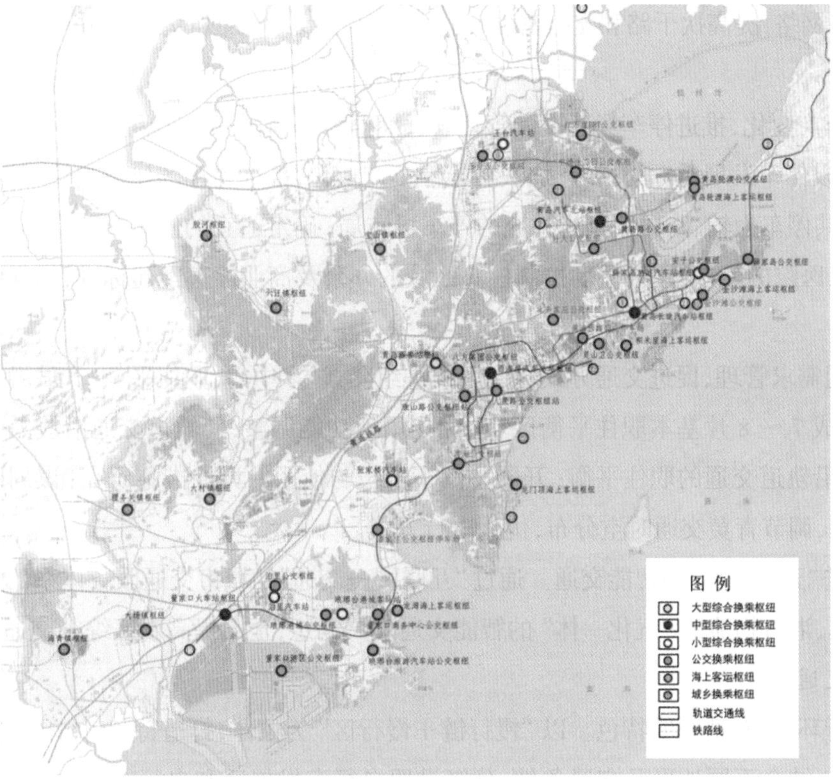

图 3　西海岸新区枢纽规划图

（二）城市交通

1. 构建层次明晰的公共交通体系。形成以轨道交通、中运量公交为骨干，公交快线、公交干线、接驳支线等多层次常规公交为主体，出租、公共自行车、海上交通、城乡公交等其他公交为补充的公共交通体系。轨道交通形成“区内服务便捷、对外联系高效”的西海岸轨道交通网络，在远期 1 号线、2 号线、6 号线、12 号线、13 号线的基础上，预留黄胶快线、胶南线等轨道交通的建设条件，远景轨道网络线网总长度 250.6 公里，线网密度为 0.58 公里 / 平方公里，可适应西海岸轨道支撑服务的需要；公交场站建设模式向“立体综合车厂＋配建首末站”转变，共规划公交综合车场 103 处，占地约 129 公顷，可满足公交车辆停放、维修、保养等要求。公交专用道形成路中快速、路侧干线、路侧局域三级专用道网络，规划路中快速专用道 68 公里、路侧干线公交专用道 230 公里、路侧局域公交专用道 155 公里。

2. 形成功能综合一体的客运枢纽体系。规划大型、中型、小型综合客运枢纽 10 处，包括青岛西站综合枢纽、西海岸汽车总站等重要枢纽设施，可适应西海岸新区铁路、公路等对外交通方式与城市交通衔接需要。

3. 布局快捷通达、功能清晰路网系统。形成西海岸中心城区、董家口港城既相对独立又联系便捷的路网格局，到 2030 年，西海岸中心城区道路网总长度约 3046 公里、路网密度约 8.2 公里 / 平方公里，董家口港城道路网总长度约 805 公里、路网密度约 8.05 公里 / 平方公里；西海岸中心城区规划 3 横 3 纵快速路（青兰高速公路—胶州湾大桥、第二海底隧道接线—疏港高速公路、胶州湾隧道接线—嘉陵江路—胶州湾西路—海西路快速路、江山路—胶州湾高速公路、昆仑山路、两河路），董家口预留琅琊北路、子良山路等道路的快速路建设条件，满足组团间快速联系需要；优化提升奋进路、珠宋路、太行山路等西海岸中心城区主干路网络，提高次干路和支路密度，缩小地块尺度划分，加强交通微循环能力，实现“窄马路、密路网”要求。

4. 实施停车产业化，推进停车场建设和管理。远期西海岸新区小汽车将达到 100 万辆，总体泊位需求约 110 万个；以停车发展目标为指导，加快实施停车产业化，推进停车场建设与管理，最终形成路外配建停车为主、公共停车为辅、路内停车为补充的停车场布局；确定适宜的停车配建标准，基本保证居住区域的刚性停车及医院的就医停车，适度控制核心区域的办公及商业停车配建标准，加强停车位的对外开放比率。

5. 强化交通需求管理，促进交通方式转变。推进组团式、多中心、职住平衡、产城融合的用地布局模式，西海岸可形成 7 ～ 8 片基本职住平衡区域；优化用地功能调整，使轨道交通沿线人口岗位达到 60% 以上，基本实现沿轨道交通的职住平衡；开展小汽车增长与使用的调控措施研究；谋划胶州湾通道建设时序和收费机制，调节青黄交通时空分布，优化出行方式。

6. 加快推进“五化一体”的智能交通。通过“互联网＋交通”的城市交通服务体系的实施，推进道路、公交、旅游、停车、港口物流的“五化一体”的智能交通发展构想，全面提高新区综合交通接驳效率。

（三）特色交通

1. 优化慢行环境，塑造鲜明特色。以“慢行链＋慢行区”为主体，打造特色、休闲、方便的“慢行＋公交”的交通系统；结合不同地形及交通条件，分级设置自行车发展区和自行车道；加强自行车配套设施建设，在景区等环境条件适宜的区域，推广公共自行车租赁系统；完善步行交通设施，打造步行环境示范区；形成连续、高品质步行通道，解决重要道路行人过街问题。

2. 布局旅游交通设施，增强山海互动。围绕海上、滨海及乡村三个旅游发展带，构建多式立体的旅游交通体系；滨海形成观光轨道、观光巴士、慢行等多方式有机融合的旅游交通走廊；加强陆岛联系，开拓海上和空中特色旅游；多形式提供旅游交通集散设施和旅游交通服务信息。

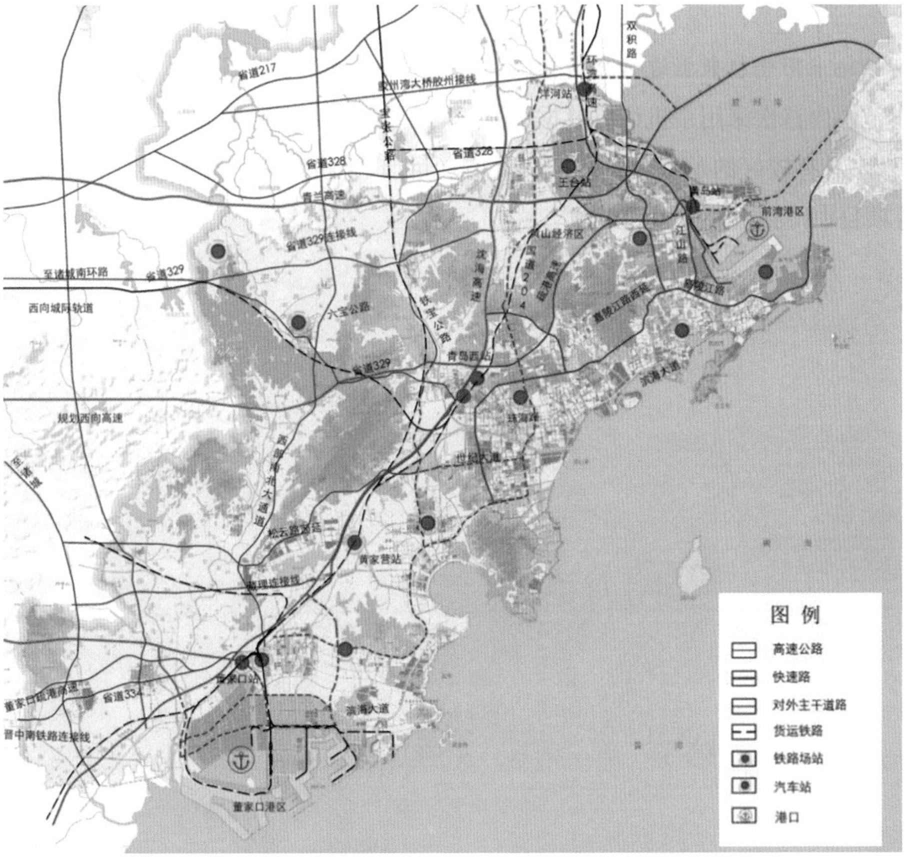

图 4　西海岸新区对外交通系统规划图

三、项目特色与创新

（一）提出明确的规划布局思想，引入先进的交通规划理念

提出了“双高辐射、双快互联、双网融合”的分层交通网络布局思想，即实现对外高速公路和高速铁路的辐射、组团间快速路和快速轨道的互联以及组团内轨道网和道路网的融合。引入“大公交”体系和“1.2 倍公交战略”，明确公交发展战略目标，形成无缝衔接的集约化、绿色出行链；提出了“五化一体”的智慧交通发展构想，真正体现“智慧西海岸、效率西海岸”。

（二）促进对外交通网络布局根本性转变

按照“强化辐射、客货分离、客内货外、结构转型”的原则，对铁路和公路运输网络、站场布局、疏港交通体系及与新机场的衔接进行了系统的优化提升；山东省相关部门已经开展西接陇海线及西向城际铁路的专题研究；青岛西站按本规划由小型中间站提升为具有始发终到功能的大型铁路站。

（三）统筹与重构组团间及组团内交通设施，反馈或指导各层次规划设计

铁路、道路、疏港交通等规划内容，已经充分融入《青岛市城市总体规划》《西海岸新区总体规划》中，实现了原黄岛区和胶南市合并后在交通设施方面的统筹；6号线江山路线位调整及延伸至西客站的意见已经纳入《青岛市轨道交通线网规划修编》中；城市道路、疏港、公交等规划内容已充分纳入《西海岸十三五交通建设规划》中；《董家口港区综合交通规划》《灵山湾影视文化区控制性详细规划》等规划已结合本规划内容，完成了规划编制任务，并指导了疏港道路工程、新区快线等交通项目的规划设计和建设工作。

（四）创新性地采用手机数据进行交通预测和规划分析，提升了规划的效率和科学性

在山东省范围内首次采用手机话单数据、信令数据分析预测交通发展特征和态势，提升了交通基础性数据的可靠性，具有较好的示范意义和推广价值。目前，手机数据已在市域模型建立、青岛市第三次交通大调查等项目中得到很好应用和延伸。

青岛市城市公共交通发展规划

编制时间:2016 年。

编制人员:徐泽洲、马清、宫晓刚、于莉娟、朱琛、王伟智、王强、高洪振、赵贤兰、郑晓东、房涛、王田田、汪莹莹、牛雨、王乐。

获奖情况:2019 年,获青岛市优秀城乡规划设计一等奖。

一、项目基本情况

城市公共交通是为社会公众提供基本出行服务的社会公益性事业和重大民生工程,是城市重要的基础设施。实施城市公共交通优先发展战略,是缓解交通拥堵、转变城市交通发展方式、提升人民群众生活品质、构建资源节约型环境友好型社会的战略选择。2016 年 2 月,中共中央、国务院发布的《关于进一步加强城市规划建设管理工作的若干意见》要求:优先发展公共交通,以提高公共交通分担率为突破口,缓解城市交通压力。2013 年,交通运输部公布青岛为国家第二批“公交都市”示范工程创建城市。为加快推进“公交都市”建设、落实青岛市政府提出的公交“311”发展目标,特编制本规划。

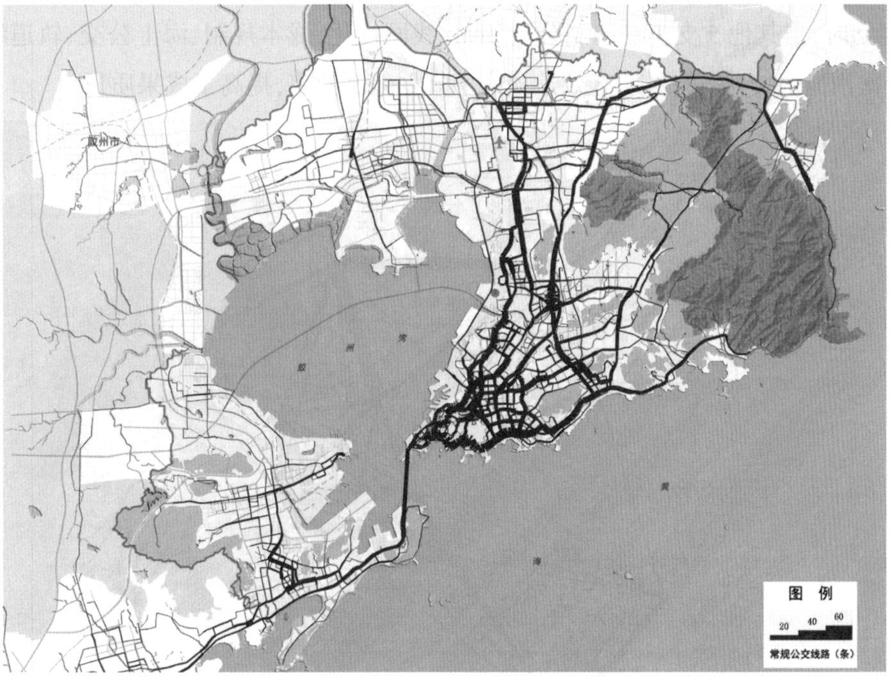

图 1　青岛市现状公交线网图

二、项目主要内容

按照“全程出行最顺、一体服务最优”的理念,抓住“青岛质量、品质交通”这条主线展开规划。提出“全面落实公交优先，建设公交都市”的战略目标，至 2020 年基本实现“2050”的建设目标，即常规公交高峰时段运行速度达到 20 公里 / 小时，公共交通机动化出行分担率达到 50%。从“点、线、面、体”四个方面构筑公共交通体系（如图 1 所示），规划构建场站枢纽体系、快速走廊体系、多元网络体系和智能交通体系。近期实施多网整合工程、公交提速工程、枢纽支撑工程、城乡均等工程、智慧公交工程、绿色低碳工程、需求管理工程和制度设计工程，推进公共交通提质增速。

三、项目特色与创新

（一）理念超前——具有时代性和前瞻性

充分体现以“人民为中心”的规划理念，以方便居民出行为根本出发点。贯彻“TOD 发展”理念，实现轨道交通对城市发展所具有的引导作用及公交社区建设。落实“土地集约利用”发展理念，提出公交场站综合开发方案。落实国家轨道交通“四网融合”理念，打造“轨道上的青岛”。“刚性和弹性相结合”的理念，既保障了法定性，又为未来发展留有弹性。

（二）技术先进——具有科学性和创新性

规划方案制定过程中大量采用了手机信令数据、百度数据、公交 IC 卡数据、道路智能卡口数据、车辆 GPS 数据等多元智能数据（如图 2 所示），分析全面、结果准确、编制高效。在规划方案测试上，建立交通预测模型，进行多方案比选，做到了定性与定量相结合。

（三）内容全面——具有综合性和包容性

开展 5 个专题研究，形成 1 个主报告、1 个地方标准规范，夯实了规划内容。

编制本规划时，与其他 5 支正在编制公交场站、线网优化、成本规划、海上公交、轨道线网规划的团队进行了几十次沟通衔接，多边反馈，有效地提升了规划编制效率，提高了成果质量。

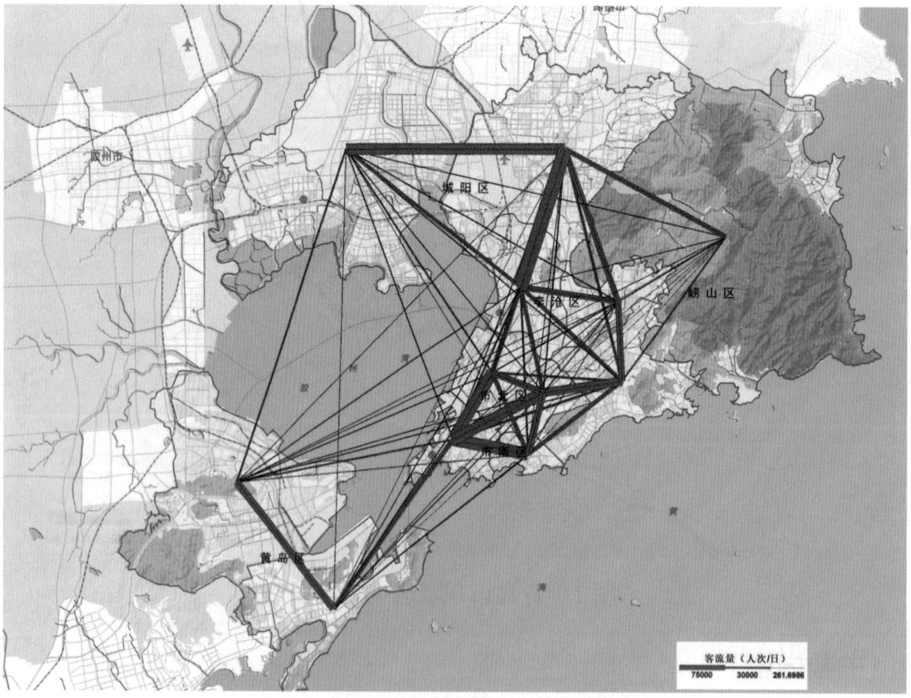

图 2　青岛市 2020 年公交客流分布图

（四）热点难点——具有实用性和挑战性

着力解决公交民生热点难点，解决了多年来政府部门和市民一直关注且存在争议的问题。

热点 1：随着全市轨道交通的陆续开通运营，是否可以减少常规公交设施建设和投入？通过对国内已开通轨道交通的 26 个城市的数据分析，结合青岛未来发展，分析并得出结论：虽然青岛轨道交通线路将陆续开通，但在 2030 年前仍应持续加强常规公交设施建设，重点发展区域是北岸和西岸城区。

热点 2：香港中路公交线非常密集，是否可以取消部分公交线路？经分析，2 号线和 3 号线开通后，香港中路沿线公交客流整体下降约 15% ～ 20%，部分线路客流下降达 50%。分析并得出结论：以地铁 2 号线和 3 号线开通为契机，可以对线路重叠多、客流下降大的 8 条公交线路进行取消和截短，实现轨道和常规公交的融合发展。

（五）多规合一——具有法 5 定性和可操作性

抢抓全市控规修编机遇，与 81 片控规进行逐一衔接，将所有公交停保场和首末站全部纳入控规。青岛市交通局对规划成果的认定意见（盖章书面意见）是：将公交场站（如图 3 所示）用地实施“四至”控制，并全部落实到在编的控制性详细规划中。

（六）建章立制——具有规范性和普适性

以本规划的《公交优先制度设计专题研究》为基础，出台了 20 余部地方行业标准和政府规范，实现了公共交通政策的引领和规范作用。

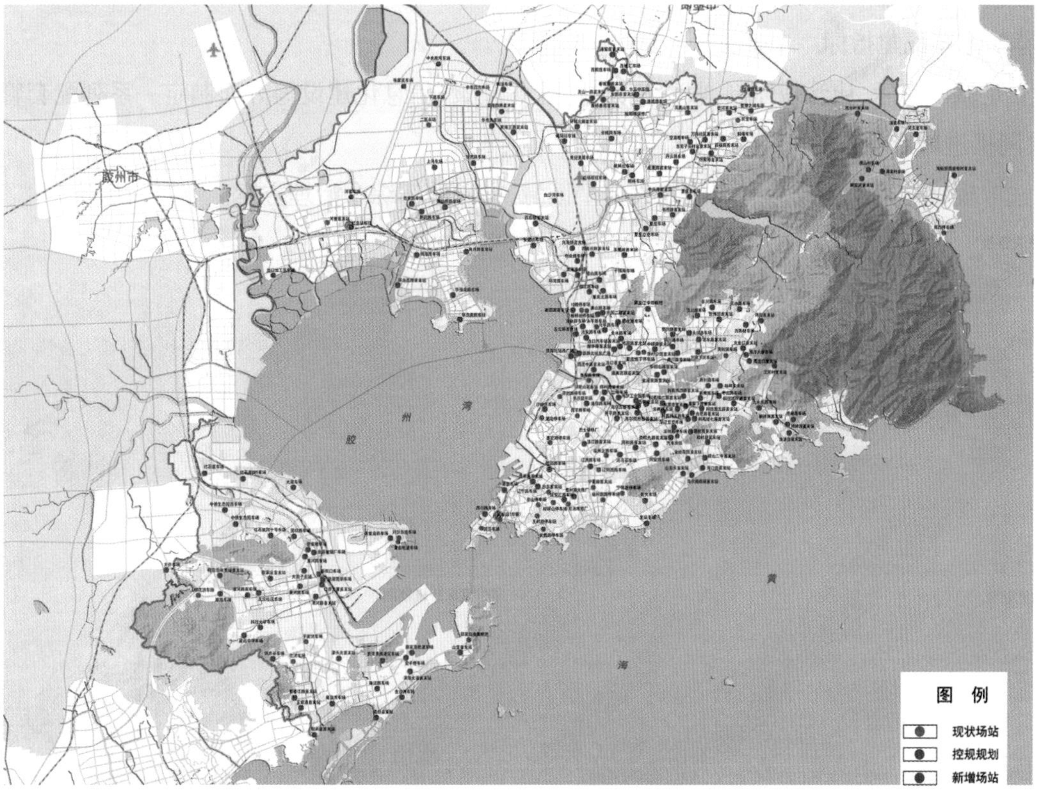

图 3　青岛市公交场站规划图

城阳区停车场专项规划

编制时间:2016 年。

编制人员:马清、徐泽洲、于莉娟、官晓刚、王伟智、胡倩。

获奖情况:2016 年,获青岛市优秀城乡规划设计三等奖。

一、项目基本情况

项目采用了“资料研读,现状调研”“发现问题,确定目标”“分解问题,专题研究”“综合规划,解决问题”的整体规划思路。主要工作内容包括以下几个方面:

1. 合理划定停车单元,开展停车资源普查,分建筑类型抽样开展停车特征调查。

2. 实施总量控制,化整为零,以单元为单位科学预测停车需求规模(如图 1 所示)。

3. 秉承区域差异和近远结合的规划理念,提出路外公共停车场用地控制和布局规划方案。

4. 针对城阳区停车配建标准分类笼统、标准单一的现状,结合停车发展趋势分析,细化建筑分类,并给出推荐的停车配建指标。

5. 立足城阳实际,从管理体制、收费机制、产业化政策、信息化建设等方面制定一系列配套管理政策措施,共同推进城市停车的可持续发展。

6. 选取现状停车问题较为突出的九大典型区域,提出停车综合治理方案。

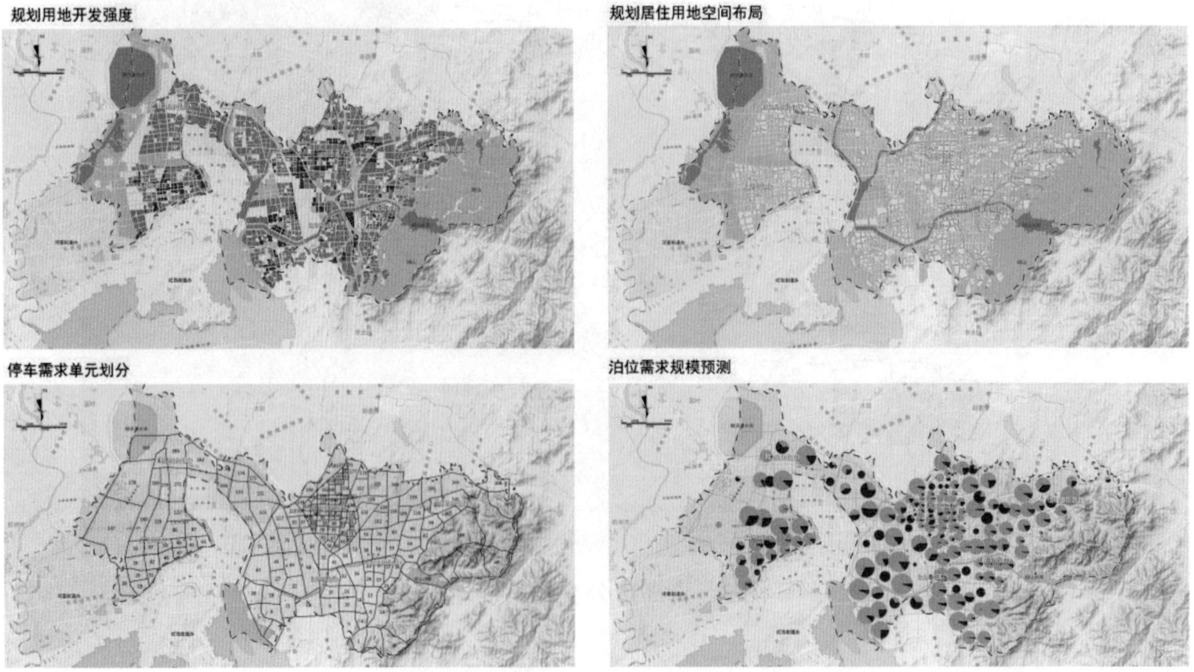

图 1　城阳区停车需求预测示意图

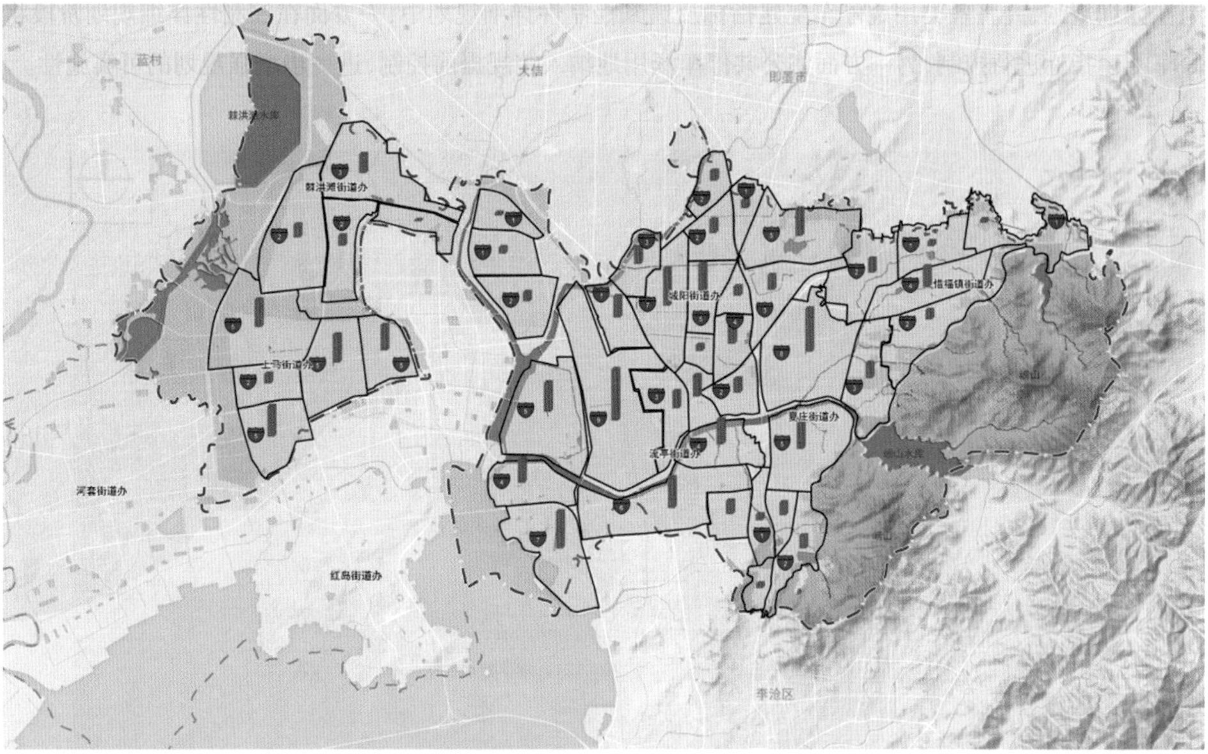

图 2　城阳区路外公共停车场远期控制规划方案图

二、项目特色与创新

（一）创新规划方法

充分考虑区域发展的不均衡性，提出差异化停车场规划布局形式。根据城市用地建设成熟度和控规编制进度，划分三类区域，分区提出不同的规划思路，分别采取刚性、半刚性和弹性的停车场布局形式，并有针对性地确定规划管理机理。由此确定的规划方案更具可实施性。

（二）改进调查方法，建立核心区停车资源 GIS 数据库

采用人工调查和出入口闸机数据相结合的方法，对各种类型、各种业态的停车特征进行调查分析，不仅减少人力投入，而且得到的停车特征分析结果更为可靠。采用人工调查和物业办提报资料相结合的方法，补充调查停车供求情况，建立城阳区核心区停车资源 GIS 数据库，便于后续检索、查询及实施动态维护。

（三）细化路内停车分类，实施泊位精细化设计

将路内泊位区分为全日和夜间限时两类。针对设置全日路内停车泊位路段制定精细化设计方案，明确开门区、间隔区、泊位空间布局要求等。针对公交站点与路内停车位相互冲突的现状，采用局部路段红线拓宽、压缩非机动车道宽度等措施，优化路内停车泊位与公交站点的空间关系。

（四）规划与控规紧密衔接，有效指导控规编制

规划前、中、后期（如图 2、图 3 所示）一直与控制性详细规划紧密衔接，将规划的停车场及时纳入控

制性详细规划，并将各类用地停车配建指标反馈到控制性详细规划中，一方面在控制性详细规划阶段将停车配建指标进行控制，另一方面将公共停车场用地纳入控规提前控制，进一步增强规划的可实施性。

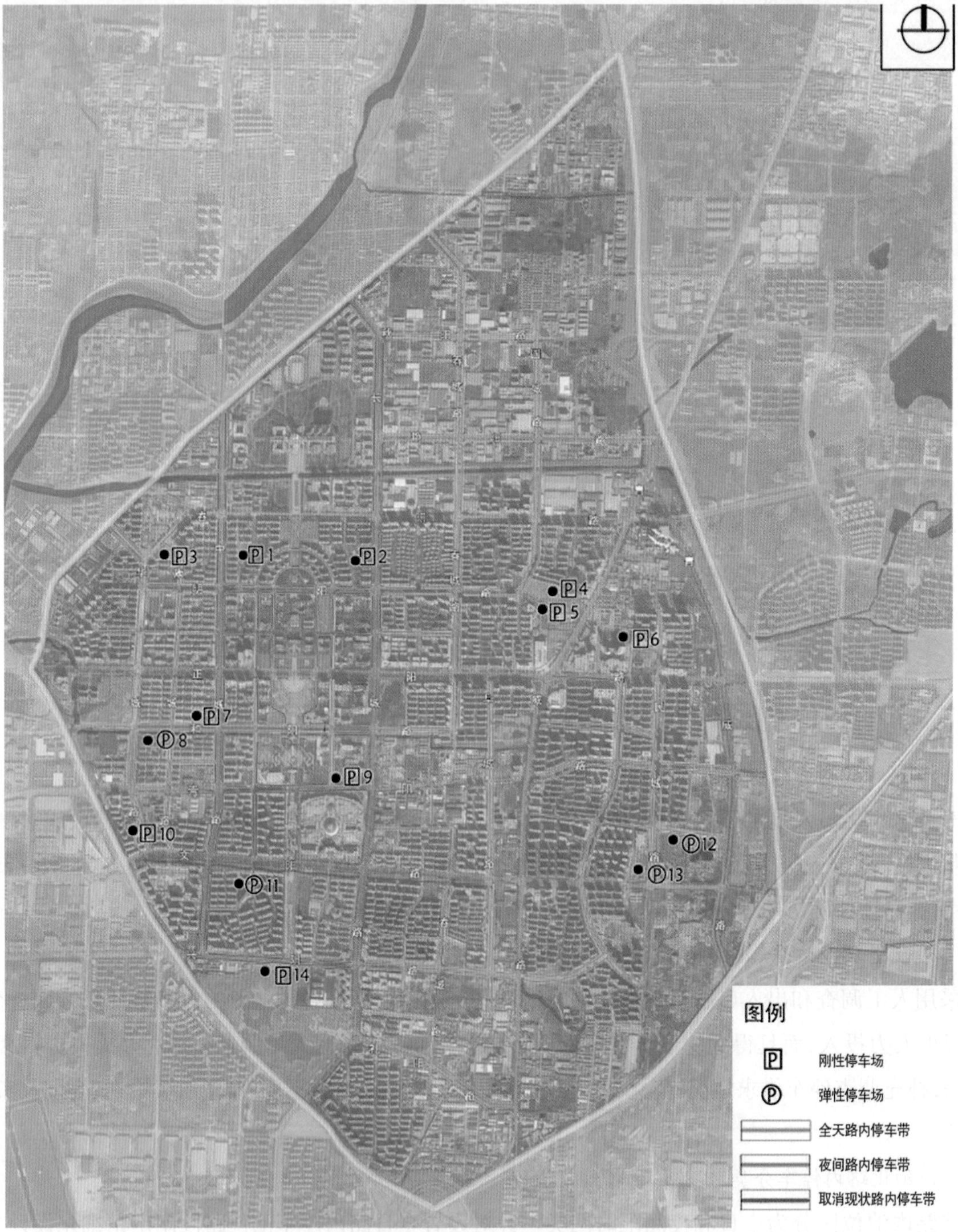

图 3　城阳区核心区公共停车场近期规划方案图

青岛市中心城区道路网规划(含专项规划和部分重要道路详细规划)

编制时间:2016 年。

我院编制人员:刘淑永、万浩、秦莉、耿现彩、王田田、李勋高、顾帮全、张志敏、贾学锋、赵杰、刘阳、许康、王振、禚保玲、高晨阳、滕法利、董兴武、汪莹莹、房涛、高洪振、杨文。

合作单位:青岛市市政工程设计研究院有限责任公司。

获奖情况:2017 年,获青岛市优秀城市规划设计一等奖。

一、项目基本情况

本项目旨在落实“按照‘窄马路、密路网’的城市道路布局理念,优化街区路网结构”等新要求和理念,优化和完善青岛市中心城区道路网系统,构建畅通高效的道路交通体系(如图 1 所示)。主要规划构思:落新政策,行新理念;组团通连、新老融合;结构完善、快慢有序;功能协调、容量匹配;尺度适宜、绿色优先;规划统筹、功能转变。

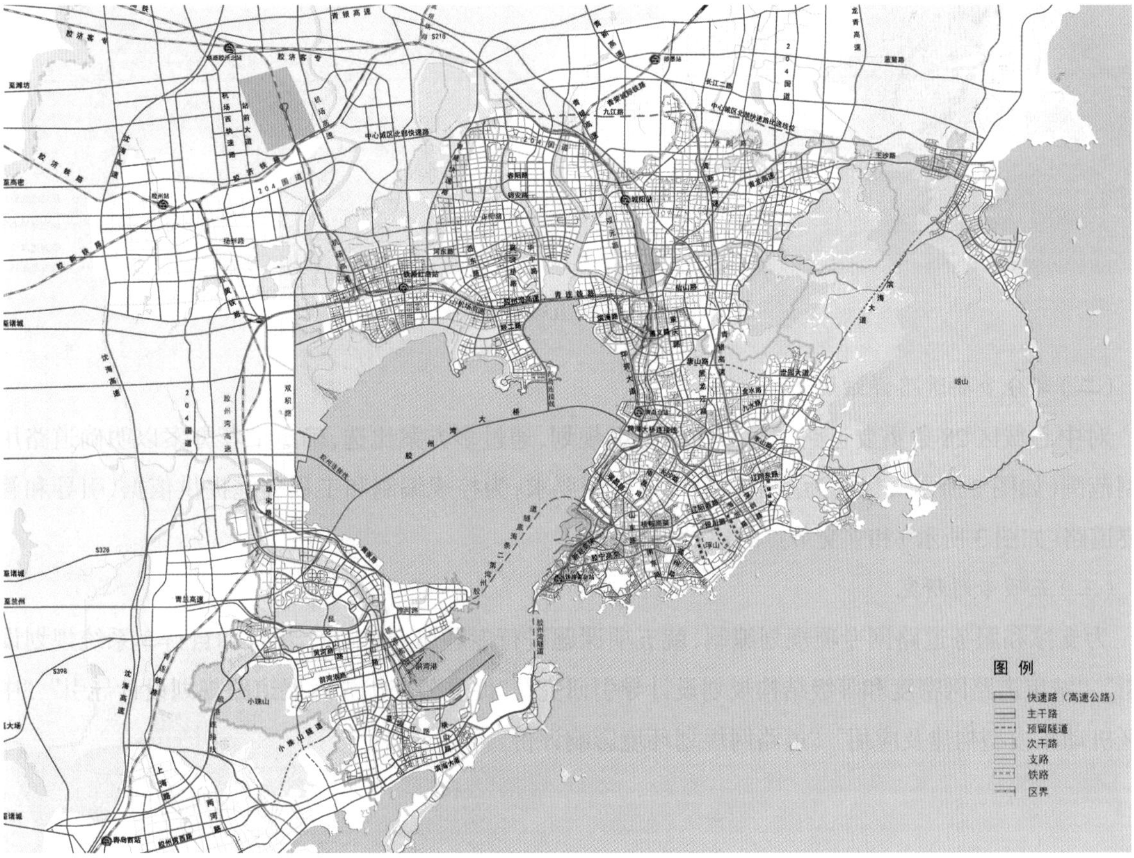

图 1　规划路网等级结构图

二、主要规划内容

（一）道路网专项规划

1. 道路发展目标。结合城市综合交通体系，加强网络连通性，贯通骨干网络，加密次支路网，构建功能清晰、级配合理、布局均衡、内外衔接的一体化道路网络。

2. 路网体系规划。规划形成“区域一体、高快衔接、六横九纵、环湾放射”的高快速路网络；规划构建三大城区自成体系、相互连通、对外有机衔接的主干路系统；规划形成以“窄、密”为特征的次干路和支路网，完善微循环系统。规划中心城区路网密度 7.7 公里 / 平方公里。

3. 立交规划。中心城区共规划立交 215 处，并对立交用地提出了详细控制范围。

4. 路口的渠划展宽规划。规划对 500 余处路口预留渠划展宽条件。

5. 规划路网评估分析。预测 2030 年路网全天平均车速约 28 公里 / 小时，整体运行状态较好。

6. 近期建设规划。规划 68 个近期建设项目。

图 2　道路五线控制图

（二）部分重要道路详细规划

对中心城区 28 条重要道路进行修建性详细规划，通过多方案比选，确定推荐方案以明确道路用地控制范围（如图 2 所示），以此为基础提出用地控制要求，为控规编制和工程实施提供依据，引导和管控重要道路（如图 3 所示）和立交节点的建设。

（三）五项专题研究

为支撑和服务道路网专项规划编制，就五项课题进行专题研究：“城市步行和自行车系统规划设计导引”“城市道路网密度和等级结构规划设计导引研究”“促进公交优先发展道路规划设计导引”“中心城区机动车模型构建及应用”“道路网规划环境影响评价”。

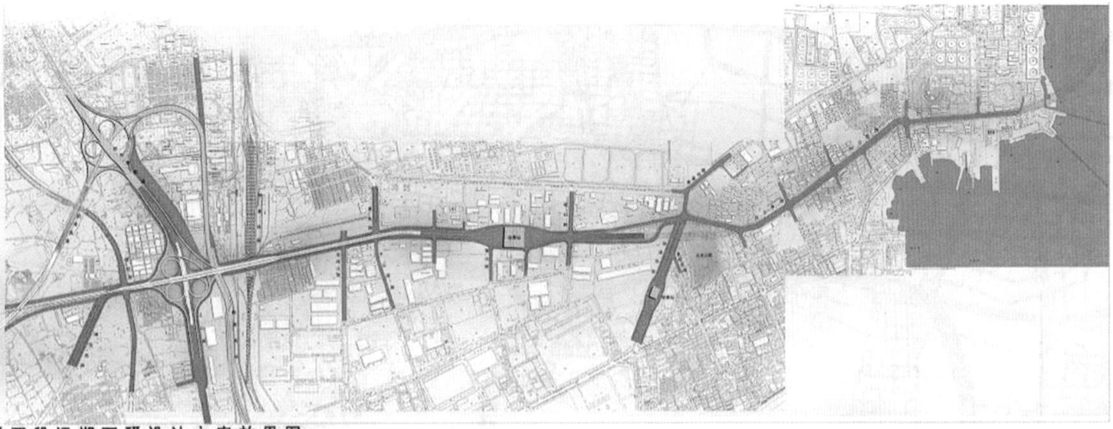

▲二隧西段远期可研设计方案效果图

▲二隧项目可研设计方案效果图

▲二隧东段可研设计方案效果图

图 3　第二条海底隧道方案效果图

三、项目特色与创新

1. 创新编制方法，汇智优化方案。强强联合编制，提升规划质量；指导衔接控规，双向互馈共赢；利用数据模型，优化路网方案；开放编制规划，多方征集意见。

2. 加强专题研究，指导规划编制。因地制宜地落实“窄马路、密路网”的要求，支持绿色交通发展，注重环境保护，实现区域路网的一体化，做好隧道接线用地控制。

3. 刚性弹性结合，管控严格灵活。刚性、弹性控制相结合，有利于道路网规划落地，增强可实施性。同时，可使控规成果更切合实际、更具可操作性。

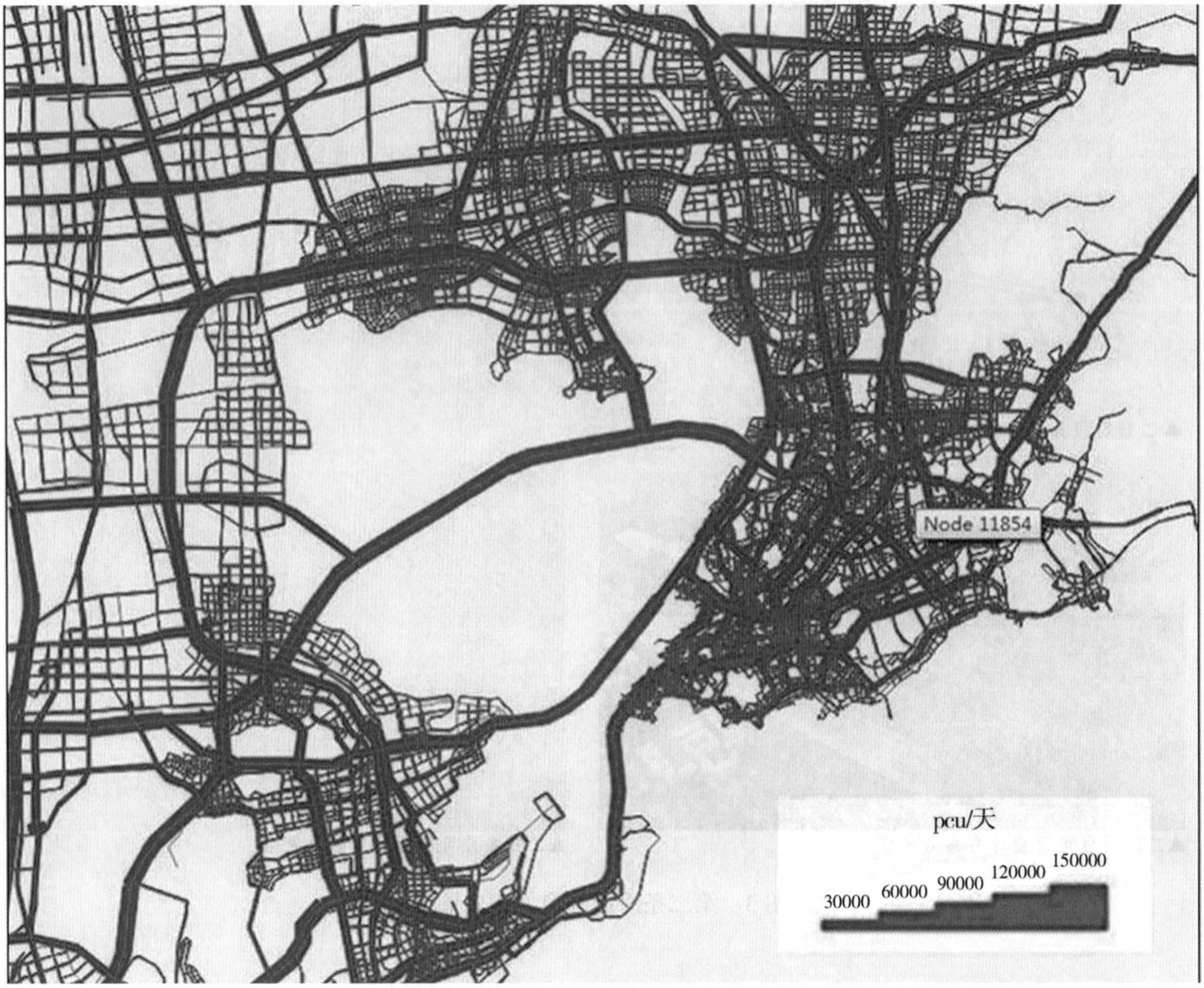

图 4　规划 2030 年道路流量分布图

4. 合理划分路权，绿色交通优先。设置宽度适宜的人行道，因地制宜地设置自行车道，形成网络化的公交专道。

5. 精细路口规划，提升路网能力。控制立交节点，匹配快主路网体系；规划平面交叉口，提高安全性和通过能力（如图 4 所示）。

6. 注重环境保护，集约节约用地。开展规划环评，守住生态底线；合理利用地下空间，提高交通承载能力；构筑复合走廊，节约利用土地。

即墨综合立体交通规划

编制时间:2017 年。

我院编制人员:马清、刘宾、李国强、贾学锋、宫震、汪滢滢、刘东智、王伟智、王强、高洪振、薛春华、崔园园、高强、许康。

合作单位:北京工业大学、北京城建设计发展集团股份有限公司、青岛市交通规划设计院。

获奖情况:2017 年,获青岛市优秀城乡规划设计二等奖。

一、项目基本情况

即墨位于青岛中心城区北部区域,是青岛面向烟台威海的门户,全域面积 1780 平方公里,2017 年人口 121 万,GDP 为 1180 亿元,全国百强县位列第九,龙头产业为服装、小商品批发及装备制造。

2017 年 10 月 30 日,即墨正式撤市设区,即墨不再是传统意义上的县级市,成为青岛构建国际湾区都会的重要支撑。

在青岛市整体宏观背景与即墨城市发展需求影响下,即墨抓住青岛创建“国家中心城市”建设与即墨“撤市划区”的双重契机,充分发挥交通系统对于即墨空间布局的引导作用,结合社会经济现状,整合各项优势资源,通过编制即墨综合立体交通总体及主要专项规划,为即墨未来的转型发展提供全局性、长期性的谋划依据。

二、主要规划内容

(一)框架体系

建立“1 + 8”的综合交通规划编制内容框架,即“1”个总体交通规划统领,“8”项专项规划深入研究。专项规划分别为轨道交通专项规划(含有轨电车规划)、道路网专项规划(含全域路网和城区路网)、公共交通专项规划(含枢纽规划、通用航空规划)、慢行系统规划、海上交通专项规划、停车专项规划、交通管理专项规划(含智慧交通)、停车场专项规划。共同形成综合交通规划一体化编制体系。

(二)即墨当前面临的问题与挑战

尚未充分利用交通资源禀赋,实质性提升即墨交通枢纽能级,为区域发展提供更有效的交通支撑。位于青烟威潍枢纽区位,区域交通核心竞争力下降;即青交通一体化处在初步阶段,缺乏南向和西向快速联系通道,建设标准不统一;全域范围内缺乏交通产业空间一体化整合联动,尚未形成交通带动经济要素集聚、引导城市空间拓展的总体格局;面临快速城市化、机动化进程,中心城区尚未形成绿色交通发展模式。

(三)交通发展愿景

提升青岛门户枢纽功能,强化区域一体化综合交通网络建设,实施公交优先战略,构建智慧友好的绿色交通系统，建立“枢纽型功能引领、一体化设施支撑、公交慢行主导”的交通网络，形成“畅达、绿色、安全”的综合交通体系（如图 1 所示）。

图 1　即墨全域四横六纵快速通道示意图

（四）交通发展策略

1. 策略一，打造区域节点型枢纽

强化即墨支点作用，构建与济南方向、京津冀方向、烟台方向、威海方向快速通道，融入山东半岛及国家运输体系。

（1）铁路。推进沿海铁路建设，预留衔接条件，构建沿海铁路节点；建设青荣城际南线，打造半岛铁路枢纽型城市；连接京沪二通道，融入国家通道系统。

（2）机场衔接。快速衔接青岛新机场，共享区域核心资源；谋划青岛第二机场落位即墨，以服务青岛城市为主，开通国内航线、日韩航线等。

（3）高速公路。强化青新高速通道，实现与京津冀区域快速衔接；加强蓝色硅谷与高速公路衔接，增强区域辐射能力。

（4）港口。精致化、差异化发展鳌山港，结合产业运输需求，设置专业化港口；预留公海、海铁联运建设条件，通过疏港铁路通道接入货运大外环，串联产业组团，参与区域港口协作。

2. 策略二，区域设施一体化

全面衔接区域快速路网，构建城际、全域、中心城区一体化区域路网衔接体系。在全域层面构建四横六纵快速通道体系，实现对外快速联系，形成西通机场、东连蓝谷、南接青岛、北达烟台威海的总体道路网格局。实现内部各功能组团快速衔接，乡村与城镇之间、乡村之间互联互通，以及区域一体化、城乡一体化发展。完成“马路经济”向“轨道经济”转型，实施轨道交通一体化规划建设，促进青即深度融合、周边城市组团一体化衔接。通过多层次轨道网络与多尺度空间协同，建立高效可持续轨道交通系统。（如图 2 所示）

图 2　即墨全域轨道交通布局示意图

3. 策略三，中心城区绿色低碳交通模式

在出行链中提升步行条件，将自行车作为交通方式加以发展。

通过慢行单元、慢行廊道和慢行社区建设，发挥慢行交通功能。同时，改善交通安全与环境，营造绿色、舒适、安全的交通软环境。提供优质交通服务，打造即墨慢行之城。

使公共交通更优秀，保障公共交通在城市交通发展中的优先和主体地位，构建以轨道交通为骨干的多层次公交网络，保障公交设施用地和公交优先系统组织，实施常规公共交通系统发展的升级策略。

三、项目特色与创新

打造“交通强国”区域示范区，促进交通与产业互相紧密发展。深入落实国家新时代战略发展要求，以城乡一体化、区域一体化为核心，打造“交通 + 产业一体化”发展典范，支撑轨道、汽车、飞机、无人船等交通全产业链快速落地、生根发芽。

编制交通各层次规划，最大限度地保障交通规划的战略性和可实施性。创新“1 + 8”综合交通规划编制体系，实现总体规划引领、专项规划支撑。以区域竞合为核心，提出“打造区域枢纽，提高城市运行效率，提升城市环境品质”三大核心交通战略。

统一城乡规划标准，为区域发展机遇均等化提供交通保障。本规划着眼于1780平方公里，按照全域规划原则，在各层面交通设施布局中采取城乡一体、政策统一的原则，对影响区域发展的重大交通设施进行无差别设置。

青岛市城市综合交通规划（2008 ～ 2020 年）

完成时间：2008 年。

我院参加人员：马清、万浩、徐泽洲、刘淑永、董兴武、李勋高、张志敏、李国强。

委托单位：青岛市规划局。

合作单位：上海市城市综合交通规划研究所。

获奖情况：2009 年，获山东省优秀城市规划设计一等奖。

一、规划背景

2002 年版《青岛市城市综合交通规划》（以下简称“2002 年版《综合交通规划》”）于 2004 年经市政府批复之后，有效地指导了城市交通建设。胶州湾海底隧道工程于 2006 年 1 月获得国家发改委核准，2007 年 8 月正式开工，隧道全长 7800 米，跨海部分 3950 米。青黄跨海大桥于 2007 年 5 月开工建设，全长 41 公里，其中一期工程 28.8 公里。胶州湾海底隧道和青黄跨海大桥均于 2011 年 6 月 30 日建成通车，结束了“青黄不接”的历史。青岛城区胶州湾高速公路改建为城市快速路——环湾大道；杭鞍快速路、金水路、长沙路等一批城市骨干道路的建设，有效地改善了“东西不通、南北不畅”的道路网现状。青岛火车站改造、青岛北站选址建设等大型综合交通枢纽建设步伐加快。在 2002 年版《综合交通规划》的指导下，推进河马石、王村路、宁德路等一批公交停车场建设，有效地缓解了公交车辆占路停放问题。

虽然在 2002 年版《综合交通规划》指导下，城市交通建设和发展取得了一定成就，但是城市的快速发展及机动化的爆炸式增长等仍然成为困扰城市发展的重要难题。首先，以小汽车为主的交通需求增长快于预期，交通需求管理措施未得到有效落实。其次，城市轨道交通建设滞后，城市客运交通出行结构中公交与小汽车相比处于明显劣势，优先发展城市公共交通的策略未得到充分贯彻落实。最后，缺乏鼓励公共停车场建设的政策，公共停车场仅靠政府投入，杯水车薪，在老城区、城市中心区、部分居住区停车难问题仍十分突出。

2008 年，中共青岛市委提出“环湾保护、拥湾发展”战略，经国家批复的青岛高新技术产业区落户胶州湾北岸城区。与此同时，青岛市城市总体规划修编工作同步展开，城市规划布局由“两点一环”向以胶州湾东岸、西岸、北岸城区组成的“三点布局”转变。北岸城区的综合交通系统需要纳入整个城市综合交通系统。另外一个促使综合交通规划修编的因素是 2008 年初青岛市政府明确提出要启动轨道交通建设，在上报国家发改委核准轨道交通建设规划时，需要同步提报城市综合交通规划。

二、现状主要问题

（一）大容量快速公交系统缺位，公交分担比例增长缓慢

小汽车拥有量为 35 万辆，年增长率 21.7%，出行比重由 2002 年的 10.6% 提高到 17.8%。但是，公交

出行比重仅增长2%，运送速度由22.8公里/小时下降到17.3公里/小时，居民公交出行时间由42分钟增加到49分钟。

（二）道路网络级配不合理，存在结构性缺陷

西部区域往北方向的车辆缺乏便捷通道，约30%的车辆需要绕行东西快速路；城市中北部缺少东西向连通道路，导致重庆路和308国道等额外承担了区域内部的迂回交通；城市对外交通过度集中在流亭立交桥上。

（三）机动车增长迅速，供需矛盾日益突出

与2002年相比，道路面积增长了1.08倍，但汽车拥有量却增长了1.7倍，道路建设速度跟不上车辆发展和交通机动化提高速度；机动车停放总泊位数在5.5万～5.7万个（不包括住宅区内停车泊位数），其中公共停车泊位（含对外开放的配建停车泊位）3.2万～3.8万个。目前单就与业务出行、生活、文化娱乐、购物等出行目的有关的停车需求泊位为9.2万～10.3万个，供需之间的缺口进一步拉大。

（四）交通投资总量不足，分配结构有待调整

市区交通固定资产投资从2002年的11.28亿元增至2007年的33.2亿元，年均增长率达到24.1%，但是占同期GDP的比例即使在最高的2006年也仅为2.13%。同期的公共交通投资却徘徊不前，部分年份不增反降。

（五）交通管理科技含量有待提高，智能交通系统的应用亟待加速

缺少能对全市交通状况进行全面监视、控制的手段，在利用现代化技术全面监视、控制和管理城市交通方面也未形成一定的规模；交通信息服务现代化水平比较低，交通信息管理较为落后，全市没有建立横跨各相关交通行业部门的统一信息平台；智能收费系统发展缓慢，制约了交通设施效率的发挥。

三、发展目标与战略

（一）需求预测

根据预测，2020年中心城区常住人口将达到500万左右，就业岗位将达到275万个（如图1、图2所示）。2020年居民日出行率为2.55次/日，流动人口出行率按3次/日计算，则该年居民日出行总量1276万人次，流动人口300万人次。

2020年公共交通比重由现状的21.5%增长到35%，非机动化出行将下降到24%，其他机动化出行比重达到41%。

在正常态势下，2020年机动车保有量将达到120万辆左右，千人拥有量220～280辆（现状149辆），小汽车将达到90万辆左右。

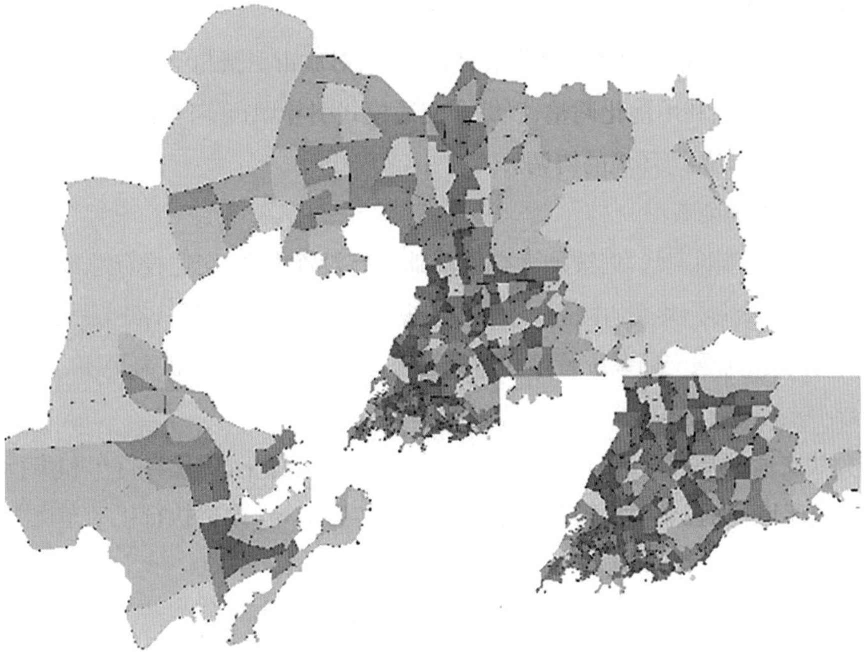

图 1 2020 年市区人口密度分布图

图 2 2020 年市区岗位密度分布图

(二)交通发展战略

1. 公共交通"五优先"策略

从城市可持续发展的要求出发,按照效率优先、兼顾公平的原则,合理分配交通设施资源。实施公共交通"五优先":大容量公共交通设施建设优先、用地配置优先、公交路权优先、政策支持优先、科技投入优先。

2. 交通与用地协调策略

充分体现城市交通与用地布局整体协调发展，发挥交通对城市更新与空间拓展的引导和支撑作用。以公共交通为导向，引导土地利用优化调整，以综合交通模式引导城市空间拓展，以公共交通支持中心区发展，注重交通系统建设与周边环境的协调。

3. 交通建设与管理并重策略

针对交通体系尚需完善的现状，继续加大交通基础设施投资力度，交通投资总额保持在 GDP 总量的 3%以上。交通投资逐步向公共交通倾斜，力争在较短时间内将轨道交通一期工程建成运营。在加大交通基础设施建设的同时，加强交通系统管理和需求管理，力争达到交通的供需平衡。

4. 促进和倡导“绿色交通”

在优先发展公共交通的基础上，在有条件的区域鼓励使用自行车，优化自行车和步行系统，创造有青岛特色的宜人交通环境；加强文明出行和健康出行的宣传和引导；严格执行机动车尾气排放标准，减少污染物总量，控制交通噪声。

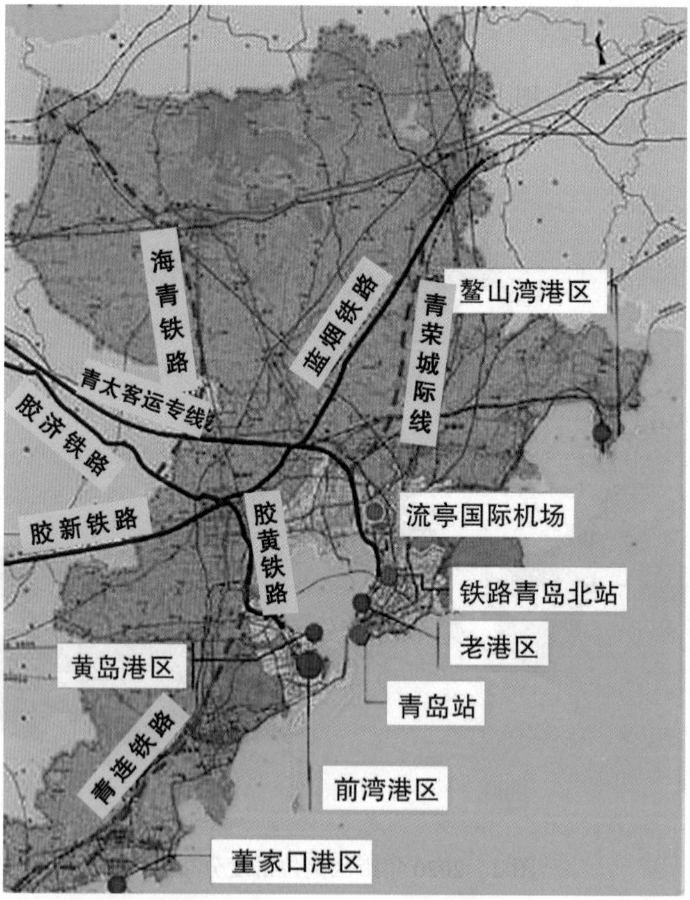

图 3　对外交通系统规划图

四、规划方案

（一）对外交通系统规划

大力发展对外交通设施，构建以港口为中心、海陆空一体化的对外交通体系（如图 3 所示），实现市域内一小时、与半岛都市群主要城市之间两小时、与省内主要城市之间三小时的通行目标。具体措施为：形成以胶州湾港口综合运输枢纽为核心，鳌山湾和董家口港区为两翼，地方小型港站、综合旅游港点为补充的多层次港口发展体系；打造国内重要的区域性枢纽机场和国际性机场；构筑由太青客运专线、胶济客专线、青荣城际铁路、青连铁路、胶济铁路、胶新铁路、胶黄铁路、蓝烟铁路等组成的铁路网络；形成以高速公路和一级公路为骨干，二级、三级、四级公路为补充，功能完善、层次分明的市域公路网络体系。

（二）道路网系统规划

规划远期道路网满足 2020 年高态势下日交通量 6000 万标准车公里的交通需求，高峰时段车速中心区不低于 20 公里 / 小时，外围区不低于 35 公里 / 小时的发展目标。顺应城市空间发展需要，构筑城市快速路系统（如图 4 所示）。青岛城区形成“四横三纵”的构架，其中“四横”为仙山路、青黄跨海大桥连接线（胶州湾高速公路—银川路）、辽阳路—鞍山路及其延长线、延安路—宁夏路—银川路；“三纵”为湾口隧道青岛端连接线—胶州湾高速公路城区段、山东路—重庆路、青银高速公路城区段。黄岛城区形成“四横两纵”的构架，其中，“四横”为青兰高速公路黄岛段、同三连络线、前湾港路、嘉陵江路—湾口隧道黄岛端连接线，“两纵”为昆仑山路及向北延长线（至青兰高速）、江山路（嘉陵江路以北段）。红岛城区形成“三横三纵”的构架，其中，“三横”为胶州湾高速公路湾底段、正阳路主干路、204 国道城区段，“三纵”为青威高速公路城区段、滨河路主干路、双元路快速路。青黄联系为“一桥一隧”，其中，“一桥”指北部青黄跨海大桥（红石崖—李村河口），“一隧”指南部湾口隧道（团岛—薛家岛）。

图 4　青岛市区道路网系统规划图

（三）公共交通系统规划

远期规划形成以轨道交通为骨干、地面常规公交为基础、出租车和海上交通等为补充的城市公共交通体系。截至 2020 年，公共交通出行比重提高到 35% 以上，完全确立公共交通在城市交通中的主导地位。市域轨道交通线网（如图 5、图 6 所示）由 4 条线构成，线网总长 287.9 公里；市区轨道交通线网由 8 条线构成，线网总长 231.5 公里。远期地面常规公交仍是城市客运交通的承担主体，至 2020 年承担 83% 左右的公共客运量。规划了 11 处对外换乘客运枢纽、4 处停车换乘枢纽和 16 处公交换乘枢纽，串联各种交通方式。

（四）物流系统规划

物流枢纽规划包括综合物流园区、区域物流中心和物流配送中心三个层面，总体布局为“三个园区，四个中心，若干配送中心”。其中，“三个园区”为前湾港综合物流园区、胶州湾国际物流园区、城阳综合物流园区，“四个中心”为空港物流中心、王台物流中心、胶南临港物流中心、红岛出口加工保税物流中心。

（五）停车系统规划

按照泊位资源化、投资多元化、管理法制化、经营市场化、技术智能化、成本内部化进程，缓解停车难问题。坚持以配建停车场建设为主、公共停车场建设为辅、路内停车为补充的原则，加强停车场建设，提高泊位配比率；结合居住地、办公地、商业区的不同停车特性，推进共享停车和错时停车，提高泊位使用效率；制定停车产业化发展政策，鼓励社会资金投入建设；规范停车场经营和管理，路内等公共停车资源采取特许经营的方式，有效增加财政收入，为停车场建设积累资金；推广应用机械式停车设备，节约用地。

（六）交通管理规划

目前小汽车交通呈现数量高增长、出行高频率、分布高聚集、使用低成本的特征。需要尽快研究车辆拥有和使用环节的需求控制措施，采取以经济杠杆为主、行政措施为补充的政策措施，有效控制道路交通量的快速增长，削减非居住地的停车需求。如：采取以静制动的方式，研究停车收费区域差别化机制，交通拥挤地区采取停车高收费、高峰时间实行高收费等；研究制定有效调控小汽车发展或使用的相关政策。

（七）近期建设规划

近期重点是加强大容量公共交通设施的建设，推进轨道交通 M3 和 M2 号线建设，引导交通方式结构的转变，提高公共交通服务水平。道路建设中，首先弥补快速路网和主干路网中存在的结构性缺陷，均衡流量分布，缓解交通拥堵。同时，要加快红岛高新区道路建设，推进拥湾战略实施，完善前湾港疏港集疏运通道建设。

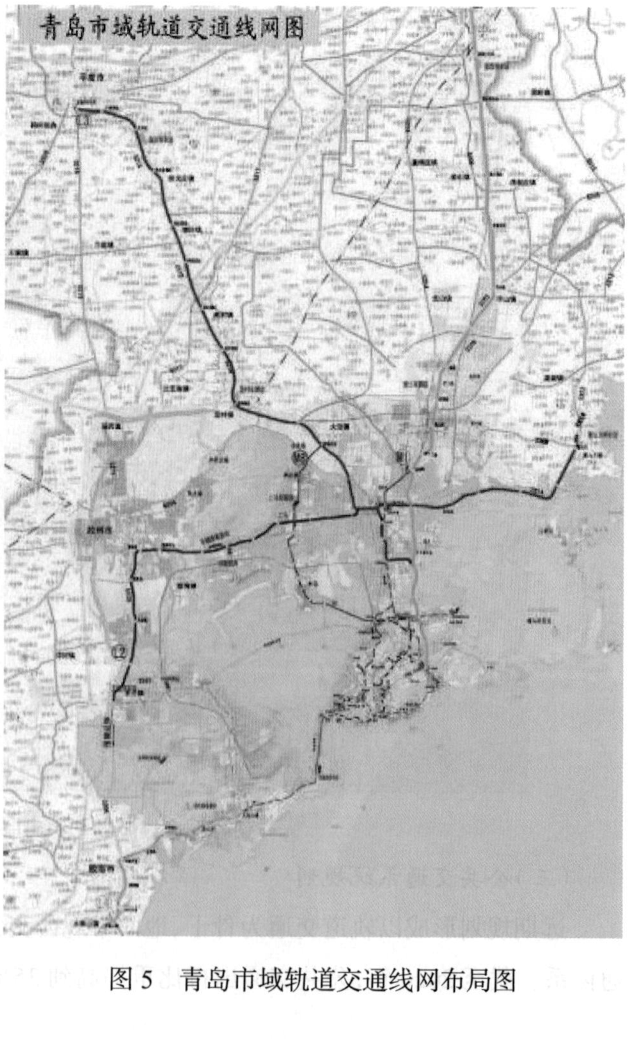

图 5　青岛市域轨道交通线网布局图

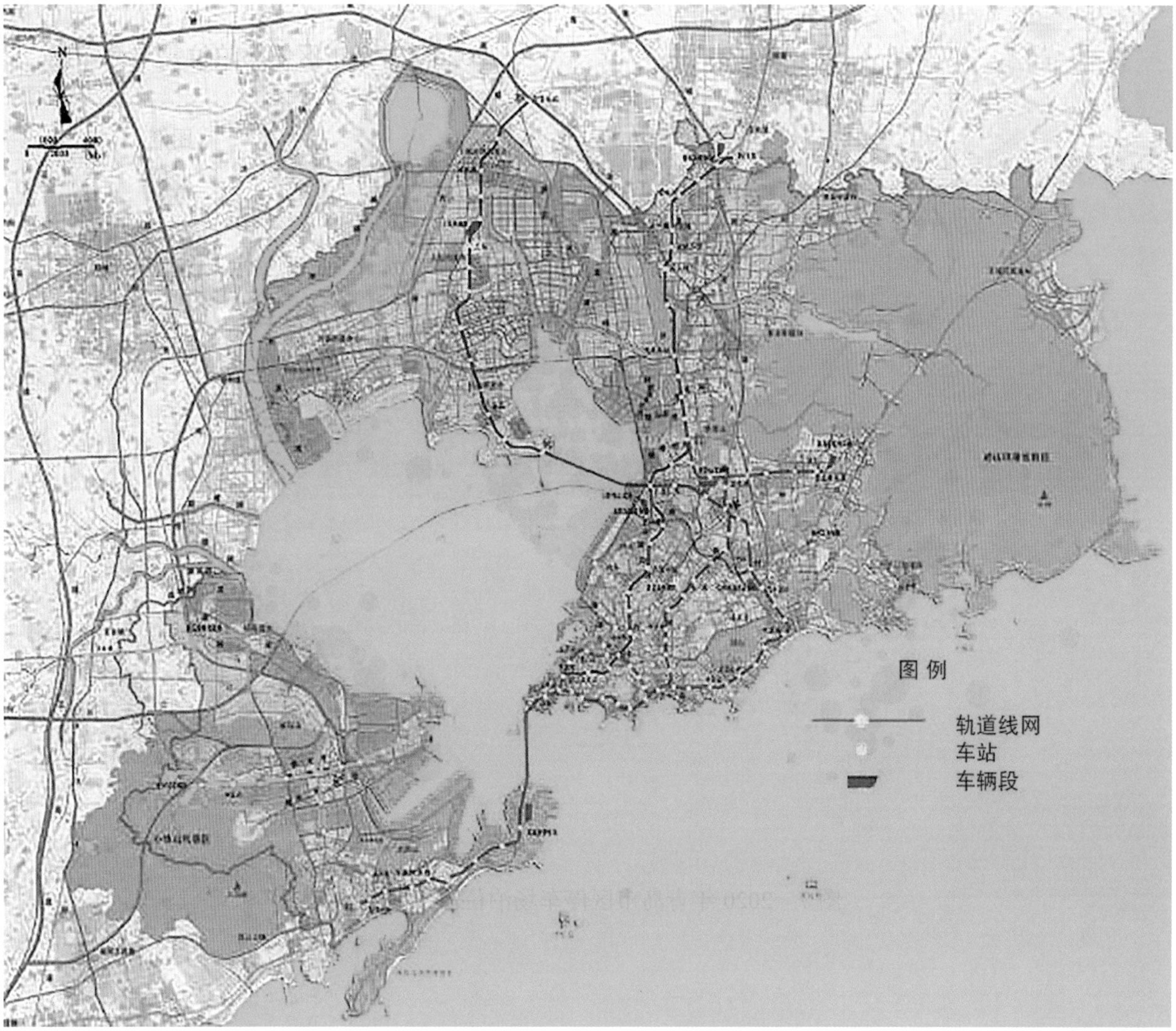

图 6　青岛中心城区轨道交通线网规划图

五、成果特色

第一，结合 TOD 的发展模式，建立与城市环湾交通发展相匹配的综合交通体系。通过环湾快速路网和快速公交网的规划和适度超前建设，促进城市新区发展和旧城改造。

第二，结合青岛实际，探索并建立一整套落实公共交通优先发展的政策、规划和管理措施。编制城市公共交通优先发展专题研究报告，为青岛市城市公共交通发展的系统评价提出解决办法。

第三，利用先进的交通规划预测分析技术，建立并完善城市交通与土地利用的定量分析模型。以城市控制性详细规划为基础，划分交通小区。根据土地使用性质和开发强度，测算交通发生吸引量，结合交通分配技术，建立交通与土地利用之间的互动分析模型（如图 7 所示）。

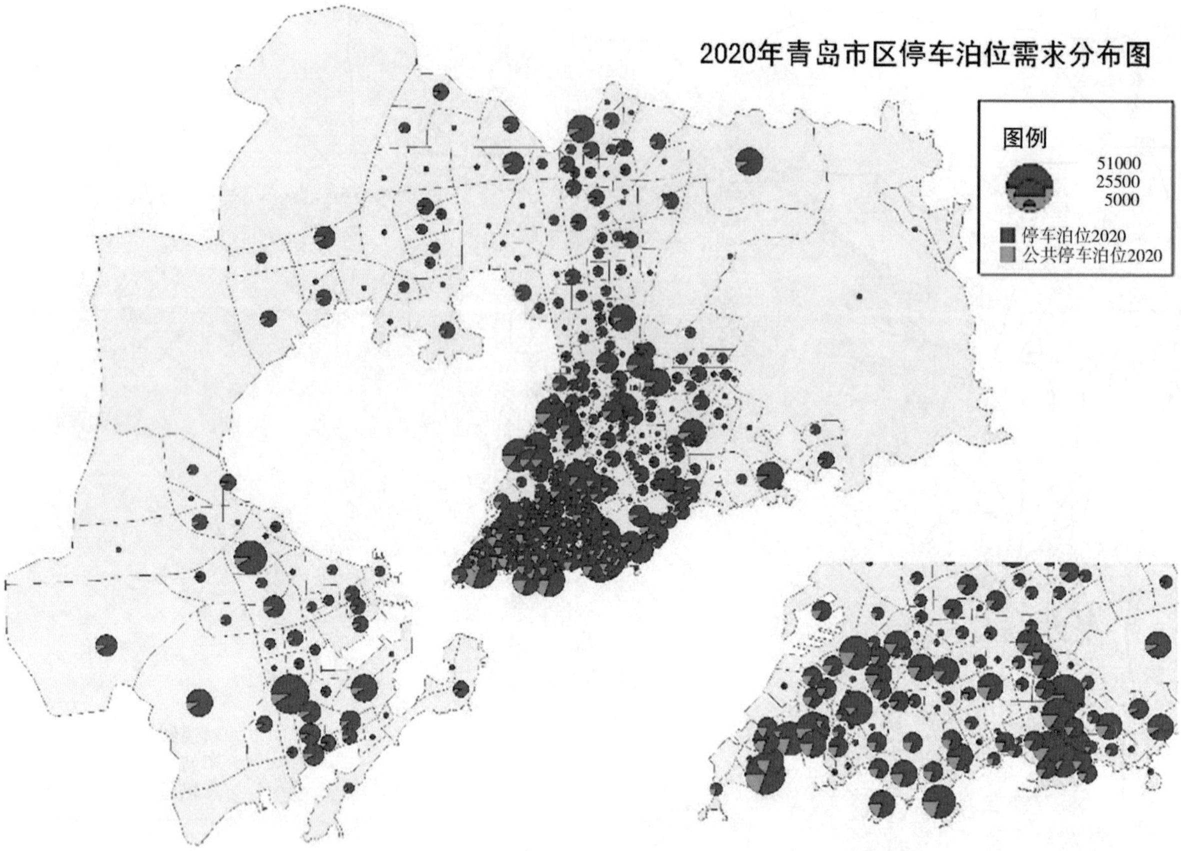

图 7　2020 年青岛市区停车场泊位需求分析图

第七编

市政规划

青岛市清洁能源供热专项规划(2014～2020年)

编制时间:2014年。

我院编制人员:陈吉升、刘建华、郑淑晶、王伟、初开艳、尹丽丽、方海恩、林晓红、李琳红、王丽娜、牛雨。

获奖情况:2015年,获山东省优秀城乡规划设计三等奖、青岛市优秀城市规划设计一等奖。

一、项目基本情况

当前,青岛市冬季供热主要依赖燃煤。根据《2013年青岛市环境状况公报》,市区共出现重度污染以上的天气23天,均出现在冬季采暖季节,首要污染物为PM2.5。青岛市空气颗粒物来源研究结果显示,PM2.5的来源中,各类燃煤排放占比达到40%,煤炭的大量使用是造成城市空气污染的重要原因之一。

2013年山东省和青岛市陆续颁布实施了《山东省大气污染防治规划(2013～2020年)》和《青岛市大气污染综合防治规划纲要(2013～2016年)》,要求扩大清洁能源使用规模,实现清洁能源供应和消费多元化。2013年9月,京津冀及周边地区大气污染防治工作会议召开,环保部与北京、山东等6个省市签订目标责任书,通过实施综合治理、强化污染物协同减排、调整产业结构等措施,经过五年努力,京津冀及周边地区空气质量明显好转,重污染天气大幅度减少。

在2014年6月中央财经领导小组第六次会议上,总书记习近平强调,必须推动能源生产和消费革命。新形势下我国的能源战略发展要求中明确提出要推动能源生产和消费革命,加强节能降耗,支持节能低碳产业和新能源、可再生能源发展。青岛市2014年大气污染防治重点工作专题会议要求推进清洁能源利用,组织编制清洁能源供热规划。

本次清洁能源供热专项规划按照“开源、节流、增效、减排”的发展理念和发展思路,在规划实施过程中充分挖掘大型热电联产和工业生产余热潜力,大力推进超洁净排放和洁净煤燃烧技术改造,大力推广海水源、污水源等可再生能源供热方式,有序推进天然气分布式能源、燃气空调、天然气调峰锅炉项目建设,因地制宜地发展土壤源、空气源、太阳能供热,着力提高清洁能源供热比重,稳步推进全市清洁能源供热事业的发展,逐步改善青岛市以煤炭为主的供热能源结构,建设以清洁能源供热为主的新型城市供热体系,建立智慧能源网,提高系统综合能效,降低煤炭消耗,减少大气污染。

二、主要规划内容

2014年3月初,正式启动清洁能源供热规划编制工作,规划范围为青岛市域,总面积11282平方公里,包括市内六区以及即墨、胶州、平度、莱西四市。经过多轮对接及两次规划方案专家咨询会后,6月

18 日组织召开专家评审会，评审专家一致通过该规划，同时认为青岛市率先编制清洁能源能供热专项规划，具有重要的示范意义和引领作用。6 月 30 日，青岛市城规委第八次会议审议通过；9 月 29 日，青岛市第 54 次市政府常务会议审议通过；12 月 10 日，青岛市政府批复该规划（批准文号青政字〔2014〕130 号）。

本次规划以城市供热现状为基础，在对青岛市现状清洁能源供热资源充分调查、深度挖潜以及对多个城市清洁能源供热经验进行实地调查学习的基础上，结合未来城市供热总负荷发展趋势和不同区域现状集中供热情况，确定了规划的发展思路和主要应用技术措施；根据相关规划及调查资料，对全市供热需求进行了预测；在对不同区域供热资源条件进行深入分析的基础上，针对建筑类型供热需求特点，因地制宜地进行热源规划，确定清洁能源供热区域以及初步供热方式，通过对投资、运行、能效等多重分析确定了最终供热方案（如图 1 所示）；同时，对近期建设项目进行了投资估算、运行费用分析，提出了相关实施保障措施。该规划对各部门和各区市进行相应清洁能源供热设施发展建设具有重要的指导意义。

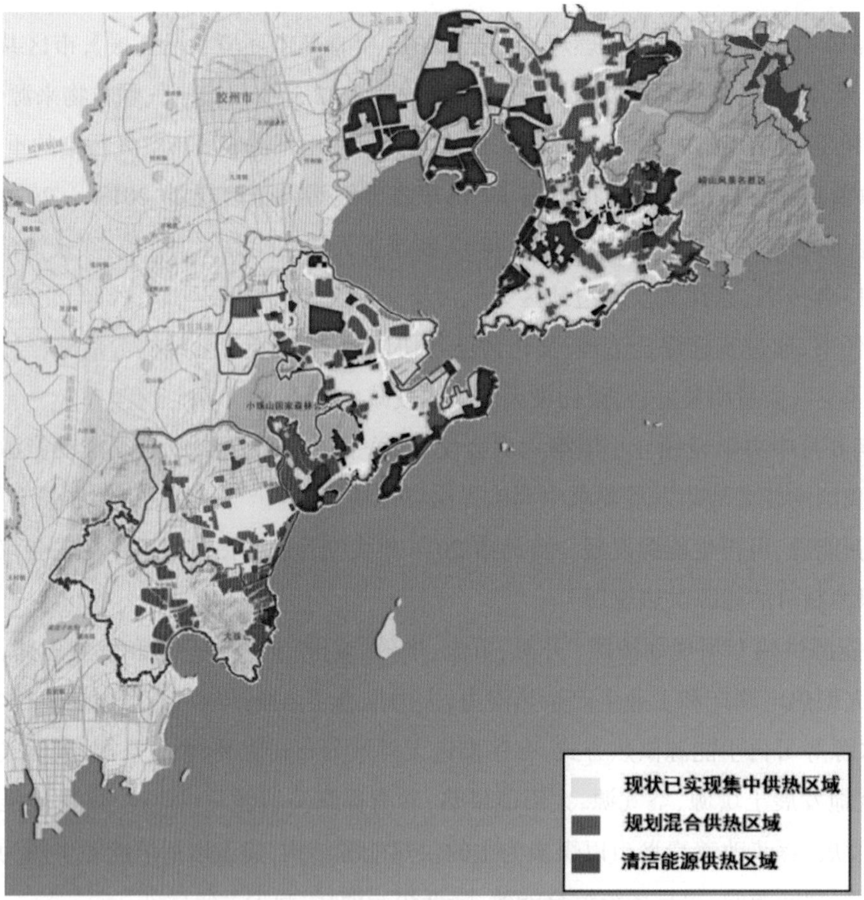

图 1　青岛市清洁能源供热总体布局方案

三、项目特色与创新

第一，该项目是在山东省内首次系统性进行各类清洁能源供热体系综合规划研究，研究成果填补了供热领域系统性研究清洁能源综合利用方面的空白，处于国内领先水平，对国内其他城市编制类似规划或进行相关研究具有重要的指导意义。

根据调研情况，目前国内其他城市发展清洁能源供热的相关研究或规划多为单一模式或几种模式，如土壤源热泵、天然气供热等，尚未系统性编制全域的清洁能源供热规划。该规划成果首次结合当地实际可利用的清洁能源供热资源进行系统性研究，具有创新性。与会评审专家、住建部和省住建厅相关代表一致认为，该成果在山东省内具有重要的示范意义和引领作用，处于国内领先水平，其编制方法、技术路线、编制经验值得推广，对于国内其他城市编制类似规划具有重要的指导意义。

第二，研究成果符合国家能源发展战略，有利于削减煤炭消耗总量、优化青岛市的供热能源结构、降低污染物的排放、改善冬季大气环境。

规划实施后，截至 2020 年，全市清洁能源供热面积达到 1.8 亿平方米，占总供热面积的 57.4%，可替代标煤 207 万吨。相比 2013 年，减少二氧化碳排放量 51 万吨、二氧化硫排放量 0.71 万吨、氮氧化物排放量 0.37 万吨、烟尘排放量 0.12 万吨，以上四者排放量分别下降 6.5%、81%、53%、77%，为青岛市大气污染防治做出积极、重要的贡献。

第三，论证科学，研究方法创新，可操作性强，借鉴国内其他城市的供热发展经验，结合青岛市的实际情况，提出切实可行的技术路线和相关措施。

本次研究通过考察分析研究北京市、天津市、太原市、乌鲁木齐及广州市的清洁能源供热及煤炭清洁利用的成功经验，在分析青岛市的资源条件后，提出适合青岛市气候特征及地域特征的清洁能源供热利用方式。采用“条、块”结合的方式进行研究，其中，按“条”进行研究，即结合不同清洁能源的资源特点进行系统研究，按专业提出利用方式；按“块”进行研究，即在系统研究的基础上根据各个区域的不同特点进行区域研究，因地制宜地提出适合区域的供热方式。

第四，将清洁能源规划与煤炭的清洁利用相结合。本研究成果详尽分析了青岛市现状大型热电联产机组及大型工业项目的余热资源潜力，在对现状燃煤热源进行煤炭清洁化利用改造且不增加用煤量的前提下，提出了要大力挖潜现状热电联产及工业余热的措施，具有较高的可操作性。

第五，对城市节能建筑提出改造和建设要求，对未改造的老旧建筑要尽快实施节能改造，对新建建筑要严格按照国家和山东省的相关标准进行建设，逐步降低建筑物末端采暖负荷，从而降低城市能源消耗。

第六，实施效果好，为青岛市国民经济和社会发展“十三五”规划提供了有力支撑。

该规划已通过青岛市政府批复，部分项目已组织实施，近期建设项目已经按照计划加以实施。

安顺市海绵城市专项规划(2016 ～ 2030 年)

编制时间:2016 年。

我院编制人员:王伟、李祥锋、梁春、管毅。

获奖情况:2017 年,获全国优秀城乡规划设计三等奖。

一、项目背景

2013 年 12 月 12 日,习近平总书记在《中央城镇化工作会议》的讲话中强调:“提升城市排水系统时要优先考虑把有限的雨水留下来,优先考虑更多利用自然力量排水,建设自然存积、自然渗透、自然净化的海绵城市。”根据《国务院办公厅关于推进海绵城市建设的指导意见》(国办发〔2015〕75 号)、《海绵城市专项规划编制暂行规定》(建规〔2016〕50 号)、《贵州省海绵城市建设技术导则(试行)》等相关政策,要求编制基于低影响开发理念的海绵城市(如图 1 所示)建设专项规划。

安顺市位于长江水系和乌江水系的分水岭,是世界上典型的喀斯特地貌集中区,属于高原型湿润亚热带季风气候,雨量充沛。目前,安顺市存在工程性缺水、地下水超采、河道岸线生态功能薄弱、水环境污染、主城区水体水质不达标等问题。为此,启动编制《安顺市海绵城市专项规划(2016 ～ 2030 年)》,从水安全、水资源、水环境、水生态等四个方面进行规划。提高城市排水防涝能力,加强城市水安全保障;加强污水的再生利用和雨水的资源化利用,缓解水资源供需矛盾;综合整治黑臭水体,加强城市面源污染、点源污染治理,减少对水环境的污染;修复河道自然生态功能,丰富滨水空间的景观局次。

图 1　海绵城市示意图

二、主要规划内容

（一）海绵生态空间格局构建

以保护山、水、林、田、湖等生态本底为前提，结合风景资源空间分布特征与城镇化发展的空间要求，构建“八区为底（生态基底），五廊通联（生态廊道），山城相嵌，景观通贯”的生态空间格局。

（二）海绵城市系统规划

1. 水生态规划

通过连通河道、新增湖面、河道改线等三项措施，打造五分钟见水的“黔中水乡”特色格局，净化水质，提升滨水环境。

2. 水环境规划

完善污水管网，加快污水处理厂建设，杜绝污水直接排放；通过构建“源头、末端”相结合的控制系统削减面源污染物，使城市面源污染控制率达到65%，减轻地表水环境的压力。

3. 水安全规划

完善涝水行泄通道，提高通道防洪、排涝标准并进行拓宽改造；完善雨水管道系统，改善道路积水局面，解决市区局部地区积水问题；优先利用城市湿地、公园、下沉式绿地和下凹式广场等，并将其作为临时雨水调蓄空间，设置雨水调蓄专用设施。

4. 水资源规划

雨水利用率达到8%，主要用于绿化、冲厕等；污水再生水利用率达到40%，主要用于景观水系补水、工业低质用水（冷却、冲洗）、市政杂用（绿地浇洒、冲厕）、农业灌溉等。

（三）海绵城市管控分区规划

重点针对主城区35个及平坝乐平组团14个海绵城市建设管控分区，从水生态、水环境、水安全以及水资源等方面逐个进行分区的建设指引，提出相应的强制性、引导性指标与措施。

三、项目特色与创新

第一，首个独特喀斯特地貌下的海绵城市规划，对其他类似城市海绵城市建设具有重要的借鉴意义。查阅相关资料之后发现，自2015年国家开始推行海绵城市建设以来，尚未有关于喀斯特地貌下如何进行海绵城市建设的相关案例。本次规划项目组成员历时两个多月现状调研，多次与当地水利、住建、环保、园林等相关部门对接，并实地考察。提出安顺市建设具有喀斯特山城特色的海绵城市，重点强化“滞、蓄、净、用”为主的低影响开发技术，重点解决安顺市由于喀斯特地貌等原因导致的地表水缺乏、工程型缺水严重等问题，促进人与自然和谐的目标。本项目可以作为类似城市海绵城市建设的参考。

第二，利用Arcgis、Infoworks ICM等软件建立专业数学模型，分析安顺市地形地貌、生态敏感性、海绵城市建设适宜性、城市内涝风险、雨水管网承载力等，为海绵城市设施配置规划提供科学依据。本次规划通过arcgis、infoworks ICM等软件建设数学模型，科学分析安顺市地形、地貌、生态敏感性、海绵城市建设适宜性、城市内涝风险、雨水管网承载力等，为海绵城市设施配置提供可靠的依据。

第三，重点保护修复各类生态要素，打造山、水、林、田、湖、城的生命共同体。安顺市是一个山、水、林、田、湖、城相互交融的一个城市，生态要素种类多样，河湖水系、农田、林地、草地等自然生态资源各类生态要素镶嵌于城市之内（如图2所示）。本次规划以保护修复各类生态要素为前提，进行海绵城市建设。

第四，精细规划，以更好地指导海绵城市建设。海绵城市规划在国内自2015年年底开始提出，到现在为止没有成熟的参考项目。为了更好地指导下一步海绵城市建设，把规划区划分为52个管控单元，根据单元建设特点确定不同的强制性指标及推荐性指标。对近期实施的海绵示范区进行详细规划，对海绵型小区、海绵型道路、海绵型公园、海绵型水系进行细化设计。绘制各类型海绵设施的大样图，提出各类型海绵设施的设计要点。

图2　生态岸线示意图

中心城区市政厂站设施用地整合与控制专项规划

编制时间:2017 年。

我院编制人员:陈吉升、梁春、刘建华、初开艳、郑淑晶、尹丽丽、孙伟锋、李琳红、刘明天。

获奖情况:2019 年,获青岛市优秀城乡规划设计一等奖。

一、项目背景

传统市政基础设施规划选址时仅根据相关规范选址需求,强化单一项目工程措施的可达性,各类市政设施用地之间联系松散,忽视了相互之间的协调与共享,造成市政用地不集约。为落实国家、山东省及青岛市关于市政基础设施发展的相关要求,保障未来城市发展需求,解决当前各市政设施规划建设存在的问题,特编制《中心城区市政厂站设施用地整合与控制专项规划》。本次规划秉承贯彻创新、协调、绿色、开放、共享的发展理念,对各类市政厂站用地进行系统性的研究论证,梳理、整合、优化调整各类市政厂站的布局及选址(如图 1、图 2 所示),实现市政基础设施用地的统筹协调与开放共享,缓解城市邻避效应,提高市政用地集约利用程度,构建安全、健康、高效、集约、韧性的市政用地布局,实现市政基础设施的"多规合一"与"一张蓝图"管理。

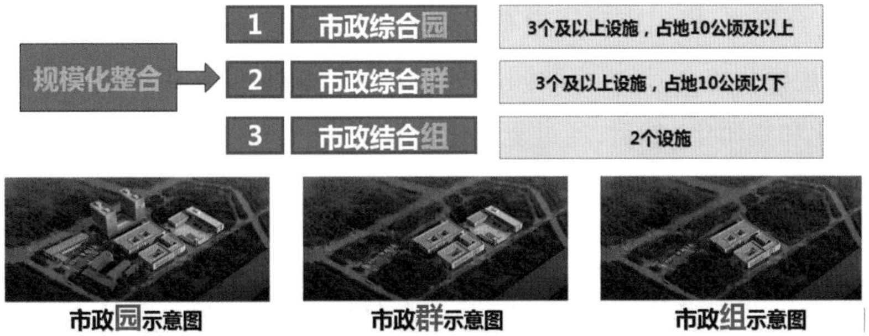

图 1　规模化整合示意图

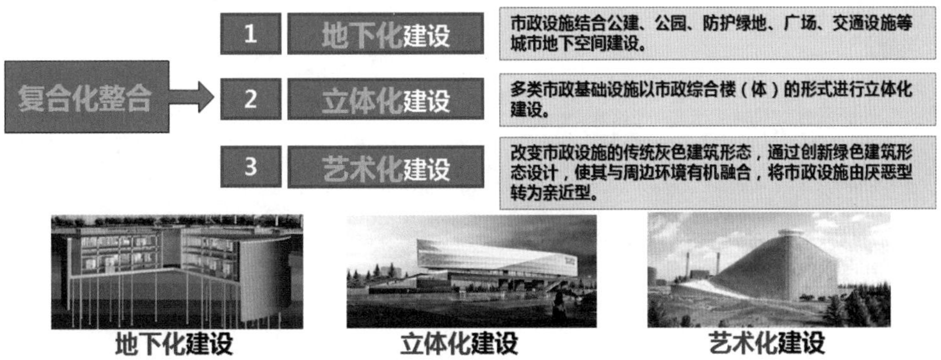

图 2　复合化整合示意图

二、主要规划内容

（一）用地控制规划

首先，对各市政专项规划进行系统梳理，落实市政设施用地；然后，根据控规数据平台、百度人口数据等进行远期需求预测，预留市政设施用地。本次规划共涉及 7 个专业、22 类市政厂站设施用地，均已在法定控规中落实。

（二）用地整合规划

1. 发展趋势

借鉴相近规划及国内外先进项目的规划建设经验，市政设施在规划编制方面有集约化、多元化的发展趋势，在建设形式上有地下化、立体式的发展趋势，在管理方式上有多方综合协调、统一管理的发展趋势。

2. 整合策略

（1）整合指引。根据现行国家规范、行业标准等在各类市政设施的卫生、安全防护距离等方面的要求，提出不同类型市政厂站之间整合的可行性指引以及各类市政设施与公园、广场、停车场等城市用地整合的可行性指引。

（2）整合模式。本次规划创新性地提出“规模化整合”与“复合化整合”两种整合模式。其中，规模化整合，即 2 个及以上的市政设施具备条件时可相互贴临建设，共享边界，形成市政设施组团，按照规模分为市政综合园、市政综合群、市政结合组；复合化整合，即采取地下式、立体化方式与其他市政设施或城市开发用地进行集约化建设，或采取建筑形态艺术化等非传统化的建设形式。

3. 整合方案

依据所确定的整合策略，提出市政用地布局整合优化方案，划定设施用地红线，形成市政设施“一张蓝图”。首先，通过规模化整合，形成市政园 8 处、市政群 20 处、市政组 49 处（如图 3 所示），实现市政设施的集约化、多元化和集团化；然后，通过复合化整合模式，实现 147 处市政设施的地下化、立体化、艺术化建设（如图 4 所示），进一步降低市政设施邻避效应。

图 3　110 kV 古岛站效果图

三、项目特色与创新

（一）规划成果具有创新性

该规划理念先进，具有创新性，为山东省首次系统性研究编制各类市政厂站用地整合与控制规划，处于国内领先水平。按照多规融合的理念实现了市政厂站用地“一张蓝图”管控，完善了青岛市市政基础设施规划编制体系。

根据调研情况，目前国内其他城市类似相关研究或规划多结合项目进行研究，尚未系统性编制全域的市政厂站用地整合与控制规划。该规划既结合了青岛市实际情况又具有前瞻性，打破了传统市政厂站用地规划模式，按照“绿色市政、集约利用、多规融合”的要求，通过整合、集成和管控新方式进行市政厂站用地布局调整，落实了各类市政厂站设施用地，提高了用地集约化利用程度，缓解了邻避效应，实现了市政用地“一张蓝图”管理。

（二）研究理念具有创新性

按照统筹协调、资源共享和集约利用的原则，从区域统筹的角度重新审视和布局市政基础设施，通过综合分析不同市政设施的防护距离（安全防护距离、卫生防护距离和环境防护距离）和用地规模要求，统筹刚性控制和弹性要求，创新性地提出了规模化整合和复合化整合两种整合模式，并制定了具备条件的各类市政厂站用地之间及与其他城市用地的整合指引及切实可行的技术路线和相关措施，以精细化管理和服务引导并支撑城市未来发展。

（三）研究深度达到控制性详细规划层面，落地性强

本次规划研究深度达到控制性详细规划层面，规划成果已与青岛市已编及在编的控制性详细规划进行了衔接，规划中控制的近千处市政厂站设施用地及提出的整合优化方案均落实在控规中。

图 4　李村河中游水质净化厂地下化效果图

青岛市海水淡化专项规划(2017～2030年)

编制时间:2017～2018年。

我院编制人员:方海恩、陈吉升、王钦、王丽娜、刘建华、孙伟锋、姜军伟、于函平、宋宜嘉。

获奖情况:2019年,获青岛市优秀城乡规划设计二等奖。

一、项目基本情况

(一)规划背景

我国海水淡化产业已初具规模,国家战略推动海水淡化产业全面发展。“十二五”期间,我国海水淡化产能年均增长约10%。截至2015年年底,全国海水淡化工程总规模达到100.88万吨/日。2016年12月,国家发展改革委和国家海洋局共同印发《全国海水利用“十三五”规划》,提出在沿海缺水城市、海岛、产业园区和苦咸水地区等重点领域和电力、钢铁、石化等重点行业大力推进海水利用的规模化应用,“十三五”末期全国海水淡化总规模达到220万吨/日以上。

青岛市海水淡化产业发展走在全国前列。截至2016年底,已建成的海水淡化装备总规模达到21.9万吨/日,但受限于现行水源管理体制,海水淡化水缺乏进入水厂及市政管网的配套管网,海水淡化产能利用率低。青岛市现状海水淡化大部分应用于工业领域,市政用水极少,与国外海水淡化应用水平(市政供水占比60%,工业电力占比约31%)差距明显。

青岛市是严重缺水城市,当地淡水资源严重不足,缺乏应急备用水源。2015～2017年连续干旱年份,青岛市城市用水95%以上依靠引黄引江客水,供水安全面临严峻挑战。青岛市政府第128次、129次常务会议提出,尽快研究海水淡化工程的布局与具体实施方案(如图1所示),以提高城市供水安全保障能力。青岛市地处黄海之滨,海岸线长730公里,海域无冰冻现象,海水水质优良,具有发展海水淡化的自然优势条件。另外,青岛现有水厂原水水质较差且不稳定,将淡化海水矿化后与自来水掺混,可以有效地降低自来水中部分离子含量,提升出水水质。

水资源短缺已成为青岛市实现可持续发展宏伟目标的重要制约,大力发展海水淡化是青岛市增加供水储备、提高水资源安全保障的重要战略选择。

(二)项目构思

1. 准确定位

从保证城市运行安全和社会经济发展的战略高度定位海水淡化,确立海水淡化水为青岛市稳定水源及战略保障地位,提升全市供水安全保障能力。

2. 全域平衡

根据青岛市水源供需平衡分析,优化配置各区域的新鲜水、海水淡化水和再生水等水源,确定各区域海水淡化水需求量。

3. 多元利用

扩大海水淡化应用领域和范围，推动海水淡化水用于市政用水，优化用水结构。

4. 统筹布局

结合城市规划、海域取水条件、海域生态环境和给水设施现状，因地制宜，科学布局海水淡化设施和输配系统。

5. 节能生态

优先考虑结合电厂进行电、热、水联产，降低海水淡化成本，充分考虑海水淡化取水、排水对海洋生态的影响。

6. 政策保障

完善海水淡化在财政、价格、投资等方面的相关政策，加大支持力度。

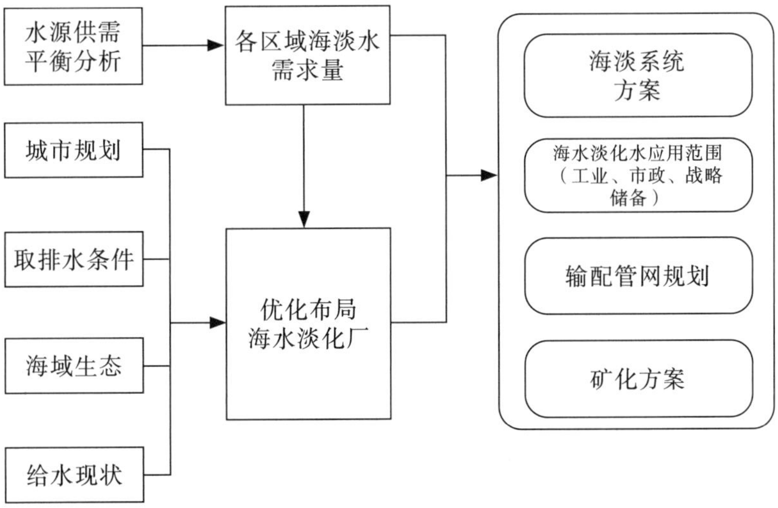

图 1 海水淡化专项规划技术路线图

二、主要规划内容

（一）合理预测海水淡化需求

结合青岛市水资源规划、各区相关规划，优化配置水资源，预测 2020 年全市海水淡化需求量为 41 万吨 / 日，规划预留 11 万吨 / 日的战略储备水量，总规模达到 52 万吨 / 日。预测 2030 年全市海水淡化需求量为 80 万吨 / 日，战略备用预留规模 11 万吨 / 日，总规模达到 91 万吨 / 日。

（二）确定海水淡化应用范围

通过对国内外海水淡化项目的研究分析，遵循积极开发与合理利用相结合的原则，确定青岛市海水淡化水的三大应用范围：

一是作为工业用水直供企业，重点推行发电、热电、化工、钢铁等行业以及海水淡化厂周边企业单位使用海水淡化水替代自来水。规划 2030 年海水淡化厂向周边企业及工业区供工业用水 40.2 万吨 / 日。

二是作为市政供水的补充和水质提升的重要水源，规划2030年海水淡化用于市政用水40.3万吨/日。三是作为城市战略储备用水，规划2030年海水淡化储备规模达到11万吨/日，规划所有海水淡化厂预留矿化工艺建设条件。

（三）科学布局海水淡化设施

根据需求和实际条件合理选择地点、工艺路线和应用方式。一是根据供需平衡分析合理确定海水淡化厂的产能目标。二是结合各区域城市总体规划和控制性详细规划、海洋功能区划、海域取排水条件、海域生态环境和现状给水设施，科学确定海水淡化厂的选址。三是优先考虑水电联产，大型钢铁、热电、化工等项目在生产同时可为海水淡化提供低价电、余热等，从而降低海水淡化生产成本。

规划在市内六区、蓝色硅谷核心区新建或扩建海水淡化厂，在平度新河镇新建苦咸水淡化厂。根据海岛用水需求，规划在灵山岛等离岸岛屿上建设规模不等的海水淡化设施。

（四）优化规划海水淡化输配管网系统

落实管网先行，优化布局海水淡化水输配系统。针对工业区和工业用水大户，科学规划工业用水管网和专输管线；针对与给水厂掺混矿化的方式，合理规划海水淡化水输配路由和水厂扩建规模；针对直接矿化方式，以工程经济性和管网水质稳定性为目标，合理确定矿化海水淡化水与市政供水管网的接入位置和方式，并通过水力模拟，优化输配管网系统。规划至2030年全市建设海水淡化水输配管网约145公里。

（五）矿化及水质提升措施

如图2所示，结合各功能区用水需求、海水淡化厂与自来水厂的位置和产水规模等条件，因地制宜地选择矿化方法，对淡化海水进行后矿化处理，以朗格利尔饱和指数（LSI）等指标作为水质化学稳定性指标，通过调节pH值、提高矿物质和碱度含量，使其水质稳定，并符合生活饮用水标准。

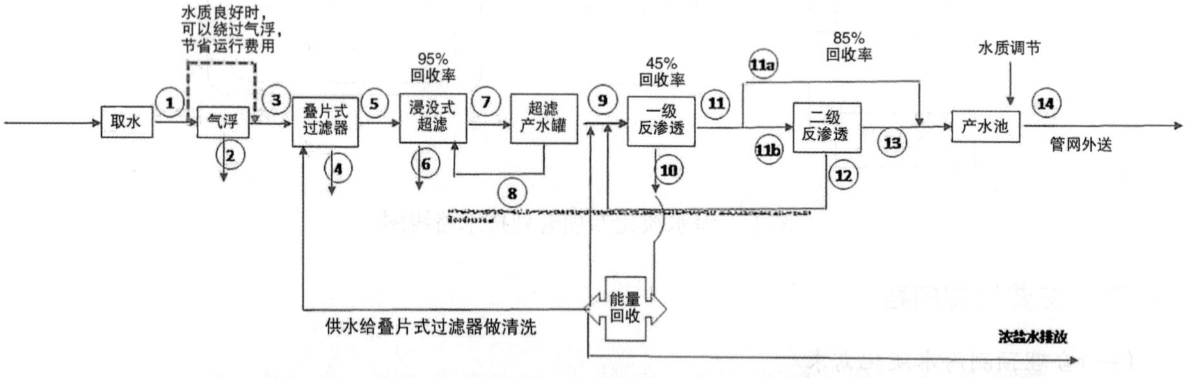

节点	1	2	3	4	5	6	7	8	9	10	11	11a	11b	12	13	14	
名称	取水	气浮废水	气浮产水	叠片式过滤器废水	叠片式过滤器产水	超滤废水	超滤产水	超滤反洗	反渗透进水	一级反渗透浓水	一级反渗透总产水	一级反渗透产水进产水池	二级反渗透进水	二级反渗透浓水	二级反渗透产水	外送水	外送水吨/天
流量, m3/hr	2,346	47	2,299	11	2,287	114	2,173	217	1,956	1,076	880	704	176	26	150	854	20,486
流量, m3/d	56,295	1,126	55,169	276	54,893	2,745	52,148	5,215	46,933	25,813	21,120	16,896	4,224	634	3,590	20,486	
回收率							95%		90%		45%				85%		

图2 海水淡化流程工艺图

三、项目特色与创新

第一，该规划为国内率先编制的海水淡化系统专项规划，符合国家海水淡化发展战略和山东省建设海洋强省的“十大行动”指南精神，可有效指导青岛市海水淡化事业发展，对解决我国沿海缺水城市的水资源危机具有重要借鉴意义，同时对国内沿海城市编制水资源与水系统相关规划具有重要指导意义。

规划从水源配置、设施布局、输配管网系统建设、矿化措施以及政策保障等方面进行全面系统的规划，注重规划的可实施性。中共山东省委、省政府在助力山东海洋强省建设“十大行动”中提出，将海水淡化水纳入沿海地区水资源统一配置体系，到2022年全省海水淡化能力达到100万吨/日以上，本规划的实施将为山东海洋强省的建设提供重要支撑。

第二，该规划确立海水淡化水为青岛市稳定水源及战略保障地位，缓解了青岛市水源短缺局面，提升了青岛市供水安全保障能力，为青岛实现可持续发展提供有力支撑。

规划至2020年全市海水淡化产能达到52万吨/日，至2030年全市海水淡化产能达到91万吨/日。通过规划，提升城市供水安全保障能力，有效节约常规淡水资源，青岛市海水淡化产能占城市供水水源的比重得到显著提高，2030年海水淡化产能占城市供水水源比重由2016年的12%提高至27%。

海水淡化储备规模达到11万吨/日，规划全市所有海水淡化厂预留矿化工艺。海水淡化水全部矿化后，按人均生活日用水量100 L/人·d计算，2020～2030年在极端条件下可满足520万～910万人口的生活用水量，充分发挥战略水源的保障作用。

第三，在全国率先推动海水淡化水用于市政用水，促进海水淡化多元化利用。因地制宜，采用矿化措施，提升城市供水水质。

推进海水淡化点对点直供重点工业企业，全面推行海水淡化矿化工程（如图3、图4所示），将海水淡化水作为市政新增供水重要来源，优化青岛市水源结构。规划至2030年，海水淡化用于工业用水占比约44%，用于市政用水占比约44%，战略储备用水占比约12%。

因地制宜，结合各功能区用水需求、海水淡化厂与自来水厂的位置和产水规模等条件，将海水淡化水在水厂清水池内与自来水掺混，既降低了水厂深度处理成本，又提升了城市供水水质。

第四，通过水、电、热联产共建等方式，发展海水淡化循环经济，打造共生产业链，降低海水淡化成本，促进海水淡化产业的可持续发展。

第五，注重可实施性，规划海水淡化设施的用地在总体规划和控制性详细规划中均已落实。

结合青岛相关区市总体规划和控制性详细规划的编制，本次规划中所有海水淡化厂的用地均已落实，为海水淡化工程的实施奠定了基础。

图3 海水淡化厂效果图

图4 海水淡化厂车间

青岛市环湾区域重大市政设施近期建设规划专题研究

编制时间:2008～2009年。

我院编制人员:刘建华、孟广明、王伟、陈吉升、林晓红、初开艳、尹丽丽、管毅、邱淑霞、韩丛刚。

获奖情况:2010年,获全国优秀工程咨询成果二等奖、青岛市优秀工程咨询成果一等奖。

一、项目基本情况

《青岛市环湾区域重大市政设施近期建设规划专题研究》报告依据《青岛市城市总体规划(2006～2020年)》确定的城市发展目标,以青岛市环胶州湾区域为研究对象,以青岛市提出的“环湾保护、拥湾发展”相关规划和政策为依据,针对重大基础设施的实施进行策略性研究。该报告在对环湾区域水资源、能源、环境、防洪排涝等工程现状分析评价的基础上,结合环湾区域城市的近期建设需求,按专业和片区研究市政设施近期项目、建设时序及促进项目实施的措施,同时分别建立了重大市政基础设施项目库,作为重大市政设施实施计划安排的参考性文件。该研究对于各专业部门和各区市进行相应设施建设具有重要的指导意义。

本研究主要针对环湾核心圈层8个片区进行研究,总面积约为500平方公里;研究期限为2009～2013年,基准年为2008年。

报告编制周期为10个月,其间赴上海、北京等城市进行了考察学习,并与青岛市各市政专业部门及相关单位进行了多次汇报、沟通,广泛征求意见。2009年8月12日,召开专家评审会,聘请北京、上海及青岛市本地的有关专家对本研究报告进行了评审,受到专家的高度评价;会后,根据相关评审意见,对成果进行了深化和调整,形成正式研究成果。

本研究报告提出的近期建设项目需政府投资约150亿元。

二、主要规划内容

本规划围绕实施“环湾保护、拥湾发展”战略,通过对近年来城市市政设施实施情况的总结与评价,结合环湾区域相关规划,提出近期该区域重大市政基础设施的建设需求。针对重大市政基础设施的建设需求,结合建设区域、时序,建立以供水、排水、能源、防灾、环境等为主要内容的项目库系统。同时,本规划将环湾核心圈层内的市南西部地区、市北老港区、四方李沧西部、红岛北部新城区、胶州少海新城、黄岛东北部等区域作为重点研究片区,通过对片区进行功能定位及市政设施需求进行分析,列出片区内近期建设项目及建设时序。

本规划涉及的专项设施主要是给水、排水、电力、燃气、供热、防洪防风暴潮和环卫、综合管沟8个方面内容。

（一）总体目标

发挥环湾区位优势，综合考虑社会经济发展、城市土地利用、城市发展方向等多方面因素，全方位完善环湾区域社会经济发展所必需的市政基础设施，建立一个与青岛市建设国际性城市进程相适应的、符合环湾区域可持续发展需求的、低耗高效的城市市政基础设施综合体系。

（二）分解目标

1. 通过开源、节流、治污相结合，优化水资源配置，提高水资源利用效率和效益；统筹协调环湾区域各片区生产生活用水需求，提出水厂、泵站和管网建设计划。

2. 提出污水厂、泵站和管网的建设计划，提高污水收集率和排放标准；提高污水排放标准，加强再生水利用，源头控制和末端治理并重，削减区域污染物排放总量，有效改善胶州湾及沿岸地区环境质量。

3. 加强供电、供热、燃气的规划建设，促进节能减排；加强新能源开发利用，实现区域能源结构升级，构建布局合理、供应稳定、利用高效的能源结构体系。

4. 加强水环境综合整治和生态岸线建设，将河道的治理、堤岸的修筑同景观旅游、岸滩改造相结合，构建以天然河道和防潮堤坝为主体、工程措施与非工程措施相结合的防洪防风暴潮体系。

三、项目特色与创新

研究报告在对环湾地区市政基础设施现状进行分析评价的基础上，提出市政设施近远期发展目标和有关指标体系。结合市政设施的相关规划，提出环湾地区市政基础设施的 4 条实施战略和 8 条实施策略。同时，对市政各专业和重点研究片区的市政设施近期建设项目、建设时序进行深入的研究。该咨询成果的突出特点是：创新点多，可操作性强，实施效果显著。

（一）基于统筹发展原则，对环胶州湾区域的市政设施近期建设进行专题研究，属国内领先

本研究以胶州湾生态保护为核心，以统筹环胶州湾区域和各城市组团之间的市政基础设施发展为根本目的，促进胶州湾区域各城市组团间的联系协作，科学引导城市空间拓展，推动区域基础设施网络化与城市空间一体化发展。本研究从区域大空间尺度和全局平衡发展的高度，针对市政设施存在的问题和对未来需求的全面把握，进行重大市政设施发展策略研究，优化空间布局并合理安排建设时序，避免“一拥而上，重复投资”的情况发生，有效提高社会资金利用效率和基础设施投资收益。该研究成果填补了国内在市政设施发展研究方面的空白，处于国内领先水平。

（二）以科学发展观为统领，积极落实“在保护中发展，在发展中保护”的要求

“在保护中发展，在发展中保护”，是贯彻落实科学发展观的具体体现。该研究基于基础设施先行、综合配套的理念，优先发展对环湾保护具有重要作用的城市污水处理、再生资源利用及对关系城市安全的防洪、排涝、防风暴潮等市政设施。提出环湾地区污水处理厂的处理等级，污水排放标准。同时，根据产业、用地、人口发展情况，加强水、电、气、热、地下管网等配套设施建设，合理安排建设时序和重点，渐进发展。

（三）通过环湾区域水资源、能源、废物综合利用等研究，对区域新能源利用及循环经济产业发展提出发展策略

为落实国家环境保护、节能减排的相关政策，本报告对环湾区域的再生水资源和新能源、可再生能

源等方面的综合利用进行研究，以改善环湾区域对于淡水资源及矿产资源的依赖现状。同时，对区域内建设循环经济产业园提出发展策略，以减少环湾区域废物排放量及资源浪费。对打造环湾区域低碳经济城区建设具有强有力的支撑作用。

（四）研究方法创新，并提出了具有针对性的实施策略

本次研究过程中利用 PEST 分析方法分析了环湾区域重大市政基础设施建设机遇，并提出了环湾区域重大市政基础设施的发展目标、实施策略，首次采用“条、块”结合的方式进行研究并提出项目库。

（五）论证科学，可操作性强

在研究过程中多次与青岛市相关区市政府及市政、环保、规划、城市建设、管理等多个专业的部门和专家进行了深入研究讨论，统筹考虑市政设施的规划、建设、管理、投融资等诸多要素，并咨询了北京、上海和青岛等多名专家的意见。这些工作有效地提高了本研究的科学性和可实施性，有利于各部门各区市有针对性地建设各项目。

（六）实施效果好，对青岛市“十二五”规划提供了有力支撑

研究报告中的多项成果被政府和有关单位采纳，大部分项目已经按照计划加以实施，效果比较理想。本研究启动于青岛市实施“环湾保护、拥湾发展”战略后不久，研究的针对性较强，特别研究提出了促进环湾区域重大基础设施发展战略和实施策略，并对近期建设项目和建设时序进行了深入的研究，为青岛市各市政专业公司及主管部门的近期发展规划和青岛市“十二五”规划提供了重要的素材。研究报告中提出的近期发展目标、指标体系、建设项目和项目建设时序成为青岛市“十二五”规划重要参考依据，也成为各专业公司近期建设的重要建设依据。

青岛市天然气储气调峰设施建设专项规划(2018～2020年)

编制时间:2018年。

我院编制人员:王钦、王伟、林晓红、尹丽丽、郑淑晶、姜军伟、李祥锋、王丽娜、李琳红、孙伟锋、于函平、王建伟、李雪华、刘为宗。

合作单位:青岛市燃气发展中心。

获奖情况:2020年,获青岛市优秀城乡规划及建筑设计二等奖。

一、主要规划内容

针对青岛市天然气储气调峰、应急保障的现状特点和存在问题,规划按照“全域统筹、多规合一、组织有序、安全高效”的发展理念和思路布局天然气储气调峰设施,推进全市天然气调峰应急体系建设。

(一)现状剖析

以城市用气现状为基础,在对现状储气调峰设施情况进行通盘摸底、对月日时用气变化情况进行逐一分析的基础上,总结现状存在的问题并结合城市储气调峰发展趋势,制定规划的主要技术路线。

(二)储气调峰规模预测

采用人均综合用气量指标法和成长曲线模型法等不同方法对青岛市天然气需求量进行预测;针对不同用户的用气变化规律分类计算季节、日、时的储气调峰需求;落实《关于加快天然气储气调峰设施建设的通知》的相关政策要求,分年度制定应急储气标准。

(三)储气调峰方式的分析与选择

通过对不同储气调峰方式进行比较,从供气适用性、可靠性和安全性角度进行综合评估,选择建设集调峰和应急储备功能于一体的综合型储气设施。综合考虑地质条件、运行成本、调度方式等因素,选择LNG作为青岛市储气调峰的主要方式。结合港口规划,提出远期利用董家口LNG接收站建设市级应急储备气源,在满足应急储备气源要求的基础上留有一定的弹性空间。

(四)储气调峰设施布局规划

根据需求和实际条件科学布局储气调峰设施(如图1所示)。综合考虑不同区域的储气调峰需求、天然气输配管网条件,结合城市总体规划,进行市域范围内储气调峰设施的布局。

(五)设施选址安全性论证

依据《建筑设计防火规范》《城镇燃气设计规范》等规范要求,从安全间距、消防、环境保护等方面对储气调峰设施提出管控要求。

(六)储气调峰设施政策建议

分阶段对建设项目进行投资估算,针对储气调峰设施在今后的建设、管理、补贴、技术等方面提出科学的政策建议。

二、项目特色与创新

第一，本规划是山东省内首个编制并批准发布的城市储气调峰设施专项规划。该规划不同于以往城市燃气专项规划中的附属内容，其覆盖面更广、内容更全面、设施建设更具体。该成果填补了山东省储气调峰设施建设规划的空白，对省内其他城市编制类似规划或进行相关研究具有重要的借鉴意义。

第二，本规划充分贯彻国家能源发展战略，在紧贴国家、省市指导方针的基础上，因地制宜地合理选择储气调峰方式，从保障城市能源安全的战略高度，为青岛市天然气应急储备气源建设制定了科学的发展路径。针对不同发展阶段所面临的不同需求，合理地安排设施建设时序，为保障青岛市天然气供应安全做出积极、重要的贡献。

图 1　青岛市天然气储气调峰设施

第三，规划在有限的时间内对青岛市储气现状进行通盘摸底，在详细分析青岛市资源条件基础上，提出符合青岛市城市特点的调峰应急方案。采用不均匀系数法逐月、逐时计算调峰气量，根据不同用户用气保障率逐年计算应急需求量，研究方法可参考性强，值得推广。规划末期形成市、区两级应急体系，保障能力实现七天日均气量水平，达到全局统筹、分区保障的良好效果，极大提高了城市天然气供应可靠度。

第四，打破传统城市基础设施规划的惯性思维，充分考虑设施的敏感性和落地性，将“有效”“适用”

的发展理念贯穿始终。规划阶段充分考虑储气设施的安全间距和邻避效应，合理选择具体站位，结合相关区市总体规划和控制性详细规划的编制，落实规划用地，为项目的建设实施奠定了良好的基础。

第五，规划实施效果好，为规划期青岛市储气调峰设施建设提供行动指南；规划指导能力强，为青岛市“十三五”期间城市发展和燃气行业建设提供了强有力的支撑、为相关规划的编制提供了参考依据。

青岛西海岸新区海绵城市详细规划(2020 ～ 2035 年)

编制时间:2019 年。

我院编制人员:李祥锋、陈吉升、梁春、初开艳、孙伟峰、宋宜嘉。

合作单位:中国市政工程华北设计研究总院有限公司。

获奖情况:2020 年,获全国优秀城乡规划设计一等奖。

一、项目背景

青岛市是海绵城市试点城市,近年来在有序推进海绵城市建设试点、有效防治城市内涝、保障城市生态安全等方面取得了积极成效。2017 年 4 月,为落实全面推进海绵城市建设目标,青岛市人民政府与各区(市)人民政府、功能区管委签订目标责任书,明确要求编制海绵城市详细规划。2018 年 5 月,海绵城市建设纳入青岛市综合考核体系,将海绵城市详细规划编制列为考核的重点内容。

为进一步加快推进西海岸新区海绵城市建设,细化明确地块海绵建设指标,增强规划的实施性和落地性,根据《青岛市海绵城市详细规划编制大纲(试行)》等相关政策要求,编制《青岛西海岸新区海绵城市详细规划(2020 ～ 2035 年)》,规划深度与控制性详细规划编制深度相匹配。本次规划坚持以海绵城市建设理念(如图 1 所示)引领西海岸新区城市发展,促进生态保护和经济社会发展,以生态、安全、活力的海绵建设塑造西海岸新区城市新形象,实现“水生态良好、水安全保障、水环境改善、水景观优美”的发展战略,建设海滨山水城市特色的海绵城市。

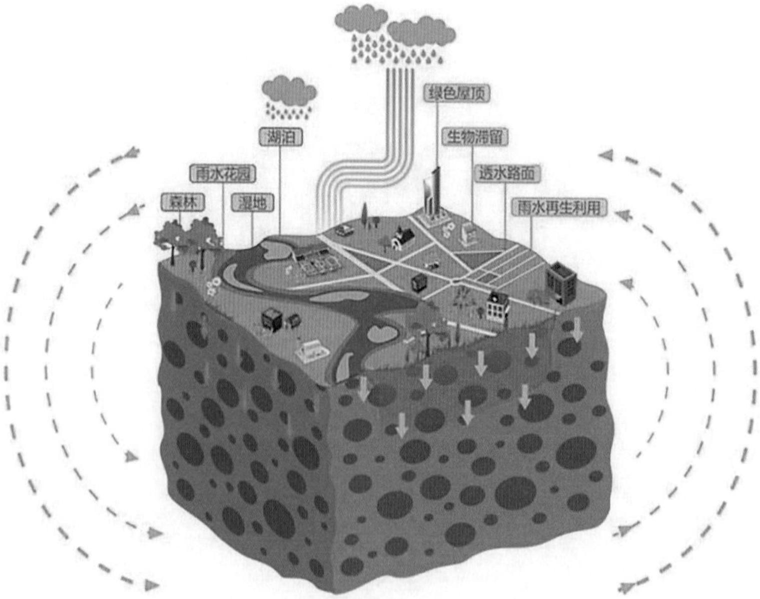

图 1　海绵城市理念示意图

二、主要规划内容

按照《海绵城市建设技术指南》《青岛市海绵城市详细规划编制大纲(试行)》等相关要求,本规划主要分为 8 个部分内容:

(一)现状调查

对西海岸新区城市基本情况、自然地理、气象条件、降雨特征、地形地貌、水文地质、用地情况、河湖水库、排水系统、防洪排涝设施等进行详细调研分析。

(二)问题分析

对西海岸新区的水生态、水环境、水安全和水资源等问题进行梳理分析,找出存在的主要问题并剖析原因。

(三)目标指标

提出西海岸新区详细规划的目标和指标体系;通过水生态、水环境、水安全和水资源各项子目标的分解,最终实现西海岸新区各项海绵城市建设要求。

(四)水生态格局构建

对西海岸新区自然生态本底海绵要素进行识别,开展水生态敏感性分析,划分重要的生态廊道和生态节点,构建“山水林田湖”一体的生态安全格局。

(五)水系统规划方案

根据目标和指标要求,制定水生态、水环境、水安全和水生态的系统性规划方案,确保海绵城市建设目标得以实现。

(六)落实管控指标

结合流域划分、汇水分区、排水分区和城市管理等因素,划定海绵城市管控分区及单元。对划分的 70 个管控分区,根据各个管控分区的空间建设条件、规划用地布局等特点,将水生态、水安全、水环境、水资源等 4 个方面的海绵城市建设指标分解落实到各个管控单元,列出建设指引表。结合地块类控制单元的用地状态以及建筑密度、绿地率和铺装率等用地控制指标,对透水铺装、生物滞留设施、其他调蓄容积等海绵设施进行规划布局,确定 17875 个地块的海绵城市建设指标。

(七)近期建设规划

确定董家口、古镇口等 19 个区域为近期建设区,满足 35% 以上的范围。

(八)制定保障体系

提出指标落地和项目实施完成后的保障措施,做好与各类规划系统衔接,构建组织、制度、资金等方面的保障体系,保障西海岸新区的海绵城市建设可持续实施。

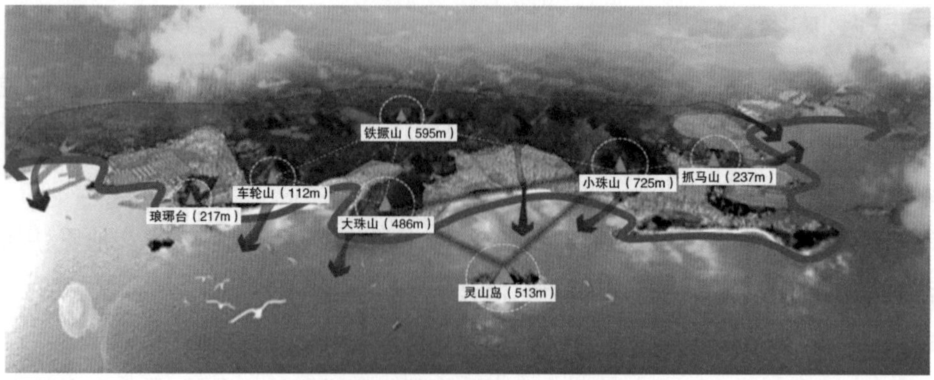

图2 海绵格局规划示意图

三、项目特色与创新

（一）建立完善海绵城市规划体系

该规划的编制完善了西海岸新区的海绵城市规划体系，建立从专项规划、详细规划，到系统化实施方案的系统规划体系，科学系统指导西海岸新区海绵城市建设。

在生态文明建设指导下，科学评估提出海绵城市建设的近远期目标和指标，从西海岸新区、排水流域、地块三个尺度，提出涉水设施空间布局，将其纳入国土空间规划，并与相关专项规划衔接。专项规划遵循城市空间的山、水、林、田、湖、海、草等自然生态要素的系统性和完整性规律，以空间规划的建设区域为主体，并包含与之相关的非建设区域。开展自然流域中水的产汇流和敏感性空间分析，识别区域流域中山体涵养空间、雨洪调蓄空间，统筹城市建设开发边界与选址。详细规划制定片区海绵设施布局方案，确定地块指标、重大基础设施规模和涉水空间布局（如图2所示）。

（二）规划技术方法具有创新性

该规划注重模型模拟等技术手段辅助，科学评估了径流总量控制率、管网系统、内涝风险、水生态敏感性等内容，为各地块海绵城市指标的确定、各系统方案的规划制定提供了科学依据。

以GIS等系统为主要技术手段，解析地貌要素在海绵城市建设过程中的相关和分离关系，分析降水径流分布格局的变化，为海绵生态系统构建提供导引。采用层次分析法（AHP）和GIS空间分析相结合的方法，选择具有区域代表性的生态因子分析海绵生态敏感性分区。选用Infoworks及Mike Urban软件进行模拟，通过模拟对问题进行分析评估、对方案效果进行校核，以辅助规划方案的项目决策。

（三）研究深度达到控制性详细规划层面，落地性强

该规划将海绵城市建设目标从上位规划的管控分区层面细化分解到单个地块层面，深度达到控制性详细规划层面，并与西海岸新区已编及在编的控制性详细规划进行了衔接，地块相关细化海绵指标与措施在控规中落实，并有效指导了新开发地块项目海绵指标的落实。

依据控制性详细规划把规划区划分17875个地块，每个地块提出年径流控制率、径流污染控制率等强制性指标，并将其作为地块开发的前置条件，提高海绵城市的可实施性。在水生态方案中，对各类地块及道路给出了具体的径流指标指引，让地块在开发、建设时有据可依。在水安全和水环境规划方案中，给出了具体工程措施，对海绵城市建设和实施提供落地性指导。

青岛市 5G 移动通信基站设施专项规划(2020 ～ 2035 年)

编制时间:2020 年。

编制人员:李祥锋、梁春、刘建华、刘明天、于函平。

获奖情况:2020 年,获全国优秀城乡规划设计一等奖。

一、项目背景

5G 是网络强国建设的重要内容,也是制造强国建设的关键支撑,是经济社会数字化转型的重要驱动力量。青岛市作为首批 5G 试点城市,已在工业互联网、超高清直播、智慧港口等领域开展试点,5G 生态圈已初步形成。

为落实国家、省、市关于推进 5G 通信网络建设的要求,抢抓 5G 发展关键机遇,建设 5G 网络基础设施,驱动"新基建"的快速发展,促进青岛经济释放新动能,编制《青岛市 5G 移动基站设施专项规划(2020-2035 年)》(以下简称《规划》)。《规划》属于总体规划阶段,旨在对 5G 基站站址进行统筹布局和总量控制,引导 5G 基站设施规划融入国土空间规划体系中,构建 5G 精品网络(如图 1 所示),满足 5G 信号覆盖和城市景观协调的双重需求,助力建设全国领先兼具青岛特色的"5G +"融合创新生态圈和世界工业互联网之都。

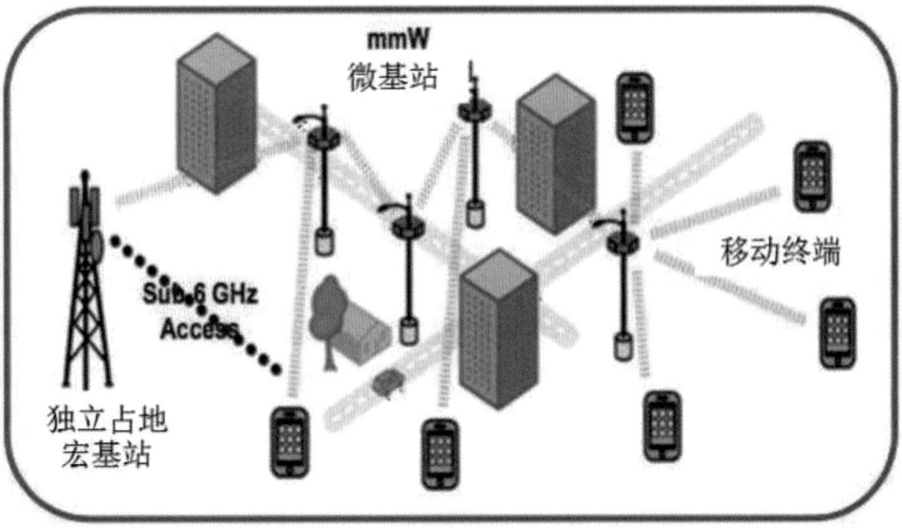

图 1　5G 双层立体组网

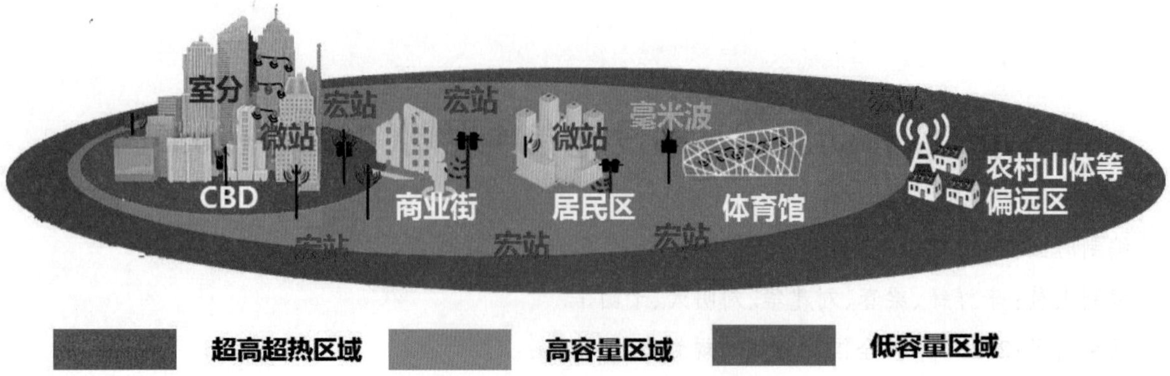

图2　5G基站信号覆盖示意图

二、主要规划内容

秉承贯彻创新、协调、共享、集约、低碳的发展理念，通过梳理分析青岛市通信基站建设现状与问题，研究分析5G通信基站建设特点及需求，在此基础上创新性提出了青岛市5G通信基站的建设理念、建设模式、建设形式、建设管控等规划策略，并基于GIS空间分析技术对传统站址布局技术方法进行改进优化，据此制定青岛市域范围5G通信基站站址布局规划方案，实现5G基站的科学选址、空间优化、统筹共享和景观协调。

（一）5G基站空间布局规划策略

1. 建设理念

结合青岛市对5G网络建设和景观风貌协调的实际需求，提出基于“多杆合一、共建共享”的“双层立体组网”5G基站建设理念：采取“宏＋微”协同方式，实现室外区域5G信号全覆盖；以宏基站为底层覆盖，以密集化、小型化、智能化的微基站为补充覆盖；宏基站解决5G信号广域覆盖，微基站实现5G深度覆盖（如图2所示）。

2. 建设模式

（1）5G宏基站。规划中心城区最大限度地减少新增落地杆基站的建设数量，以缓解道路杆体林立现象，由此主要提出四类建设模式：一是充分用足用好当前宏基站站址资源进行5G升级改造，实现存量站址的资源共享；二是优先利用建筑楼顶等进行附建式基站设置；三是积极推广采用多功能综合杆建设；四是采用共享式落地杆建设。

（2）5G微基站。规划微基站主要采取多杆合一建设模式，主要有以下两类：一是利用既有道路杆体（如路灯杆、交通杆等）共享建设，二是推广采用智慧路灯（如图3所示）等方式设置微基站。

3. 建设管控

由于5G通信基站的建设数量庞大，特别是在中心城区建设时，须采取一定的建设管控措施，使5G通信基站在保证网络建设的前提下与周边城市风貌相协调，从而提升城市空间品质。为此，根据不同区域对风貌保护的重要程度，将青岛市划分为特殊管控区、核心管控区、重点管控区和其他管控区4类基站建设管控分区，并针对每类基站建设管控区提出相应的基站建设管控要求，有效地解决了5G基站的景观协调问题。

(二)基站布局技术方法

为进一步提高青岛市5G基站空间布局规划的科学性、合理性和经济性,《规划》基于GIS空间分析技术和层次分析法(AHP),对传统基站布局的综合覆盖半径法进行改进与优化。采用该技术方法,可实现5G网络信号市域层面大范围覆盖,满足重点区域对5G网络信号高质量覆盖需求,并实现按需设站和空间优化,从而提高5G基站空间布局的科学性、合理性和经济性。

(三)基站布局规划方案

通过改造提升、同址归并、规划新建等措施,规划青岛市域5G室外基站总数量由当前1.6万余处增加到6.4万余处,当前存量基站完成5G全改造,归并减少近200处,规划新增仅5万处(其中,宏基站2.1万余处、微基站2.6万余处),市域基站密度将由当前的1.4个/平方公里提高到5.5个/平方公里,实现青岛市域5G网络全域覆盖。

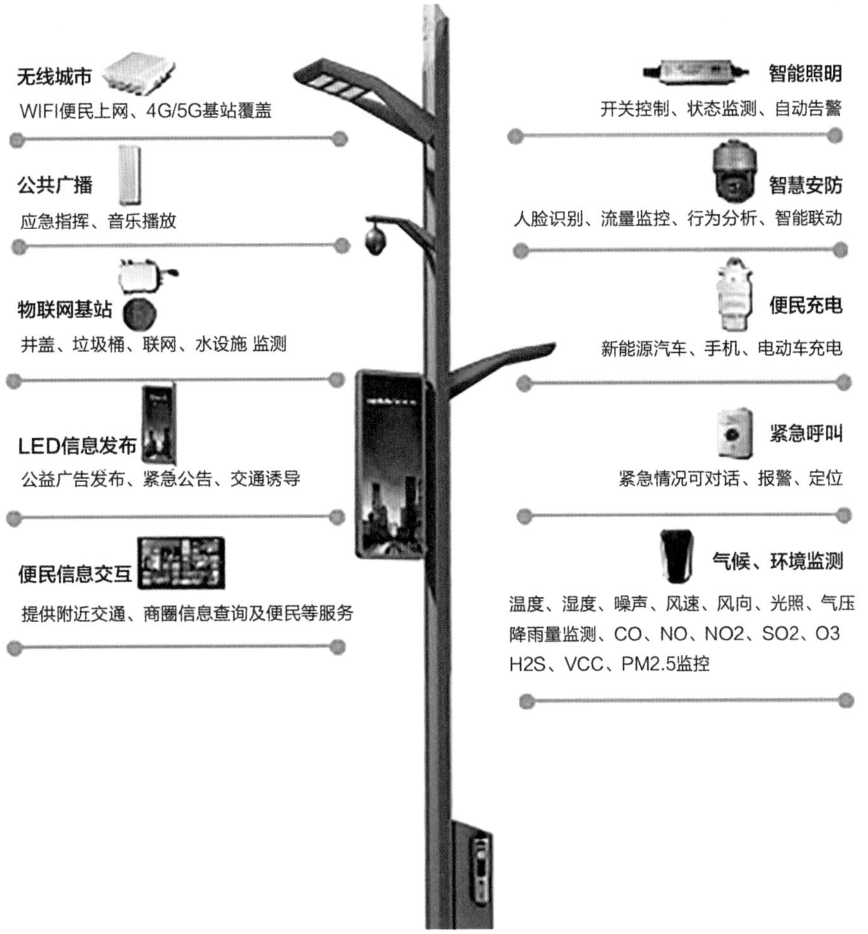

图3 智慧路灯

三、项目特色与创新

(一)规划成果具有创新性

《规划》成果具有创新性,首次系统性研究编制青岛市5G通信基站设施规划,形成了青岛市基站设施“图+表+库”的全数据成果，填补了青岛市5G无线通信领域的规划空白，有力地支撑了5G基站的规划建设管理。

《规划》成果既结合了青岛市实际情况，又具有前瞻性，打破了传统基站的规划建设模式，按照“统筹规划、共建共享、集约利用、景观协调”的原则，采用先进的技术方法和规划策略制定了5G基站布局规划方案，有效地指导了5G基站融入国土空间规划体系，推动了5G引领的新基建进程。

（二）规划理念具有创新性

《规划》理念先进，创新性地提出了“宏微协同，以宏站为骨干，为微站补充”的5G双层立体组网理念和基站建设模式，首次针对青岛地域特色提出了5G基站建设管控分区及相应措施，有效地解决了高密度5G基站建设所带来的选址难、影响景观风貌等问题，实现了5G网络建设与城市景观协调的双重需求。

（三）规划技术方法具有创新性

《规划》创新性地提出改进的综合覆盖法，即利用GIS空间分析技术和层次分析法（AHP）来评价分析不同类型应用场景的5G业务需求程度，据此科学划分5G基站密度区，从而大大提高了不同网络需求区域内5G基站空间布局的科学性、合理性和经济性，实现了按需设站和空间优化。

中日地方发展合作示范区内涝防治系统数学模型报告

编制时间:2020 年。

编制人员:李祥锋、陈吉升、梁春、孙伟锋、刘为宗。

一、项目基本情况

城市排水(雨水)防涝体系是对暴雨进行全过程控制的雨洪管理系统,一般可分为源头径流控制系统、雨水管渠系统和内涝防治系统三大部分。城镇内涝防治系统数学模型是对城镇内涝防治系统的合理抽象与概化。通过数学模型,能在各种设定情景下,模拟地表产流和汇流规律、排水管网运行特征、地表积水状况等,分析城镇内涝防治系统的运行规律(如图 1 所示)。在规划阶段,充分考虑洪涝风险,优化排涝通道和设施设置,加强城市竖向设计,合理确定地块高程。用统筹的方式、系统的方法可以有效地防止城市内涝问题的产生。

二、主要内容

(一)现状分析

对区域内地形、土壤渗透性、现状水系情况进行分析,利用 GIS 技术对该区域现状地形及规划地形进行数字模拟,形成数字高程模型(DEM),对规划区高程、坡度、坡向进行分析,为污雨水分区提供基本的依据。规划范围位于错水河中下游,当前区域内河道 7 条,分别为仙人河、观里河、东法家庄河及支流、错水河 3 条支流;此处,还有小型坑塘 17 处。仙人河、观里河、东法家庄河等 3 条支流在基地内汇入错水河。当前下垫面主要有道路、建筑屋面、水系、裸露土地及农田,综合径流系数约为 0.27。

图 1　内涝积水模拟结果图

规划以工业用地为主，下垫面主要有道路广场、建筑屋面、水系及绿地，根据特点分析，其综合径流系数约为 0.66。

（二）内涝成因分析

1. 径流系数增大

由分析可知，由于硬化比例增加，径流系数由当前的 0.27 增加到 0.66，降雨产流大幅增加。

2. 滞蓄水面减少

由于地块开发需要，部分水面被取消，区域调蓄能力减弱。自然界根据不同的地形地貌形成了天然的地表径流排水系统，原有的水系具有天然的排水蓄水功能，然而城市的发展影响乃至破坏了这个天然的系统，因此城市内涝防治规划应该首先考虑原有水系格局的保护，对已经破坏的水体进行恢复和修复。

3. 超标雨水排泄通道预留不足

超过管网设计标准的雨水径流行泄通道未结合城市地形、道路竖向等因素进行设置，导致积水严重。

（三）雨水内涝模型构建

1. 设计雨型

管网系统的短历时设计暴雨及径流计算主要用于评价管网系统的达标情况、管网达标改造的设计计算；内涝防治系统的长历时设计暴雨及径流计算主要用于内涝风险分析、行泄通道和调蓄设施的设计计算。本次采用 3 年、5 年、30 年、50 年一遇的 2 小时短历时设计暴雨，20 年、30 年、50 年、100 年一遇的 24 小时长历时设计暴雨。

2. 管网数据处理

根据地形划定汇水区域，通过传统暴雨强度公式法进行雨水管网初步设计，建立管网数据模型。

3. 地面模型构建

根据现状地形图及初步规划竖向，利用 GIS 技术对该区域现状及规划地形进行数字模拟，形成数字高程模型（DEM），并对不同下垫面设置不同的参数。

4. 雨水内涝模型构建

通过求解二维圣维南方程较好地模拟水流在二维空间内的物理运动过程，为城市规划决策提供雨洪水流演进过程中的水力要素值的变化情况。城市地表二维模型在构建时考虑地形、土地利用条件、下垫面透水特性、排水系统运行条件、排水构筑物调度原则、流域产汇流特征等因素；模型中的控制节点都具有水流交换的功能，通过入流与出流平衡计算，保证水量在二维和一维耦合（管道和河道）计算过程中维持平衡，如管道可通过节点溢流将水体输出到二维计算单元进行水流交换。

（四）模型分析

当暴雨强度超过管网排水系统能力时，剩余暴雨径流将在地面蓄积，为控制地面蓄积水量以免影响城市功能和生命财产安全，需要将剩余暴雨径流通过一些可以暂时利用的通道或蓄水空间进行消纳，这些通道和蓄水空间就构成了内涝防治系统。

对系统整体、集水区、节点、管渠和内涝状况等进行分析评估，通过源头减排、雨水滞蓄等各种经济的方式减少内涝的产生。根据模型分析，在规划片区易产生内涝风险，最大积水深度超过 0.3 米。根据修改管道参数、地面高程等参数，模拟不同状况下积水内涝情况。

（五）土方平衡模拟分析

本次利用 GIS 软件进行场地填挖方分析（如图 2 所示）。利用现状地形的散点构建现状 TIN 模型，通过规划点高程建立 TIN 模型，对现状和规划 TIN 划分 10 米 ×10 米方格网。

求取地表物质体积差是土方量计算的目标，对于原始地形的表述只能是模拟和近似。基于地表连续和渐变的假定，微积分就是描述连续变化的数学方法，这里通过借鉴其思维方法，将研究区域分成微小的单元，并在地表渐变的假定下将各微元的地形特征作简化处理，以现有数据或经空间插值后的数据去近似表述各微元的地形，分别求取各微元体积差，然后求和，就能得到总的土方量。

根据分析，在未考虑地块内部自建地下室的情况下，核算整个区域需要填方 89.7 万立方米。

三、项目特色与创新

第一，采用数学模型法可以较为准确地确定雨水设计流量，并校核内涝防治重现期下地面的积水深度和积水时间。目前，我国城镇排水工程设计中主要应用推理公式法来计算雨水径流，该方法具有公式简明和需要参数少等优点；然而这一方法适用于较小规模排水系统的计算，当应用于较大规模排水系统时会产生较大误差，而且该方法无法对地面积水深度及积水时间进行量化。

第二，在规划阶段进行内涝分析评价，通过雨水数学模型软件建立地面、管道耦合数学模型，详细分析三年一遇和五年一遇降雨时管渠负载情况、三十年一遇和五十年一遇降雨时内涝积水时间及积水深度情况。通过数学模型软件模拟竖向标高调整、排泄通道设置等方式，使该区域内涝防治达到要求，确定经济合理的技术方案，为道路竖向、地块设置等提供量化依据。

第三，细化内涝成因分析，确定不同的解决方案。（1）第一类内涝情况。由于竖向个别点不合理，行泄通道预留不足，管道受洪水位顶托，导致排水不畅产生内涝。优化措施：调整靠近河岸竖向标高，减轻内涝积水，结合该区域地形、道路竖向等因素，规划涝水行泄通道；利用适宜的道路路段作为涝水行泄通道，并采用数学模型法校核积水深度和积水时间，保证道路转输涝水时水深和流速以满足内涝防治安全要求。（2）第二类内涝情况。内涝之所以产生主要是由于现状地势较低，靠近河滩，如果完全消除内涝则需要大量的填方，且会对现状环境造成一定的破坏。优化措施：通过模型及填挖放分析，建议优化调整用地，保留现有部分低洼地，改善生态环境。（3）第三类内涝情况。内涝产生主要是现状坑塘被取消，原有雨水的滞蓄功能降低。优化措施：提出保留蓄滞洪区以及必要的城市低洼地、坑塘、水系、湿地等作为调蓄空间。充分利用自然水体，结合自然洼地、池塘、景观水体、公园绿地等公共空间来设置雨水调蓄设施。雨水调蓄设施用于削减排水管道峰值流量，从而降低内涝的产生。采用水文水力模型，模拟计算各降雨重现期情况以满足内涝要求所需要的滞蓄容积。

第四，综合考虑，保障可实施性。在规划阶段综合考虑各类因素进行内涝防治，可以取得事半功倍的效果。

图 2　填挖方结果示意图

青岛市多杆合一建设模式研究

编制时间:2020 年。

编制人员:李祥锋、梁春。

一、项目背景

为规范城市道路杆件设施管理、合理有序使用城市道路空间、塑造和谐统一的城市景观特色并考虑即将开展 5G 通信基站高密度建设的需求,本课题通过研究 5G 基站建设布局需求,借鉴国内外多杆合一试点建设经验,提出适于青岛市的多杆合一建设模式,并进行了试点道路合杆设计。通过该合杆模式,一方面可以整合城市道路各类型市政杆件资源,规范城市杆件及相关设施设置,切实改善市容市貌;另一方面,提前为 5G 通信基站建设进行站址战略部署。课题成果对于加强城市精细化管理、实现"共建共享、集约统筹"的发展理念、加快多杆合一的全市推广提供有价值的参考依据。

二、主要研究内容

(一)多杆合一发展趋势研究

调研分析先进城市当前多杆合一的政策、建设、管理等经验,为青岛市多杆合一的建设实施提供借鉴。

(二)青岛市杆件建设现状分析

调研分析青岛市现状各类市政杆件的建设情况与存在的问题。

(三)5G 基站建设需求

研究分析 5G 通信组网模式、5G 通信基站建设特点与未来发展趋势,弄清 5G 基站的建设需求,提出 5G 基站选址建设模式,并将其作为多杆合一建设模式的重要条件。

(四)青岛多杆合一建设模式

借鉴先进城市建设经验,考虑 5G 通信基站建设需求,结合青岛市道路杆件建设实际情况,提出适合青岛市的多杆合一建设模式,规范城市杆件及相关设施设置,并预留 5G 通信基站选址需求。

研究提出"小合杆"和"大合杆"两种建设形式,在合杆实施中可根据具体建设区域、道路等实际情况,因地制宜地选取"小合杆"形式(仅整合部分专业杆件)或"大合杆"形式(多功能智能杆、智慧路灯等综合杆)进行合杆建设,以在城市中循序渐进地推进多杆合一建设。

(五)试点设计

选取中山路作为试点区域,进行多杆合一规划设计,优化整合建设模式,为未来在全市推广提供经验支持。

三、项目特色与创新

第一，先行探索研究了5G基站建设的相关政策、特点、需求、挑战及未来发展趋势等，并在青岛市多杆合一建设模式中统筹考虑5G网络建设需求，通过多杆合一方式降低5G基站大规模建设对城市风貌带来的影响。

第二，首次研究青岛市多杆合一建设的思路、原则、模式、途经等，提出“小合杆”和“大合杆”建设模式，为未来青岛市新城区的多杆合一建设和老城区的多杆合一改造提供了有价值的参考依据。

第三，首次进行了青岛市中山路的多杆合一示例研究，对老城区道路合杆改造的设计流程、方法、模式及成效进行了探索研究，为未来全市多杆合一的推广建设提供有价值的参考依据（如图1所示）。

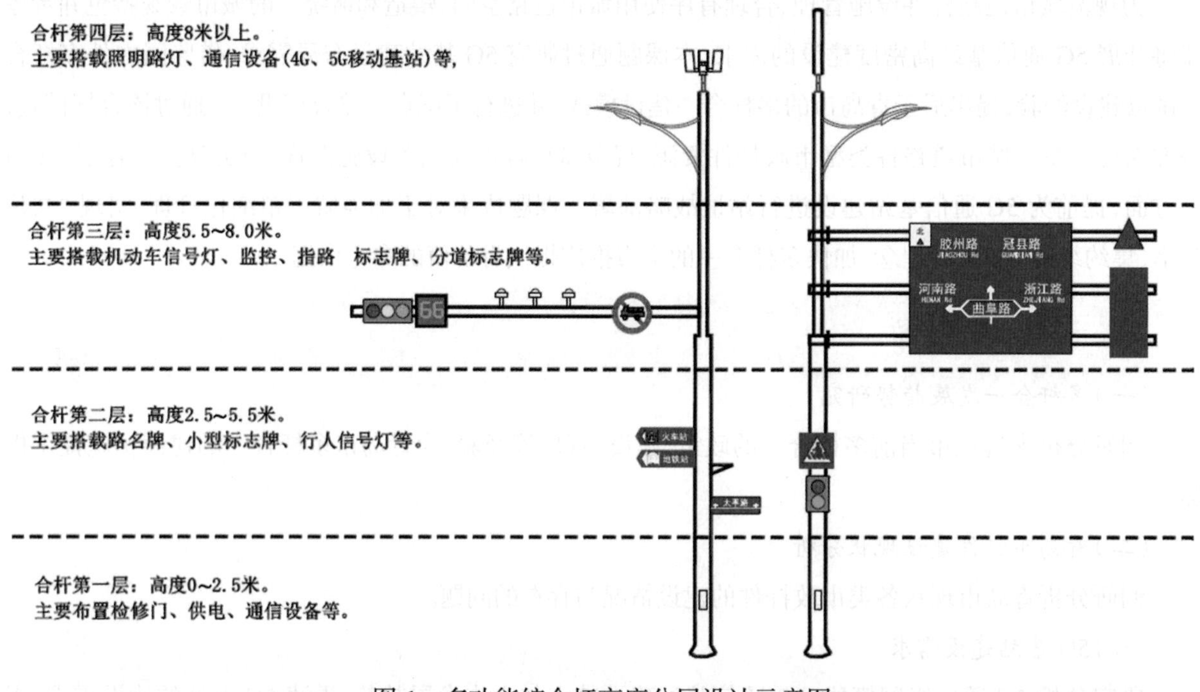

图1 多功能综合杆高度分层设计示意图

A类杆（如图2所示），主要搭载机动车信号灯、通信微基站等；杆件和挑臂预留接口，其他设施可根据需要搭载。

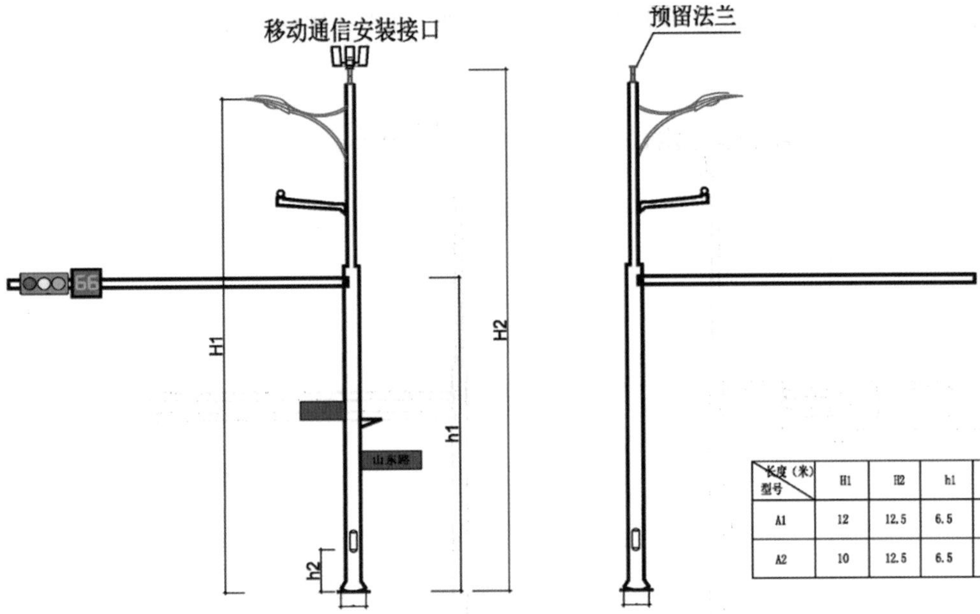

长度（米） 型号	H1	H2	h1	h2	D
A1	12	12.5	6.5	0.5	0.3
A2	10	12.5	6.5	0.5	0.3

A类合杆示意图（加载设备）　A类合杆示意图（无设备）

A类合杆：主要搭载机动车信号灯，杆体和挑臂预留接口。

图 2　A 类合杆示意图

B 类杆(如图 3 所示),主要搭载通信微基站、视频监控;杆件和挑臂预留接口,其他设施可根据需要搭载。

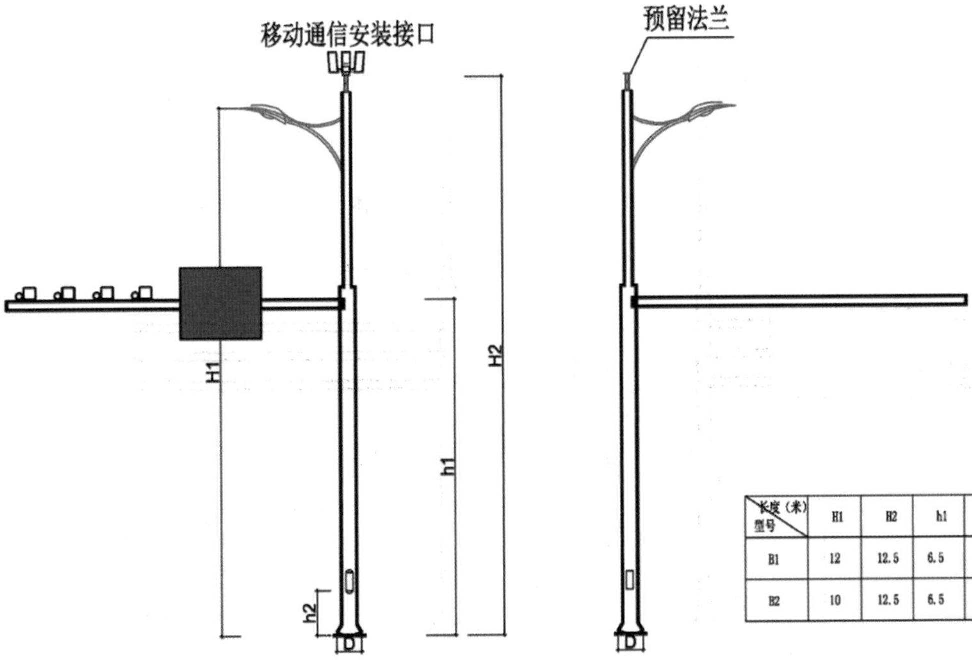

长度（米） 型号	H1	H2	h1	h2	D
B1	12	12.5	6.5	0.5	0.3
B2	10	12.5	6.5	0.5	0.3

B类合杆示意图（加载设备）　B类合杆示意图（无设备）

图 3　B 类合杆示意图

C类杆（如图4所示），主要搭载通信微基站、分道指示牌；杆件和挑臂预留接口，其他设施可根据需要搭载。

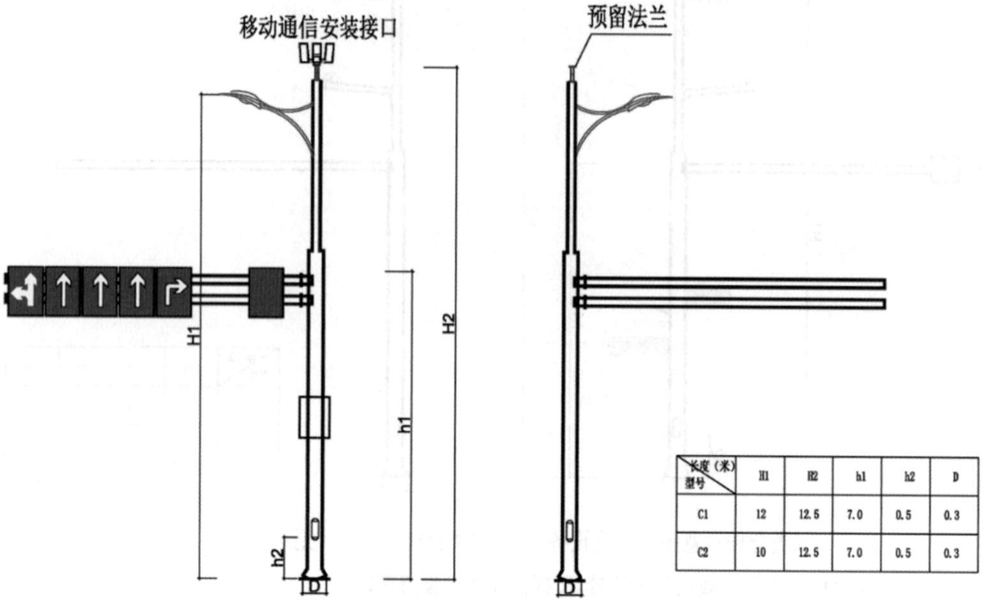

长度（米）型号	H1	H2	h1	h2	D
C1	12	12.5	7.0	0.5	0.3
C2	10	12.5	7.0	0.5	0.3

C类合杆示意图（加载设备）　C类合杆示意图（无设备）

图4　C类合杆示意图

D类杆（如图5所示），主要搭载通信微基站、大中型指路标志牌；杆件和挑臂预留接口，其他设施可根据需要搭载。

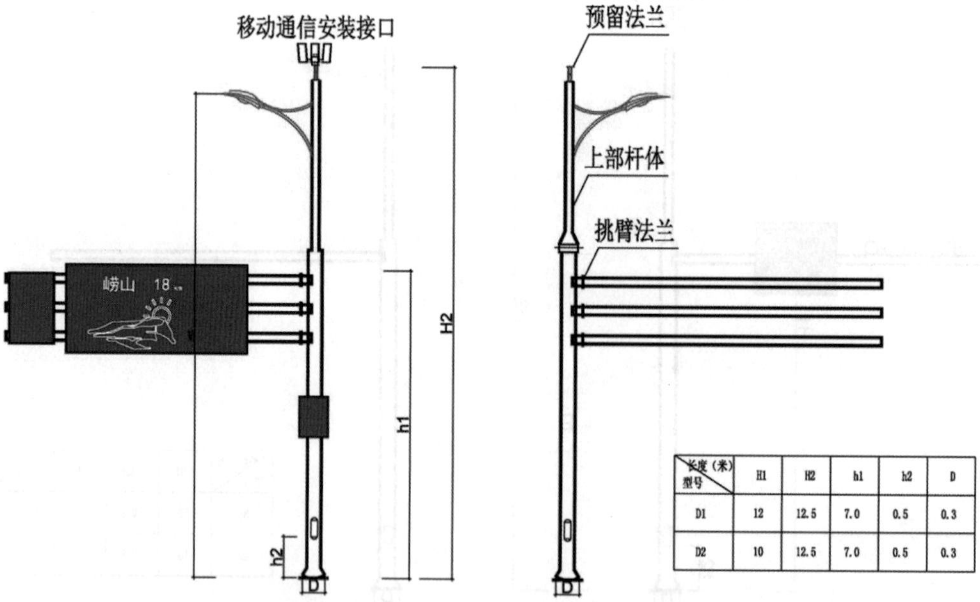

长度（米）型号	H1	H2	h1	h2	D
D1	12	12.5	7.0	0.5	0.3
D2	10	12.5	7.0	0.5	0.3

D类合杆示意图（加载设备）　D类合杆示意图（无设备）

D类合杆：主要搭载大中型指路标志牌，杆体和挑臂预留接口。

图5　D类合杆示意图

E 类杆(如图 6 所示),主要搭载通信微基站、路段小型道路指示牌,其他设施可根据需要搭载。

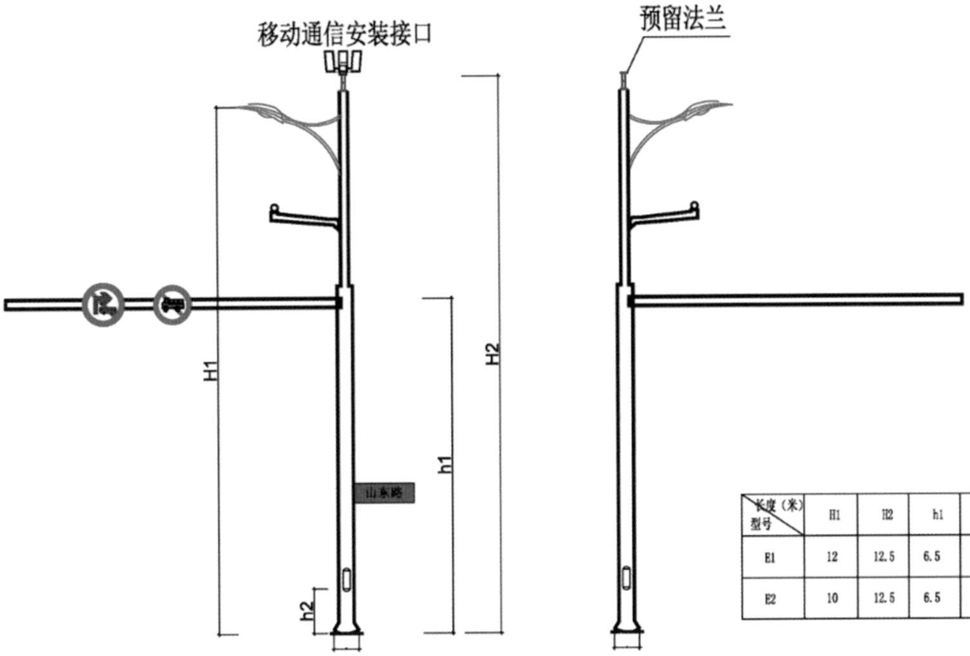

长度（米）型号	H1	H2	h1	h2	D
E1	12	12.5	6.5	0.5	0.3
E2	10	12.5	6.5	0.5	0.3

E类合杆示意图（加载设备）　E类合杆示意图（无设备）

图 6　E 类合杆示意图

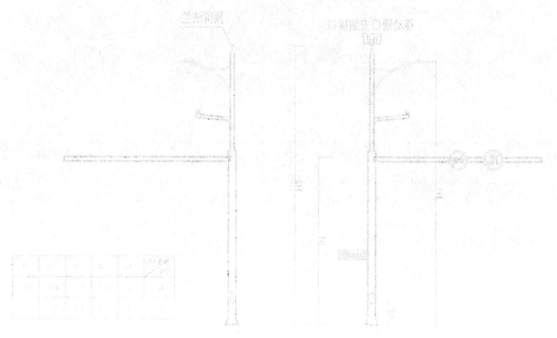

第八编

景观规划与设计

青岛市楼山公园规划设计

编制时间:2000 年。

编制人员:万铭、王有兰。

一、项目背景

青岛楼山公园位于青岛市李沧区西北部。西临四流北路并与烟墩山对峙,北靠楼山后工业区,南沿兴成路、唐山路。楼山与小枣园山、坊子街山、烟墩山共同组成南部居住区阻挡北部工业污染的绿色屏障。

2000 年,青岛市人民政府为更好地改善市民居住环境,提供高品质的社区级公共休闲空间和休憩绿地,投资 760 万元对公园进行综合整治,新建消防环路和游山步道,优化出入口设计,增设文体、儿童活动场地,补充公共服务设施和管理用房。

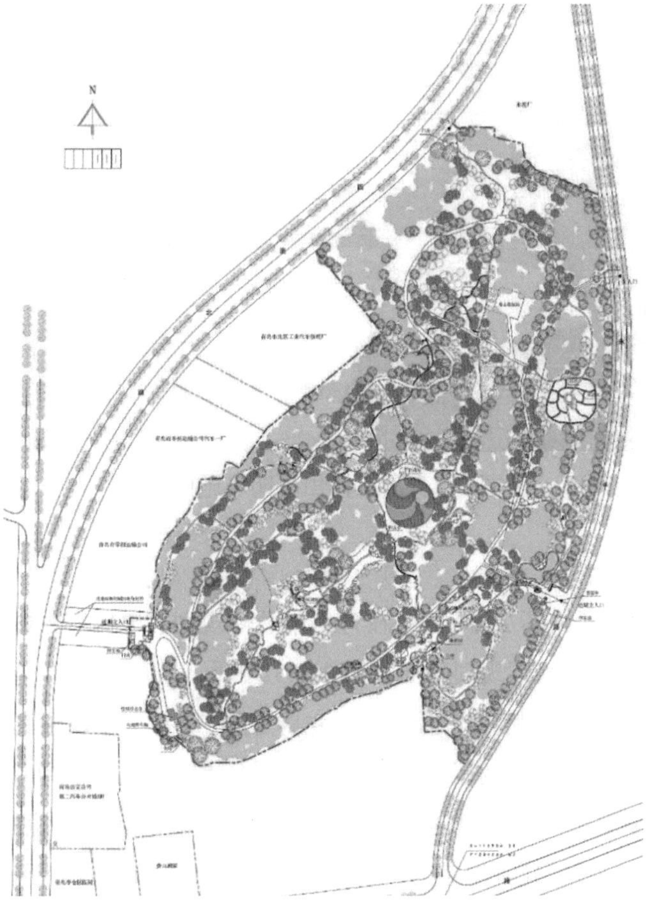

图 1　青岛市楼山公园规划设计方案总平面图

图 2　青岛市楼山公园实施照片

二、主要内容

楼山公园规划设计（如图 1、图 2 所示）是在青岛市总体规划和分区规划的基础上，将公园的面积扩大到永平规划路红线进行整体设计，规划总面积为 32.03 公顷。

公园以“春意盎然”“生机勃勃”为主题，设有主题雕塑，兼有文化娱乐和游憩功能。同时，重点考虑防止西、北部工业区对附近居住区的污染问题。设计力求体现李沧区作为一个传统工业区在新时期、新形势下对生态园林的重新认识，表现其创建人与自然协调发展的人居环境的蓄力待发之势。公园的主要园林建筑有主题小品、凉亭、花卉温室等，另外辟有文化活动场地、体育活动场地以及儿童活动用地和设施等。全园大部地区以绿化种植为主。

三、项目特色与创新

第一，结合山体的自然地形和周边城市建设性质，优化出入口设置，既保证周边居民通达便利，又考虑远期与其他自然山体的生态廊道联系，为游人创造清新、雅静、舒适、可持续并有一定文化品位的空间环境。

第二，完善消防环路和泄洪涵洞，铺设消防管线，设置消防栓和路灯，为游人提供安全保障，保障山体泄洪要求，并结合蓄洪水塘设计水景景观，供游人休息、散步、游览、欣赏自然风景。

第三，利用出入口和园内地势较为平坦的场地，设置丰富居民休闲生活的文体设施和儿童活动场地，以自然山石、树木将二者进行自然、巧妙、灵活的分隔，达到老少共乐的意境。

第四，规划在原有树种的基础上，有针对性地设置通透结构、密植滞尘、紧密结构等三层防污、抗污的植物配置结构，为由工业区逐渐过渡至居住区进行植物的换植补栽，丰富园林景观，达到净化与美化相结合目的。

青岛市前海(团岛—石老人)景观步行道规划设计

编制时间:2002 年。

我院编制人员:王天青、马清、刘敏、王海冬、马培娟、段义猛、王宁、尹荣。

获奖情况:2003 年,获全国优秀城乡规划设计三等奖;2009 年,获“新中国成立 60 周年山东省城市规划设计成就奖”。

一、项目背景

青岛市滨海岸线自然形态景观丰富,是大自然留给青岛人的一份极为珍贵的遗产,是体现青岛市城市特色的重要区域。为保护和合理开发利用岸线旅游资源、提升青岛市的形象、为社会公众提供独特的沿海公共活动空间,2002 年,以迎接 2008 年奥运会为契机,中共青岛市委、市政府决定规划建设前海(团岛—石老人)景观步行道(如图 1 所示)。

目前,前海景观步行道已经全线建成(如图 2、图 3 所示),既保护了自然岸线,又充分利用了自然岸线,为市民和游人提供充分感受自然的休闲健身、旅游观光的场所,成为青岛市的旅游热点和城市标志。

图 1　青岛市前海(团岛—石老人)景观步行道总平面图

二、主要内容

前海景观步行道位于青岛市临海地带,西起团岛,东至崂山区石老人,全长 35.5 公里,是一条全新概念的滨海旅游线路,是连接新老市区滨海景观区和景观节点的重要通道。规划设计突出滨海特色,主要是对前海岸线进行保护、整治、完善和提高。规划设计以自然海湾为依托,重视绿化和生态环境,突出自然特色,结合人的活动空间和行为心理,考虑相关场地设施,突出以人为本的设计理念。规划方案初步确定了前海景观步行道的选线位置和前海旅游系统的基本框架;此处,还提出了针对不同类型的自然岸线进行步行道建设的原则和规划概念方案,为详细设计提供依据。

图 2　青岛市前海(团岛—石老人)景观步行道实施照片 1

图 3　青岛市前海(团岛—石老人)景观步行道实施照片 2

三、项目特色与创新

第一,结合不同地段岸线的自然条件,修筑不同特色的步行道,配合景点、景区的建设将旅游观光、休闲娱乐、疗养健身融为一体,体现滨海景观风貌。

第二,以自然岬角为节点,通过路、滩、水面的不同组合,反映出各区段变化着的空间序列,突出各景观功能区的旅游亮点。结合现有道路网络,合理安排各段景区的出入口,考虑人车的换乘与人流聚散问题,合理配置停车场和其他旅游服务设施。

第三,尊重市民爱好,以人为本,合理安排各景区的活动内容,为市民提供近海、亲水、赏景休闲的活动场所。

第四,保护自然环境,将滨海景观的创造与原有自然景观的保护和利用相结合,恢复和提高景观活力。

青岛市辽阳路—鞍山路道路两侧综合整治规划与城市设计

编制时间:2005 年。

编制人员:潘丽珍、刘宾、高军、王天青、王宁、戴军、吴晓雷、袁圣明。

获奖情况:2006 年,获山东省优秀城市规划设计三等奖、新中国成立 60 周年山东省城市规划设计成就提名奖。

一、项目基本情况

辽阳路—鞍山路位于青岛市主城区腹地中部,西接跨海隧道,东接青银高速、松岭路(全长 12 公里),是主城区腹地的东西向快速通道,承担了中心区主要的交通疏导功能,是青岛市新一轮城市空间品质提升的重要组成部分,是青岛市门户性的景观通廊(如图 1 所示)。通过本规划编制实施,提升城市空间品质,创造舒适的人居环境,重塑地域性特色景观风貌,促进城市有机更新,带动青岛腹地的城市再开发。本次规划成果从城市景观、土地开发等角度促进沿线控制性详细规划的调整,成为局部地块修建性详细规划的编制依据,对部分区段城市环境品质提升、城市门户地段的形象塑造起到重要的指导作用。

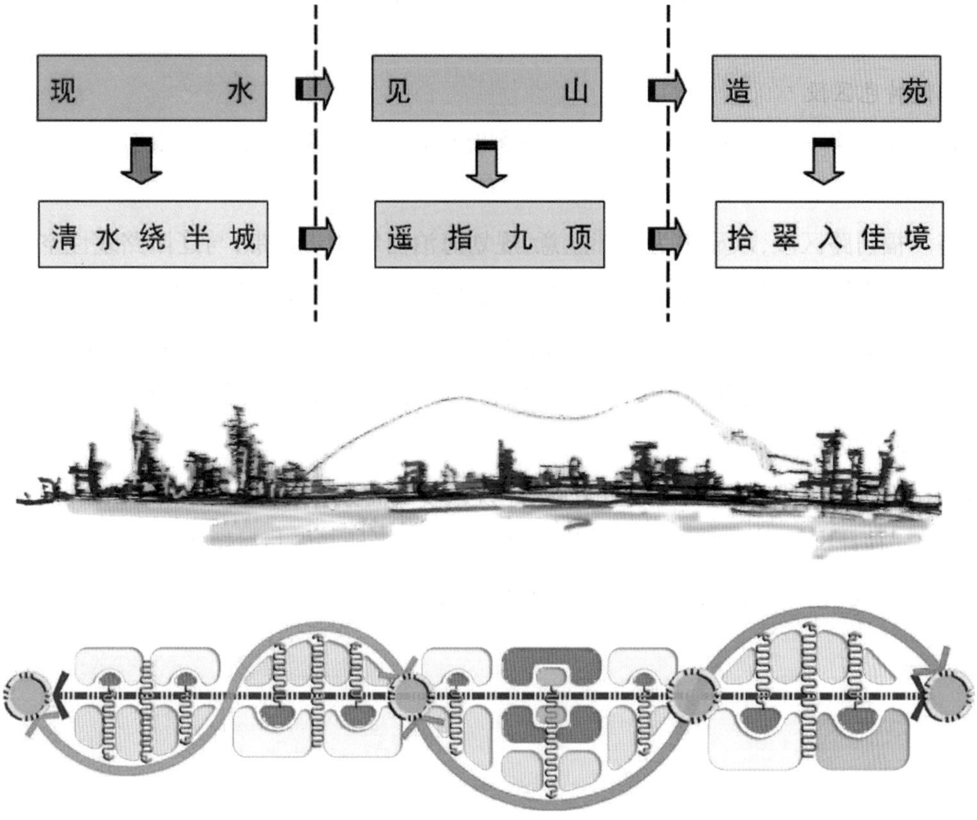

图 1　青岛市辽阳路—鞍山路道路两侧总体特色定位

二、主要规划内容

本规划确定的辽阳路—鞍山路总体定位是便捷、顺畅的东西向城市快速交通主干道，个性突出、整体统一的“园林性城市线条”，具有高度包容性的东西向城市空间轴线，城市门户性的绿化景观通廊，城市新一轮有机更新的空间典范。主要规划内容包括总体城市设计与定位、沿线两侧综合整治和重要区段及节点城市设计（如图 2 至图 7 所示）。

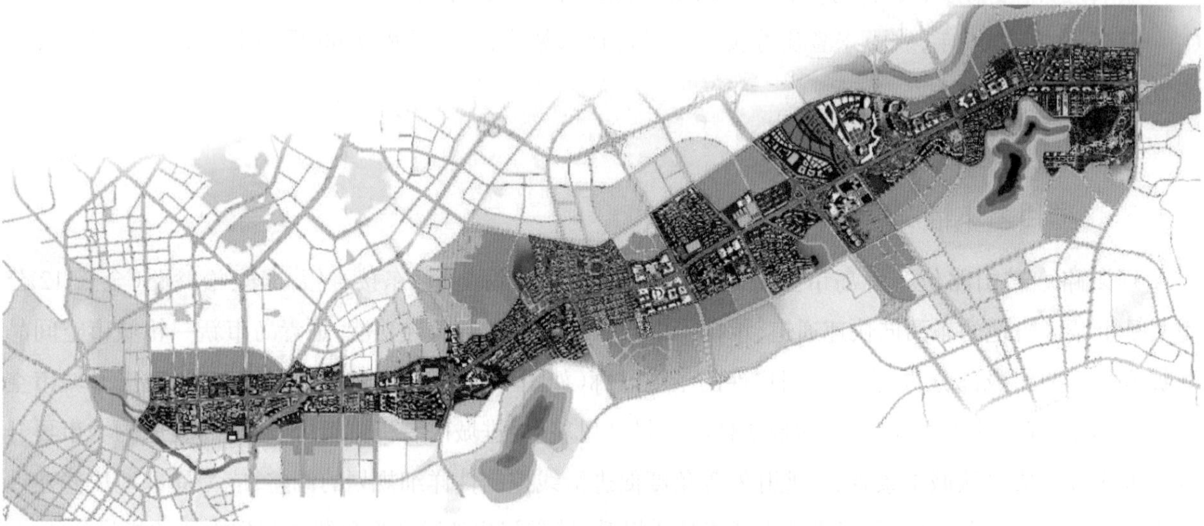

图 2　青岛市辽阳路—鞍山路道路两侧综合整治规划总平面图

（一）三大特色区段

本规划将辽阳路—鞍山路划分为威海路—福州路、福州路—海尔路及海尔路—松岭路三大特色区段。

威海路—福州路区段，以显水为设计立意，规划海泊河绿化步行带，与辽阳路线性空间相映，形成“清水绕半城”的特色；规划措施以老城区改造、综合环境整治为主，突出规划的近期效应。

福州路—海尔路区段，以显山为设计立意，打通与浮山的景观通廊，营造以浮山中心区为核心的居住板块，形成“一路见山，‘遥指’浮山‘九顶’”的特色；规划措施以公共服务设施配套和都市村庄改造为主，以近、中期开发为主。

海尔路—松岭路区段，以造苑为设计立意，建设以崂山商务中心区为龙头、崂山余脉丘陵特色环境为收尾的高档居住社区，一路“渐入佳境”；规划措施以城市飞地开发与村镇工业改造为基础，近期控制，远期建设，最终形成“清水，远山，一路相连”的总体意境。

图 3 青岛市辽阳路—鞍山路道路两侧综合整治规划鸟瞰图 1

（二）主要内容

1. 土地利用规划。土地利用规划方面，通过 GIS 评估和方案比选，规划在开辟大量公共活动场地、完善公共服务配套设施的同时，也为未来发展提供了充足的发展动力空间。

2. 交通系统规划。基于综合整治规划和周边建设，形成辽阳路周边完善的道路交通体系，并合理设计立交形式，形成区域内交通一体化。

3. 景观系统规划。形成一线、七点、六段、九条通廊的总体景观格局。

4. 绿化系统规划。开辟住区内部单元绿地，打通绿地间的联系，构建渗透的绿化网络，并在主要干道交叉口绿化节点。

5. 建筑高度规划。建筑主要以多层和小高层为主，高层建筑主要分布于山东路—福州路区段以及各主要节点，以烘托核心公共空间。

6. 街道与界面规划。保证临街建筑界面连续、协调，体现城市街墙效果，强调不同街道功能的互补。临街建筑高度与道路宽度之比宜为 1 ∶ 1 ～ 1.5 ∶ 1。

7. 重要节点城市设计。本次规划结合三大特色区段，共布置福州路等 7 大重要节点。针对不同节点的属性，在空间的定位、公共空间的塑造、景观设计等方面进行了深入的设计。

8. 道路设施与景观小品。规划成系统合理的布置街具（如书报亭、座椅、公用电话、路标、指示牌、广告灯箱等），同时完善了各类市政基础设施。

图 4　青岛市辽阳路—鞍山路道路两侧综合整治规划鸟瞰图 2

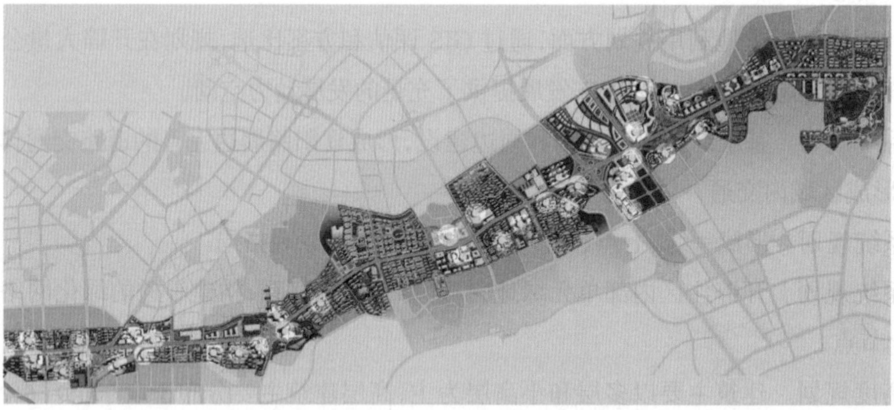

图 5　青岛市辽阳路—鞍山路道路两侧高层分布规划图

三、项目特色与创新

本次规划的创新点是将空间句法和 GIS 系统应用于工作过程中，针对总体空间和局部物质实体两方面，结合项目的实际特性设计不同的数理模型，予以模拟分析，并针对性地提出最终引导性方案。

在宏观定位研究方面，对青岛市整体空间系统的轴线进行分析，根据深度计算，依靠系统定量的方法对辽阳路予以总体定位。这和以往的定性分析方法是完全不同的工作模式。在局部空间系统梳理和设计过程中也通过定量的方案性比较，并结合局部空间体系的调整和节点设计，增强空间结构的明确性和完整性，打造一个相对完整的空间体系。

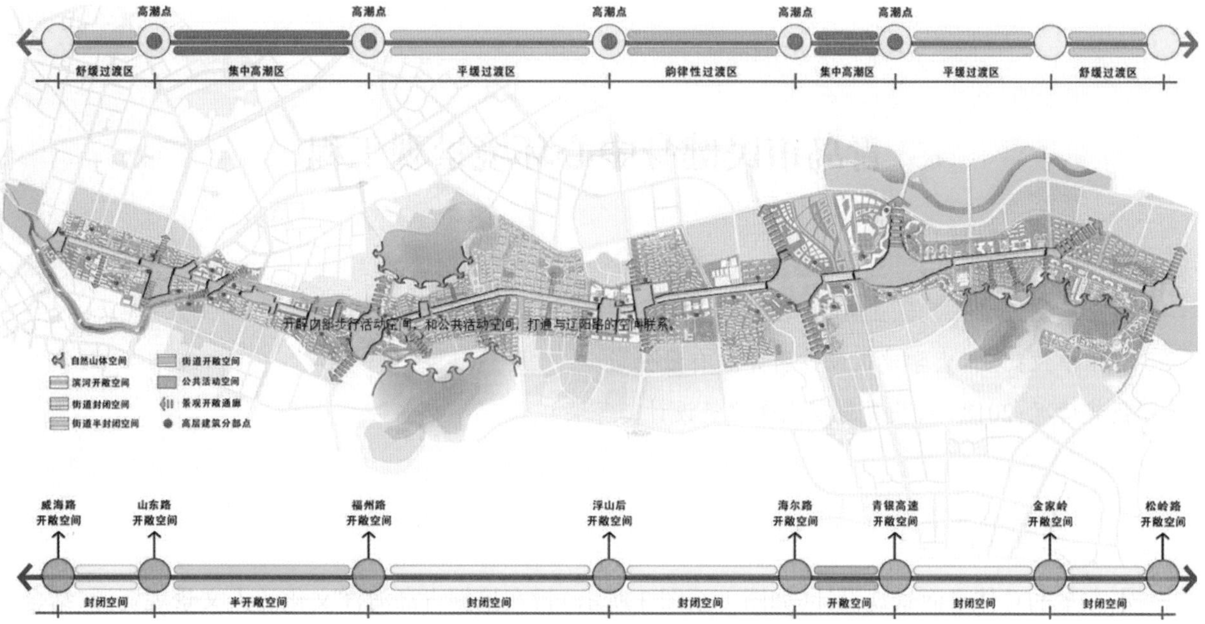

图 6　青岛市辽阳路—鞍山路道路两侧空间整治规划图

本次规划将区域内的单元属性结合调研来建库，自成系统，为分析、设计、实施决策服务，具体应用于建立自然环境要素信息系统、土地资源数据库、建筑单体数据库三个方面。综合来看，GIS 系统的应用是立足于工作方法科学化、理性化角度的一种技术性突破，降低了以往以感性判断为基础的规划主观性，不仅节省了设计时间，而且提高了工作效率和科学性。从理性分析设计的角度出发，来应用空间句法和 GIS 系统创造出指引不同区段的空间发展模式，以城市设计图则的形式为开发建设提供发展依据。

图 7　青岛市辽阳路—鞍山路道路两侧规划节点设计意向图

青岛市民健身中心环境景观工程

编制时间:2016 年。

我院编制人员:刘宾、王吉祥、吕翀、孙文东、刘腾潇、温明洁、王振、刘嘉睿。

合作单位:东南大学建筑设计研究院有限公司。

获奖情况:2018 年,获青岛市优秀建筑设计二等奖。

一、景观设计理念

本方案的总体平面景观设计(如图 1 至图 3 所示)旨在挖掘青岛海洋文化的人文景观资源,结合本地块特有的湿地景观,借此提炼出独特的城市景观要素,与整体公共文化服务区的景观相互协调并实现整体规划的和谐统一。

图 1　青岛市民健身中心鸟瞰图

图 2　青岛市民健身中心效果图 1

二、设计亮点

(一)“分期实施、组团集中、相对独立”的布局原则

一期(如图 4 所示)满足 2018 年山东省运动会开闭幕式及主要赛事使用;远期(如图 5 所示)建设网球馆、自行车馆、游泳馆等,形成“一场四馆”核心运动场馆。同时,完善新闻媒体、康复医疗、研发教学等复合功能;规划南北向道路,原则划分一期、二期,互不干扰。

图 3　青岛市民健身中心效果图 2

(二)明确各专业规划限制条件,形成合理方案

用地规划要求:建设用地范围应避开国土规划中禁止的建设用地范围。

城市设计要求：主体育场应与区域范围内城市空间轴线方向相一致，并应结合周边环境的营造，形成良好的空间秩序及景观感受。

相关规范要求：热身场地应与主体育场靠近，并由通道相连，入场位置靠近跑道起点。

（三）竖向设计结合地块功能，分区设计

西侧滨水区挖人工渠，其两侧作为滨水广场填方，填方标高至 5 米；南侧湿地公园区，做少量土地整理，填方标高至 6 米；中央生态区沿路 20 米绿化带填方至 5.5 米，中央砾石道路标高 2.3 米，其余保留现状水塘；北侧停车场区填方标高至 4.5 米。

图 4 青岛市民健身中心规划一期平面图

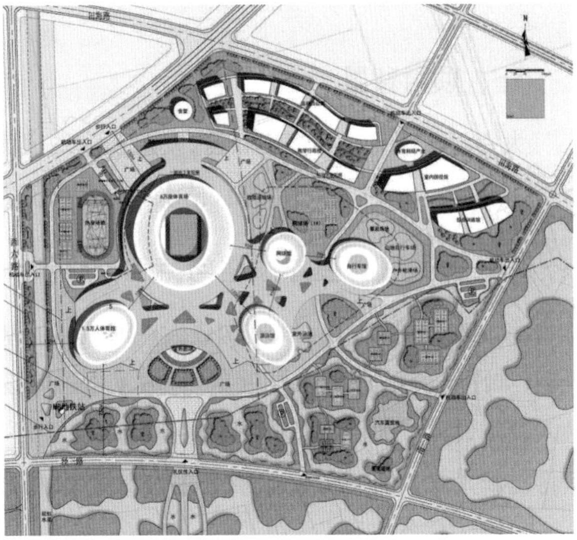

图 5 青岛市民健身中心规划远期平面图

（四）规划设计结合海绵城市，生态效益最大化

考虑下沉式绿地率 50%，绿色屋顶率 20%，透水铺装率 70%，在 80% 年径流控制率的要求下，规划区海绵城市雨水调蓄设施单位面积控制容积约为 179 立方米 / 公顷，规划区总调蓄容积为 17000 立方米。规划设置雨水调蓄池 8 座，调蓄容积 8200 立方米。

（五）设置无障碍设施，提供更好的赛事体验

布置无障碍电梯、无障碍公共厕所、无障碍机动车停车位等相应设施。无障碍设施均贴有国际通用的无障碍标志。

安全防护方面，统一在二层大平台周边设置 1.3 米高的防护栏板，为预防奥运中心在赛事、重大演出时进场与散场时观众拥挤、踩踏后坠落事件发生。

青岛海洋高新区大卢河景观详细设计

编制时间:2018年。

编制人员:孙曦、宿天彬、刘彤彤、郝翔、朱倩、李晓雪、孔静雯、王升歌、张雨生。

获奖情况:2020年,获山东省园林绿化创新规划设计三等奖。

一、项目背景

大卢河位于青岛西海岸新区,发源于隐珠镇黄山山系,于隐珠镇大荒村西南入灵山湾,属沿海诸河水系,为直接入海的季节性河流,枯水期经常断流,流域面积56.3平方公里。

二、规划设计基本思路与特色

彰显现代风貌,山、水、城构成大卢河流域的基本环境要素;结合城市空间环境,塑造现代城市景观风貌(如图1所示)。将文化元素、地域元素融入设计,将当地的剪纸、泊里红席、年画、秧歌等特色元素融入景观设计。大卢河经历了农耕到产业发展的一系列变化,沿河仍保留了原生态的农业用地,未来这里将是新兴农业的发展基地,有必要以科技引领田园生活。

图1　青岛海洋高新区大卢河景观规划图

三、项目创新点

将智能科技产品运用到景观设计当中，采用智能自行车租赁设备、多媒体导视系统、新能源照明系统、电子科普设备等新科技，提升景观的互动性、科普性，打造智慧河道景观。

1. 智能自行车租赁设备。智能租赁自行车，自助服务终端，方便快捷。

2. 新能源照明系统。风光互补型新能源供电，将太阳能和风能转化为电能。

3. 高速 WIFI。公共空间的全方位覆盖，提供实时网络接入。

4. 二维码景观互动。将二维码镶嵌在地面铺装、小品或者绿化内。通过扫码，可以获取相关游览信息，也可以获取相关植物科普信息，实现人与景观互动。

5. 随身听。结合背景音乐规划，实现声音地标。

6. 自助终端机。布置服务客户终端机，为游客提供片区住宿、餐饮等相关信息及预订服务。

7.SOS。设置网络紧急呼救点，方便游客突发状况求助。

此外，重视景观交互式设计，提高景观的互动性。设计互动性景观小品及构筑物，让景观小品不单单成为景观设计中的装饰，同时可以和人进行有趣的互动。

图 2　青岛海洋高新区大卢河景观规划节点图 1

图 3　青岛海洋高新区大卢河景观规划节点图 2

四、主要规划设计内容

重点塑造三段河流风貌特色，分别为休闲农业景观带、活力新城景观带、生态湿地景观带；共设计 5 个主要河流景观节点（如图 2、图 3 所示），依次为“都市田园”“虎山望水”“近水楼台”“河岸书声”“碧潭迎客”；河流沿线设计三级游憩节点，河道两侧设计慢跑道、自行车道，对公共服务设施布局进行梳理和完善。

植物设计方面，休闲农业景观带以大尺度的且人视点以下的开敞景观为主，上层局部点缀乔木植物组团，以“中心花海”为主题景观，搭配贴近园园风格的植物进行造景。铺装方面，防腐木、彩色混凝土、石材、回收材料（旧砖、旧瓦）为主，提高铺装的透水率。景观构筑物设计方面，就地取材，尊重地方特色，设置驿站、公厕等服务设施；标识系统分为三级展开设计，形成园区内完整的导视游览系统。

平度市大泽山镇抗战纪念馆景观工程设计项目

编制时间:2018 年。

编制人员:王吉祥、刘腾潇、温明洁、吕翀、王振、荐晓峰、刘嘉。

获奖情况:2019 年,获青岛市优秀建筑设计一等奖。

一、项目基本情况

项目位于青岛平度市大泽山镇镇驻地东高家村东南侧高地上,纪念馆原馆名为“平度抗日战争纪念馆”,原馆占地 2580 平方米。2016 年 9 月 6 日,中共青岛市委李群书记视察“平度抗日战争纪念馆”,指示对纪念馆进行原址重建。现项目占地 3.8 公顷,建筑主体部分占地面积 4944 平方米。

设计以“缅怀历史、守护家园、追求和平”为基调,以中国共产党领导的中国大抗战为背景,以平度与大泽山地方抗战为主体,再现高家人民取得革命胜利的艰辛过程和顽强进取的精神,并挖掘“高家联防”保卫家园的精神渊源,让游客体验大泽山深厚的民族精神底蕴,进一步宣传大泽山城镇形象,重塑高家村庄精神,形成红色文化品牌效应。

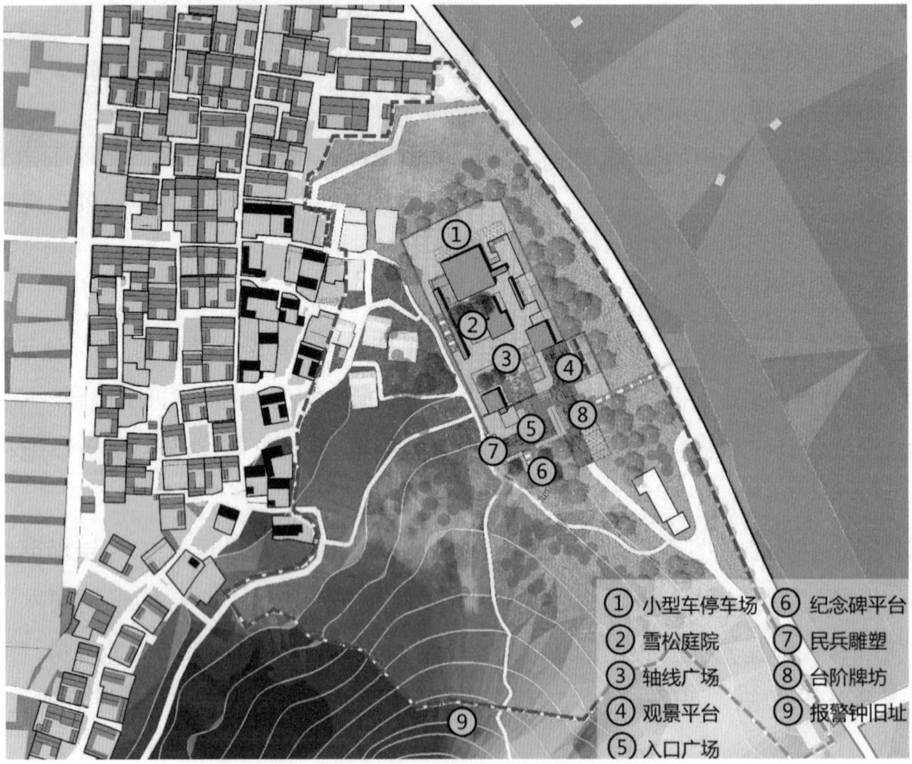

图 1　平度市大泽山镇抗战纪念馆设计平面图

二、主要规划内容

本项目根据场地特征、空间环境、山水空间格局进行总体分析，实现对抗战纪念馆景观的空间设计（如图 1 所示）。设计尊重原有建筑场地的历史格局，碑区、英雄雕塑的位置不变，形成“一环两轴六节点”的景观结构（如图 2、图 3 所示）。

一环由山体、村庄、河道及周边文保单位等景观环境要素组成。两轴为“十字”形“家国”主题景观轴线，南北向的“国”轴线由“大泽山镇镇区—主体建筑—背景山体”3 个主要功能区串联而成，东西向的“家”轴线由“高家庄—纪念碑—大泽山西主峰”3 个对景视点串联而成。六节点为 6 个相对独立的主体功能分区，分别为雪松庭院、轴线广场（礼仪广场）、纪念碑平台、入口坡道、观景平台、民兵雕塑，基本满足举办各种主题活动的场地需求。

景观视线为两视轴、三视面。两视轴依托“家国”两条主题景观轴线设置，三视面则分别是观景平台的东向景观面、纪念碑平台的南向景观面、建筑后庭院的西北向景观面。

项目规划流线顺畅，因地制宜，绿化种植选种合理，空间错落有致，利用率高。在功能上，既能满足纪念馆的正常使用，又能塑造肃穆的氛围。项目施工在设计的指导下，就地取材，选择当地石材作为主要材料，降低施工成本；同时，塑造鲜明的纪念馆风格，使纪念馆成为红色旅游标志性名片。

图 2　平度市大泽山镇抗战纪念馆景观结构分析图

图 3　平度市大泽山镇抗战纪念馆设计鸟瞰图

三、项目特色与创新

（一）观区域视角，统筹中远期发展

该方案从区域研究入手，统筹考虑高家村及周边的中远期发展，未来区域发展以抗战纪念馆为核心，3 个圈层逐步发展，从而提炼出“三大主题”。核心片区以“红色文化体验”为主题，抗日战争纪念馆是大泽山镇东部区域旅游的核心节点；抗日战争纪念馆西侧的高家村民居，乡土气息浓厚，形成“规划片区”，以“民俗休闲旅游”为主题，通过美丽乡村建设，带动高家村及周边发展。最外围的“区域环境”，以“生态创意生活”为主题，发展山水景观游憩与创客文化活动。

（二）联防抗战遗址环绕的历史文化环境

抗战纪念馆与高家民兵联防遗址的 6 个地块形成相互对视的视廊关系。在抗战纪念馆的 3 个不同标高的庭院与屋顶平台，可以远眺高家民兵联防遗址的 6 个地块，形成立体式观景。抗战纪念馆主入口标高“U”字形“雪松庭院”，向“报警钟旧址”山头公园开放，保证了两者之间的全景视廊关系（如图4、图5所示）。通过“风貌整治区”的设置，使抗战纪念馆的建筑庭院景观与周边种植台地、“报警钟旧址”山头公园、环山融为一体。

该纪念馆景观工程作为省级文物保护单位“高家民兵联防遗址”的综合配套，二者相得益彰。随着未来“高家联防抗战遗址”6个保护地块的文物还原性修复，这里将成为青岛市红色文化旅游的一张名片。

（三）景观规划与建筑风貌融合，就地取材

外部景观与建筑设计如何更好地融合，塑造抗战纪念馆的肃穆氛围；如何就地取材，完成成本小但本地气息浓厚的景观风貌。针对以上考虑，经与建筑设计师多次沟通，最终表达了石材在景观设计风格中延续的理念。随着设计的推进，设计团队发现当地石材不仅能满足与建筑风格相统一的要求，也能满足就地取材的要求。因此，选择大泽山当地块石、料石，既克服了高地形难以运送施工材料的难题，又使设计达到有机生长的效果，与本土气质相契合。

（四）发扬岳石文化及红色文化主题

大泽山民兵发明的地雷战，在整个胶东抗日战争中产生了很大的影响，在中国抗日战争史上也应留下浓重的一笔。大泽山作为中国“石雷之乡”，具备自身鲜明的特色和厚实的革命历史文化内涵。山东省着力建设文化强省，而理应对大泽山这段地雷战的历史进行发掘宣传，将其建成地雷战红色旅游景区。

建筑外墙材料采用大泽山当地毛石、大型料石，建筑群房层与周边景观地形挡土墙统合设计，与周边高家村的民居乡土风貌相协调；主体建筑采用周边采石场的大型料石，回应周边山体的石山与采石场的场地特征，体现大泽山“岳石”文化内涵。

图4　平度市大泽山镇抗战纪念馆建筑效果图

图5　平度市大泽山镇抗战纪念馆入口庭院实景

即墨区小吕戈庄村景观提升工程设计项目

编制时间:2018 年。

编制人员:王吉祥、王振、温明洁、刘腾潇、刘嘉、荐晓峰、吕翀。

获奖情况:2019 年,获青岛市优秀城市规划设计三等奖。

一、项目基本情况

在当下热火朝天的乡村建设运动大潮下,不同背景的人士纷纷试图以各自视角阐述和尝试乡村复兴的可能性。乡村公共空间作为兼具可达性和社交性的场所,在连接乡村邻里关系、营造乡村公共文化生活方面有着极为重要的意义。本项目通过小吕戈庄村吕家大院景观设计(如图 1、图 2 所示)实践,直面乡村营建的真正空间诉求,用适时适地的低成本营建方法,探究真实的乡村生活诉求,以点状针灸的方式,通过局部介入来激活整个乡村。

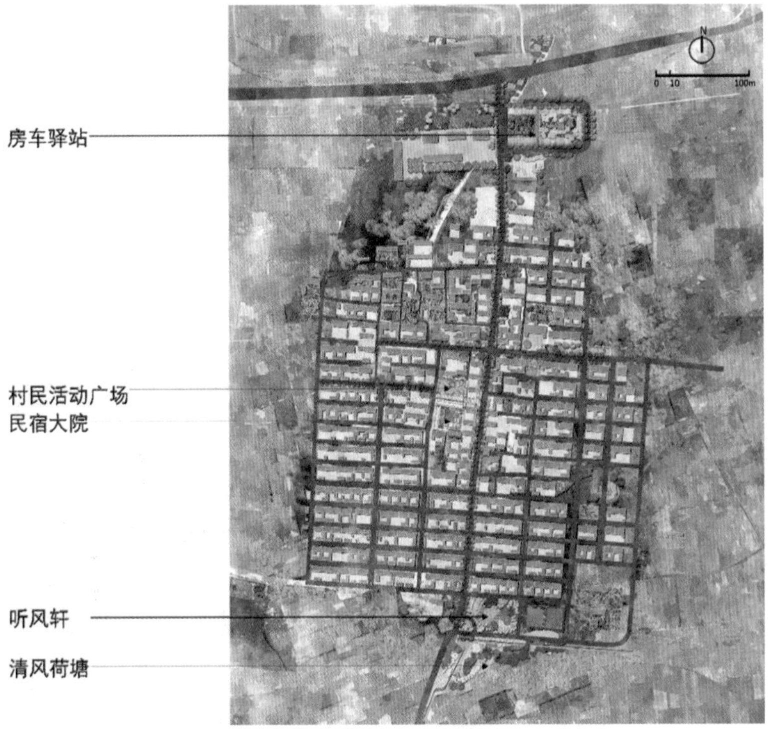

图 1　即墨区小吕戈庄村规划总平面图

二、主要规划内容

本次景观设计范围为小吕戈庄村原老村委所在地,包括民宿庭院和村民活动广场两个部分,场地面积约为 2800 平方左右。如图 3 至图 5 所示,原老村委拆除后,在原有地基基础上,新建两栋房子,承担乡村文化展示、小型接待等功能。后院场地整治后，作为村民休憩、聚会、健身、听戏等功能的村民活动广场。

项目功能虽相对简单，但在咫尺之间如何让观者增加游览体验在设计之初需要细思。从北部道路进入庭院这一段距离，空间较狭窄，宜合拢密幽，掩映其间，引人入境。民宿庭院作为文化展示、餐饮、田园体验之所，宜开敞舒朗、亲切宜人。村民活动广场作为村民日常活动的场所，宜质朴简洁，明确空间界限，注重场所的归属感。

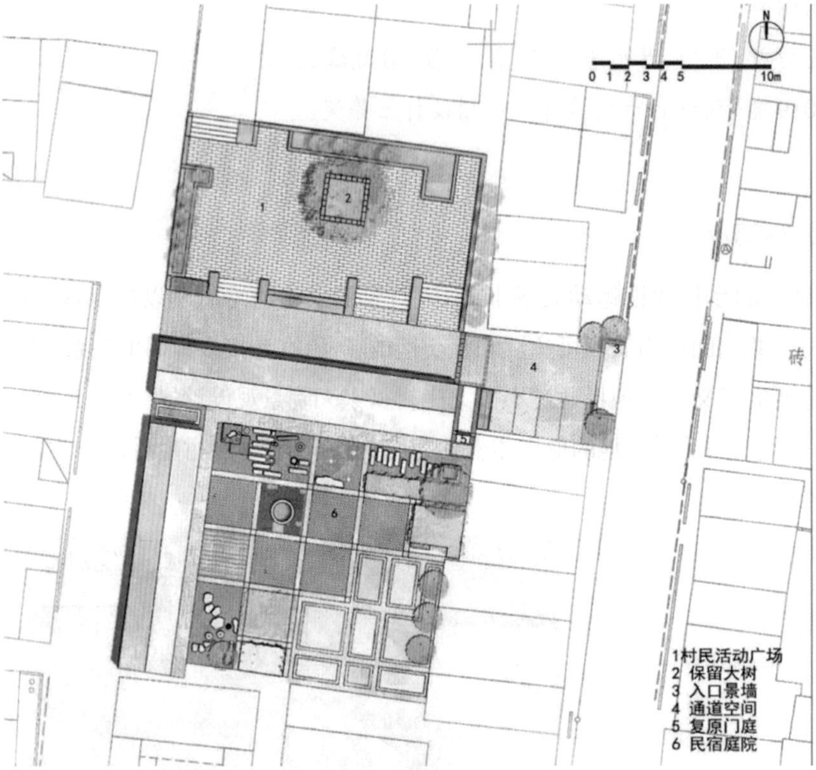

图 2　吕家大院平面方案

图 3　建造过程记录

图 4　营建前后对比

图 5　建成效果

入口前场空间通过两处低矮的镂空矮墙界定了与村道的关系，结合季相变化丰富的植被，营造前场空间时掩时透的引导体验；通道空间以老石块铺砌作为前场空间与民宿庭院入口空间的过渡区域；民宿庭院入口栽植的竹子与建筑墙体围合而形成狭窄的庭院入口空间，烙印着时代印记的复原的大门引人前行。

村民活动广场作为乡村文化生活重建的一部分，是村民日常活动交流的公共空间。设计中保留场地原有记忆，现状大树四周以石块围合，形成供村民可记忆的场所；通过引导性毛石挡墙和台阶相结合的设置，营造了具有乡村质朴特质的空间场所。

民宿庭院作为集乡村文化展示、田园体验、交流聚会的场所，设计以模数划分场地结构、回收材料营造场所氛围、老物件运用展现乡村文化记忆三种方式全方位、多角度地营造场所氛围。

三、项目特色与创新

（一）低成本建造

乡村材料与低技术的选择更多地还是考虑到当地乡村工人施工水平和施工条件等因素的限制。在营建考虑上，材料本身较为粗糙的情况下，倘若以粗而粗，必将流入陋，所以需要细心收拾、别出心裁。在设计之初，建议施工工长广收瓦片、旧砖、石磨、老石块等乡村材料。这些乡村材料在营建中的灵活使用，使得建成的效果与乡村整体风格实现了内在的呼应。

庭院中的砖选用红砖，适应了周边建筑的色彩。“人”字纹的铺装形式虽纹样用材单一、构图简朴，但能产生柔和的光影效果，给人以宁静简洁的感觉，这种“素面纹样”增添了庭院的清幽之感。

来之不易的老石块尤为珍贵，粗糙的质感呈现出自然、古朴、清爽、大方的特点。如图 6 所示，老石块以不同模数为基准进行道路铺设，模数间留出缝隙来补植草籽，从而使得铺地与嵌入的青草相映成趣，既恢复了渗水的功能，也形成了可呼吸的铺地道路。

（二）“在地式”陪伴设计

小吕戈庄村乡村实践，把设计变为营造。设计师多次往返施工现场，在现场进行设计指导，全面参与到施工过程中，在施工中与村子里的工匠、项目方一同协作，灵活应变施工中的具体问题，保证了最后的建成效果。

石块间嵌入的青草、废旧大门的准确复原、局部空间的灵活调整等，是设计之功，还是施工之得，有点说不清，甚至有人认为是三方情投意合的产物。

图 6　老石块运用

"阳光社区 2019"社区空间微更新

——海泊河广场设计方案

编制时间:2019 年。

编制人员:孟颖斌、刘彤彤、张雨生、王升歌、孔静雯。

获奖情况:"阳光社区 2019"青岛城市空间微更新设计比赛一等奖。

一、项目基本情况

海泊河广场(如图 1 所示)位于青岛市市北区紧临海泊河中段,是由海泊河北路、江源路、江源三路围合而成的三角形区域,面积 3400 平方米,是一处主要服务于周边居民健身、交流、休憩的社区公园(如图 2 所示)。由于建造时间较长,公园主要存在空间划分不明确、设施陈旧、公共设施不足等问题。

图 1　海泊河广场设计鸟瞰图

图 2　海泊河广场儿童乐园效果图

二、主要设计内容

该方案设计以社区服务为导向,通过对空间局部的、微小的改变来激发社区公园自身的能动性。这种微更新的过程不仅更接近社区公园自身的发展规律,而且其结果也更加易于把控,因此也更容易带来积极的效益。

设计思路以整合空间为基础,通过对竖向的控制,将空间化零为整,提升空间的利用率。在空间整合的基础上,丰富活动设施,优化现状构筑,达到功能分区合理、活动设施完善、原有材料就地利用的目的。

三、项目特色与创新

(一)整合空间,化零为整

该项目环形场地现状设有三个台地,每个台地高差 0.15 米,原本用于观赏中心舞台的坐凳使用,但坐凳高度舒适性差，使用率极低。同时，台地间高差过小，铺装材质相近，不易察觉，存在极高的安全隐患。设计团队根据现场环境，通过回填土方，将第一、二级的台地向中心广场集中，并形成高 0.45 米的高差，就势设计格宾石笼坐凳；保留原有榉树，形成林下空间，供居民开展活动，入口处设置无障碍坡道，满足不同居民的要求。

（二）丰富设施，为全龄民众服务

通过对周围居民调查，居民中有 1 ～ 6 岁儿童的约占 12%；家有小学生的占比最大，约占 43%；区域内 55 岁以上人口占 5%，高于全市居住区人口平均水平。依据上述调查数据，设计团队将整合后的空间划分为老人活动区、儿童活动区、生态慢跑道，其中，老人活动区设置广场舞场地、棋牌桌凳、健身器械等设施，儿童活动区根据不同年龄段儿童的需求设置滑梯、跳跳椅、木桩组合等设施，生态慢跑道采用红色透水地坪铺装。

（三）循环利用材料，适度设计

细者，小也；节者，单位、要点也。细节，即为“细小的环节和情节”。结合绿色生态理念，铺装材料时选择透水性能极强的砂基透水砖并根据不同活动场地的定位采用不同色彩，增强不同区域的活动氛围（如图 3、图 4 所示）；本着材料二次利用的原则，对原场地改造拆解的石材进行循环利用，设计格宾石笼座椅。植物设计方面，充分利用场地已有植被，避免过度设计，替换少量长势较差的植物，优化植物景观层次。

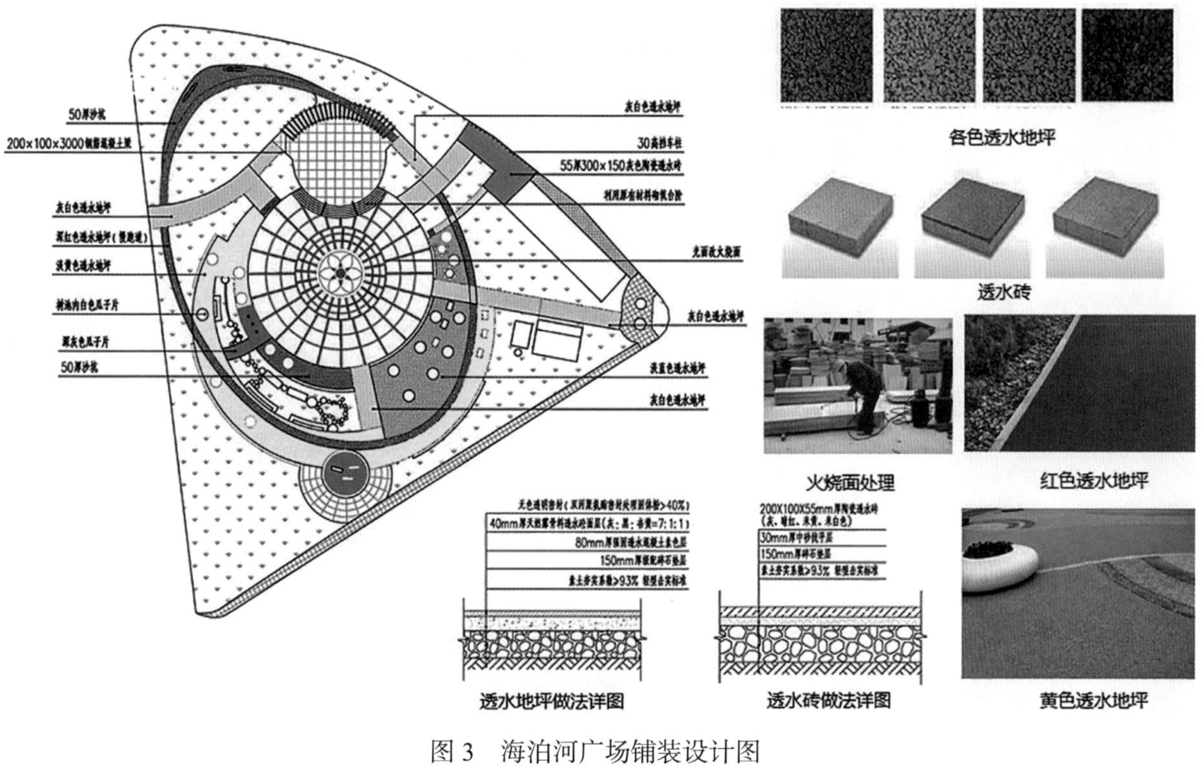

图 3　海泊河广场铺装设计图

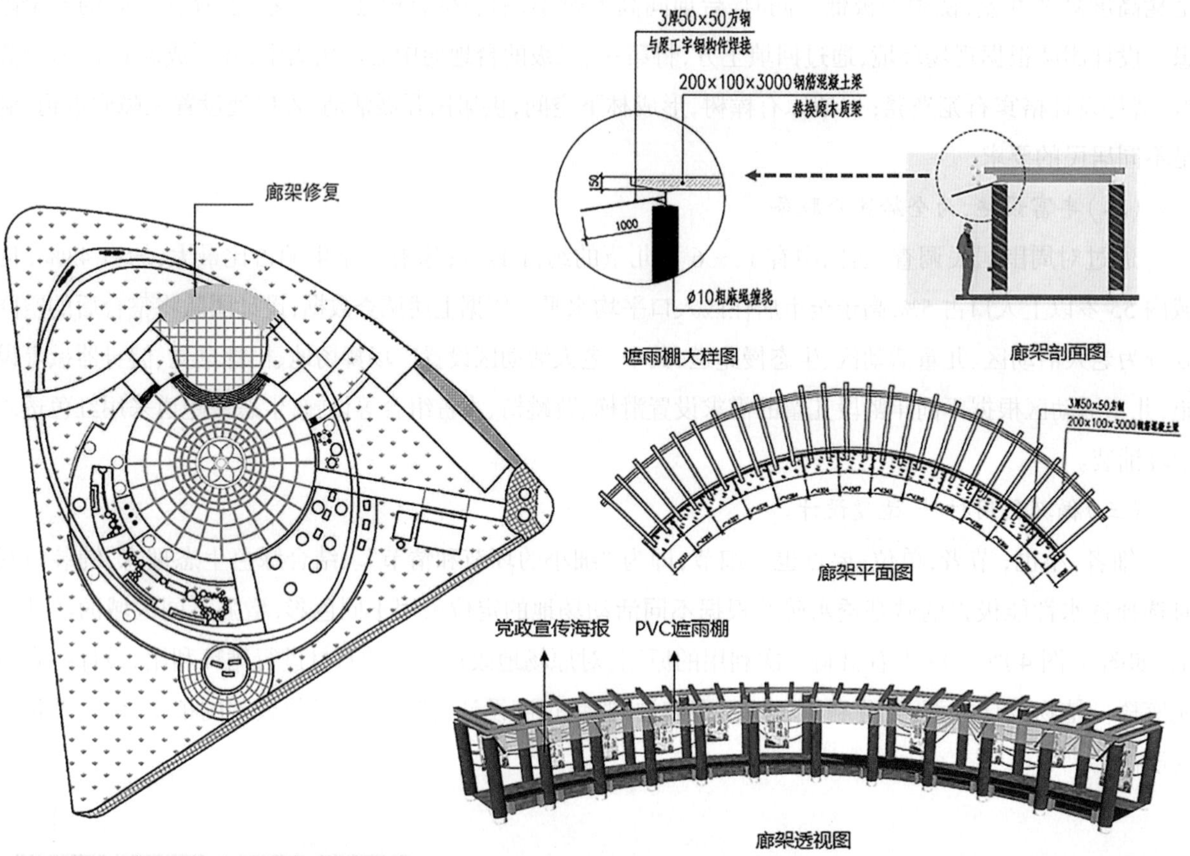

图 4　海泊河广场廊架设计图

青岛殷家河片区改造工程(北区)景观工程

编制时间:2019 年。

编制人员:刘彤彤、宿天彬、张雨生、李晓雪、王升歌、孔静雯、刘庚、刘琼、孟颖斌、孙琦、杨恺、杨云鸿。

获奖情况:2019 年,获青岛市优秀建筑设计二等奖。

一、项目简介

该项目基地(如图 1 所示)位于青岛市西海岸西区,在淮河西路以北、祁连山路以东、辛安 4 号线以南、陈家路以东。设计地块南北长 396 米,东西长 297 米,总面积 11497 平方米。现状为既有村庄,多数为低矮的平房。地势北高南低,总体较平坦,适宜开发建设。地块内规划建筑以 6 层住宅为主,高层区主要集中于场地北侧和西侧,建筑最高层数为 18 层,分为住宅建筑、社区服务中心、经济发展用房和幼儿园。

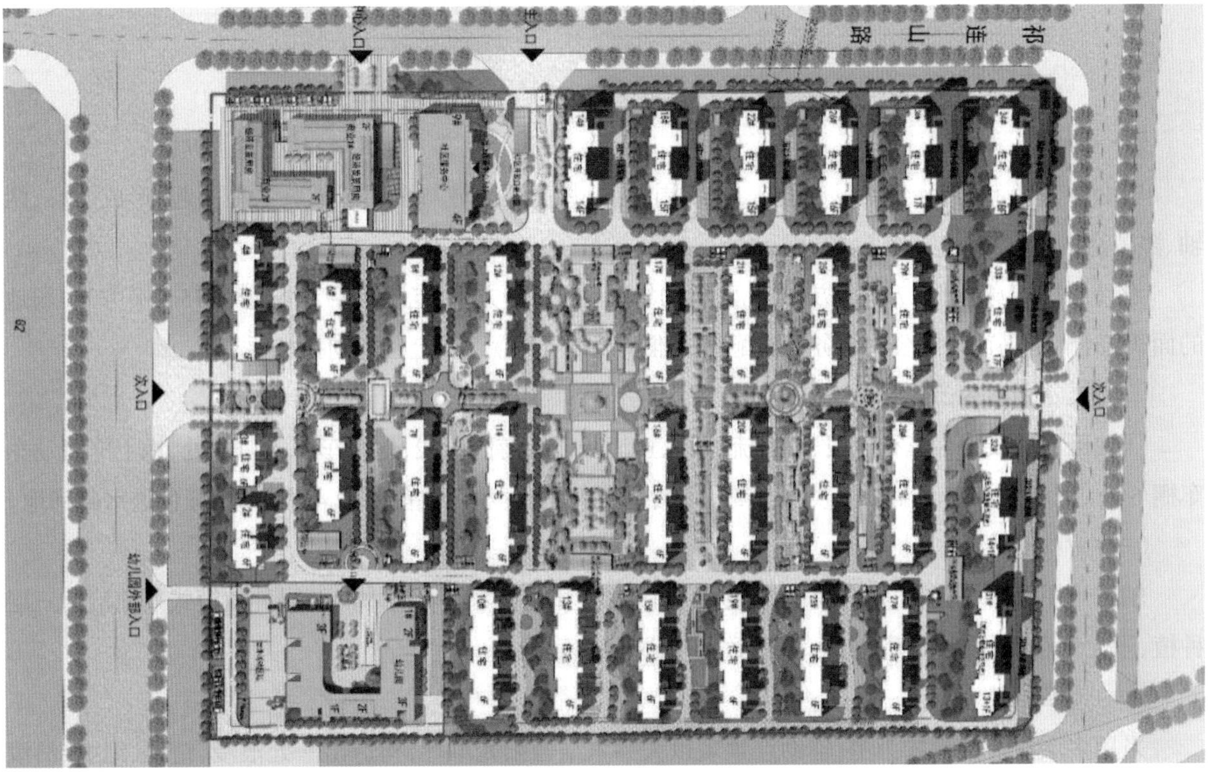

图 1　青岛殷家河片区改造工程(北区)规划图

二、设计理念

“铭刻田园印记,品享家园味道”(如图 2 所示),本着从田园到家园、为居民营造美好生活乐园的设计初衷；设计打造南北向的文化记忆展示长廊，为居民打造富有田园记忆和归属感的家园，营造美丽如画的居住景观和休闲惬意、富有活力的居住氛围。南北文化记忆展示长廊打通居住区南北步行系统，以此串联景观节点，将原殷家河村内的老物件、村史石刻等融入设计中，打造具有历史记忆的文化展示轴线；在社区核心位置打造中心景观广场，为居民提供休闲健身、聚会游乐的开敞空间。

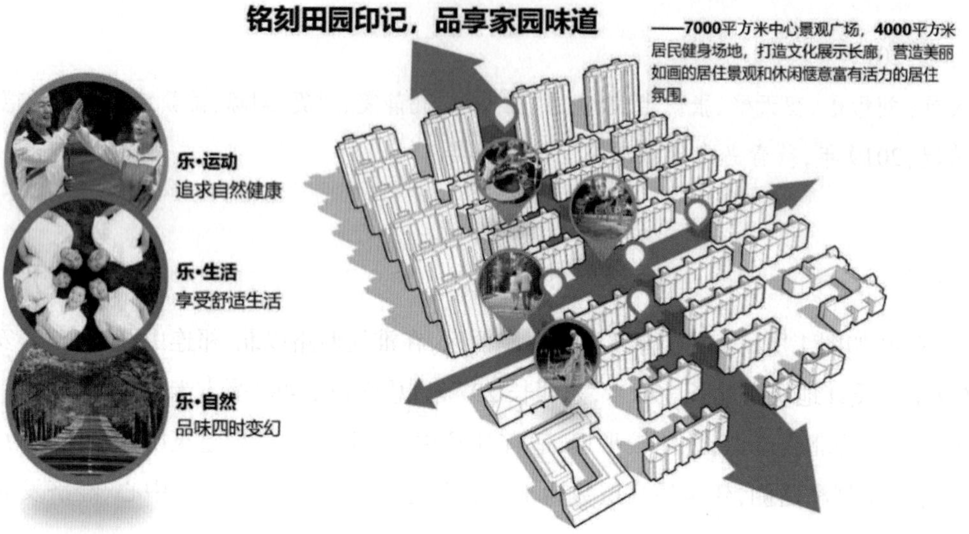

图2　青岛殷家河片区改造工程(北区)规划理念图

三、设计内容

(一)景观结构

中心景观、绿地结合公共服务设施，向四周辐射，将高层区域与多层区域联系在一起，形成一心、两轴、多节点的景观结构(如图3、图4所示)。

设计居民健身场地2710平方米，儿童活动场地887.5平方米，老年人活动场地1375.5平方米，场地的面积符合《青岛市市区公共服务设施配套标准及规划导则》以及上位规划指标要求。

(二)交通流线方面

居住区内流线分为车行流线、回家流线、入户流线以及游园流线，地下车库入口4处，地上非机动车车棚6处。小区主要车行路宽度为6米，采用黑色沥青铺地；小区宅前路为4米，采用红色透水砖铺地。

(三)中心轴线

轴线采用简洁、序列植物空间模式，主要是以大乔和花乔木结合灌木的两层种植模式及简洁的三层种植、阳光草坪，组合形成尊贵、大气、雅致的中心景观区域。

(四)高层空间

采用多层次种植模式为主，辅助点景观以大乔木结合阳光草坪，构造出一处浪漫、精致、细腻、活泼的高层空间景观。

(五)多层空间

用三层植物景观塑造一个雅致，温馨的巷道空间，通过整洁、序列的种植模式形成素雅、宁静的多层空间景观。

图 3　青岛殷家河片区改造工程（北区）规划鸟瞰图

图 4　青岛殷家河片区改造工程（北区）节点规划图

四、主要特点与创新

在创新方面，主要将推动我国生态城市、绿色城市、宜居城市建设的重要举措“海绵城市”应用于其中。在住宅区中布设专门用于雨水回收的“海绵体”设施，将项目中绿地设计为部分下凹式绿地和生物滞留带。其中，下凹式绿地面积 6800 平方米，调蓄容积为 1088 立方米；生物滞留带绿地面积 1000 平方米，调蓄容积为 250 立方米。

设置透水铺装 17575.92 平方米，设置一座 80 立方米 PP 模块组合水池，用于绿地浇洒或者道路冲洗，以此实现自然雨水向地下水系统的有效导流，在控制雨水地表径流方向的同时，达成高水准、大规模的植被观赏效果。蓄水模块前端设置安全弃流井、雨水弃流井和雨水过滤装置进行预处理，出水端设置净水一体机以处理后用于地块的道路浇洒、绿化浇灌等。

潍坊德润天宸居住区景观方案设计

编制时间:2019 年。

编制人员:刘彤彤、宿天彬、张雨生、孔静雯、刘庚、孙琦、李晓雪、葛玉良、申新、王升歌、杨恺、王慧、郝翔、孟颖斌。

获奖情况:2020 年,获青岛市优秀建筑设计一等奖。

一、项目背景

项目基地(如图 1 所示)位于潍坊市奎文区,在潍坊建成区西南部。区域位置较为优越,景观资源丰富,西南部紧邻白浪河及鸢都湖,北侧与东方新世纪乐园接壤。项目分为 2 个地块,北侧地块净用地面积为 43318 平方米,南侧地块净用地面积为 58751 平方米,总地块净用地面积为 102069 平方米。容积率限制为 1.6,规划地上建筑最大容量为 163310 平方米。场地大致呈不等边梯形,南宽北窄,地形平坦。

图 1　潍坊德润天宸居住区总平面图

二、规划设计基本思路与特色

设计立意针对项目名称中的“宸”字展开,引入星宿的理念,以北级星喻指德润天宸,将北斗七星中的七颗星宿以园林设计的手法布置在设计地块内,烘托出天宸园林景观的中心脉络;通过不同的造景手法将北斗七星—北极星的星宿理念落实在德润天宸景观设计之中。设计主题为“观天空之邸,赏穹宸胜景”,主题中涵盖了“天宸”二字点明项目主题,旨在营“迢遥星宸繁似锦,别有洞天非人间”的园林意境。

三、项目创新点

在大区内,通过太阳能薄膜技术与储水模块装置实现了自我持续的生态系统。通过将太阳能薄膜技术应用于迎光面较好的廊架顶部、阳伞、灯具、路面以及垃圾桶等景观构筑物上,使设施不易被人触碰,保证了其耐久性与实用性。白天通过太阳能薄膜来采集阳光转换电能以供其他用电设备使用,夜间可用于园区内路灯照明，实现了园区内的电能循环。蓄水模块则用于储藏园区内的雨水和污水，将控制台与地下储水模块设置在一起，通过远程操控，即可开启场地内的灌溉系统，实现园区内的生态水循环。

四、规划设计内容

该方案设计（如图2至图4所示）采用传统进院式布局形式，整体风格与建筑立面特色协调统一，入口处设置景墙、水景、小品等景观序列，营造具有仪式感的入区体验；南北侧次入口延续主入口景观形式，形成南北区两处次轴线；中心区设计阳光草坪、开敞空间、儿童及老年人活动场地，为居民提供健身休息的场地。

图2　潍坊德润天宸居住区规划设计鸟瞰图

社区共分为8个主题院落，围绕七星理念展开，分别为北宸园、天枢园、天玑园、天璇园、开阳园、玉衡园、摇光园、天权园。北宸园作为核心景观园，设计新中式特色回形廊架，结合曲水流觞的静薄水景以及中心对景景墙营造富有诗情画意的中式园林意境；天枢园为南区景观的核心区，通过植物以及折线形的景观廊架打造南区社区会客厅；天玑园、玉衡园在星宿中分别代表着勇气和幸福，在设计中被打造为两处全龄活动场地，设置活动设计满足社区活动需求；天权园为北区的社区会客厅，通过植物造景营造景观氛围；开阳园、摇光园分别被打造成南区及北区的健身场地，为居民提供休息娱乐空间。

铺装设计方面，主要节点广场、入户采用花岗岩石材铺装，主要园路采用仿石材PC砖，消防登高面、儿童活动场地采用彩色沥青、彩色混凝土铺装，丰富地面色彩。

种植设计旨在打造现代公园式社区景观新空间，使用乡土树种，打破传统居住区景观绿化模式，增加多种类型空间，丰富种植结构。

图 3　潍坊德润天宸居住区规划效果图 1

图 4　潍坊德润天宸居住区规划效果图 2

国际花园建造节专业组竹构作品“偶雨将歇”

设计时间:2021 年。

设计人员:张雨生、孔静雯、王升歌、孟颖斌、刘珊珊、郝翔、万铭。

获奖情况:第四届“北林国际花园建造节”专业组前八名并获建造资格。

一、项目背景

“北林国际花园建造节”由中国园林建筑学会教育委员会、北京林业大学园林学院等部门主办,旨在通过绘画、模型和实践,弘扬工艺、工匠精神,激发园林学子与行业从业人员的设计创作能力与实践建造能力,为将材料建筑与艺术表现融为一体提供契机。建造节自 2018 年创办首届以来已连续成功举办三届,吸引了众多国内外园林院校学子和园林同行积极参与到活动当中,使其获得了创作的机会和实践的能力,收获了很好的社会反响。

本届花园建造节的竞赛主题为“未来的花园”,竞赛鼓励设计者在有限的地块内,以竹材和花卉为主要材料,设计并建造一座具有未来感的小花园。

大赛共收到国内外 377 份参赛作品,评选出专业组 8 名入围、学生组 36 名入围。

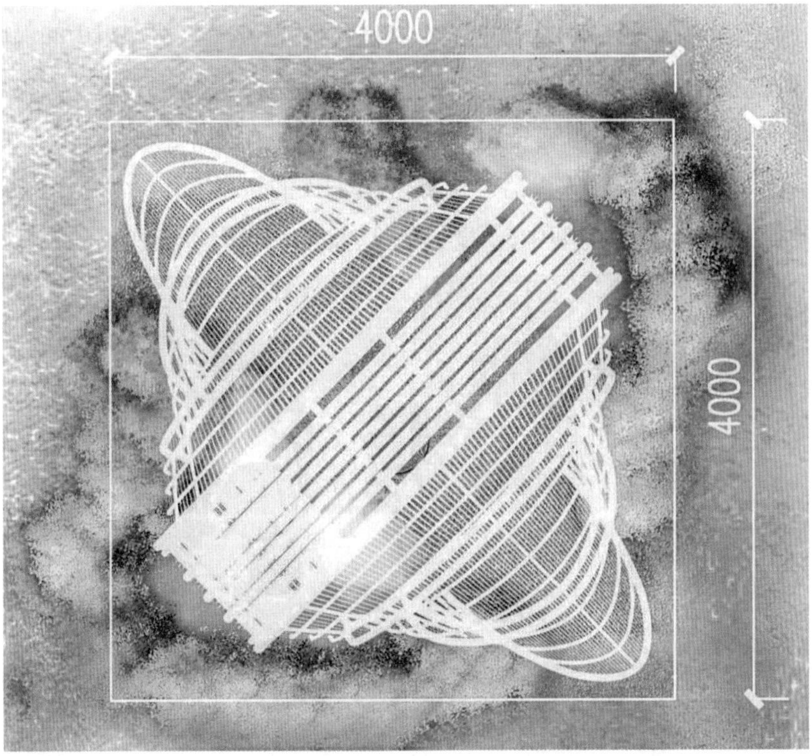

图 1 “偶雨将歇”平面图

二、项目设计介绍

设计团队认为，未来自然天气充满变化与挑战，但人类能从逆境中寻求发展，与自然和谐共生。作品师法自然，借自然之力营造可智能应对天气变化且可观雨、集雨、避雨的未来花园。

图 2 “偶雨将歇”设计说明及鸟瞰

“偶雨将歇”（如图 1 至图 5 所示）主体为一个对称式景观竹构筑，造型由中间向两侧逐渐叠落，喻指雨势逐渐减弱，逆境趋于平缓；同时，由两侧向中间的崛起，喻指人类展开双翼直冲云霄的探索创新之势；二者融为一体，和谐共生。主题构筑充分利用场地空间，两端较低处是人行出入口，坡度平缓，尺度宜人；行人进入后，空间逐渐变大，给人以豁然开朗、别有洞天的新鲜感和探索欲。构筑物沉浸于以小兔子狼尾草为主的各类观赏草环绕的空间中，凸显了花园亲近自然、野趣舒适的特点。

图 3 “偶雨将歇”局部效果图

三、项目特色与创新

随自然天气变化调节的纯竹构景观装置——在构筑物最顶部安装了一组能够自主上下移动的竹筒装置。雨天时，雨水通过滑道收集至竹筒中，待竹筒达到一定储量后，依靠自重牵引顶部竹盖向一侧移动形成遮雨空间；降雨渐停时，竹筒内雨水通过底部小孔流出，自重减小，顶部竹盖向另一侧移动，还原打开状态，阳光重新进入花园。

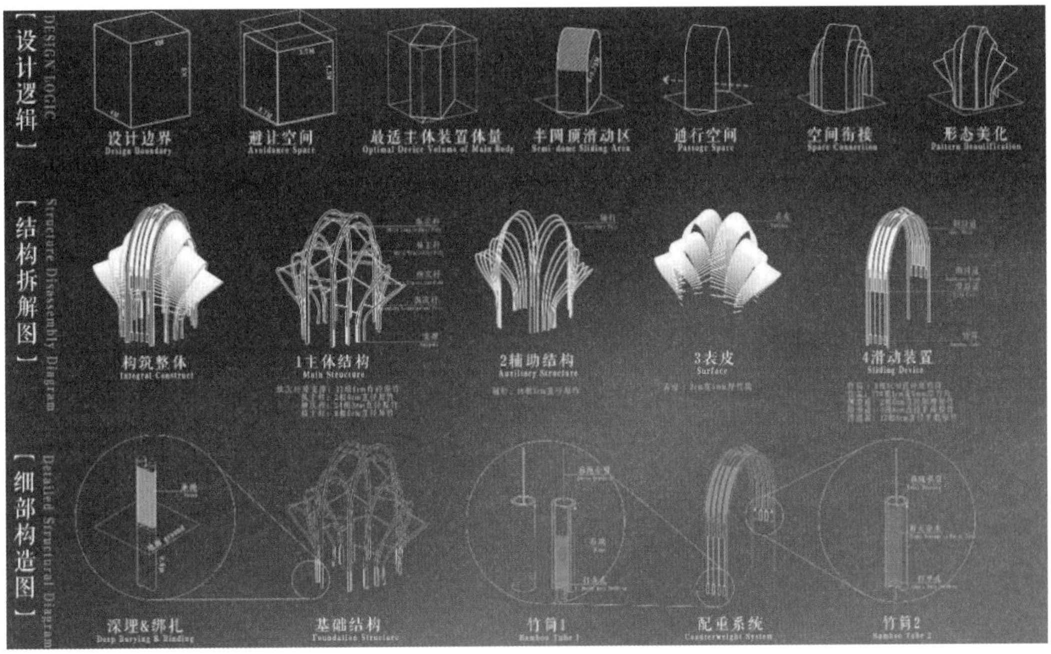

图 4　“偶雨将歇”设计生成示意图

此项装置按比赛要求全部使用竹制材料，仅连接处使用麻绳、枪钉等形式进行连接固定。完美地诠释了人类适应自然，与自然和谐相处的未来花园模式。

图 5　“偶雨将歇”人视效果图

第九编

建筑设计

青岛市宁德路小学项目

设计时间:2011 ～ 2017 年。

设计人员:辛文燕、孙文东、辛海亮、刘焕光、彭嵩、宋晓峰、赵倩倩、张鹏、郭婧。

一、项目基本情况

本项目由一座 24 班小学及一座 6 班幼儿园组成。项目基地(如图 1 所示)位于青岛市南区宁德路市南软件园东侧,南邻青岛大学,基地东、北侧均紧邻浮山,周边生源压力较大,学位供给紧张,因此本项目近几年来一直是青岛市南区的区办实事之一。

因项目用地及周边条件存在诸多不利因素,设计历经 7 年时间,克服种种困难,最终于 2020 年建成交付,丰富了市南区的教育设施,极大地满足周边适龄儿童就近入学的需求。

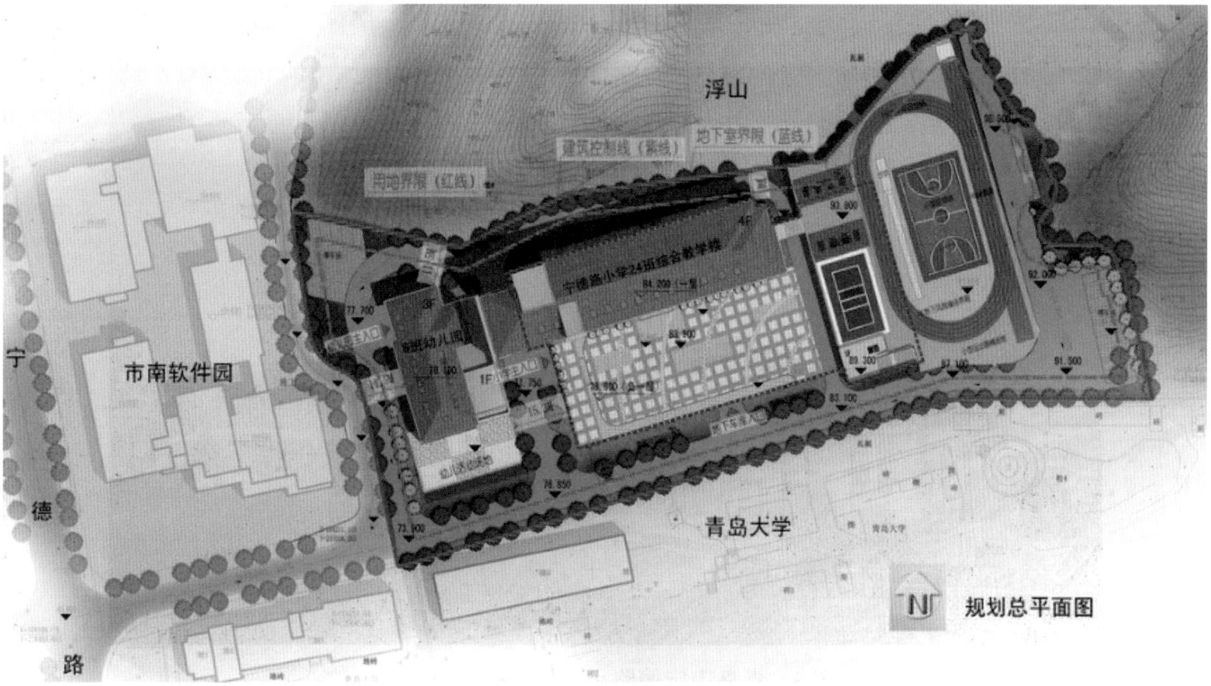

图 1　青岛市宁德路小学规划总平面图

图 2　青岛市宁德路小学规划设计鸟瞰图

二、主要设计内容

如图 2、图 3 所示，本项目包括 24 班小学及 6 班幼儿园的规划、建筑、景观及室内设计，总建筑面积 19351 平方米。

图 3　青岛市宁德路小学规划设计效果图

三、项目特色与创新

（一）高低错落多维度的校园空间

为克服用地不足及地势高差很大的困难，建筑布局力求紧凑有序，从校前区、课间活动平台至运动场，形成由低至高逐层抬升的多层级校园空间，为学生创造丰富立体的学习交流活动场所，各功能区既动静分区、互不干扰，又联系紧密、交通便捷，整个校园空间错落有致而充满情趣。

（二）富有潜力多功能的师生交流场所

在为课堂教学提供强大功能空间和优越环境的基础上，充分发掘空间潜力，创建多个师生信息和感情交流的场所，以应对未来学校教育发展的需求，为孩子们提供快乐成长的乐园。

（三）尊重生态与自然环境相互融合的建筑形象

设计依山就势，充分利用地下空间有效弱化建筑体量，形成高低有致的空间态势和丰富多变的视觉景观；校园尽头开阔的运动场将浮山美景自然引入校园，使建筑与环境相互渗透、自然融合。

（四）节能环保可持续发展的绿色设计

运用绿色建筑设计理念，按照绿建二星标准进行设计，采用清洁能源及导光管采光系统等绿色节能新技术，并通过评审获得“二星级绿色建筑设计标识证书”（如图 4 所示）。

绿色建筑设计标识
GREEN BUILDING DESIGN LABEL

二星级绿色建筑设计标识证书
CERTIFICATE OF GREEN BUILDING DESIGN LABEL

公共建筑　NO.PD23606C

建筑名称：青岛市宁德路小学、幼儿园
建筑面积：1.94 万 m^2
完成单位：中启胶建集团有限公司、青岛市城市规划设计研究院

评价指标	设计值
容积率	0.83
绿地率	6.00%
建筑节能率	65.00%
可再生能源利用率	—
非传统水源利用率	—
可再利用和可再循环材料利用率	10.61%
场地年径流总量控制率	—
工业化预制构件比例	—
室内空气污染物浓度	设计阶段不参评
物业管理	设计阶段不参评

说明：

1. 评价依据《绿色建筑评价标准》（GB/T50378-2014）；

2. 此证只证明建筑的规划和设计达到《绿色建筑评价标准》（GB/T50378-2014）二星级水平；

3. “评价指标”值为代表性绿色建筑评价指标值，整体评价查阅《绿色建筑设计标识评价意见》。

有效期限：2019年06月03日-2020年06月02日
签发日期：2019年06月03日

GLOBAL BEST-PRACTICES SHARED BY
CHINAGBC　WORLD GREEN BUILDING COUNCIL

图 4　青岛市宁德路小学项目获绿色建筑设计标识

青岛燃气热力应急抢修中心

设计时间:2013 ～ 2015 年。

设计人员:辛文燕、孙琦、姜浩杰、孙文东、李建、李树鹏、辛海亮、张胜楠、彭嵩、刘焕光、宋晓峰。

获奖情况:2016 年,获青岛市优秀工程勘察设计二等奖。

一、项目基本情况

本项目(如图 1 所示)为 2013 年青岛能源集团重点建设项目。本项目的建成为青岛市供热燃气的安全运行和调度提供了有力的保障和支持,极大地提高了青岛能源集团应对突发事件的能力,从而保障人民群众稳定有序的生活,有利于提升城市形象、促进社会和谐和城市的可持续发展。

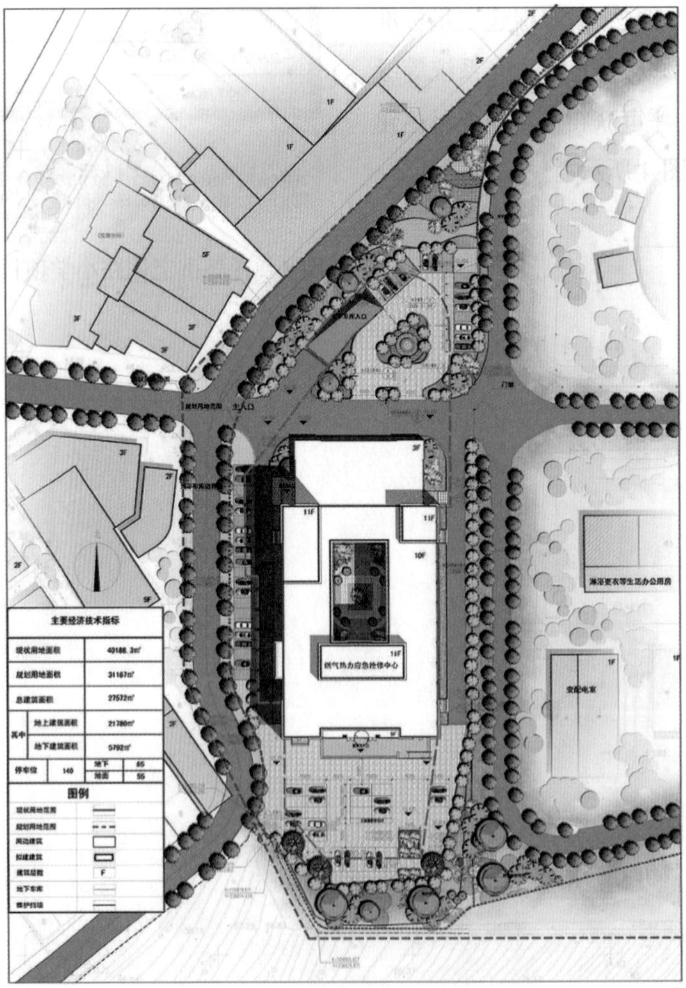

图 1　青岛燃气热力应急抢修中心设计总平面图

二、主要设计内容

本项目位于青岛市市南区银川西路 19 号，为一类高层建筑，总建筑面积 27572 平方米。楼内主要功能涵盖燃气热力抢修所需要的办公用房、安全教育用房、能源研发中心及相关设备用房等，同时配置有燃气输配调度中心及供热调度中心。

三、项目特色与创新

（一）建筑设计

由于场地受限，周边环境复杂，建筑整体布局采取比较纯粹的几何形体，显得方正大气而严整有序（如图 2、图 3 所示）。建筑内部设置通高的中庭，引入自然采光和通风，有效地改善了大进深建筑内部空间的室内环境。通过楼层的错动布局，在功能空间、设备设施等方面统筹协调、合理组织，满足项目多样化复杂的使用要求。

图 2　青岛燃气热力应急抢修中心鸟瞰图

图 3　青岛燃气热力应急抢修中心效果图

（二）全专业绿色节能设计

遵循因地制宜的原则，按照绿建一星标准，从节能、节地、节水、节材等方面进行绿建设计。特别是结合甲方清洁能源——天然气的使用优势，采用一体化直燃式溴化锂吸收式冷热水机组并将其作为空调系统冷热源。此系统不应用氟利昂类制冷剂，对臭氧层无破坏作用，制冷量调节范围大，运行平稳，无噪声振动，对项目的节能环保起到重要作用。

青岛电子商务产业园建筑设计方案

设计时间:2015 年。

设计人员:宿天彬、刘琼、郝翔、孙曦。

项目位于黄岛保税区内,总用地面积 52692 平方米,建筑面积 256562 平方米,办公建筑层数最高 27 层、最低 13 层(如图 1、图 2 所示)。

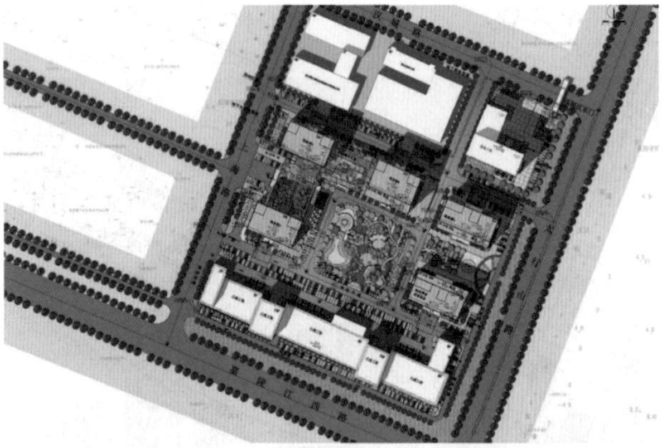

图 1　青岛电子商务产业园设计总平面图

图 2　青岛电子商务产业园设计鸟瞰图

本项目努力打造集电子商务、科技研发、生活配套、综合服务等功能于一体的全产业链综合服务平台,同时充分考虑与周边现状建筑的关系,运用城市设计的手段,营造全新的城市界面(如图 3 至图 5 所示)。

图 3　青岛电子商务产业园入口效果图 1

图 4　青岛电子商务产业园入口效果图 2

地下室共两层，为设备机房及车库。其中，一层为大厅及展示区；标准层为开敞式空间，以弹性空间适应未来业态需求。建筑立面由干挂石材及玻璃幕墙组成，形成竖向线条的韵律关系。

本工程结构形式为框架剪力墙，抗震烈度为7度设防，建筑耐久年限50年。

图5　青岛电子商务产业园高层建筑效果图

阳光互动，立体庭院

——山东省建科杯新农居建筑设计方案竞赛

设计时间：2016年。

设计人员：宿天彬、刘琼、朱倩、孙曦、郝翔、温明洁、杨彤彤。

工程地点：山东某处。

用地面积：199.12平方米。

建筑面积：257.25平方米。

获奖情况：山东省建科杯新农居建筑设计方案竞赛二等奖。

山东地区的居民多习惯院落式的居住模式，因为院落对人们的生活方式有着深远的影响，在山东人的心目中有一种特别的分量。

该方案（如图1至图6所示）既延续了农民与土地的亲近关系、继承传统生活模式，又融入了现代生活的方式。本设计的理念为“阳光互动，立体庭院”。

在平面设计上，院子和居室穿插布置，同时把住宅前后庭院和屋顶种植绿化相结合，并在二层设置内庭院，把天然光引入室内，打造与阳光互动的立体庭院，形成一个高地错落有致的立体空间庭院系统。平面与空间相互融合，使之既能成为一个富有生活气息的空间，又能形成一个自然生态的建筑体系。

夏季舒适降温，冬季温暖保温，缘于太阳能——水井空调的运用、沼气利用、循环水再利用。在农居的设计上，充分考虑到了节能，同时也使用了大量屋顶绿化、立体绿化、垂直绿化。采用多重绿化的形式，有利于夏季的自然风带走多余的热量，在冬季利用庭院减少冷风入侵、增加房屋日照，也能减少能源的消耗和资源的浪费。

本设计通过节能的计算分析，对原始方案进行了许多改进，也使方案本身更为科学合理。

图1　新农居设计方案图

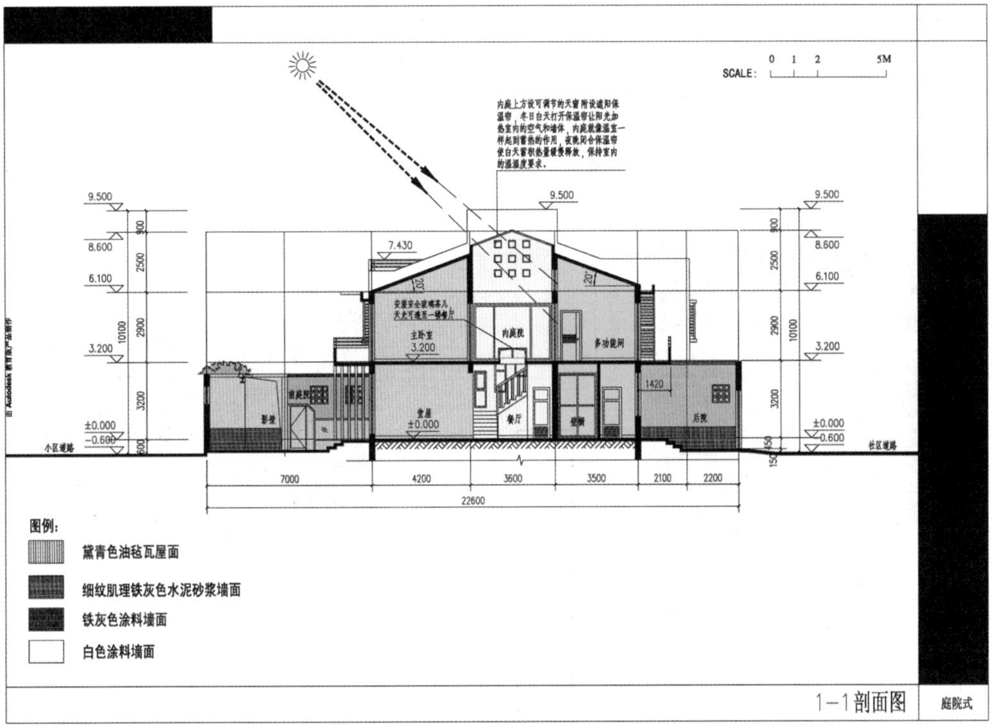

图 2　建筑剖面图

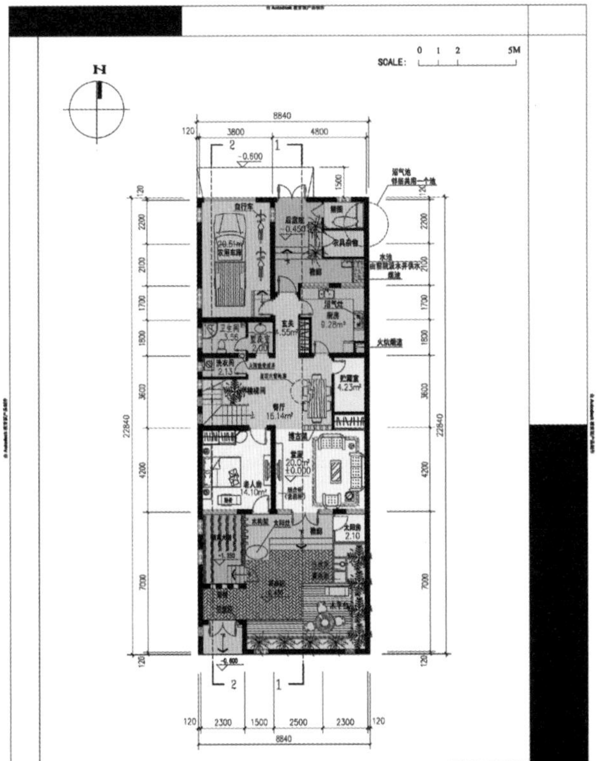

图 3　一层平面图

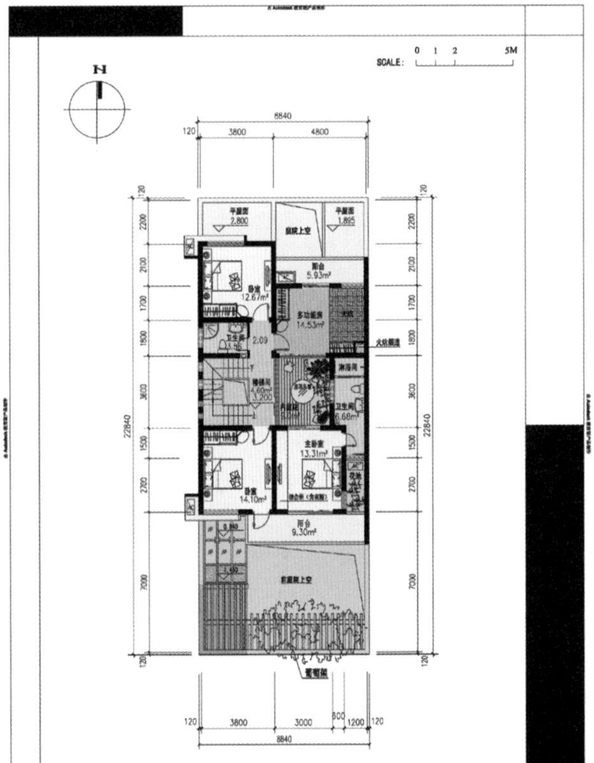

图 4　二层平面图

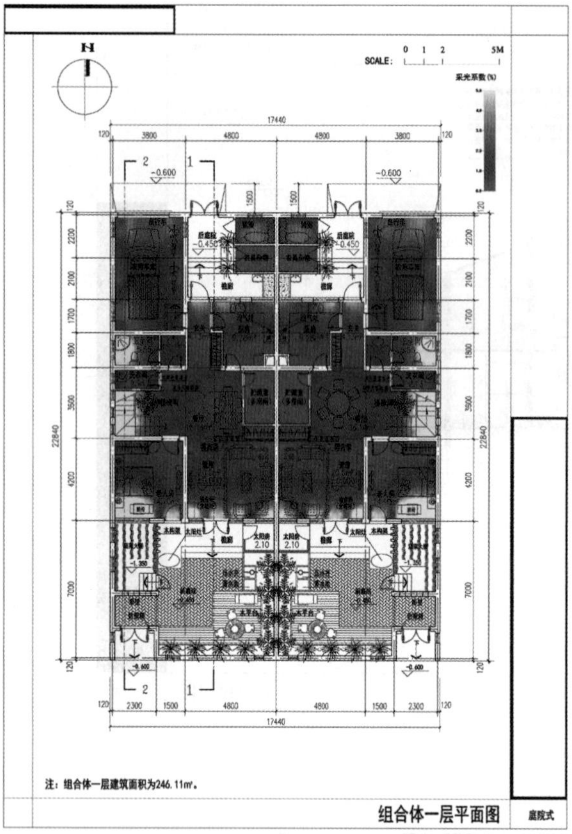

图5　一层采光分析

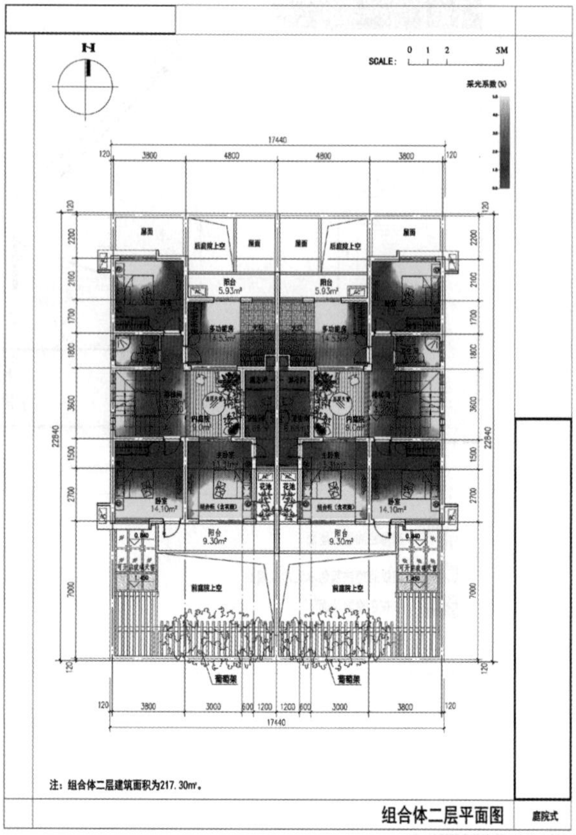

图6　二层采光分析

栈桥及回澜阁修缮工程设计

编制时间:2016 年。

编制人员:宿天彬、刘庚、刘琼、郝翔。

一、项目基本情况

栈桥回澜阁(如图 1 所示)是百年青岛的地标式建筑,承载着所有青岛人的独特乡愁与共同记忆。1992 年被列为市级文物保护单位,现为山东省重点文物保护单位。1892 年栈桥始建时并没有建回澜阁,1931 年栈桥扩建时,桥身延长至 400 米,桥南端增建半圆形防波堤,堤上新建一座中国民族传统风格的双层飞檐八角亭阁,名“回澜阁”。阁顶覆以黄色琉璃瓦,四周有 24 根圆形亭柱。阁内为二层圆球形厅堂,中央有 34 级螺旋式阶梯,可回旋登上二楼。回澜阁虽采用琉璃瓦大飞檐的民族风格,却使用了钢筋混凝土的建筑结构,这是它能挺立于百年风浪而安然无恙的主要原因。

图 1 栈桥回澜阁鸟瞰图

二、项目内容

长期以来,回澜阁的运营使用权在民企手里,充斥着商业气息,缺乏应有的修缮保护和对历史的尊重。2016 年 1 月,回澜阁移交给青岛市市南区管理,政府决定将回澜阁回归公益并免费开放。受市南区城市建设管理局的委托,我院建筑与景观设计研究所对回澜阁进行了现状勘察和保护修缮设计,在宿天彬所长的带领下,克服工期短、修缮任务重等困难,专业人员加班加点,在五一节前完成了多项工作:屋面检修，地面破损处修复，内外开裂墙面修复，门窗及其配件、灯具、楼梯栏板扶手修复，屋面梁体裂缝加固和统一分类整理用电线路等。

在修复过程中，遵照“修旧如旧”的原则，尽量保持建筑物的“原真性”。通过详细的勘察及历史研究，梳理清楚了建筑内部结构、有价值的历史信息等内容，完善了文物建筑的基本资料；根据勘察及研究结果，深入分析导致各类残损问题的原因，制定了有针对性的修缮方案，既保证了文物建筑的安全，又最大限度地保证了有价值的历史信息得以存留和展现(如图 2 所示)。

为了最大限度地保护价值载体，以尽可能减少对建筑的扰动为原则，在深入分析了建筑的结构特点和残损情况、仔细考证各部分构件的原真性后，选择了合适的修缮方案(如图 3 所示)，最大限度地保留原始构件，让建筑所承载的历史信息得到了较好保留。

图 2　修复后的栈桥回澜阁实景照片

三、项目特色与创新

一是创新文物活化利用模式。坚持“保护为主、抢救第一、合理利用、加强管理”的方针，依托回澜阁建筑空间，通过主题展陈的方式，全面展示青岛近现代历史、人文、民俗等独特城市风貌，是一次将展览功能融入历史建筑的有益尝试。其中，首期展览内容以“栈桥百年”为主题，使之成为展示栈桥历史文化和城市风貌的文化窗口；在不破坏原有建筑架构与主体的前提下，展览按照“简约、古朴、典雅”的设计原则，使用可移动式能够独立站立的单体展柜，采用抗腐蚀的金属喷漆仿木制作。展柜紧贴内侧墙壁摆放，既保证平稳站立，又最大限度地节约空间，受到了社会各界的高度赞扬。二是凭海临风。回澜阁，这颗青岛的历史文化明珠，经过精心打磨后，向世界展示出更加璀璨的光彩。

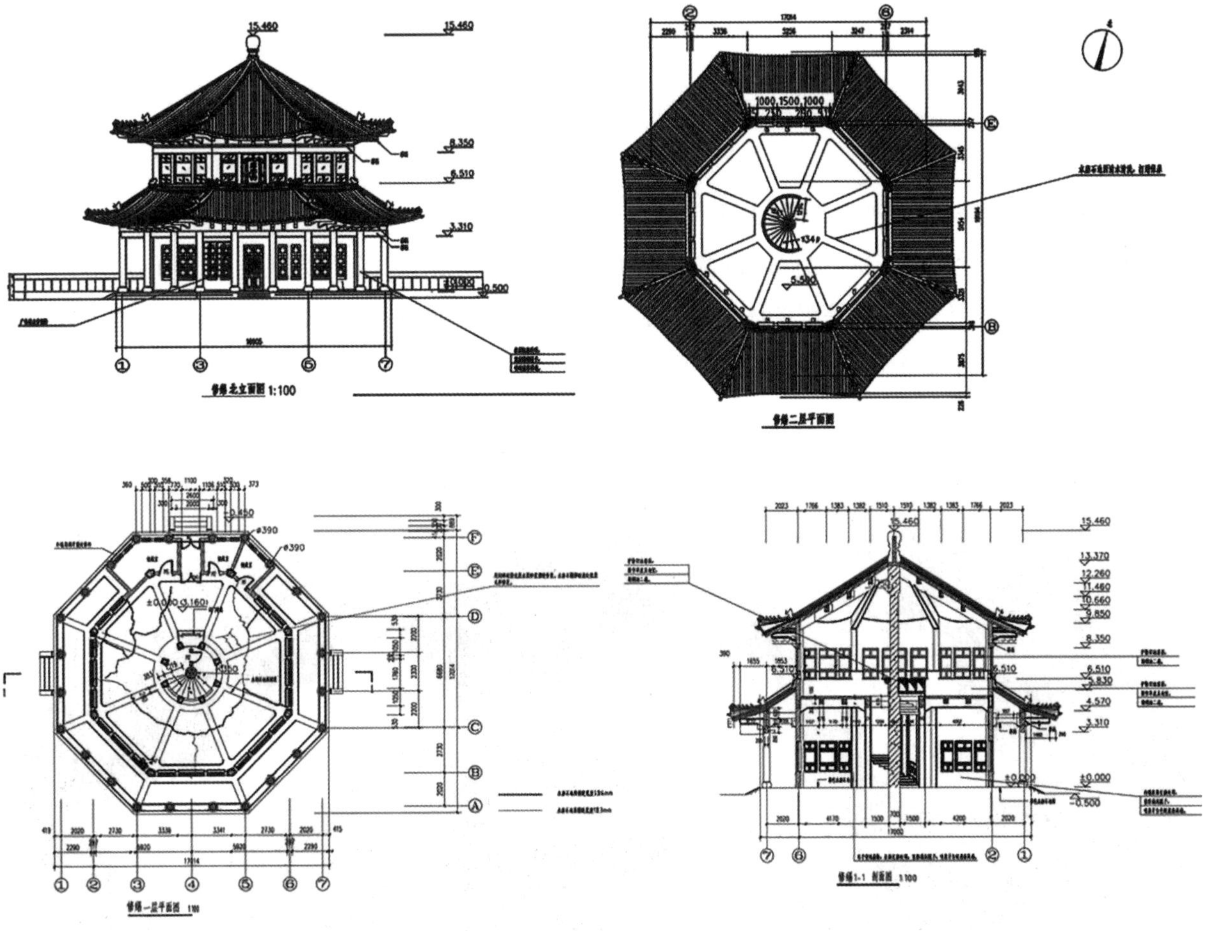

图 3　栈桥回澜阁修复设计方案

中启科技企业孵化器建筑工程

项目时间:2016 年。

项目人员:宿天彬、刘庚、孙曦、刘琼、郝翔、邵鑫彤。

一、项目概况

中启科技企业孵化器(如图 1、图 2 所示)位于青岛市市北区黑龙江南路 47 号。该项目按照青岛市综合类科技企业孵化器的标准,以促进科技成果转化、培育科技型中小企业为宗旨,构建创业培训创新服务中心、中介服务、信息网络等服务体系,引入为科技型中小企业服务的中介机构,建立在孵企业孵化基金,同时为其他中小型企业及大学生创业提供良好平台,形成科技企业孵化器、研发机构、创新型企业的聚集地。

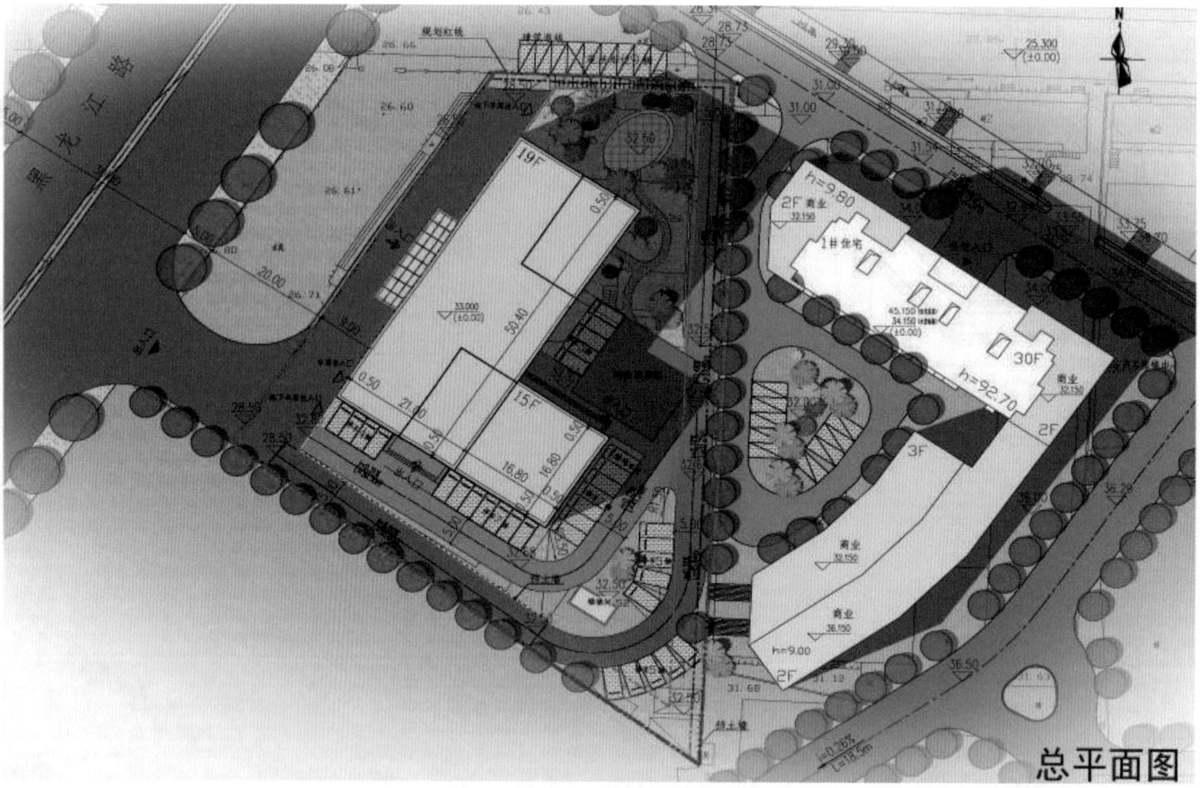

图 1　中启科技企业孵化器设计总平面图

二、项目主要内容

本项目总建筑面积 41708.17 平方米,其中地上建筑面积 3010567 平方米。建筑主体 19 层,高度

89.90 米；局部 15 层，高度 63.92 米。地下共四层，为设备用房及车库。地下一层设置大厅及产品展示和部分车库，一层为产品展示区，二至六层布置车间，七至十九层为开敞式实验室。屋顶设置电梯机房、水箱间等。电梯、楼梯、管道井及卫生间相对集中设置，科学有效。建筑立面由干挂石材及玻璃幕墙组成，形成横线条的韵律关系，显得简洁大方。建筑耐久年限 50 年，耐火等级为一级。

图 2　中启科技企业孵化器建筑设计效果图

青岛蓝谷创新中心街区 LG0203-6 地块

设计时间:2018 年。

设计人员:孙琦、宿天彬、刘琼、王慧、杨恺。

项目位置:青岛市即墨区。

总用地面积:13000 平方米。

该项目(如图 1 至图 3 所示)位于青岛市蓝色硅谷中部核心区,区位优势明显,自然条件优越,条件便捷。轨道交通 11 号线和 16 号线经过该区域,并设站点换成,南北侧道路为主干道,交通出行 15 分钟可达创智新区、国际博览中心、温泉度假区、崂山风景名胜区等重要公共设施及自然景区,交通出行 30 分钟可至青岛市区、即墨中心城区、王村新城等重要城市功能区。蓝谷创新中心街区总用地面积 398 公顷。

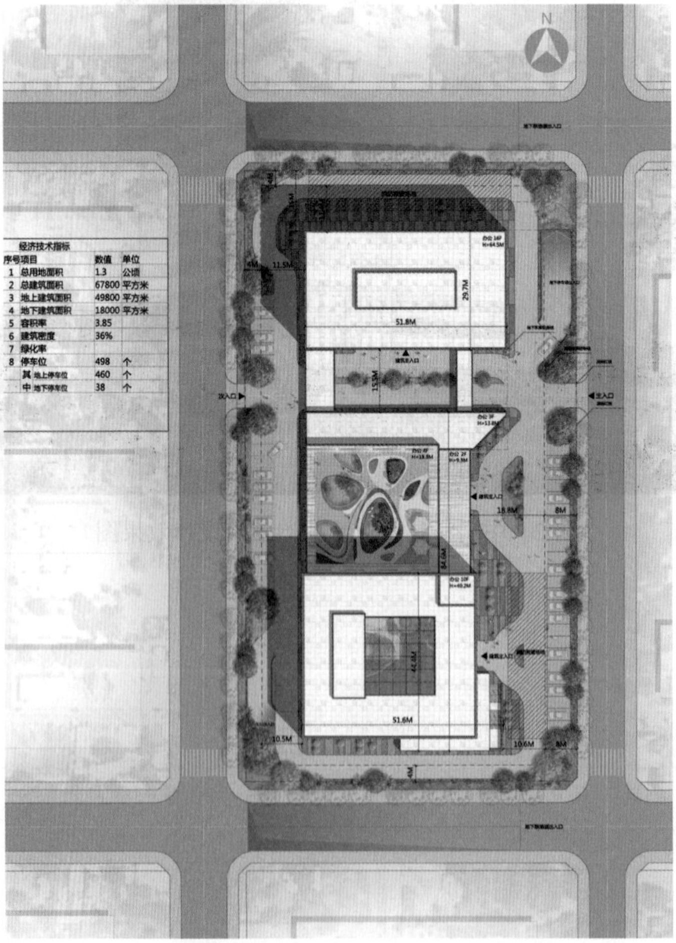

图 1 青岛蓝谷创新中心街区 LG0203-6 地块设计总平面图

依据主要功能布局及区域交通系统构建，主要划分为6个单元。本地块为单元二，主导功能为商务办公、研发富华、行政服务、文化休闲，总监制面积约为142.88万平方米。

图2　青岛蓝谷创新中心街区LG0203-6地块设计鸟瞰图

图3　青岛蓝谷创新中心街区LG0203-6地块建筑设计效果图

基地用地面积1.3公顷，地块南北长155米，东西宽86米。东侧为规划道路，南北侧为规划地下联络通道，西侧为规划开放空间。

立菲医疗器械创新中心

设计时间:2018年。

设计人员:闫玲玲、孙凯、郭婧、申新、隋磊、赵一、孙刚、刘海燕、许娜、张鹏。

获奖情况:2018年,获青岛市优秀建筑设计(建筑类)三等奖。

一、项目基本情况

立菲医疗器械创新中心(如图1至图5所示),位于山东青岛红岛高新技术产业开发区,占地约2公顷。项目规划为以液相芯片产业化的研发、生产为主导的产业园区,涵盖科研、生产等相关功能。项目规划A、B 、C三栋建筑,其中一期B栋已经建成。本次设计为二期工程,包含A、C两栋建筑。基地附近产业发展环境优越,靠近众多交通枢纽,交通便捷通达。基地用地规整,地势平坦,其东、北沿街有较宽的城市绿带,为形成一个静谧、绿色的厂区环境提供了有利条件。

图1　立菲医疗器械创新中心规划图

二、主要设计内容

项目用地三面环路，东向、南向设置主出入口，北向设置次出入口。建筑单体采用灵活的布局方式，形成南北两个群组，各拥一个庭院式的内广场。两个群组分而不散，有机呼应。“十字形”视觉通廊形成规划骨架，用以划分区域、组织交通、引导景观布置。

其中园区西侧为一期已建成建筑 B 栋，东侧和北侧分别为本期设计的 A、C 两栋。A 栋建筑共 5 层，建筑面积为 7666.79 平方米；C 栋建筑同为 5 层，建筑面积为 11973.62 平方米。包含科研办公、生产车间、停车等功能。本次设计充分考虑一期 B 栋原有的建筑风格，主动与其风格进行协调统一，兼顾整个片区的规划需求的同时富于创新。

图 2 立菲医疗器械创新中心规划鸟瞰图

三、项目特色与创新

（一）场所精神塑造

场所精神是对空间的一种情感利用，使空间的使用者在其中产生感情共鸣。在兼顾厂区内人车分行与停车需求的前提下，厂区采用外围环路来组织车行交通，保证建筑围合的庭院里形成“无车区域”的开放广场空间，联系各个建筑的内部交通。庭院式广场上交流空间的设置，以树荫下游憩、分享、交流为初衷，期望获得一个与众不同的情感空间、思考空间。

建筑设计中，考虑在建筑内留有大量的露台、阳台、阳光厅、室外楼梯等共享空间，与开放广场空间交相呼应，为这里的科研工作人员塑造更多丰富有趣的交流场所。

图 3　立菲医疗器械创新中心规划效果图

（二）现代建筑理念在工业建筑中的运用

在建筑设计中融入包豪斯建筑风格，使艺术品与工业化共存，形式跟随功能，去除干扰和装饰，具有实用、唯美、极简、功能化、理性化等特点。

图 4　立菲医疗器械创新中心实景图 1

图 5　立菲医疗器械创新中心实景图 2

把底层架空停车、自由平面、屋顶花园等现代建筑的设计理念运用于工业建筑设计中。

室内采用无遮挡大空间设计，为多种使用功能提供可能性，便于后期空间划分和生产设备的排布。C 楼底层架空，营造多样的开放空间，同时满足停车要求。

（三）海绵城市设计理念

本工程结合地块实际情况进行海绵城市设计，采用新建雨水池、透水铺装、下凹绿地、生物滞留带等技术措施，不仅满足本地块道路和景观浇洒等杂用水需求，从而有效节约水资源，还可起到防止内涝的作用。

（四）采用绿色建筑理念

工业建筑也进行了节能保温设计，使其达到了绿建 1 星标准。

秉承垂直绿化的设计理念，营造多功能的屋顶绿色空间，并把阳台作为过渡空间，从而丰富了建筑的空间、增加了种植休闲等多功能体验。将立菲医疗器械创新中心打造成绿色园区，使之成为生物高科技的研发中心和创新平台以及高新区高科技产业的名片。

青岛利和生物萃取 1 ～ 4 号车间项目

设计时间:2019 年。

设计人员:辛文燕、王涌、徐硕、郭婧、张川东、赵一、任红伟、田甜、刘昊洋、王维波、张鹏、许娜、刘焕光。

获奖情况:2019 年,获青岛市优秀建筑设计三等奖。

一、项目基本情况

该项目(如图 1、图 2 所示)基地位于青岛市城阳区轨道交通产业示范园核心地带。建设单位利和味道(青岛)食品产业股份有限公司是以产品为中心的产业链级别的食品科技公司。本项目是年加工 15000 吨健康食品的利和生物项目,覆盖全球产品研发中心、食品检测中心、美食车间、电商平台等全产业链,是该公司总部级别的重要项目。

二、主要设计内容

本项目基地位于城阳区规划科兴路以南、锦盛二路以东,占地面积约 19723 平方米。我院承担整个厂区的规划景观和建筑设计,共有四栋生产研发厂房及相关配套设施用房,总建筑面积约 5 万平方米。

三、项目特色与创新

(一)空间张弛有度,交通通达有序

在满足生产研发使用功能的前提下,四栋建筑以对称围合的方式布置,内部形成前区广场并成为企业形象的展示空间,建筑高度和体量错落有致,室外空间张弛有度。

合理组织人流物流等交通流线,交通通达有序,互不干扰。

(二)创新建筑形象,体现时代特色

立面设计富于创新,利用虚实结合的斜线处理,传达向上攀升的意向,突出科技企业的创新理念,体现现代化工业建筑特色。

图 1 青岛利和生物萃取 1 ～ 4 号车间项目效果图

（三）科学设计，绿色环保

设计时，从多个方面采用绿色节能环保技术，满足海绵城市设计要求。

图 2 青岛利和生物萃取 1 ～ 4 号车间项目效果图

殷家河片区改造工程(南区)

编制时间:2019 年。

编制人员:辛文燕、闫玲玲、李丹、孙凯、赵倩倩、赵倩文、徐硕、郝玉霞、刘波、李浩、许哲、张川东、刘晓萌、王霄龙、王晗、辛海亮、任红伟、齐风波、杨继建、张荣春、隋磊、丛凯、金申荣、刘春浩、赵一、王奇、刘焕光、王维波、许娜、彭嵩、魏嘉屹、刘昊洋、孙刚、田甜、刘海燕、鞠永涛。

获奖情况:2020 年,获青岛市优秀建筑设计二等奖。

一、项目基本情况

殷家河片区旧村改造项目(如图 1 至图 4 所示)是目前青岛西海岸新区安置村庄数量最多、体量最大的旧村改造项目,涉及灵珠山、辛安两个街道 10 个村庄的安置,分为南北两个片区,规划总用地面积 28.08 公顷,总建筑面积 67.38 万平方米,是西海岸新区加强城市有机更新、促进城市品质提升、为市民打造美好家园的重大民生工程。

图 1　殷家河片区改造工程(南区)规划总平面图

二、主要设计内容

本项目南区南邻黄河西路，规划总用地面积163256平方米。设计内容包括31栋多层住宅、11栋高层住宅、特大型地下车库、幼儿园、社区服务和社区文化中心、老年人日间照料中心、沿街商业服务网点等社区配套设施，以及一栋集商业、影院、餐饮、教育培训于一体的商业综合体，总建筑面积401031平方米。

三、项目特色与创新

（一）生态优先，组团发展

尊重原有生态格局和自然地势，依托滨河生态廊道，以纵横贯通的景观视线通廊为纽带，构建社区的整体格局，延续传统村落街巷肌理，打造生态活力宜居社区。

图2　殷家河片区改造工程（南区）规划鸟瞰图

图3　殷家河片区改造工程（南区）规划建筑设计效果图1

（二）功能复合、生活便捷

打造基础设施完善、生活配套齐全、商业业态丰富、充满活力、高效便捷的复合型社区。社区设有幼儿园、老年人日间照料中心、提供一站式服务的社区文化卫生服务中心、沿街商业网点和集购物娱乐休闲于一体的商业综合体，充分满足安置区居民日益增长的美好生活需要，极大地拓展生活便捷度。

（三）优质空间，更好生活

尊重当地居民的生活习惯，以中央休闲广场的形式构建高品质的社区交流空间，提供居民运动休闲娱乐社交的场所，延续传统邻里关系，塑造有村史记忆、充满人情味的社区，并使社区有机地融入城市之中。

（四）绿色住区，健康舒适

住宅设计平面紧凑，全明通透，动静分区。建筑造型采用体现本土文化的现代风格，色彩温暖典雅、亲切宜人。

设计多方面采用新型节能环保技术，满足海绵城市和绿色建筑设计要求。

图 4　殷家河片区改造工程(南区)规划建筑效果图 2

里院—潍县路 19 号改造方案

参赛时间:2019 年。

参赛人员:陈宁一。

组织单位:青岛市勘察设计协会。

获奖情况:“青岛市潍县路 19 号里院改造方案设计竞赛”二等奖。

一、项目基本情况

里院是青岛颇具特色的住宅建筑形式,最早可以追溯到 20 世纪初大鲍岛的“中国城”,是殖民时期产生的具有青岛城市特色的民居形式,反映特殊历史时期西方文化与本土文化的交融。

伴随着时代与城市的发展,老城区的里院日渐破败,空间形式与配套设施已无法满足功能的需要。本项目以潍县路 19 号为对象,以维护青岛老城风貌、延续城市文脉为基本原则,提出相应的改造策划,使老建筑焕发新生,更好地适应当代城市发展的需要。

二、主要设计要求

在区域策划层面,结合旧城改造的策略趋势以及潍县路 19 号院的建筑条件,对里院改造后的功能、业态等方向提出设想,并对未来的运营与发展模式进行构想。

在建筑单体层面,以潍县路 19 号里院为一个改造单元,提供一个切实可行的推广方案(如图 1、图 2 所示),达到以点至面的扩散效果。改造需在其原有的形制下进行提升改造,使其为旧城改造工作中提供参考与指导意义。

三、项目特色与创新

(一)建筑改造的功能策划

在借鉴区域规划策略的基础上,以建筑视角策划、归纳改造业态、功能及可能性;同时,结合建筑单元功能需求提出几个具体的改造模板,并提出在互联网时代借助新媒体、短视频等方式吸引人流来带动老城区的经济和消费力等激活策略。

(二)保持社区活力的方法探讨

本方案提出,通过不同模式融合来保持社区活力,同时保证不同模式、业态之间的良性循环。

以潍县路 19 号为例,它地处老城区,人口老龄化的问题在该片区一直存在。方案设计借鉴了哥本哈根市 The Future Sølund 疗养中心将青年社区和老年公寓融合的方式,使改造社区有不同年龄层的居民;社区里的长者不再远离后辈,也不再和城市生活隔阂,有机会与其他社会成员相处。年轻人的加入也更好地保证片区商业的活力。

在社区公共空间完善的情况下，这种模式丰富了该社区的生活场景，为民宿等旅游经济带来资源。

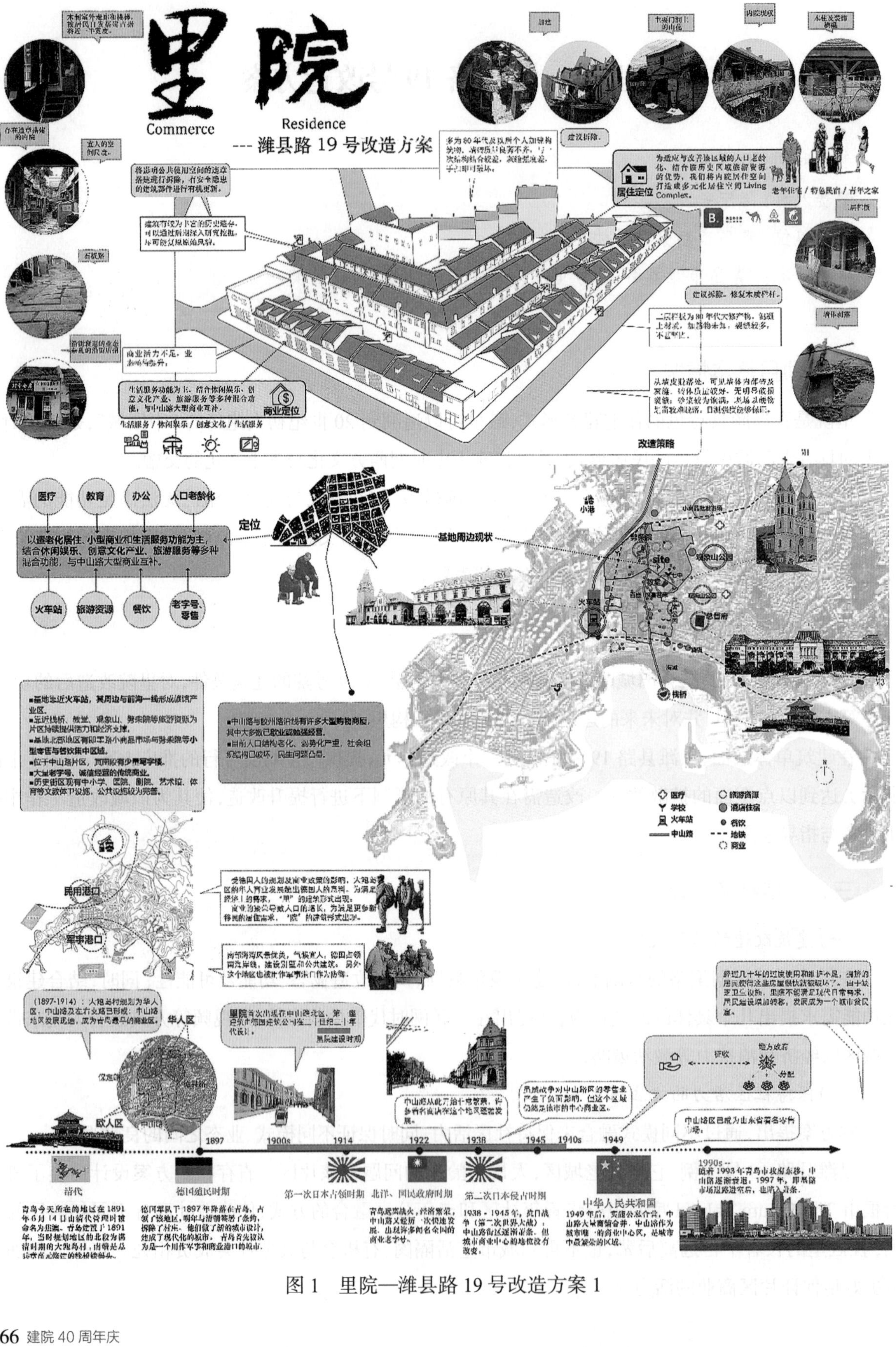

图 1　里院—潍县路 19 号改造方案 1

（三）建筑公共空间的叙事性更新

在建筑、景观层面上，该项目设想在历史区植入新的业态功能，实现合理的空间布局，使改造后的空间与环境相协调；与此同时，新旧材料对比为历史区增加了故事性。该设计在探讨如何利用公共空间激发社区活力以外，又为唤醒历史区的老城记忆提供了一些思考。

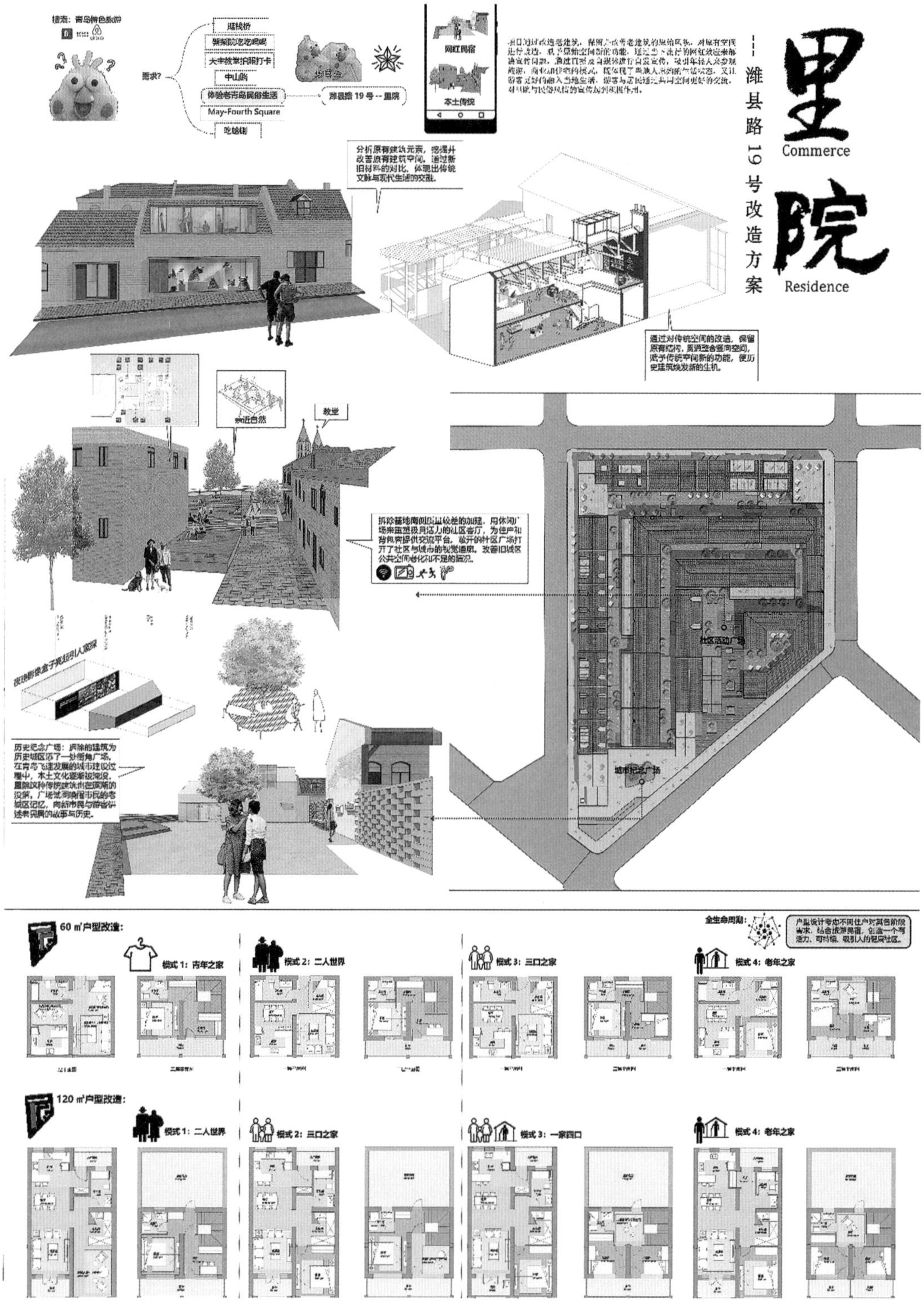

图 2　里院—潍县路 19 号改造方案 2

第十编

大数据与新技术应用

青岛金家岭金融区核心区建设项目信息管理系统及招商 APP

开发时间:2016 年。

开发人员:刘文新、周志永、郭结琼、王艳杰、相茂英、卢鑫、高亢、盛捷、徐长爱。

合作单位:青岛金家岭金融聚集区管理委员会。

获奖情况:2016 年,获山东省计算机应用优秀成果三等奖;2017 年,获山东省优秀城乡规划设计三等奖;2016 年,获青岛市优秀城乡规划设计二等奖。

一、项目背景概况

2012 年市政府提出“建设崂山金家岭金融区”的战略性决策。金家岭金融区作为京沪两大金融中心的承接点和中继站,辐射山东半岛的金融集聚区,目标是打造金融智慧之城。金融区规划范围北起株洲路,南至海口路,西起海尔路,东至滨海大道,总用地面积约 23.7 平方千米。其中,核心区北起银川东路,南至海口路,西起海宁路,东至松岭路,总用地面积 4.3 平方千米。

图 1　电脑端界面

图 2　手机端界面

二、项目创新特色

(一)建设项目全过程数字化跟踪管理模式创新

项目信息采用属性表和电子文件相结合的形式(如图 1、图 2 所示)进行存储和管理,改变依靠 CAD 格式、纸质方式的传统规划数据存储及建设项目管理的方式。

（二）多源异构数据融合技术创新

系统将卫星影像数据、规划编制成果数据、重点项目数据、公共服务设施数据按照统一坐标系、统一数据标准进行整合（如图 3 所示）。

（三）一图一表 / 图表互查的数据表达创新

应用 GIS 技术，采用“一图一表、图表结合”的方式进行设计与实现；图、表具有内在的关联，可进行联动互查（如图 4 所示）。

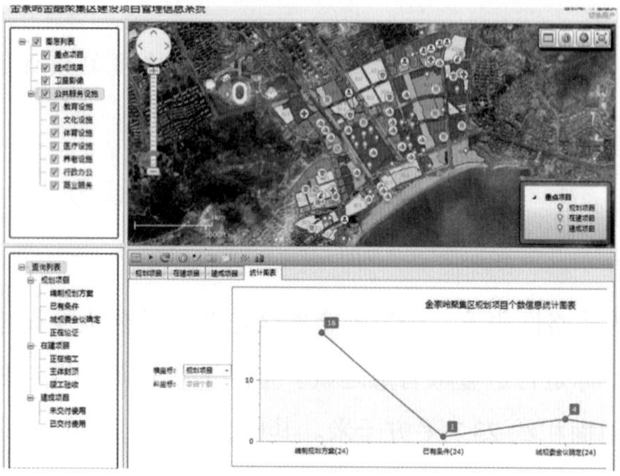

图 3　系统分析统计

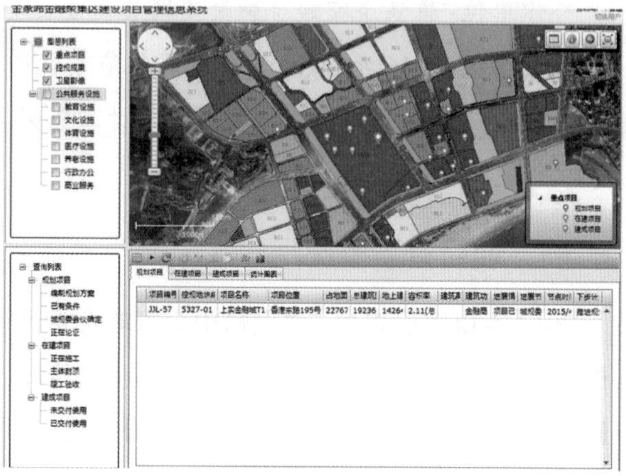

图 4　图表互查功能

三、项目实施绩效

该系统于 2016 年 8 月 1 日在青岛金家岭金融聚集区管理委员会投入运行，系统运行稳定，全面提升了管理委员会办公自动化、信息化、直观化。

该系统充分发挥信息技术在规划编制管理中的应用，切实为规划管理部门提供有效的数据支撑，对于提升金融楼宇的规划、建设、招商等管理环节（如图 5、图 6 所示）的高效性、规范性和科学性具有积极的作用。

图 5　手机端楼宇查询

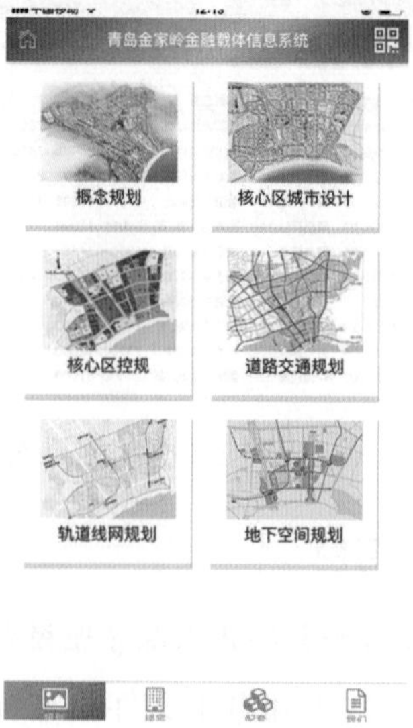

图 6　手机端规划展示

青岛蓝谷规划信息平台项目

编制时间:2018 年。

编制人员:刘文新、周志永、王建峰、高亢、张伟、和娴、相茂英、郭结琼、卢鑫、江源浩、沈崇龙、贾云飞、朱会玲、张栋、王艳杰。

合作单位:青岛蓝谷管理局规划建设部。

获奖情况:2019 年,获山东省优秀城市规划设计二等奖、青岛市优秀城市规划设计三等奖。

蓝谷规划信息平台以 GIS 地理信息技术、空间数据库技术、VR 虚拟现实技术、三维倾斜摄影技术等先进技术手段为依托,以地理空间信息服务为基础,按照问题导向、需求为主的建设思路,统筹多规数据,克服信息孤岛,实现了在一张蓝图上开展规划工作的目的,利用新型信息技术全方位服务规划编制、规划管理、规划审批。

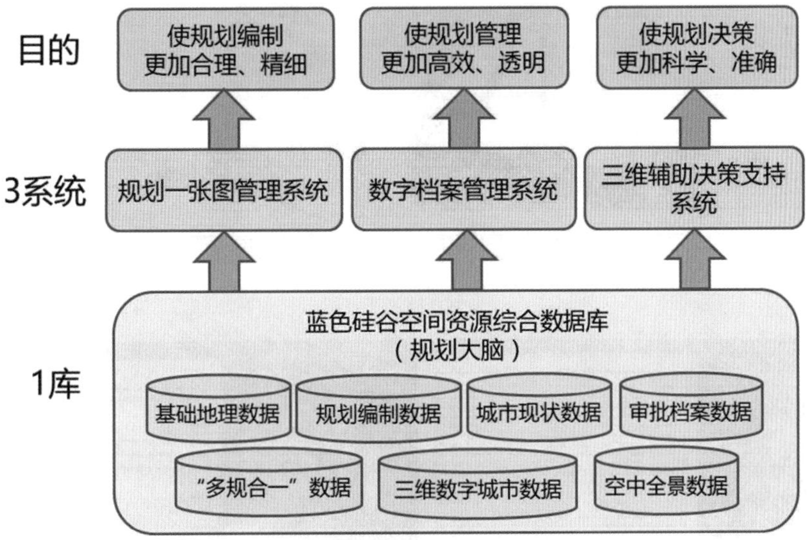

图 1　青岛蓝谷规划信息平台系统架构图

蓝谷规划信息平台建设的主要内容概括为"1 库 3 系统"(如图 1 所示)。"1 库"指蓝谷空间资源综合数据库,"3 系统"包括面向规划编制的"多规合一"规划一张图管理系统、面向规划管理的规划审批档案管理系统和面向规划决策的方案形态三维辅助决策支持系统。

蓝谷空间资源综合数据库是蓝谷规划信息平台的基石。该数据库涵盖基础地理、城市现状、多规编制成果、规划审批档案、三维城市模型数据等二、三维空间数据和相关属性信息。

"多规合一"规划一张图管理系统是将现状及规划信息进行整合叠加,解决多规打架、规划成果分散、规划成果利用率低等问题，目的是实现一张蓝图干到底。

规划审批档案管理系统是将规划审批档案进行有效的组织和管理，建立报批信息、规划方案、研究意见、会议纪要、批后监管等全流程可追溯的查询统计分析系统（如图2、图3所示），目的是解决档案管理无序化、随意化等问题。

方案形态三维辅助决策支持系统是利用三维虚拟现实技术对拟建方案多角度、多维度地直观模拟，辅助决策层真实、直观、清晰地掌握方案与周边环境的空间关系和视觉效果，目的是科学精准分析项目仿真情况，提高项目审批效率。

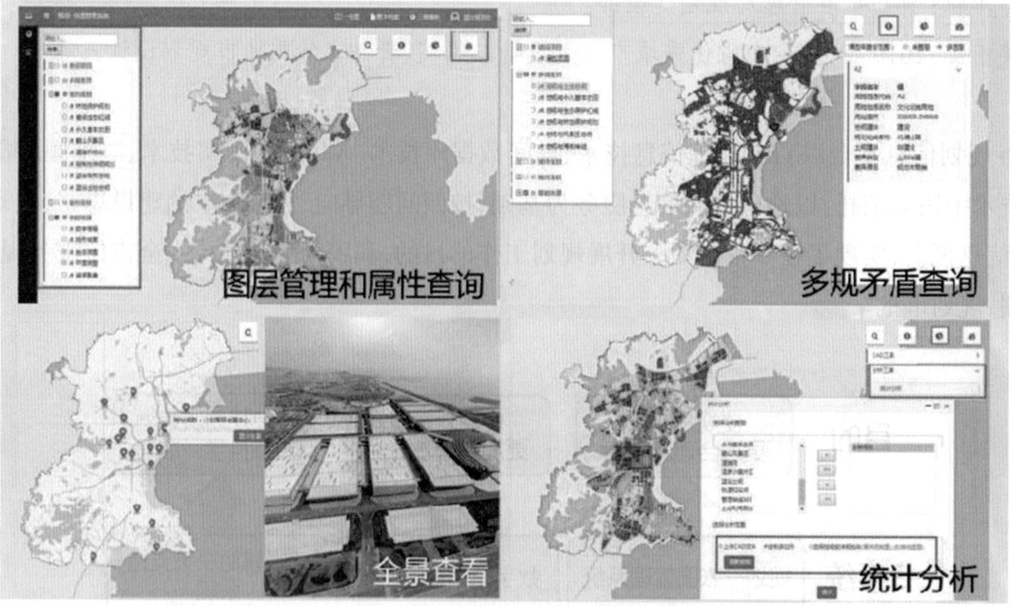

图2　青岛蓝谷规划信息平台查询展示一

图3　青岛蓝谷规划信息平台查询展示二

手机信令数据在城市规划中的应用
——以青岛为例

编制时间:2019 年。

编制人员:张志敏、王振、禚保玲、胡倩、宋军、马清、王天青、陈天一、马晓丽、王乐、李雪华、盛捷、张安安、高玉亮。

获奖情况:2019 年,获青岛市优秀城乡规划设计三等奖。

一、项目基本情况

在新的发展机遇和发展条件下,定量化、精准化解读城市、预测城市未来的发展已经成为城市发展过程中的必要技术手段。近年来,在国内城市规划学界,出现了众多大数据支持的规划研究,其中,手机信令数据为城市规划提供了一种新的数据源和技术思路。2015 年,青岛市交通大调查运用手机信令数据对居民出行活动进行系统分析。实践表明,利用手机信令数据能够有效把握城乡居民的行为活动、城市空间利用、交通运行、公共设施服务水平等作用机制及运行状态。2019 年,根据城市发展建设需要,运用手机信令大数据进一步系统全面地分析居民行为活动以及由此而对城市设施、城市空间产生的影响。

二、主要规划内容

结合建立国土空间规划体系中大数据发展要求,统筹市域手机信令数据,搭建大数据分析平台,运用大数据处理算法确定青岛市域人口和岗位,包括常住人口总量和分布、工作人口总量及分布、流动人口总量及分布等;同时,对居民出行特征进行分析,包括出行时间、出行距离、通勤廊道(如图 1 所示)等;最后就城市区域联系特征,对火车站、机场等特殊区域进行重点研究。基本建立了大数据处理的基本框架,有效地支撑了国土空间规划和专项规划,为国土空间大数据的发展提供了新的探索。

三、项目特色与创新

(一)更加精准分析城市人口特征

人是城市中最活跃的因素,但如何通过大数据的技术手段精准掌握人口总量、空间分布、人口活动特征等一直是众多部门和机构需要解决的问题。该项目依托手机信令大数据,根据相关的学习模型和算法优化,准确测算城市中的人口、岗位总量、人口分布以及人口互动特征(如图 2 至图 4 所示)。

(二)更加准确了解人群活动轨迹

通过手机基站与用户之间的信息交互,运用 Hadoop 平台准确地模拟出用户的活动轨迹,将每个用户的活动轨迹按照不同的需求聚合成不同的簇群,通过簇群人群中的互动特征对不同人口活动特征进行深入分析,为全市重点人群活动特征、城市廊道确定、城市交通堵点识别提供智能化的辅助分析。

（三）更加清晰特定区域、特殊事件的特征

手机数据覆盖率高、实时性好的特点使通过手机信令数据分析特定区域、特殊事件成为可能。城市规划中除了关注总体空间战略及发展以外，也会对特别发展区域，如中央商务区、产业园区等区域进行深入分析。运用手机数据可以深入分析这些区域的深层次特征，为掌握这些区域内部运行规律及发展态势提供新的支撑。

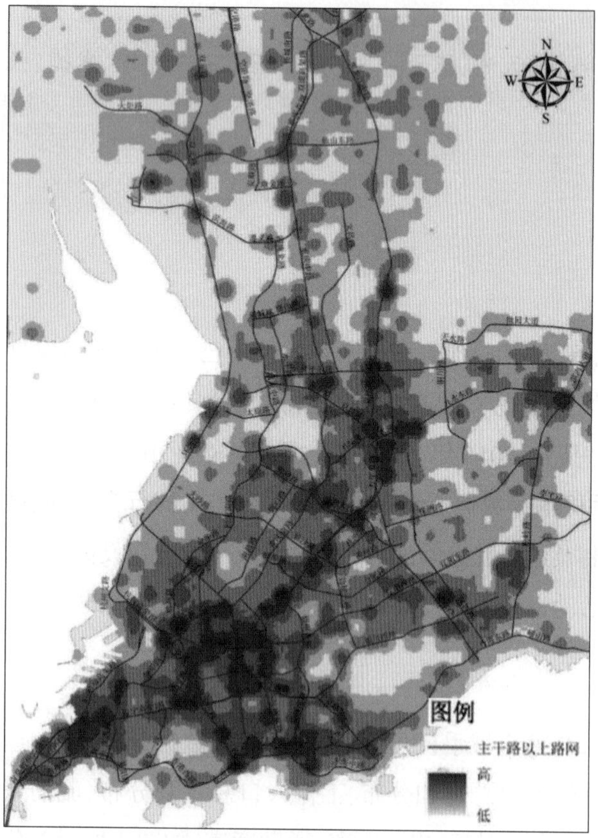

图 1　青岛通勤廊道分布图

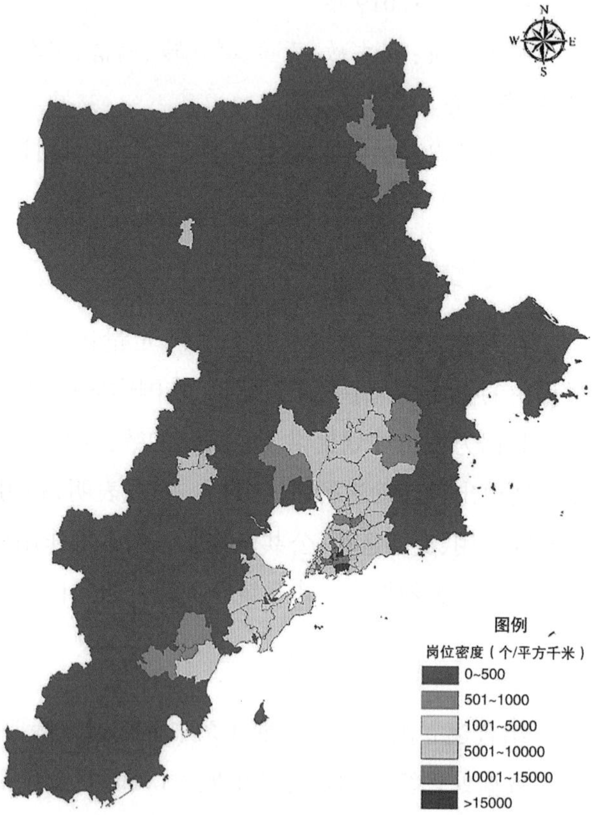

图 2　青岛市岗位密度图

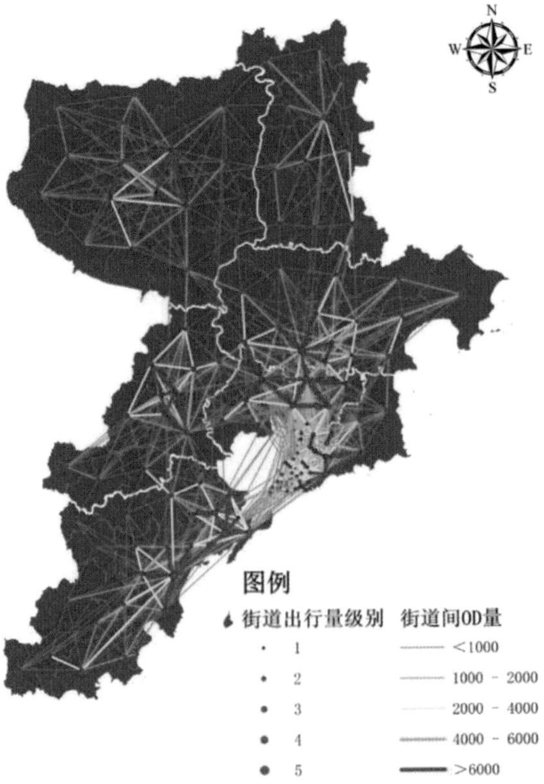

图 3　青岛市街道出行分布图

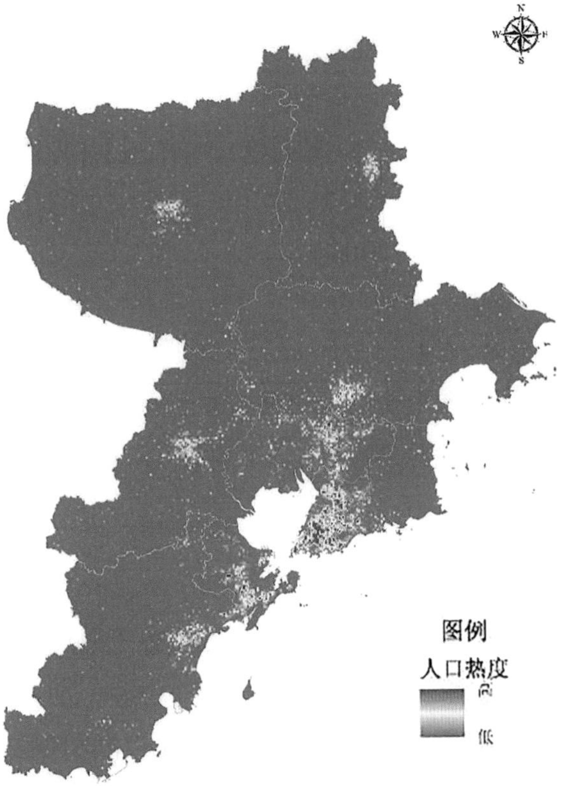

图 4　青岛市人口核密度分布图

西海岸新区自然资源数据融合信息平台

编制时间:2019 年。

编制人员:刘文新、王冠凯、朱丰杰、王鹏、李大凯、王艳杰、张栋、张艳、郑兴文、苏瑞、朱会玲、张宗闯、孟静、柴震、刘惠艳。

合作编制单位:青岛市西海岸新区自然资源局。

获奖情况:2019 年,获青岛市优秀城乡规划设计三等奖。

一、项目基本情况

为落实习总书记和党中央对实现“多规合一”的要求,解决工作中数据融合、协同工作问题,2019 年开展西海岸新区自然资源数据融合信息平台建设工作。本项目建立了统一衔接、功能互补、相互协调的数据融合信息平台(如图 1 所示),是机构改革背景下业务融合的需要,是生态文明体制改革的要求,是体现政府治理能力、提升现代化治理水平的必然要求。

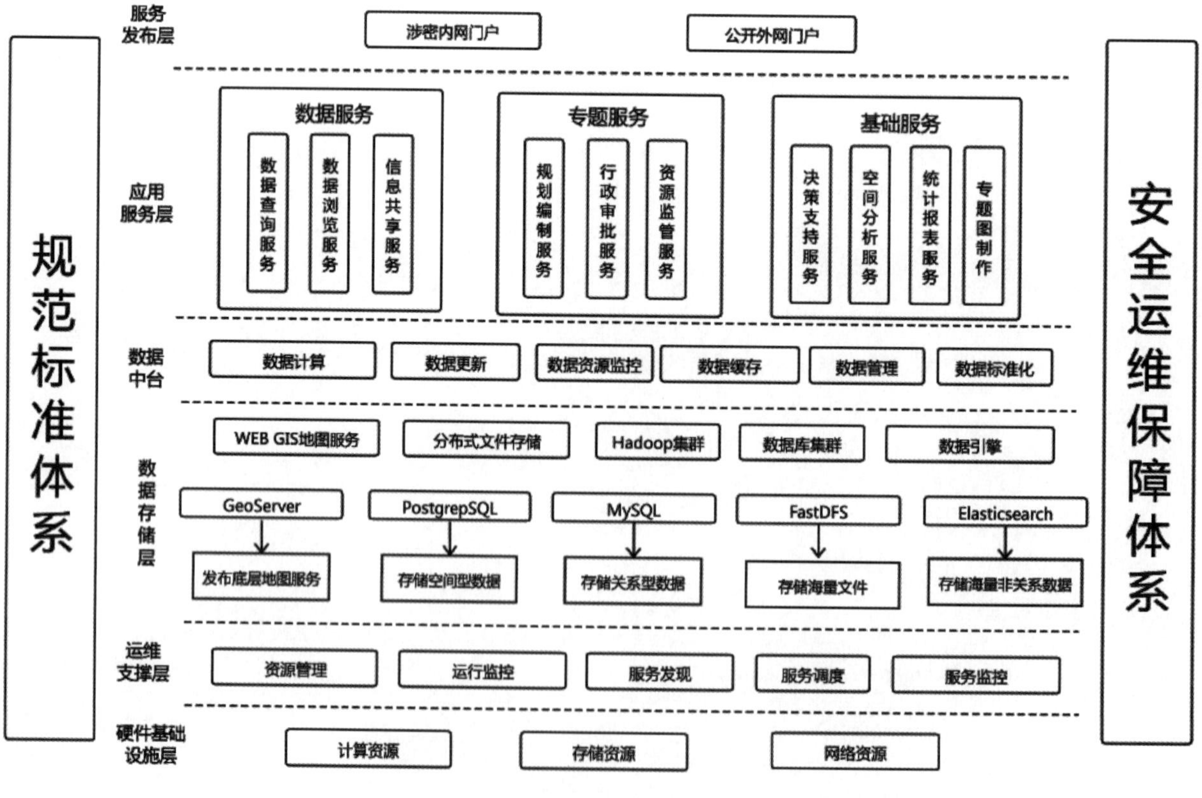

图 1　西海岸新区自然资源数据融合信息平台架构图

二、项目主要内容

本项目建设涵盖西海岸新区基础地理数据、调查数据、规划数据、审批数据、监管数据、业务动态数据、保护控制线、电子档案等数据资料，并在数据库的基础上开发西海岸新区自然资源数据融合信息平台，提供规划数据展示、空间定位、属性查询、全景查看等便捷、易操作的功能和服务，对融合汇总的数据进行统一的管理、展示和应用，让规划建设管理部门能够快速、准确、详细地了解到整个新区区域内每一块土地的现状信息，不断推进业务、流程、数据三者深度融合，全面支撑自然资源政府职能转变和政务数字化转型。

三、项目特色与创新

（一）夯实数据基础，共建共享“自然资源一张图”

通过有效整合和共享各类数据资源，在统一数据标准前提下把散落在各单位的成果和数据信息变成面向全区可复用的自然资源数据库，形成“山水林田湖草”共计 8 大类、26 小类数据的“自然资源一张图”。

（二）创新分析工具，提高规划编研决策效率

西海岸新区自然资源数据信息融合平台通过技术创新和对现有业务体系特点的挖掘开发了图层管理、分屏查看、全景展示、地名查找、信息查询、供地公告、用地分析等功能模块，辅助平台使用者更便捷地进行各类数据统计、空间分析、智能选址、项目审查，以“全面、关联、互动、智能”的信息化平台为规划编研和管理决策提供高效服务（如图 2 所示）。

（三）打造安全体系，保证系统数据安全可靠

平台在对系统数据按照相关要求进行严格脱密处理的基础上，建立起高效安全保密机制。平台提供口令验证、加密、权限控制等多种安全验证模块，同时提供完善坚实的权限管理手段，保证系统处于 C2 安全级之上。此外，平台采用 VPDN 专用网络，在平台内网环境下运行，实现设备、专用网卡、用户三者绑定，杜绝了潜在的互联网数据泄露风险。

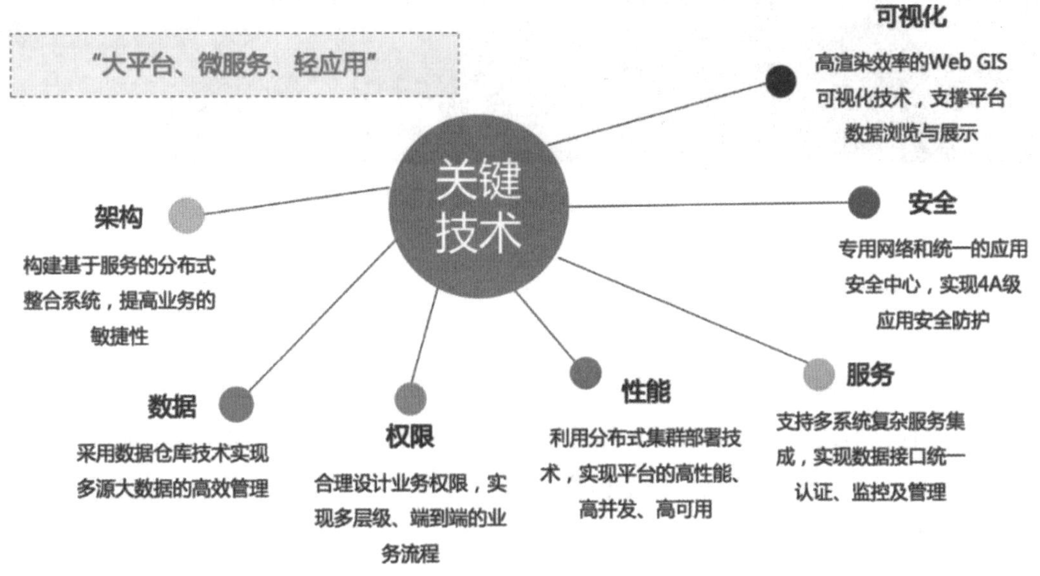

图 2　平台关键技术

青岛市城市品质改善提升攻势调度平台

编制时间:2020 年。

编制人员:王冠凯、苏瑞、王艳杰、刘文新、田志强、张栋、李大凯、周丽莎、邵珠琳。

一、项目基本情况

“15 个攻势就是 15 组改革,是对传统工作方式、方法、模式的改革。”城市品质改善提升攻势是一项跨部门、跨行业、跨领域的系统工程,聚焦城市发展的重点、难点、痛点、堵点,统筹规划、建设、管理三大领域、文、教、卫、体等 13 个行业以及 10 个区(市),在推进改革攻坚中注重系统性、整体性、协同性。

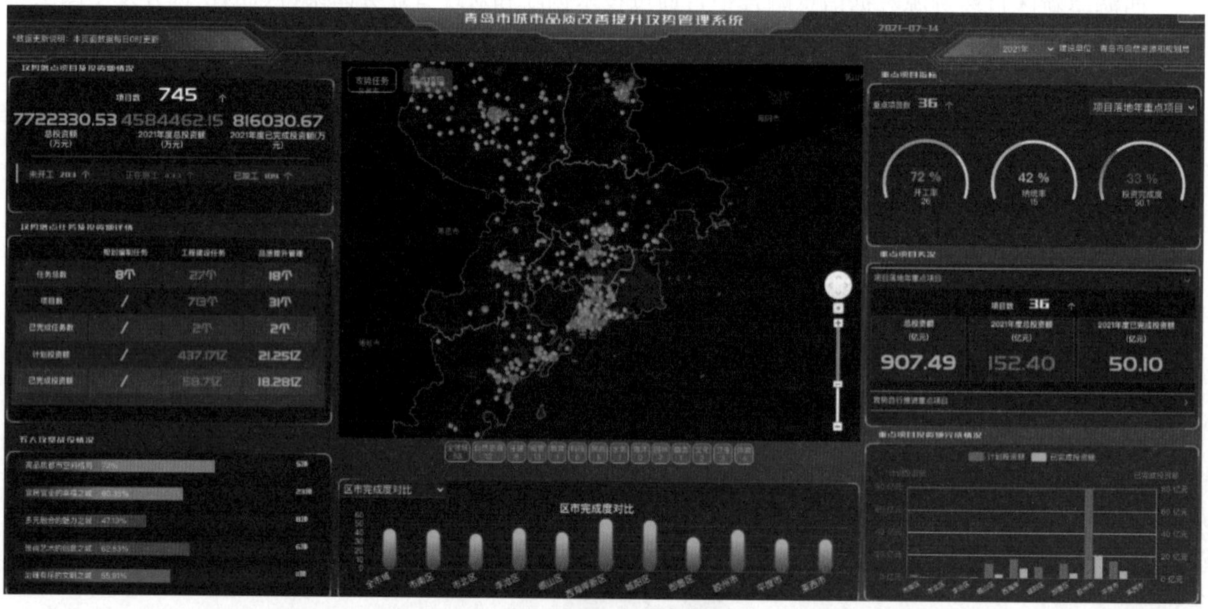

图 1　青岛市城市品质改善提升攻势调度平台作战大屏

二、主要规划内容

青岛市城市品质改善提升攻势在全市 15 个攻势中率先创新建立攻势统筹调度督导平台(如图 1 所示),以项目化、工程化形式推进城市品质改善提升攻势,为其他攻势推进和深化改革提供样板和经验借鉴。攻势系统将攻势任务统筹推进、项目全程管理、信息交流共享、数据统计分析、监管督导考核、资料存储查阅等功能集于一体。利用信息化手段,打破部门壁垒,推进体系重构,提升工作效能,有效地破解了传统调度“慢、卡、繁”等难题,实现攻势推进减负、提速、增效。

三、项目特色与创新

(一)求精创优,打造信息化攻势平台样板

攻势系统是15个攻势中唯一将攻势任务统筹推进、项目全程管理、信息交流共享、数据统计分析、监管督导考核、资料存储查阅等功能集成于一体的综合性平台。攻势系统以信息化的方式全面统筹攻势五大攻坚战役,落实攻势任务项目化、项目工程化要求,不断丰富完善攻势系统功能、拓展思路、优化打法。

青岛市政协督促调研组、部分攻势牵头单位多次调研攻势系统建设和应用情况。中共青岛市委主要领导在市政协督促调研报告中,对攻势系统作出了肯定性批示。

(二)攻坚克难,破解攻势统筹推进难题

攻势系统建设坚持问题导向,着力解决攻势传统调度层级多、涉及单位广、响应周期长等问题,构建起"战役牵头、任务牵头、责任单位"的三级协同推进落实工作机制。将56项年度攻坚任务细化分解为331个子项任务进行协同推进,并落实到176个责任单位,形成了目标协同、任务协同、信息协同、资源协同的新局面。

中共青岛市委办公厅在《参阅件》中系统介绍了攻势系统建设运行情况。中共青岛市委主要领导指示,要求各区(市)、部门主要负责同志,以及各攻势参与部门、牵头负责同志参阅。

(三)创新模式,探索攻势推进新打法

1. 创新攻势扁平化调度模式

攻势系统落实顶格推进工作要求,将工作任务直接传达到各级责任部门,破解了传统调度"慢、卡、繁"等难题,实现攻势推进减负、提速、增效。

2. 创新攻势开放式更新模式

攻势系统改变了"要材料"的传统调度模式,变被动提报为主动更新,提高任务数据的时效性、准确性。攻势牵头、督导单位可实时查看任务进展,及时发现问题,予以督导协调,保障攻势任务推进实效。

3. 创新攻势空间化管理模式

攻势系统实现攻势全部项目空间落实到"一张底图",直观展现项目推进的区域特征,实时管控攻势项目进展等信息。同时,结合项目空间点位,以及关联项目名称、地址、面积、投资、工程进度等数据,同步上传项目影像资料,实现攻势任务"落点可循"、攻势进展"有图可依"、攻势成效"图表显示"。

4. 创新攻势信息化共享模式

攻势系统搭建了攻势各参战单位间交流学习平台,通过发布各级参战单位的攻势战役资讯、经验做法、典型案例,打破攻势参战单位之间信息壁垒,相互借鉴、比学赶超,营造了攻势推进的良好氛围。

5. 创新攻势"一张图"展示模式

攻势系统通过大数据统计分析,系统展示攻势任务进度、点位、现场照片、投资额等数据统计情况等。精准绘制攻势项目分布、投资、进展等维度信息,实现报表统计与地图统计联动查询。攻势系统已成为各级参战单位推进攻势辅助决策、统筹调度的重要工具(如图2所示)。

图2 各级参战单位调度现场

（四）提质增效，推动城市品质改善提升

攻势系统实现了攻势任务全流程管理，已成为各级参战单位统一认识、协调工作的重要平台，形成了攻势信息化、标准化、规范化的推进机制。同时，作为攻势信息共享交流的重要窗口和各级参战单位推进攻势的重要抓手，也为精准督导、确保攻势项目落地实施提供了有力保障。

截至目前，攻势系统运行稳定，各级参战单位账户 176 个，落点跟踪攻势项目 1957 个，统筹项目投资约 1122 亿元，存储项目影像图片 8143 张，收集各类文档材料 1406 份，发布攻势信息 454 条。两年来，启动建设幼儿园、中小学 262 所，新增养老床位 19305 张，打造健身场地 202 处，完成口袋公园 101 个，实施立体绿化 218 处，开展社区“微更新”30 个，一批公共服务设施相继建成并投入使用，人居环境不断改善，城市品质持续提升。

青岛市资源环境承载能力和国土空间开发适宜性评价系统项目

编制时间:2020 年。

编制人员:王冠凯、袁圣明、杜臣昌、娄伟贞、孙超君、王冰、刘新斌、张福临。

合作编制单位:山东易华录信息技术有限公司。

获奖情况:2020 年,获山东省自然资源科学技术三等奖。

一、项目基本情况

在构建国土空间规划体系的大背景下,全国各地区都在陆续开展省级和市县级的国土空间规划编制工作。其中,资源环境承载能力和国土空间开发适宜性评价(以下简称“双评价”)是国土空间规划编制的前提和基础,承载着准确反映国土空间现状的重任。本系统作为国内首款海陆双域双评价系统,是行业提高工作效率、节省人力资源的有力举措,打破了之前利用人工进行双评价工作费时费力的局面。同时,首创海域双评价平台(如图 1 所示),对沿海地区进行海域双评价工作有重要意义。

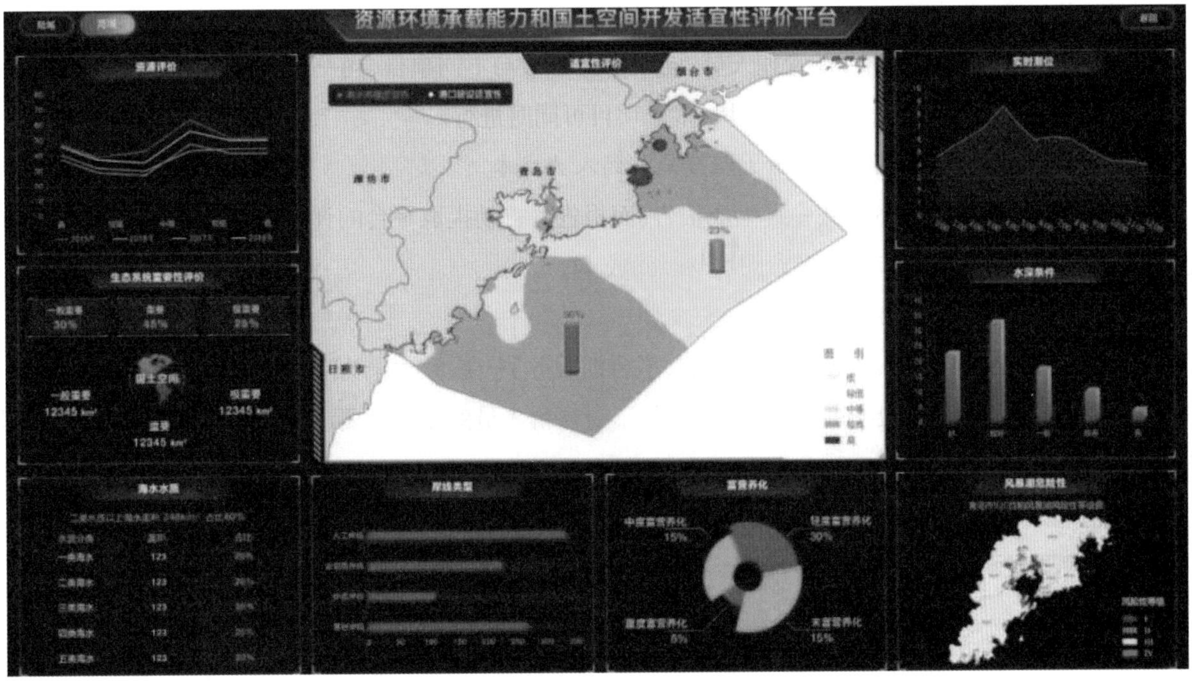

图 1　海域大屏展示

二、项目主要内容

本系统包含陆域双评价和海域双评价两部分,其中陆域双评价包含生态保护重要性评价、农业生产适宜性评价、城镇建设适宜性评价和承载规模适宜性评价 4 项主要评价、54 个评价模型，海域双评价包含生态保护重要性评价、海水养殖适宜性评价、港口建设适宜性评价 3 项主要评价、21 个评价模型，每项评价又分单项评价和集成评价。通过完成各个单向评价和集成评价，从而得到最终的评价结果，为国土空间规划提供了基础性结论和分析报告。

三、项目特色与创新

（一）创新性海陆双域双评价，评价目标更全面

该系统以青岛试评价工作为基础，开创性地设计出了“陆海双域”双评价流程与算法模型，做到陆海双统筹、陆海有机结合。

（二）BS 端设计，使用方便，操作人性化

BS 端设计省去了客户端使用的麻烦，同时不需用户手动更新，操作更加便捷。

（三）模型参数灵活配置，完美应对不同地区不同评价规则

针对不同地区同一评价指标可能不同的现状，采用可配置的模型参数，使不同地区都可使用该系统平台，通用性更强。

（四）支持自定义评价，可自定义选择数据源，设置评价指标

针对不同地区评价指标可能不同的现状，支持自定义评价，使不同地区都可以使用该系统平台，通用性更强；同时，数据源可自定义选择。

（五）引入“工作空间”概念，项目管理轻松快捷

该系统可以灵活配置项目及管理人员，同一个人可参与不同项目，同一个项目可由多人参与，同一项目的不同人员也可看到不同的评价模块，多个项目可同时进行。

（六）“一键式”生成评价报告，最大程度地节约人力成本

该系统支持按照既定的格式一键生成报告，而报告可自动提取平台的评价结果，保障了数据的准确性，避免人工误差，同时也节省了人力成本与时间成本。

（七）PAAS 平台，一站式服务

平台定位为 PAAS（Platform as a Service，平台即服务）平台，致力于为双评价工作提供一站式服务。“一站式”服务帮助使用者更好地使用平台，降低了对评价人员的专业性要求，同时保障了评价结果的科学性。

（八）开发大屏展示，海陆双统筹

开发大屏展示模块，海陆双域双评价结果可视化，双评价结果更加直观(如图 2 所示)。

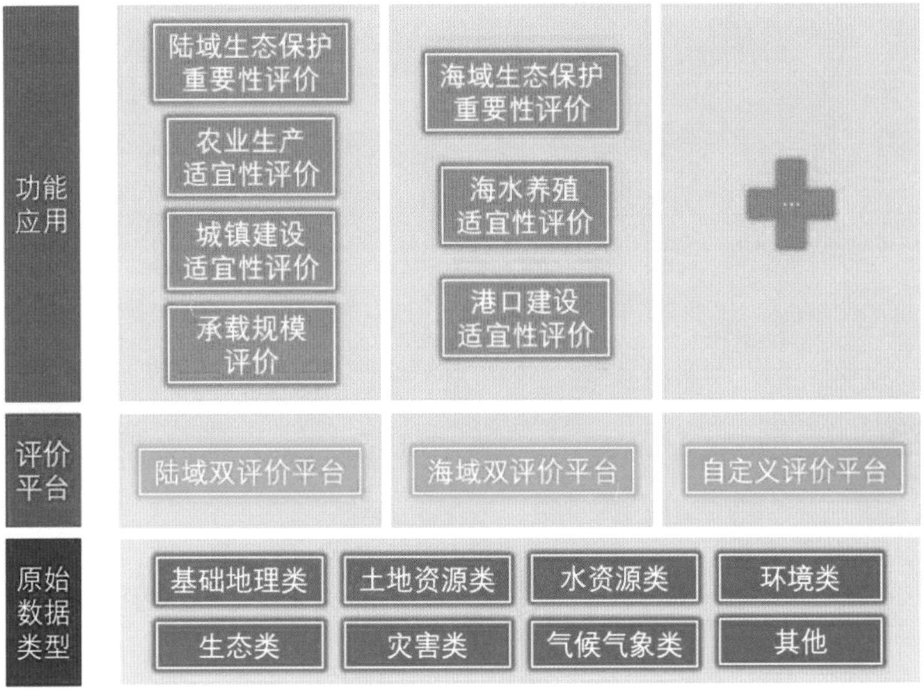
功能应用
陆域生态保护重要性评价
农业生产适宜性评价
城镇建设适宜性评价
承载规模评价
海域生态保护重要性评价
海水养殖适宜性评价
港口建设适宜性评价
评价平台
陆域双评价平台
海域双评价平台
自定义评价平台
原始数据类型
基础地理类
土地资源类
水资源类
环境类
生态类
灾害类
气候气象类
其他

图 2　平台结构图